国家出版基金项目
NATIONAL PUBLICATION FOUNDATION

《中国古脊椎动物志》编辑委员会主编

中国古脊椎动物志

第二卷

两栖类　爬行类　鸟类

主编　李锦玲　|　副主编　周忠和

第二册（总第六册）

副爬行类　大鼻龙类　龟鳖类

李锦玲　佟海燕　编著

科学技术部基础性工作专项（2006FY120400）资助

科学出版社
北京

内 容 简 介

本册志书是对2015年10月以前在中国发现并已发表的副爬行类（包括波罗蜥类、前棱蜥类、锯齿龙类）、大鼻龙类和龟鳖类化石材料的系统厘定总结。书中包括19科69属126种。每个属、种均有鉴别特征、产地与层位。在科级以上的阶元中并有概述，对该阶元当前的研究现状、存在问题等做了综述。在部分阶元的记述之后有一评注，为编者在编写过程中对发现的问题或编者对该阶元新认识的阐述。书中附有199张化石照片及插图。

本书是我国凡涉及地学、生物学、考古学的大专院校、科研机构、博物馆有关科研人员及业余古生物爱好者的基础参考书，也可为科普创作提供必要的基础参考资料。

图书在版编目（CIP）数据

中国古脊椎动物志. 第2卷. 两栖类、爬行类、鸟类. 第2册，副爬行类、大鼻龙类、龟鳖类：总第6册 / 李锦玲，佟海燕编著. —北京：科学出版社，2017. 11

ISBN 978-7-03-055469-7

I. ①中… II. ①李…②佟… III. ①古动物－脊椎动物门－动物志－中国②古动物－爬行纲－动物志－中国 IV. ①Q915.86

中国版本图书馆CIP数据核字（2017）第283643号

责任编辑：胡晓春 / 责任校对：韩 杨
责任印制：肖 兴 / 封面设计：黄华斌

科学出版社 出版
北京东黄城根北街16号
邮政编码：100717
http://www.sciencep.com
中国科学院印刷厂 印刷
科学出版社发行 各地新华书店经销
*
2017年11月第 一 版 开本：787 × 1092 1/16
2017年11月第一次印刷 印张：25
字数：517 000

定价：248.00元

（如有印装质量问题，我社负责调换）

Editorial Committee of Palaeovertebrata Sinica

PALAEOVERTEBRATA SINICA

Volume II

Amphibians, Reptilians, and Avians

Editor-in-Chief: **Li Jinling** | Associate Editor-in-Chief: **Zhou Zhonghe**

Fascicle 2 (Serial no. 6)

Parareptilians, Captorhines, and Testudines

By **Li Jinling** and **Tong Haiyan**

Supported by the Special Research Program of Basic Science and Technology
of the Ministry of Science and Technology (2006FY120400)

Science Press
Beijing

《中国古脊椎动物志》编辑委员会

Editorial Committee of Palaeovertebrata Sinica

本册撰写人员分工

爬行动物导言	李锦玲 E-mail: li.jinling@ivpp.ac.cn
副爬行亚纲	李锦玲
大鼻龙科	李锦玲
龟鳖目	佟海燕 E-mail: htong09@yahoo.fr

（李锦玲所在单位为中国科学院古脊椎动物与古人类研究所、中国科学院脊椎动物演化与人类起源重点实验室；佟海燕所在单位为泰国马哈沙拉堪大学古生物研究与教育中心）

Contributors to this Fascicle

Introduction to Reptilians	**Li Jinling** E-mail: li.jinling@ivpp.ac.cn
Parareptilia	**Li Jinling**
Captorhinidae	**Li Jinling**
Testudines	**Tong Haiyan** E-mail: htong09@yahoo.fr

(Li Jinling is from the Institute of Vertebrate Paleontology and Paleoanthropology, Chinese Academy of Sciences, Key Laboratory of Vertebrate Evolution and Human Origins of Chinese Academy of Sciences; Tong Haiyan is from the Palaeontological Research and Education Centre, Mahasarakham University, Thailand)

总　　序

中国第一本有关脊椎动物化石的手册性读物是1954年杨钟健、刘宪亭、周明镇和贾兰坡编写的《中国标准化石——脊椎动物》。因范围限定为标准化石，该书仅收录了88种化石，其中哺乳动物仅37种，不及德日进（P. Teilhard de Chardin）1942年在《中国化石哺乳类》中所列举的在中国发现并已发表的哺乳类化石种数（约550种）的十分之一。所以这本只有57页的小册子还不能算作一本真正的脊椎动物化石手册。我国第一本真正的这样的手册是1960–1961年在杨钟健和周明镇领导下，由中国科学院古脊椎动物与古人类研究所的同仁们集体编撰出版的《中国脊椎动物化石手册》。该手册共记述脊椎动物化石386属650种，分为《哺乳动物部分》（1960年出版）和《鱼类、两栖类和爬行类部分》（1961年出版）两个分册。前者记述了276属515种化石，后者记述了110属135种。这是对自1870年英国博物学家欧文（R. Owen）首次科学研究产自中国的哺乳动物化石以来，到1960年前研究发表过的全部脊椎动物化石材料的总结。其中鱼类、两栖类和爬行类化石主要由中国学者研究发表，而哺乳动物则很大一部分由国外学者研究发表。"文化大革命"之后不久，1979年由董枝明、齐陶和尤玉柱编汇的《中国脊椎动物化石手册》（增订版）出版，共收录化石619属1268种。这意味着在不到20年的时间里新发现的化石属、种数量差不多翻了一番（属为1.6倍，种为1.95倍）。

自20世纪80年代末开始，国家对科技事业的投入逐渐加大，我国的古脊椎动物学逐渐步入了快速发展的时期。新的脊椎动物化石及新属、种的数量，特别是在鱼类、两栖类和爬行动物方面，快速增加。1992年孙艾玲等出版了《The Chinese Fossil Reptiles and Their Kins》，记述了两栖类、爬行类和鸟类化石228属328种。李锦玲、吴肖春和张福成于2008年又出版了该书的修订版（书名中的Kins已更正为Kin），将属种数提高到416属564种。这比1979年手册中这一部分化石的数量（186属219种）增加了大约1倍半（属近2.24倍，种近2.58倍）。在哺乳动物方面，20世纪90年代初，中国科学院古脊椎动物与古人类研究所一些从事小哺乳动物化石研究的同仁们，曾经酝酿编写一部《中国小哺乳动物化石志》，并已草拟了提纲和具体分工，但由于种种原因，这一计划未能实现。

自20世纪90年代末以来，我国在古生代鱼类化石和中生代两栖类、翼龙、恐龙、鸟类，以及中、新生代哺乳类化石的发现和研究方面又有了新的重大突破，在恐龙蛋和爬行动物及鸟类足迹方面也有大量新发现。粗略估算，我国现有古脊椎动物化石种的总数已经超过3000个。我国是古脊椎动物化石赋存大国，有关收藏逐年增加，在研究方面正在努力进入世界强国行列的过程之中。此前所出版的各类手册性的著作已落后于我国古脊椎动物研究发展的现状，无法满足国内外有关学者了解我国这一学科领域进展的迫切需求。美国古生物学家S. G. Lucas，积5次访问中国的经历，历时近20年，于2001年出版了一部370多页的《Chinese Fossil Vertebrates》。这部书虽然并非以罗列和记述属、种为主旨，而且其资料的收集限于1996年以前，却仍然是国外学者了解中国古脊椎动物学发展脉络的重要读物。这可以说是从国际古脊椎动物研究的角度对上述需求的一种反映。

2006年，科技部基础研究司启动了国家科技基础性工作专项计划，重点对科学考察、科技文献典籍编研等方面的工作加大支持力度。是年10月科技部召开研讨中国各门类化石系统总结与志书编研的座谈会。这才使我国学者由自己撰写一部全新的、涵盖全面的古脊椎动物志书的愿望，有了得以实现的机遇。中国科学院南京地质古生物研究所和古脊椎动物与古人类研究所的领导十分珍视这次机遇，于2006年年底前，向科技部提交了由两所共同起草的“中国各门类化石系统总结与志书编研”的立项申请。2007年4月27日，该项目正式获科技部批准。《中国古脊椎动物志》即是该项目的一个组成部分。

在本志筹备和编研的过程中，国内外前辈和同行们的工作一直是我们学习和借鉴的榜样。在我国，“三志”（《中国动物志》、《中国植物志》和《中国孢子植物志》）的编研，已经历时半个多世纪之久。其中《中国植物志》自1959年开始出版，至2004年已全部出齐。这部煌煌巨著分为80卷，126册，记载了我国301科3408属31142种植物，共5000多万字。《中国动物志》自1962年启动后，已编撰出版了126卷、册，至今仍在继续出版。《中国孢子植物志》自1987年开始，至今已出版80多卷（不完全统计），现仍在继续出版。在国外，可以作为借鉴的古生物方面的志书类著作，有原苏联出版的《古生物志》（《Основы Палеонтологии》）。全书共15册，出版于1959 – 1964年，其中古脊椎动物为3册。法国的《Traité de Paléontologie》（实际是古动物志），全书共7卷10册，其中古脊椎动物（包括人类）为4卷7册，出版于1952 – 1969年，历时18年。此外，C. M. Janis等编撰的《Evolution of Tertiary Mammals of North America》（两卷本）也是一部对北美新生代哺乳动物化石属级以上分类单元的系统总结。该书从1978年开始构思，直到2008年才编撰完成，历时30年。

参考我国“三志”和国外志书类著作编研的经验，我们在筹备初期即成立了志书编辑委员会，并同步进行了志书编研的总体构思。2007年10月10日由17人组成的《中国古脊椎动物志》编辑委员会正式成立（2008年胡耀明委员去世，2011年2月28日增补邓涛、尤海鲁和张兆群为委员，2012年11月15日又增加金帆和倪喜军两位委员，现共21人）。2007年11月30日《中国古脊椎动物志》“编辑委员会组成与章程”、“管理条例”和“编写规则”三个试行草案正式发布，其中“编写规则”在志书撰写的过程中不断修改，直至2010年1月才有了一个比较正式的试行版本，2013年1月又有了一个更为完善的修订本，至今仍在不断修改和完善中。

考虑到我国古脊椎动物学发展的现状，在汲取前人经验的基础上，编委会决定：①延续《中国脊椎动物化石手册》的传统，《中国古脊椎动物志》的记述内容也细化到种一级。这与国外类似的志书类都不同，后者通常都停留在属一级水平。②采取顶层设计，由编委会统一制定志书总体结构，将全志大体按照脊椎动物演化的顺序划分卷、册；直接聘请能够胜任志书要求的合适研究人员负责编撰工作，而没有采取自由申报、逐项核批的操作程序。③确保项目经费足额并及时到位，力争志书编研按预定计划有序进行，做到定期分批出版，努力把全志出版周期限定在10年左右。

编委会将《中国古脊椎动物志》的编写宗旨确定为："本志应是一套能够代表我国古脊椎动物学当前研究水平的中文基础性丛书。本志力求全面收集中国已发表的古脊椎动物化石资料，以骨骼形态性状为主要依据，吸收分子生物学研究的新成果，尝试运用分支系统学的理论和方法认识和阐述古脊椎动物演化历史、改造林奈分类体系，使之与演化历史更为吻合；着重对属、种进行较全面、准确的文字介绍，并尽可能附以清晰的模式标本图照，但不创建新的分类单元。本志主要读者对象是中国地学、生物学工作者及爱好者，高校师生，自然博物馆类机构的工作人员和科普工作者。"

编委会在将"代表我国古脊椎动物学当前研究水平"列入撰写本志的宗旨时，已经意识到实现这一目标的艰巨性。这一点也是所有参撰人员在此后的实践过程中越来越深刻地感受到的。正如在本志第一卷第一册"脊椎动物总论"中所论述的，自20世纪50年代以来，在古生物学和直接影响古生物学发展的相关领域中发生了可谓"翻天覆地"的变化。在20世纪七八十年代已形成了以Mayr和Simpson为代表的演化分类学派（evolutionary taxonomy）、以Hennig为代表的系统发育系统学派[phylogenetic systematics，又称分支系统学派（cladistic systematics，或简化为cladistics）]及以Sokal和Sneath为代表的数值分类学派（numerical taxonomy）的"三国鼎立"的局面。自20世纪90年代以来，分支系统学派逐渐占据了明显的优势地位。进入21世纪以来，围绕着生物分类的原理、原则、程序及方法等的争论又日趋激烈，形成了新的"三国"。以演化分类学家Mayr和Bock为代表的"达尔文分类学派"（Darwinian classification），坚持依据相似性（similarity）和系谱（genealogy）两项准则作为分类基础，并保留林奈套叠等级体系，认为这正是达尔文早就提出的生物分类思想。在分支系统学派内部分成两派：以de Quieroz和Gauthier为代表的持更激进观点的分支系统学家组成了"系统发育分类命名法规学派"（简称PhyloCode）。他们以单一的系谱（genealogy）作为生物分类的依据，并坚持废除林奈等级体系的观点。以M. J. Benton等为代表的持比较保守观点的分支系统学家则主张，在坚持分支系统学核心理论的基础上，采取某些折中措施以改进并保留林奈式分类和命名体系。目前争论仍在进行中。到目前为止还没有任何一个具体的脊椎动物的划分方案得到大多数生物和古生物学家的认可。我国的古生物学家大多还处在对这些新的论点、原理和方法以及争论论点实质的不断认识和消化的过程之中。这种现状首先影响到志书的总体架构：如何划分卷、册？各卷、册使用何种标题名称？系统记述部分中各高阶元及其名称如何取舍？基于林奈分类的《国际动物命名法规》是否要严格执行？……这些问题的存在甚至对编撰本志书的科学性和必要性都形成了质疑和挑战。

在《中国古脊椎动物志》立项和实施之初，我们确曾希望能够建立一个为本志书各卷、册所共同采用的脊椎动物分类方案。通过多次尝试，我们逐渐发现，由于脊椎动物内各大类群的研究历史和分类研究传统不尽相同，对当前不同分类体系及其使用的方法，在接受程度上差别较大，并很难在短期内弥合。因此，在目前要建立一个比较合理、能被广泛接受、涵盖整个脊椎动物的分类方案，便极为困难。虽然如此，通过多次反复研讨，参撰人员就如何看待分类和究竟应该采取何种分类方案等还是逐渐取得了如下一些共识：

1）分支系统学在重建生物演化过程中，以其对分支在演化过程中的重要作用的深刻认识和严谨的逻辑推导方法，而成为当前获得古生物学家广泛支持的一种学说。任何生物分类都应力求真实地反映生物演化的过程，在当前则应力求与分支系统学的中心法则（central tenet）以及与严格按照其原则和方法所获得的结论相符。

2）生物演化的历史（系统发育）和如何以分类来表达这一历史，属于两个不同范畴。分类除了要真实地反映演化历史外，还肩负协助人类认知和记忆的功能。两者不必、也不可能完全对等。在当前和未来很长一段时期内，以二维和文字形式表达演化过程的最好方式，仍应该是现行的基于林奈分类和命名法的套叠等级体系。从实用的观点看，把十几代科学工作者历经250余年按照演化理论不断改进的、由近200万个物种组成的庞大的阶元分类体系彻底抛弃而另建一新体系，是不可想象的，也是极难实现的。

3）分类倘若与分支系统学核心概念相悖，例如不以共祖后裔而单纯以形态特征为分类依据，由复系类群组成分类单元等，这样的分类应予改正。对于分支系统学中一些重要但并非核心的论点，诸如姐妹群需是同级阶元的要求，干群（“Stammgruppe”）的分类价值和地位的判别，以及不同大类群的阶元级别的划分和确立等，正像分支系统学派内部有些学者提出的，可以采取折中措施使分支系统学的基本理论与以林奈分类和命名法为基础建立的现行分类体系在最大程度上相互吻合。

4）对于因分支点增多而所需阶元数目剧增的矛盾，可采取以下折中措施解决。①对高度不对称的姐妹群不必赋予同级阶元。②对于重要的、在生物学领域中广为人知并广泛应用、而目前尚无更好解决办法的一些大的类群，可实行阶元转移和跃升，如鸟类产生于蜥臀目下的一个分支，可以跃升为纲级分类单元（详见第一卷第一册的“脊椎动物总论”）。③适量增加新的阶元级别，例如1997年McKenna和Bell已经提出推荐使用新的主阶元，如Legion（阵）、Cohort（部）等，和新的次级阶元，如Magno-（巨）、Grand-（大）、Miro-（中）和Parvo-（小）等。④减少以分支点设阶的数量，如仅对关键节点设立阶元、次要节点以顺序先后（sequencing）表示等。⑤应用全群（total group）的概念，不对其中的并系的干群（stem group 或“Stammgruppe”）设立单独的阶元等。

5）保留脊椎动物现行亚门一级分类地位不变，以避免造成对整个生物分类体系的冲击。科级及以下分类单元的分类地位基本上都已稳定，应尽可能予以保留，并严格按照最新的《国际动物命名法规》（1999 年第四版）的建议和要求处置。

根据上述共识，我们在第一卷第一册的“脊椎动物总论”中，提出了一个主要依据中国所有化石所建立的脊椎动物亚门的分类方案（PVS-2013）。我们并不奢求每位参与本志书撰写的人员一定接受它，而只是推荐一个可供选择的方案。

对生物分类学产生重要影响的另一因素则是分子生物学。依据分支系统学原理和方法，借助计算机高速数学运算，通过分析分子生物学资料（DNA、RNA、蛋白质等的序列数据）来探讨生物物种和类群的系统发育关系及支系分异的顺序和时间，是当前分子生物学领域的热点之一。一些分子生物学家对某些高阶分类单元（例如目级）的单系性和这些分类单元之间的系统关系进行探索，提出了一些令形态分类学家和古生物学家耳目一新的新见解。例如，现生哺乳动物 18 个目之间的系统和分类关系，一直是古生物学家感到十分棘手的问题，因为能够找到的目之间的共有裔征（synapomorphy）很少，而经常只有共有祖征（symplesiomorphy）。相反，分子生物学家们则可以在分子水平上找到新的证据，将它们进行重新分解和组合。例如，他们在一些属于不同目的“非洲类型”的哺乳动物（管齿目、长鼻目、蹄兔目和海牛目）和一些非洲土著的“食虫类”（无尾猬、金鼹等）中发现了一些共同的基因组变异，如乳腺癌抗原 1（BRCA1）中有 9 个碱基对的缺失，还在基因组的非编码区中发现了特有的“非洲短散布核元件（AfroSINES）”。他们把上述这些“非洲类型”的动物合在一起，组成一个比目更高的分类单元（Afrotheria，非洲兽类）。根据类似的分子生物学信息，他们把其他大陆的异节类、真魁兽啮型类和劳亚兽类看作是与非洲兽类同级的单元。分子生物学家们所提出的许多全新观点，虽然在细节上尚有很多值得进一步商榷之处，但对现行的分类体系无疑具有重要的参考价值，应在本志中得到应有的重视和反映。

采取哪种分类方案直接决定了本志书的总体结构和各卷、册的划分。经历了多次变化后，最后我们没有采用严格按照节点型定义的现生动物（冠群）五“纲”（鱼、两栖、爬行、鸟和哺乳动物）将志书划分为五卷的办法。其中的缘由，一是因为以化石为主的各“纲”在体量上相差过于悬殊。现生动物的五纲，在体量上比较均衡（参见第一卷第一册“脊椎动物总论”中有关部分），而在化石中情况就大不相同。两栖类和鸟类化石的体量都很小：两栖类化石目前只有不到 40 个种，而鸟类化石也只有大约五六十种（不包括现生种的化石）。这与化石鱼类，特别是哺乳类在体量上差别很悬殊。二是因为化石的爬行类和冠群的爬行动物纲有很大的差别。现有的化石记录已经清楚地显示，从早期的羊膜类动物中很早就分出两大主要支系：一支通过早期的下孔类演化为哺乳动物。下孔类，按照演化分类学家的观点，虽然是哺乳动物的早期祖先，但在形态特征上仍然和爬行类最为接近，因此应该归入爬行类。按照分支系统学家的观点，早期下孔类和哺乳动物共同组成一个全群（total group），两者无疑应该分在同一卷内。该全群的名称应该叫做下孔类，亦即：下孔类包含哺乳动物。另一支则是所有其他的爬行动物，包括从蜥臀类恐龙的虚骨龙类的一个分支演化出的鸟类，因此鸟类应该与爬行类放在同一卷内。上述情况使我们最后决定将两栖类、不包括下孔类的爬行类与鸟类合为一卷（第二卷），而早期下孔类和哺乳动物则共同组成第三卷。

在卷、册标题名称的选择上，我们碰到了同样的问题。分支系统学派，特别是系统发育分类命名法规学派，虽然强烈反对在分类体系中建立绝对阶元级别，但其基于严格单系分支概念的分类名称则是“全套叠式”的，亦即每个高阶分类单元必须包括其成员最近的共同祖先及由此祖先所产生的所有后代。例如传统意义中的鱼类既然包括肉鳍鱼类，那么也必须包括由其产生的所有的四足动物及其所有后代。这样，在需要表述某一“全套叠式”的名称的一部分成员时，就会遇到很大的困难，会出现诸如“非鸟恐龙”之类的称谓。相反，林奈分类体系中的高阶分类单元名称却是“分段套叠式”的，其五纲的概念是互不包容的。从分支系统学的观点看，其中的鱼纲、两栖纲和爬行纲都是不包括其所有后代的并系类群（paraphyletic groups），只有鸟纲和哺乳动物纲本身是真正的单系分支（clade）。林奈五纲的概念在生物学界已经根深蒂固，不会引起歧义，因此本志书在卷、册的标题名称上还是沿用了林奈的“分段套叠式”的概念。另外，由于化石类群和冠群在内涵和定义上有相当大的差别，我们没有直接采用纲、目等阶元名称，而是采用了含义宽泛的“类”。第三卷的名称使用了“基干下孔类　哺乳类”是因为“下孔类”这一分类概念在学界并非人人皆知，若在标题中舍弃人人皆知的哺乳类，而单独使用将哺乳类包括在内的下孔类这一全群的名称，则会使大多数读者感到茫然。

在编撰本志书的过程中我们所碰到的最后一类问题是全套志书的规范化和一致性的问题。这类问题十分烦琐，我们所花费时间也最多。

首先，全志在科级以下分类单元中与命名有关的所有词汇的概念及其用法，必须遵循《国际动物命名法规》。在本志书项目开始之前，1999年最新一版（第四版）的《International Code of Zoological Nomenclature》已经出版。2007年中译本《国际动物命名法规》（第四版）也已出版。由于种种原因，我国从事这方面工作的专业人员，在建立新科、属、种的时候，往往很少认真阅读和严格遵循《国际动物命名法规》，充其量也只是参考张永辂1983年出版的《古生物命名拉丁语》中关于命名法的介绍，而后者中的一些概念，与最新的《国际动物命名法规》并不完全符合。这使得我国的古脊椎动物在属、种级分类单元的命名、修订、重组，对模式的认定，模式标本的类型（正模、副模、选模、副选模、新模等）和含义，其选定的条件及表述等方面，都存在着不同程度的混乱。

这些都需要认真地予以厘定，以免在今后以讹传讹。

其次，在解剖学，特别是分类学外来术语的中译名的取舍上，也经常令我们感到十分棘手。“全国科学技术名词审定委员会公布名词”（网络2.0版）是我们主要的参考源。但是，我们也发现，其中有些术语的译法不够精准。事实上，在尊重传统用法和译法精准这两者之间有时很难做出令人满意的抉择。例如，对phylogeny的译法，在“全国科学技术名词审定委员会公布名词”中就有种系发生、系统发生、系统发育和系统演化四种译法，在其他场合也有译为亲缘关系的。按照词义的精准度考虑，钟补求于1964年在《新系统学》中译本的“校后记”中所建议的“种系发生”大概是最好的。但是我国从1922年杜就田所编撰的《动物学大词典》中就使用了“系统发育”的译法，以和个体发育（ontogeny）相对应。在我国从1978年开始的介绍和翻译分支系统学的热潮中，几乎所有的译介者都沿用了“系统发育”一词。经过多次反复斟酌，最后，我们也采用了这一译法。类似的情况还有很多，这里无法一一列举，这些抉择是否恰当只能留待读者去评判了。

再次，要使全套志书能够基本达到首尾一致也绝非易事。像这样一部预计有3卷23册的丛书，需要花费众多专家多年的辛勤劳动才能完成；而在确立各种体例和格式之类的琐事上，恐怕就要花费其中一半的时间和精力。诸如在每一册中从目录列举的级别、各章节排列的顺序，附录、索引和文献列举的方式及详简程度，到全书中经常使用的外国人名和地名、化石收藏机构等的缩写和译名等，都是非常耗时费力的工作。仅仅是对早期文献是否全部列入这一点，就经过了多次讨论，最后才确定，对于19世纪中叶以前的经典性著作，在后辈学者有过系统而全面的介绍的情况下（例如Gregory于1910年对诸如Linnaeus、Blumenbach、Cuvier等关于分类方案的引述），就只列后者的文献了。此外，在撰写过程中对一些细节的决定经常会出现反复，需经多次斟酌、讨论、修改，最后再确定；而每一次反复和重新确定，又会带来新的、额外的工作量，而且确定的时间越晚，增加的工作量也就越大。这其中的烦琐和日久积累的心烦意乱，实非局外人所能体会。所幸，参加这一工作的同行都能理解：科学的成败，往往在于细节。他们以本志书的最后完成为己任，孜孜矻矻，不厌其烦，而且大多都能在规定的时限内完成预定的任务。

本志编撰的初衷，是充分发挥老科学家的主导作用。在开始阶段，编委会确实努力按照这一意图，尽量安排老科学家担负主要卷、册的编研。但是随着工作的推进，编委会越来越深切地感觉到，没有一批年富力强的中年科学家的参与，这一任务很难按照原先的设想圆满完成。老科学家在对具体化石的认知和某些领域的综合掌控上具有明显的经验优势，但在吸收新鲜事物和新手段的运用、特别是在追踪新兴学派的进展上，却难以与中年才俊相媲美。近年来，我国古脊椎动物学领域在国内外都涌现出一批极为杰出的人才，其中有些是在国外顶级科研和教学机构中培养和磨砺出来的科学家。他们的参与对于本志书达到“当前研究水平”的目标起到了关键的作用。值得庆幸的是，我们所邀请的几位这样的中年才俊，都在他们本已十分繁忙的日程中，挤出相当多时间参与本志有关部分的撰写和/或评审工作。由于编撰工作中技术性任务量大、质量要求高，一部分年轻的学子也积极投入到这项工作中。最后这支编撰队伍实实在在地变成了一支老中青相结合的队伍了。

大凡立志要编撰一本专业性强的手册性读物，编撰者首要的追求，一定是原始资料的可靠和记录及诠释的准确性，以及由此而产生的权威性。这样才能经得起广大读者的推敲和时间的考验，才能让读者放心地使用。在追求商业利益之风日盛、在科普读物中往往充斥着种种真假难辨的猎奇之词的今天，这一点尤其显得重要，这也是本编辑委员会和每一位参撰人员所共同努力追求并为之奋斗的目标。虽然如此，由于我们本身的学识水平和认识所限，错误和疏漏之处一定不少，真诚地希望读者批评指正。

感谢 《中国古脊椎动物志》编研工作得以启动，首先要感谢科技部具体负责此项工作的基础研究司的领导，也要感谢国家自然科学基金委员会、中国科学院和相关政府部门长期以来对古脊椎动物学这一基础研究领域的大力支持。令我们特别难以忘怀的是几位参与我国基础性学科调研并提出宝贵建议的地学界同行，如黄鼎成和马福臣先生，是他们对临界或业已退休、但身体尚健的老科学工作者的报国之心的深刻理解和积极奔走，才促成本专项得以顺利立项，使一批新中国建立后成长起来的老古生物学家有机会把自己毕生积淀的专业知识的精华总结和奉献出来。另外，本志书编委会要感谢本专项的挂靠单位，中国科学院古脊椎动物与古人类研究所的领导和各处、室，特别是标本馆、图书室、负责照相和绘图的技术室，以及财务处的同仁们，对志书工作的大力支持。编委会要特别感谢负责处理日常事务的本专项办公室的同仁们。在志书编撰的过程中，在每一次研讨会、汇报会、乃至财务审计等活动中，他们忙碌的身影都给我们留下了难忘的印象。我们还非常幸运地得到了与科学出版社的胡晓春编辑共事的机会。她细致的工作作风和精湛的专业技能，使每一个接触到她的参撰人员都感佩不已。在本志书的编撰过程中，还有很多国内外的学者在稿件的学术评审过程中提出了很多中肯的批评和改进意见，使我们受益匪浅，也使志书的质量得到明显的提高。这些在相关册的致谢中都将做出详细说明，编委会在此也向他们一并表达我们衷心的感谢。

《中国古脊椎动物志》编辑委员会

2013 年 8 月

编委会说明：在 2015 年出版的各册的总序第 vi 页第二段第 3-4 行中“**其最早的祖先**”叙述错误，现已更正为“**其成员最近的共同祖先**”。书后所附“《中国古脊椎动物志》总目录”也根据最新变化做了修订。敬请注意。

2017 年 6 月

特别说明：本书主要用于科学研究。书中可能存在未能联系到版权所有者的图片，请见书后与科学出版社联系处理相关事宜。

本册前言

本册志书描述的对象包括波罗蜥科（Bolosauridae）、前棱蜥科（Procolophonidae）、锯齿龙科（Pareiasauridae）、大鼻龙科（Captorhinidae）和龟鳖目（Testudines）五个分类单元。除龟鳖类有现生的代表外，其余四个均为灭绝类群。在20世纪80年代之前使用的演化分类学（evolutionary taxonomy）的分类中，这些门类的分类级别和彼此之间的关系虽然会随不同的时期不同的研究者有所变动，但它们通常都被归入爬行动物纲的无孔亚纲（Anapsida），被认为是爬行类中较原始的类群（Romer, 1966）。按照传统的分类把它们放入同一册志书中冠名《无孔类》，似乎是顺理成章的。但按照现今流行的以系统发育系统学（phylogenetic systematics）为基础建立的分类方案，"无孔类"一词在大多数情况下被摒弃不用，爬行纲分为副爬行亚纲（Parareptilia）和真爬行亚纲（Eureptilia），本册所涉及的五个类群分属于这两个不同的分支。波罗蜥类、前棱蜥类和锯齿龙类属副爬行类；大鼻龙类则处于真爬行类分支的基干位置；而龟鳖类的分类位置至今仍存在争议。一些早期的分支系统分析把龟鳖类归在副爬行类分支中，与前棱蜥类或锯齿龙类为姐妹群（Laurin et Reisz, 1995；Modesto, 1999），但近年来的研究更倾向于把龟鳖类看作是真爬行类中双孔类（Diapsida）的成员，虽然它在双孔类中的位置仍无定论——它可能是鳍龙类（Sauropterygia）的姐妹群，它们组成鳞龙型类（Lepidosauromorpha）分支的基干类群（de Braga et Rieppel, 1997；Shang et al., 2011）；它也可能是主龙型类（Archosauromorpha）的成员，与主龙类（Archosauria）形成姐妹群（Benton, 2015 Box 8.8）。有鉴于此，也因中国龟鳖类化石的种属众多（61属115种），志书编辑委员会曾设想过将龟鳖类单独成册。这样造成的问题是其余四个类群该如何处理，它们合在一起仅有10属11种，无法组成单独的一册志书，它们与任何其他门类之间的关系甚至比与龟鳖类的关系更远。最终编委会决定让它们仍和龟鳖类组成一册，冠名为《副爬行类 大鼻龙类 龟鳖类》。

《中国古脊椎动物志》第二卷依照传统的演化分类学被定名为《两栖类 爬行类 鸟类》，按照目前流行的系统发育系统学的分类，此处的两栖类和爬行类都是并系类群。其中第一册是《两栖类》，第九册是《鸟类》，第二册至第八册都是有关爬行动物化石的分类记述。本册（第二册）是第一本涉及爬行动物的，因此综述性的"爬行动物导言"亦包括在本册中。"爬行动物导言"中简要地介绍了爬行动物的特征（重点是骨骼特征），爬行类的起源和早期辐射，爬行动物的定义、系统发育和分类，现生爬行动物及其在中国的分布，以及中国爬行类化石的研究历史。在导言的编写过程中我们经常遇到一些两难的问题，一方面我们希望尽可能多地反映爬行动物系统发育研究的最新成果，这些研究的结果往往是分支点的增多和一些新的分类阶元名称的增加，另一方面我们又希望采用的分类系统和阶元名称不要过于繁杂，易于为本志书的广大读者所接受。我们所面临的问题正如在本志书总序中所指出的："生物演化的历史（系统发育）和如何以分类来表达这一历史，属于两个不同范畴。分类除了要真实地反映演化历史外，还肩负协助人类认知和记忆的功能"。在寻求两者的平衡点时，我们不得不对一些常用的不符合系统发育系统学定义的分类名称，如两栖类、恐龙、鱼龙类等加脚注予以说明。这一处理方式从原则上来说是可行的，但容易造成概念上的混乱，使导言全文看上去不那么明晰，但这实属无奈之举。此处有必要提请读者注意：导言中的爬行类不符合系统发育系统学的定义，因为它不包括鸟类；它也不符合传统的演化分类学的定义，因为它不包括似哺乳爬行动物，后者作为基干的下孔类已分列在志书第三卷中。在分类上产生的另一个问题是：因系统发育系统学的分类级别过多，不同的作者在选取时使用不同的标准，使同一分类单元在本志书的不同册中也会被冠以不同的分类级别，例如真爬行类在第一卷第一册的"脊椎动物总论"中列为纲级（Class），而在本导言中则为亚纲级（Subclass）。这一差异的存在并不影响读者对这一分类单元的认识，因为它们的系统发育关系在这两个分类系统中是一致的。我们在各有关章节中附有支序图，读者可以从这些支序图中了解到各分类名称所代表的不同级别上分类单元之间在系统发育系统学上的相互关系。

在"爬行动物导言"的编写过程中得到了很多专家学者的指导和帮助。导言的编写者李锦玲感谢从事爬行动物化石研究的同行专家：王原、汪筱林、尚庆华、刘俊、李淳、赵资奎、周忠和、高克勤、李建军、彭光照、佟海燕等审阅本文，提供资料并给予很好的修改建议。感谢自贡恐龙博物馆的彭光照和北京自然博物馆的李建军为导言插图提供化石的照片和资料。感谢张杰、高伟拍摄化石照片和李飒对插图的电脑处理。特别衷心地感谢加拿大国家自然博物馆的吴肖春、中国科学院古脊椎动物与古人类研究所的徐星和尤海鲁以及志书编委会主任邱占祥院士，他们数次阅读并修改文稿，讨论其中存在的问题，提供了大量相关的文献资料及系统发育系统学方面的指导意见，使得导言不断地得到完善，能以今天的面貌与读者见面。导言的编写者李锦玲，虽多年从事低等四足类的研究，但大多是对具体化石的记述和讨论，对古生物分类理论没有专门做过深入研究，对新的学术思想和研究手段理解不深，在编写这样一篇综述性的文章时常感力不从心。导言虽然几经修改，但其中仍会有一些问题和错误，欢迎大家批评指正。

中国的副爬行类和大鼻龙类化石较少，对它们的编写启动较早，但因归属的变动及其他同册文稿的延宕，这一小部分内容被搁置了几年。具体的属种描述终结于 2015 年，但后来见到 Benton (2016) 有关评述中国锯齿龙类的文章，感到其中有的观点很值得参考，故据此修改了文稿，并将其列入到参考文献中。文稿的编写者李锦玲感谢刘俊审阅文稿并提出修改意见，感谢张杰、高伟拍摄化石照片和李飒对插图的电脑处理。

本册志书中的龟鳖类部分由佟海燕编写。其中包括中国从三叠纪到新石器时代的龟鳖化石、亚化石以及龟鳖蛋化石和龟鳖足迹化石。按照志书编撰要求，不建立新的分类单元。龟鳖类部分采用文献至截稿日期（2015 年 10 月）。

中国龟鳖化石研究从 20 世纪 20 年代末秉志的第一篇科学研究文章到现在已有了八十多年的历史，其间有过几次总结：叶祥奎 1963 年的《中国龟鳖类化石》和 1994 年的《Fossil and Recent Turtles of China》以及 Brinkman 等 2008 年在《Chinese Fossil Reptiles and Their Kin》第二版的龟鳖化石部分。本册志书就是在这些前人工作的基础上对中国龟鳖化石的标本、系统分类位置、产地、层位及时代做了进一步的核实和订正，加入了近年记述的属种，对大多数标本重新照相和绘图并对部分属种进行了系统再研究。

佟海燕感谢所有对中国龟鳖化石研究做出贡献的人们，尤其是杨钟健、周明镇和叶祥奎老师。感谢张弥曼老师的信任和提携，志书编委会主任邱占祥老师的关怀、耐心指导和多方支持，李传夔老师的热情帮助；邱占祥老师、李锦玲老师、尤海鲁和吴肖春审阅书稿；中国科学院古脊椎动物与古人类研究所标本馆、古动物馆和科技处同仁们的大力协助和支持；张杰拍摄南雄龟照片；邢立达提供龟鳖足迹化石资料；Igor Danilov 帮助查找部分文献资料和 Marton Rabi 提供新疆乌苏龟原始图版。特别感谢李录在本册志书编写中的大力协助，包括查找地层资料、整理部分化石，审阅初稿，尤其是后期文字整理，绘图，查证文献和编辑书稿等工作。在本书编写过程中得到了全国各省市和地方博物馆的支持和协助：安徽博物院，安徽省地质博物馆，北京自然博物馆，成都理工大学博物馆，重庆自然博物馆，中国地质博物馆，黑龙江省地质博物馆，湖北地质博物馆，湖北省博物馆，河南省地质博物馆，河源市博物馆，和政古动物化石博物馆，中国地质科学院地质研究所，内蒙古博物院，中国科学院古脊椎动物与古人类研究所，禄丰恐龙博物馆，南京古生物博物馆（中国科学院南京地质古生物研究所），中山大学生命科学院，潜山县博物馆，广西自然博物馆，南雄市博物馆，上海自然博物馆，始兴市博物馆，深圳古生物博物馆，天津自然博物馆，天柱山世界地质公园（安徽潜山），宜昌地质矿产研究所，中国地质大学（武汉）逸夫博物馆，诸城恐龙博物馆，自贡恐龙博物馆，浙江自然博物馆，张和（深圳），福建漳平市博物馆，中国科学院成都生物研究所，广西地质博物馆，南京地质博物馆，赣州市矿管局，赣州市博物馆，广东省博物馆，西北大学博物馆，天宇博物馆（山东平邑），中国地质调查局武汉地质调查中心（武汉地质矿产研究所），福建省博物院，厦门大学等，在此表示诚挚的感谢。

为了方便阅读，特作以下说明：

叶祥奎的文章署名拼音多用“Yeh Hsiang-K’uei”，从 1982 年部分文章开始用“Ye Xiangkui（Yeh Hsiang-K’uei）”，例如叶祥奎，1983a, 1985，晚期只用“Ye Xiangkui”，例如 Ye, 1994；叶祥奎，1994, 1995，本书为统一起见，都用“Ye Xiangkui”。

书中所用分类单元名称的中文译名尽量采用已有的译名。其中主要源自叶祥奎1963年的《中国龟鳖类化石》和中国科学院古脊椎动物与古人类研究所1979年编写的《中国脊椎动物化石手册》，另外一些来自其他中文研究文章。在原有译名不合理的情况下另用的新译名，则在文中注明。

李锦玲　佟海燕

2016年12月

本册涉及的机构名称及缩写

【缩写原则：1. 本志书所采用的机构名称及缩写仅为本志使用方便起见编制，并非规范名称，不具法规效力。2. 机构名称均为当前实际存在的单位名称，个别重要的历史沿革在括号内予以注解。3. 原单位已有正式使用的中、英文名称及 / 或缩写者（用 * 标示），本志书从之，不做改动。4. 中国机构无正式使用之英文名称及 / 或缩写者，原则上根据机构的英文名称或按本志所译英文名称字串的首字符（其中地名按音节首字符）顺序排列组成，个别缩写重复者以简便方式另择字符取代之。】

（一）中国机构

***AHM** — 安徽博物院（合肥）Anhui Museum (Hefei)

***BMNH** — 北京自然博物馆 Beijing Museum of Natural History

***CQMNH** — 重庆自然博物馆 Chongqing Museum of Natural History

***CUT** — 成都理工大学（原成都地质学院，四川）Chengdu University of Technology (former Geological College of Chengdu, Sichuan Province)

***GMC** — 中国地质博物馆（北京）Geological Museum of China (Beijing)

GMH — 黑龙江省地质博物馆（哈尔滨）Geological Museum of Heilongjiang Province (Harbin)

***GSGM** — 甘肃地质博物馆（兰州）Gansu Geological Museum (Lanzhou)

HBGM — 湖北地质博物馆（武汉）Hubei Geological Museum (Wuhan)

***HNGM** — 河南省地质博物馆（郑州）Henan Geological Museum (Zhengzhou)

IACASS — 中国社会科学院考古研究所（北京）Institute of Archaeology, Chinese Academy of Social Sciences (Beijing)

***IGCAGS** — 中国地质科学院地质研究所（北京）Institute of Geology, Chinese Academy of Geological Sciences (Beijing)

IMM — 内蒙古博物院（呼和浩特）Inner Mongolia Museum (Hohhot)

***IVPP** — 中国科学院古脊椎动物与古人类研究所（北京）Institute of Vertebrate Paleontology and Paleoanthropology, Chinese Academy of Sciences (Beijing)

JPM — 吉林省博物院（长春）Jilin Provincial Museum (Changchun)

LFDM — 禄丰恐龙博物馆（云南）Lufeng Dinosaur Museum (Yunnan Province)

MQSC — 潜山县博物馆（安徽）Museum of Qianshan County (Anhui Province)
***NHMG** — 广西自然博物馆（南宁）Natural History Museum of Guangxi (Nanning)
***PMOL** — 辽宁古生物博物馆（沈阳）Paleontological Museum of Liaoning (Shenyang)
RGSTHB — 湖北省区测队（武汉）Regional Geological Surveying Team of Hubei (Wuhan)
SLSSYSU — 中山大学生命科学院（广州）School of Life Science, Sun Yat-sen University (Guangzhou)
SNHM — 上海自然博物馆 Shanghai Natural History Museum
SXM — 始兴县博物馆（广东）Shixing Museum (Guangdong Province)
TTM — 天台博物馆（浙江）Tiantai Museum (Zhejiang Province)
***TMNH** — 天津自然博物馆 Tianjin Museum of Natural History
TZSGP — 天柱山世界地质公园（安徽潜山）Tianzhushan Global Geopark (Qianshan, Anhui Province)
YCIGM — 宜昌地质矿产研究所（湖北）Yichang Institute of Geology and Mineralogy (Hubei Province)
ZCDM — 诸城恐龙博物馆（山东）Zhucheng Dinosaur Museum (Shandong Province)
***ZDM** — 自贡恐龙博物馆（四川）Zigong Dinosaur Museum (Sichuan Province)
***ZMNH** — 浙江自然博物馆（杭州）Zhejiang Museum of Natural History (Hangzhou)
ZPM — 漳平市博物馆（福建）Zhangping City Museum (Fujian Province)

（二）外国机构

***AMNH** — American Museum of Natural History (New York) 美国自然历史博物馆（纽约）
***CCMGE** — Chernyshev Central Scientific Geological and Prospecting Museum (St. Petersburg, Russia) 切尔尼雪夫中央地质勘探博物馆（俄罗斯圣彼得堡）
CNHM — Chicago Natural History Museum (USA) 芝加哥自然博物馆（美国）
***MEUU** — Museum of Evolution (including former Paleontological Museum) of Uppsala University (Sweden) 乌普萨拉大学演化博物馆（瑞典）
***PIN** — Paleontological Institute, Russian Academy of Sciences (Moscow) 俄罗斯科学院古生物研究所（莫斯科）
UCM — University of Colorado Museum of Natural History (USA) 科罗拉多大学自然历史博物馆（美国）

目　录

第一部分　爬行动物导言

一、爬行动物特征概述

传统意义上的爬行动物包括除哺乳类和鸟类之外的所有其他羊膜动物，最早出现于北美的石炭纪。在现代系统发育系统学（phylogenetic systematics）意义上，爬行类只包括两大支系：副爬行类（parareptilians）和真爬行类（eureptilians）。前者全部由灭绝类群构成，如前棱蜥类（procolophonids）、锯齿龙类（pareiasaurs）等；龟鳖类曾被一些学者归入副爬行类，但被多数最新研究归入真爬行类；后者包含鱼龙类（ichthyosaurs）[①]、鳍龙类（sauropterygians）、海龙类（thalattosaurs）、有鳞类（squamates）、翼龙（pterosaurs）、鳄类和恐龙等我们熟悉的爬行动物类群，以及鸟类。爬行型类（reptiliomorphs）是一个包容更广的分类单元，包含所有羊膜动物，以及在亲缘关系上离滑体两栖类远，而和羊膜动物更近的所有灭绝类群。进入到三叠纪后，爬行类迅速地辐射发展，成为陆生脊椎动物在中生代的统治类群。它们的数量和种类繁多，不仅有称霸陆地形形色色的恐龙，同时也有遨游海洋的鱼龙类和鳍龙类，以及进军蓝天的翼龙类。绝大部分爬行类（包括恐龙[②]、鱼龙类、鳍龙类和翼龙类等）随着中生代的结束从地球上消失了，仅仅留下了离龙类（choristoderes）[③]、龟鳖类、鳄类、蜥蜴和蛇、喙头蜥类（rhynchocephalians）[④]进入到新生代。而新生代是哺乳动物和鸟类繁盛的时代。

爬行类与它的祖先两栖类[⑤]最根本的区别是具有羊膜卵，可以在陆地环境下产卵并孵化，使脊椎动物的个体生活史完全摆脱了对水体的依赖。羊膜卵的出现是脊椎动物史中一次重大的革新，这一变革与下颌的出现和脊椎动物登上陆地具同等重要的意义。

与两栖类产于水中的构造简单的卵不同，羊膜卵内有大的卵黄囊（yolk sac），储存卵黄以保证胚胎发育的营养需求（图 1）。在胚胎发育至原肠期后，胚胎周围产生向上突

---

① 按照现代系统发育系统学分析，鱼龙类包括在鱼鳍类（Ichthyopterygia）中。一些原始的属种，如巢湖龙（*Chaohusaurus*）等都在鱼龙类之外、为基干鱼鳍类。本书采用鱼龙类的传统定义。

② 目前学界广泛接受鸟类起源于恐龙，按照现代系统发育系统学分析，恐龙包括鸟类。本书采用恐龙的传统定义，其中不包括鸟类。

③ 离龙类无现生代表，在始新世末灭绝。

④ 目前在系统发育系统学分析中，Rhynchocephalia 只包括现生的楔齿蜥（*Sphenodon*）及其化石近亲。

⑤ 本书采用两栖类的传统定义。按照现代系统发育系统学的观点，它是一个并系类群（paraphyletic group），即排除了爬行动物、鸟类和哺乳动物支系的基干四足类。

起的环状褶皱，环绕胚胎生长，最终将胚胎包在一个具有两层膜的囊中，外层为绒毛膜（chorion），内层为羊膜（amnion）。羊膜腔（amniotic cavity）是一个充满羊水的密闭的腔，胚胎浸于其中。这为胚胎提供了一个发育所需要的水环境。尿囊位于羊膜和绒毛膜中间的空腔中，上面有毛细血管，胚胎所产生的代谢废物排到此囊中。卵外层有卵壳，卵壳坚韧，可以保护卵体，壳上有很多的细孔。胚胎可以通过多孔的卵膜和卵壳与外界进行气体交换。这种机制，足以让爬行动物、鸟类和哺乳动物中的卵生成员在早期胚胎发育期间做到万无一失。

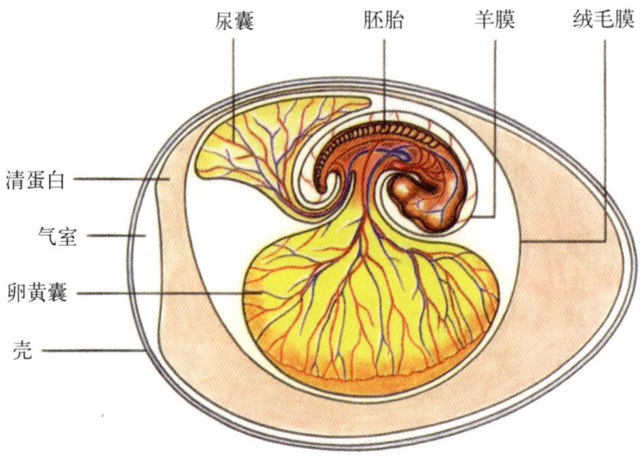

图 1　羊膜卵结构图

绝大多数爬行动物的生殖方式为卵生。在现生类群中，少数蜥蜴和蛇为卵胎生，即羊膜卵在母体输卵管内孵化，幼仔直接娩出（Guillette, 1993）。此外又有蜥蜴类极个别属种，胚胎发育后期仔蜥或依靠母体直接提供营养，此种情形可称为“胎生（viviparous）”，如我国特产动物瑶山鳄蜥（*Shinisaurus crocosilurus*）。化石记录中有若干类群可见保存于体内的胚胎，除蜥蜴之外，还有鱼龙类（Deeming et al., 1993）、鳍龙类（Cheng et al., 2004）（图 2）、离龙类（Ji et al., 2010）等。不仅现生的鳄类、龟鳖类等有筑巢行为，即使在亿万年前，恐龙也在筑好的巢穴中产卵，每窝卵的数目和排列方式随物种的不同而不同。系统关系接近鸟类的恐龙，如窃蛋龙类（oviraptorosaurs），它们一次产两枚较大的蛋，围绕凸出的巢穴中心成对、成圈排列（图 3）；就像鸟类一样，产一窝蛋需要多天完成（Sato et al., 2005）。

现生的羊膜类包括两个分支——爬行类 - 鸟类分支和哺乳类分支。这两个分支的最早代表都发现于大约 3 亿年前的晚石炭世，可它们最重要的特征——羊膜卵并不能从化石中直接确定。最早的有壳卵发现于南非早侏罗世的沉积。人们发现在所有 3 个现生的羊膜动物类群（爬行类、鸟类和哺乳类）中，胚外膜都以相似的方式发育。最简约的假

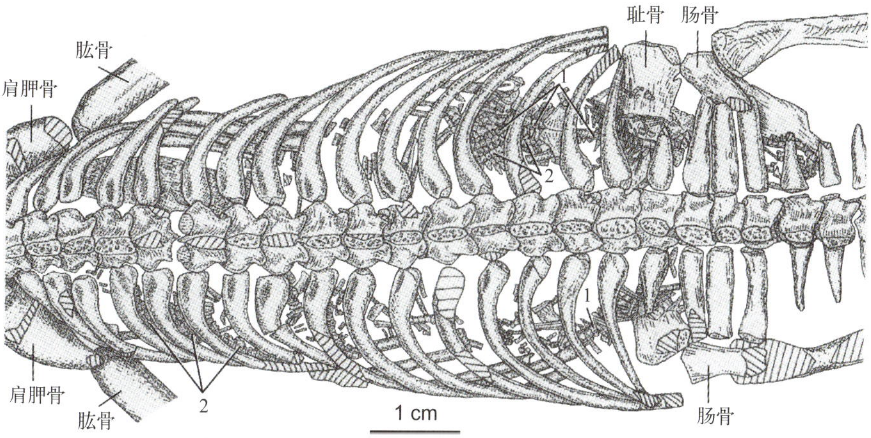

图 2　怀孕的胡氏贵州龙（*Keichousaurus hui*）

1. 后部保存的胚胎，2. 前部保存的胚胎（引自 Cheng et al., 2004, Fig. 2b）

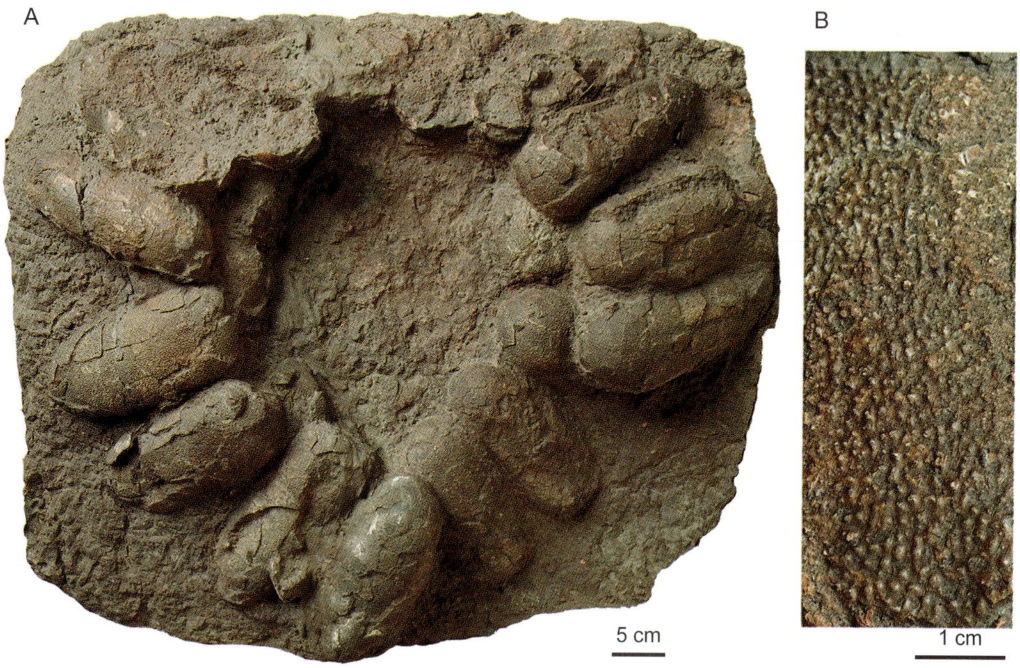

图 3　瑶屯巨型蛋（*Macroolithus yaotunensis*）

A. 由 20 枚蛋化石组成的一个蛋窝，B. 蛋壳外表面瘤点状纹饰

设是它们的共同祖先已具有这一特征，而不是它们各自分别获得这一特征，这表明在晚石炭世最古老的爬行类和下孔类（synapsids）化石记录之前，羊膜卵就已经产生了。

作为最早征服陆地的脊椎动物，爬行类为了适应陆地的干燥环境，表皮角质化程度加深，衍生出角质鳞片（或盾片）覆盖全身，用于防护因缺少腺体而干燥的皮肤（图 4）。一些爬行动物（如龟鳖类、鳄类和少量蜥蜴等）在角质鳞（盾）片下方有真皮骨板存在。

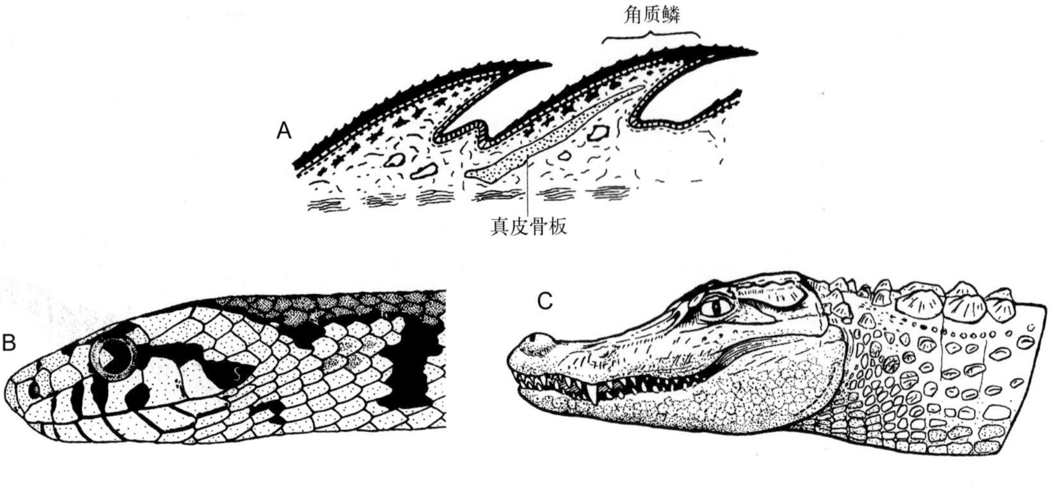

图 4　爬行类皮肤

A. 皮肤构造图，B. 王蛇（*Lampropeltis*）头部的表皮鳞片，C. 扬子鳄头部和颈部表面的角质鳞（A 和 B 引自杨安峰和程红，1999，图 5-10，C 引自丛林玉等，1998, 图 9C）

这些真皮骨板最早就出现于中生代大多数基干主龙形类（basal archosauriforms）（吴肖春，1982）和基干假鳄类（basal pseudosuchians）（Li et al., 2006），以及恐龙中的剑龙（董枝明等，1977）、甲龙（Gilmore, 1933）等的皮肤中。

近年来在新发现的恐龙和翼龙化石上发现了多种形态的皮肤衍生物，它们被作为研究羽毛产生和鸟类起源于兽脚类恐龙的重要依据而受到广泛的关注（图 5）。这些皮肤的衍生物在不同种类的动物中形态和结构是不同的：如在美颌龙类的原始中华龙鸟（*Sinosauropteryx prima*）骨架上，发现了简单的丝状结构的皮肤衍生物（Chen et al.,

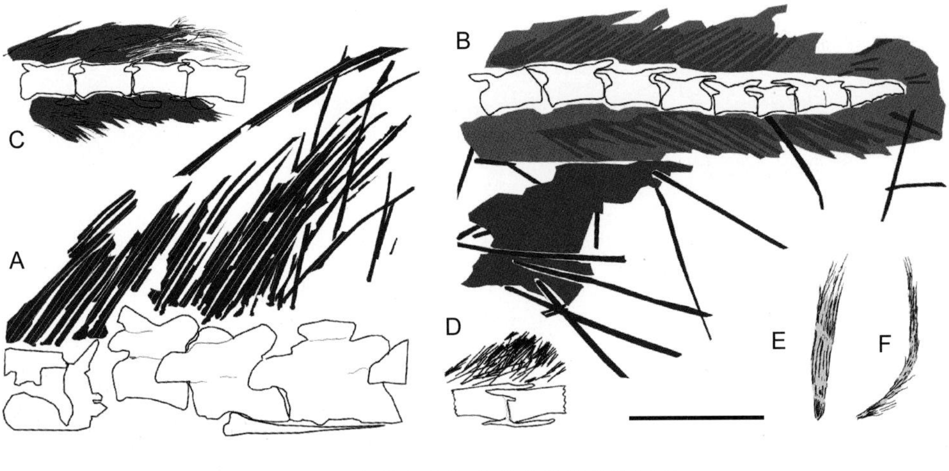

图 5　几个非鸟兽脚类恐龙的纤维状羽毛

A. 意外北票龙（*Beipiaosaurus inexpectus*）头骨后部和前部颈椎，B. 意外北票龙尾椎末端，C. 原始中华龙鸟（*Sinosauropteryx prima*）尾部，D. 帝龙（*Dilong* sp.）尾部，E–F. 千禧中国鸟龙（*Sinornithosaurus millenii*）单个的羽毛；比例尺 =40 mm（A, B, D），=30 mm（C, F），=15 mm（E）（引自 Xu et al., 2009, fig. 2）

1998）；在镰刀龙类的意外北票龙（*Beipiaosaurus inexpectus*）骨架上，发现了管状的细丝状结构皮肤衍生物，它们的远端可能分叉（Xu et al., 1999）；在窃蛋龙类粗壮原始祖鸟（*Protarchaeopteryx robusta*）骨架上，身体的一些部位保存了类似于鸟类的绒羽，而尾部保存了羽轴发育、羽片对称分布的尾羽（Ji et Ji, 1997）；顾氏小盗龙（*Microraptor gui*）的骨架上不但保存了短的细丝状的羽毛，而且在前肢、后肢和尾的后部保存有羽片沿羽轴不对称分布的飞羽（Xu et al., 2003）——可见羽毛不是鸟类的专利，它的产生早于鸟类的出现。根据系统关系分析（Xu et al., 2009），羽毛很可能经历了如下的演化过程，即由单根丝状皮肤衍生物→分叉的丝状皮肤衍生物→有羽轴、羽片对称分布的羽毛→有羽片沿羽轴不对称分布的飞羽。这个过程说明，羽毛的原始类型不是用于飞行而是别有用途。依据对丝状结构皮肤衍生物黑色素形态的分析，中华龙鸟的丝状“羽毛”色彩鲜艳。这一发现表明中华龙鸟可能和鸟类一样用皮肤衍生物来展现自己。同时，丝状的或绒毛状的皮肤衍生物应该有绝缘、保温的功用。这表明这些“带羽毛”恐龙很可能是温血动物、能生活在较寒冷的环境中。

现生爬行动物与祖先两栖类一样身体的姿势呈匍匐状。前肢和后肢的近端肢节——肱骨（humerus）和股骨（femur）向身体的两侧伸出，运动时它们在水平面内向后（肱骨）和向前（股骨）旋转，可达 90°；肢骨的中段——桡骨（radius）- 尺骨（ulna）和胫骨（tibia）- 腓骨（fibula）几乎垂直于地面，起着使身体抬离地面的支撑作用；当站立和行走时前足和后足的指（趾）张开，足部各骨全部贴附于地面，呈蹠行式（plantigrade）。这样的姿势显然不利于快速行走和奔跑。绝大多数化石爬行类，如大鼻龙类（captorhinids）、前棱蜥类、杨氏鳄类（younginids）等也呈匍匐状的原始姿势，但一些三叠纪的主龙类和所有的恐龙因髋臼方向的改变使股骨呈半直立或近于直立状态，将肢拉向身体的侧下方或下方（图 6）。当动物行走和奔跑时，这样的姿势使肢体可以做简单的前 - 后向运动，以利速度的提高。

现生爬行动物和祖先两栖类一样基本上是冷血的，或者说是变温的，它们有较低的新陈代谢率，体温随外界环境的变化而变化。一些类群，如生活于温带地区的扬子鳄（*Alligator sinensis*）和密西西比鳄（*Alligator mississippiensis*）为了抵御冬天的寒冷，还有掘洞冬眠的习性。在 20 世纪 70 年代之前，人们认为化石爬行类同样是变温动物，只有鸟类和哺乳动物才具有恒定的体温。这一论断在 1972 年受到恐龙研究学者 Bakker 的挑战，他认为从恐龙的直立姿势、骨骼中哈弗氏管的构造以及动物群中捕食者 - 被捕食者比率的证据，可以得出恐龙是温血的结论。在此后的几十年间有关恐龙温血 - 冷血的争论一直持续不断，许多学者对 Bakker 的论点提出质疑。虽然近年来兽脚类恐龙身上长有羽毛的证据支持了恐龙是温血的观点（Chen et al., 1998），但似乎无法得出所有恐龙都是温血的结论。现在一般认为恐龙的新陈代谢水平要明显高于变温动物，但低于典型的恒温动物，应该是一种过渡状态（详见本志书第二卷第五册）。

图 6　爬行动物身体姿势

上、前棱蜥类五角蜥（*Pentaedrusaurus*）骨架，示爬行类原始的匍匐状姿势；中、主龙形类山西鳄（*Shansisuchus*）骨架，示爬行类半直立姿势；下、剑龙类沱江龙（*Tuojiangsaurus*）骨架，示爬行类进步的运动姿势

二、爬行动物的骨骼特征

由于具有羊膜卵，爬行动物在个体发育过程中不再像两栖类那样需要经过变态(metamorphism)，但无论是羊膜卵还是变态过程都无法从骨骼化石来判断。对化石的研究者来说，它们的身体结构，特别是骨骼特征是区别化石两栖类和爬行类的主要依据。

1. 头骨和下颌

头骨的类型 与祖先两栖类扁平的头骨不同，原始爬行类的头骨较高。两栖类头骨上开孔较少，仅有一对鼻孔、一对眼眶和一个松果孔。而在石炭纪地层中发现的原始羊膜类中，既有与两栖类一样不具颞孔的无孔型（anapsid）头骨，也有具一对下（侧）颞孔的下孔型（synapsid）头骨，以及具一对上颞孔及一对下颞孔的双孔型（diapsid）头骨（图 7）。在下孔型的头骨中，眶后骨和鳞骨在颞孔的上缘相接；而在双孔型头骨中，眶后骨和鳞骨在上颞孔和下颞孔间相接，隔开两孔。在石炭纪的羊膜类中，蛇齿龙科（Ophiacodontidae）的蛇齿龙（*Ophiacodon*）具下孔类的头骨，接近下孔类的祖先，代表向哺乳动物方向进化的一支。在现代系统发育系统学中，蛇齿龙科不再属于爬行动物而是基干下孔类（basal synapsids）中的一支（Benson, 2012)。无孔类和双孔类是爬行类的头骨类型。岩龙科（Petrolacosauridae）的岩龙（*Petrolacosaurus*）具典型的双孔类的头骨，它们的亲缘关系是明确的，属于双孔类（Reisz, 1977）；而原窗龙科（Protorothyrididae）的林蜥（*Hylonomus*）和古窗龙（*Paleothyris*）与鱼类和两栖类一样有无孔类的头骨，被看作是羊膜类的原始模式。但是，头骨上不具颞孔不能够被用来作为连接它们所在的原窗龙科和一些二叠纪、三叠纪原始的前棱蜥、锯齿龙等无孔类之间密切亲缘关系的依据。事实上，原窗龙科因与双孔类共有下列特征——头骨具短的眶后区，前部荐前椎侧椎体的下方具嵴，四肢纤细，前足和后足细长，而被看作是双孔类的姐妹群（Müller et Reisz, 2006）。一般来说，最大程度的相似性存在于每个早期羊膜类支系的最原始的成员中。随着时间的推移，每个类群都有其特定的演化方向，同时亦发生一些类似的特征变化，包括大小的增加，骨块的缺失和愈合，以及比例的变化等。原窗龙类除了保有普遍存在于其他早期羊膜类的原始特征外，还展现了双孔类特有的裔征。

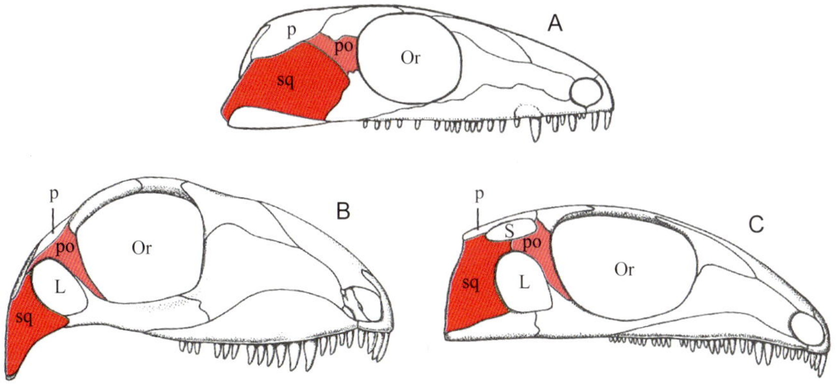

图 7 早期羊膜类的头骨——以颞孔结构区分的羊膜类主要类群

A. *Paleothyris*，代表无孔型头骨，B. *Haptodus*，代表下孔型头骨，C. *Petrolacosaurus*，代表双孔型头骨
L. 下颞孔 infratemporal fenestra, Or. 眼孔 Orbit, p. 顶骨 parietal, po. 眶后骨 postorbital, S. 上颞孔 supratemporal fenestra, sq. 鳞骨 squamosal（依据 Carroll, 1988, figs. 10–11 绘制）

头骨顶面骨骼 在原始的鱼类和两栖类松果孔（pineal foramen）的位置上，爬行类的许多成员同样有一圆形的小孔，被称为顶孔（parietal foramen）。研究表明顶孔与松果孔不是同源的：在脊椎动物中的无颌类七鳃鳗的松果孔下起感光作用的是松果体（pineal organ），而在爬行动物的蜥蜴和楔齿蜥的顶孔下行使机能的是副松果体（parapineal organ）。顶孔存在于原始的爬行类，如大鼻龙类、前棱蜥类和锯齿龙类中，也存在于海生的鳍龙类、鱼龙类和海龙类中。在一些相对进步的爬行类，如恐龙类、翼龙类和鳄类中顶孔消失了，但它依然存在于一些蜥蜴和楔齿蜥中。

迷齿两栖类（labyrinthodonts）中由鳞骨形成的原始耳凹（otic notch）并不存在于爬行类中。有些爬行动物（如前棱蜥类、龟鳖类）在头骨颊区的后缘虽然有相似的结构，但那是次生性的耳凹，由方骨的弯曲形成。次生的耳凹同样被推测为鼓膜（tympanic membrane）的固着处。原始耳凹的消失使下颌关节区得以垂直悬挂于头顶和脑颅区之下，以致在蜥蜴和蛇类中由于下颞弓的缺失，发展为方骨上方与头骨、下方与下颌构成可以活动的“链状”关节。

爬行类与两栖类头部的骨片分布大致相似，特别是头骨前部（图 8）。在石炭纪、二

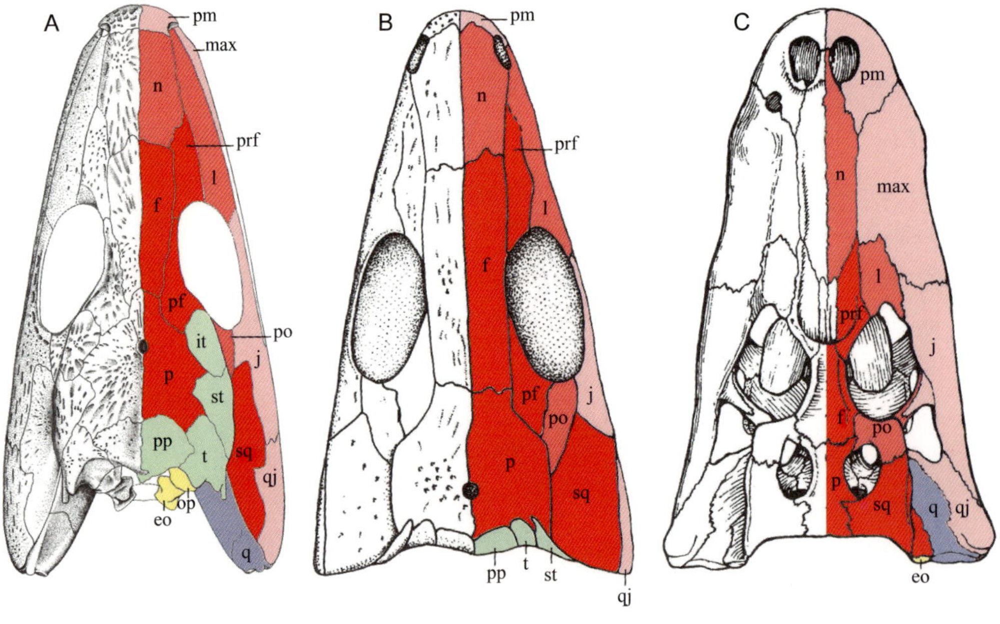

图 8　两栖类与爬行类头骨顶视对比图

A. 石炭纪原始两栖类 *Proterogyrinus*，B. 石炭纪原始爬行类 *Paleothyris*，C. 现生爬行类扬子鳄 *Alligator sinensis*

红色为颅顶的膜质骨片，包括：□ 次生上颌弓骨片，□ 环外鼻孔和眼眶骨片，□ 脑颅顶面骨片，□ 原始上颌弓骨片，□ 脑颅本部骨片，□ 爬行类头骨中缩小和消失的骨片

eo. 外枕骨 exoccipital，f. 额骨 frontal，it. 间颞骨 intertemporal，j. 轭骨 jugal，l. 泪骨 lacrimal，max. 上颌骨 maxilla，n. 鼻骨 nasal，op. 后耳骨 opisthotic，p. 顶骨 parietal，pf. 后额骨 postfrontal，pm. 前颌骨 premaxilla，po. 后眶骨 postorbital，pp. 后顶骨 postparietal，prf. 前额骨 prefrontal，q. 方骨 quadrate，qj 方轭骨 qudratojugal，sq. 鳞骨 squamosal，st. 上颞骨 supratemporal，t. 棒骨 tabular（A 根据 Holmes, 1984, Fig. 3，B 根据 Carroll et Baird, 1972, Fig. 10，C 根据丛林玉等，1998，图 18 加工绘制）

叠纪和三叠纪一些原始的爬行类如林蜥和古窗龙、锯齿龙类、米勒蜥类（millerettids）、波罗蜥类（bolosaurs）中，泪骨自眼眶的前缘一直延伸至外鼻孔（图 8B），像原始两栖类的泪骨一样。在其他爬行类动物中泪骨大为缩短（图 8C），这是因为上颌骨和鼻骨相接阻隔了泪骨伸达外鼻孔。原始爬行类头骨后部的骨片与原始的两栖类比较有较大的改变。有的骨片变小了，同时向后移动，如后顶骨（postparietal）、棒骨（tabular）和上颞骨（supratemporal），它们由头骨的顶面移到了枕面；有的骨片，如间颞骨（intertemporal）甚至完全消失了（图 8B）。在进步的爬行类中，后顶骨、棒骨和上颞骨也在逐步退化，它们完全没有出现在现生的爬行类头骨中。

头骨腹面骨骼　与祖先两栖类比较，原始爬行类的腭面骨片有较大的改变（图 9）。最突出的是翼骨翼（pterygoid flange）或翼骨横突（transverse process of pterygoid）的形成。翼骨翼伸向腹后方，当嘴张开到最大时，它仍旧与下颌冠状突内外相靠，保证上下颌不能左右晃动、下颌关节不至于脱臼。原始两栖类腭骨和外翼骨上有大的獠牙状的牙齿（腭部獠齿 palatal fangs），在原始爬行动物中它们为一些小齿所代替。与两栖类不同，原始爬行类的翼骨上（包括翼骨翼）亦有成列的小齿，这些小齿在大部分进步的类

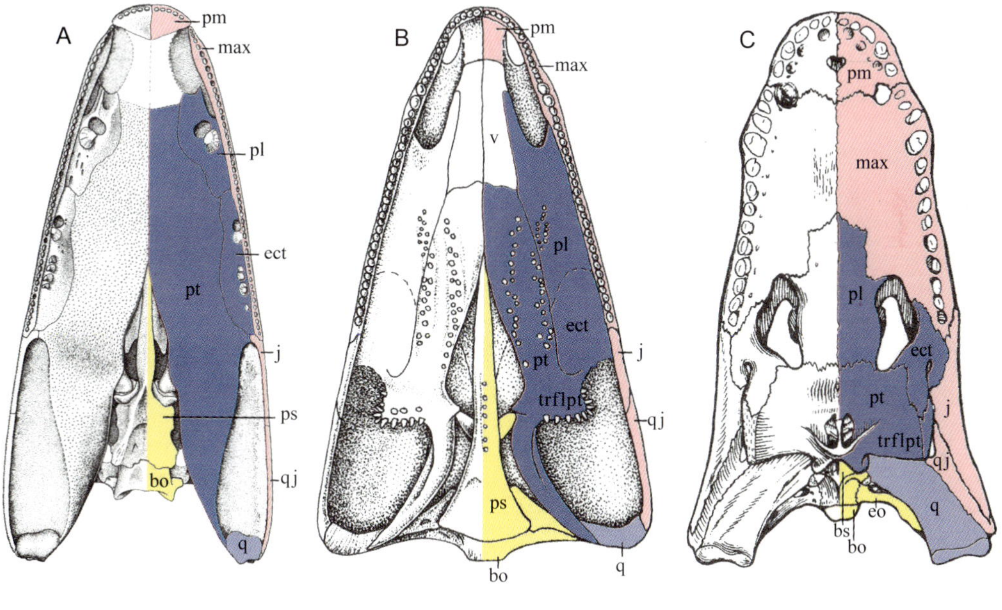

图 9　两栖类与爬行类头骨腹视对比图

A. 石炭纪原始两栖类 *Proterogyrinus*，B. 石炭纪原始爬行类 *Paleothyris*，C. 现生爬行类扬子鳄 *Alligator sinensis*

□次生上颌弓骨片，□原始上颌弓中的膜质骨片，□原始上颌弓中的软骨化骨，□脑颅本部骨片

bo. 基枕骨 basioccipital，bs. 基蝶骨 basisphenoid，ect. 外翼骨 ectopterygoid，eo. 外枕骨 exoccipital，j. 轭骨 jugal，max. 上颌骨 maxilla，pl. 腭骨 palatine，pm. 前颌骨 premaxilla，ps. 副蝶骨 parasphenoid，pt. 翼骨 pterygoid，q. 方骨 quadrate，qj 方轭骨 qudratojugal，trflpt. 翼骨翼 / 翼骨横突 pterygoid flange/transverse process of pterygoid，v. 犁骨 vomer (A 根据 Holmes, 1984, Fig. 3，B 根据 Carroll et Baird, 1972, Fig. 10，C 根据丛林玉等，1998，图 18 加工绘制）

型中消失。爬行类发育的翼骨翼是翼肌（*m. pterygoideus*）的起点。而在任何原始的两栖类中几乎没有大的翼肌存在的证据。翼骨中部内侧具一凹窝构造，它接纳副蝶骨伸出的基翼骨突（basipterygoid process），它们二者形成头骨腭部和脑颅间活动的基关节（basal articulation of palate and braincase）。在一些进步的爬行类中，如水生的鱼龙类和鳍龙类，由于翼骨的扩大，这一基翼关节是固接的，失去了活动性。原始的爬行类与祖先两栖类一样，左右翼骨在基翼关节之前分开形成狭长的间翼骨腔（interpterygoid vacuity）。副蝶骨宽大的后部形成脑颅的底板，而前部细长的刀片状突（cultriform process）伸入间翼骨腔中。在进步的爬行类，如现生鳄类中，翼骨在中线相接，间翼骨腔消失（图 9C）。与两栖类不同，爬行类有骨化的上翼骨（epipterygoid），它几近直立于翼骨之上、紧贴脑颅的前侧壁。在一些原始的和现生两栖类中，脑颅的侧壁是完整的，仅有一些神经和血管孔出现在耳区和蝶区。可是在爬行类的姐妹群——石炭蜥类中，在前耳骨之上的脑颅侧壁发育了一个孔隙。到西蒙龙（*Seymoria*）和可德拉龙（*Kotlassia*）阶段，该孔隙变得非常大。上翼骨的上端呈棒状向头顶延伸，可增强腭组合的稳定性。它的下部沿翼骨的侧面向后延伸趋向方骨。

部分进步的爬行类次生腭（secondary palate）发育。次生腭是在头骨原生腭（original palate）的下方，由两侧的前颌骨、上颌骨、腭骨及翼骨在中线相连形成的一个骨板。它隔开了鼻道和口腔，使动物的呼吸不受进食的影响。鼻道连通头骨前部的外鼻孔和口腔内的内鼻孔。随着次生腭的逐步完善，前颌骨、上颌骨、腭骨和翼骨依次加入到次生腭中，内鼻孔的位置后移。这一进化过程在鳄型类（crocodylomorphs）中表现得异常明显（图 10）：在原始鳄形类，如裂头鳄（*Dibothrosuchus*）中，内鼻孔前位，短的次生腭由前颌骨和上颌骨组成（图 10A）；在中真鳄类（mesoeucrocodylians），如 *Pelagosaurus* 中，内鼻孔位置后移到腭骨与翼骨的交界处，腭骨参与次生腭的组成（图 10B）；在真鳄类（eusuchians），如 *Alligator* 和 *Leidyosuchus* 中，内鼻孔被翼骨所包围，不仅前颌骨、上颌骨、腭骨参与次生腭的组成，翼骨的前部亦是次生腭的组成部分（图 10C）。在爬行动物的不同分支中，次生腭的发育程度不同。蜥蜴（如 *Iguana*）和楔齿蜥类（如 *Sphenodon*）的腭面结构原始，内鼻孔前位；而不同程度的次生腭也见于恐龙、翼龙等。

头骨枕面骨骼 爬行类只有一个中央突出的枕髁（occipital condyle），这不同于两栖类由一对外枕骨形成的双枕髁（图 11）。爬行类的枕髁由基枕骨和外枕骨的基部组成，它吻合进入由寰椎的间椎体和椎弓组成的环中，形成更为灵活的连接。在进步的爬行类中椭圆形或圆形的枕髁通常是外突的，而原始的爬行类枕髁上有中央的凹坑，表明脊索（notochord）的位置。椭圆形的枕孔（foramen magnum）位于枕髁之上。枕孔的两侧为外枕骨，其外侧是与其愈合的粗大的副枕骨突（paroccipital process），后者向外和向上方延伸。副枕骨突由后耳骨（opisthotic）形成。爬行类的耳囊（otic capsule）是由前耳骨（prootic）、后耳骨和与上枕骨愈合的上耳骨（epiotoc）合围而成。耳囊的外侧有一卵圆

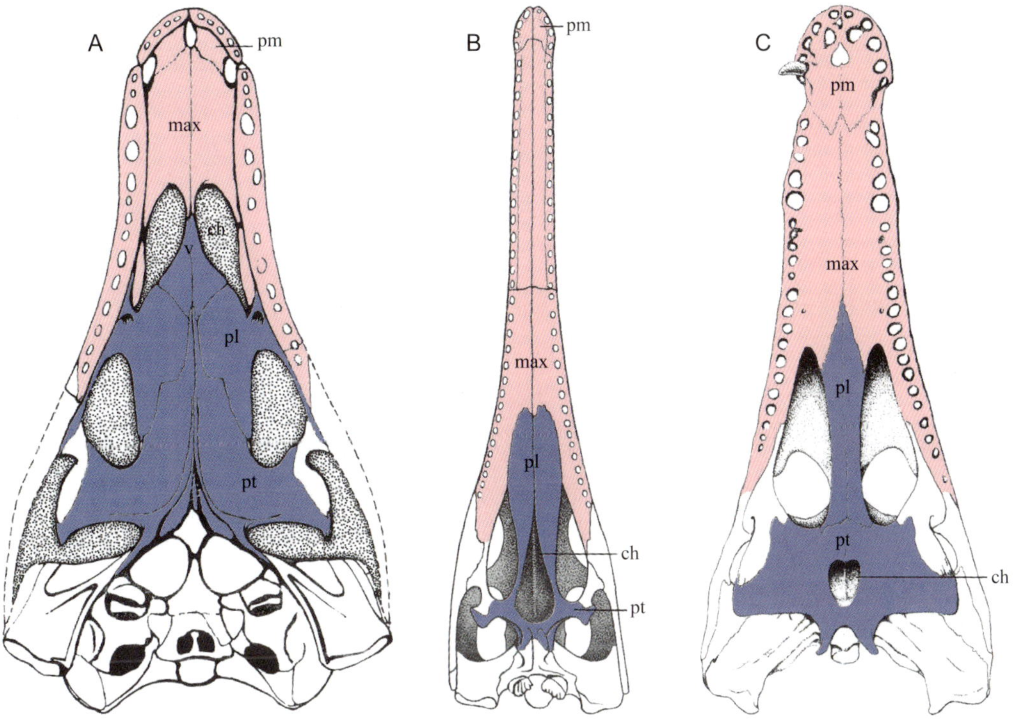

图 10　爬行类次生腭对比图

A. 鳄形类 *Dibothrosuchus*，B. *Pelagosaurus*，C. *Leidyosuchus*

□次生腭中前颌骨和上颌骨部分，■次生腭中原始上颌弓骨片

ch. 内鼻孔 choana，max. 上颌骨 maxilla，pl. 腭骨 palatine，pm. 前颌骨 premaxilla，pt. 翼骨 pterygoid，v. 犁骨 vomer（A 根据吴肖春，1986，图 3，B 根据 Kälin, 1955, Fig. 26B，C 根据 Erickson, 1976, fig. 5 加工绘制）

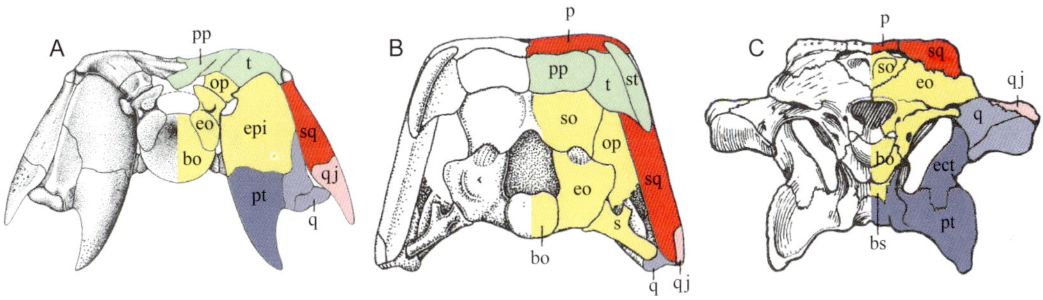

图 11　两栖类与爬行类头骨枕视对比图

A. 石炭纪原始两栖类 *Proterogyrinus*，B. 石炭纪原始爬行类 *Paleothyris*，C. 现生爬行类扬子鳄 *Alligator sinensis*

□次生上颌弓骨片，■脑颅顶面骨片，■原始上颌弓中的膜质骨片，■原始上颌弓中的软骨化骨，■脑颅本部骨片，□爬行类头骨中缩小和消失的骨片

bo. 基枕骨 basioccipital，bs. 基蝶骨 basisphenoid，ect. 外翼骨 ectopterygoid，eo. 外枕骨 exoccipital，epi. 上翼骨 epipterygoid，op. 后耳骨 opisthotic，p. 顶骨 parietal，pp. 后顶骨 postparietal，pt. 翼骨 pterygoid，q. 方骨 quadrate，qj 方轭骨 quadratojugal，s. 镫骨 stapes，so. 上枕骨 supraoccipital，sq. 鳞骨 squamosal，st. 上颞骨 supratemporal，t. 棒骨 tabular（A 根据 Holmes, 1984, Fig. 4，B 根据 Carroll et Baird, 1972, Fig. 10，C 根据丛林玉等，1998，图 19 加工绘制）

孔或窗（*fenestra ovalis*），开口于中耳腔，中耳中镫骨（stapes）一般为柱状，其脚板状的内侧端伸至覆盖卵圆孔的内耳膜，外侧端以软骨部与面向外耳的鼓膜相连，随着震动，镫骨起着传导声波的作用。

下颌 与原始的两栖类比较，爬行类的下颌也有骨片减少的趋势（图 12）。原始两栖类的两块夹板骨（splenial）在爬行类中变成了一块，三块冠状骨（coronoid）也减少为一块。下颌支的前端向内弯曲，与对侧的下颌支之间形成短的缝合部（symphysis）；下颌支后部骨片加深加宽，在下颌关节之前内侧镂空，形成一向内上方的大的收肌窝（adductor fossa），窝的边缘附着腱膜，提供颌收肌宽阔的固着处。在一些爬行动物中，如蜥蜴、楯齿龙类（placodonts）和鸟臀类恐龙（ornithischians），收肌窝的前端外侧常常发育由冠状骨和齿骨形成的冠状突（coronoid process）。关节骨的上表面形成横宽的关节窝。下颌支的后端可能是平滑圆润的，也可能发育一反关节突（retroarticular process），使下颌张开的下颌降肌（*m. depressor mandibulae*）固着于其末端。在下颌支内侧夹板骨、隅骨和前关节骨的相交处有一小的麦氏孔（meckelian foramen）。大部分爬行类和两栖类一样，下颌支内麦氏沟（meckelian canal）是全封闭的，而在大多数主龙类的下颌支外侧面，齿骨、隅骨和上隅骨的相交处有一大的外下颌孔（external mandibular fenestra）。

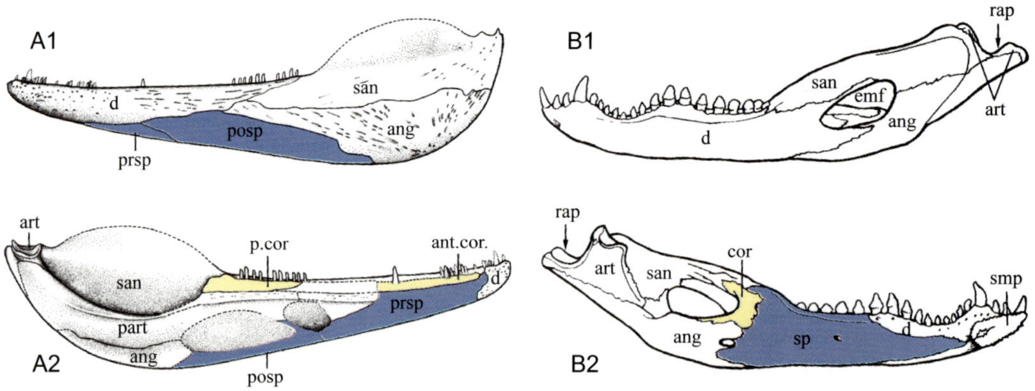

图 12 两栖类爬行类下颌对比图

A. 石炭纪原始两栖类 *Proterogyrinus*，B. 现生爬行类扬子鳄 *Alligator sinensis*；A1, B1 外侧视，A2, B2 内侧视 .

■冠状骨，■夹板骨

ang. 隅骨 angular，ant. cor. 前冠状骨 anterior coronoid，art. 关节骨 articular，cor. 冠状骨 coronoid，d. 齿骨 dentary，emf. 下颌外孔 external mandibular fenestra，p. cor. 后冠状骨 posterior coronoid，part. 前关节骨 prearticular，posp. 后夹板骨 postsplenial，prst. 前夹板骨 presplenial，rap. 反关节突 retroarticular process，san. 上隅骨 surangular，smp. 齿骨联合 symphysis，sp. 夹板骨 splenial（A 根据 Holmes, 1984, Fig. 15，B 根据丛林玉等，1998，图 47 加工绘制）

牙齿 总体来看，爬行动物牙齿的形态比两栖类复杂，但比哺乳动物的要简单得多。在现生爬行类中大多是单尖的锥状齿；而在漫长的历史进程中，随食性的不同爬行动物具形态多样的牙齿。早期爬行类，如石炭纪的林蜥和古窗龙，牙齿是圆锥形或圆柱形的同形齿，边缘牙齿形态一致，只有大小的差别。类似的齿列也出现于以鱼为食的水生爬行动物中，如鱼龙类、鳍龙类和离龙类等，它们的颌骨上着生为数众多的小的圆锥状齿。肉食性的爬行动物，如基干假鳄类和肉食性恐龙（meat eating dinosaurs），牙齿侧扁且弯曲向后，前后边缘上往往有锯齿状结构，呈锋利的匕首状，适合切割食物。大部分鳄类虽然也是肉食习性，如扬子鳄（*Alligator sinensis*），单尖的锥状齿却展示了不同的特点，牙齿侧扁但齿尖弯曲向内，前后边缘上无锯齿。植食动物的颊齿是多样的。进步的前棱蜥类的颊齿横宽，齿冠上有两个并排的小尖；而锯齿龙类和许多鸟臀类恐龙的单个齿冠前后向扩展呈叶片状，齿列则形成一个切割脊，适于切断植物。以软体动物为食的楯齿龙类和部分蜥蜴中，颊齿异常粗壮呈蚕豆状或纽扣状，以压碎食物的硬壳。而以植物为食和以软体动物为食的爬行类，颌前部的牙齿常常是凿状的，用以收集食物。蛇的牙齿非常细长且弯曲，有利于牢固地抓住捕获物。有的蛇类上颌骨齿具沟或管可注入毒液。

按照 Edmund（1969）的划分，爬行类的牙齿的着生方式分为四种类型：原槽生齿或次槽生齿（protothecodont or subthecodont）、端生齿（acrodont）、侧生齿（pleurodont）和槽生齿（thecodont）。原槽生齿中每个牙齿的基部被牙骨质（cementum）粘接在一浅的齿孔中，齿孔在牙床上排成纵列。原槽生齿并未见于现生的爬行类，它是二叠纪、三叠纪一些杯龙类 [cotylosaurs，包括前棱蜥类（图 46）、波罗蜥类（bolosaurs）等]、大鼻龙类[①]（图 55）和杨氏鳄类的牙齿类型。端生齿则直接固接在颌骨的顶部，它存在于喙头蜥类和少数蜥蜴中。侧生齿的牙齿固接于颌骨舌面，颌骨的舌侧壁低于唇侧壁。两侧壁的情况，在不同种动物甚至同一动物的上下颌齿列中都可以是多样的。侧生齿存在于大多数蜥蜴和蛇类中。槽生齿着生于深的齿孔中，现生爬行类中它通常被未硬化的组织，如胶原纤维（collagen fibers）所固接。在爬行动物中只有主龙型类具槽生齿。它只有单一的齿根。这区别于基干下孔类和哺乳动物有 2–7 个齿根的槽生齿。然而基干主龙型类的喙龙类（rhynchosaurs）的槽生齿无法分出齿孔或窝，因为它们长的齿根与颌骨已紧密愈合，这类牙称为融合型槽生齿（ankylothecodont）(Benton, 1990)。在爬行动物中龟鳖类是个特例，绝大多数在颌骨上完全没有牙齿，以角质喙代替齿的功能，切碎食物。目前只有已知最早的、晚三叠世的半甲齿龟（*Odontochelys semitestacea*）具有颌骨齿（Li C. et al., 2008）（图 72、图 73）。

绝大多数爬行类的颌边缘牙齿在一生中是不断更换的。新生齿在深部形成、长大，然后伸出表面成为正常的功能齿；但不久后就由于齿基部被吸收或与颌骨的连接被松解而脱落，又被新一代的牙齿所置换。这些齿列的牙齿往往是不规则的，其上有功能齿、幼齿、刚刚萌出的齿尖、甚至还有空的齿孔同时存在（图 53）。研究人员试图找到这些

① Edmund（1969）认为 captorhinids 具端生齿。产自甘肃玉门大山口的大鼻龙类甘肃鼻龙（*Gansurhinus*）的齿板上显示了清晰的圆形的浅的齿孔（图 55），大鼻龙类应为原槽生齿。

动物牙齿置换的规律，Edmund（1969）提出了一种假说和数学模型。他认为牙齿的更换是由一种由前向后的刺激波引起的，但学界对此至今没有统一的认识。对于一些原槽生齿和端生齿的爬行类，过了一定的生长发育阶段，就不再有新的置换齿产生，动物使用原有的齿列，或者当牙齿被磨没了时使用颌骨本身切割、压碎食物。这一现象清楚地显现于前棱蜥类深头置换齿蜥（*Eumetabolodon bathycephalus*）中（Li, 1983）。

2. 头后中轴骨骼

爬行动物的脊柱强壮，这是陆地生活的需要。脊柱必须承受身体的重量，同时保护软组织和脊髓。原始两栖类脊椎的椎体有不同的类型，它们或是由大的间椎体（intercentrum）和小的侧椎体（pleurocentrum）组成的块椎型（rhachitomous），或是完全由间椎体组成的全椎型（stereospondylous），或是间椎体和侧椎体各形成一个环状结构共同组成的楔椎型（embolomerous）。而在爬行动物中，椎体则主要由侧椎体形成，间椎体缩小为小的楔状体存在于相邻两个椎体连接处的下方。间椎体主要存在于古老的爬行类，在二叠纪时其大小和分布都趋向于缩减。在许多进步的类型中，间椎体从背椎中消失了，但是它存在于现生的壁虎类蜥蜴（gecko lizards，又称守宫类）和喙头蜥中。在尾部有间椎体的话，常常与下方的脉弧（chevron）相愈合。

脊椎由椎体（centrum）和椎弓（neural arch，又称髓弓、神经弓）组成。两侧的椎弓相连并向上伸出一椎棘（neural spine，又称髓棘、神经棘），椎弓的基部牢固地连接在椎体上，基部外侧有粗壮的横突（transverse process）与肋骨相接（图 13）。椎弓的前后各伸出一对关节突（前关节突 prezygapophysis 和后关节突 postzygapophysis），其末端有关节面。前关节突的关节面向上向内，而后关节突的面向下向外。椎体一般为线轴状，爬行动物的椎体依其两端关节面的形状被 Romer（1956）划分为四种类型：脊索双凹型

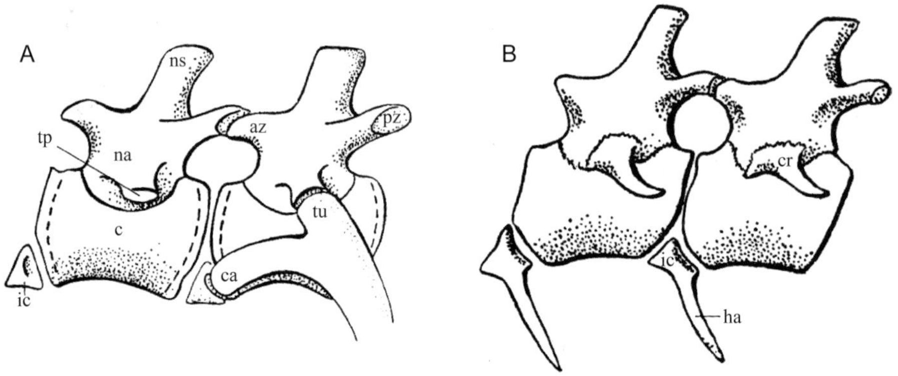

图 13　早期爬行类的背椎（A）和尾椎（B）左侧视图

az. 前关节突 prezygapophysis，c. 椎体 centrum，ca. 肋骨头突 capitulum of rib，cr. 尾肋 caudal rib，ha. 脉弓 hemal arch，ic. 间椎体 intercentrum，na. 椎弓 neural arch，ns. 椎棘 neural spine，pz. 后关节突 postzygapophysis，tp. 横突 transverse process，tu. 肋骨结突 tuberculum of rib（引自 Romer, 1970, fig. 100） (notochord amphicoelous)、双凹型(amphicoelous)、前凹型(procoelous)和后凹型(opisthocoelous)。脊索双凹型椎体的前后两端向内凹入呈漏斗状，椎体中央有一细管，为脊索的通道。它存在于所有现生爬行类的胚胎、楔齿蜥和壁虎类蜥蜴的成体，及一些“杯龙类”、鱼龙类、杨氏鳄类和喙头蜥类中。双凹型椎体的两端依旧凹入，但失去了脊索通道变为实心。它存在于一些白垩纪前的爬行动物中。前凹型椎体前端凹入，后端凸出为球形，它存在于真鳄类(eusuchians)、翼龙的荐前椎和几乎所有的蜥蜴中。后凹型椎体的后端凹入，前端凸出为球形，它存在于蜥脚类恐龙(sauropods)的荐前椎和其他恐龙的颈椎中。爬行动物身体的不同部位椎体类型可以不同。龟鳖类和翼龙的颈椎椎体展示出非常特殊的结构。

与两栖动物的双枕髁和头骨只能上下活动不同，爬行动物具单枕髁，头部获得了更大的活动性，使它们能更好地适应陆地复杂的生活环境。与单枕髁相接的第一、第二节脊椎形成特殊的寰椎 - 枢椎组合(atlas-axis complex)(图 14)。寰椎的间椎体和椎弓形成一个环状结构，它们之间形成的凹接纳球状突出的枕髁。与哺乳动物的寰椎不同，爬行类寰椎的间椎体和椎弓常常保持分离状态。在许多爬行类寰椎的前面有时多有一椎弓，称为前寰椎(proatlas)。寰椎的椎体与枢椎的间椎体和椎体间的关系在不同的爬行类中呈现不同的状态。在原始的类型中，如前棱蜥和锯齿龙，寰椎的椎体缩小，寰椎和枢椎的间椎体在其下方可以相遇。而在进步的爬行类中，如蜥蜴、鳄类和楔齿蜥，寰椎的椎体常与寰椎分离，而在胚胎发育过程与枢椎的间椎体结合形成枢椎的齿突(odontoid)。枢椎的椎弓常常是比其后方的脊椎中的扩展变大。

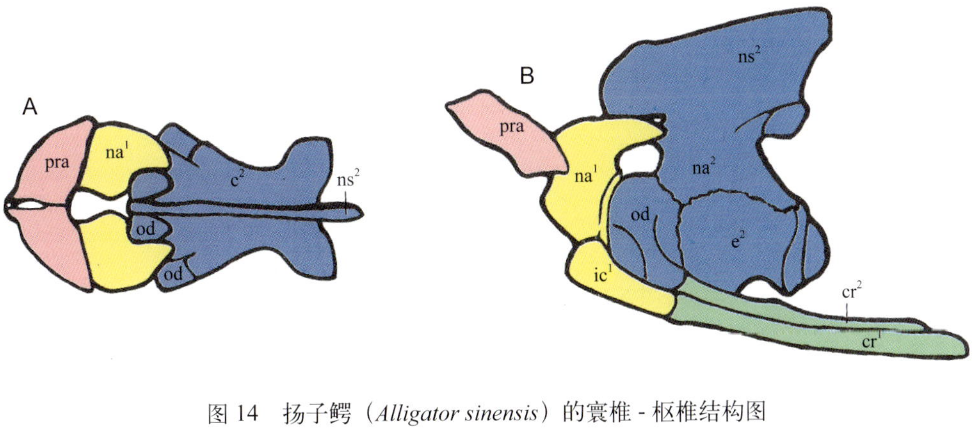

图 14　扬子鳄(*Alligator sinensis*)的寰椎 - 枢椎结构图

A．顶视图，B．左侧视图；前寰椎，寰椎，枢椎，颈肋

c^2. 枢椎椎体 centrum of axis，cr^1, cr^2. 第一、第二颈肋 1st and 2nd cervical rib，ic^1. 寰椎间椎体 intercentrum of atlas，na^1, na^2. 寰椎、枢椎髓弓 neural arch of atlas and axis，ns^2. 枢椎髓棘 neural spine of axis，od. 齿突 odontoid，pra. 前寰椎 proatlas (根据丛林玉等，1998，图 72 加工绘制)

与两栖动物一样，爬行类的脊柱可分为颈椎、背椎、荐椎和尾椎。颈椎和背椎可统称为荐前椎。与之相连接的肋骨亦可分为颈肋、背肋、荐肋和尾肋。颈肋通常较短，末

端尖。背肋伸长，前部背肋的腹端与胸骨相连；向后背肋变短，失去与胸骨的连接。大部分的荐肋短而粗壮，远端紧密地与髂骨板粘接。在众多完全水生的类群中，由于无需支撑身体重量，荐肋退化成棒状，与脊柱和腰带构成活动的“链状”关节，如贵州龙（Cheng et al., 2004）。两栖动物一般只有两枚颈椎，爬行动物中一般为 9 枚；水生的鳍龙类颈椎数大大增加，最多的有七十多枚，如蛇颈龙类（plesiosaurs）的薄片龙（*Elasmosaurus*）等。原始爬行动物荐椎为两节（两栖类为一节）。在进步的类型中荐椎数目进一步增加，最高可达 10 节，与之相连的髂骨也随之扩展，如进步鸭嘴龙类（hadrosaurs）的巨型山东龙（*Shandungosaurus giganteus*）（胡承志等，2001）。

3. 附肢骨骼

爬行动物的肩带（pectoral girdle）和腰带（pelvic girdle）连接脊柱和四肢，起着传导体重的作用。原始爬行类的肩带与祖先两栖类的相似，由锁骨（clavicle）、间锁骨（interclavicle）和肩胛乌喙骨（scapulocoracoid）组成。两栖类肩带中的膜质骨匙骨（cleithrum）在一些早期爬行类中就已消失了。肩带的背方骨化为肩胛骨（scapula）；腹方——在一些原始的爬行类如大鼻龙类、前棱蜥类和锯齿龙类中，骨化为乌喙骨（coracoid）和前乌喙骨（anterior coracoid），在大多数爬行动物中腹方只有单一骨片，被称为前乌喙骨，因它与哺乳动物的乌喙骨并不同源（Romer, 1970）。位于肩胛骨和乌喙骨界线后端的肩臼（glenoid）接纳前肢的肱骨。原始爬行类的肩臼具特殊的结构，关节面呈螺旋状（screw-shaped），这与身体的匍匐状姿态相适应；进步的爬行类四肢拉向身体的下方，肩臼变为面向后外方的简单的凹状结构（图 15A）。龟鳖类的肩带与其他爬行类的区别明

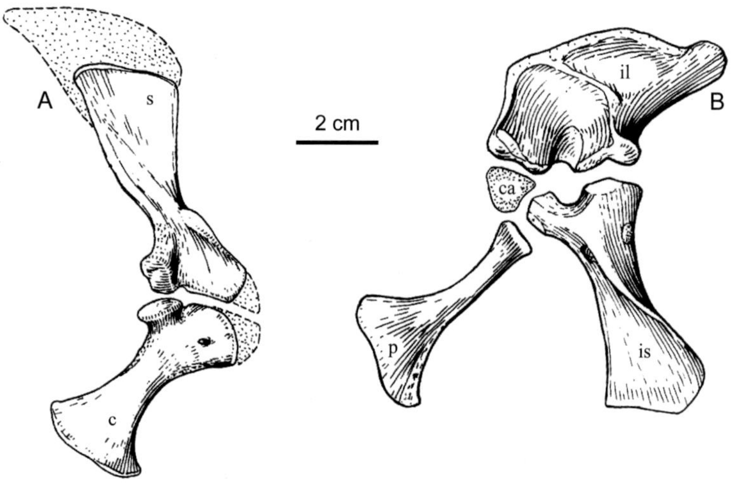

图 15　扬子鳄（*Alligator sinensis*）的肩带和腰带

A. 右肩带外侧视，B. 左腰带外侧视

c. 乌喙骨 coracoid，ca. 髋臼软骨 cartilage of acetabulum，il. 髂骨 ilium，is. 坐骨 ischium，p. 耻骨 pubis，s. 肩胛骨 scapula（引自丛林玉等，1998，图 83, 87）

显，呈特殊的三射形，肩胛骨位于肋骨（肋板）内侧，隐于龟壳之内，构成肩带的上支和前腹支。

爬行动物的腰带由背方的髂骨（ilium，又称肠骨）、腹前方的耻骨（pubis）和腹后方的坐骨（ischium）组成。在它们外侧面的连接处形成一个大的凹状结构——髋臼（acetabulum）。在主龙类（archosaurs）分支中的进步类型，髋臼常常被洞穿为孔，以更好地接纳股骨头。只有在进步的鳄类中，因坐骨的扩大，耻骨被排除出髋臼（图 15B）。爬行类的髂骨比两栖类（蛙类例外）扩展，这为较多数目的荐肋提供附着处。原始的爬行类（如大鼻龙类）中，耻骨和坐骨形成完整的耻坐板（puboischiadic plate），两侧的耻坐板在中央腹侧缝合。在一些爬行类（如蜥蜴、楔齿蜥）中，耻骨和坐骨间产生了大的耻坐孔（puboischiadic fenestra），使腰带呈现三叉形结构。在蜥臀类恐龙（saurischians）中，耻骨和坐骨常常变为棒状，腰带的三叉形更明显。而在鸟臀类恐龙中，耻骨前端伸出一强壮的突起，细长的后部与坐骨平行地向后延伸，使腰带呈四射形。

爬行类四肢的结构与两栖类和哺乳类基本一致（图 16）。原始爬行类（如大鼻龙类和杯龙类）肱骨两端有不同程度的扩展，骨干扭转使两端面几呈 90° 的夹角。近端面基本水平，远端面倾斜。两栖类的肱骨内上髁孔（entepicondylar foramen）继续存在，而肱骨外上髁近端的旋后肌突（supinator process of ectepicondyle）是羊膜类的原始特征。原始爬行类的股骨形状明显不同于肱骨，它基本是一柱状结构，两端扩展，常常稍弯曲。近端的股骨头吻合于髋臼内，可自由转动。前肢的桡骨和尺骨与肱骨间形成的肘关节转动比较自由；后肢的胫骨和腓骨与股骨间的膝关节则是不能旋转的关节。爬行动物腕关

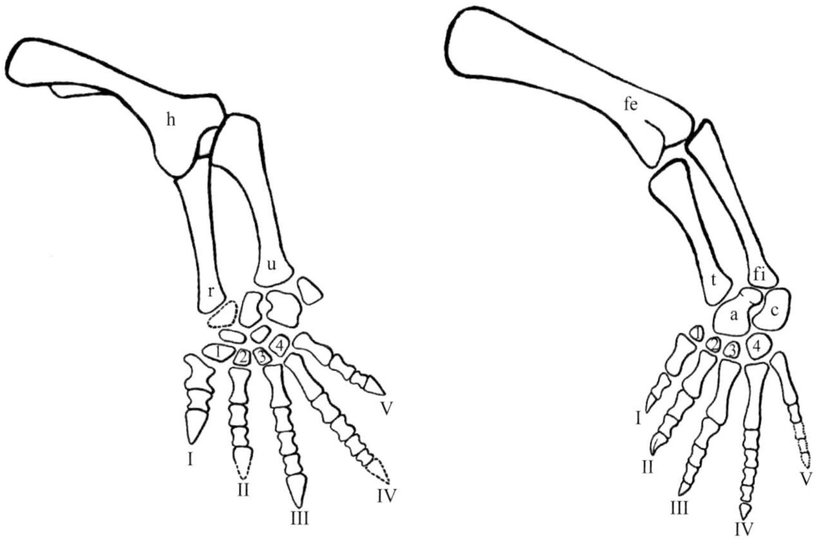

图 16　前棱蜥（*Procolophon*）左侧前肢（A）和后肢（B）的前视图

a. 距骨 astragalus，c. 跟骨 calcaneum，fe. 股骨 femur，fi. 腓骨 fibula，h. 肱骨 humerus，r. 桡骨 radius，t. 胫骨 tibia，u. 尺骨 ulna，1–4. 远端腕骨或远端跗骨 distal carpals or distal tarsals，I–V. 前肢的指或后肢的趾 digits of manus and pes

节基本只能在一个方向活动；而足部可以相对胫部转动。原始爬行类的腕部由 11 块骨化很好的小骨组成。跗部比古生代的两栖类特化，胫跗骨（tibiale）、中间跗骨（intermedium）和中央近侧跗骨（proximal centrale）愈合为一个骨块，称为距骨（astragalus）；外侧的腓跗骨（fibulare）加大，被称为跟骨（calcaneum）。和石炭蜥类一样，爬行类前足的指式为 2-3-4-5-3，后足的趾式为 2-3-4-5-4。

三、爬行类的起源和早期辐射研究

1. 爬行类的起源

1989 年 Smithson 报道了发现于苏格兰下石炭统（3.38 亿年前）的一个化石骨架，认为它代表最早已知的爬行动物。Carroll（1991）评论道：这一初步的研究几乎没有提到该骨架与以前描述的早期羊膜类的区别，但他将爬行类的起始期向前推进了 3800 万年。因 Smithson（1989）记述的化石不完整，至今人们仍然以加拿大上石炭统的林蜥为最早的爬行动物。林蜥是小型蜥蜴状的动物，体长大约 20–30 cm，为数众多的尖锐牙齿表明它们是以昆虫为食。化石发现于加拿大新斯科舍省（Nova Scotia）乔金斯（Joggins），该化石点最为独特的是所有化石都保存在直立的石松树（lycopod trees）中空的树桩中，直到 1987 年 Carroll 的中国学生在传统的化石产地之外约两公里处较低的层位中发现首个几近完整的 *Dendrerpeton* 标本为止。树桩中的化石骨骼分散保存，但数量很多，能够装配出林蜥几乎完整的骨架。一个与林蜥近似的属——古窗龙发现于新斯科舍省悉尼（Sydney）上石炭统一较高层位，但同样是直立树桩式保存的地点。古窗龙（图 17）的化石比林蜥更完整，它是骨骼互相关联保存的。这些原始的爬行动物比大多数古生代的两栖类骨化更充分，轻巧的骨架和四肢的比例暗示它们更为活跃。它们运动协调能力的进步可能是早期羊膜类成功的另一个重要因素。

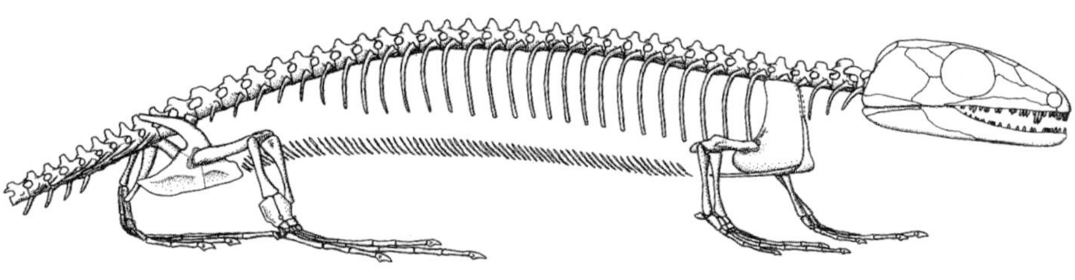

图 17　古窗龙（*Paleothyris*）复原骨架
（引自 Carroll et Baird, 1972, Fig. 11C）

时至今日，尚未发现石炭纪之前含羊膜动物的沉积，也没有爬行动物和它们最近祖先的更早的记录。传统上认为古生代有三大类两栖动物，它们是壳椎类（lepospondyls）、离片椎类（temnospondyls）和石炭蜥类（anthracosaurs）。其中的离片椎类和石炭蜥类具迷路构造的牙齿，传统上被归入并系的迷齿亚纲（Labyrinthodontia）。虽然壳椎类中的鳞鲵（*Microsaurus*）因体型的轻巧和身体的比例被有的人推测为爬行类的祖先，但早期爬行类以多个部分组成的寰椎 - 枢椎组合（atlas-axis complex）区别于所有的壳椎类。它们以原始地缺失头顶和颊部的牢固的联合，以及具有大的侧椎体和更高的指节数区别于离片椎两栖类。如上所述，只有石炭蜥类与早期的爬行类共有一些衍生特征。虽然多个部分形成的寰椎 - 枢椎组合普遍存在于原始迷齿类，但只有石炭蜥类和早期的爬行类一样，它们的椎体主要由侧椎体组成。石炭蜥类和早期的爬行类一样有五指的前足，指式是 2-3-4-5-3。在现代系统发育系统学意义上，石炭蜥类不是单系类群，不是所有羊膜类的直接祖先，而其中的钝头龙型类（diadectomorphs）和爬行类互为姊妹关系、来自一个最近的共同祖先，它们构成一包含更广的分类单元——爬行型纲（Reptiliomorpha）[①]，钝头龙型类是其最基干类群（Gauthier et al., 1988b）。

2. 爬行类的早期辐射研究

自 18 世纪中叶 Reptilia 一词出现至 20 世纪 80 年代的 200 余年间，研究者们一直在致力于爬行动物新的现生和化石属种的发现，确定它们的分类位置，探讨其彼此间的亲缘关系。这一时期生物分类使用林奈（Carl Linnaeus）的套叠式等级系统（nested hierarchic system），依照特征的相似性和系谱进行分类。美国学者 Romer（1966）所做的系统发育图（图 18）较为全面地体现了当时的研究成果。

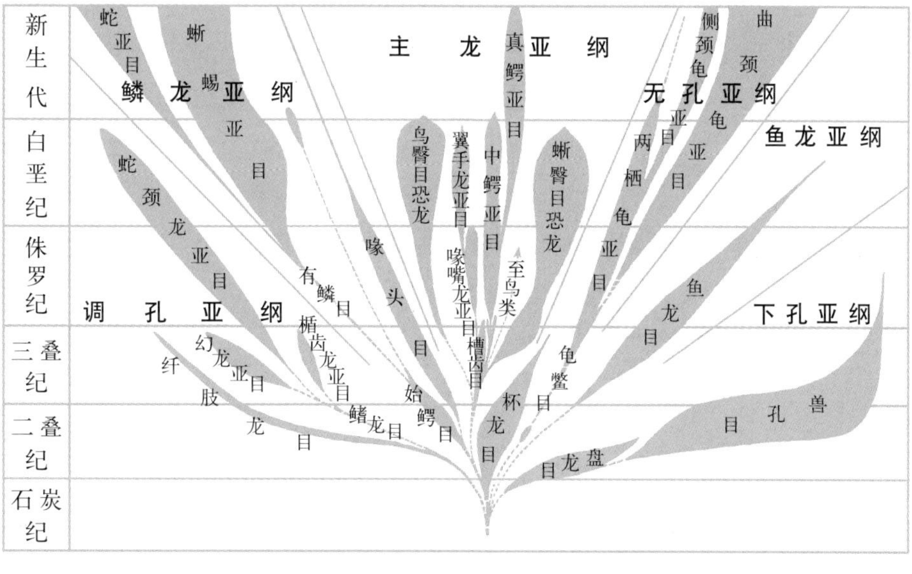

图 18　Romer（1966）所作爬行动物系统发育图
（综合自 Romer, 1966, figs. 156, 207）

① 见本志第一卷第一册 49 页。

自20世纪初期开始，演化系统分类学者依据头骨颞区的结构对爬行动物进行分类。在随后的几十年间随着新化石的不断发现和人们认识的提高，分类的工作也在不断地向前推进。虽然不同的研究者给出了不同的分类方案，但在大的框架上还是趋于一致的。与祖先两栖类一样头骨后部全封闭，不具颞孔的动物被归入无孔类，头骨后部眶后骨-鳞骨之下具一对侧颞孔的被归入下孔类，头骨后部具两对颞孔的被归入双孔类，头骨后部具一对上颞孔，眶后骨-鳞骨位于孔的下方的被归入调孔类（euryapsids）。20世纪的演化系统分类学者们认为无孔型的头骨是爬行动物的原始类型，下孔型和双孔型都是从无孔型进化发展而来。现代系统发育系统学者则认为，调孔型实际上是双孔型的一种特化。

早期无孔类的成员被一些演化系统学者（如Romer, 1966；Colbert, 1969）归入杯龙目（Cotylosauria）[①]，该目中包括大鼻龙型类（captorhinomorphs）、前棱蜥类、锯齿龙类和米勒蜥类（millerettids）等。除了大鼻龙型类最早出现于石炭纪，其余类群均出现于中二叠世。这些类群中的绝大部分在晚二叠世从地球上消失，只有前棱蜥类一直生存至晚三叠世。

杯龙类自身的成员虽然是地史上的匆匆过客，但演化系统分类学者认为：杯龙类在爬行动物进化中起着重要的作用，繁盛于中二叠世至早三叠世的始鳄类（eosuchians）和繁盛于晚二叠世至晚三叠世的槽齿类（thecodonts）都是起源于原始的杯龙类。始鳄类是有鳞类（squamates）的蜥蜴和蛇以及喙头类（rhyncocephalians）的祖先，而槽齿类是鸟臀类恐龙、蜥臀类恐龙[②]、鳄类和翼龙类的祖先。这些爬行动物的重要类群在晚三叠世都已出现在地球上。现在大多数系统发育系统学者已不再使用“始鳄类”和“槽齿类”（见后）。最早的龟鳖类也出现于三叠纪。因头骨后部无颞孔，传统上将龟鳖类归入无孔类（Romer, 1966；Carroll, 1988）。虽然龟鳖类在身体的几乎所有方面与杯龙类祖先的结构模式都相去甚远，但研究者似乎别无选择，还是推测它可能直接来自杯龙类。

演化系统学者的三叠纪海生的调孔类——鳍龙类（sauropterygians）包括幻龙类（nothosaurs）、楯齿龙类（placodonts）和蛇颈龙类（plesiosaurs）。它们的祖先似乎并没有很明确的指向，但有人曾推测它们的祖先是生活于二叠纪的原龙类（protorosaurs）。和鳍龙类几乎同时出现的鱼龙类有更适应海洋生活的身体结构。现在大多数系统发育系统学者认为原龙类是主龙型类的基干类群之一。

---

① Cotylosauria一词是为*Diadectes*创立的，它曾经包括Seymouriamorpha和Diadectomorpha（见Romer, 1956）。Seymouriamorpha和Diadectomorpha后被归入两栖类（见Romer, 1966）或分类位置不定，后人曾经建议以Captorhinida或Parareptilia代替Cotylosauria，用来包括大部分原始的羊膜类。

② 自Seeley（1887）将恐龙分为蜥臀类和鸟臀类始，在相当长的时间内，人们接受它们分别起源于槽齿类的观点，即恐龙不是单系的（见图18）。

四、爬行动物的定义、系统发育和分类

爬行动物——reptile一词来源于拉丁文的repere，意为“爬行，匍匐而行”。追溯历史，Reptilia（爬行纲）一词在分类学范畴的使用始于18世纪。张孟闻等（1998）在《中国动物志 爬行纲 第一卷》总论中称：“据Guibé（1970）考证第一位将爬行类作为纲名的是Lyonnet，他在1745年翻译莱塞《昆虫神学》的附记中写道：我给予一个更适当的名词——爬行纲（La Class des Reptiles），其中包括蛙、蟾、蛇、龟、鳄等”。但到目前为止，Guibé（1970）的结论并未引起学界的重视。人们仍然沿用传统的说法，认为爬行纲（Reptilia）是1758年由Linnaeus建立的（Laurin et Reisz, 1995）。当时爬行动物和两栖动物的界线仍然模糊，无论Lyonnet（1745）还是Linnaeus（1758），在他们的爬行纲中都不仅包括蛇和蜥蜴等现生爬行动物，还包括无尾类和有尾类等两栖动物。直至1825年Gray在“A synopsis of genera of reptiles and Amphibia, with a description of new spices”（即：两栖纲与爬行动物的分属概要及新种记法）一文中才开始将两者分立；在Gray（1831）的《Synopsis Reptilium；or Short Descriptions of Species of Reptiles. Part 1-Cataphracta, Tortoises, Crocodiles, and Enaliosaurians》一书中就不包括两栖动物了。

不含两栖动物的爬行动物是最原始的羊膜类，传统上它以变温和缺少毛发及羽毛等结构区别于相对进步的鸟类和哺乳类。在19世纪随着新类型化石的不断发现，人们把符合这一特征的化石四足类归入爬行纲。例如Owen（1860）在他的《Palaeontology；or A Systematic Summary of Extinct Animals and Their Geological Remains》一书中确认了爬行纲6个灭绝类群的目，它们是：鱼鳍目（Ichthyopterygia）、鳍龙目（Sauropterygia）、异齿兽目（Anomodontia）、翼龙目（Pterosauria）、槽齿目（Thecodontia）和恐龙目（Dinosauria）。其中的异齿兽目，以及1925年被Williston归入到爬行纲下孔亚纲（Synapsida）中的盘龙目（Pelycosauria）和兽孔目（Therapsida）的成员具有一些明显向哺乳动物演化的特征，它们被通俗地称为似哺乳爬行类（mammal-like reptiles）。人们早就认识到盘龙类和兽孔类是哺乳动物的祖先类型，它们与哺乳类的亲缘关系比与爬行纲的其他成员更近。在以**特征的相似性为依据的演化系统分类学（evolutionary taxonomy）中，爬行纲的定义是缺少羽毛与毛发的羊膜动物**。换句话说是不包括鸟类和哺乳类的羊膜动物。按照现今系统发育系统学（分支系统学—cladistics）的概念来衡量，这一传统的爬行纲是一个并系类群（paraphyletic group），即只包括最近的祖先和其部分后裔的组合（图19）。在20世纪80年代之前，分类学者广泛接受一个并系爬行纲的存在（如Romer, 1966；Carroll, 1988等）。

20世纪80年代以后，随着系统发育系统学的确立和发展，爬行动物的分类和系统发育研究进入了一个新时期。系统发育系统学强调：任何生物分类都应力求真实地反映生物演化的过程，每个高阶分类单元（higher taxon）都应是单系分支（clade）——包括

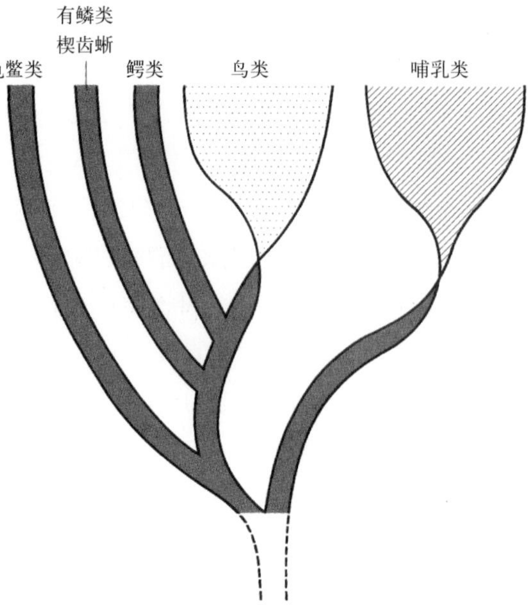

图 19　简化的羊膜类系统发育图，黑色分支示传统的并系的爬行动物纲
（引自 Carroll, 1988, fig. 10-1）

所有后裔及其最近的共同祖先，且每个分支都应有严格的系统演化定义。随着这一方法的广泛应用，大量有关羊膜类系统发育的分支图产生了。因所选取的研究对象和特征不同，这些分支图在细节上并不一致，但研究者通常将羊膜类分为两个单系类群：下孔类和爬行类（如 Modesto, 1999；Benton, 2015 等），或是下孔类和蜥孔类（sauropsids）[①]（如 Laurin et Reisz, 1995；Pough et al., 2009 等）。下孔类的一支以盘龙类和兽孔类为基干类群，哺乳动物是它的冠群。爬行类的一支被不同的研究者因定义基础不同作出了不同的解读。

1982 年 Gardiner 使用支序分类学的方法对现生的羊膜类群——龟鳖类、鳞龙类（lepidosaurs）、鳄类、鸟类和哺乳类——进行分析，得出了与传统分类学差异极大的结论（图 20A）。其中鸟类是哺乳类的姐妹群，而双孔类中的鳞龙类（蜥蜴、蚓蜥和蛇以及喙头蜥类）和主龙类（鳄类）被分开，没有聚合在一起。这一结论并未得到其他研究者的赞同（如 Benton, 1985；Gauthier et al., 1988a；Kemp, 1988）。他们发现支持这一支序图的许多推测的共有裔征或是非同源的，或是错误确认的。

值得一提的是，分子生物学家（molecular biologists）从研究蛋白质中氨基酸序列获得的羊膜类系统发育证据，大多数情况下（肌红蛋白、血红蛋白和 α-*Hemoglobin* 的分析）支持鸟类和哺乳类姐妹群关系。这与 Gardiner（1982）依据形态学分析所得的结论一致。另外，龟鳖类经常和有鳞类（蜥蜴和蛇）形成一个分支，与鳄类和鸟分开。一些研究者接受这一结论，而另一些则主张谨慎从事。Benton（1991）注意到："像肌红蛋白和血红

① 蜥孔类包括 Mesosauria 和 Reptilia。

蛋白这样的多肽结构可能在功能上与鸟类和哺乳类的内温相关联，他们分析所使用的一些相似性可能是趋同或是持续变异的结果”。Gauthier 等（1988a）为了查明化石在确立羊膜类系统发育关系中的作用，使用两种方法进行对比。首先用 109 个特征对 5 个现生类群进行分析得出一个支序图，它与 Gardiner（1982）的结构基本一致，只是哺乳类和鳄类的位置互换了（图 20B）。然后用 207 个特征对 5 个现生类群加上 24 个化石类群进行支序分析得出了一个非常不同的支序图。因此他们得出结论：在确立羊膜类系统发育关系的最终支序图时，化石起着关键性的作用。试图将化石分类单元简单地加入到单纯以现生分类单元分析得出的支序图中的做法（如 Gardiner, 1982），会导致高级分类阶元并系、倒转和地层异常等一系列不合理的问题。

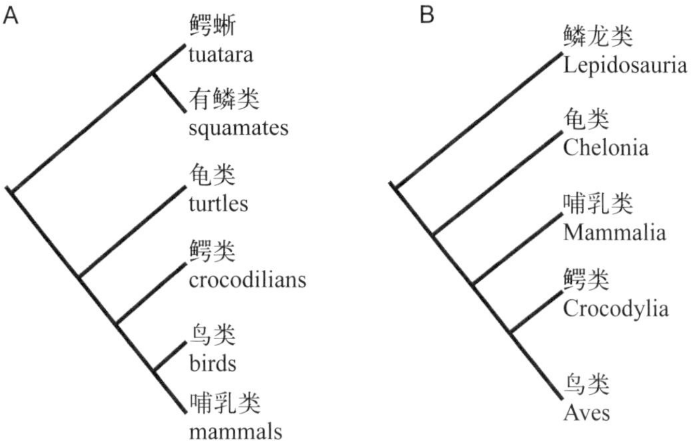

图 20　现生羊膜类的两种系统发育图
A. Gardiner（1982），B. Gauthier 等（1988a）

Gauthier 等（1988b）对羊膜类（包括化石分类单元）所做的系统发育分析是开创性的（图 21）。在他们的分类中，包含哺乳动物的下孔类与包含副爬行类和爬行类（狭义）的分支形成姐妹群，它们是羊膜类中的第一级分支。基干下孔类（盘龙类和兽孔类）不再属于爬行动物（图 21）。这一新的划分得到化石证据的支持，最早的狭义爬行类（如 *Hylonomus* 和 *Paleothyris*）与最早的下孔类（如 *Ophiacodon* 和 *Haptodus*）都发现于北美的上石炭统，即在 3 亿多年前它们就并肩生存在地球上。推测它们的共同祖先应生活于 3.2 亿年前的早石炭世。副爬行类和爬行类（狭义）在 Gauthier 等（1988b）支序图中组成羊膜类中的第二级分支。副爬行类中包括锯齿龙类、米勒蜥类、前棱蜥类和中龙类（mesosaurs），这些类群在 19 世纪后期至 20 世纪早 - 中期被认为是原始基干爬行类（basal reptiles）。Gauthier 等（1988b）重新定义无孔类（狭义）为“现生龟鳖类，以及所有与龟鳖类比与其他爬行类（狭义）关系更近的灭绝类群”。在这一定义下的无孔类仅包括龟鳖类和大鼻龙类，它们与古窗龙类和双孔类等组成的狭义爬行类分支为姐妹群（图

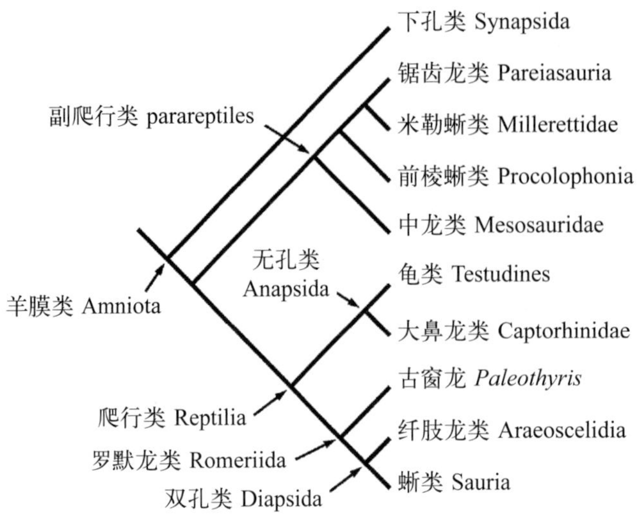

图 21　Gauthier 等（1988b）支序图

21）。Gauthier 等（1988b）的“无孔类”与传统意义上的无孔类存在较大差异，也未被其他分支系统学派的研究者所接受。在 Modesto（1999）和 Benton（2005）的支序图中无孔类中仍包括龟鳖类和那些生存于二叠纪、三叠纪的类群（如锯齿龙类、米勒蜥类和前棱蜥类等），但不再包括大鼻龙类。依据冠群概念，Gauthier 等（1988b）为爬行类（狭义）所作的定义是：**“现生龟鳖类和蜥类（saurians）最近的共同祖先及其所有后裔”**。其中的蜥类的定义是现生鳄类、鸟类、有鳞类和楔齿蜥的最近的共同祖先及其所有后裔。爬行类的鉴别特征包括：上颞骨小，顶骨和鳞骨在头顶外侧有宽的接触，棒骨不和后耳骨相接，头骨的眶后区腹缘水平（？），寰椎的侧椎体和枢椎的间椎体个体发育中愈合。

Laurin 和 Reisz（1995）所做的羊膜类系统发育分析（图 22）与 Gauthier 等（1988a, b）一样将下孔类从最基部分出来，但在几个关键部位二者有所差异。一是不支持中龙类与包括锯齿龙类、米勒蜥类和前棱蜥类分支间的密切关系。中龙类不再属于副爬行类，它单独形成一分支，与爬行类形成姐妹群。它们共同组成的单系被冠以蜥孔类，这样与下孔类形成姐妹群的就不是爬行类而是蜥孔类。蜥孔类一词是 Huxley 1864 年建立的，用以包括爬行类和鸟类，Laurin 和 Reisz（1995）在使用该词时，重新定义它为：中龙类、龟鳖类和双孔类最近的共同祖先及它们所有的后裔。这一结论得到一些研究者的支持（如 Pough et al., 2009），另一些研究者仍将中龙类包括在副爬行类之内（如 Modesto, 1999），而不再支持龟鳖类和大鼻龙类的姐妹群关系，龟鳖类与副爬行类的前棱蜥类形成姐妹群。这样爬行类就分为龟鳖类和与它有较近亲缘关系的化石类群为一方，而双孔类（鳄类、有鳞类、喙头蜥类等）和它们的化石亲属为另一方。Laurin 和 Reisz（1995）分别使用副爬行类和真爬行类代表爬行类的这两个类群。在真爬行类中，曾经被认为是基干羊膜类（basal amniota）的两个古生代爬行动物类群——Captorinidae 和 *Paleothyris* 成

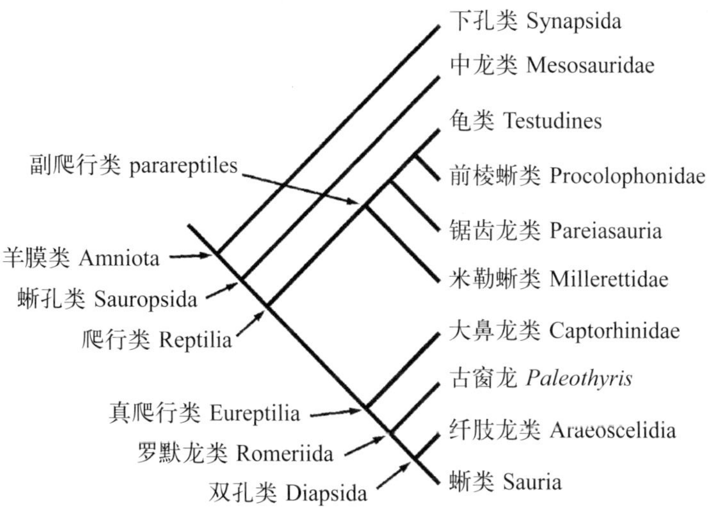

图 22　Laurin 和 Reisz（1995）支序图

为双孔类爬行动物最近的亲属。Laurin 和 Reisz（1995）为 Reptilia 所作的定义是：“**龟鳖类和双孔类（diapsids）最近的共同祖先及它们的所有后裔**”。爬行类的鉴别特征包括：棒骨小或缺失，眶下孔存在，与颈肌相连的副蝶骨凹缺失，副蝶骨翼缺失；上枕骨前嵴存在，上枕骨板窄，后颞孔大。

Modesto（1999）对 Laurin 和 Reisz（1995）矩阵仅作少许的增加和改变进行系统发育分析，得出一个稍有不同的支序图——中龙与副爬行类形成姐妹群，它们共同组成无孔类分支（图 23）。与 Laurin 和 Reisz（1995）分析的结果一致，在无孔类分支中，龟鳖类和前棱蜥类形成姐妹群。有的研究者对此提出异议，Lee（1995）和 Benton（2005）在

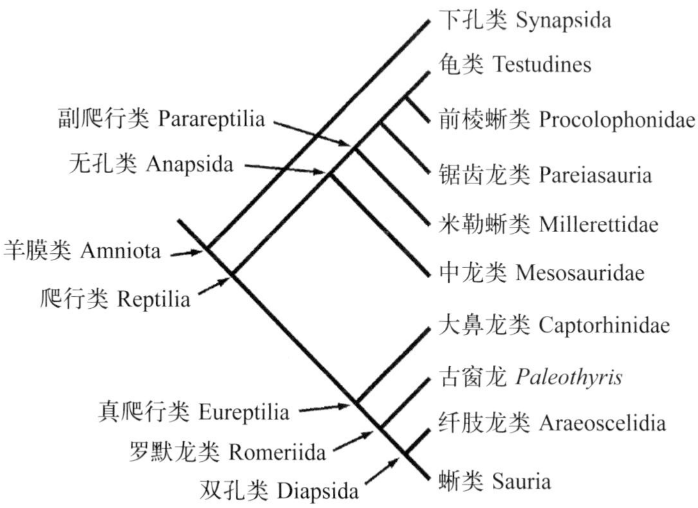

图 23　Modesto（1999）支序图

接受龟鳖类属于副爬行类的同时认为锯齿龙类才是龟鳖类的最近亲属。爬行类的真爬行类分支似乎与 Laurin 和 Reisz（1995）的结果一致，大鼻龙类和古窗龙是它的基干类群。晚二叠世的双孔类包括两个支系：一支为主龙型类（archosauromorphs），后来衍生出鳄类、翼龙、恐龙和鸟类；另一支为鳞龙型类（lepidosauromorphs），后来衍生出蜥蜴、蛇和喙头蜥类。

Modesto 和 Anderson（2004）综合评价了 Gauthier 等（1988b）、Benton（1991）、Laurin 和 Reisz（1995）以及 Modesto（1999）根据系统发育分析对爬行类所作的定义，并给出了他们自己基于干群（stem-based）概念而确定的爬行类的新定义，即“它”是：**最大限度地包括 *Lacerta agilis* Linnaeus, 1758 和 *Crocodylus niloticus* Laurenti, 1768，而不包括 *Homo sapiens* Linnaeus, 1758 的分支**。Modesto 和 Anderson（2004）认为：“这一定义限定爬行类是包括下孔类的姐妹群中的所有成员的一个支系，而不考虑龟鳖类与所有现生的非下孔羊膜类（nonsynapsida amniotes）之间的亲缘关系。也就是说它们定义的‘爬行类’包括了系统关系与捷蜥和尼罗鳄比与智人更近的所有羊膜动物。这样新定义的爬行类比以冠群假设的与传统的分类更加一致”（图 24）。

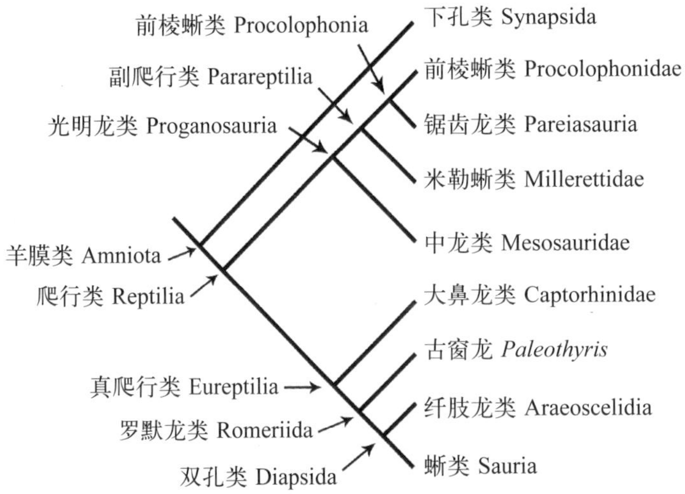

图 24　Modesto 和 Anderson（2004）的支序图

在不同的研究者得出的支序图中，内容并不相同的分支有时会使用同一分类名称，而内容相同的分支有时又会使用不同的名称。如上所述，Sauropsida 一词可包括中龙和爬行类两个分支（Laurin et Reisz, 1995；Pough et al., 2009），当中龙不再被认为是爬行类的外类群时，它被用来代替 Reptilia 一词（Benton, 2005）。Sauropsida 是 Gauthier（1994）基于干群（stem-based）概念定义的分类单元；而 Reptilia（狭义）是 Gauthier 等（1988a）基于节点（node-based）概念定义的冠群。Reptilia 无论是传统意义上的命名，还是系统发育定义都比 Sauropsida 来得要早，所以本册志书采用前者，并将其定义为包括了系统关系与捷蜥和尼罗鳄比与智人更近的所有羊膜动物。

龟鳖类的起源和早期演化是一个长期争论的议题。在一段时间内，主要依据形态特征龟鳖类被包括在副爬行类之内，作为前棱蜥类或锯齿龙类的姐妹群（Laurin et Reisz, 1995；Lee, 1995；Modesto, 1999；Benton, 2005；Pough et al., 2009）。近年来的新发现和分子生物学（Molecular Biology）的研究表明龟鳖类是双孔类的成员，但它在双孔类中的位置仍无定论。研究的结果大致可以分为三种情况：①龟鳖类可能是双孔类分支的基干类群，在新双孔类（Neodiapsida）中与鳞龙型类和主龙型类组成的支系互为姐妹群（Cheng et al., 2012；Neenan et al., 2013）；②龟鳖类可能是鳍龙类（sauropterygians）的姐妹群，它们组成鳞龙型类分支的基干类群（Li C. et al., 2008；Shang et al., 2011；Jiang et al., 2014；Benton, 2015 Box 6.1）；③龟鳖类也可能靠近主龙型类分支的基部，与主龙类形成姐妹群（Benton, 2015 Box 8.8）。综合考虑上述各方的观点，本册志书采用的爬行类系统发育如图 25 所示。

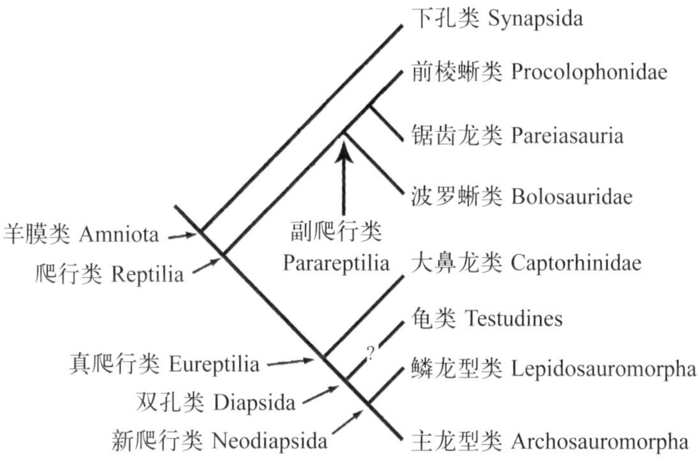

图 25　本册志书采用的支序图

我们采用的爬行动物分类方案基本上遵循林奈分类体系，但充分采纳了近年来系统发育系统学研究的成果，在分类系统中使用爬行纲，下分副爬行亚纲和真爬行亚纲。同时为了志书分册的便利，在没有给出更进一步系统发育分析的情况下，综合目前的研究成果列出了双孔类内部的分类方案，当然这仍然是框架性的，有些分类单元在不影响总体框架的情况下并未一一列出，它们将在各册志书中出现。

羊膜超纲 Superclass Amniota

爬行纲 Class Reptilia

副爬行亚纲 Subclass †Parareptilia

波罗蜥科 Family †Bolosauridae

前棱蜥科 Family †Procolophonidae

锯齿龙科 Family †Pareiasauridae

真爬行亚纲 Subclass Eureptilia

大鼻龙科 Family †Captorhinidae

双孔下纲 Infraclass Diapsida

龟鳖目 Order Testudines（位置存疑）

鳞龙型小纲 Parviclass Lepidosauromorpha

离龙目 Order †Choristodira

海龙目 Order †Thalattosauria

鱼龙型超目 Superorder †Ichthyosauromorpha①

鳍龙巨目 Magnorder †Sauropterygia

楯齿龙目 Order †Placodontia

始鳍龙目 Order †Eosauropterygia

鼎屃龙目 Order †Saurosphargia

鳞龙巨目 Magnorder Lepidosauria

喙头蜥目 Order Rhynchocephalia

有鳞目 Order Squamata

主龙型小纲 Parviclass Archosauromorpha

原龙目 Order †Protorosauria

植龙目 Order †Phytosauria

主龙巨目 Magnorder Archosauria

假鳄类超目 Superorder Pseudosuchia

波波龙大目 Grandorder †Poposauroidea

鳄型大目 Grandorder Crocodylomorpha

楔形鳄目 Order †Sphenosuchia

原鳄目 Order †Protosuchia

鳄目 Order Crocodylia

鸟蹠超目 Superorder Avemetatarsalia

---

① 最近我国的柔腕短吻龙（*Cartorhynchus lenticarpus*）的发现和对它的系统发育系统研究表明（Motani et al., 2014），它是鱼鳍类（Ichthyopterygia）的姊妹群并与后者构成更高一级分类单元——鱼龙形类（Ichthysauriformes）；鱼龙形类又和湖北鳄目（Hupehsuchia）一起构成鱼龙型类（Ichthyosauromorpha）。鱼龙型类可能早于主龙型类和鳞龙型类从双孔类的主干上分支出来，也可能与主龙型类有较近的系统关系。

翼龙目 Order †Pterosauria

恐龙大目 Grandorder Dinosauria

鸟臀目 Order †Ornithichia

蜥臀目 Order Saurischia

† 代表已灭绝的类群。

就以上列出的爬行纲分类单元，综合目前的研究成果，我们同时以支序图标出它们之间可能的系统关系（图 26）。

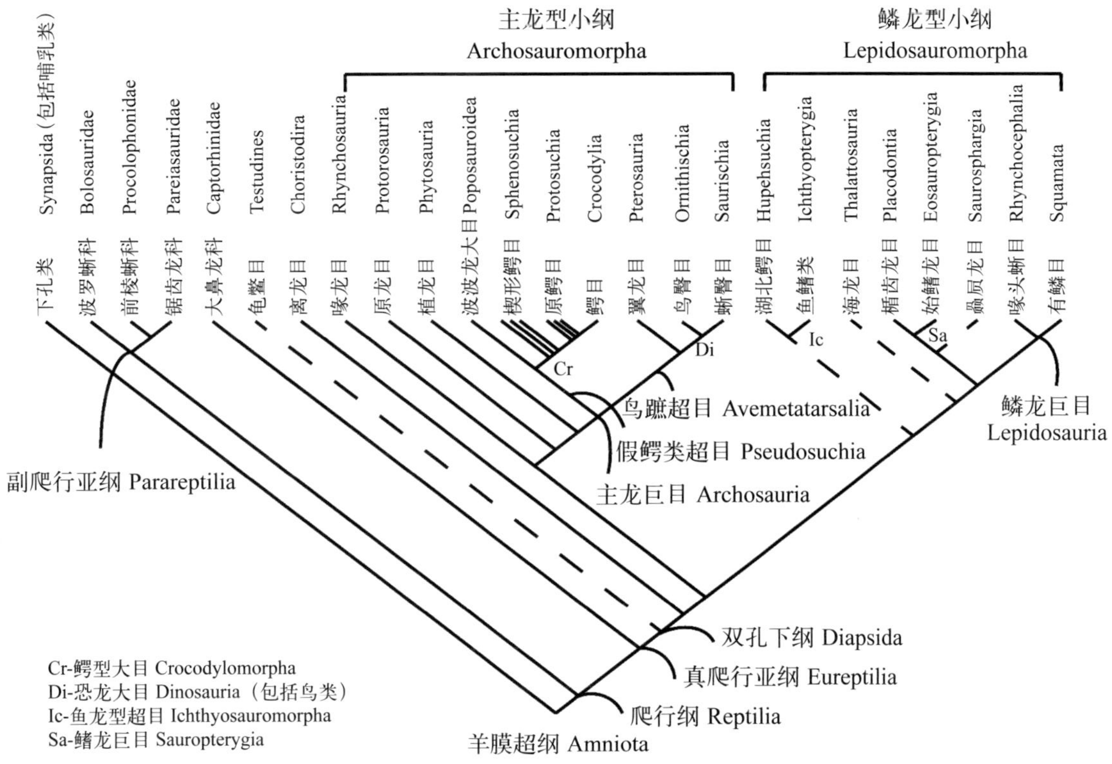

图 26 爬行纲分类的系统发育图解

五、现生爬行动物及其在中国的分布

现生的爬行动物分属于 4 个大的类群，它们是：龟鳖类（chelonians）、鳄类（crocodilians）、喙头蜥类（rhynchocephalians）和有鳞类（squamates）。有鳞类中包括蜥蜴类（lacertilians）、蛇类（serpentes）和蚓蜥类（amphisbaenians）。此处使用的是传统分类概念下的爬行类，它是并系类群。它们以冷血和体表着生甲片或鳞片（scutes or scales）区别于其他的羊膜动物。如果用现今流行的系统发育系统学定义的爬行类应包括归属恐龙类的鸟类。

龟鳖类传统上属于无孔亚纲（Anapsida）龟鳖目（Testudines or Chelonia），是无孔类中唯一有现生代表的类群；最新的形态学和分子生物学研究认为龟鳖类是双孔类爬行动物。就现生和绝大部分化石龟鳖类而言，它们具单一的外鼻孔，上、下颌上无牙齿，具角质喙。大部分成员具由内层骨质板和外层角质盾组成的背甲（carapace）与腹甲（plastron），它们在两侧以骨桥（bridge）连接，构成龟壳。龟壳前、后都留有大孔，前孔容头和前肢，后孔容尾和后肢缩入。现代龟鳖类分属于侧颈龟亚目（Pleurodira）和隐颈龟亚目（Cryptodira）。前者通过颈部的侧向弯曲使头骨缩入龟甲内；而后者通过颈部的垂向上“S”形弯曲使头骨缩入龟甲内。据《中国动物志 爬行纲 第一卷》（张孟闻等，1998）记载，中国现生龟鳖类共有 6 科 21 属 37 种。它们主要分布于温暖的华中、华南和西南地区。分布最广泛的乌龟（*Chinemys reevesii*）① 可见于华北地区；陆龟的一个种（四爪陆龟 *Testudo horsfieldi*）分布于新疆霍城地区；鳖的一个种（麦氏鳖 *Pelodiscus maackii*）分布于我国东北地区，并可扩展至俄罗斯的远东和朝鲜半岛。

鳄类是最大的现生爬行动物，是双孔亚纲主龙型类在现今的唯一残存者。除中国的扬子鳄（*Alligator sinensis*）和北美的密西西比鳄（*Alligator mississippiensis*）生活于北温带外，其余的鳄类属种分布于今天亚洲、非洲、美洲和大洋洲的热带河流、湖泊、沼泽和海洋中。世界上现存 3 科 8 属 23 种鳄类，它们的体长从 1.5 m 至 10 m。鳄类头骨双孔型，颌骨的边缘着生数目众多的槽生型锥状齿。次生腭发育，内鼻孔后位，为翼骨所包围。耻骨伸长，近端不参与髋臼的构成。体表被有角质的鳞和鳞下的真皮骨板。鳄类营两栖生活，常常在河湖海洋中捕食鱼类和其他动物，在陆地上产卵孵化。当它们在陆地行走和奔跑时，身体可以抬离地面，四肢靠近身体的下方。现生鳄类分为 3 种类型：吻部短而宽的钝吻鳄科（Alligatoridae）、吻部窄而长的鳄科（Crocodylidae）和吻部极为细长的食鱼鳄科（Gavialidae）。鳄类的化石记录极为丰富，它们为研究这一类群的进化提供了坚实的基础。在传统的演化系统学分类中鳄类化石依其进化的程度被归入 4 个亚目，它们是生存于晚三叠世至早侏罗世的楔形鳄亚目（Sphenosuchia）；生存于晚三叠世至早白垩世的原鳄亚目（Protosuchia）；生存于侏罗纪和早白垩世的中鳄亚目（Mesosuchia）和晚白垩世至今的真鳄亚目（Eusuchia）。在系统发育系统学分类中，上述亚目中的所有成员分别归属鳄型大目（Crocodylomorpha）、鳄形超目（Crocodyliformes）、原鳄目（Protosuchia）、中真鳄亚目（Mesoeucrocodylia）、新鳄亚目（Neosuchia）和真鳄下目（Eusuchia）等不同级别的分类单元。虽然我国鳄类化石分布广泛种类繁多，但因气候的变化和生存环境的恶化，目前仅一种扬子鳄（*Alligator sinensis*）残存下来。它的数量在急剧减少，仅分布于安徽和浙江长江以南的很小范围内。

---

① 在 Turtle Taxonomy Working Group（2012）的文章中 *Chinemys reevesii* 被修订为 *Mauremys reevesii*。

有鳞类是最为成功的现生爬行动物。它们有广泛的适应性、宽广的地理分布和庞大的种属数量。除了数量很少的蚓蜥类外，蜥蜴类大约有3000种，蛇类大约有2700种；它们分布于南纬52°至北纬64°之间的各大陆。有鳞类属双孔亚纲鳞龙型类。有鳞类的身体一般细长，体表被覆角质鳞片，多数种类无骨板。头骨具两对颞孔，上颞弓由眶后骨和鳞骨组成，下颞弓消失，以致下颞孔下方不封闭。鳞骨降支和方轭骨退化。方骨下端游离，上端与鳞骨间形成活动关节，被称之为链接型（streptostyly），它似乎是有鳞类成功的主要因素之一。蜥蜴类头骨上常常保留有顶孔，这是四足类中的原始构造。牙齿的着生方式多样，有侧生型、端生型和亚槽生型。脊椎骨一般具前凹型椎体，偶有双凹型者；荐椎常为2枚；肋骨为单头。肩带和四肢原始，在一些门类中四肢缩小或缺失。卵生或卵胎生。世界上最早的蜥蜴化石 *Tikiguania* 发现于印度晚三叠世卡尼期的Tiki组。蜥蜴主要类群包括壁虎类（gekkots）、鬣蜥类（iguanians）、石龙子类（scincomorphs）、蛇蜥类（anguimorphs）、蚓蜥类（amphisbaenians）和扁蜥类（platynots）。蛇类是爬行动物中最晚进化形成的一支，为高度特化的蜥蜴类。蛇类化石保存很少，最早的是发现于北非早白垩世的 *Lapparentophis*。

据《中国动物志 爬行纲 第二卷》（赵尔宓等，1999）记载，中国现生蜥蜴类共有9科39属156种。它们大部分生活于长江以南，少数，如壁虎科（Gekkonidae）、鬣蜥科（Agamidae）、蜥蜴科（Lacertidae）和石龙子科（Scincidae）的成员可以生活于中国北方的广大地区。据《中国动物志 爬行纲 第三卷》（赵尔宓等，1998）记载，蛇亚目8科64属203种。它们大部分生活于长江以南，少数，如蟒科（Boidae）、游蛇科（Colubridae）和蝰科（Viperidae）的成员可以生活于中国北方地区。

在传统的4类现生爬行动物中，喙头蜥类是分布最为局限且数量最少的，它仅以分布于新西兰的单一属——楔齿蜥为代表。这种动物体长大约70 cm，看上去像一个大蜥蜴。与蜥蜴类不同，它的下颞弓次生性的完整，头骨后部具2对大的颞孔。与蜥蜴类的侧生齿不同，它的牙齿与颌骨愈合，为端生型齿。在头骨前部，前颌骨与硕大的一对门齿形成一悬垂向下的喙状结构。喙头蜥类亦属于双孔亚纲鳞龙型类，它的历史可追溯至三叠纪晚期，晚三叠世—晚侏罗世是它们分布最广和种类繁多的时期，在各大洲留下了很多化石记录。伴随着侏罗纪的结束，喙头蜥类的繁盛期也结束了，只有很少的属种残留下来。中国云南禄丰早侏罗世的禄丰蜥龙动物群中产出了几种喙头蜥类化石。

六、中国爬行类化石的地史及地理分布

如前所述，最早的爬行类产生于大约三亿年前晚石炭世的北美。在古生代晚期（石炭纪和二叠纪），作为脊椎动物群中刚刚崛起的新类群（羊膜类）的代表，它们的种类和数量都不丰富，分布范围也十分零散。大多数原始的门类都是地史上的匆匆过客，大鼻

龙类、锯齿龙类和米勒蜥类等在古生代末期灭绝了，只有前棱蜥类生存至晚三叠世。中生代虽然被称为“爬行动物的时代”，但在三叠纪的陆生四足类动物群中它们依然弱小，与爬行类几乎同时产生的下孔类（原称似哺乳爬行动物）则迅速发展壮大成为陆地生态系统中的主宰。陆生爬行动物的繁盛在中、晚三叠世才初显端倪。龟鳖类、有鳞类、喙头蜥类、假鳄类、翼龙类、鸟臀类和蜥臀类恐龙开始在地球上出现，在随后的侏罗纪和白垩纪，它们达到演化发展的顶峰，成为陆地的真正统治者，在数量和种类上都远远超过正在走向衰落的两栖类、基干下孔类和处于萌芽阶段的原始哺乳动物。中生代的海洋中则是另一番景象。二叠纪末期的生物灭绝事件之后，鱼龙类、海龙类、鳍龙类几乎呈爆发式地出现在三叠纪的海洋中。在三叠纪结束时其中的大部分门类灭绝了，只有鱼龙类和从鳍龙类的一支中衍生出来的蛇颈龙类延续到中生代末期。

1. 中国二叠纪的爬行类及动物群组成

大鼻龙类是世界上出现最早的爬行类，它分布于北美和欧洲的晚石炭世和二叠纪。产于甘肃玉门中二叠统青头山组（原：西大沟组[①]）和内蒙古包头上二叠统脑包沟组的青头山甘肃鼻龙（*Gansurhinus qingtoushanensis*）（图 55）虽然晚于北美和欧洲的同类，但它仍然是中国最早的爬行类化石之一。在甘肃玉门与其共生的还有另外一类原始爬行动物——**波罗蜥类**（bolosaurs）的代表程氏别里贝蜥（*Belebey chengi*）（图 43）。波罗蜥类是一规模较小的类群，属于副爬行亚纲，化石分布于北美和欧洲的下二叠统、俄罗斯和中国的中二叠统。中国古生代晚期爬行类的第三个类群是副爬行亚纲的锯齿龙类。**锯齿龙类**是大型原始的以植物为食的爬行动物，仅生存于非洲、欧洲和中国的中、晚二叠世。目前中国已报道的锯齿龙类包括二叠石千峰龙（*Shihtienfenia permica*）（图 50、图 51）等 4 属 4 种，它们产自山西保德、柳林的上二叠统孙家沟组和河南济源的上石盒子组。近期在内蒙古包头上二叠统脑包沟组亦发现了锯齿龙类的材料，但尚未见文字报道。

中国最早的四足类动物群——甘肃玉门中二叠世大山口动物群（表 1），以下孔类中的恐头兽类（dinocephalians）和原始的异齿兽类（anomodontians）为主要成员，虽然仅有 3 属 3 种被报道，但化石所代表的个体数量较多，且体型较大。动物群中的原始爬行类仅有 2 属 2 种，其中的波罗蜥类 *Belebey chengi* 数量较多，但大部以不完整的牙床为代表；大鼻龙类仅有 *Gansurhinus qingtoushanensis* 一个不完整的骨架被发现（图 27）。它们的体型较小，以植物和昆虫为食，处于食物链的下端。甘肃玉门脊椎动物群与南非的貘头兽带（*Tapinocephalus* Zone）和俄罗斯的卡赞阶（Kazanian）层位大致相当。

① 见刘俊等（2012）。

图 27 甘肃鼻龙（*Gansurhinus*）破碎的头骨和头后骨骼

新疆晚二叠世四足类动物群中未发现爬行动物化石，仍以下孔类的成员为主，二齿兽类（dicynotonts）取代了恐头兽类和原始的异齿兽类。但在内蒙古包头的上二叠统仅有一属二齿兽被报道。副爬行类中的锯齿龙类则是华北地区（包括山西、河南等地）晚二叠世动物群的主要成员。这些化石产出的层位与南非的二齿兽带（*Dicynodon* Zone）和俄罗斯的鞑靼阶（Tatarian）层位大致相当。

2. 中国三叠纪的爬行类及动物群组成

陆生四足类中的**前棱蜥类**是小型原始的无颞孔的爬行动物，最早出现于晚二叠世，繁盛于三叠纪，晚三叠世灭绝。前棱蜥类化石分布于欧洲、非洲、亚洲、大洋洲、南美洲和北美洲等各大陆。中国的前棱蜥类化石发现于新疆、内蒙古和陕西的下三叠统及山西的中三叠统。迄今为止，中国尚未发现晚二叠世最原始的前棱蜥类和晚三叠世最进步的前棱蜥类，但新疆下三叠统韭菜园组产出的袁氏三台龙（*Santaisaurus yuani*）（图 45）其头骨形态和牙齿构造都与原始的前棱蜥类较为相似，而山西中三叠统二马营组上部产出的亚洲新前棱蜥（*Neoprocolophon asiaticus*）（图 49）因方轭骨的前移头骨成斜四方形而显示出进步的特征。

双孔类爬行动物中的重要分支——**主龙型类**最早出现于晚二叠世。它除了包括鳄类、翼龙和恐龙（以及恐龙的后裔鸟类）外，还包括一些生存于三叠纪的基干成员。这些原始的主龙型类在世界各大陆有着广泛的分布。它们骨骼的许多特征都和更加直立的姿势及四肢更为有效的前后向运动有关。中国主龙型类不同级别支系的基干类群的化石相对丰富，在北方陆相三叠系中，它们分布于新疆早三叠世早期韭菜园组 [袁氏加斯马吐龙（*Chasmatosaurus yuani*）等]、陕西府谷早三叠世中期和尚沟组 [沙坪戏楼鳄（*Xilousuchus sapingensis*）等]、陕西府谷和内蒙古准格尔旗早三叠世晚期二马营组底部 [乔家梁哈拉寨鳄（*Halazhaisuchus qiaoensis*）等] 和中三叠世新疆克拉玛依组 [中国武氏鳄（*Vjushkovia sinensis*）等（图 28）] 及山西二马营组中上部 [山西山西鳄（*Shansisuchus shansisuchus*）等]。

图 28　中国武氏鳄头骨和部分头后骨骼

除了上述这些陆生的主龙型类外，近年来在中国南方海相三叠系中也发现了一些过去不为人们所知的化石类型。贵州盘县中三叠统关岭组产出的东方恐头龙（*Dinocephalosaurus orientalis*）是主龙型类原龙类的成员。它极为细长的颈部远远超过躯干长度；四肢短而宽，远端腕骨和跗骨很少骨化；跟骨和距骨为简单的圆形。这些特征表明它具完全的水生生活习性。混型黔鳄（*Qianosuchus mixtus*）是在海相地层中首次发现的完整的主龙类骨架（图 29）。该动物的头骨、前肢和尾部表现出明显的水生特性，而后肢则保留着典型的陆生动物形态。云南富源中三叠统法郎组竹杆坡段同样有一些主龙类的成员。富源滇东鳄（*Diandongosuchus fuyuanensis*）的骨架并未有明显的水生生活方式的特化，但头骨的一些特征暗示出滇东鳄可能类似于植龙类（phytosaurs）或现代咸水鳄类生活于水边，适应水陆两栖的生活方式。原龙类的富源巨胫龙（*Macrocnemus fuyuanensis*）则是在海相地层中保存的陆生动物化石。它有特别细长的小腿，口中长满细小尖利的牙齿，很可能以鱼类或小的爬行类为食。这一层位中还发现了同样具有细长颈部的原龙类长颈龙（*Tanystropheus*），但是其颈部仅由 12 或 13 节颈椎组成，每节颈椎的拉长程度甚至超过恐头龙。长颈龙和巨胫龙的化石此前发现于瑞士和意大利交界的圣乔治山。

中国三叠纪海生爬行动物化石丰富，除了上述的主龙型类成员外还有鱼龙类、海龙类、鳍龙类、贔屃龙类（saurosphargids）[①] 和龟鳖类。产于贵州关岭上三叠统法郎组瓦窑

① Saurosphargids 在学术文章中没有正式的中文译名，在网络和媒体上被称为“龙龟类”，*Sinosaurosphargis* 被称为“中国龙龟”。这一中文的名称会误导读者以为它属于龟鳖类，其实它是次生性关闭了上颞孔的双孔类爬行动物。建议将 Saurosphargids 译为“贔（音 bì）屃（音 xì）龙类”，*Sinosaurosphargis* 译为“中国贔屃龙”。贔屃是中国古代神话中龙生九子之一，形似龟。

图 29　混形黔鳄（*Qianosuchus mixtus*）

段的半甲齿龟（*Odontochelys semitestacea*）（图 74、图 75）一度被认为是世界上最早的龟类化石[①]，也是中国三叠纪唯一的龟类化石。该化石腹甲完整，但背甲刚刚开始发育，它证明了龟鳖类腹甲的形成远远早于背甲。半甲齿龟的生存环境可能是海滨或河流三角洲地带，它的发现质疑了学界对龟鳖类起源于陆地的推测。

鱼龙类是具流线型体型的高度适应海洋生活的爬行动物。系统发育系统学研究表明鱼龙类早于主龙型类和鳞龙型类从双孔类的主干上分支出来（Motani et al., 1998, 2014）。最早的鱼龙类化石发现于挪威、美国、中国、日本和泰国 5 个地点的下三叠统上部。它们从一开始出现就已经特化，代表了与海洋生活相适应的演化方向。中国的鱼龙类化石丰富，分布于安徽、湖北、贵州、云南等省和西藏自治区的早三叠世—晚三叠世地层中。巢湖龙属（*Chaohusaurus*）产自安徽巢县马家山下三叠统上部的南陵湖组。与它同层产出的柔腕短吻龙（*Cartorhynchus lenticarpus*）被 Motani 等（2014）认为是目前发现的最原始的鱼龙类，系统发育分析表明它属鱼龙形类，和鱼鳍类构成姐妹群，而巢湖龙属基干鱼鳍类。贵州盘县和普安以及云南罗平的中三叠统产鱼龙类化石，如混鱼龙（*Mixosaurus*）的几个种。混鱼龙是三叠纪分布最广、数量最多的鱼龙类群，化石发现于欧洲、北美和亚洲的十余个国家。同样产自贵州盘县中三叠统的压碎新民龙（*Xinminosaurus catactes*）则是鱼龙目的基干类群（stem group of Ichthyosauria）。中国晚三叠世的鱼龙发现于西藏聂拉木、定日以及贵州关岭等地。其中，体长超过 6 m 的大型鱼龙包括长吻的

① 齿龟发现之后，人们重新确认了南非二叠系的 *Eunotosaurus* 为最早的干群龟类；2015 年 Schoch 和 Sues 记述了德国中三叠统的 *Pappochelys*，将其和 *Eunotosaurus* 归入 Pan-Testudines。

萨斯特鱼龙（shastasaurids）——如西藏喜马拉雅鱼龙（*Himalayasaurus tibetensis*）——和短吻的梁氏关岭鱼龙（*Guanlingsaurus liangae*）；小型的周氏黔鱼龙（*Qianichthyosaurus zhoui*）体长仅 2–3 m（图 30）。

图 30　周氏黔鱼龙（*Qianichthyosaurus zhoui*）

鳍龙类是三叠纪海洋中一个庞大的家族，成员包括楯齿龙类（placodonts）、肿肋龙类（pachypleurosaurs）、幻龙类（nothosaurs）和纯信龙类（pistosaurs）等。它们大小不等（小型肿肋龙体长 20 cm，大型纯信龙可超过 4 m），形态各异，大多生活于潟湖或近岸的浅海区。它们的四肢虽然为适应水生生活已发生改变，但基本形态和结构仍然可以和陆生动物对比，只有纯信龙类的掌部和足部出现较为明显的桨状特化。

楯齿龙类外形与龟鳖类相似，身体变得宽大而且扁平。根据甲壳的有无，楯齿龙类可以划分为两大支系：不具背甲的楯齿龙亚目（Placodontoidea）和具背甲的豆齿龙亚目（Cyamontoidea）。背甲由膜质骨片组成，在一些种类中还发育了腹甲。楯齿龙类的颊部和腭面具粗大扁平的牙齿，在强大下颌收肌的带动下可压碎软体动物的外壳。楯齿龙类过去只发现于欧洲、中东和北非的部分地区，最早的代表生活于中三叠世早期。自西特提斯区外的第一例楯齿龙类——新铺中国豆齿龙（*Sinocyamodus xinpuensis*）被报道以来，中国目前已记述了 4 属 4 种楯齿龙类，它们产自贵州关岭的上三叠统和云南富源及贵州盘县的中三叠统。其中只有贵州盘县的意外楯齿龙（*Placodus inexpectatus*）属于不具背甲的一支。

胡氏贵州龙（*Keichousaurus hui*）是中国记述的第一例三叠纪海生爬行动物（图 31）。它在建立之后的几十年内都被认为是“**肿肋龙类**”在东特提斯区的代表。肿肋龙类是小型结构轻巧蜥蜴状的爬行动物，体长大多小于 60 cm。它们的四肢初步适应了水生生活，但只能在近岸浅海区捕食小鱼和其他海洋生物。Rieppel（1998）分析得出胡氏贵州龙和湖北汉江蜥（*Hanosaurus hupehensis*）是欧洲肿肋龙类连续的姊妹群的结论。近年来，随着更多此类化石在我国的发现，对它们的研究（Cheng et al., 2012）表明，贵州

图 31　胡氏贵州龙（*Keichousaurus hui*）骨架（右，小型）和幻龙类（nothosaurs）不完整骨架（左）

龙、滇东龙（*Diandongosaurus*）、黔西龙（*Qianxisaurus*）和滇肿龙（*Dianopachysaurus*）与幻龙类（nothosauroids）的系统关系较近，它们与欧洲的肿肋龙并不直接形成姐妹群关系，而是与其一起组成一系列相继为幻龙类的姊妹群（Holmes et al., 2008；尚庆华等，2011；Cheng et al., 2012；Jiang et al., 2014）。因此在严格意义上，中国没有与欧洲肿肋龙类组成单系类群的成员。上述化石发现于贵州兴义和云南罗平的中三叠统。

幻龙类（nothosauroids）中等大小，具长的颈部和伸长的四肢，但头骨小而扁平。与肿肋龙类比较，它的鼻孔位置更靠后，上颞孔要大得多，而眼孔相对较小。幻龙类最早出现于早三叠世晚期，繁盛于中三叠世，晚三叠世消失。幻龙类化石发现于欧洲、北非、西亚和中国。广布于西特提斯区的幻龙属（*Nothosaurus*）和鸥龙属（*Lariosaurus*）也出现于贵州兴义和盘县的中三叠统。

纯信龙类（pistosaurs）是三叠纪海洋中较为独特的一支。它的头骨特征类似于幻龙类，而身体，尤其是四肢结构已近似侏罗纪 - 白垩纪的蛇颈龙类了。长期以来它被演化分类学者认为是从幻龙类向蛇颈龙类（plesiosaurs）进化的中间环节，它曾被归入蛇颈龙亚目（Romer, 1966）或幻龙亚目（Carroll, 1988)。近年来的系统发育系统分析（Rieppel, 2000；Sato et al., 2010, 2014；Cheng et al., 2012）表明，包括蛇颈龙在内的纯信龙类是始鳍龙类（eosauropterygians）中的一支，它与“幻龙型类”（“nothosauromorphs”）互为姐妹群；蛇颈龙类本身是纯信龙类的冠类群，尽管它与其他纯信龙类的姊妹关系各研究者认识不一致。早三叠世晚期—中三叠世的纯信龙类化石发现于中欧、美国和中国。李氏云贵龙（*Yunguisaurus liae*）是中国确认的第一个纯信龙类，也是世界上保存最好和个体最大的该类化石骨架，全长可达 4.5 m。产自贵州兴义和云南富源的中三叠统。

滤齿龙（*Atopodentatus*）是发现于云南罗平中三叠统关岭组一个具特殊结构的鳍龙类，该类群具体分类位置不明。成年标本体长 3 m 左右，头后骨骼相对而言与幻龙类更为接近，头骨吻端极度横宽，呈“T”字形，其前缘，即前颌骨上的牙齿为“钝圆的凿状”，且为侧生齿，推测可能用于“刮取”海床上附着的藻类植物。双侧齿骨亦分别成“T”字形，前缘牙齿形态不明，而后部牙齿纤弱细密，成密集的“栅栏状”，并与上颌骨相匹配，似乎为过滤食物之用（Li et al., 2016）。

海龙类是生活于三叠纪海洋中的一个非常特殊的类群，体长中等（可超过 4 m），四肢的形态与陆生动物相似，表明它们不具远洋生活的能力。与鱼龙类和鳍龙类比较，海龙类化石的种类和数量不多，但同样分布广泛，发现于欧洲、北美和中国的中、上三叠统。海龙类属双孔类，其上颞孔缩小或消失，下颞弓不完整。但具体的分类位置仍然存疑，有人认为它属于主龙型类（Evans, 1988）。Rieppel（1998）所作的支序分析支持海龙类与鳍龙类的姐妹群关系。中国有非常丰富的海龙类化石，数量多而且骨骼保存完好，产自贵州关岭和兴义的中、上三叠统。其中既有个体较大（体长超过 4 m）、长颈型属于谜龙科（Askeptosauridae）的安顺龙（*Anshunsaurus*）（图 32）和贫齿龙（*Miodentosaurus*），也有个体较小、颈部不明显属于海龙科（Thalattosauridae）的新铺龙（*Xinpusaurus*）和凹棘龙（*Concavispina*）。

图 32　黄果树安顺龙（*Anshunsaurus huangguoshuensis*）

鼠贝龙类（saurosphargids）是三叠纪时期种类稀少的海生爬行动物，其模式种——伏氏鼠贝龙（*Saurosphargis volzi*）的标本不完整，仅有一段不全的躯干。近年在我国发现的两个属种，在形态上分别与楯齿龙和豆齿龙近似，化石见于贵州盘县和云南罗平的中三叠统关岭组地层中。中国鼠贝龙（*Sinosaurosphargis*）最显著的特征是整个躯干和前肢大部分（目前为止还没有后肢和尾部的化石发表）完全被小型骨板所覆盖，形成一个类似甲壳的结构，而腹面结构最显著的特征是肋骨更为加宽，近乎板状。对中国龜鳳龙的系统发育系统分析显示，龜鳳龙类可能与海龙类有较近的亲缘关系（Li et al., 2011）。大头龙属（*Largocephalosaurus*）体长 2–3 m，相对而言体形狭长，颈短，尾长，四肢粗壮，肋骨加宽，部分牙齿呈勺状，化石显示至少在其尾部分布有大量细碎的颗粒状小骨板；黔大头龙（*Largocephalosaurus qianensis*）躯干部两侧另有一列骨板。对大头龙和中国龜鳳龙的系统发育系统分析标明，龜鳳龙类与鳍龙类形成姊妹群（Li et al., 2014）。

中国北方的三叠纪陆生四足类动物群（表 1）分布于四个层位，它们共同的特征是含数量较多的下孔类的代表，特别是广义的二齿兽类中的水龙兽和肯氏兽类，爬行动物包括前棱蜥类和主龙型类的代表。在这一时期的生态系统中，个体最小的前棱蜥类以细嫩的植物和昆虫为食，中等体型的二齿兽类以植物为食，它们处于食物链的下端。数量稀少（主要指个体数量）的肉食性主龙型类虽然大小与二齿兽类相似，但有尖利的牙齿和灵巧的身躯，处于食物链的顶端。

1）早三叠世早期新疆韭菜园组水龙兽动物群的下孔类包括大量的水龙兽（*Lystrosaurus*）和少量兽头类的代表。爬行类化石相对稀少，仅有前棱蜥类的袁氏三台龙（*Santaisaurus yuani*）和主龙型类的吉木萨尔类原蜥（*Prolacertoides jimusarensis*）以及袁氏加斯马吐龙（*Chasmatosaurus yuani*）。韭菜园组与俄罗斯前乌拉尔地区的 Kopanskaya 组层位相当，后者也产水龙兽、前棱蜥类和主龙型类的成员（Tverdokhlebov et al., 2002）。

2）早三叠世中期华北的和尚沟组中的二齿兽类陕北肯氏兽（*Shanbeikannemeyeria*）代替了水龙兽。以置换齿蜥（*Eumetabolodon*）和五角蜥（*Pentaedrusaurus*）为代表的前棱蜥类化石明显增多且个体加大。主龙型类的化石仍然稀少，既有像贺家畔府谷鳄（*Fugusuchus hejiapanensis*）这样的基干成员，也有假鳄类沙坪戏楼鳄（*Xilousuchus sapingensis*）这样的进步类型。这一化石层位与俄罗斯前乌拉尔地区的 Staritdkay 组及 Kzylsaiskaya 组层位相当，它们产出相同类型的化石（Tverdokhlebov et al., 2002）。

3）早三叠世晚期华北二马营组底部层位中，陕北肯氏兽仍然存在，同时增加了大型的副肯氏兽（*Parakannemeyeria*）。前棱蜥类的面貌保持不变，主龙型类的数量稍有增加。这一化石层位与俄罗斯前乌拉尔地区的 Petropavlovskaya 组层位相当，它们产出相同类型的化石（Tverdokhlebov et al., 2002）。

4）中三叠世华北二马营组中上部和新疆克拉玛依组含较多的下孔类（肯氏兽类、兽头类和犬齿兽类）。这一层位中的亚洲新前棱蜥（*Neoprocolophon asiaticus*）已具明显进步的头骨形态。主龙型类不仅数量增加到 5 种，而且其中的山西山西鳄个体数量也很多。这一化石层位与俄罗斯前乌拉尔地区的 Donguz 组和 Bukobayan 组层位相当，它们产出相同类型的化石（Tverdokhlebov et al., 2002）。

表 1　中国北方二叠纪、三叠纪陆生爬行动物化石的地史和地理分布

时代	含化石地层及地理分布：新疆	甘肃	山西、陕西、河南、内蒙古准格尔旗	内蒙古包头	动物群
晚三叠世					
中三叠世	●● 克拉玛依组		○ 铜川组		中国肯氏兽动物群
			●●● 二马营组		
早三叠世	○ 烧房沟组		●●● 和尚沟组		陕北肯氏兽动物群
	●●● 韭菜园组		刘家沟组		水龙兽动物群
晚二叠世	● 锅底坑组	● 肃南组	●● 孙家沟组	●● 脑包沟组	二齿兽动物群
	● 梧桐沟组				
	● 泉子街组		●● 上石盒子组	?	
中二叠世		●●● 青头山组 ?			大山口动物群
早二叠世					

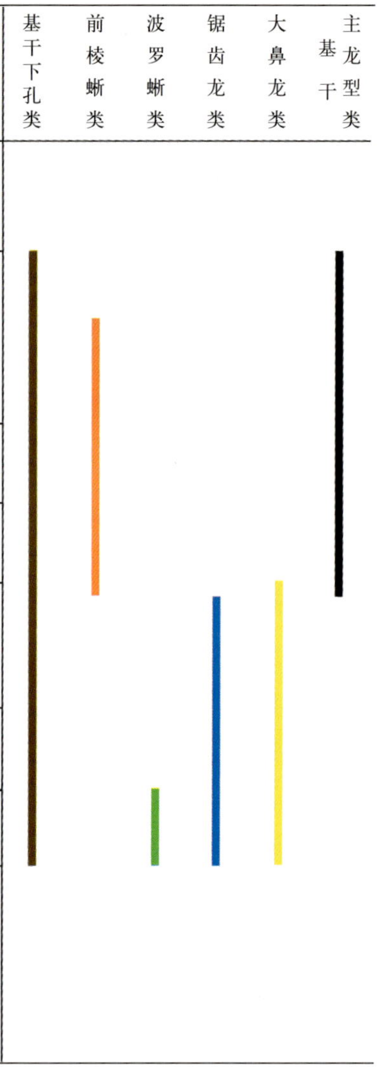

○ 有化石发现，尚无研究结果。

中国南方三叠纪海生爬行动物群属东特提斯动物群（Eastern Tethys Fauna, 或称西太平洋动物群）。该动物群有下列特点：①与西特提斯动物群（欧洲、北非和中亚）及东太平洋动物群（北美）有广泛的交流，在海生爬行动物高级阶元上与前者更趋一致。②具一些地方性独特的门类，如湖北鳄（*Hupehsuchus*）、黔鳄（*Qianosuchus*）、龜屃龙类（saurosphargids）。③分布广泛，且含化石层位东低（下三叠统上部）西高（上三叠统中部），反映鱼龙类等自东向西传播的特点。

中国南方三叠系中共发现了 5 个含海生爬行类的层位（表 2）：

1）位于扬子海域东部的安徽南陵湖组和湖北嘉陵江组（早三叠世奥伦尼克期）产出似“肿肋龙类”、幻龙类、鱼龙类和湖北鳄类。经过二叠纪末期全球范围灾难性的生物

表 2　中国三叠纪海生爬行类的地史和地理分布

时代		含化石地层及地理分布：安徽	湖北	广西	贵州	云南	西藏	动物群	「肿肋龙类」	幻龙类	纯信龙类	楯齿龙类	海龙类	鱼龙类	湖北鳄类	原龙类	主龙类	龟类	鼎屃龙类
晚三叠世	瑞替期																		
晚三叠世	诺利期						曲龙共巴组	未命名的化石组合						┃					
晚三叠世	卡尼期				法郎组	瓦窑段		关岭动物群				┃	┃	┃				┃	
中三叠世	拉丁期				法郎组	竹杆坡段		兴义 - 富源动物群	┃	┃	┃	┃	┃	┃		┃	┃		
中三叠世	拉丁期				杨柳井组				┆	┆	┃	┆		┆		┆	┆		
中三叠世	安尼期			板纳组	关岭组	II 段		盘县 - 罗平动物群	┃	┃	┃	┃		┃		┃	┃		┃
中三叠世	安尼期			板纳组	关岭组	I 段			┆	┃				┆					
早三叠世	奥伦尼克期	南陵湖组	嘉陵江组					未命名的化石组合	┃	┃				┃	┃				
早三叠世	印度期																		

灭绝事件，到早三叠世晚期是爬行动物征服海洋的初期阶段。化石的数量不多，种类较为单调，且动物的体型较小，结构原始的龟山巢湖龙（*Chaohusaurus geishanensis*）估计体长不超过 1 m。

2）盘县 - 罗平动物群发现于广西武鸣的板纳组和贵州盘县、云南罗平的关岭组 II 段（中三叠世安尼晚期）。动物群中包括似“肿肋龙类”、幻龙类、纯信龙类、楯齿龙类、鱼龙类、原龙类、主龙类和鼎屃龙类。海生爬行类在中三叠世进入到繁盛时期，数量多种类齐全，动物的个体也加大，这一时期的混鱼龙（*Mixosaurus*）体长可达 1 m。

3）兴义 - 富源动物群发现于贵州兴义和云南富源的法郎组竹杆坡段（中三叠世拉丁期）。该动物群的总体面貌与盘县 - 罗平动物群相似，只是未见鼎屃龙类的代表，增加了海龙类。其他大类依然存在，但具体的代表属种有了改变，如鱼龙类就出现了体长超过 6 m 的大型萨斯特鱼龙类。

4）关岭动物群发现于贵州关岭法郎组瓦窑段（晚三叠世卡尼期）。经过中三叠世的繁荣过后，这一时期动物的种类相对较少，主要包括楯齿龙类、海龙类和鱼龙类。鱼龙类中包括体型 1 m 左右的黔鱼龙（*Qianosaurus*），但有数量较多的大型萨斯特鱼龙类。这一层位中还发现了中国最早龟鳖类的代表——半甲齿龟（*Odontochelys semitestacea*）。

5）中国最高层位的海生爬行动物发现于西藏聂拉木和定日的曲龙共巴组（晚三叠世诺利期），它是唯一一个属于冈瓦纳特提斯区（Gondwana Tethyan Region）的产地。目前仅发现体长估计 15 m 的西藏喜马拉雅鱼龙（*Himalayasaurus tibetensis*）。

3. 中国侏罗纪的爬行类及动物群组成

恐龙的迅速崛起使侏罗纪爬行动物群的面貌与三叠纪有了根本的改变。恐龙从一开始出现就分两大类，蜥臀类（saurischians）和鸟臀类（ornithischians）。前者包括蜥脚型类（sauropodomorphs）① 和兽脚类（therapods）等；后者包括鸟脚类（ornithopods）、剑龙类（stegosaurs）、甲龙类（ankylosaurs）、角龙类（ceratopsians）和肿头龙类（pachycephalosaurs）等。南美被认为是恐龙的起源地，过去一些最早的恐龙发现于南美阿根廷的上三叠统（巴西和印度也有报道），但 Nesbitt 等（2013）报道了发现于非洲坦桑尼亚中三叠统的 *Nyasasaurus parringtoni*，它被归入恐龙形类（dinosauriforms）。到早侏罗世恐龙就广布于北美、欧洲、非洲和亚洲等各大陆了。

基干蜥脚型类是一些小型—中等大小，具较小头部和较长颈部，可以双足行走的植食性恐龙。生存于晚三叠世至早侏罗世的世界各大陆。中国目前尚未发现晚三叠世的基干蜥脚型类，早侏罗世的代表主要发现于云南禄丰，在云南易门、武定、双柏和永仁，四川威远、珙县和会理及贵州大方等地也有发现，其中产自云南禄丰下侏罗统下禄丰组的许氏禄丰龙（*Lufengosaurus huenei*）是中国最古老的恐龙化石之一。

蜥脚类是中—大型四足行走的植食性恐龙。生存于中侏罗世至晚白垩世的世界各大陆。中国侏罗纪的蜥脚类化石主要产自四川盆地和新疆的准噶尔盆地。四川自贡大山铺中侏罗统下沙溪庙组产多个属种的蜥脚类，既有中型尚未特化、颈椎很短的李氏蜀龙（*Shunosaurus lii*）（图 33），也有大型颈椎硕长的巴山酋龙（*Datousaurus bashanensis*）。新疆准噶尔盆地上侏罗统石树沟组产出的中加马门溪龙（*Mamenchisaurus sinocanadorum*）是带有特别伸长颈肋的大型蜥脚类，估计体长可达 26 m。

兽脚类有漫长的生存历史（从晚三叠世至晚白垩世），体型变化多端（从小型—大型），也对环境有多样性的适应。这类恐龙中的大部分具匕首状牙齿，且牙齿边缘具锯齿，是肉食性恐龙；一些晚期的类型为杂食性或植食性。兽脚类双足行走，前肢短小，后肢强健具快速奔跑的能力。目前人们普遍接受鸟类起源于兽脚类中的一支——手盗龙类（maniraptorans）的假说。中国侏罗纪兽脚类化石丰富，分布于云南禄丰和晋宁、四川自贡和永川、新疆准噶尔盆地五彩湾、内蒙古宁城及辽宁建昌等地。发现于云南峨山

---

① 近年来的支序分析表明原蜥脚类不构成单系类群，原先被归入原蜥脚类的一些属种与蜥脚型类的亲缘关系更近。

图 33　李氏蜀龙（*Shunosaurus lii*）复原骨架
（自贡恐龙博物馆供图）

下侏罗统禄丰组的出口峨山龙（*Eshanosaurus deguchianus*）有可能是最早的镰刀龙类代表。建设气龙（*Gasosaurus constructus*）发现于四川自贡中侏罗统下沙溪庙组。它中等体型，牙齿边缘呈锯齿状，前肢装备有尖利的爪子，是动物群中活跃敏捷的掠食者。五彩冠龙（*Guanlong wucai*）因化石产地具色彩鲜艳的地层和化石头部长有一冠状物而得名。化石采自新疆准噶尔盆地上侏罗统石树沟组。这一小型奇异的恐龙头大颈长，研究表明它是确凿的原始暴龙类（tyrannosauroids）。同一地区和层位还产小型植食性的原始角鼻龙类（ceratosaurians）——难逃泥潭龙（*Limusaurus inextricabilis*）（图 34）。泥潭龙化石清楚地显示了第一手指退化的现象，这对先前兽脚类恐龙外侧指退化的传统认识提出了挑战。

剑龙类头小，前肢短后肢长，是四足行走植食性的恐龙。最大的特征是一般从颈部至尾部长有两列对称或不对称排列的骨质剑板，尾端有尖的骨棘或粗大的骨锤用以御敌。剑龙类生存于侏罗纪和白垩纪。中国侏罗纪的剑龙类化石发现于重庆、四川和新疆。太白华阳龙（*Huayangosaurus taibaii*）是产自四川自贡大山铺中侏罗统下沙溪庙组较小的剑龙类，它也是目前世界上最早的剑龙类代表。该产地剑龙化石丰富，有十余个复原的化石骨架。中国另一个著名的剑龙代表——多棘沱江龙（*Tuojiangosaurus multispinus*）产

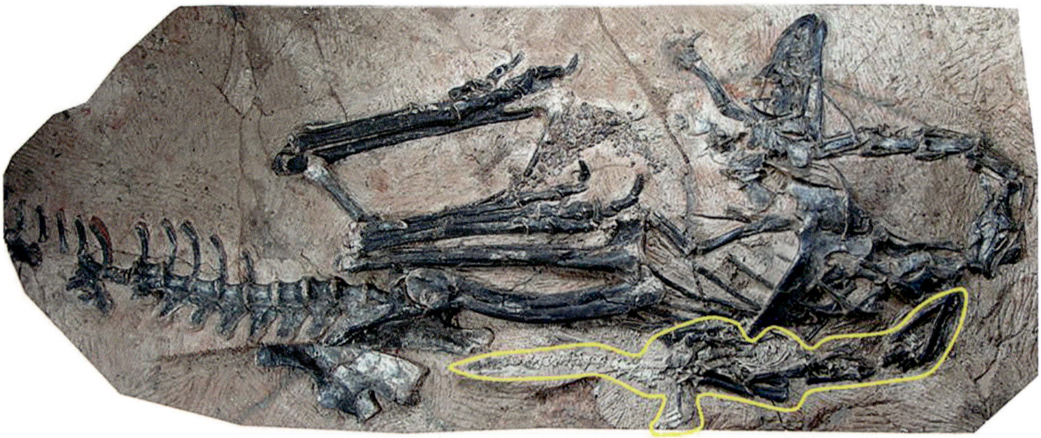

图 34　难逃泥潭龙（*Limusaurus inextricabilis*）骨架（上）和一小型鳄形类骨架化石（下）

自自贡武家坝上侏罗统上沙溪庙组。

甲龙类是鸟臀类恐龙中的一支。它们体型庞大，四足行走，身体表面布满骨质的装甲。具小的三角形的牙齿，以蕨类和苏铁等植物为食。甲龙类分布于除非洲之外，包括南极洲的所有大陆。主要生存于晚侏罗世至晚白垩世，我国最早的代表——明星天池龙（*Tianchisaurus nedegoapeferima*）① 发现于新疆阜康中侏罗统的头屯河组。

鸟脚类是鸟臀类恐龙中的一个分支，除基干鸟脚类外，它还包括并系类群的禽龙类（igunodonts）和更进步的鸭嘴龙类（hadrosaurids）。该类群生存于中侏罗世至晚白垩世。鸟脚类大多双足行走，以植物为食。中国中侏罗统并不产严格意义的鸟脚类，但在四川自贡大山铺下沙溪庙组产出比其更原始的新鸟臀类（neornithischians）的基干成员，如劳氏灵龙（*Agilisaurus louderbacki*）（图 35）等。上侏罗统的鸟脚类产自四川自贡和荣县、新疆的准噶尔盆地。鸿鹤盐都龙（*Yandusaurus hongheensis*）是体长近 3.5 m，两脚行走和善于快跑的小型鸟脚类。

角龙类中绝大部分是四足行走的植食性恐龙，其特点是顶骨和鳞骨向后延伸形成硕大的颈盾，头骨上发育数量不等的角。按照最新的分类方法，角龙类包括原始的基干角龙类（basal ceratopsian）、鹦鹉嘴龙类（psittacosaurids）和新角龙类（neoceratopsian）。基干角龙类仅发现于中国北方的上侏罗统，包括当氏隐龙（*Yinlong downsi*）和杨氏朝阳龙（*Chaoyangsaurus youngi*）等 3 属 3 种。鹦鹉嘴龙类生存于早白垩世，分布范围扩大到中国北方之外的蒙古、俄罗斯、日本和韩国等地。进步的新角龙类则分布于亚洲、欧洲和北美的上白垩统。

翼龙类是主龙型类的一支，最早的化石发现于晚三叠世地层，在白垩纪末期灭绝。

① Vickaryous 等（2004）对天池龙名称的有效性提出质疑。

图 35　劳氏灵龙（*Agilisaurus louderbacki*）复原骨架
（自贡恐龙博物馆供图）

翼龙类是比鸟类更早飞上天空的爬行动物，它特殊结构的翼由前肢第四指伸长的四节指骨支撑的翼膜构成，而第一至三指缩小为钩状，第五指退化消失。翼龙类分为早期原始的喙嘴龙类（rhamphorhynchoids）和晚期进步的翼手龙类（pterodactyloids）。中国侏罗纪最早的翼龙类化石发现于四川自贡大山铺，被命名为长头狭鼻翼龙（*Angustinaripterus longicephalus*）。近年来，在新疆准噶尔盆地五彩湾上侏罗统石树沟组发现了五彩湾丝绸翼龙（*Sericipterus wucaiwanensis*）；在辽宁建昌玲珑塔及周边地区的上侏罗统中发现了分异度较高的翼龙群，包括李氏悟空翼龙（*Wukongopterus lii*）和中国鲲鹏翼龙（*Kunpengopterus sinensis*）等 11 属 13 种（汪筱林等，2014）。

鳄型类是主龙类中的重要分支，包括鳄类和它灭绝的亲属。鳄型类和恐龙一样古老，也出现于晚三叠世。最早的代表是小型、结构轻巧而活跃的陆生楔形鳄类。进入到侏罗纪后，该类动物迅速演化为适应多样性生活的不同支系，既有陆生类型，也有水生或海生类型，它们归属于鳄形类或中真鳄类（mesoeucrochodylians）。中国侏罗纪的鳄型类化石丰富，种类多样，且分布广泛。化石发现于云南禄丰、新疆准噶尔盆地、重庆大足和四川自贡、威远、达县等地的早侏罗世至晚侏罗世地层。鳄型类中最原始的楔形鳄类，生存于晚三叠世至晚侏罗世，这些小型、善疾走的肉食动物占据着从赤道至高纬度的各样陆地环境。产于云南禄丰下侏罗统下禄丰组的敏捷裂头鳄（*Dibothrosuchus elaphros*）

即是其中的一员。产于新疆准噶尔盆地中侏罗统石树沟组的斯氏准噶尔鳄（*Junggarsuchus sloani*）是基干的鳄型类。发现于重庆上侏罗统上沙溪庙组的重庆西蜀鳄（*Hsisosuchus chungkingensis*）（图 36）虽然有匕首状前后缘具锯齿的牙齿，但与西贝鳄类（sebecids）并无近的亲缘关系，是最原始的中真鳄类。同属中真鳄类的长鼻北碚鳄（*Peipehsuchus teleorhinus*）具极长的吻部，是以鱼类为食的水生鳄类，化石发现于重庆大足、四川威远和达县的下、中侏罗统。

图 36　重庆西蜀鳄（*Hsisosuchus chungkingensis*）头骨

龟鳖类在传统上除了三叠纪的原颚龟类（proganochelyds）外，被分为侧颈龟类（pleurodirans）和隐颈龟类（cryptodirans）。这两个进化分支在侏罗纪早期即已确立。侧颈龟类出现于晚侏罗世，曾广泛分布于欧洲、非洲、亚洲、北美和南美，现生种则只见于南方大陆（非洲、南美洲、大洋洲）。中国至今未发现侧颈龟类的化石。隐颈龟类则是更为成功的一支，它的数量和种类更多，成员有更为宽广的辐射适应，可以生活于淡水、咸水和陆地。中国侏罗纪的隐颈龟类化石相对丰富，有 5 科 11 属，它们部分是隐颈龟亚目（Cryptodira）的基干成员，部分属真隐颈龟小目（Eucryptodira）。主要分布于四川的自贡和内江、新疆的准噶尔盆地和重庆大足。产于四川自贡中侏罗统下沙溪庙组的周氏四川龟（*Sichuanchelys chowi*）（图 76）是原始的隐颈龟类，分支系统分析表明它的系统分类位置接近于北美早侏罗世的卡岩塔龟（*Kayentachelys*）。准噶尔新疆龟（*Xinjiangchelys junggarensis*）（图 87）产自新疆准噶尔盆地上侏罗统石树沟组。

蜥蜴类属鳞龙型类中的有鳞类（squamates），最早的记录见于晚三叠世，化石在全球有广泛的地史地理分布。蜥蜴类中包括壁虎类（gekkots）、美洲鬣蜥类（iguanians）、石龙子类（scincomorphs）和蛇蜥类（anguimorphs）。中国的蜥蜴类化石最早出现于内蒙古道虎沟中侏罗世地层，为两个未定名的幼年个体。与其同属于燕辽生物群的杨氏矢部龙（*Yabeinosaurus youngi*）产自辽宁凌源鸽子洞。

楔齿蜥类属鳞龙型类。它与 *Gephyrosaurus* 组成喙头蜥类并成为有鳞类（包括蜥蜴类、蛇类和蚓蜥）的姐妹群。该类动物两前颌骨带一对大的门齿呈喙状，除少数原始类型外，上下颌边缘多为端生型齿。具腹肋，有尾巴的自断功能。现生楔齿蜥类仅生存于新西兰，但该类群自晚三叠世产生后曾一度繁盛，化石遍及世界各大陆。中国云南禄丰下侏罗统禄丰组产出克莱沃蜥（*Clevosaurus*）的三个种（*Clevosaurus wangi*，*C. mcgilli*，*C. petilus*）。

蛇颈龙类是大型的海生爬行动物，是鳍龙类中唯一越过了三叠纪与侏罗纪界线，并存活至白垩纪末的一支。与三叠纪的鳍龙类不同，它的尾短，身体短且宽，四肢已完全变为适应水生的鳍状肢。依据身体结构可分为具伸长颈部的狭义的蛇颈龙类（plesiosaurs）和头大颈短的上龙类（pliosauroids）。中国西南地区随着三叠纪末海水的退去，海生爬行类的历史结束了。但在重庆壁山下、中侏罗统的淡水沉积中发现了上龙类的化石，被命名为壁山上龙（*Bishanopliosaurus*）和渝州上龙（*Yuzhoupliosaurus*）。

中国侏罗纪的爬行类动物群

侏罗纪是恐龙和其他爬行类（如龟鳖类、鳄型类）开始繁盛的时期。在中国西南地区随着三叠纪晚期海水的退去陆相盆地发育，加上适宜的温暖半干旱的气候，为恐龙和其他爬行动物的生存提供了充分的条件，在连续的陆相地层中留下了丰富的化石。它们可以被划分为早侏罗世的禄丰蜥龙动物群（*Lufengosaurus* Fauna）、中侏罗世的蜀龙动物群（*Shunosaurus* Fauna）和晚侏罗世的马门溪龙动物群（*Mamenchinosaurus* Fauna）(表 3)。

中国北方地区侏罗纪的爬行类化石发现相对较少。除了辽宁、内蒙古和河北交界地区的中侏罗世晚期—晚侏罗世早期的海房沟组和髫髻山组的燕辽生物群外（黄迪颖，2015），在甘肃和新疆发现了少量马门溪动物群的成员。

禄丰蜥龙动物群是中国最低层位的以爬行动物为主体的陆生脊椎动物群，它有如下特点：①爬行动物的许多门类起源于三叠纪，早侏罗世仍然是它们发展的初期阶段，化石的种类和数量都不多。各大陆（包括欧洲、亚洲、非洲和美洲）发现的恐龙化石具极大的相似性。禄丰蜥龙动物群的成员相似于南非、美国、阿根廷和印度相同时代动物群的成员。②禄丰蜥龙动物群的分布范围不大，仅限于中国西南的云贵川地区。化石发现于云南禄丰和晋宁的下禄丰组、云南易门的冯家河组、四川威远的自流井组和贵州大方的珍珠冲组。③禄丰蜥龙动物群以基干蜥脚型类和兽脚类为主，前者包括禄丰龙、云南龙（*Yunnanosaurus*）、金山龙（*Jingshanosaurus*）等，后者包括中国龙（*Sinosaurus*）和盘古盗龙（*Panguraptor*）等。动物群还含少量的楔齿蜥类克莱沃蜥（*Clevosaurus*）和鳄型类敏捷裂头鳄（*Dibothrosuchus elaphros*）以及鳄形类的许氏扁颌鳄（*Platyognathus hsui*）等。当然，禄丰动物群的多样性远远不止于此，除了上述的爬行动物外，还包括大量的基干下孔类，如三列齿兽类卞氏兽（*Bienotherium*）和禄丰兽（*Lufengia*）等，原始哺乳动物如中国尖齿兽（*Sinoconodon*）和摩根齿兽（*Morganucodon*）等，及鱼类化石。

蜀龙动物群是世界上最丰富的中侏罗世恐龙动物群，它有如下的特点：①在世界范围内中侏罗统的恐龙化石点分布零星，仅散布于阿根廷、摩洛哥和澳大利亚等地。但中侏罗世对于爬行动物特别是恐龙来说，是一个高速辐射发展的时期，形形色色的类群产生了，它们更进一步占领了陆地生态系统。这一时期中国的化石种类繁多数量丰富，对了解这些爬行动物类群的产生、分布、系统发育，以及研究其生存环境提供了得天独厚的条件。②蜀龙动物群比禄丰蜥龙动物群的分布范围更小，仅发现于中国西南部四川盆地的自贡、达县和重庆璧山等地中侏罗统的下沙溪庙组。在 2014 年之前的文献中，新疆准噶尔盆地石树沟组下部产的兽脚类江氏单嵴龙（*Monolophosaurus jiangi*）、蜥脚类苏氏巧龙（*Bellusaurus sui*）、鳄形类斯氏准噶尔鳄（*Junggarsuchus sloani*）等被认为是中侏罗世的化石，该层位被对比于四川的下沙溪庙组。后依据对新疆含化石地层测年的结果（161–157 Ma）和国际地层委员会公布的地层界线年代（163 Ma）将该化石层位划归上侏罗统，但仍不排除石树沟组最底部依然有可能进入中侏罗统。③蜀龙动物群的恐龙包括蜥脚类、兽脚类、基干鸟脚类和剑龙类。动物群中还有龟鳖类、蛇颈龙类、鳄型类和翼龙类等爬行动物化石。四川自贡大山铺是蜀龙动物群最重要的化石产地。该地点至少已发掘出一百具以上的恐龙个体，代表着 10 个以上不同门类的恐龙物种，包括蜥脚类的李氏蜀龙（*Shunosaurus lii*）、巴山酋龙（*Datousaurus bashanensis*），兽脚类的建设气龙（*Gasosaurus constructus*），新鸟臀类的劳氏灵龙（*Agilisaurus louderbacki*）和剑龙类的太白华阳龙（*Huayangosaurus taibaii*）等。据研究人员统计该化石点植食性恐龙的数量远远超过肉食性恐龙，前者的个体数量可以占到总数的 94%。除了爬行动物化石外，自贡大山铺还产出离片椎两栖类（temnospondyls）的扁头中国短头鲵（*Sinobrachyops placenticephalus*）和下孔类三列齿兽类（tritylodontids）的自贡似卞氏兽（*Bienotheroides zigongensis*）。

马门溪龙动物群[①] 是中国乃至世界晚侏罗世最丰富的爬行动物群之一，它有如下特点：①马门溪龙动物群所包含的恐龙各大门类与蜀龙动物群基本相似，包括蜥脚类、兽脚类、基干鸟臀类、剑龙类、鸟脚类等，只是新增了基干角龙类。其他爬行类中蛇颈龙类彻底地消失了，翼龙类化石有短暂的缺失，龟鳖类和鳄型类大量存在。②马门溪龙动物群主要分布于四川盆地，它的个别分子，如合川马门溪龙（*Mamenchisaurus hochuanensis*）和中加马门溪龙（*Mamenchisaurus sinocanadorum*）扩展到甘肃永登和新疆准噶尔盆地。③马门溪龙动物群组成仍以蜥脚类恐龙为主，马门溪龙的几个种，发现于四川盆地的安岳、宜宾、自贡、永川和重庆合川等地。在新疆鄯善产蝴蝶龙（*Hudiesaurus*），在新疆奇台产天山龙（*Tienshanosaurus*）。兽脚类相对稀少，但中华盗龙（*Sinraptor*）像马门溪龙一样同时出现在四川和新疆。四川还产出永川龙（*Yangchuanosaurus*），新疆准噶尔盆地产单嵴龙（*Monolophosaurus*）。基干角龙类中只有当氏隐龙（*Yinlong downsi*）

① 有关马门溪龙动物群的时代存在不同的看法，Wang 等（2010）、Li 等（2010）等认为马门溪龙动物群产自沙溪庙组上部，时代属中侏罗世中晚期。在无进一步年代测定资料的情况下，此处沿用传统的观点。

出现于新疆准噶尔盆地的石树沟组上部。晚侏罗世剑龙类仍处于辐射发展的高峰，包括四川自贡上沙溪庙组的多棘沱江龙（*Tuojiangosaurus multispinus*）和新疆准噶尔盆地石树沟组的准噶尔将军龙（*Jiangjunosaurus junggarensis*）等多个属种。

燕辽生物群含丰富的植物、无脊椎动物和脊椎动物化石；分布于内蒙古宁城，河北青龙，辽宁北票、凌源和建昌等地。近年来其中的脊椎动物化石研究取得了很大的进展，已正式命名了 26 属 28 种（郭相奇等，2012），包括鱼类、两栖类、爬行类（有鳞类、翼龙类和兽脚类恐龙）和原始哺乳类。爬行动物群中唯一定名的蜥蜴种属是产自辽宁凌源的杨氏矢部龙。翼龙类是爬行动物群中分异程度较高的类别之一，既包括较原始的喙嘴龙类（rhamphorhynchoids），如威氏翼手喙龙（*Pterorhynchus wellnhoferi*），也包括较进步的悟空翼龙类（wukongpterids）的多个属种，其中的模块达尔文翼龙（*Darwinopterus modularis*）一骨架还与蛋化石保存在一起。在内蒙古宁城道虎沟和辽宁建昌玲珑塔发现的几种兽脚类恐龙个体较小，身上着生羽毛，如擅攀鸟龙类（scansoriopterygids）的胡氏耀龙（*Epidexipteryx hui*）以及与欧洲始祖鸟（*Archaeopteryx*）非常接近的郑氏晓廷龙（*Xiaotingia zhengi*）。

4. 中国白垩纪的爬行类及动物群组成

白垩纪的爬行动物门类基本上承袭了侏罗纪的框架，只是新增了鸭嘴龙类、角龙类、肿头龙类和离龙类。

肿头龙类是角龙类的姐妹群。它们个体较小，两足行走，以植物为食，最大特征是头骨顶部骨片明显增厚，呈圆穹状，颞孔封闭。化石仅发现于东亚和北美的上白垩统。中国产出 2 属 2 种，它们是：安徽歙县上白垩统小岩组的岩寺皖南龙（*Wannanosaurus yansiensis*）和山东莱阳上白垩统王氏组的红土崖小肿头龙（*Micropachycephalosaurus hongtuyanensis*）。

繁盛于侏罗纪的**剑龙类**在白垩纪数量大减，中国仅在新疆乌尔禾和内蒙古鄂尔多斯盆地的下白垩统各产出乌尔禾龙（*Wuerhosaurus*）的一个种。而剑龙类的姐妹群**甲龙类**与之相反，侏罗纪只有零星的属种，主要繁盛于白垩纪。中国的化石（共 8 属 9 种）被分别归入结节龙科（Nodosauridae）和甲龙科（Ankylosauridae）。它们分布于内蒙古、甘肃、山西、辽宁、河南和浙江等省区，包括河南汝阳白垩系蟒川组结节龙类的洛阳中原龙（*Zhongyuansaurus luoyangensis*）、甘肃临洮县和永靖县交界处下白垩统河口群多刺甲龙亚科的金城洮河龙（*Taohelong jinchengensis*）和山西天镇上白垩统灰泉堡组甲龙类的杨氏天镇龙（*Tianzhenosaurus youngi*）等。

中国白垩纪的**鸟脚类**分布广泛，在北至吉林长春、南到广西南宁、西至甘肃酒泉、东到山东莱阳的广大区域内留下了它们的踪迹。鸟脚类化石数量繁多，目前已确定的有 20 多个属种。它们产自鸟脚类进化发展的不同阶段，其中的代表性属种如基干鸟脚类的上园热河龙（*Jeholosaurus shangyuanensis*）、禽龙类的巨齿兰州龙（*Lanzhousaurus magnidens*）、鸭嘴龙类的巨型山东龙（*Shantungosaurus giganteus*）和兰氏龙类的棘鼻青岛龙（*Tsintaosaurus spinorhinus*）。

角龙类在白垩纪进入繁荣发展时期，化石面貌有了根本的改变，基干角龙类被鹦鹉嘴龙类（psittacosaurids）和新角龙类（neoceratopsians）所代替。鹦鹉嘴龙类是东亚早白垩世特有的动物，其吻端具角龙类特有的吻骨，形成鸟类一样的喙嘴。中国鹦鹉嘴龙类的化石异常丰富，个体数量很多，它们分布于内蒙古、辽宁、山东和新疆等省区。共有鹦鹉嘴龙（*Psittacosaurus*）的 10 个种和红山龙（*Hongshanosaurus*）的 1 个种被记述。新角龙类是鹦鹉嘴龙类的姐妹群，除一些基干属种外，它还包括不同进化阶段的原角龙科（Protoceratopsidae）、纤角龙科（Leptoceratopsidae）和角龙科（Ceratopsidae）的成员。中国的新角龙类化石发现于辽宁、甘肃、吉林、内蒙古和山东等省区的白垩纪地层。代表性属种有：产自甘肃酒泉下白垩统新民堡群基干新角龙类的大岛古角龙（*Archaeoceratops oshimai*），产自内蒙古乌拉特后旗上白垩统乌兰苏海组原角龙类的道氏巨吻角龙（*Magnirostris dodsoni*），产自山东诸城上白垩统王氏群纤角龙类的意外诸城角龙（*Zhuchengceratops inexpectus*）和同一层位和产地角龙类的诸城中国角龙（*Sinoceratops zhuchengensis*）。

白垩纪的**蜥脚类**仍然保有一定的数量，但不像侏罗纪那样集中于四川盆地和新疆，分布范围扩展至内蒙古、甘肃、山西、辽宁、广西、浙江和河南等省区。其中河南汝阳下白垩统上部至上白垩统下部的蟒川组和甘肃兰州 - 民和盆地下白垩统河口群都含数量较多的大型蜥脚类化石。这两个化石点还产出蜥脚类的同一个属，前者是汝阳黄河巨龙（*Huanghetitan ruyangensis*），后者是刘家峡黄河巨龙（*Huanghetitan liujiaxiaensis*）。其余各化石产地有自己特色的属种，如内蒙古苏尼特左旗晚白垩世二连组的赛罕戈壁苏尼特龙（*Sonidosaurus saihangaobiensis*）、浙江江山下白垩统金华组的礼贤江山龙（*Jiangshanosaurus lixianensis*）等。河南汝阳上白垩统上部发现的巨型汝阳龙（*Ruyangosaurus gianteus*）是中国发现的最大的蜥脚类恐龙。

白垩纪是**兽脚类**辐射发展的重要时期。一些兽脚类恐龙的体表不再像其他爬行动物那样覆盖着鳞片，而是被有不同发展阶段的羽毛——从丝状的羽毛—绒羽—羽片沿羽轴对称或不对称发育的飞羽等，它们被称为带羽毛的恐龙，虽然它们的生存年代晚于最早的鸟类，不可能是鸟类的直系祖先，但为鸟类起源于恐龙提供了证据。这些兽脚类分属于暴龙类（tyrannosauroids）、美颌龙类（compsognathids）和手盗龙形类（maniraptoriformes）。中国的兽脚类化石数量多（据不完全统计有 37 属 41 种），分布广泛，主要分布于北方的辽宁、河北、内蒙古、甘肃和新疆等省区，个别化石点分布于长江以南的浙江和广东。辽宁北票（下白垩统义县组）是兽脚类恐龙的一个非常重要的产地，下述的几个属种均发现于此：原始中华龙鸟（*Sinosauropteryx prima*）是世界上首次发现的带羽毛的恐龙，是带有丝状的皮肤衍生物的美颌龙类；镰刀龙类的意外北票龙（*Beipiaosaurus inexpectus*）保存了许多兽脚类恐龙的典型特征，但它是兽脚类恐龙中的一个特化类群，应以植物为食，四肢上保存有管状的丝状皮肤衍生物；邹氏尾羽龙（*Caudipteryx zoui*）虽然前肢和尾部有与现代鸟类非常相似的羽毛，只是羽轴两侧羽片是对称分布的，但头后骨骼表明它是善于奔跑的动物，还不具有飞翔的能力。发现于辽宁朝阳下白垩统九佛堂组的顾氏小盗龙（*Microraptor gui*）属小型的驰龙类（dromaeosaurids），被称为“四翼恐龙”（图 37）。它的尾部和四肢都长有不对称的飞羽——后肢可能具有翼的功能，后翼在向鸟类进化的过程中逐步退化。研究还表明它是第一个羽毛有彩虹色的恐龙。小盗龙树栖，推测可在树间滑翔。中国晚侏罗世到早白垩世小型带羽毛兽脚类化石极为丰富，但大型兽脚类、尤其是霸王龙类化石零散。最近，采自江西赣州的中华虔州龙（*Qianzhousaurus sinensis*）是目前中国最完整的大型霸王龙类。它的发现证实了长吻型霸王龙类确实存在，是晚白垩世亚洲地区主要的捕食者。

图 37　顾氏小盗龙（*Microraptor gui*）

我国早白垩世的翼龙类相当丰富，化石集中发现于新疆的乌尔禾、哈密、乌鲁木齐和辽宁的朝阳、北票、凌源等地的陆相湖泊沉积中，内蒙古的宁城和甘肃的庆阳也有零星发现。研究表明白垩纪翼龙类有三次重要的辐射：热河生物群义县组中的翼龙类可视为欧洲晚侏罗世翼手龙类第一次辐射在东亚早白垩世的延续；第二次辐射发生在九佛堂组沉积期，主要表现为本地起源的新生类群大量繁殖，并不断向外扩散；第三次辐射发生在晚白垩世，产生了许多大型无齿的翼龙类。大多数翼龙属于特化的树栖性种类，有较强的飞行能力，以吃鱼类和昆虫为主，也有一些植食性的种类。中国白垩纪翼龙中只有少量的喙嘴龙类（3 属 3 种），如辽宁北票下白垩统义县组的弯齿树翼龙（*Dendrorhynchoides curvidentatus*）；其余的近 20 个属种属于翼手龙类，如中国报道的第一个翼龙类——产自新疆乌尔禾下白垩统吐谷鲁群的魏氏准噶尔翼龙（*Dsungaripterus weii*）。近年来在新疆哈密地区下白垩统吐谷鲁群中发现了一个可称之为翼龙墓地的化石点，埋藏有数百具翼龙的分散骨骼和 5 枚三维保存完好的翼龙蛋，化石被定名为天山哈密翼龙（*Hamipterus tianshanensis*）。研究表明群居于湖边的哈密翼龙在大型风暴的灾难中集群死亡。化石头骨上的嵴显示它们具性二态，而蛋化石的蛋壳具双层结构，与某些现生蛇类的"软壳蛋"相似。产自辽宁建昌县早白垩世的隐居森林翼龙（*Nemicolopterus crypticus*）是已知最小的白垩纪翼龙，翼展仅 2.5 cm（图 38）。晚白垩世的翼龙稀少，仅有产自浙江临海上白垩统塘上组的临海浙江翼龙（*Zhejiangopterus linhaiensis*）被报道。

图 38　隐居森林翼龙（*Nemicolopterus crypticus*）

中国白垩纪鳄类化石虽然数量相对较少（仅 4 属 5 种），但因异常的形态结构而具重要的分类意义。这些化石只发现于新疆、内蒙古、吉林、山东和湖北等省区的个别地点。新疆乌尔禾下白垩统吐谷鲁群产的天山贫齿鳄（*Edentosuchus tienshanensis*），具明显的异齿型齿列，仅上颌骨齿就有齿尖数和小尖排列方式不同的 3 种形态。支序分析表明它是鳄形类最基干类群原鳄类（protosuchids）的成员。原鳄类的其他成员生存于晚三叠世至早侏罗世，天山贫齿鳄和同属原鳄类的产自内蒙古杭锦旗下白垩统志丹群的杭锦山东鳄（*Shantungosuchus hangjinensis*）将原鳄类生存年限延长了 7500 万年。产自湖北下白垩统五龙组的奇异神怪鳄（*Chimaerasuchus paradoxus*）具独特的异齿型齿列——2 枚前上颌骨齿呈犬齿形，而 4 枚上颌骨齿具 3 纵列小齿尖，牙齿形态表明它们以植物为食。支序分析结果显示：奇异神怪鳄与其他中国的鳄类没有近亲关系，而与南美中真鳄类的 *Notosuchus* 和非洲马拉维的化石关系密切。奇异神怪鳄是首次在北方大陆发现的 notosuchids。

与侏罗纪相比，中国白垩纪的龟鳖类数量更多（10 科 28 属），分布范围也更为扩展，可达10余个省区。北起黑龙江南至广东，东起福建西到新疆都留下了它们的踪迹。白垩纪的龟鳖类均属真隐颈龟小目（Eucryptodira）。其中的圆镜中国龟（*Sinemys lens*）（图98）产自山东新泰下白垩统蒙阴组，幼年个体第七缘板外侧边缘发育长的侧棘刺，而成年个体的同一部位仅有微弱的侧突。而产自内蒙古杭锦旗下白垩统罗汉洞组的滑翔中国龟（*Sinemys gamera*）（图99）第七缘板处的棘刺极度伸长。Brinkman和Peng（1993b）推测当滑翔中国龟在水中活动时，该棘刺可以起到防止背甲沿中线翻滚的作用。乌迳南雄龟（*Nanhsiungchelys wuchingensis*）是大型的陆生龟类（图39）。化石发现于广东南雄、始兴、河源，江西赣州等地的上白垩统南雄群。它所属的南雄龟科最早出现于亚洲早白垩世，一些成员在晚白垩世土伦期（Turonian）通过白令海峡迁移扩散到北美洲。

图39　乌迳南雄龟（*Nanhsiungchelys wuchingensis*）

蜥蜴类白垩纪的化石广泛分布于内蒙古、辽宁、甘肃、河北、河南和山东等省区。产自辽宁义县下白垩统义县组的赵氏翔龙（*Xianglong zhaoi*）属美洲鬣蜥类，具稀疏的三角形端生齿，显著伸长的肋骨构成滑翔皮翼的骨骼支撑。翔龙为迄今为止发现的唯一具滑翔能力的化石蜥蜴类。产自河南栾川上白垩统秋扒组和江西赣州上白垩统南雄组的郑氏天宇蜥（*Tianyusaurus zhengi*）属石龙子类。它具形态特殊的齿列和由方轭骨与方骨连接形成的完整的下颞弓，这在有鳞类中是极为罕见的，其他的蜥蜴和蛇都因下颞弓的缺失致方骨具活动性。

离龙类是双孔类中的一支，它具体的分类位置——属于鳞龙型类还是主龙型类，甚至它是否属于新双孔类（Neodiapsida），在目前都还没有定论。其成员生存于晚三叠世至新近纪的中新世，它们是一些体型和生态适应上差异较大的水生和半水生爬行动物。离龙类共包括6科11属，化石发现于北美和欧亚大陆（北纬36° 以北至北极圈）的广大地区。中国的离龙类共3科4属5种，分布于内蒙古和辽宁的下白垩统。其中既有高度适应水生游泳生活的长颈类型的潜龙（*Hyphalosaurus*）①（图40），也有大型长吻类型的伊克昭龙（*Ikechaosaurus*）和中小型短吻的满洲鳄（*Monjurosuchus*）和喜水蜥（*Philydrosaurus*）。

图40 凌源潜龙（*Hyphalosaurus lingyuanensis*）骨架化石

中国白垩纪的爬行类动物群

中国白垩纪地层中的爬行类化石丰富，在门类和个体数量上都超过侏罗纪地层。白垩纪是爬行类发展的最后繁盛期，动物群组成仍然以恐龙为主，只是侏罗纪时繁盛的蜥脚类和剑龙类数量大为减少，代之而起的是兽脚类、角龙类、甲龙类和鸭嘴龙类等。除恐龙之外，翼龙类异军突起，在早白垩世爆发式地出现，进入晚白垩世仅有个别种属遗存。鳄类数量少，而蜥蜴类则得到迅猛发展。白垩纪爬行动物的分布范围异常广泛，北起黑龙江嘉荫南至广东茂名，东起浙江临海西到新疆乌尔禾都留下了它们的踪迹（表3）。

早白垩世的爬行类动物群

早白垩世的爬行类动物化石主要分布于中国北方，不仅化石点繁多（分布于辽宁、内蒙古、河北、陕西、甘肃、山东、新疆等省区），而且具极大的生物多样性；南方则仅发现于浙江（江山、曲江）和广西（扶绥）的个别地点，每处仅有少量单调的化石产出（龟鳖类未统计，蜥蜴和鳄类无报道）。

北方区的化石点基本上被包括在热河生物群的范围内。热河生物群是东亚（包括中国北方、西伯利亚、朝鲜半岛、日本等地）早白垩世的极具特色的生物群，含丰富的无

① 属名存在争议。正模的正、负面标本在同一个月分别被命名为潜龙（*Hyphalosaurus*）和中国水生蜥（*Sinohydrosaurus*）。Smith和Harris（2001）支持前者，潜龙名称被广泛使用；季燕南等（2014）提出异议。

表 3　中国侏罗纪、白垩纪陆生爬行类的地史和地理分布

时代	主要含化石地层及地理分布：山东	辽宁	内蒙古	新疆	重庆/四川	云南	代表性动物群	基干蜥脚型类	蜥脚类	兽脚类	基干鸟臀类	剑龙类	甲龙类	鸟脚类	肿头龙类	角龙类	翼龙类	离龙类	楔齿蜥类	蛇颈龙类	龟类	鳄型类	蜥蜴类
上白垩统	王氏群	孙家湾组	乌兰苏海组/二连达巴苏组	乌伦古河组			未正式命名																
下白垩统	青山组	九佛堂组 义县组 土城子组	乌兰呼少组/大水沟组/八音戈壁组/伊金霍洛组	吐谷鲁群			热河动物群																
上侏罗统		髫髻山组		石树沟组	上沙溪庙组		马门溪龙动物群				?												
中侏罗统				头屯河组	下沙溪庙组		蜀龙动物群																
下侏罗统						下禄丰组	禄丰蜥龙动物群													?			

脊椎动物、脊椎动物和植物化石。它的核心地区位于辽宁西部，化石发现于下白垩统的大北沟组、义县组和九佛堂组或者相当层位。白垩纪早期该区及相邻地区为小型淡水湖泊环境，频繁发生强烈的火山喷发。这既造成动植物的集群死亡和快速埋藏，同时火山喷发物质亦可能以某种方式影响或促进了脊椎动物快速分化和辐射演化，生物多样性增加。一些新的门类产生了，如以鹦鹉嘴龙为代表的鹦鹉嘴龙类，以中国翼龙（*Sinopterus*）为代表的古神翼龙类（tapejarids），以辽宁翼龙（*Liaoningopterus*）为代表的古魔翼龙类（anhanguerids）等。这些开始时具有地方性色彩的生物，随着地理隔离的逐渐减弱或消失，发生了广泛的地理扩散，或与其他地区动物群进行交流。

热河生物群的爬行动物组合中仍然以种类繁多的恐龙为主。鸟臀类包括甲龙类[如奇异辽宁龙（*Liaoningosaurus paradoxus*）]、鹦鹉嘴龙类[如梅勒营鹦鹉嘴龙（*Psittacosaurus meileyingensis*）]和基干新角龙类[如燕子沟辽角龙（*Liaoceratops yanzigouensis*）]以及鸭嘴龙超科（Hadrosauroidea）的基干成员[如杨氏锦州龙（*Jinzhousaurus yangi*）]；兽脚类包括美颌龙类[如原始中华龙鸟（*Sinosauropteryx prima*）]、暴龙类[如奇异帝龙（*Dilong paradoxus*）]、似鸟龙类[如东方神州龙（*Shenzhousaurus orientalis*）]、窃蛋龙类[如邹氏尾羽龙（*Caudiptryx zoui*）]、镰刀龙类[如意外北票龙（*Beipiaosaurus inexpectus*）]和驰龙类[如千禧中国鸟龙（*Sinornithosaurus millenii*）]。鸟臀类中的鹦鹉嘴龙类是典型早白垩世的种类。这一时期恐龙辐射的一个重要特点是出现了大量新的、进步的兽脚类恐龙。对其骨骼形态的研究表明它们在鸟类起源以前就获得了鸟类的主要特征，如类似鸟类的齿系、头骨的活动性、前肢运动模式、腰带以及后肢的姿势等。部分进步的兽脚类恐龙不仅着生原始形态的绒羽，包括飞羽在内的羽状羽毛亦出现于鸟类起源之前，这证明羽状羽毛的出现与飞行无关。

热河生物群翼龙类有惊人的多样性，已记述的化石可达 9 科 36 属 44 种（汪筱林等，2014）。以翼手龙类为主 [如秀丽郝氏翼龙（*Haopterus gracilis*）]，只有少量的喙嘴龙类 [如弯齿树翼龙（*Dendrorhynchoides curvidentatus*）]。由于适应于不同的生态环境，这一时期的翼龙的个体差异很大，小型的翼展在 1 m 以下，大型翼展可达 5 m。食性的分化也非常明显，除了绝大部分以鱼类为食外，还有滤食性的、食昆虫的以及食果或种子的。

早白垩世的鳄类化石数量少，且并未出现于热河生物群的主要产区。这时已进化到中真鳄类的时代，但在中国罕见地出现原鳄类的孑遗分子——贫齿鳄（*Edentosuchus*）和山东鳄（*Shandongosuchus*）。爬行类是变温动物，鳄类体型较大无法在寒冷地区生存。现生的扬子鳄只生存于长江流域北纬 30.6° –31.6° 的地区（陈壁辉等，1985）。而天山贫齿鳄和农安多皱纹鳄（*Rugosuchus nonganensis*）的产地新疆乌尔禾和吉林农安都在北纬 44° 以北，这是早白垩世古温度升高的又一古生物证据。

热河生物群中还包括大量的龟鳖类 [如满洲满洲龟（*Manchurochelys manchuensis*）和辽西鄂尔多斯龟（*Ordosemys liaoxiensis*）]、离龙类 [如凌源潜龙（*Hyphalosaurus lingyuanensis*）] 和蜥蜴类 [如长趾大凌河蜥（*Dalinghosaurus longidigitus*）]。

晚白垩世的爬行类动物群

晚白垩世的爬行类动物群仍然主要分布于北方地区，包括内蒙古、辽宁、吉林、山西、新疆、山东、河南等省区。其中以内蒙古二连浩特周边地区与乌拉特后旗巴音满都呼（Bayan Mandahu）地区的化石数量和种类最为丰富。山东的莱阳和诸城亦产出大量的鸭嘴龙类化石。南方这一时期的化石仅发现于广东、广西、江西、浙江和安徽的个别产地，以广东南雄的化石较为丰富且具代表性。

动物群的组成仍然以恐龙为主，同时含少量的翼龙类、龟鳖类、鳄类和蜥蜴。北方地区以二连恐龙动物群为例，化石产自上白垩统坎潘阶（Campanian）的二连达巴苏组（Iren Dabasu Fm.）。部分高级阶元与早白垩世的热河生物群一致，但二者几乎没有相同的属种。兽脚类恐龙中包括暴龙类的奥氏独龙（*Alectrosaurus olseni*），镰刀龙类的杨氏内蒙古龙（*Neimongosaurus yangi*），窃蛋龙类的二连巨盗龙（*Gigantoraptor erlianensis*）等。还包括蜥脚类的赛罕戈壁苏尼特龙（*Sonitosaurus saihangaobiensis*）和鸭嘴龙类的姜氏巴克龙（*Bactrosaurus johnsoni*）等。二连动物群中未发现原角龙和蜥蜴类的化石，十余个蜥蜴的属种和似希腊鼻原角龙（*Protoceratops hellenikorhinus*）及道氏巨吻角龙（*Magnirostris dodsoni*）发现于相距不远的巴音满都呼地区乌兰苏海组（Wulansuhai

Fm.）的稍高层位中。这两个产地都有少量的鳄类化石。

广东南雄上白垩统南雄组因含丰富的恐龙蛋和恐龙化石而闻名于世。含化石地层的研究表明白垩系和古近系的界线存在铱异常，标注着地史上最著名的造成非鸟恐龙、翼龙等类群灭绝的生物事件。迄今为止，南雄爬行类化石全面系统的研究尚未完成。在南雄组中仅有肉食龙中的暴龙类、镰刀龙类中的短棘南雄龙（*Nanshiungosaurus brevispinus*）、鸟脚类中的南雄小鸭嘴龙（*Microhadrosaurus nanshiungensis*）和龟类乌迳南雄龟（*Nanshiungchelys wuchingensis*）被报道。近年来在相邻的江西赣州地区南雄组中，发现了丰富的爬行类化石。其中包括 4 个属种的窃蛋龙类［如斑脊龙（*Banji long*）等］，霸王龙类的中华虔州龙（*Qianzhousaurus sinensis*），蜥脚类的中国赣南龙（*Gannansaurus sinensis*），两种蜥蜴［如南康江西蜥（*Chianhsia nankangensis*）等］和两种龟类［如赣州江西龟（*Jiangxichelys ganzhouensis*）等］。与南雄地区一样，赣州也产丰富的恐龙蛋化石，有些含化石胚胎，一对有壳卵还正孕育在一窃蛋龙类的腰带中。一鳄类化石正在研究中尚未定名。

除浙江临海的浙江翼龙外，其他地区没有晚白垩世的翼龙。

5. 中国新生代的爬行类化石

经过白垩纪末的生物灭绝事件之后，恐龙、翼龙等一大批中生代地球的统治类群彻底的失去了踪影，只有龟鳖类、鳄类和有鳞类仍然在哺乳动物的阴影下顽强地生存至今。

中国新生代的龟鳖类化石比白垩纪的分布更为广泛，化石点遍布于包括台湾地区在内的 18 个省区，但所含的科级和属级数量却有所减少，只有 5 科 21 属。它们均属于真隐颈龟类的鳖超科（Trionychoidea）和陆龟超科（Testudinoidea）。其中繁盛于渐新世—上新世时期的陆龟属（*Testudo*）是数量最多（有 10 余个种）、分布最广的新生代龟类。绝大部分陆龟化石发现于中国北方，只有一个存疑种——路南“陆龟”（“*Testudo*” *lunanensis*）产自云南路南下渐新统。

中国新生代鳄类化石有十余个属种，它们都是真鳄下目（Eusuchia）的成员。因气候和温度的缘故大部分分布于南方的安徽、湖南和广东等地。新疆晚始新世的玛纳斯准噶尔鳄①（*Dzungarisuchus manacensis*）虽然化石保存不全，仅有一不完整的右下颌支，但它是中国新生代位置最北的鳄类化石。山东临朐中中新世山旺组鲁钝吻鳄（*Alligator luicus*）则是与现生扬子鳄最为相似、系统关系最近的鳄类化石。广东南雄的古新统和湖南衡阳的始新统还分别产出头骨深而侧扁的大塘平顶鳄（*Planocrania datangensis*）和衡东平顶鳄（*Planocrania hengdongensis*）。

中国新生代的蜥蜴化石有十余个属种，它们分属于美洲鬣蜥类（iguanians）、石龙子亚目（Scincomorpha）和蛇蜥亚目（Anguimorpha）不同的科。但化石点相对集中，分布

① 这个准噶尔鳄与新疆侏罗纪的准噶尔鳄（*Junggarsuchus*）是两个属，虽然中文译名一样。

于安徽潜山的古新统，河南淅川、山西垣曲、内蒙古乌兰察布盟的始新统，以及陕西洛南的早、中更新统等层位中。其中，安徽潜山古新统中蜥蜴化石有较大的分异度，共包括中国飞蜥（*Agama sinensis*）、短头安庆蜥（*Anqingosaurus brevicephalus*）等4属4种。而响蜥一属（*Tinosaurus*）虽然化石大多保存不全，种一级的鉴定还尚存疑问，但该属在中国既有最广的地理分布（见于内蒙古乌兰察布盟、山西垣曲、安徽潜山、陕西洛南和河南卢氏等地），也有最长的地史分布（从古新世至早更新世中晚期）。

七、中国爬行类化石的研究历史

董枝明等（2015）在《中国古脊椎动物志》第二卷第五册《鸟臀类恐龙》中，详述了中国恐龙化石的研究历史，将其划分为四个阶段——萌芽时期（1902–1928）、奠基时期（1929–1949）、独立发展时期（1949–1978）和开放发展时期（1978年至今）。中国恐龙化石丰富，从20世纪初就吸引了国内外古生物学家的关注，进行了无数次的考察、发掘和研究。在这些过程中除了恐龙外还发现了大量的其他爬行类的化石。恐龙在古爬行动物研究中占有特别重要的地位，因此用恐龙研究的四个阶段来叙述中国化石爬行类的研究历史应该同样是恰当的。

1. 萌芽时期（1902–1928）

中国爬行动物化石的研究起步较晚。1902年被认为是中国爬行动物化石发现和报道的元年。这比禽龙在英国的发现（1822年）整整晚了80年，比Owen（1860年）划分爬行类6个灭绝类群的目（鱼龙目、鳍龙目、异齿兽目、翼龙目、槽齿目和恐龙目）也晚了42年。在萌芽时期，主要是西方的学者和神职人员在中国开展的化石寻找和挖掘工作，只有少数的中国科学家参与其中。他们在黑龙江嘉荫、山东蒙阴、内蒙古二连浩特和新疆吉木萨尔等地发掘到恐龙、龟鳖类和其他爬行动物的化石。鉴于古生物学工作的特点，这一时期采集到的化石其研究成果均发表于下一阶段的1929年之后。

1902年俄国上校Manakin从黑龙江地区的渔民手中获得一些化石，由此拉开了中国恐龙研究的序幕。根据这一线索，俄国的地质学家1914年在黑龙江南岸的中国境内找到了化石的产地和层位，并于1915–1917年进行了采掘。这是从中国土地上取得的第一批爬行类化石，但其正式研究结果——由俄国学者Riabinin命名的黑龙江满洲龙（*Mandschurosaurus amurensis*）发表于1930年，这晚于师氏盘足龙（*Euhelopus zdanskyi*）和中国谭氏龙（*Tanius sinensis*）的命名时间1929年（Wiman, 1929）。后两种恐龙最初大约发现于1913年，据以建种的正模则是1923年由师丹斯基和谭锡畴采自山东新泰（原称蒙阴地区）。

1922–1930年由美国自然历史博物馆组织的第三中亚考察团和1927–1933年的中瑞

西北科学考察团对中国的古生物学研究都产生了深远的影响。前者据杨钟健（Young, 1935）称“他们最初计划，想考察我全国，后因中国人的反对，乃集中于蒙古”。即使如此，考察团仍在中蒙边界的二连浩特地区发现了一批恐龙化石和世界上第一批恐龙蛋化石。该批材料被悉数运往美国，存于纽约的美国自然历史博物馆由Gilmore研究发表。中瑞西北科学考察则是中国学者首次以平等身份参与的大型科学考察活动，考察领域包括地质矿产、古生物、考古及气象等①。中方代理团长袁复礼和丁道衡在宁夏西北白垩纪地层中采到恐龙化石，袁复礼还在新疆二叠、三叠纪地层中采得大量化石。这些材料均交由中国古脊椎动物学的奠基人杨钟健研究。

2. 奠基时期（1929–1949）

1929年因师氏盘足龙和中国谭氏龙的订立，被看作是中国恐龙研究的起点，虽然这一年已接近美国中亚考察的尾声，但却是中瑞西北科学考察的起始阶段，考察的成果大部分发表于20世纪30年代。Gilmore（1933）记述了采自内蒙古二连浩特地区的兽脚类和鸭嘴龙类的多个属种，如兽脚类的亚洲似鸟龙（*Ornithomimus asiaticus*）和鸭嘴龙类的姜氏巴克龙（*Bactrosaurus johnsoni*）。中瑞西北考察团采自宁夏白垩系的恐龙材料，经杨钟健（Young, 1935）研究定名为宁夏绘龙（*Pinacosaurus ninghsiensis*）和奥氏鹦鹉嘴龙（*Psittacosaurus osborni*）等。杨钟健（Young, 1936）订立了除恐龙外的第一个主龙形类的代表——袁氏加斯马吐龙（*Chasmatosaurus yuani*）。新疆二叠、三叠纪的化石经袁复礼和杨钟健（Yuan et Young, 1934a, b）研究订立了“似哺乳爬行类”(即：基干下孔类）的新疆二齿兽（*Dicynodon sinkianensis*）和赫氏水龙兽（*Lystrosaurus hedini*）等。

这一时期是以杨钟健为首的中国本土的地质古生物学家茁壮成长的时期，他们考察和发掘化石的足迹遍布我国东北、西北、西南和东南的许多省区，采集到包括恐龙在内的大量爬行动物化石。其中最重要的成果是1938年由地质学家卞美年领导的小组对云南禄丰恐龙动物群的发现。在其后的十余年间，杨钟健将研究的重点从哺乳动物转移到爬行动物化石。他记述了禄丰盆地下侏罗统下禄丰组的5属5种原蜥脚类［如许氏禄丰龙（*Lufengosaurus huenei*）等］，虚骨龙类的尹氏芦沟龙（*Lukosaurus yini*）和肉食龙类的三叠中国龙（*Sinosaurus triassicus*）等。除恐龙外，杨还记述了鳄形类的许氏扁颌鳄（*Platyognathus hsui*）和基干下孔类卞氏兽（*Bienotherium*）的三个种。

这一时期除恐龙外，其他爬行动物的研究报道也不断涌现。Riabinin（1930a, b）在报道黑龙江满洲龙的同时，记述了黑龙江嘉荫的龟鳖类——平肋板古鳖（*Aspideretes*

① 1926年瑞典人斯文·赫定（Sven Hedin）第四次来华“探险和考察”。中国知识界成立的“中国学术团体学会”发表宣言，明确指出：“应有相当契约，以不侵犯主权，不损失国体为原则，否则应陈请政府绝对禁止之”。后经认真协商谈判，重新签订了合作协议，中瑞西北考察开创了我国与外国联合进行科学考察的平等互利的先例。历经数年的工作，取得了三项令世人震惊的成果，一是丁道衡和袁复礼发现了白云鄂博铁矿；二是袁复礼发现了宁夏的恐龙和新疆的“似哺乳爬行动物”；三是在额济纳河发现了一万多枚汉简。

planicostatus）①；Wiman（1930）则记述了山东新泰（蒙阴）的圆镜中国龟（*Sinemys lens*）和山西榆社的三趾马陆龟（*Testudo hipparionum*）等。中国鳄类化石的系统研究出现于 Young（1948）的综述中，他记述了产自甘肃永登中侏罗统的苗氏孙氏鳄（*Sunosuchus miaoi*）、四川重庆下 - 中侏罗统的长鼻北碚鳄（*Peipehsuchus teleorhinus*）和湖南始新统的两属鳄类。1940 年 Endo 记述了产自辽宁凌源早白垩世义县组的楔齿满洲鳄（*Monjurosuchus splendens*），认为它代表原始的主龙类。Gao 等（2000）基于新发现的化石材料重新研究了满洲鳄，将其归入离龙类。按照目前的分类方法，满洲鳄是中国发现最早的离龙类。中瑞西北考察团采自新疆下三叠统韭菜园组的 3 个小型个体，最初被认为属于鳞龙类，后经 Koh（1940）研究，定名为袁氏三台龙（*Santaisaurus yuani*）。它是中国最早研究的副爬行类前棱蜥科的成员。Gilmore 研究了中亚考察团采自内蒙古的蜥蜴化石，于 1943 年订立了蜥蜴的两个种（*Arretosaurus ornatus* 和 *Tinosaurus asiaticus*）。但中国最早命名的蜥蜴类化石当属产自辽宁义县和凌源的细小矢部龙（*Yabeinosaurus tenuis*）（由 Endo 和 Shikama 于 1942 年命名）。

3. 独立发展时期（1949–1978）

1949 年中华人民共和国成立标志着中国科学事业进入了一个崭新的发展时期。杨钟健等中国第一代的地质古生物学家仍然奋战在科研工作的一线，科研队伍随着年轻人的加入也在不断发展壮大。中国地域辽阔，各时代地层发育齐全，蕴含的脊椎动物化石丰富。50 年代初期，杨钟健任中国科学院古脊椎动物与古人类研究所的前身“新生代研究室”主任，在他的引领下开展了对化石的考察和发掘工作，化石的研究也取得了丰硕的成果。杨钟健不仅是古脊椎动物研究的掌门人，也是爬行动物，特别是恐龙研究的学科带头人。他在 1951 年出版了总结性的研究专著《禄丰蜥龙动物群》、1958 年出版了《山东莱阳恐龙化石》。1972 年杨钟健和赵喜进出版了对四川合川中侏罗统蜥脚类恐龙的研究专著——《合川马门溪龙》。这一时期针对爬行动物化石所开展的大规模的考察共有三次，它们是：1955–1956 年山西二叠 - 三叠纪古脊椎动物化石的考察和发掘、1959 年中苏古生物考察和 1963–1964 年新疆古生物考察。

1955–1956 年中国科学院古脊椎动物与古人类研究所组织野外队在山西武乡和榆社的二叠 - 三叠纪地层中开展工作，修订了地层剖面，在中三叠统二马营组中采集到大量脊椎动物化石。其中的似哺乳爬行类（基干下孔类）经孙蘷璘（孙艾玲）研究，于 1963 年 出版了《中国的肯氏兽类》一书；杨钟健则研究了主龙形类的材料，1964 年出版了《中国的假鳄类》专著，在书中描述和订立了山西山西鳄（*Shansisuchus shansisuchus*）等 3 新属 4 新种。此次考察还采集到少量前棱蜥的材料。

① Danilov 等（2002）将平肋板古鳖修订为平肋板黑龙江龟（*Amuremys planicostatus*）。

1958 年，中国科学院古脊椎动物与古人类研究所和苏联科学院古生物研究所达成协议，拟共同组建“中苏古生物考察队”，合作开展 5 年（1959–1963）的中亚科考。可惜这一规模庞大的项目，因故只进行了一年多就夭折了。1959 年考察队在内蒙古二连浩特、河套和阿拉善地区寻找和发掘化石，采集到包括肉食龙类、甲龙类、鸭嘴龙类等恐龙和龟鳖类的化石。胡寿永（1964）研究了肉食龙的材料，订立了吉兰泰龙（*Chilantaisaurus*）的两个种。鸭嘴龙类的材料由苏联科学家 Rozhdestvensky（1966a, b）研究，订立了原巴克龙（*Probactrosaurus*）的两个种。

1963–1964 年中国科学院古脊椎动物与古人类研究所组织了规模宏大多学科的新疆古生物考察，在准噶尔盆地和吐鲁番盆地的二叠纪至古近纪地层中开展工作，采集到鱼类、两栖类、爬行类和哺乳类化石。新疆二叠 - 三叠纪地层和华北一样以含似哺乳爬行类（基干下孔类）为主，有少量的主龙形类化石，如吐鲁番盆地桃树园沟的达板吐鲁番鳄（*Turfanosuchus dabanensis*）和中国武氏鳄（*Vjushkovia sinensis*）等。在新疆乌尔禾地区下白垩统吐谷鲁群中，发现了一极具生物多样性的爬行类动物群，称之为乌尔禾翼龙动物群，主要由翼龙类、蜥臀类和鸟臀类恐龙组成，含少量的龟鳖类和鳄类。它们各自的代表性属种是：个体较大的魏氏准噶尔翼龙（*Dsungaripterus weii*）、小型兽脚类艾里克敏捷龙（*Phaedrolosaurus ilikensis*）、剑龙类平坦乌尔禾龙（*Wuerhosaurus homheni*）、龟鳖类的乌尔禾中国龟（*Sinemys wuerhoensis*）[①] 和鳄形类的天山贫齿鳄（*Edentosuchus tienshanensis*）。

在这一阶段因国家经济建设和野外工作的开展，在中生代和新生代地层中发现了大量的龟鳖类化石，经叶祥奎研究于 1963 年出版了《中国的龟鳖类化石》。水生爬行动物化石的研究亦取得进展。1957 年地质博物馆胡承志在贵州兴义三叠纪地层中，采到一批小型动物的骨架，经杨钟健研究定名为胡氏贵州龙（*Keichousaurus hui*），属鳍龙类肿肋龙科。1972 年杨钟健和董枝明出版了《中国三叠纪水生爬行动物》专著。其中包括世界最早的鱼龙类化石之一——龟山巢湖龙（*Chaohusaurus geishanensis*）、世界产地最高的晚三叠世西藏喜马拉雅鱼龙（*Himalayasaurus tibetensis*）和一极度特化的动物——南漳湖北鳄（*Hupehsuchus nanchangensis*）等。

4. 开放发展时期（1978 年至今）

改革开放以来随着经济的向好发展，国家对科学事业的投入加大，古脊椎动物研究进入了发展的黄金时期。新一代的科研人员逐渐取代了中国第二代的古生物工作者。他们中的优秀者有扎实的理论基础和野外考察的能力，在频繁的国际交流中，掌握了古生

---

① 该种包括十几个个体，经重新研究有三个种类：*Ordosemys brinkmania*, *Xinjiangchelys* sp. 和 Trionychoid indet.。*Sinemys wuerhoensis* 种名无效。

物学的新理论、新假说、新技术和新方法，成为活跃在国际舞台上的佼佼者。除中国科学院古脊椎动物与古人类研究所外，国内一些高等院校、地质研究所和博物馆也加入到古脊椎动物研究的队伍中，并做出了卓越的贡献，如中国地质科学院地质研究所、北京大学地质系、北京自然博物馆和四川自贡恐龙博物馆等。

古爬行动物研究在这一时期中，最引人注目的成果莫过于热河生物群、燕辽生物群和扬子区三叠纪水生爬行类的研究。

热河生物群

旧称“热河系”的地层和古生物研究始自20世纪20年代。到1962年，顾知微将该套地层中以东方叶肢介 - 三尾拟蜉蝣 - 狼鳍鱼（*Eosestheria-Ephemeropsis-Lycoptera*）为代表的化石群称为“热河生物群”。它是指大约1.2亿 –1.3亿年前的白垩纪早期，东亚地区（包括我国北方、西伯利亚、朝鲜和日本等地）所特有的一个土著性很强的陆生生物群。20世纪末，因辽西中生代鸟类化石的发现，热河生物群再度激发起古生物学界的研究热情。热河生物群的脊椎动物化石保存精美，门类齐全，据不完全统计现已命名了170多个有效物种，成为地球上最重要的古生物化石宝库之一。这些化石不仅为诸多学科假说提供关键性证据，而且对生物演化的一些传统观点产生了前所未有的冲击力。

随着国家大量资金的投入和多学科高水准专家的参与，在短短的20年间即已取得累累硕果。在爬行动物方面，一些原已发现的门类有新的成员加入，如龟鳖类中的辽西鄂尔多斯龟（*Ordosemys liaoxiensis*）等、离龙类中的凌源潜龙（*Hyphalosaurus lingyuanensis*）和朝阳喜水蜥（*Philydosaurus proseilus*）等，蜥蜴类的长趾大凌河蜥（*Dalinghosaurus longidigitus*）等。动物群中尤以翼龙类和恐龙化石发现和研究最为引人注目。

鹦鹉嘴龙是热河生物群中最早发现和研究的恐龙，也是辽西地区产出数量最多的一种恐龙。1988年Sereno等记述了产自辽宁朝阳下白垩统九佛堂组的梅勒营鹦鹉嘴龙（*Psittacosaurus meileyingensis*）。动物群中其他的鸟臀类恐龙还包括辽宁北票下白垩统义县组鸟脚类的上园热河龙（*Joholosaurus shangyuanensis*）和辽宁锦州义县组鸭嘴龙类的杨氏锦州龙（*Jinzhousaurus yangi*）等。1996年，季强和姬书安(Ji and Ji, 1996)报道了辽宁北票义县组的原始中华龙鸟(*Sinosauropteryx prima*)，它的身上长有丝状的原始羽毛，这一发现引起世人的关注。中华龙鸟正确的分类位置属于虚骨龙类的美颌龙科，它开启了一系列带羽毛兽脚类恐龙发现的先河。随后，季强等发现了长着真正羽毛的窃蛋龙类的尾羽龙（*Caudipteryx*）和原始祖鸟（*Protarchaeopteryx*），徐星等报道了长着管状的细丝状皮肤衍生物的驰龙（又名奔龙）类的中国鸟龙（*Sinornithosaurus*）和镰刀龙类的北票龙（*Beipiaosaurus*），长着四个翅膀可在天空滑翔的驰龙类小盗龙（*Microraptor*），尾巴上长有羽毛的小型暴龙类帝龙（*Dilong*），以及体长可达8 m长有简单丝状羽毛的暴龙类华丽羽王龙（*Yutyrannus huali*）等等。这一系列带羽毛兽脚类恐龙的发现，为鸟类起源于恐龙、羽毛的起源和飞行的起源提供了证据。

热河生物群中的翼龙化石发现得相对较晚，直到1997年才由姬书安和季强（Ji et Ji, 1997）报道了翼龙的第一个属种——杨氏东方翼龙（*Eosipterus yangi*）。但随后的工作证明热河生物群中的翼龙化石异常丰富，有20多个属种陆续被报道。这些翼龙可分为上、下两个化石组合：下部义县组的翼龙组合以外来分子为主，包括喙嘴龙类的弯齿树翼龙（*Dendrorhynchoides curvidentatus*），梳颌翼龙科（Ctenochasmatidae）的华夏翼龙（*Cathyopterus*）和北票翼龙（*Beipiaopterus*）等；上部九佛堂组的翼龙组合以本地起源的新生分子为主，包括古魔翼龙科（Anhangueridae）的辽宁翼龙（*Liaoningopterus*），古神翼龙科（Tapejaridae）的中国翼龙（*Sinopterus*）等。汪筱林和周忠和（2006）认为下部义县组的翼龙组合与欧洲晚侏罗世索伦霍芬为代表的海相地层的翼龙组合存在演化上的相继关系，代表了欧洲晚侏罗世晚期翼龙辐射的延续。而上部九佛堂组的翼龙组合与南美巴西早白垩世桑塔纳组（Santana Fm.）的非常相似，反映了热河群晚期的翼龙辐射以及地理扩散明显，可远及冈瓦纳大陆。Wang和Zhou（2004）还报道了产自辽宁锦州金刚山地区义县组上部的世界上首枚翼龙蛋化石，其中胚胎骨架保存完整。它第一次确凿无疑地证明了翼龙是卵生动物，胚胎骨架显示翼龙出生后不久，可能就具备飞行能力和自主觅食能力。

燕辽生物群

这是一个近年来才发现的生物群，它分布于辽宁西部、内蒙古东南部、河北北部中侏罗世髫髻山组和九龙山组，虽然范围比热河生物群小，所含化石门类也相对较少，但因一些重要的化石门类在这一时代更早的动物群中出现，使得它和热河生物群具有同样重要的意义。燕辽生物群的名称是由1983年洪友崇提出的“燕辽昆虫群”和1995年任东等提出的“燕辽动物群”扩展而来。动物群中的翼龙类化石极为丰富，分异度很高，是脊椎动物群中重要的类群之一。内蒙古宁城道虎沟产的宁城热河翼龙（*Jeholopterus ningchengensis*）体型较大，保存了非常完整的翼膜和毛状皮肤衍生物。辽宁建昌玲珑塔产悟空翼龙类的多个属种，这个特殊的翼龙类群代表了由原始的“喙嘴龙类”向进步的翼手龙类过渡的一类翼龙。恐龙的数量和种类不如翼龙那样丰富，但因长有特殊的身体结构和“羽毛”而具重要的生物学意义。产于辽宁建昌玲珑塔晚侏罗世髫髻山组的赫氏近鸟龙（*Anchiornis huxleyi*）前肢和尾部都有奇特的飞羽，是世界上最早的带羽毛兽脚类恐龙。它的发现填补了恐龙向鸟类进化史上关键性的空白。同样产自建昌玲珑塔的孔子天宇龙（*Tianyulong confuciusi*）属鸟臀类异齿龙科（Heterodontosauridae）。它的颈部、背部和尾部有类似羽毛的压痕——呈细管状，没有分叉，是真皮的衍生物，非常类似于兽脚类恐龙原始的羽毛结构。科学家据此推测它们的祖先也覆盖着类似的结构。发现于河北青龙的奇翼龙（*Yi qi*）属兽脚类擅攀鸟龙类（scansoriopterygids）。奇翼龙的腕部有一长骨结构，类似于会飞的四足类（如翼龙、蝙蝠、鼯鼠等）腕部、肘部或踝部的长骨结构，它们支撑翼膜，使动物具滑翔或飞行功能。在奇翼龙化石的棒状结构和手指附近发现了翼膜的残块，证明它是一只具翼膜翼可滑翔或飞行的兽脚类恐龙。

扬子区三叠纪水生爬行类的研究

20 世纪 90 年代末至 21 世纪初，贵州和云南的百姓为了获取经济利益，掀起了寻找和挖掘化石的高潮。对于古脊椎动物研究来说，这是一把双刃剑，非专业的发掘对化石产地和化石本身造成破坏，丢失了许多科学信息，但大量化石的出现又为研究工作提供了素材。从 1998 年开始，大量的海生爬行类化石从贵州关岭上三叠统法郎组瓦窑段被挖掘出来。这是一个新的化石点和新的化石层位，其中的动物群被命名为“关岭动物群”。它引起了研究人员的高度关注。从 1999 年至 2003 年是关岭动物群的研究高潮，不仅报道了多个大型鱼龙 [如梁氏关岭鱼龙（*Guanlingsaurus liangae*）等] 和中型鱼龙 [如周氏黔鱼龙（*Qianichthyosaurus zhoui*）] 的种，重要的是发现了中国第一个海龙类黄果树安顺龙（*Anshunsaurus huangguoshuensis*）和第一个楯齿龙类新铺中国豆齿龙（*Sinocyamodus xinpuensis*）。自 2003 年开始，化石的发掘向周边地区辐射，并很快见到成效。在贵州兴义和云南富源中三叠统法郎组竹杆坡段，以及贵州盘县和云南罗平的中三叠统关岭组 II 段发现了更为丰富的化石组合，它们分别被称为兴义 - 富源动物群和盘县 - 罗平动物群。这两个层位不仅含鱼龙类、海龙类和楯齿龙类，还含似幻龙类（原称肿肋龙类）[如利齿滇东龙（*Diandongosaurus acutidentatus*）]、幻龙类 [如红果鸥龙（*Lariosaurus hongguoensis*）]、纯信龙类 [如李氏云贵龙（*Yunguisaurus liae*）]、海生的原龙类 [如东方恐头龙（*Dinocephalosaurus orientalis*）] 和焱屃龙类 [如云贵中国焱屃龙（*Sinosaurosphargis yunguiensis*）] 等。这些物种与发现于欧洲相关类群的代表相似，它们间有着密切的亲缘关系。近年来，在老的化石点也不断有新的化石种类被发现。如过去只产出巢湖龙的安徽省巢湖市马家山下三叠统南陵湖组不仅发现了始鳍龙类的盘状乌喙骨马家山龙（*Majiashanosaurus discocoracoidis*），而且报道了比巢湖龙更原始的柔腕短吻龙（*Cartorhynchus lenticarpus*）。分析表明短吻龙是基干的鱼龙形类，是鱼鳍类的姐妹群。它个体小，有大的鳍状肢，可能营两栖生活。同样，在过去只产出湖北鳄类的湖北省远安下三叠统嘉陵江组，不仅有湖北鳄类的新种属——短颈始湖北鳄（*Eohupehsuchus brevicollis*）和长形副湖北鳄（*Parahupehsuchus longus*），还首次发现了鱼龙类化石——张家湾巢湖龙（*Chaohusaurus zhangjiawanensis*）。

20 世纪 90 年代中国的海生爬行类还只有十余个种，大多数的化石不完整，且缺少很多重要的门类。经过不足二十年的飞跃发展，今日中国的化石数量之多，保存之精美，门类之齐全，已远远超过欧洲西特提斯动物群和北美东太平洋动物群。除此之外，中国还有一些特色的种类，如 Li C. 等（2008）在关岭动物群中发现的世界上最早的龟类化石——半甲齿龟（*Odongtochelys semitestaces*），它具有细密的牙齿和雏形的甲壳结构，证明了龟类的腹甲的形成早于背甲。另外，他们还首次在贵州盘县海相地层中发现了过去认为只生存于陆地的假鳄类——混型黔鳄（*Qianosaurus mixus*）的完整骨架。这个动物有典型海生爬行类扁平的肩带和高耸的尾椎神经棘，但有陆生动物的腰带和后肢。

八、中国恐龙蛋和爬行类足迹化石研究历史

中国恐龙蛋的研究历史几乎和恐龙的研究史同样久远。1923 年，美国组织的第三中亚考察团在我国内蒙古二连浩特地区发现了不完整的恐龙蛋壳。20 世纪五六十年代，周明镇、杨钟健等报道和研究了山东莱阳和广东南雄的恐龙蛋（Chow, 1951；杨钟健，1954, 1965）。虽然这一时期对蛋壳也进行了显微结构的研究（周明镇，1954a），但恐龙蛋的命名和分类还主要是依据蛋化石的大小、形状、蛋壳厚度和表面纹饰等形态特征。随着化石数量的增加，研究者发现被定为同一形态种的恐龙蛋（如圆形蛋、长形蛋等），可以有多种的显微结构，它们显然是由不同的动物所产。赵资奎（1975, 1979）提出同时根据蛋化石的形态特征和蛋壳显微结构特征，并按照国际动物命名法规对恐龙蛋进行分类和命名，建立新的恐龙蛋化石分类系统。在其后的实践过程中，这一分类方法和系统逐步被国外的一些研究者所接受，但不可否认它并不完美，对这一方法的修改和完善还有很长一段路要走。

中国是世界上恐龙蛋化石最丰富的国家，化石分布于内蒙古、新疆等 15 个省区（图 41）。20 世纪 90 年代以来，在席卷中国大地的化石发掘高潮中，河南、湖北、江西和广东等省有数量惊人的恐龙蛋化石被发现。赵资奎等（2015）在《中国古脊椎动物志》第二卷第七册《恐龙蛋类》中总结性地系统描述了 13 蛋科 29 蛋属 65 蛋种。但目前仍有大量的化石未经科学的描记、鉴定和分类。这些化石的研究必将对探讨恐龙蛋壳组织结构的起源和演化、含化石地层的划分与对比、白垩纪古气候和陆相地层的古环境，以及完善恐龙蛋化石分类系统起到重要的作用。

中国足迹化石也非常丰富（图 42）。据李建军最新统计（未发表），截止到 2015 年 9 月共发现中生代爬行动物和鸟类足迹化石计 57 属 76 种，包括恐龙足迹 42 属 59 种，翼龙足迹 1 属 3 种，其他爬行动物足迹 5 属 5 种，鸟类足迹 9 属 9 种。另有 37 个未定属种，包括恐龙足迹 30 个未定属种，翼龙足迹 3 个未定种和鸟类足迹 4 个未定种。合计 80 属 113 种。它们分布于 24 个省市自治区的 72 个县级地区，其中有 4 个化石点的恐龙足迹数量超过了 1000 个（辽宁朝阳中侏罗统大约 4000 个，山东诸城下白垩统大约 4000 个，内蒙古鄂托克下白垩统 2000 余个，甘肃永靖下白垩统 1600 余个）。它们在全球规模最大的 10 个恐龙足迹化石产地中分别占据第二、第三、第五和第六位（李建军，2015）。

图 41　夏馆杨氏蛋（*Youngoolithus xiaguanensis*）和足迹化石

图中箭头所指为一恐龙足迹

图 42　河北赤城兽脚类足迹（李建军供图）

中国古脊椎动物学的奠基人杨钟健和法国地质古生物学家德日进1929年在陕西神木侏罗纪地层中发现了中国的第一个恐龙足迹化石。从1943年至1979年，杨钟健研究并命名了足迹化石的7个属9个种，包括四川广元足迹（*Kuangyuanpus szechuanensis*）、石炭张北足迹（*Changpeipus carbonicus*）等，为中国足迹化石的研究打下了坚实的基础。从1982年开始，北京自然博物馆以甄朔南和李建军为首的研究小组一直从事以恐龙足迹为主的脊椎动物的研究工作。他们先后研究了四川岳池、云南晋宁、四川峨眉、内蒙古鄂托克旗和乌拉特中旗等地区的恐龙足迹和鸟类足迹，并总结出版了专著《中国恐龙足迹研究》(甄朔南等，1996)。进入到21世纪后，有更多的中外研究者投入到足迹研究中，对内蒙古鄂托克旗、山东诸城、甘肃永靖以及一些新的化石点进行系统的综合研究，取得了丰硕的成果。中国已成为世界上脊椎动物足迹化石保存最多、种类最丰富的国家之一。

第二部分　副爬行类、大鼻龙类

系 统 记 述

爬行纲 Class REPTILIA Lyonnet, 1745

副爬行亚纲 Subclass PARAREPTILIA Olson, 1947

概述　Olson（1947）在爬行纲下建立了副爬行亚纲（Parareptilia）和真爬行亚纲（Eureptilia）。副爬行亚纲包括钝头龙目（Diadecta）和龟鳖目（Chelonia），钝头龙目中又包括西蒙龙型亚目（Seymouriamorhpa）、钝头龙型亚目（Diadectomorpha）、前棱蜥亚目（Procolophonia）和锯齿龙亚目（Pareiasauria）。由于认识到西蒙龙型类并不是真正的爬行动物，Olson 认为爬行类不是单系起源的。此后在一个相当长的时期内，副爬行亚纲这一分类单元并未被广泛接受，它没有出现在上个世纪广泛使用的 Romer（1956, 1966）和 Carroll（1988）的爬行类分类系统中。

Gauthier 等（1988b）在进行羊膜类的系统发育分析时重新使用了副爬行类（parareptiles）这一分类名称，用来包括中龙科（Mesosauridae）、前棱蜥亚目（Procolophonia）、锯齿龙亚目（Pareiasauria）和米勒蜥科（Millerettidae）。虽然 Gauthier 等（1988b）指出了这些类元的两点共有裔征：上颌骨犬齿状齿（maxillary caniniform teeth）的缺失和肩臼上孔（supraglenoid foramen）的缺失，但他们对副爬行类的单系性仍存有疑虑。在这一分析中他们也并未把副爬行类归入 Reptilia，只是认为中龙类、前棱蜥类、锯齿龙类和米勒蜥类与爬行动物比与哺乳动物有更近的共同祖先，只有 Testudines、Captorhinidae、*Paleothyris*、Araeoscelidia 和 Sauria 才属于 Reptilia（图 21）。

Laurin 和 Riesz（1995）、Modesto（1999）在其分析中则更明确的使用了 Parareptilia 这一分类单元，认为它是真爬行类的姐妹群，它们共同组成 Reptilia。但在他们的分析中，在副爬行类中增加了龟鳖类（Testudines）（图 22、图 23）。这与近期学界的主流观点相悖——龟鳖类属真爬行类，与双孔类有更近的亲缘关系。虽然 Laurin 和 Riesz（1995）对副爬行类所作的定义（龟鳖类以及与龟鳖类比与双孔类关系更近的所有羊膜类）无法被接受，但他们所确认的副爬行类的 14 个共有裔征应该是存在的。它们是：①前额骨和颚骨接触；②在前额骨、泪骨和颚骨间的眼 - 鼻孔（orbito-nasal foramen）关闭；③前侧方的上颌骨孔明显地大于其他孔；④方轭骨背向扩展；⑤方轭骨和鳞骨构成颞区边缘；⑥下颌关节比枕面稍靠前；⑦外翼骨小；⑧外翼骨上无齿；⑨副枕骨突与鳞骨和上颞骨以骨缝相接；⑩镫骨背突未骨化；⑪荐肋远端具窄的接触面；⑫肩臼上孔（supraglenoid foramen）缺失；⑬外髁沟和孔存在；⑭髂骨板（iliac blade）背向扩展。

副爬行类生存于早二叠世至晚三叠世。分布于包括南极地区在内的全球所有大陆。

波罗蜥科 Family Bolosauridae Cope, 1878

模式属 波罗蜥 *Bolosaurus* Cope, 1878

概述 波罗蜥类是小型原始的爬行动物。头骨后部具一下颞孔。具高度特化的异齿型齿列，前部有细长的门齿形齿，后部的颊齿横向扩展，上颌颊齿和下颌颊齿可以精准咬合。下颌冠状突发育，表明它有强的咬合能力。这一规模较小的类群仅以 3 个属为代表，它们是北美下二叠统的 *Bolosaurus*，德国下二叠统的 *Eudibamus*，及俄罗斯和中国中—上二叠统的 *Belebey*。Müller 等（2008）的支序分析表明 *Belebey chengi* 与俄罗斯该属的其他成员组成的类群是北美 *Bolosaurus* 的姐妹群，而 *Eudibamus* 是波罗蜥科最基干的成员。推测祖先的波罗蜥类在早于石炭纪 - 二叠纪相交时期就已分为两支，它们以劳亚大陆中心的古赤道区（今日欧洲）为起点，一支传播到劳亚大陆的西部（北美），另一支到东部，至少在中二叠世时到达中国北方。

鉴别特征 头骨短，背视近于三角形。眼眶大。不具腭齿。次生腭的腭骨侧翼（palatinal flanks of secondary palate）存在（Ivakhnenko et Tverdokhlebova, 1987）。

中国已知属 别里贝蜥 *Belebey* Ivachnenko, 1973。

分布与时代 美国、德国、俄罗斯和中国，早—晚二叠世。

别里贝蜥属 Genus *Belebey* Ivachnenko, 1973

模式种 非大型别里贝蜥 *Belebey vegrandis* Ivachnenko, 1973

鉴别特征 头骨的枕部宽，环耳区（periotic area）未骨化。颊齿齿冠横向加宽，具弯曲的齿尖和位于牙齿边缘的复杂的切割嵴（Ivakhnenko et Tverdokhlebova, 1987）。

中国已知种 程氏别里贝蜥 *Belebey chengi* Müller, Li et Reisz, 2008。

分布与时代 俄罗斯和中国（甘肃），中—晚二叠世。

程氏别里贝蜥 *Belebey chengi* Müller, Li et Reisz, 2008

（图 43）

Belebey vegrandis：李锦玲、程政武，1995，17 页

正模 IGCAGS V 331，一带有完整齿列的右上颌骨。甘肃玉门大山口。

副模 IVPP V 12007，一带有完整齿列的右齿骨。

归入标本 IVPP V 15906，一左上颌骨及相连的泪骨；IVPP V 15907，一右齿骨的后面部分；4 块未编号的不完整颌骨（Müller et al., 2008）。

鉴别特征 比较大型的波罗蜥类（上颌骨最大长度 45 mm，这比 *Belebey vegrandis* 大三分之一，比 *Bolosaurus grandis* 大五分之一）。齿列前部缺少匍匐状前伸的牙齿，上颌骨齿列最后部的牙齿明显缩小。前侧方的上颌骨孔（maxillary foramen）缺失。齿骨呈 S 形弯曲。

产地与层位 甘肃玉门大山口，中二叠统青头山组。

评注 2012 年之前，甘肃玉门大山口发现的所有两栖类、爬行类和基干下孔类化石的产出层位均被标注为“上二叠统西大沟组”，依据的是程政武等（1995）“甘肃西部一新晚二叠世脊椎动物群的发现及其意义”一文所得出的结论。刘俊等（2012）重新研究了该套地层，指出“西大沟群 / 组”在命名时未指定地层剖面，历年来被用于各种不同的地质体，使用混乱，建议不再继续使用这一名称。刘俊等（2012）将甘肃玉门大山口中二叠统产大山口动物群的地层重新命名为青头山组，并将青头山剖面指定为青头山组命名剖面。

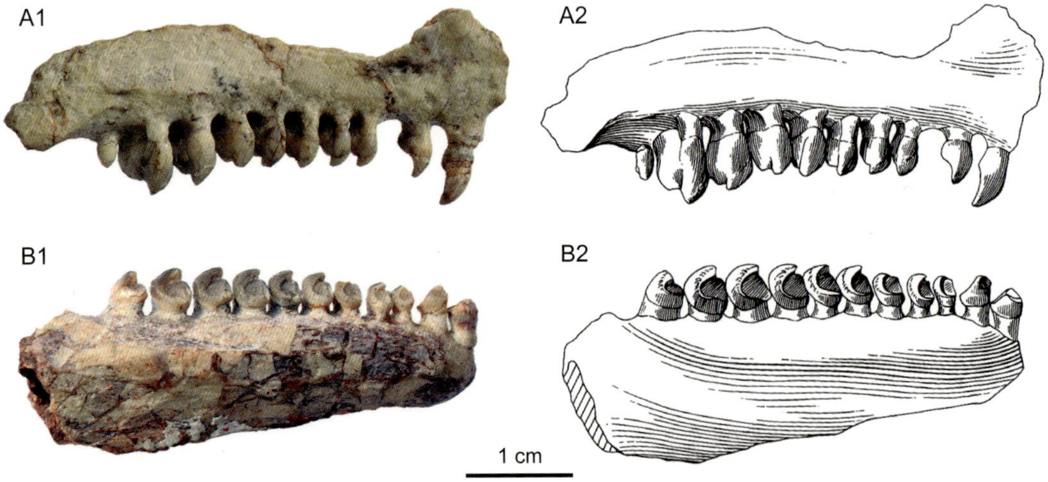

图 43 程氏别里贝蜥 *Belebey chengi*

A1, A2. 正模 IGCAGS V 331，右上颌骨外侧视；B1, B2. 副模 IVPP V 12007，右齿骨外侧视（线条图引自李锦玲、程政武，1995）

前棱蜥科 Family Procolophonidae Lydekker, 1890

模式属 前棱蜥 *Procolophon* Owen, 1876

概述 前棱蜥类是小型的无孔类爬行动物。原始类型的头骨大致呈扁平的三角形，眼眶大，顶孔大，有钉状的牙齿。进步类型的眼眶进一步加大，头骨侧面方轭骨上长出棘突，颊齿横向扩展，数目减少。原始的前棱蜥类发现于俄罗斯和南非的上二叠统，三叠纪时前棱蜥类分布于世界各大陆。Cisneros（2008）为前棱蜥科所下的定义是：与 *Procolophon trigoniceps* Owen, 1876 的关系比与 *Owenetta rubidgei* Broom, 1939 更近的所有（分类）单元。

Ivakhnenko（1979）首次提出前棱蜥科可分为 3 个亚科：Spondylolestinae、Procolophoninae 和 Leptopleuroninae。Modesto 等（2002）所作的系统发育分析确认了前棱蜥科的两个亚科 Procolophoninae 和 Leptopleuroninae，但并未得出单系的 Spondylolestinae 的结论。Cisneros（2008）的分析进一步证实了 Modesto 等（2002）的结论，同时建立了一个新的亚科——Theledectinae。

鉴别特征 外鼻孔下方的上颌骨的前颌骨突缺失，外鼻孔次圆形或背腹向扩展，上颌骨表面向内凹陷。具 3–4 个前颌骨齿，10–12 个上颌骨齿，它们的齿基部在唇 - 舌向加宽。犁骨前部的齿列由较大的槽生齿组成（据 Cisneros, 2008）。

中国已知属 置换齿蜥 *Eumetabolodon* Li, 1983，五角蜥 *Pentaedrusaurus* Li, 1989，新前棱蜥 *Neoprocolophon* Young, 1957，三台龙 *Santaisaurus* Koh, 1940；共 4 属。

分布与时代 欧洲、非洲、亚洲、北美、南美、大洋洲和南极大陆；晚二叠世—晚三叠世。

乳突齿蜥亚科 Subfamily Theledectinae Cisneros, 2008

模式属 乳突齿蜥 *Theledectes* Modesto et Damiani, 2003

定义 与 *Theledectes perforates* (Gow, 1977) 的关系比与 *Procolophon trigoniceps* Owen, 1876 更近的所有分类单元。

鉴别特征 前额骨内缘具一中突（medial process），上颌骨齿不具唇舌向扩展的齿基部，齿骨齿基部为圆形。

中国已知属 三台龙 *Santaisaurus* Koh, 1940，置换齿蜥？*Eumetabolodon* Li, 1983?。

分布与时代 南非、中国，早三叠世。

三台龙属 Genus *Santaisaurus* Koh, 1940

模式种 袁氏三台龙 *Santaisaurus yuani* Koh, 1940

鉴别特征 短的头骨具大的眼眶（眶颞孔）和短的吻部。方轭骨可能是缺失的。鳞骨短而宽，后额骨长而窄。链接型（streptostyly）未发育。具腭骨齿和翼骨齿，边缘齿侧生型。脊椎双凹型（amphicoelous）。间锁骨 T 形。肱骨具内髁孔，一沟槽占据外髁孔的位置。

中国已知种 仅模式种。

分布与时代 新疆，早三叠世。

评注 这一小的化石爬行类的分类归属在长时间内存在争议。Koh（1940）认为把它归入爬行类中的任何一大类可能都是不稳妥的。Romer（1956）把它归入始鳄目（Eosuchia）的 Paliguanidae。李锦玲（1989）和 Sun 等（1992）同意将它归入 Paliguanidae。但根据 Carroll（1975）的分类，Paliguanidae 属蜥蜴亚目始蜥下目（Lacertilia，Eolacertilia）（这一观点未得到 S. Evans 的认同）。Romer（1966）、《中国脊椎动物化石手册》（修订版，1979）和 Carroll（1988）认为它应归入 Procolophonidae。Cisneros（2008）对前棱蜥类所

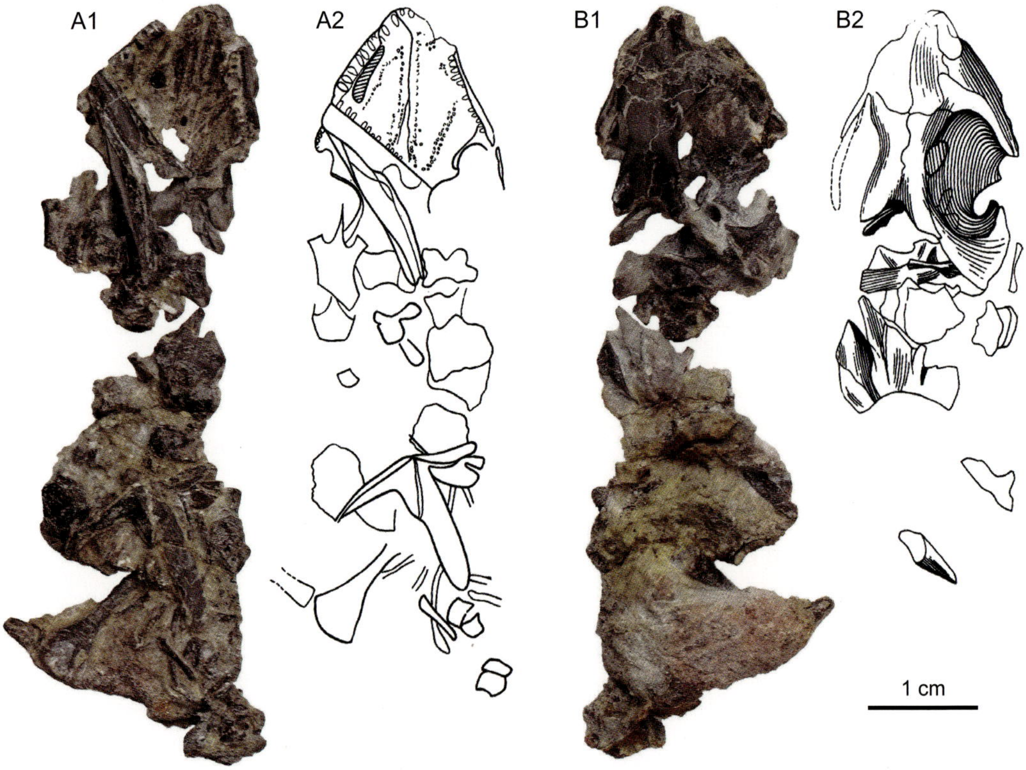

图 44 袁氏三台龙 *Santaisaurus yuani*

群模之一 IVPP RV 40127-1：A1, A2. 腹视；B1, B2. 背视（线条图引自 Sun et al., 1992, Fig. 59）

作的支序分类分析中并未包括三台龙，但其小的个体和具齿基部未横向扩展的单尖齿符合乳突齿蜥亚科的特征。

袁氏三台龙 *Santaisaurus yuani* Koh, 1940

（图 44）

群模 IVPP RV 40127，3 个不完整的骨架，保存最好的一个骨架包括不完整的头骨、下颌、脊椎、肋骨、肩带和肢骨。新疆阜康和吉木萨尔。

鉴别特征 同属。

产地与层位 新疆阜康和吉木萨尔，下三叠统韭菜园组。

置换齿蜥属？ Genus *Eumetabolodon* Li, 1983？

东胜置换齿蜥？ *Eumetabolodon*? *dongshengensis* Li, 1983

（图 45）

正模 IVPP V 6073，一小部分带有牙齿的头骨和不完整的右下颌支。内蒙古鄂尔多斯市（东胜）罕台川。

鉴别特征 上颌骨齿排列紧密，具高的锥状齿冠。

产地与层位 内蒙古鄂尔多斯市（东胜）罕台川。具体层位不详，推测产自下三叠统。

评注 *Eumetabolodon*? *dongshengensis* 有较深的头骨，但其排列紧密的锥状齿明显地

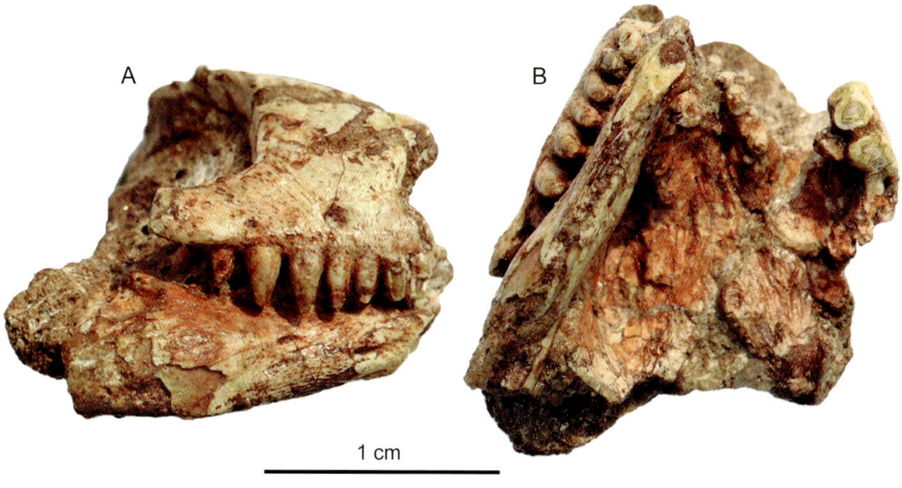

图 45 东胜置换齿蜥 *Eumetabolodon*? *dongshengensis*
正模 IVPP V 6073，部分头骨和下颌：A. 右侧视；B. 腭面视

有别于属型种深头置换齿蜥（*Eumetabolodon bathycephalu*）横宽的牙齿。化石的命名人在最初的文章中(Li, 1983)认为这一区别可能是属一级的，但因V 6073化石保存得太少，暂时作为 *Eumetabolodon* 的一单独的种处理。Cisneros（2008）所作的支序分类分析证实了 Li（1983）得出的结论，'*E.*' *dongshengensis* 与深头置换齿蜥不形成单系的属，却与 *Theledectes perforatus* 形成姐妹群关系，二者组成一新的亚科——Theledectinae。

前棱蜥亚科 Subfamily Procolophoninae Lydekker, 1890

模式属 前棱蜥 *Procolophon* Owen, 1876

定义 与 *Procolophon trigoniceps* Owen, 1876 的关系比与 *Leptopleuron lacertinum* Owen, 1851 更近的所有类元。

鉴别特征 后额骨与额骨和顶骨相接。

中国已知属 置换齿蜥 *Eumetabolodon* Li, 1983。

分布与时代 南非、中国、俄罗斯、英国、巴西和南极大陆，早—中三叠世。

置换齿蜥属 Genus *Eumetabolodon* Li, 1983

模式种 深头置换齿蜥 *Eumetabolodon bathycephalus* Li, 1983

鉴别特征 头骨近于三角形，后部相对较深而宽阔。眼眶（眶颞孔）大，不规则的四边形。顶孔圆形，中等大小，位于眼眶后缘一线的前方，额骨构成顶孔的前缘。上颞骨和鳞骨、方轭骨和方骨向斜后方延伸。下颌关节后置，位于头顶平台后缘的正下方。耳凹发育。上颌骨齿的基部被相当短的齿隙所隔开。小型个体的牙齿可能是纵向伸长的，而较大个体的牙齿横向加宽，具2个齿尖。

中国已知种 仅模式种。

分布与时代 内蒙古准格尔旗和陕西府谷，早三叠世。

评注 Cisneros（2008）对前棱蜥科所作的支序分类分析认为 *Eumetabolodon* 是一复系类元。东胜'置换齿蜥'('*Eumetabolodon*' *dongshengensis*）与属型种深头置换齿蜥（*Eumetabolodon bathycephalus*）差异明显，应另外建属，它与 *Theledectes perforatus* 形成姐妹群关系，二者应同归乳突齿蜥亚科（Theledectinae）。

深头置换齿蜥 *Eumetabolodon bathycephalus* Li, 1983

（图46）

正模 IVPP V 6064, 一完整的头骨和下颌。内蒙古准格尔旗布尔洞梁。

副模 IVPP V 6065，一不完整的头骨和下颌；V 6066，一破损的头骨前部；V 6067，一破损的头骨前部；V 6068，一关连在一起的右侧不完整的上颌骨、轭骨、方轭骨、方骨、鳞骨和下颌支；V 6069，一不完整的左上颌和左下颌；V 6070，一不完整的大型头骨和下颌；V 6166 (1)，一不完整的左上颌和左下颌；V 6166 (2)，一破损头骨的前部和一小段左下颌支；V 6167，一左下颌支；V 6168 (1)，一关连在一起的破损吻部和右下颌支，及分开保存的严重破损的左下颌支；V 6168 (2)，一右下颌支；V 6169，一小段右下颌支；V 6170，一破损的吻部及左下颌支；V 6171，一破损的吻部及咬合在一起的一对下颌支；V 6172，一右下颌支和一小段左上颌；V 6173，一小段右上颌；V 6174，一小段右上颌；V 6175，一不完整的吻部。

鉴别特征 同属。

产地与层位 内蒙古准格尔旗布尔洞梁和陕西府谷古城戏楼沟，下三叠统和尚沟组和二马营组底部。

评注 Cisneros（2008）所作的支序分类分析将 *Eumetabolodon bathycephalus* 归于 Procolophoninae，与 *Procolophon trigoniceps*、*Thelerpeton oppressus* 和 *Teratophon spinigenis* 形成姐妹群。

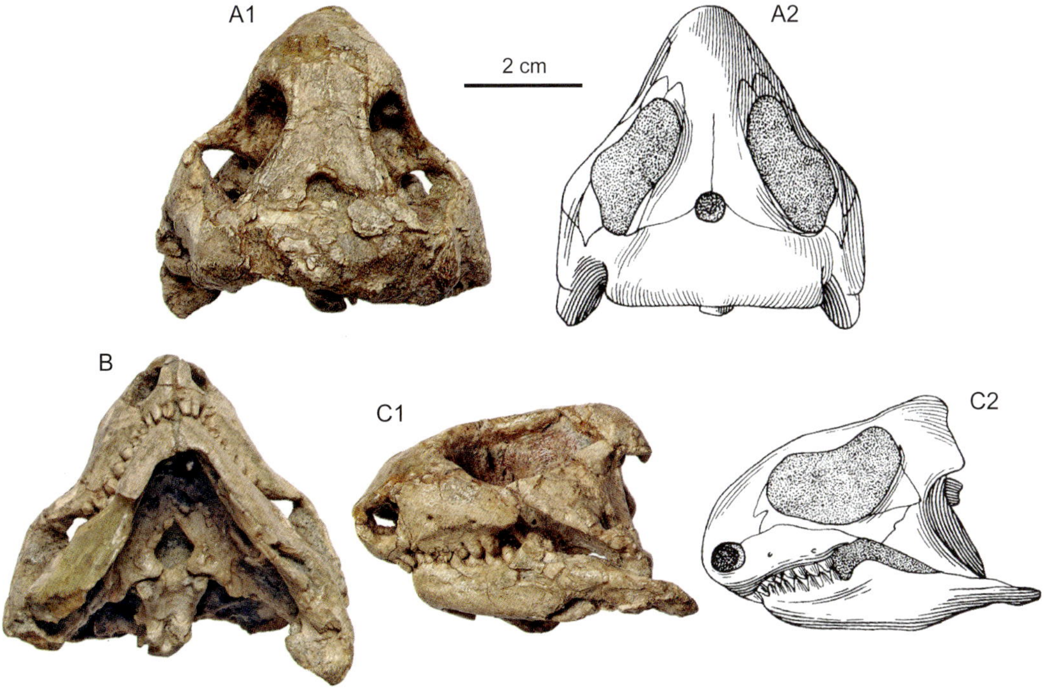

图 46 深头置换齿蜥 *Eumetabolodon bathycephalus*

正模 IVPP V 6064：A1, A2. 头骨顶面视；B. 头骨和下颌腹面视；C1, C2. 头骨和下颌左侧视（线条图引自 Li, 1983, Fig. 2）

弱肋蜥亚科 Subfamily Leptopleuroninae Ivakhnenko, 1979

模式属 弱肋蜥 *Leptopleuron* Owen, 1851

定义 与 *Leptopleuron lacertinum* Owen, 1851 的关系比与 *Procolophon trigoniceps* Owen, 1876 更近的所有类元。

鉴别特征 齿骨腹缘和齿列表面间形成一等于或大于 15° 夹角。关节骨的位置低于齿骨齿孔的边缘。沿犁骨后部中央骨缝的犁骨齿缺失。间锁骨侧突的后中边缘直。

中国已知属 五角蜥 *Pentaedrusaurus* Li, 1989，新前棱蜥 *Neoprocolophon* Young, 1957。

分布与时代 中国、瑞士、英国、巴西、加拿大和美国；三叠纪。

五角蜥属 Genus *Pentaedrusaurus* Li, 1989

模式种 河套五角蜥 *Pentaedrusaurus ordosianus* Li, 1989

鉴别特征 头骨大，扁平，顶视为五边形。眼眶（眶颞孔）大，外形不规则，其长度超过头骨长度的二分之一。顶孔弹头形，位于眶颞孔后缘之前。方轭骨发育，在眶颞孔中点连线的位置上形成指向头骨两侧的尖突。翼骨横翼为大的三角形，强烈向腹面延伸。下颌短而粗壮，腹缘强烈弯曲。下颌冠状突发育。齿列极短，牙齿数目少，分化明显，上颌 9 齿，下颌 7 齿。身体较高而窄，具远端扩张的特殊的颈肋。

中国已知种 仅模式种。

分布与时代 陕西府谷，早三叠世。

河套五角蜥 *Pentaedrusaurus ordosianus* Li, 1989

（图 47，图 48）

正模 IVPP V 8735，一不完整骨架，包括近于完整的头骨、大部分背椎、部分肩带、腰带、前肢和后肢。陕西府谷麻镇。

鉴别特征 同属。

产地与层位 陕西府谷麻镇，下三叠统和尚沟组上部。

评注 Cisneros（2008）的支序分析中 *Pentaedrusaurus ordosianus* 是 Leptopleuroninae 的基干成员。

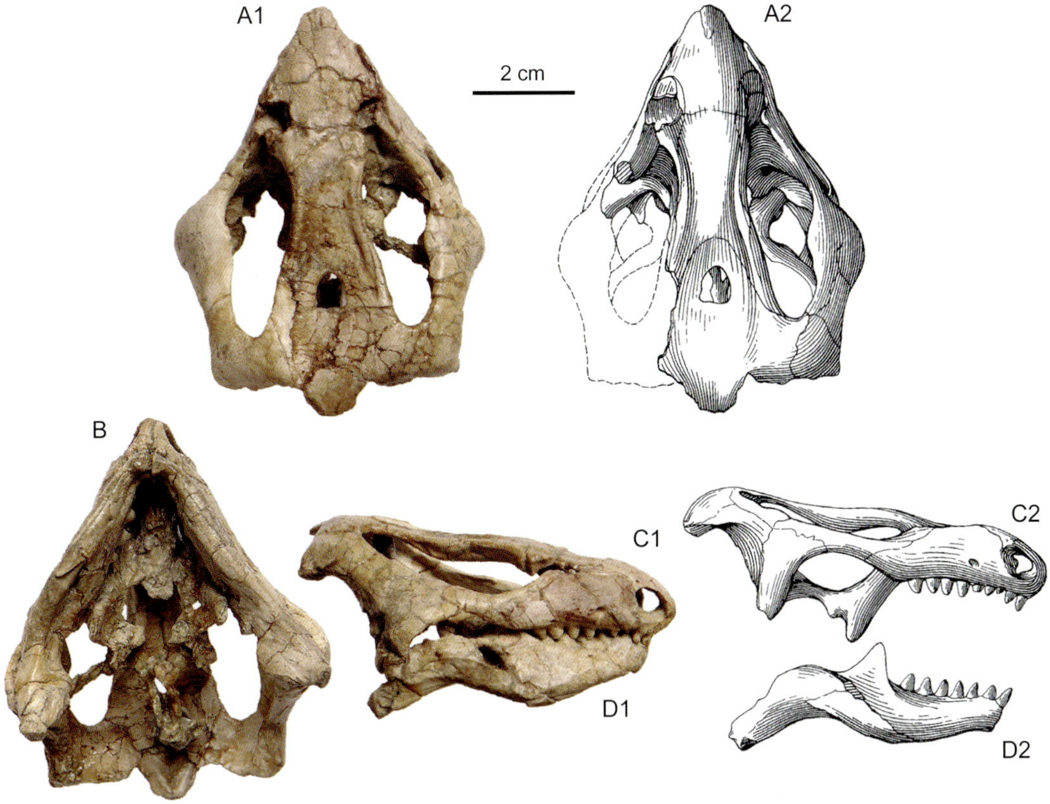

图 47 河套五角蜥 *Pentaedrusaurus ordosianus* 头骨

正模 IVPP V 8735：A1, A2. 头骨顶面视；B. 头骨和下颌腹面视；C1, C2, D1, D2. 头骨和下颌右侧视（线条图引自李锦玲，1989，图 1 和图 3）

图 48 河套五角蜥 *Pentaedrusaurus ordosianus* 骨架

正模 IVPP V 8735：复原骨架

新前棱蜥属 Genus *Neoprocolophon* Young, 1957

模式种 亚洲新前棱蜥 *Neoprocolophon asiaticus* Young, 1957

鉴别特征 头骨斜四方形，长度与宽度几乎相等，最大宽度位于眼眶的中部。吻部短而尖。眼眶相当大，其狭长的后端稍微超过松果孔的后缘。顶孔大，三角形。方轭骨位置靠前，其上未发育棘状突起。顶骨和基蝶骨较长。耳凹不发育。

中国已知种 仅模式种。

分布与时代 山西榆社银郊，中三叠世。

亚洲新前棱蜥 *Neoprocolophon asiaticus* Young, 1957

（图 49）

正模 IVPP V 866，一不完整头骨和部分下颌。山西榆社银郊。

鉴别特征 同属。

产地与层位 山西榆社银郊，中三叠统二马营组上部。

评注 Cisneros（2008）的支序分析中 *Neoprocolophon asiaticus* 和 *Pentaedrusaurus*

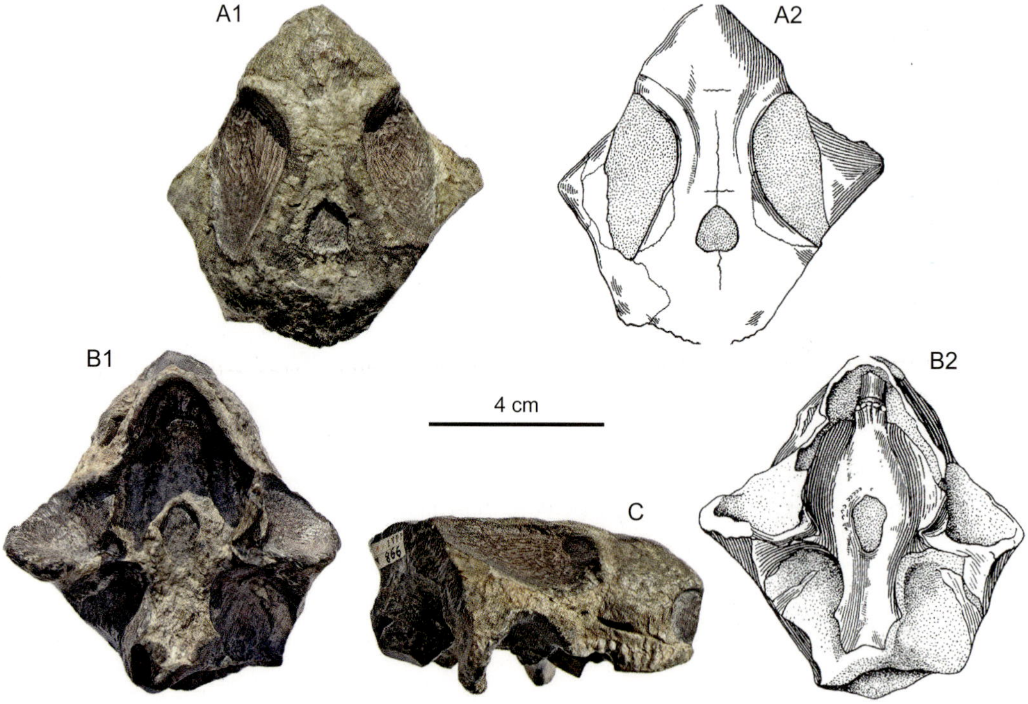

图 49 亚洲新前棱蜥 *Neoprocolophon asiaticus*
正模 IVPP V 866：A1, A2. 头骨顶面视；B1, B2. 头骨和下颌前部腹面视；C. 头骨和下颌前部右侧视（线条图引自 Young, 1957, Fig. 2, Fig. 3）

ordosianus 一道是 Leptopleuroninae 的基干成员。

前棱蜥科属种未定 Procolophonidae gen. et sp. indet.

标本 IVPP V 971，一段带有 3 个保存不全牙齿的颌骨，化石采自山西保德林遮峪中三叠统二马营组。经周明镇和孙艾玲（1960）研究，认为“这是一块前棱蜥类右上颌骨中段，上面的牙齿可能是代表第二到第四上颌齿”，定名为黄河保德蜥（*Paoteodon huanghoensis*）。后经李锦玲（1989）详细的对比研究认为它是“右上颌齿列的后端，原来确认的第二、第三、第四齿前后顺序颠倒，分别为倒数第一、倒数第二和倒数第三齿”。李认为“具有这种形态牙齿的前棱蜥分布于世界各地”。黄河保德蜥的命名是建立在资料不够完整，鉴定欠准确的基础之上，为无效名称。

锯齿龙科 Family Pareiasauridae Lydekker, 1889

模式属 锯齿龙[①]*Pareiasaurus* Owen, 1876

概述 锯齿龙类是原始无孔类爬行动物中最为独特的一支。中—大型，一般体长 2–3 m，晚期进步类型体长 1 m。头骨和头后骨骼粗壮，头骨表面有嵴和瘤组成的纹饰，腹侧方具颊凸缘（cheek flange）；身体表面被有骨质的甲片。锯齿龙类是植食性的动物，生存和繁盛于晚二叠世，分布在非洲、欧洲、南美和中国，是晚二叠世陆地生态系统的重要成员。

鉴别特征 前额骨形成眼眶前的凸壁，腹端与腭骨相接。上颌骨有高的前背突，阻隔了泪骨进入外鼻孔。头骨腭面有大的后腭孔，翼骨横缘的侧边缘具尖锐的嵴。脑颅具极厚的底板，具短而钝的刀片状突 (cultriform process)，具由基蝶骨和基枕骨形成的大而圆的基结节和粗大的副枕骨突。粗大的镫骨缺少背突和镫骨孔。下颌非常粗壮，具隅骨腹面的结瘤和由上隅骨及关节骨形成的侧架（lateral shelf）。冠状突仅由冠状骨形成，充分暴露在侧视面。牙齿在唇 - 舌向侧扁，沿其前后缘有 7–17 个小的齿尖。脊椎双凹形，具小的间椎体和宽的神经弓。9–20 节荐前椎，4–6 节荐椎，15–50 节尾椎。肩胛骨长而窄，具显著的肩峰突。有两个乌喙骨，匙骨仅保存在早期的类型中。前肢短而粗壮，指式 2-3-3-3-2。腰带有大的髋臼上凸壁和向前扩展的髂骨。后肢短而粗壮，趾式 2-3-3-4-3。跟骨和距骨愈合，跗蹠骨近端彼此重叠。身体背部有骨化的膜质板，腹膜肋缺失。在许多类型中（如 *Scutosaurus*，*Elginia*，*Pareiasuchus*，*Anthodon*），肢骨上有圆锥状骨质的饰钉（studs）（据 Lee, 2000）。

① Parei 为希腊文 pareia, 颊。*Pareiasaurus* 应译为颊龙。但自 1963 年该类化石在中国第一次发现即使用锯齿龙一词。这一用法流传甚广，修改困难，现沿用旧称。

中国已知属 石千峰龙 *Shihtienfenia* Young et Yeh, 1963，山西龙 *Shansisaurus* Cheng, 1980，三川龙 *Sanchuansaurus* Gao, 1989，河南龙 *Honania* Young, 1979；共 4 属。

分布与时代 主要分布于南非和俄罗斯，少量化石发现于中国、巴西、德国和英国，晚二叠世。

评注 Lee（1997a）重新检验了已描述过的 49 个锯齿龙的种级单元，将其缩减为 17 个有效种。Lee（1997b）后来又对锯齿龙类的所有种和龟类及 *Owenetta*，*Barasaurus*，*Sclerosaurus*，procolophonids，lanthanosuchids，nyctiphruretids，nycteroleterids 一起依据 128 个骨骼特征进行了系统发育分析，结果表明锯齿龙类和龟类形成一分支，但锯齿龙类并非龟类单系的姐妹群，而是一并系类群，南非中二叠世的 3 属（*Bradysaurus*，*Nochelesaurus*，*Embrithosaurus*）是基干的锯齿龙类；中国晚二叠世的石千峰龙（*Shihtienfenia*）与南非的锯齿鳄（*Pareiasuchus*）关系密切，而中国的三川龙（*Sanchuansaurus*）和俄罗斯的头甲龙（*Scutosaurus*）形成姐妹群。目前龟类的系统发育位置仍然存在争议，龟类与锯齿龙类的姐妹群关系也并未得到其他研究者的支持。

石千峰龙属 Genus *Shihtienfenia* Young et Yeh, 1963

模式种 二叠石千峰龙 *Shihtienfenia permica* Young et Yeh, 1963

鉴别特征 个体中等大小。椎体两端深凹，脊椎上有很发育的横向的前后关节突。背椎部分的间椎体发育很好。椎下窝（hypantrum）和椎下突（hyposphene）微弱发育。荐椎 5 节。肩胛骨窄而长。乌喙骨和前乌喙骨愈合。锁骨粗壮。肱骨大，近、远两端强烈扭转，近端部分甚扩张，无内上髁孔（entepicondylar foramen）。髂骨不向前方倾斜，上缘平直，上缘宽于下缘。耻骨和坐骨愈合在一起。

Benton（2016）修订的鉴别特征强调，石千峰龙是矮小三川龙身体重量的 3 倍，体长的 1.5 倍。上颌齿有 13–17 个边缘齿尖。肱骨的内髁孔位于内髁的侧面，在背视微弱地暴露。肱骨背面的远端有髁间凹（intercondylar depression），远端面上有一横嵴，它的背方是与尺骨相接的关节面。

中国已知种 仅模式种。

分布与时代 山西保德和柳林，晚二叠世。

评注 Lee（1997a）在综述锯齿龙类的文章中指出了石千峰龙的两个自有裔征：肩胛板（scapula blade）前缘靠近背端有圆形的扩展；肩峰突（acromion process）为平滑的半圆形。Benton（2016）认为这一特征只存在于石千峰龙的右肩胛骨，但是在左肩胛骨中是缺失的。杨钟健和叶祥奎（1963）描述石千峰龙有 6 节荐椎，Lee（1997a）则认为“第六节荐椎”的肋骨并未保存，椎体也未愈合到前面一个椎体上，这样荐椎数目为 5，“第六节荐椎”应是第一节尾椎。Lucas（1998）和 Benton（2016）认为山西龙和黄河龙是石千峰龙的晚出异名。本志书同意 Lee（1997a）及 Li 和 Liu（2013）的观点，保存山西龙属级单元的独立性。

二叠石千峰龙 *Shihtienfenia permica* Young et Yeh, 1963

（图 50，图 51）

正模 IVPP V 2717，一具不完整的头后骨架，包括大约 20 个脊椎，2 个肩胛骨，2 个锁骨，左乌喙骨和前乌喙骨，2 个肱骨，2 个髂骨、坐骨和耻骨，以及一些神经棘和脊椎碎片。山西保德李贤陵。

副模 IVPP V 2718，11 个背椎和一些脊椎碎片。

归入标本 IVPP V 8533，一几乎完整的左肩胛板；IVPP V 8534，一左肱骨；IVPP V 8535，一右胫骨。

鉴别特征 同属。

产地与层位 山西保德李贤陵和山西柳林田家岭，上二叠统孙家沟组（原石千峰组）。

评注 Lee（1997a）曾对将副模 IVPP V 2718（包括 11 个背椎和一些脊椎碎片）归入石千峰龙提出质疑，认为石千峰龙没有自有的中轴骨的特征，这一归入无法被证实。

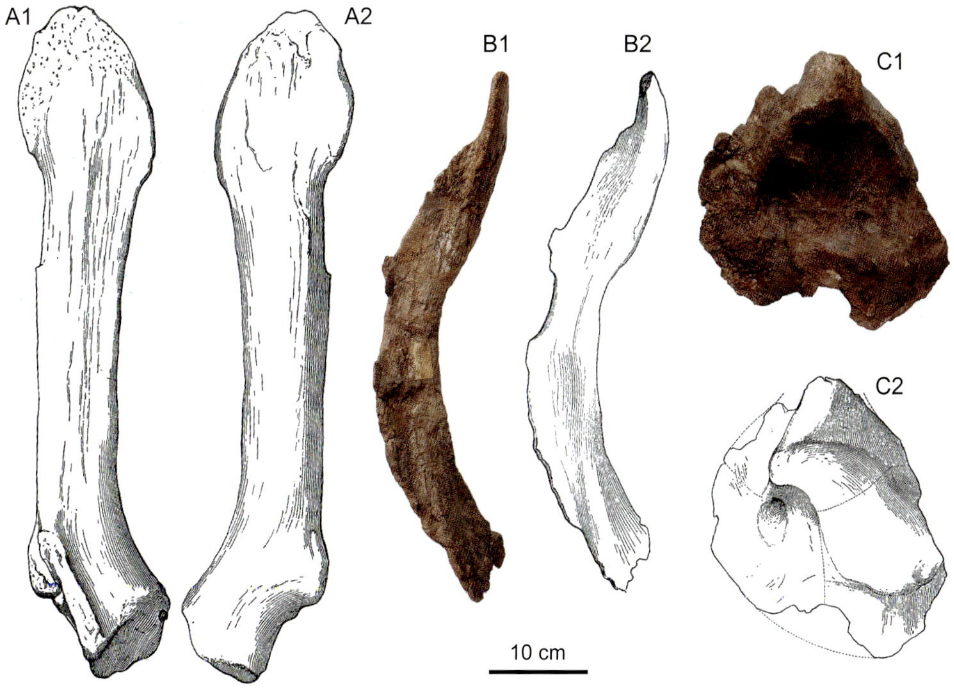

图 50 二叠石千峰龙 *Shihtienfenia permica* 部分肩带骨

正模 IVPP V 2717：A1, A2. 右肩胛骨内侧视（A1）和外侧视（A2）；B1, B2. 左锁骨内侧视；C1, C2. 部分左肩带外侧视（线条图均引自杨钟健、叶祥奎，1963，图 6，图 7）

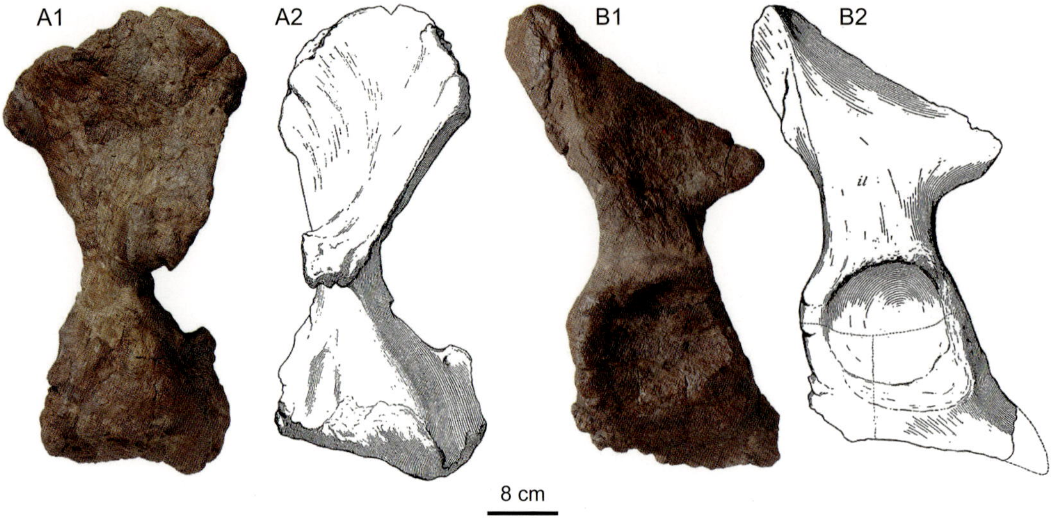

图 51　二叠石千峰龙 *Shihtienfenia permica* 肱骨和腰带
正模 IVPP V 2717：A1, A2．左肱骨前视；B1, B2．左腰带外侧视（线条图均引自杨钟健、叶祥奎，1963，图 8，图 9）

但考虑到 V 2718 与石千峰龙正模 V 2717 的化石点仅相距 7–8 m，且并无特征妨碍将 V 2718 归入石千峰龙，此处仍沿用杨钟健和叶祥奎（1963）的处理方式。

Gao（1989）在锯齿龙科属种未定（Pareiasauride gen. et sp. indet.）的标题下记述了一些采自山西柳林田家岭上二叠统孙家沟组（原石千峰组）下部的零散的锯齿龙类化石材料。其中 IVPP V 8533 为一几乎完整的左肩胛板，Lee（1997a）依据它的远端扩展，具圆形的肩峰突，认为它可以被归入石千峰龙。

Lucas（1998）和 Benton（2016）认为薛村山西龙（*Shansisaurus xuecunensis*）和柳林黄河龙（*Huanghesaurus liulinensis*）是二叠石千峰龙的晚出异名，本志书未接受这一观点（见后）。

山西龙属 Genus *Shansisaurus* Cheng, 1980

模式种　薛村山西龙 *Shansisaurus xuecunensis* Cheng, 1980

鉴别特征　个体较大。上颌骨眶下管（infraorbital canal）的两个出口相距更远。每侧有 18–19 个上颌齿，每个上颌骨齿舌面具多尖的齿带（cusped cingulum），齿冠边缘不均匀地排列着 9–11 个小齿，3 个位于中部，前后各有 3–4 个。下颌每侧有 20 齿。下颌齿舌面具三角形嵴，有 17 个小齿不均匀地分布于齿冠边缘，但无齿带构造，只是在齿冠的基部有几个小尖。肩胛板板状，其长度是肩臼（glenoid）长度的 4 倍。乌喙骨的背缘指向后腹侧。匙骨缺失。肱骨两端扭转 40°。肱骨外髁为宽的矩形凸缘，内髁孔存在，在远端背视可见。尺骨的肘突（olecranon）大。股骨骨干近端稍向前方弯曲，股骨的中部窄，背视不见内转子（internal trochanter）。

脊椎椎体双凹型，前视纵椭圆形，神经弓肿大，前关节突发育。肩胛-乌喙骨呈足状。肩突较低，近方形，肩胛骨上部窄长，顶缘平直。肱骨硕大，近端甚扩张，前背部中央脊状隆起特粗大，骨干细而圆。股骨扁平而直，骨干长，远、近端扩展，几在同一平面，远端髁间窝（intercondylar fossa）以孔代之。

中国已知种 仅模式种。

分布与时代 山西柳林，晚二叠世。

薛村山西龙 *Shansisaurus xuecunensis* Cheng, 1980

（图 52）

Shihtienfenia permica：Lucas, 1998, p. 80；Benton, 2016, p. 813

正模 IGCAGS V 301，包括一近于完整的脊椎，一连接在一起的左肩胛骨、乌喙骨和前乌喙骨，一近于完整的左股骨和两个肋骨的近端部分。山西柳林薛村。

副模 IGCAGS V 302，一不完整的右肱骨。

归入标本 IVPP V 6722，一不完整的骨架，包括保存较好的右下颌支及部分左下颌骨骼、13 节脊椎、左肩胛骨、前乌喙骨和乌喙骨、左右锁骨和间锁骨、左肱骨、尺骨、桡骨及部分前足骨骼、若干肋骨和甲片（高克勤，1983）；IVPP V 18613，两个上颌齿；IVPP V 18614，一不完整的左齿骨及齿列（Li et Liu, 2013）。

鉴别特征 同属。

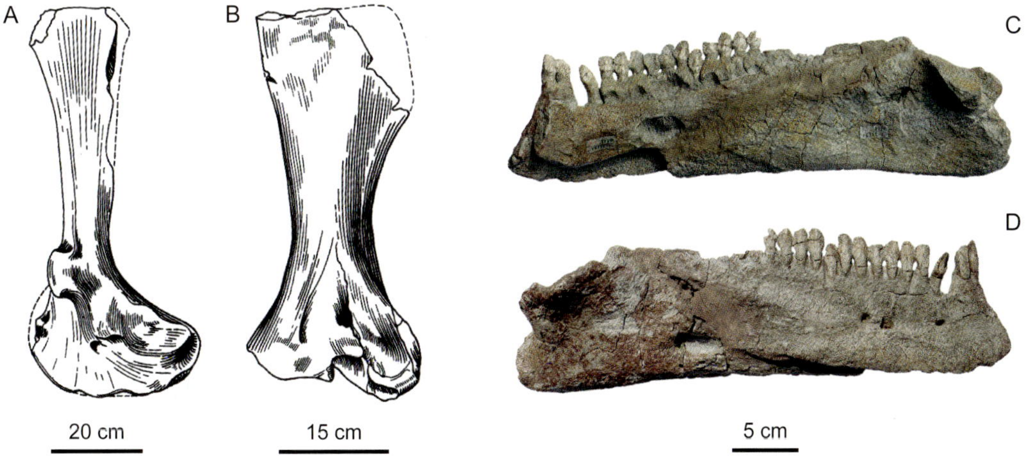

图 52 薛村山西龙 *Shansisaurus xuecunensis*

A, B. 正模 IGCAGS V 301，左肩胛骨-乌喙骨-前乌喙骨外侧视（A），左股骨背视（B）；C, D. IVPP V 6722，右下颌支内侧视（C），右下颌支外侧视（D）（线条图引自程政武，1980，图 19，图 20）

产地与层位 山西柳林（原误为“离石”）薛村，上二叠统孙家沟组（原石千峰组）。

评注 研究者依据发现于山西柳林的化石先后订立了锯齿龙的三个属种：薛村山西龙（*Shansisaurus xuecunensis* Cheng, 1980）、柳林黄河龙（*Huanghesaurus liulinensis* Gao, 1983）和矮小三川龙（*Sanchuansaurus pygmaeus* Gao, 1989）。其中薛村山西龙仅仅是依靠一些零散的头后骨骼确立的。Sun 等（1992）和 Li J. L. 等（2008）认为薛村山西龙和产自山西保德的二叠石千峰龙之间的区别很可能仅代表个体差异，薛村山西龙的属种存疑。而 Lucas（1998）和 Benton（2016）明确指出：薛村山西龙是二叠石千峰龙的晚出同物异名。Lee（1997a）在系统总结锯齿龙的文章中认为山西龙在三个方面比石千峰龙更原始，它缺少石千峰龙的两个自有裔征，同时肱骨保留了完全封闭的内髁孔，在所有它们能比较的其他特征上山西龙都与石千峰龙相同。Lee（1997a）还仅仅依据肩胛 - 乌喙骨的相似，将柳林黄河龙归入薛村山西龙，虽然这两个种的其他材料来自身体的不同部位，无法进行对比，同时它们的肩胛 - 乌喙骨与其他锯齿龙类也很难区分。

Li 和 Liu（2013）记述了同样产自柳林薛村孙家沟组的化石材料：两个上颌齿（IVPP V 18613）和一不完整的左齿骨及齿列（IVPP V 18614）。IVPP V 18613 的上颌齿与柳林黄河龙正模产自同一地点（薛村北沟）同一层位（孙家沟组顶部）且大小相当，由于该化石点没有发现过其他的锯齿龙类，Li 和 Liu（2013）推测它们属于同种甚至可能属同一个体，应归入黄河龙；然而在形态特征上这两颗牙齿与矮小三川龙的正模牙齿完全相同，亦不排除归入三川龙的可能。新发现的齿骨（IVPP V 18614）与矮小三川龙和柳林黄河龙的正模产自同一地点（薛村田家岭），层位与三川龙相同（孙家沟组下部），但低于山西龙的层位（孙家沟组上部），Li 和 Liu（2013）认为它们既有属于三川龙的可能，也不排除属于山西龙的可能性。同时 IVPP V 18614 在形态特征上与黄河龙正模没有明显差异，也可以归入黄河龙。据此 Li 和 Liu（2013）得出结论：山西柳林薛村仅有一个属种的锯齿龙，矮小三川龙和柳林黄河龙应为薛村山西龙的晚出异名。本册志书部分地接受了 Li 和 Liu（2013）的观点，即黄河龙是山西龙的晚出异名，但同时接受 Benton（2016）的部分观点，保留独立的三川龙。

三川龙属 Genus *Sanchuansaurus* Gao, 1989

模式种 矮小三川龙 *Sanchuansaurus pygmaeus* Gao, 1989

鉴别特征 具下列综合特征：上颌骨短而深，具粗壮的前突和腭突。牙齿牢固地植根于上颌骨中，齿根向内侧弯曲；齿冠稍横向侧扁，彼此间明显地重叠，每齿具 9–12 个小齿尖——前缘 3–4 个、中间 3 个、后缘 3–4 个。

以下列裔征区别于其他的锯齿龙类：是孙家沟组其他锯齿龙身体重量的三分之一、长度的三分之二。上颌齿齿尖数 9–12。上颌骨眶下管（infraorbital canal）的两个孔相距较远（Lee, 1997a, b）。

中国已知种 仅模式种。

分布与时代 山西柳林，晚二叠世。

矮小三川龙 *Sanchuansaurus pygmaeus* Gao, 1989

（图 53）

Shansisaurus xuecunensis：Li et Liu, 2013, p. 199

正模 IVPP V 6723，一不完整的右上颌骨和齿列。山西柳林田家岭。

副模 IVPP V 6724，一左股骨；IVPP V 6725，一左腓骨。

鉴别特征 同属。

产地与层位 山西柳林田家岭，上二叠统孙家沟组下部。

评注 Li 和 Liu（2013）将矮小三川龙视为薛村山西龙的晚出异名（见薛村山西龙的评注），Benton（2016）未接受这一归并，认为三川龙牙齿边缘的齿尖数少，个体小，产出层位低于山西龙，在 Lee（1997a）和 Tsuji（2013）等所做的系统发育分析中，三川龙和山西龙（及石千峰龙）是分离的。Benton（2016）和 Lee（1997a）观点一致，保留了独立的三川龙属。

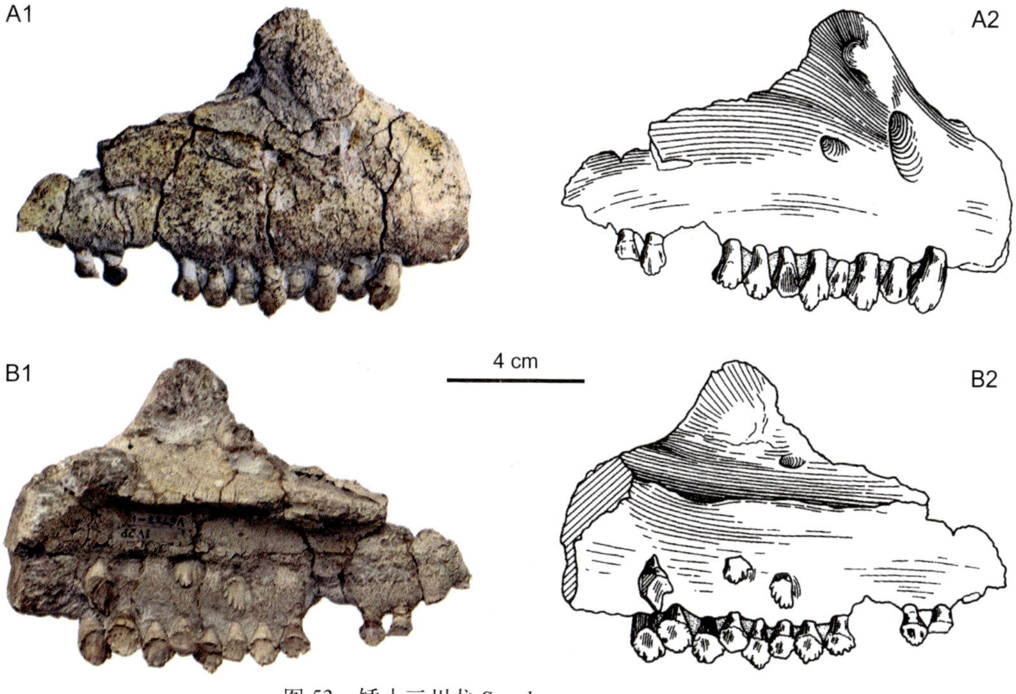

图 53 矮小三川龙 *Sanchuansaurus pygmaeus*

正模 IVPP V 6723：A1, A2. 右上颌骨和齿列外侧视；B1, B2. 右上颌骨和齿列内侧视（线条图引自 Gao, 1989, Fig. 1）

河南龙属 Genus *Honania* Young, 1979

模式种 复齿河南龙 *Honania complidentata* Young, 1979

鉴别特征 上颌骨齿高冠［齿冠暴露的高度大于齿带（cingulum）之上齿冠高度的两倍］，齿骨齿稍向后方倾斜，几乎所有保存的边缘牙齿在舌面都有多尖的齿带（cusped cingulum）（这一特征还可能存在于 *Arganaceras*）。肱骨不具外上髁孔（ectepicondylar foramen）。复齿河南龙以齿骨齿舌面不具三角形嵴、上颌骨齿排列不甚紧密、上颌骨突起（maxillary boss）适度发育有别于山西龙。它以上颌骨齿的腹向伸出（ventrally directed maxillary teeth）区别于 *Arganaceras*。它以肩胛板靠近背端前边缘平直和髂骨背缘稍外突而不同于 *Shihtienfenia*。

中国已知种 仅模式种。

分布与时代 河南济源，晚二叠世。

复齿河南龙 *Honania complidentata* Young, 1979

（图 54）

Tsiyuania simplicidentata：杨钟健，1979，103 页；Xu et al., 2014, p. 2

Taihangshania imperfect：杨钟健，1979，104 页；Xu et al., 2014, p. 2

Wangwusaurus tayuensis：杨钟健，1979，107 页；Xu et al., 2014, p. 2

Hwanghocynodon multienspidus：杨钟健，1979，109 页；Xu et al., 2014, p. 2

群模 IVPP V 4015.1, 4015.2，两个单独的下颌齿。

归入标本 IVPP V 4016，5 个上颌齿（原先归入 *Tsiyuania simplicidentata*）；IVPP V 4012.1，顶骨；IVPP V 4012.2，前额骨［IVPP V4012 被杨钟健（1979）归入迷齿类］；IVPP V 4017.1, 3, 11, 36–52，牙齿；IVPP V 4017.5，颈椎；IVPP V 4017.6，髂骨的腹部；IVPP V 4017.7，耻骨的近端部分；IVPP V 4017.8，髂骨的后背部；IVPP V 4017.9，坐骨的近端部分；IVPP V 4017.10，坐骨的远端部分；IVPP V 4017.18，右桡骨的远端；IVPP V 4017.19，破损的肩胛骨；IVPP V 4017.20，左桡骨的远端；IVPP V 4017.24，左夹板骨；IVPP V 4017.25，右夹板骨；IVPP V 4017.26，背椎的髓弓；IVPP V 4017.27，尾椎［IVPP V 4017 被杨钟健（1979）归入不全太行山龙］；IVPP V 4018.14，一破损的牙齿［该牙齿被杨钟健（1979）归入大峪王屋龙］；IVPP V 4019.2，一小牙齿［该牙齿被杨钟健（1979）归入多尖黄河兽］；HGM41HIII 0423，左上颌骨；HGM41HIII 0424，左上颌骨；HGM41HIII 0425，左齿骨；HGM41HIII 0426，右齿骨；HGM41HIII 0427，背椎；HGM41HIII 0428，荐椎荐肋；HGM41HIII 0429，荐椎髓弓和肋骨；HGM41HIII 0430，

背肋；HGM41HIII 0431，右肩胛骨；HGM41HIII 0432，间锁骨；HGM41HIII 0433，左锁骨；HGM41HIII 0434，右髂骨；HGM41HIII 0435，左肱骨；HGM41HIII 0436，右肱骨；HGM41HIII 0437，右尺骨；HGM41HIII 0438，右桡骨远端；HGM41HIII 0439，右股骨；HGM41HIII 0440，右胫骨；HGM41HIII 0441，方骨；HGM41HIII 0442，方轭骨；HGM41HIII 0443，掌骨或蹠骨（注：HGM= HNGM）。

鉴别特征 同属。

产地与层位 河南济源大峪，上二叠统上石盒子组。

评注 杨钟健(1979)依据采自河南济源中二叠统上石盒子组的几枚单独的牙齿(IVPP V 4015 和 IVPP V 4016)，分别订立了复齿河南龙（*Honania complidentata*）和简齿济源龙（*Tsiyuania simplicidentata*）两个属种。这些牙齿证明了锯齿龙类在河南济源上石盒子

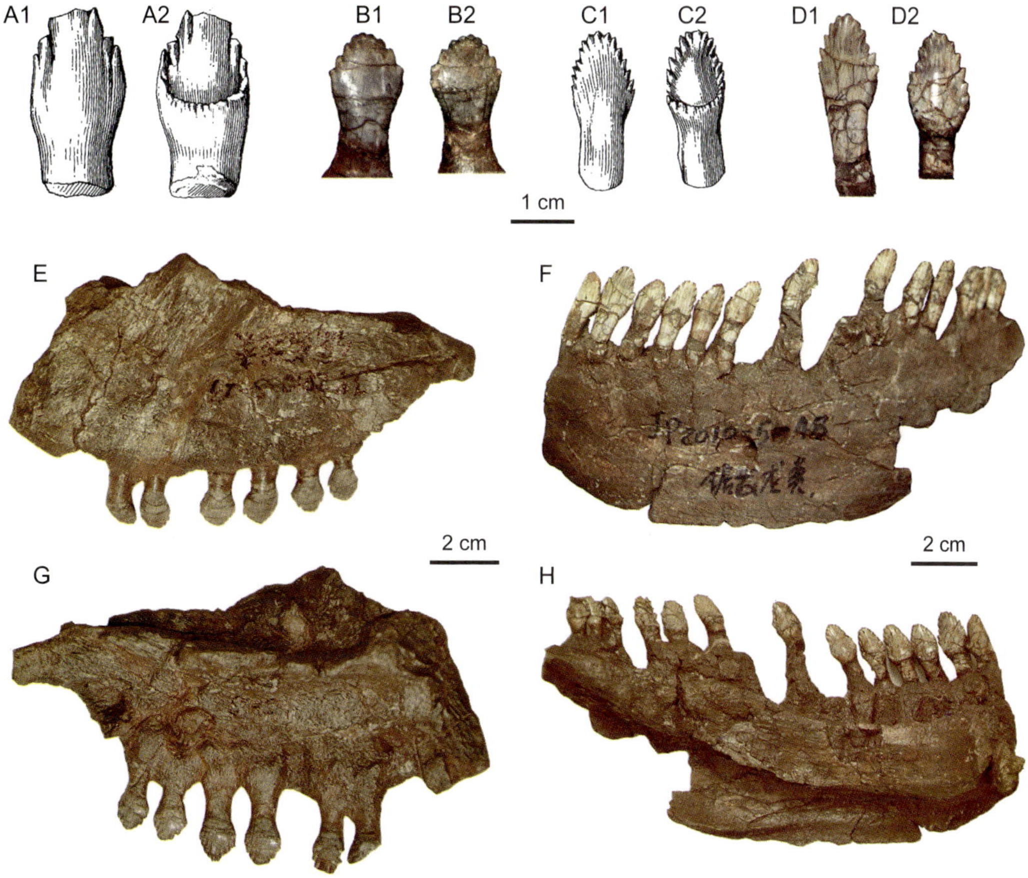

图 54 复齿河南龙 *Honania complidentata*

A1, A2. 上颌齿 IVPP V 4016.1 唇侧视（A1）和舌侧视（A2）；B1, B2. HGM41HIII 0423 的一个上颌齿，唇侧视（B1）和舌侧视（B2）；C. 正模齿骨齿 IVPP V 4015.1，唇侧视（C1）和舌侧视（C2）；D1, D2. HGM41HIII 0424 的一个上颌齿，唇侧视（D1）和舌侧视（D2）；E. HGM41HIII 0423 左上颌骨及齿列外侧视；F. HGM41HIII 0425 左齿骨及齿列外侧视；G. HGM41HIII 0423 左上颌骨及齿列内侧视；H. HGM41HIII 0425 左齿骨及齿列内侧视（线条图 A1, A2 和 C1, C2 分别引自杨钟健，1979，图 5 和图 4）

组的存在，但它们缺少确立单独属种的自有裔征，Sun 等（1992）、Lucas（1998）和 Li J. L. 等（2008）认为它们是无效属种。Xu 等（2014）依据采自同一层位和地点的头骨和头后骨骼材料（HGM41HIII 0423–0443）的研究，重新确立了复齿河南龙的有效地位，补充和修订了鉴别特征，同时认为简齿济源龙和不全太行山龙（*Taihangshania imperfect*）是它的晚出同物异名，被杨钟健（1979）鉴定为大峪王屋龙和多尖黄河犬齿兽的部分材料（IVPP V 4018.14 和 IVPP V 4019.2）亦被修订为复齿河南龙。

真爬行亚纲 Subclass EUREPTILIA Olson, 1947

概述 Olson（1947）建立副爬行亚纲的同时建立了真爬行亚纲，后者包括除鸟类之外的双孔类（Diapsida）和除前棱蜥类及锯齿龙类之外的所有灭绝的羊膜类（Captorhina、Synapsida、Parapsida 和 Euryapsida）。其后在一个相当长的时期内，真爬行类这一分类单元并未被广泛接受，它没有出现在上个世纪广泛使用的 Romer（1956, 1966）和 Carroll（1988）所做的爬行类分类系统中。如果按照目前的系统发育系统学的观点，Olson（1947）的真爬行类不是单系的。从 20 世纪 80 年代开始，下孔类（Synapsida）不仅与真爬行类无关，而且从爬行类中被彻底地分离了出去（Gauthier et al., 1988b；Laurin and Reisz, 1995；Modesto, 1999）。

Gauthier 等（1988b）对羊膜类所做系统发育分析中，虽然没有使用“真爬行类”这一分类名称，但他们所认定的“Reptilia”中所包含的实质内容与现今的真爬行类无异，只是其中的龟鳖类（Testudines）和大鼻龙类（Captorhinidae）是姐妹群，组成单系的无孔类（Anapsida）。Gauthier 等（1988b）提出的爬行类（即真爬行类）的共有裔征是：①上颞骨小，顶骨和鳞骨在头顶外侧有宽的接触；②棒骨不与后耳骨相接；③头骨眶后区腹缘水平；④寰椎侧椎体和枢椎间椎体愈合。

Laurin 和 Reisz（1995）重新使用了真爬行类一词，真爬行类是副爬行类的姐妹群（见图 22）。真爬行类分支由大鼻龙科、古窗龙类和双孔类组成，并未包括龟鳖类。在这种情况下他们对真爬行类所下的定义（真爬行类是双孔类和所有与它的关系比与龟鳖类更近的羊膜类）应该是无效的。近年来，一些研究者主张龟鳖类属真爬行类的双孔类（如 Gauthier et al., 1988b；Schoch et Sues, 2015）。

真爬行类生存于晚石炭世至今，化石分布于包括南极在内的全球所有大陆。

大鼻龙科 Family Captorhinidae Case, 1911

模式属 大鼻龙 *Captorhinus* Cope, 1895

概述 大鼻龙类是早期基干真爬行类的一个多样化类群，它们也是古生代生存时间最长的爬行动物，生存于晚石炭世至晚二叠世。大鼻龙类在开始阶段是小型蜥蜴状以昆虫为食的爬行类，上颌和齿骨上具单一的齿列，化石仅发现于北美和西欧。在早二叠世晚期一些大鼻龙类体型增大，有些进化出多齿列，为杂食性和植食性的动物。大鼻龙类以北美和西欧为中心向东和向南扩散，向东的一支在中二叠世到达俄罗斯和中国，向南的一支在晚二叠世达泛大陆的南端南非。

Müller 和 Reisz（2005）为大鼻龙科所下的定义是：大鼻龙科是由 *Concordia* 和所有与 *Concordia* 比与其他真爬行类有更近共同祖先的那些分类单元所组成的分支。

Laurin 和 Reisz（1995）确认的大鼻龙科的共有裔征为：①前额骨 - 颚骨连接存在；②眶腭孔（orbito-palatine foramen）内侧以泪骨上的一个刻缺，背方以颚骨上的凹入为代表；③轭骨的眶下突（suborbital process of jugal）伸达眼眶的前缘；④眶后骨远离枕面；⑤棒骨缺失；⑥膜质雕饰由脊和凹坑组成蜂窝状；⑦翼骨的横缘（transverse flange of pterygoid）表面具鲨皮状小齿；⑧外翼骨缺失；⑨副枕骨突窄；⑩肱骨旋后肌突（supinator process）平行于骨干；⑪肱骨外上髁孔和沟（ectepicondylar foramen and groove）缺失；⑫腓骨骨干短而宽。

中国已知属 仅模式属。

分布与时代 北美、欧洲、亚洲和非洲，晚石炭世至晚二叠世。

摩哈迪龙亚科 Subfamily Moradisaurinae de Ricqles et Taquet, 1982

模式属 摩哈迪龙 *Moradisaurus* Taquet, 1969

定义 包含 *Moradisaurus grandis* Taquet, 1969 和与 *Moradisaurus grandis* 的关系比与 *Labidosaurus hamatus* (Cope, 1895) 更近的所有成员（Modesto et al., 2014）。

鉴别特征 进步的大鼻龙类。个体较大，头骨亚三角形，枕面宽。齿板扩展，上颌齿板上至少有 4 行纵向的齿列。

中国已知属 甘肃鼻龙 *Gansurhinus* Reisz et al., 2011。

分布与时代 北美、欧洲、非洲和中国，中—晚二叠世。

甘肃鼻龙属 Genus *Gansurhinus* Reisz, Liu, Li et Müller, 2011

模式种 青头山甘肃鼻龙 *Gansurhinus qingtoushanensis* Reisz, Liu, Li et Müller, 2011

鉴别特征 中等大小的 moradisaurine。在上颌齿列单一的前齿和多齿列牙齿间有一长的齿隙。上颌骨齿板和齿骨齿板上具最多 5 列牙齿，牙齿齿尖弯曲，齿尖下方为一三角形的凹面，凹面两侧被纵向的脊所包围。上颌齿板的牙齿大部分弯曲向后，齿骨齿板的牙齿大部分弯曲向前（个别置换中尚未完全固结的牙齿方向不定），牙齿上无磨面。

中国已知种 仅模式种。

分布与时代 甘肃和内蒙古，中—晚二叠世。

青头山甘肃鼻龙 *Gansurhinus qingtoushanensis* Reisz, Liu, Li et Müller, 2011

（图 55）

Moradisaurinae gen. et sp. indet.：李锦玲、程政武，1997，119 页

正模 IVPP V 15989，部分头骨（包括部分左前颌骨、左上颌骨齿板，部分脑颅和右翼骨）和一些头后骨骼材料。甘肃玉门大山口。

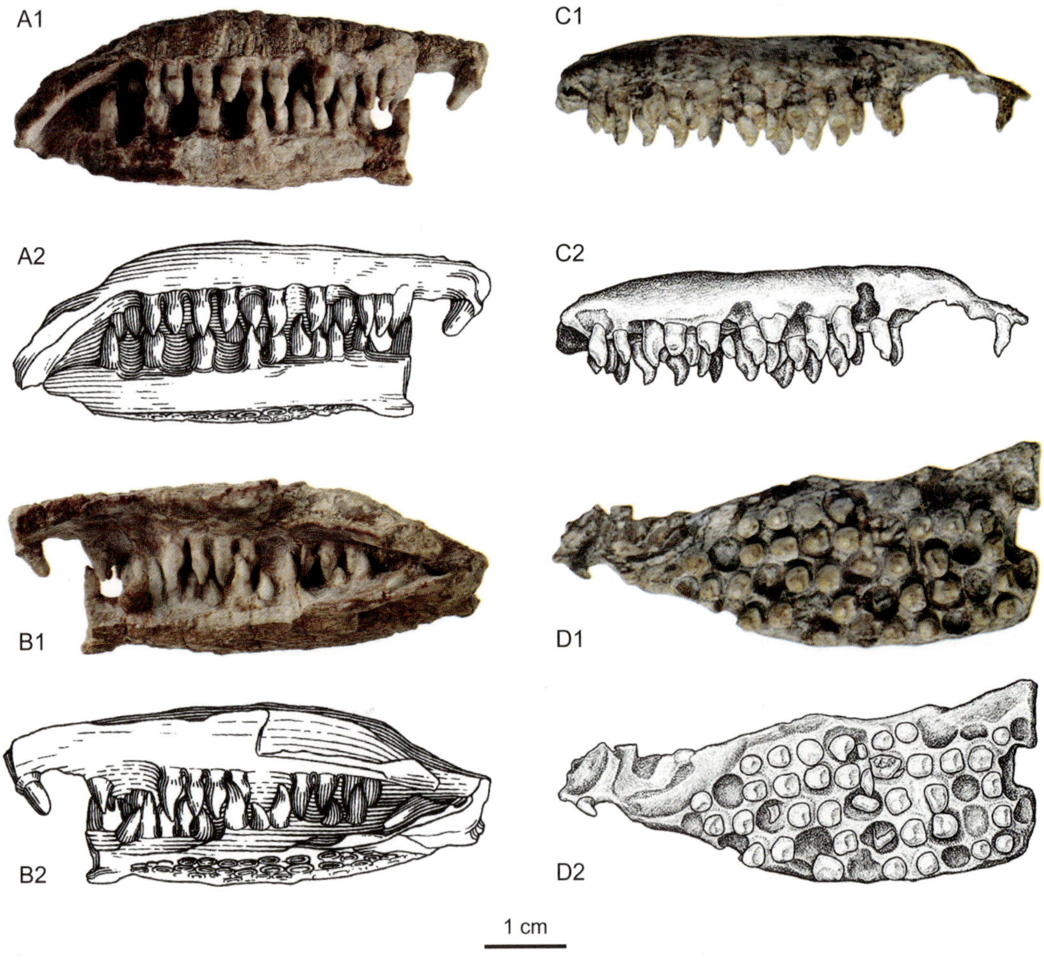

图 55 青头山甘肃鼻龙 *Gansurhinus qingtoushanensis*

A1, A2, B1, B2. 归入标本 IVPP V 12026，左上颌骨齿板和齿骨齿板，A1, A2 内侧视，B1, B2 外侧视；C1, C2, D1, D2. 正模 IVPP V 15989，左上颌骨齿板，C1, C2 内侧视，D1, D2 腹视（线条图 A2, B2 引自李锦玲、程政武，1997，图 2；线条图 C2, D2 引自 Reisz et al., 2011, Fig. 2）

归入标本 IVPP V 12026，紧密咬合在一起的左上颌骨齿板和齿骨齿板。内蒙古包头石拐。

鉴别特征 同属。

产地与层位 甘肃玉门大山口，中二叠统青头山组；内蒙古包头石拐，上二叠统脑包沟组。

评注 因保存不完整，IVPP V 12026 最初被鉴定为紧密咬合在一起的右上颌骨齿板和齿骨齿板（李锦玲、程政武，1997），现应订正为左上颌骨和齿骨齿板，原描述的右上颌骨齿板实为左齿骨齿板，原描述的右齿骨齿板为左上颌骨齿板。

第三部分　龟 鳖 类

龟鳖类导言

一、概　　述

龟鳖类是爬行动物。身躯短阔，藏纳于一骨质甲壳中。甲壳与背肋和背椎紧密结合，将肩带和腰带包围在里面。四肢五指（趾），有爪。颈部可伸缩；大多数进步种类的头、尾和四肢皆可收缩纳入甲壳中（图 56）。龟鳖类出现在晚三叠世，在地史上是个成功的门类，共有 40 余个化石科和现生科的记录，其中现生 14 科，330 余种。两栖、水生或陆栖，已灭绝和现生龟鳖类广泛分布于陆地、河湖和海洋环境；全球分布。龟鳖类系变温动物；体内受精；卵生，卵外有壳；食性各异，有杂食、植食和肉食多种。

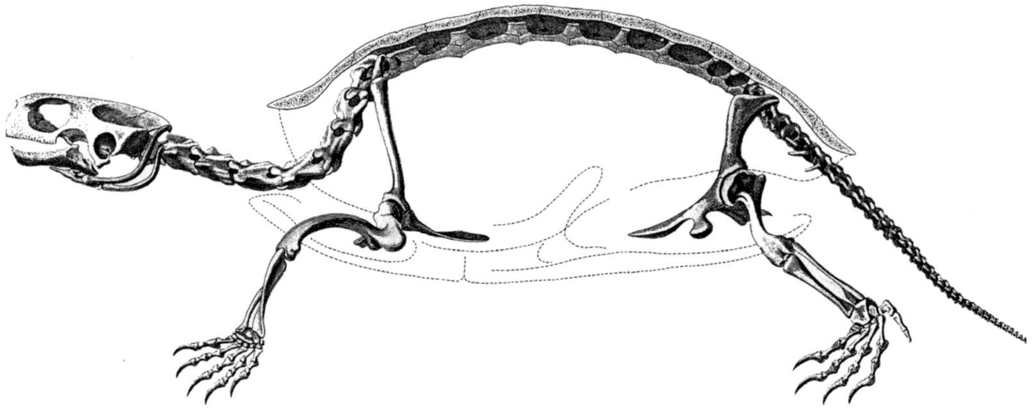

图 56　龟鳖类骨骼（欧洲泽龟 *Emys orbicularis*）
虚线表示腹甲轮廓；引自 Bojanus, 1819

龟鳖目的学名值得一提。在历史上有十多个名字曾被用来作为这个单系类群的名称。Hunt（1958）列出 14 个同义名称，其中有三个是常用的：Chelonia，Testudinata 和 Testudines。根据从最初到 1955 年这些名称使用率的统计，他建议使用 Testudines

Linnaeus, 1758 作为龟鳖目的名称；不仅因为这个名称的使用率当时在逐渐升高，而且也是最早提出的名称。Bour 和 Dubois（1984）重新讨论了这个问题。他们发现 Hunt 的提议并没有被所有的人接受。而且 Bour 和 Dubois 认为林奈在 1758 年的《Systema Naturae》（简称）著作中并没有建立目级单元，Testudines 在该著作中几次以不同形式出现，只是属名 *Testudo* 的拉丁文词形变化。这些作者认为龟鳖目是由 Brongniart 在 1800 年建立的。Brongniart（1800）文章中写道："第一个目，龟鳖目（包括龟鳖）。这些爬行类没有牙齿……身躯被甲壳覆盖……它们交配产钙质硬壳卵"；因此建议使用 Chelonii Brongniart, 1800 作为龟鳖目的名称，但是这一建议并没有很多人追随。Joyce 等（2004）对"Testudinata"和"Testudines"这两个最常用的名称在从 1978 年到 2002 年发表的文章的题目和摘要中应用的次数在网上进行了统计，结果前者被应用 54 次，而后者 610 次。鉴于《国际动物命名法规》对科级以上分类单元的建立没有明确的规定，本书遵从 Hunt 的建议，使用 Testudines Linnaeus, 1758 一名，因为这是最为学者们广泛接受的。应该指出的是，林奈 1758 年的 *Testudo* 属（陆龟属）涵括了当时已知的包括海龟、陆龟、水龟和鳄龟在内的龟鳖的十来个种，并不是现在狭义的陆龟属的含义；也就是说实际上是和龟鳖目对等的。

二、骨 骼 构 造

本书关于龟鳖头骨构造拉丁文和英文名称依 Gaffney（1979）；甲壳骨板和盾片名称遵循 Zangerl（1969），中文名称除个别稍有更改以外，基本依从叶祥奎（1963a）（图 57）。

1. 头部骨骼

头骨（图 58—图 61）

头骨可划分为膜质顶部骨骼（dermal roofing elements），腭部骨骼（palatal elements）、腭方部骨骼（palatoquadarte elements）和颅部骨骼（braincase elements）四个区域。膜质顶部骨骼包括成对的鼻骨（nasal）、前额骨（prefrontal）、额骨（frontal）、顶骨（parietal）、眶后骨（postorbital）、轭骨（jugal）、方轭骨（quadratojugal）和鳞骨（squamosal）。鼻骨在现生种类里只存在于侧颈龟科（Chelidae）里，但在化石类群中常见。鼻骨（如存在）、前额骨、前颌骨、上颌骨和犁骨构成鼻腔（nasal fossa）；外鼻孔单一，少数种类例外（如原颚龟、Meiolaniidae、*Kallokibotion*）。前额骨、额骨、上颌骨、轭骨、腭骨和眶后骨围成眼窝（eye socket）；眼眶侧视或顶侧视。头骨侧面的颊凹（cheek emargination）通常由上颌骨、轭骨、方轭骨和方骨围成，其形态及大小随种类变化，可以极浅或缺失（如海龟、平胸龟 *Platysternon*）、中等发育（如闭壳龟 *Cuora*）或极深（如 *Emydura*）。

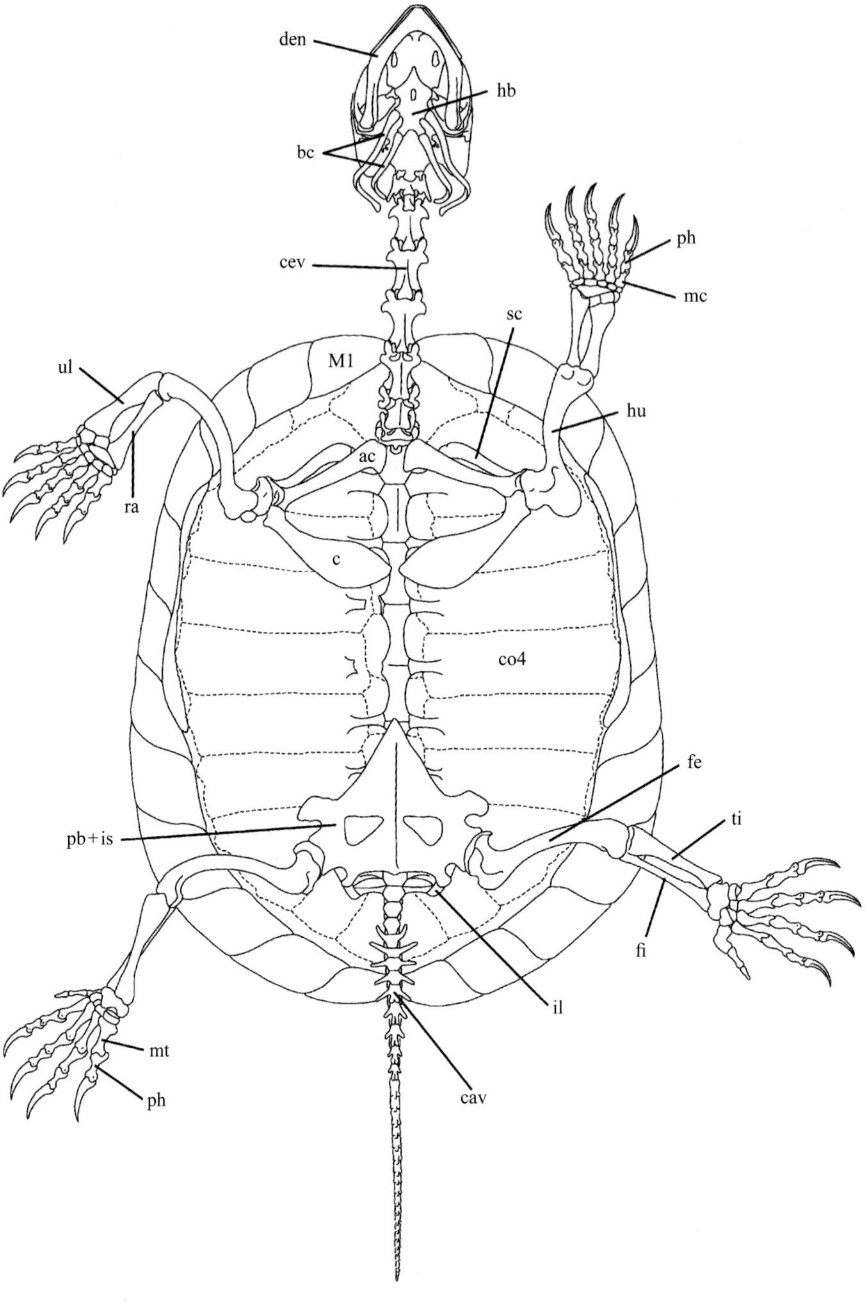

图 57　龟鳖类骨骼腹视（欧洲泽龟 *Emys orbicularis*）

ac. acromion process 肩峰突, bc. branchial cornu 鳃骨角, cav. caudal vertebra 尾椎, cev. cervical vertebra 颈椎, hb. hyoid body 舌骨体，co. costal 肋板，c. coracoid 乌喙骨，den. dentary 齿骨，fe. femur 股骨，fi. fibula 腓骨，hu. humerus 肱骨，il. ilium 髂骨，is. ischium 坐骨，M. marginal scute 缘盾，mc. metacarpals 掌骨，mt. metatarsals 蹠骨，ph. phalanges 指骨、趾骨，pb. pubis 耻骨，ra. radius 桡骨，sc. scapula 肩胛骨，ti. tibia 胫骨，ul. ulna 尺骨；腹甲移除，依 Bojanus, 1819 重绘

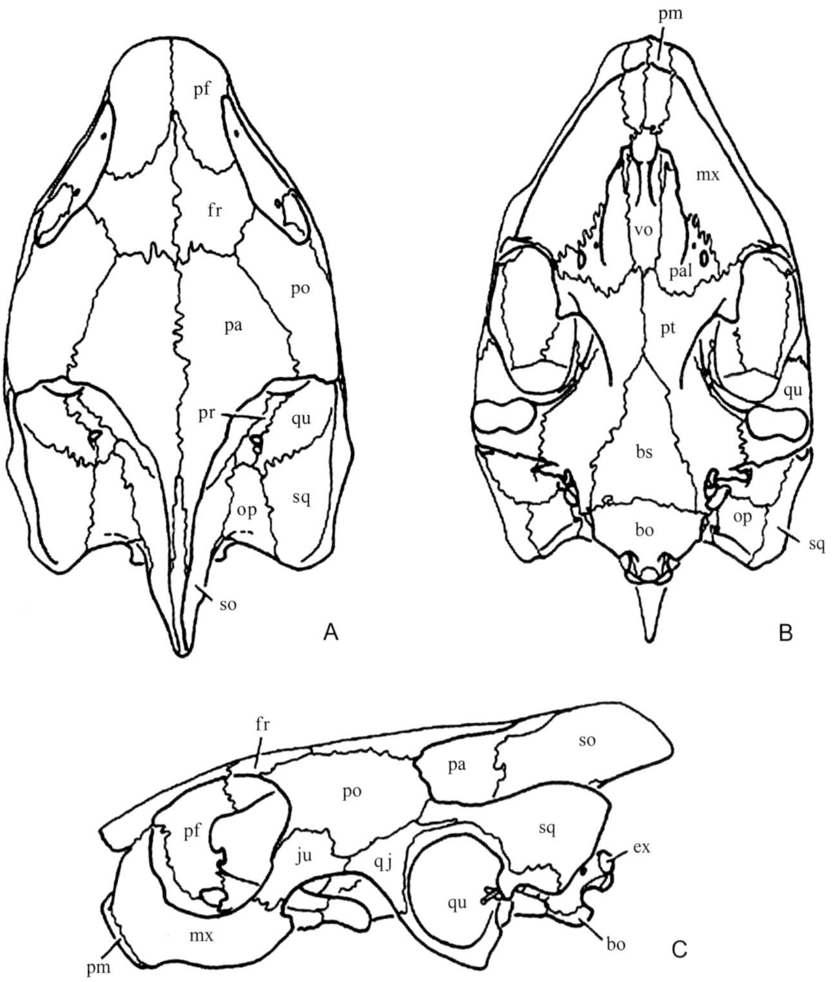

图 58　龟鳖类头骨（中华花龟 *Mauremys sinensis*）

A. 背视，B. 腹视，C. 左侧视；bo. basioccipital 基枕骨，bs. basisphenoid 基蝶骨，ex. exoccipital 外枕骨，fr. frontal 额骨，ju. jugal 轭骨，mx. maxilla 上颌骨，op. opisthotic 后耳骨，pa. parietal 顶骨，pal. palatine 腭骨，pf. prefrontal 前额骨，pm. premaxilla 前颌骨，po. postorbital 眶后骨，pr. prootic 前耳骨，pt. pterygoid 翼骨，qj. quadratojugal 方轭骨，qu. quadrate 方骨，sq. squamosal 鳞骨，so. supraoccipital 上枕骨，vo. vomer 犁骨；引自 Gaffney, 1979

腭部骨骼包括成对的前颌骨（premaxilla）、上颌骨（maxilla）、腭骨（palatine）和单一的犁骨（vomer; 初始龟鳖类有一对犁骨，如原颚龟）。上颌咀嚼面通常由前颌骨、上颌骨和腭骨构成；除了齿龟外都不具齿，而以角质喙（ramphotheca）覆盖。咀嚼面通常有由前颌骨和颌骨构成的发育的唇侧脊，但是舌侧脊一般较低矮甚至不明显。平胸龟和鳄龟在咀嚼面前端唇侧脊上发育有喙状突起。有些早期龟类在腭部有很多齿状突起（如齿龟、原颚龟；图 60A）。咀嚼面形态随食性变化。植食性龟类咀嚼面上常发育锯齿状突

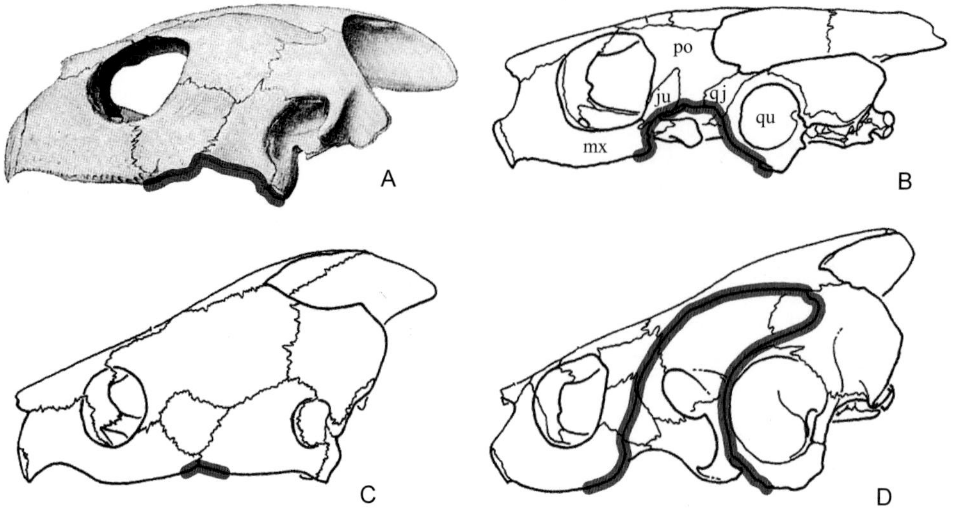

图 59　龟鳖类头骨侧视及颊凹对比

A. 大西洋丽龟 *Lepidochelys kempi*（海龟科），B. 三线闭壳龟 *Cuora trifaciata*（地龟科），C. 大头平胸龟 *Platysternon megacephalum*（平胸龟科），D. 麦氏澳龟 *Emydura macquarrii*（侧颈龟科）；ju. jugal 轭骨，mx. maxilla 上颌骨，po. postorbital 眶后骨，qj. quadratojugal 方轭骨，qu. quadrate 方骨；灰色半透明线段指示颊凹范围；A–D 均引自 Gaffney, 1979

起或附加的脊（如缅甸陆龟 *Indotestudo elongata*）。肉食性种类咀嚼面的侧脊极其锋利（如平胸龟；图 60B）。适应进食带有硬壳的贝类或螺类的种类（如马来食螺龟 *Malayemys subtrijuga*）次生腭发育，咀嚼面宽大（图 60C）。一些化石种类在咀嚼面上发育了或深或浅的凹坑，可能用于卡住光滑的贝壳或增强挤压的强度（图 60D）。

腭方部骨骼包括方骨（quadrate）、上翼骨（epipterygoid）和翼骨（pterygoid）。方骨、翼骨和脑颅部前耳骨、后耳骨及上枕骨共同构成耳室（otic chamber，包括中耳和内耳）。方骨在头骨后部外侧构成肾形凹陷、外侧由鼓膜封闭成中耳鼓室（tympanic cavity）。耳柱切迹除了初始类型外（如原颚龟）都有不同程度的封闭，呈后部张开的缝隙状或四周完全被骨质包围。方骨在耳鼓下面伸出粗壮的下颌突支撑下颌髁与下颌关节。镫骨棒状。上翼骨在侧颈龟中阙如，在隐颈龟中通常存在，位于脑颅侧壁顶骨和翼骨之间。进步的龟鳖类基翼骨关联（basipterygoid articulation）愈合，头骨基部是固定的（akinetic）；但是早期类型（如齿龟、原颚龟）头骨基部不愈合，并在左、右翼骨之间存在翼骨间隙（interpterygoid vacuity）。

颅部骨骼包括上枕骨（supraoccipital）、外枕骨（exoccipital）、基枕骨（basioccipital）、前耳骨（prootic）、后耳骨（opisthotic）和基蝶骨（basisphenoid）。颅部骨骼和其他位于头部中轴部位的骨骼（顶骨、上翼骨、翼骨）一起构成脑颅。上枕骨构成竖直板状的上枕骨脊（supraoccipital crista），向后延伸超越枕部。枕部由单枚上枕骨和一对外枕骨构成枕骨大孔。枕髁通常由单枚基枕骨和一对外枕骨组成。上枕骨、顶骨、眶后骨、鳞骨、

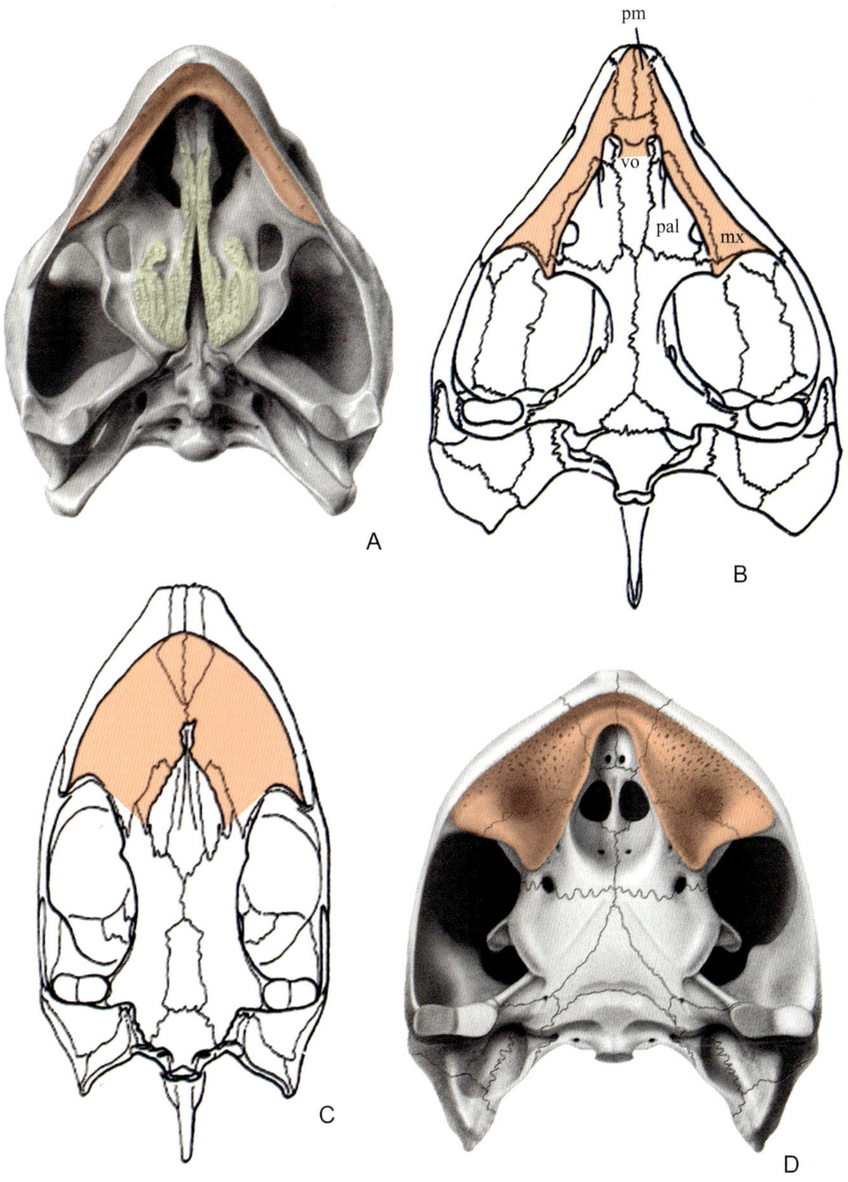

图 60 龟鳖类头骨腹视及咀嚼面对比

A. 原颚龟 *Proganochelys quenstedti*（原颚龟科），B. 大头平胸龟 *Platysternon megacephalum*（平胸龟科），C. 马来食螺龟 *Malayemys subtrijuga*（地龟科），D. 马格里布凹颌龟 *Bothremys maghrebiana*（凹颌龟科）；mx. maxilla 上颌骨，pal. palatine 腭骨，pm. premaxilla 前颌骨，vo. vomer 犁骨；黄色半透明区域指示齿状突起，红色半透明区域指示咀嚼面；A 引自 Gaffney, 1990，B–C 引自 Gaffney, 1979，D 引自 Gaffney et al., 2006

方骨、前耳骨、后耳骨以及外枕骨在头骨后部耳室上方围成一对巨大的颞腔（temporal cavity），以容纳强大的咬合肌腱。颞凹（temporal emargination）形态随种类变化，从极深（例如鳖科成员），中等大小，到极浅或阙如（例如原颚龟、海龟）（图 61）。

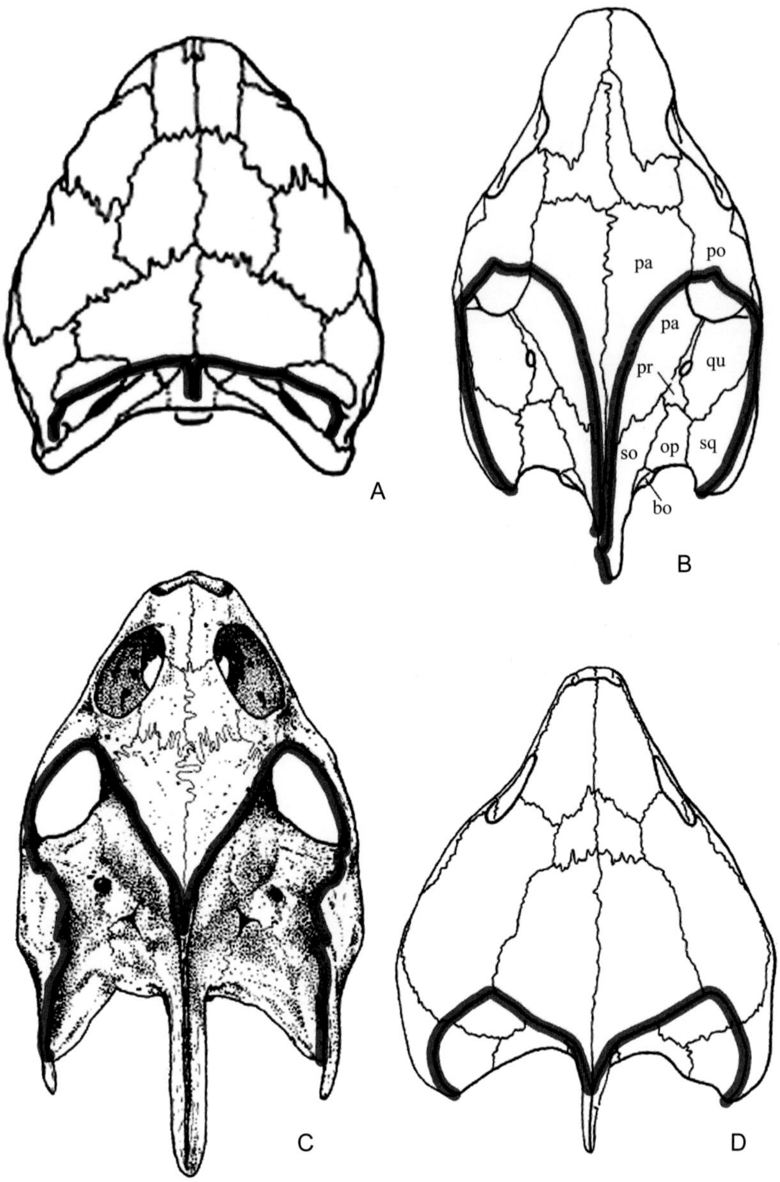

图 61　龟鳖类头骨背视及颞凹对比

A. 原颚龟 *Proganochelys quenstedti*（原颚龟科），B. 三线闭壳龟 *Cuora trifaciata*（地龟科），C. 斯氏斑鳖 *Rafetus swinhoei*（鳖科），D. 大头平胸龟 *Platysternon megacephalum*（平胸龟科）；bo. basioccipital 基枕骨，op. opisthotic 后耳骨，pa. parietal 顶骨，po. postorbital 眶后骨，pr. prootic 前耳骨，qu. quadrate 方骨，sq. squamosal 鳞骨，so. supraoccipital 上枕骨；灰色半透明线段指示颞凹范围；A 引自 Gaffney, 1990，B 和 D 引自 Gaffney, 1979，C 引自 Farkas et Fritz, 1998

下颌（图 62）

下颌由 U 形的齿骨（dentary）和成对的冠状骨（coronoid）、上隅骨（surangular）、隅骨（angular）、前关节骨（prearticular）、关节骨（articular）和夹板骨（splenial）组成。除了少数类型外，大多数龟鳖的齿骨联合（symphysis）都愈合。齿骨构成下颌咀嚼面的

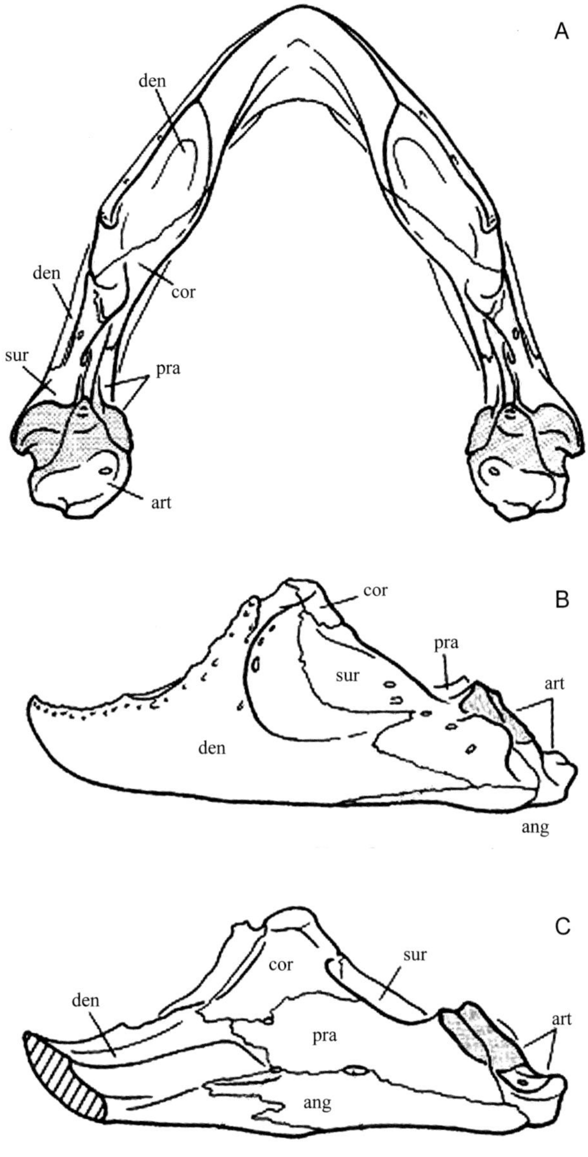

图 62　龟鳖类下颌（椽龟未定种 *Adocus* sp.）

A. 背视，B. 左下颌外侧视，C. 右下颌内侧视；ang. angular 隅骨，art. articular 关节骨，cor. coronoid 冠状骨，den. dentary 齿骨，pra. prearticular 前关节骨，sur. surangular 上隅骨；阴影部分指示下颌关节面，斜线部分指示与左下颌的连接面；引自 Meylan ct Gaffney, 1989

大部分，冠状骨构成咀嚼面的后内侧部分；除齿龟外都不具齿，而被角质喙覆盖。咀嚼面有发育的唇侧脊，舌侧脊通常较唇侧脊低，但在有些种类里舌侧脊和唇侧脊高度相等，甚至舌侧脊高于唇侧脊（如缅甸陆龟和 *Podocnemis*）。有些种类（如鳄龟和平胸龟）在齿骨联合处唇侧脊上发育了喙状突起。下颌咀嚼面形态与上颌咀嚼面相对应，在次生腭发育的类群中下颌咀嚼面也相应扩展。咀嚼面上可发育有附加的脊或凹坑。下颌背部在咀嚼面后面依次是冠状骨、上隅骨和关节骨。冠状骨形成向上伸出的冠状突，以供咬合肌腱附着。关节骨（有时和上隅骨和 / 或前关节骨一起）在下颌后端构成下颌关节面与方骨的下颌髁相关节。下颌关节面后面可有发育的反关节突（retroarticular process，如鳖类）。下颌内侧面在齿骨后面上方是前关节骨，下方的隅骨构成下颌后部腹缘。位于下颌内侧面前关节骨前面的夹板骨在大多数现生龟鳖类里阙如，但在中生代龟鳖类里经常存在。

舌骨（图 63）

龟鳖类的舌骨由中央的舌骨体（hyoid body）和两对向后外侧伸出的鳃骨角（branchial cornu）组成，其中第一鳃骨角是一对单一的骨化单元。除了鳖类以外，其他隐颈龟的舌骨体亦由单一的骨化单元构成。而鳖类的舌骨至少有 10 个、以致多达 40 个骨化单元。其中舌骨体有三对或四对骨化单元［前面一到两对基舌骨（basihyal）和后面的两对基鳃骨（basibranchial）］；第一鳃骨角由一个骨化单元构成，而第二鳃骨角可有一到十八个骨化单元（Meylan, 1987）。

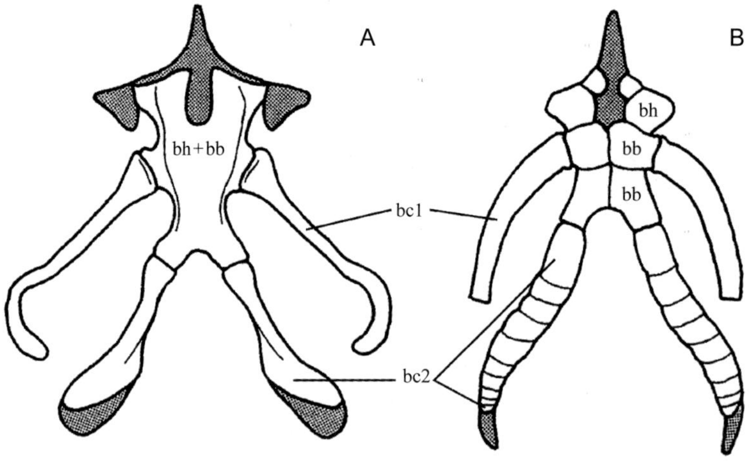

图 63　龟鳖类舌骨

A. 里海拟水龟 *Mauremys caspica*（地龟科），B. 西亚斑鳖 *Rafetus euphraticus*（鳖科）；bb. basibranchial 基鳃骨，bc. branchial cornu 鳃骨角，bh. basihyal 基舌骨；阴影部分指示未骨化成分；引自 Meylan, 1987

2. 甲壳（图 64）

龟鳖类的甲壳由背面拱形的背甲（carapace）和腹面平坦的腹甲（plastron）组成，二者在两侧通过骨桥（bridge）连接在一起，其连接可以骨缝（suture）缝合，或以韧带（ligament）相连。

背甲和腹甲都由内面的骨质层和表面的角质层构成。通常背甲骨质层由 50 或 51 块骨板（plate）组成，其中 38 块是成对的，中央的 12 或 13 块是单一的；腹甲有 9 块骨板，其中8块成对，仅有1块是单一的。背甲角质层由38块盾片（scute）组成，其中32块成对，6块是单一的；腹甲则有16块成对的盾片。各骨板间以骨缝相连；而各盾片间的界线在骨板表面留下沟痕（sulcus）。骨板和盾片交错排列，使甲壳坚固。骨板和盾片的数目在龟鳖不同的门类里是有变化的。一般来说，原始类型骨板和盾片数目都要多些，而进步类型要少些。骨板和盾片的数目、形态和相互的关系是鉴定龟鳖的重要特征。化石龟鳖只有骨板能保存下来，盾片本身虽不能石化，但其形态可由骨板上的沟痕显示。

背甲的骨质层由中央一列单数骨板和两边各两列成对的骨板组成。中央单数骨板最前面的一块是颈板（nuchal），后面随着一列八块椎板（neural）；有些原始龟类有九块椎板。有些龟类在第一对肋板之间有两块椎板，这时前面的一块为前椎板（例如辽西河套龟）。而一些龟鳖类后部椎板，或全部椎板退化。椎板的形态和数目可用椎板程式表示。在椎板后面是一至三块上臀板（suprapygal），最后面是一块臀板（pygal）。椎板左右两侧各有一列八块肋板（costal），原始龟类可有九块肋板。肋板外侧是十一块缘板（peripheral）。少数龟鳖类，如两爪鳖只有十对缘板。缘板在绝大多数鳖类中退化消失，仅在少数种类中存在，例如缘板鳖（*Lissemys*）。肋板和缘板相接的缝称为肋缘缝。肋板和缘板之间在

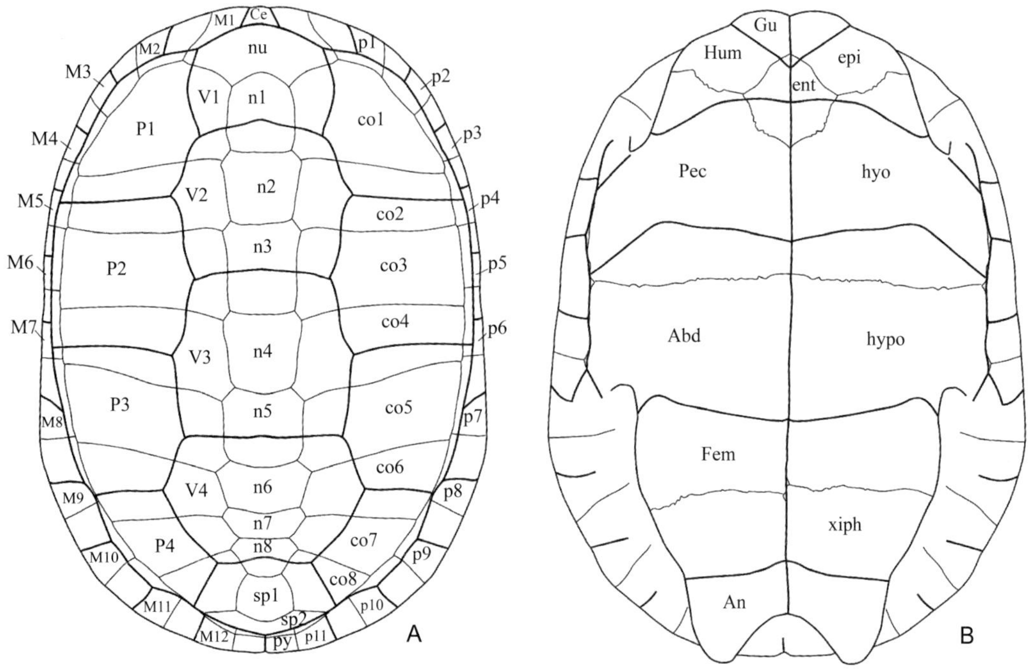

图64　龟鳖类甲壳（中华花龟 *Mauremys sinensis*）

A. 背甲，骨板 plates：nu. nuchal 颈板，n. neural 椎板，sp. suprapygal 上臀板，py. pygal 臀板，co. costal 肋板，p. peripheral 缘板；盾片 scutes：Ce. cervical scute 颈盾，V. vertebral scute 椎盾，P. pleural scute 肋盾，M. marginal scute 缘盾；

B. 腹甲，骨板 plates：ent. entoplastron 内腹板，epi. epiplastron 上腹板，hyo. hyoplastron 舌腹板，hypo. hypoplastron 下腹板，xiph. xiphiplastron 剑腹板；盾片 scutes：Gu. gular scute 喉盾，Hum. humeral scute 肱盾，Pec. pectoral scute 胸盾，Abd. abdominal scute 腹盾，Fem. femoral scute 股盾，An. anal scute 肛盾

有些龟类（如海龟）有空隙，称为肋缘窗（costoperipheral fontanelle）。背甲前缘头伸出的地方可呈凹缺，称为颈凹（cervical notch）。有些龟类背甲边缘呈锯齿状。背甲上中央的脊称为中脊（midline keel），两侧位于肋板上的脊为侧脊（lateral keel）。

腹甲骨板最前面的是一对上腹板（epiplastron）。上腹板后面是一块内腹板（entoplastron）。再后面依次是成对的舌腹板（hyoplastron）、下腹板（hypoplastron）和剑腹板（xiphiplastron）。原始龟类和侧颈龟在舌腹板和下腹板之间有一对或两对中腹板（mesoplastron），中腹板可在中线处相互接触或彼此分离。腹甲上两侧前肢伸出的部位为腋凹（axillary notch），后肢伸出的部位为胯凹（inguinal notch，或称鼠蹊凹）。腋凹前的腹甲部分叫前叶（anterior lobe），胯凹后面的腹甲部分称为后叶（posterior lobe）。骨桥位于腹甲两侧腋凹和胯凹之间，将背甲和腹甲连接在一起。在腋凹之后左右舌腹板向上伸出一个柱状突起，称为腋柱（axillary buttress）。在胯凹之前左右下腹板向上伸出的突起称为胯柱（inguinal buttress，或称鼠蹊柱）。腹甲后叶后缘中央尾伸出的部位有肛凹(anal notch)。原始龟类肛凹阙如，闭壳龟肛凹极小或消失。陆龟腹甲前缘增厚，形成唇(lip)。一些龟类，例如闭壳龟在舌腹板和下腹板接合处有铰链（hinge）；铰链前后部分的甲壳是相互活动的，可将甲壳完全闭合。有些龟类的铰链位于上腹板和内腹板 / 舌腹板之间（亚洲白垩纪的 *Shachemys*）；还有的龟类铰链位于背甲的后部（非洲现生的 *Kinixys*）。有些龟类（如海龟）在腹甲中部舌腹板和下腹板相接的部位有空隙，称为腹甲中窗（central fontanelle）；在腹甲边缘舌腹板、下腹板和缘板相接部位的空隙称为腹甲侧窗（lateral fontanelle）。鳖类的腹甲退化；腹甲表面粗糙带有纹饰的部位称为胼胝体（callosity）。

背甲的角质层由中央一列单数盾片和两侧各两列成对的盾片组成。单数盾片最前面的一块是颈盾（cervical scute），后面随着一列五块椎盾（vertebral scute）。椎盾左右两侧各有一列四块肋盾（pleural scute）。肋盾外侧一般有十二块缘盾（marginal scute）；最后一对缘盾亦称尾盾，在陆龟一些种类里可愈合成一块盾片。原颚龟（*Proganochelys*）的缘盾可多达 16 对。原始龟类（如原颚龟）在肋盾和缘盾之间有一列上缘盾（supramarginal scute）。鳖类、两爪鳖和棱皮龟甲壳上的盾片阙如，而代以革质皮肤。

腹甲盾片最前面的一对称为喉盾（gular scute）。有些原始龟类（如新疆龟和南雄龟）在喉盾之间有一块或一对间喉盾（intergular scute）。从喉盾向后依次为成对的肱盾（humeral scute）、胸盾（pectoral scute）、腹盾（abdominal scute）、股盾（femoral scute）和肛盾（anal scute）。有些龟类在腋凹后面有一块腋盾（axillary scute），在胯凹前面有一块胯盾（inguinal scute，或称鼠蹊盾）。有些龟类（如新疆龟科、南雄龟科和林氏龟科成员）在腹甲边缘有一列下缘盾（inframarginal scute），将缘盾和胸盾 / 腹盾部分或全部隔开。肱盾和胸盾之间的沟痕称为肱胸沟（humeropectoral sulcus）；胸盾和腹盾之间的沟痕称为胸腹沟（pectoroabdominal sulcus）；腹盾和股盾之间的沟痕称为腹股沟（abdominofemoral sulcus）；股盾和肛盾之间的沟痕称为股肛沟（femoroanal sulcus）。

甲壳表面纹饰（图 65）：很多龟类甲壳骨板表面是光滑无纹饰的，也有些龟类在骨板表面有同心状的生长纹。但有些种类骨板表面有明显的纹饰，这些典型的纹饰使得在野外找到的哪怕是很小的甲壳碎片都极易识别，可作为鉴别特征。鳖类骨板表面都饰有典型的蠕虫状纹饰（图 65F）；南雄龟甲壳纹饰是由网状的脊构成的大的凹坑（图 65B）；而椽龟和维氏古鳖甲壳表面饰有细小的凹坑（图 65C）；放射纹成渝龟背甲表面具有从椎盾和肋盾后部生长中心向前侧方延伸的放射状楞脊（图 65A）；而无盾鳖在同一个体上不同部位纹饰不同（图 65D–E）。

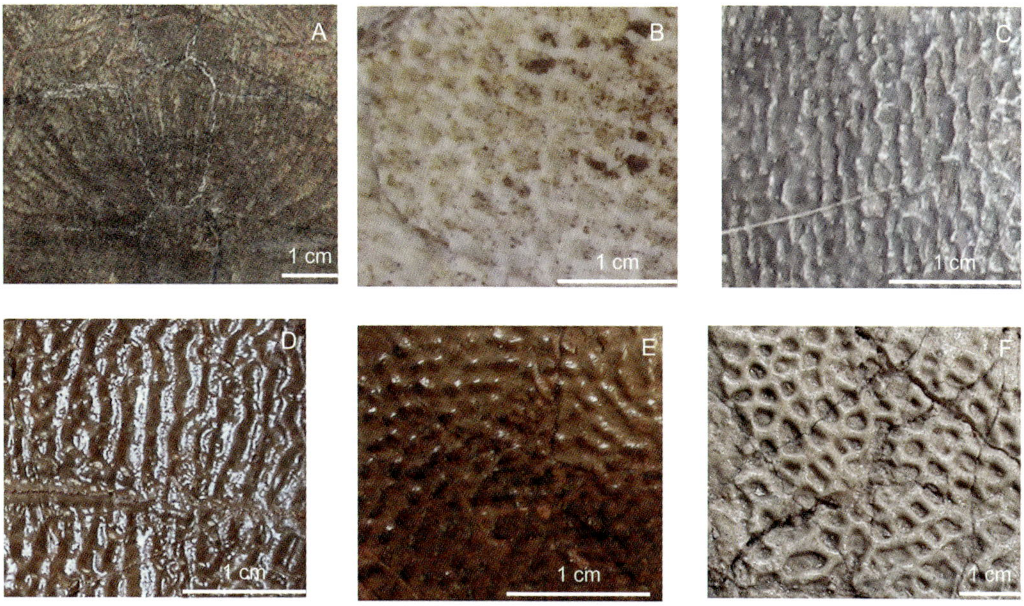

图 65　龟鳖甲壳表面纹饰

A. 放射纹成渝龟 *Chengyuchelys radiplicatus*（新疆龟科）背甲椎盾区域，B. 赣州江西龟 *Jiangxichelys ganzhouensis*（南雄龟科）腹甲，C. 意外椽龟 *Adocus inexpectatus*（椽龟科）背甲，D–E. 茂名无盾鳖 *Anosteira maomingensis*（两爪鳖科）肋板（D）和颈板（E），F. 内蒙古亚洲鳖 *Amyda neimenguensis*（鳖科）背甲

3. 其他头后骨骼

脊椎（图 66）

龟鳖类有八个颈椎，十个背椎和两到三个荐椎；背椎、背肋与背甲紧密结合。尾椎数目不定，随门类变化，通常在 20 到 30 个之间。

为了抵消躯体的僵直，龟鳖类的颈项相对较长而且非常灵活。颈椎的神经脊都很低矮，前后关节突发育。一对前关节突（prezygapophysis）的关节面朝上；一对后关节突（postzygapophysis）的关节面朝下。隐颈龟的左、右关节突相互都分得很开，横突（transverse process）不发育。而侧颈龟的左、右关节突相互靠近，横突发育。颈椎的椎体在龟鳖原始类型里是双凹型（amphicoelous）的；进步类型颈椎椎体前、后关节面形成凹凸，可呈前凹型（procoelous）、后凹型（opisthocoelous）、双凸型（biconvex）和双凹型。隐颈龟的后部颈椎椎体关节面常呈屈戍关节（ginglymoidy，双关节面）。大多数龟鳖类颈肋极其退化或缺失，发育的颈肋仅存在于少数种类里（如原颚龟、侧胸龟和卷角龟）。

背椎除了第一枚形态比较复杂之外，其他九个背椎的神经弓都只是简单的从椎板腹面伸出的纵向的沟槽；在沟槽的两侧有横突与肋骨头相关节。椎体是一个半圆形的筒状物，背面有一道沟槽，两头扩展，顶端平坦与其相邻的背椎以软骨片隔开。龟鳖类背椎的特点是它的椎体和神经弓是错开的：每个椎体都与前一个神经弓的后半部和后一个神经弓的前半部相接触。由于这种交错，每个肋骨头都和两个椎体相关联，而不是在一个椎体的中部。

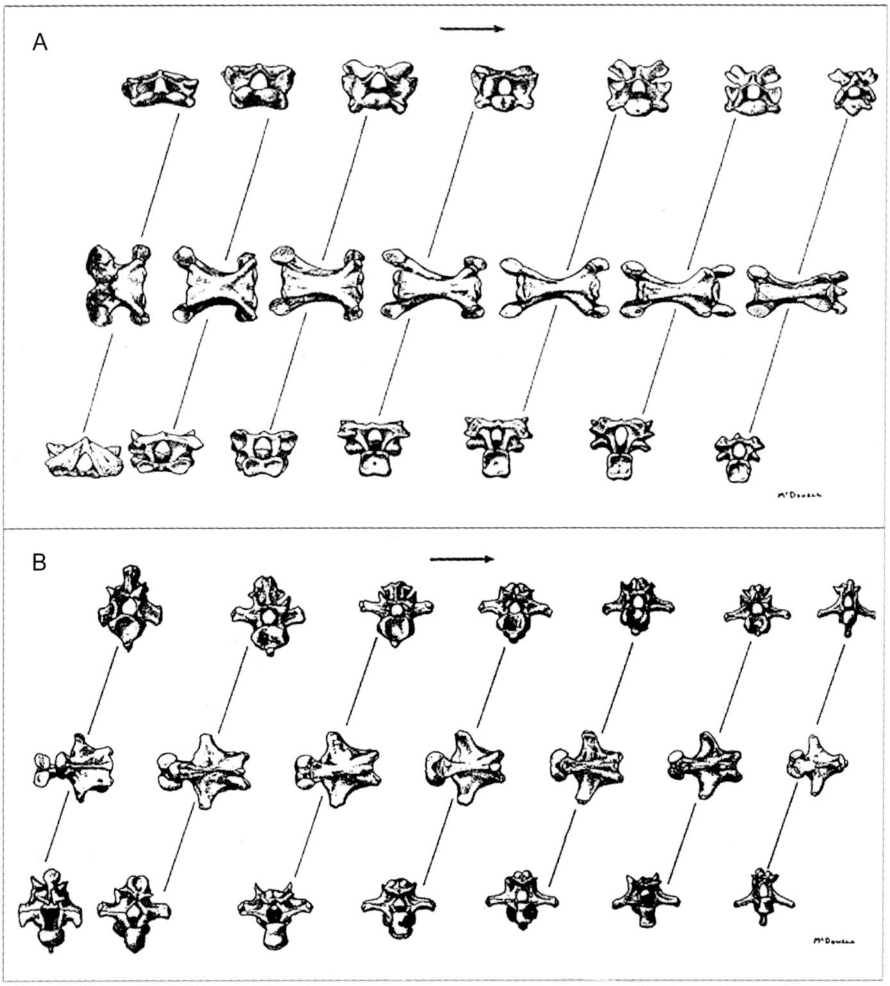

图 66　龟鳖的第二至第八颈椎

A. 非洲鳖 *Trionyx triunguis*（隐颈龟类），B. 南美巨侧颈龟 *Podocnemis expansa*（侧颈龟类）；前视（上）、腹视（中）和后视（下），箭头指向前方；引自 Williams, 1950

隐颈龟有两个荐椎，都通过末端扩展的荐肋与髂骨接触。侧颈龟的腰带与甲壳愈合，因此背椎、荐椎和尾椎之间的区别不很明显。但是第十七、十八和十九（有时第十六和二十）脊椎的肋骨与椎体愈合并接触髂骨。

龟鳖的整个尾巴可以由肌肉控制而活动，所以尾椎除了尾巴最末梢的以外都没有退化。尾椎通常的形态和颈椎相似，有着发育强壮的前、后关节突，但是椎体从不具屈戌关节。

肩带和前肢（图 56、图 57）

龟鳖的肩带和腰带位于胸腔之内，不同于其他所有爬行类。肩带三叉形，由肩胛骨（scapula）和乌喙骨（coracoid）组成。L 形的肩胛骨包括一个长长的竖直的肩胛骨突（scapula process）和一个向内、略微向前伸的肩峰突（acromion process）。二者皆为棒状，在外侧愈合，之间构成 65° 到 105° 左右的夹角。肩胛骨突在第一背椎旁通过软骨与背甲连接。位于肩胛骨后面的是片状的乌喙骨，其远端由韧带与肩峰突远端相连。乌喙骨与肩胛骨在外侧汇合，共同构成肩臼（glenoid）以接受肱骨头。

龟鳖类肱骨形态结构亦相当特殊。肱骨头在肱骨体的背面向上仰起，与肱骨长轴成约 90° 夹角，关节面椭圆形。在肱骨近端腹面有一对发育的突起，位于后面的内突（medial process）明显大于前面的侧突（lateral process），二者在腹面被深深的突间凹（intertubercular fossa）分开。肱骨向远端收缩成呈柱状的向背面弓起的肱骨体，远端上下压扁并扩展。远端的关节分化为一个较小的面向腹部的小头（capitellum），与桡骨（radius）关节，及一较大的滑车（trochlea），与尺骨（ulna）关节。在远端外侧有外上髁孔（ectepicondylar foramen）供桡神经（radial nerve）和血管（blood vessels）通过。

桡骨（radius）和尺骨（ulna）都较直，远端扩展；尺骨比桡骨粗壮。腕骨包括近端的桡腕骨（radial），与桡骨关节，尺腕骨（ulnare），与尺骨关节，及位于二者之间的中间腕骨（intermedium）。有时在中间腕骨和桡腕骨之间有近端腕骨（proximal central）；豌豆骨（pisiform）位于尺腕骨外侧。远端腕骨（distal carpals）一列五枚。前足五指，通常指式为 2-3-3-3-2；但有些龟鳖指式为 2-3-3-3-3，例如鳄龟科和两爪鳖科。陆生种类前足缩短，伴随指骨数减少。陆龟科指式为 2-2-2-2-2 或 2-2-2-2-1。高度适应水生环境的种类前足拉长、加宽。鳖类指节拉长并伴随指骨数超常（hyperphalangy）；如鳖属（*Trionyx*）指式为 2-3-3-4-3，小头鳖属（*Chitra*）指式为 2-3-3-6-4。两爪鳖和海龟发育了浆状的前肢，指骨拉长，尤其是中间的三指，但是没有指骨数超常。相反，海龟第五指的最后一节指骨通常退化消失，其指式为 2-3-3-3-2。在这两种龟鳖里指骨因为指节之间相对活动小，关节是平的。除了高度水生种类大多数龟鳖所有的指都带爪。鳖类只有前三个指带爪；两爪鳖如其名，只有第一、二指带爪；海龟第一或第一和第二指有爪；而棱皮龟无爪。

腰带和后肢（图 56、图 57）

腰带由位于腹部的耻骨（pubis）、坐骨（ischium）和位于背部的竖直的髂骨（ilium，亦称肠骨）三对骨头组成。髂骨、耻骨和坐骨在外侧共同构成髋臼（acetabulum），与股骨头关节。在左、右耻骨和坐骨间有耻坐窗（thyroid fenestra）。侧颈龟的腰带和甲壳缝合（髂骨和背甲，耻骨、坐骨和腹甲）。

在大多数龟鳖里股骨（femur）形态和肱骨相似。股骨头椭圆形，向背部仰起。腹面近端的两个突起，在前的小传子（minor trochanter）相当于其他爬行类的内转子（internal trochanter）；而后面的大转子（major trochanter）是龟鳖类特有的；二者之间有深深的转子间凹（intertrochanteric fossa）。股骨体近柱状，在大多数种类里向背面微微弓起，但弓起较肱骨弱。股骨远端扩展形成大的胫骨关节突（tibial condyle）和在其后腹部的小的腓骨关节突（fibular condyle）。胫骨（tibia）和腓骨（fibula）近等长，它们明显短于股骨，但长于桡骨和尺骨。跟骨（calcaneum）和距骨（astragalus）在海龟里是相互独立的，但是在有些种类里二者连在一起，甚至愈合，例如鳖类。远端跗骨（distal tarsals）四块。后肢五趾，常见趾式为 2-3-3-3-3。第五趾的最后一个趾骨不具爪，趾骨通常非常小，甚至缺失。陆龟科因为适应陆地生活，趾骨都很短，只有三到四个短而粗的爪，趾式也减少到 2-2-2-2-1 或 2-2-2-2-0。相反，高度水生种类的趾拉长，在有些种类里伴随趾骨数超常。大多数水生种类都有四个爪，鳖类第四个爪缺失；两爪鳖只有两个爪；海龟一个或两个爪，棱皮龟没有爪。

三、起源及与其他爬行动物的亲缘关系

1. 龟鳖类起源的假说

龟鳖类以其独特的甲壳结构与其他爬行类迥异，其起源及与其他爬行动物的亲缘关系一直困惑着学者们。关于龟鳖类起源和亲缘关系，早期有起源于蛇颈龙类（plesiosaurs）、楯齿龙类（placodonts）、正南龟（*Eunotosaurus*）、杯龙类（cotylosaurs）等假说。传统的爬行动物分类建立在头骨构造上，以头骨有无颞孔和颞孔的数目分为无孔类（Anapsida）、下孔类（Synapsida）和双孔类（Diapsida）三大类；龟鳖类以不具颞孔被归入无孔类，为现生爬行动物中最原始的成员。Carroll（2013）对龟鳖类起源问题作了全面的总结，将龟鳖起源的假说归为副爬行类（Parareptilia）起源和真爬行类（Eureptilia）起源两大类，争论的焦点集中在龟鳖类属于无孔类还是双孔类上。

龟鳖类属于无孔类的假说 从现代系统分类学观点来看，无孔类不是单系类群，主要包括副爬行类（Parareptilia）和真爬行类（Eureptilia）的大鼻龙类。副爬行类是生活在二叠纪—三叠纪的原始爬行动物，由 Olson 在 1947 年建立，以区别于相对较进步的真爬

行类；包括陆生的米勒蜥科（Millerettidae），Lanthanosuchidae，前棱蜥类（Procolophonia）和锯齿龙类（Pareiasauria）以及水生的中龙类（Mesosauria）。其中前棱蜥类和锯齿龙类都被认为是龟鳖类的姐妹群。Reisz 和 Laurin（1991）提出前棱蜥类的 *Owenetta* 为龟鳖类姐妹群，因为它和龟鳖分享一系列裔征，包括和龟鳖类一样具有大的后颞窗（post-temporal fenestra）和颊凹，而这两个特征在原始无孔类和下孔类（Synapsida）里是没有的。另外，肱骨内上髁孔（entepicondyle foramen）缺失亦和龟鳖类分享。分支系统学分析结果支持爬行类由副爬行类和真爬行类两个单系类群组成。前者包括米勒蜥科、锯齿龙类、前棱蜥科和龟鳖类；后者由大鼻龙类、古窗龙（*Paleothyris*）和双孔类组成。其中锯齿龙类和龟鳖型类（Testudinomorpha 包括前棱蜥类和龟鳖类）的姐妹关系以及前棱蜥类和龟鳖类的姐妹关系得到了有力的支持（Reisz et Laurin, 1991；Laurin et Reisz, 1995）。

Gregory（1946）提出锯齿龙类为龟鳖类的近亲。随后 Lee 发表了一系列文章探讨锯齿龙类和龟鳖类的姐妹群关系（Lee, 1993, 1995, 1996, 1997b），认为锯齿龙类和龟鳖类分享一系列确切的共有裔征，包括身躯覆有表皮骨板，荐前椎数目减少，具肩峰突和股骨大转子等。Lee（1996）提出在锯齿龙类里，个体小的（体长小于 1 m）、身披重甲的类型，像 *Nanoparia* 和 *Anthodon* 在亲缘关系上最接近龟鳖类。他在分支系统分析的支持下提出甲壳形成机制，显示甲壳从无到有的进化过程。在锯齿龙类里，背上的甲壳逐渐进化形成，从只在背椎上面有一行骨片的类型（像 *Bradysaurus*，*Embrithosaurus* 和 *Deltavjatia*），经过具有分离的、但是遍布躯体背部的骨片的 *Scutosaurus* 和 *Elginia* 这样的中间类型，到 *Anthodon* 和 *Nanoparia* 那样遍布背上相互联合的骨片。龟鳖类甲壳便是这个发育程序的顶峰，所有的骨片都愈合在一起，并且和下面的脊椎及肋骨愈合；肩带后移进入甲壳。但是发育学研究证明这个假说是不成立的。

在真爬行类里，其早期类型大鼻龙类（Captorhinomorphs）及其近亲（immediate sister taxa）不断被看作是龟鳖类可能的姐妹群。这首先是因为它们和龟鳖类一样不具有颞孔，而且足够原始，可以产生任何进步的爬行类（Carroll, 1988）。大鼻龙类和龟鳖类分享的近裔特征包括具轭骨内侧突（medial process of jugal）；外翼骨（ectopterygoid）和棒骨（tabular）阙如；具眼 - 鼻孔（orbito-nasal foramen）（Gaffney et McKenna, 1979；Gaffney et MeKlan, 1988）。

龟鳖类属于双孔类的假说 双孔类包括主龙形类（Archosauromorphs）和鳞龙形类（Lepidosauromorphs），其中有几个支系背部具有甲壳构造，被认为是龟鳖类的近亲。它们包括在三叠纪常见的一个叫鳍龙类（Sauropterygia）的水生类群，包括幻龙类（Nothosauria）、蛇颈龙类（Pleisiosauria）和楯齿龙类（Placodontia）。楯齿龙类里有好几个属背部具有甲壳构造，其中最像龟鳖的是 *Henodus*。*Henodus* 背部披有发育的表皮骨片，但是这些骨片并不都能和龟鳖类背甲骨片对等。有意思的是它的头骨背面没有颞孔；而 *Placodus* 则具有背面的颞孔，但没有侧面的颞孔。这说明头骨背面的颞孔是可能退化以致消失的。像龟鳖一样，*Henodus* 有一个短短的躯体，但是其他楯齿龙类，像 *Helveticosaurus*，却有拉长的躯体。所有的楯齿龙类都具有发育良好的腹膜肋（gastralia，亦称胃骨片）(de Braga et Rieppel, 1997；Rieppel et Reisz, 1999)，而龟鳖类的腹甲的一部分正源于腹膜肋。

2. 进化发育生物学证据

但是无论哪一种假说都必须回答一个关键问题：龟鳖的独一无二的甲壳结构及其肩带的特殊位置是如何产生的。龟鳖的甲壳与肋骨和背椎紧密结合在一起，并将肩带包围在胸腔之内。这和所有的羊膜动物都不同。其他具有背甲的四足类，例如楯齿龙等，其甲壳都是独立于肋骨的；而且其他所有四足类的肩带都在胸腔外面。近十几年来发展起来的一门新兴学科，演化发育生物学（Evolutionary and Developmental Biology，简称 EVO-DEVO），从胚胎发育的角度研究龟鳖类甲壳形成取得了极大进展。

背甲的形成和肩带的位置 尽管龟鳖类背甲骨化程度在现生种类里有些许变化，但总的来说，其背甲的结构从晚三叠世到现在基本上没有多大改变。半甲齿龟已经有了椎板和扩展的肋骨；原颚龟有一个完整的、基本和现生种类一致的背甲。龟鳖类背甲是独特的，由属于内骨骼的肋骨及背椎和特化的真皮组织联合形成，肋骨位于肩带和腰带外面。从原颚龟开始，背甲和腹甲就由一个骨质的甲桥牢固的结合在一起。

龟鳖类背甲的特殊结构以及肋骨的独特位置是由于它有着和其他脊椎动物都不同的发育过程。根据演化发育生物学的研究，它基于一个龟鳖类特有的叫做背甲脊（carapacial ridge）的胚胎结构。背甲脊是一个位于前后肢基部上面的前后延伸的突起的区域，由真皮间叶细胞（mesenchyme）和上覆的表皮（ectoderm）组成。它是背甲边缘的雏形，肋骨在这里终止。在胚胎发育前期背甲脊带着肋骨的终端侧向生长，而不是向腹部发展。肋骨生长轨道偏移的结果将肩带包围在它里面。随着肋骨的拉长，内软骨的（endochondral）肋骨影响其周围的表皮组织形成背甲更表面的骨板。龟鳖类的椎板源于背椎的神经脊，但是有一个特殊的地方是它们的神经脊和椎板相对于椎体都向前移动了半段。这个错动的机制目前还不清楚，可能是为了加强甲壳的牢固性。背甲其他骨板属于外骨骼，包括颈板、缘板、上臀板和臀板。

尽管齿龟发育了完整的腹甲而没有发育完全的背甲；但 Nagashima 等（2009）认为，从齿龟背甲发育的情况判断，在其胚胎里应该已经具有初期的背甲脊，因为齿龟的肋骨是向外侧，而不是像其他四足类动物那样向腹部生长，而背甲脊的作用是阻止肋骨轴向发育。但是齿龟的背甲脊似乎没有进一步发育，像现生龟鳖类那样包括背甲边缘，因为齿龟的肋骨排列不是扇形的，而是外侧终端相互靠近。结果是前部肋骨向后生长，将肩胛骨留在它们的前面。像齿龟那样的原始肋骨形态在现生龟鳖里还保留在第一胸肋上，它是向后生长的，而且不参与背甲形成。齿龟的甲壳形态表明初期的背甲脊在齿龟和进步的龟鳖类的共同祖先里就形成了；只是后来背甲脊才发育完全，从而形成完整的背甲。在甲壳形成过程中，已有的连接肩带和甲壳的肌肉相应变化，新的肌肉形成（图 67）。

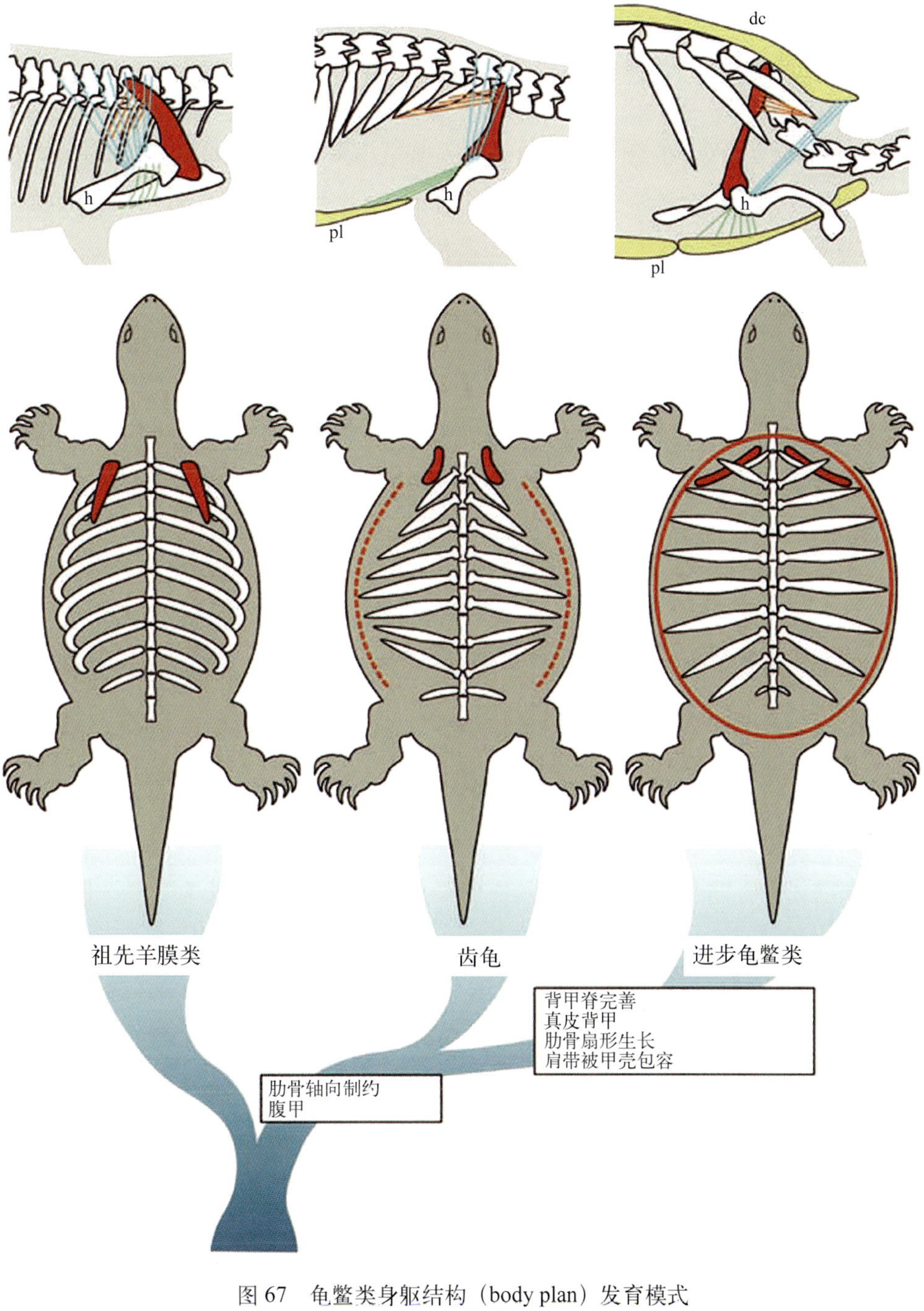

图 67　龟鳖类身躯结构（body plan）发育模式

上、躯体肩部中矢面，显示肌肉和骨骼连接演化的假说，肩胛骨红色，前锯肌橘黄色，背阔肌蓝色，胸肌绿色。齿龟的前锯肌连接肩胛骨和前部肋骨远端，胸肌连接肱骨和腹甲。下、系统发育，齿龟的背甲脊（红色虚线）仅在胚胎中不完全发育。在进步龟鳖类中背甲脊（红色实线）形成完整的环，包围扇形生长的肋骨；dc. 真皮背甲，h. 肱骨，pl. 腹甲；引自 Nagashima et al., 2009

腹甲 龟鳖类的腹甲也是脊椎动物中特殊的，它在早期龟鳖类里就形成了。从发育学的角度来看，腹甲形成早于背甲，这也和齿龟提供的化石信息相符。但是齿龟没有像原颚龟那样具有骨桥将腹甲和背甲连在一起，它的腹甲仅发育了从腹膜肋进化而来的侧向伸展的褶尖。和背甲一样，腹甲从一开始就发育了和现生龟鳖一样的基本结构。齿龟的腹甲有 13 块骨板，原颚龟的腹甲有 11 块骨板。它们从前向后依次是成对的上腹板，单一的内腹板，成对的舌腹板、中腹板（齿龟有第二对中腹板）、下腹板和剑腹板。腹甲骨板属于外骨骼，这些骨板分别源自锁骨、间锁骨，再向后是在早期四足类中常见的一系列腹膜肋。

从上述甲壳发育研究结果看来，龟鳖类不可能源自锯齿龙、主龙类、鳍龙或是楯齿龙，它们的甲壳发育方式是截然不同的。

3. 分子生物学和器官形成学证据

龟鳖类属于双孔类的假说得到了分子生物学的有力支持。但是形态学将龟鳖类置于鳞龙类姐妹群的位置；而尽管不同分子生物学（核基因、线粒体、蛋白质）和运用不同方式得出的结果有些许出入，但几乎所有的分子生物学研究结果都认为龟鳖类更接近主龙类（Archosaurs，包括鳄类和鸟类），是主龙类的姐妹群（Zardoya et Meyer, 1998；Kumazawa et Nishida, 1999；Iwabe et al., 2004；Kumazawa, 2007；Chiari et al., 2012），有的甚至认为是主龙类里的鳄类的姐妹群（Hedges et Poling, 1999；Cao et al., 2000）。

器官形成学研究则支持龟鳖类是基干爬行类。Werneburg 和 Sánchez-Villagra（2009）用现生四足类器官形成时间（Organogenesis）作为研究龟鳖类亲缘关系的手段，运用简约方式（parsimony-based），选用 104 个胚胎外部形态特征对 15 种龟鳖类和其他 8 种四足动物（包括蝾螈、哺乳类、鸟类、鳄鱼、有鳞类和楔齿蜥）进行了研究分析，得到 24 个系统发育结构（Topology），所有的结果都将龟鳖类置于现生爬行类最基干位置。

4. 古生物研究新进展

2008 年在贵州关岭发现的晚三叠世早期的半甲齿龟对龟鳖类起源以及甲壳形成机制提供了有力的化石证据。半甲齿龟不仅是当时世界上最古老的龟类，也是最原始的龟类，它比产自德国晚三叠世的原颚龟（*Proganochelys*）早了一千多万年。半甲齿龟比原颚龟原始的特征包括在前颌骨、上颌骨和齿骨上长牙，头骨眶前区拉长，翼骨横突明显，背甲发育不完全，肩胛骨不具肩峰突，背肋与背椎关节位于背椎椎体中部，荐肋和尾椎横突游离，尾长，第三和第四指（趾）有四节指（趾）骨，以及尾部不具尾锤。分支系统学分析表明半甲齿龟位于龟鳖类最基干的位置，并支持龟鳖属于双孔类（Li C. et al., 2008）。

半甲齿龟的发现对于理解龟鳖类甲壳在进化过程中的形成具有十分重要的意义。其发育完全的腹甲，以及仅有椎板和扩展的肋骨，表明在龟鳖类进化过程中，腹甲发育早于背甲；而在背甲发育过程中，最先形成的是扩展的肋骨和椎板。这一进化过程和现生龟鳖类胚胎发育的过程是一致的。半甲齿龟不具有表皮骨板（osteoderms），其雏形的背甲形态也说明龟鳖类的背甲不是由表皮骨板愈合而成，而是源自内骨骼。另外，它的肋骨和脊椎之间的关节是固定不能活动的，表明其背部是僵直的。它的中轴肌肉骨骼系统代表了龟鳖类背甲进化的早期阶段，亦表明在进化过程中，僵直的背甲发育早于胸腔包围肩带（Li C. et al., 2008；Hirasawa et al., 2013）。

近几年，正南龟（*Eunotosaurus*），一个产自南非二叠纪中期（约 260 Ma），有着僵直身躯的小型爬行类，被重新提出为龟鳖类的近亲。Lyson 等（2010, 2013）对正南龟新标本进行了研究并对正南龟作了分支系统学分析。新标本中有一件保存了完整的颈椎和背椎系列。正南龟有 6 个颈椎、9 个背椎和 9 对明显扩展的横切面为 T 形的背肋。有几件标本保存了完整的相互关节的肩带，显示垂直的肩胛骨位于胸腔的前面。这些研究结果巩固了正南龟作为龟鳖类近亲和龟鳖类躯体结构形成的过渡类型的结论。正南龟和龟鳖类共享的主要形态裔征包括背椎减少到 9 个（和齿龟分享）；有 9 对扩展的肋骨（和齿龟与原颚龟分享）；背椎拉长，其长度是宽度的 4 倍或更多（和所有龟鳖类分享）；肋骨横截面在近端呈 T 形，远端腹部膨大（与某些龟鳖类分享，如齿龟、原颚龟和 *Palaeochersis*）等。在上述研究结果基础上，Lyson 等（2013）将正南龟加入 Kuratani 等（2011）所提出的龟鳖甲壳发育模式：肋骨扩展最先出现（正南龟），随后椎板形成（齿龟），最后形成缘板，甲壳将肩带包围在里面（原颚龟）（图 68）。这一结果把龟鳖类甲壳发育前推到二叠纪中期。但是系统发育分析结果将正南龟 + 龟鳖类单系群置于双孔类外面，和分子生物学相反。

正南龟的肋骨微体解剖学和骨组织学研究为其和龟鳖类姐妹群关系提供了进一步的支持。研究分辨出三个骨沉积阶段，其中第二阶段，即肋骨背面的薄骨片以及板障结构（diploe）形成，仅为正南龟和龟鳖类所共有。夏培纤维（Sharpey's fiber）在正南龟的第三到第七肋骨前面和在第四、五肋骨后面缺失这一点与进步的龟鳖类是一致的，由此推断，在其他羊膜动物中用于帮助呼吸的肋间肌已被龟鳖类特有的辅助呼吸或运动的腹肌（或相应的韧带）所替代，因为肋间肌在其他羊膜动物中同时附着在肋骨的前面和后面（Lyson et al., 2013, 2014）。

2015 年在德国南部中三叠世晚期发现的祖龟（*Pappochelys rosinae*）在形态上介于正南龟和齿龟之间，它们都有着扩展的、截面呈 T 形的躯肋。尽管祖龟没有像齿龟那样发育完整的腹甲，但其加厚的、表面有脊状纹饰的腹膜肋表明祖龟腹部骨化程度加强，其初步愈合的腹膜肋亦支持腹甲是腹膜肋愈合发育而成的。这个身长 20 cm 的动物有着和原颚龟相似的肩带和腰带。更重要的是祖龟的头骨具有两个颞孔，其鳞骨、眶后骨和顶骨的布局都和双孔类相像，而其小的上颞孔暗示着此孔的退化。系统分析得出龟鳖类和

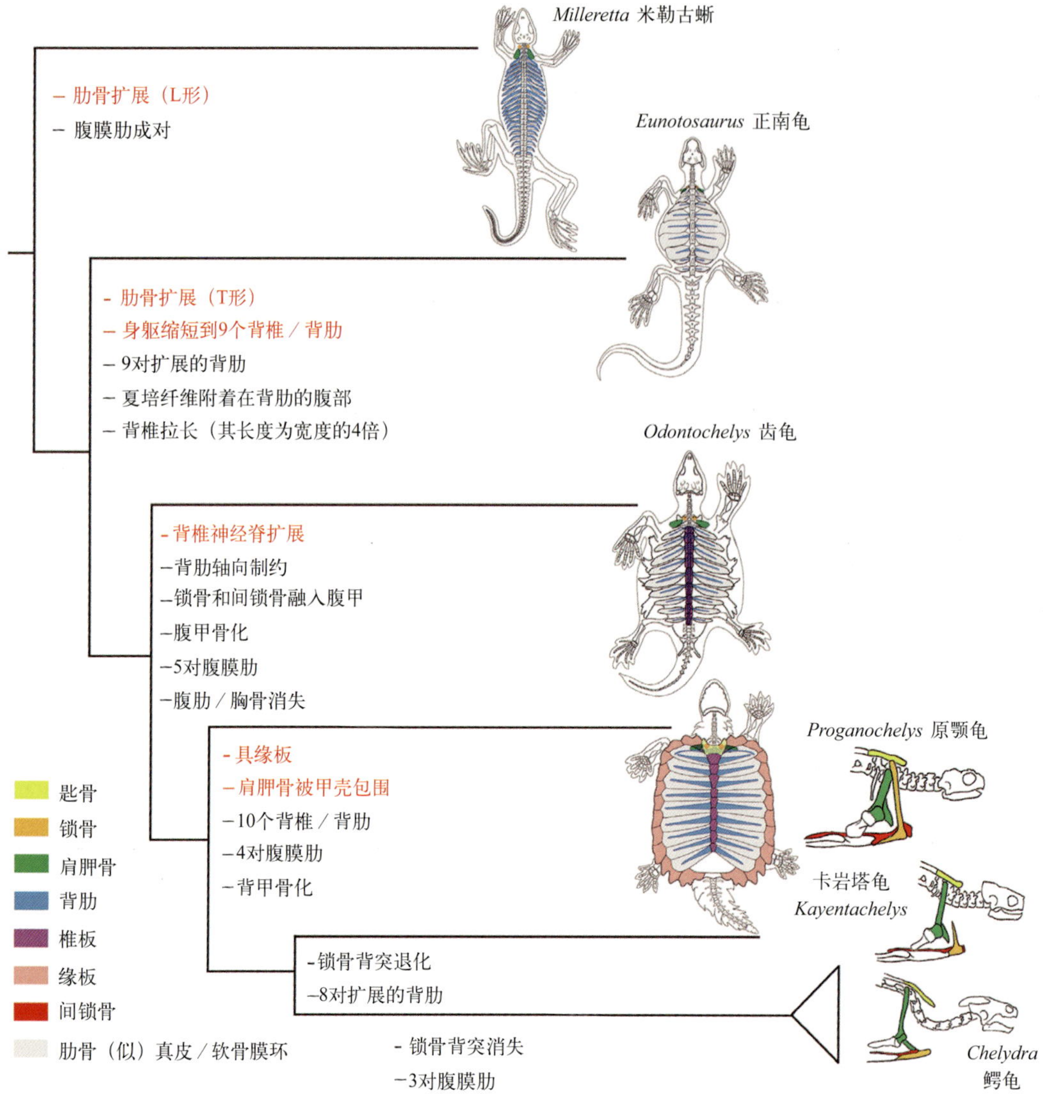

图 68　龟鳖甲壳发育模式

引自 Lyson et al., 2013 略有修改

包括爲屃龙类在内的鳍龙类（Sauropterygia）构成单系，然后与鳞龙形类（Lepidosauroforms）互为姐妹群（Schoch et Sues, 2015）。

正南龟的头骨长期被认为不具颞孔。但最新研究表明，正南龟的头骨确实是双孔型的，有着两个颞孔。下颞孔向腹面张开。高精度 X 线断层摄影揭示出在幼年头骨上有开放的上颞孔，成年头骨的上颞孔亦存在，只是表面被扩展的上颞骨遮盖了。分支系统学分析应用所有特征和只用头骨特征分析均得出正南龟和龟鳖类成单系类群，位于双孔类里，但是和双孔类其他类群的关系没有得到解决。这一结果表明龟鳖类的“无孔型”头骨是颞孔次生关闭的结果，因而此形态是裔征而不是祖征（Bever et al., 2015）。

5. 龟鳖类起源的生态环境

当龟鳖类被视为海生鳍龙类近亲的时候，推断它们源于海里（de Braga et Rieppel, 1997）。半甲齿龟的近海相围岩和共生的海生动物群亦支持这一假说（Li C. et al., 2008）。祖龟产自湖相地层中，是化石点最常见的动物，包括不同生长期的个体。这说明它们生活在湖边或经常进入湖水中。在龟鳖类水生起源的假说中，腹甲先于背甲发育不仅起着针对来自下方攻击的保护作用，也在水浮力中有着增加骨质压载的作用。祖龟的加厚的腹膜肋和其水生或半水生的生态是相符的。

但是原颚龟和 *Palaeochersis* 的前肢比例和骨组织学研究都表明它们是陆生的（Joyce et Gauthier, 2003；Scheyer et Sander, 2007）。另外正南龟（以及其他一系列外类群）都没有任何适应水生环境的骨骼结构，而且都产自陆相地层。这又表明龟鳖类起源于陆地而不是海里。Reisz 和 Head（2008）认为半甲齿龟发育不完全的背甲是再次适应水生环境的结果。而且齿龟的指 / 趾骨都很短，似乎不适合游水。最近在齿龟副模标本上发现的减压症留下的痕迹亦支持半甲齿龟可能是一个陆生龟类的后代，所以尽管齿龟已经有了频繁的潜水习性，其身体结构还没有完全适应新的水生环境（Rothschild et Naples, 2015）。这些都表明龟鳖类源于陆地，但在早期就有部分成员回到水里生活。

综上所述，近十几年来龟鳖类起源以及与其他爬行动物的亲缘关系的研究有了很大进展。龟鳖类属于特化的双孔类目前不仅得到了分子生物学的支持，也有了越来越多的化石证据，尽管它与其他双孔类成员的亲缘关系还没有最后确立。

四、定义、系统发育与分类

龟鳖目是由半甲齿龟和伯仲龟类（隐颈龟和侧颈龟）的共同祖先及其所有后裔构成的一个支系。在这个定义下的龟鳖类是具有骨质甲壳的爬行动物。背甲由从肋骨发育而成的肋板，以及源自背椎神经脊的椎板等骨板构成；腹甲由锁骨、间锁骨和其他三到五对腹膜肋演化而来的骨板缝合在一起；骨板上覆以甲质盾片或皮革。由于齿龟的发现，我们的定义与传统的定义略有不同。Joyce 等（2004）将龟鳖类定义为具有与海龟同源的完整甲壳的单系类群。而完整甲壳，根据 Gaffney 和 Meylan（1988）文章，“是由和肋骨愈合的肋板、和胸椎愈合的椎板以及缘板等骨板构成的背甲，和由锁骨、间锁骨和三到五对骨板缝合而成的腹甲构成。背甲和腹甲在甲壳边缘结合包围肩带和腰带”。对龟鳖类的单系性从未有过质疑。本书将不具有成形的甲壳的祖龟和正南龟视为龟鳖类相继姐妹群。传统上归入无孔类（Anapsida），根据分子生物学和古生物学最新的研究成果，龟鳖目属于双孔类（Diapsida）。Benton（2015）将龟鳖类归入新双孔下纲，与双孔下纲平级。

关于龟鳖目以下的分类，在早期就有人注意到棱皮龟的甲壳结构与其他龟鳖类的不同，因此将龟鳖类分为无甲龟亚目（Atheca，骨骼和甲壳分开）和有甲龟亚目（Thecophora，骨骼和甲壳结合）。前者包括棱皮龟科，后者下分为两栖龟类（Amphichelydia）、隐颈龟类（Cryptodira）、侧颈龟类（Pleurodira）和鳖类（Trionychoidea）。两栖龟类包括中生代较原始的龟类，鳖类放在和隐颈龟、侧颈龟同等的分类位置上（如 Lydekker, 1889b；Baur, 1890；Hay, 1908；Bergounioux, 1955 等）。Romer（1956）在《爬行动物骨学》（Osteology of the Reptiles）一书的龟鳖目分类中摒弃了无甲龟亚目和有甲龟亚目，在龟鳖目下置三个亚目：两栖龟亚目、隐颈龟亚目和侧颈龟亚目；并认为正南龟也可能归入龟鳖目。Zangerl（1969）根据甲壳形态将龟鳖目分为四个亚目：两栖龟亚目、中龟亚目（Mesochelydia，具有一对中腹板）、后龟亚目（Metachelydia，不具中腹板）和新龟亚目（Neochelydia，仅包括陆龟科）。Młynarski 在 1976 年的《古两栖爬行动物手册·龟鳖类》（Handbuch der Paläoherpetologie—Testudines）中的分类已有了现代分类的大框架；龟鳖目下分三个亚目：原颚龟亚目、隐颈龟亚目和侧颈龟亚目，但是有些科的分类位置与现行的分类观点不同，例如将中国龟科和南雄龟科归入侧颈龟亚目等。

现代分类系统建立在系统发育基础上。目前关于龟鳖类的系统发育大致有两种观点。以 Gaffney 为代表的系统发育学分类观点（图 69）认为龟鳖类在其出现的早期（晚三叠世）就分化成两个单系类群：隐颈龟类和侧颈龟类。这两个类群的主要区别体现在脖颈收缩方式、腰带与甲壳的关联以及下颌闭合机制上。隐颈龟类脖颈垂直折曲将头缩进甲壳置于左右肩带之间（图 70A）；腰带不与甲壳缝合；用于关闭下颌的大收肌腱（main adductor tendon）借助软骨小结节（cartilaginous nodule）滑过耳滑车突（*processus*

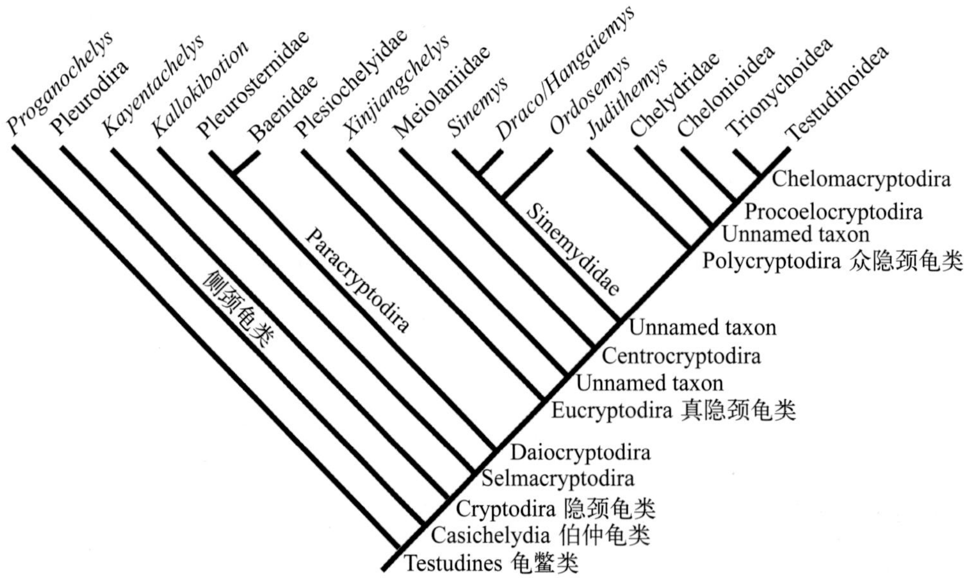

图 69　龟鳖类系统发育图

依 Gaffney, 1996 重绘

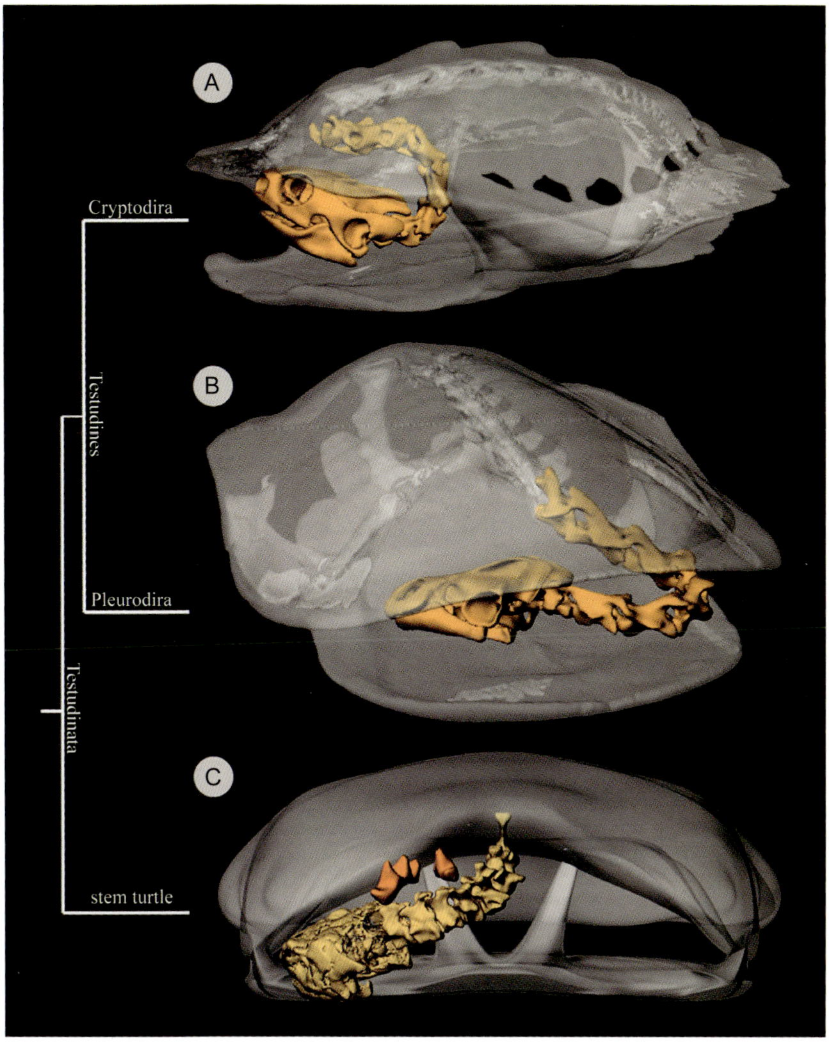

图 70　龟鳖类颈项折曲收缩模式

A. 伪地图龟 *Graptemys pseudogeographica*（隐颈龟类），B. 希氏蟾龟 *Phrynops hilarii*（侧颈龟类），C. 原颚龟 *Proganochelys quenstedti*；引自 Werneburg et al., 2015b

trochlearis oticum，前耳骨和方骨前部加厚形成的凸起）上的滑车面，然后转向后方（图 71 A）。侧颈龟类脖颈水平折曲将头缩入甲壳，置于肩带前面（图 70 B）；腰带与背腹甲缝合；大收肌腱借助软骨小结节通过翼骨外侧形成的翼骨滑车突（*processus trochlearis pterygoidei*）上的滑液囊（synovial capsule）而转向后方 （图 71 B）。隐颈龟在中生代主要分布于劳亚古陆（Laurasia），最早记录为北美早侏罗世的卡岩塔龟（*Kayentachelys*），现生种类除极地外全球分布。侧颈龟是冈瓦纳古陆（Gondwana）龟类，现生种类限于南方大陆，但有部分已绝灭成员曾在地史时期侵入北方大陆，最早记录是在德国上三叠统中发现的 *Proterochersis*（Gaffney et al., 2006）。中国没有侧颈龟类记录。尽管该方案有较长的化石记录空白（ghost lineage），尤其是侧颈龟类从晚三叠世直到晚侏罗世目前为

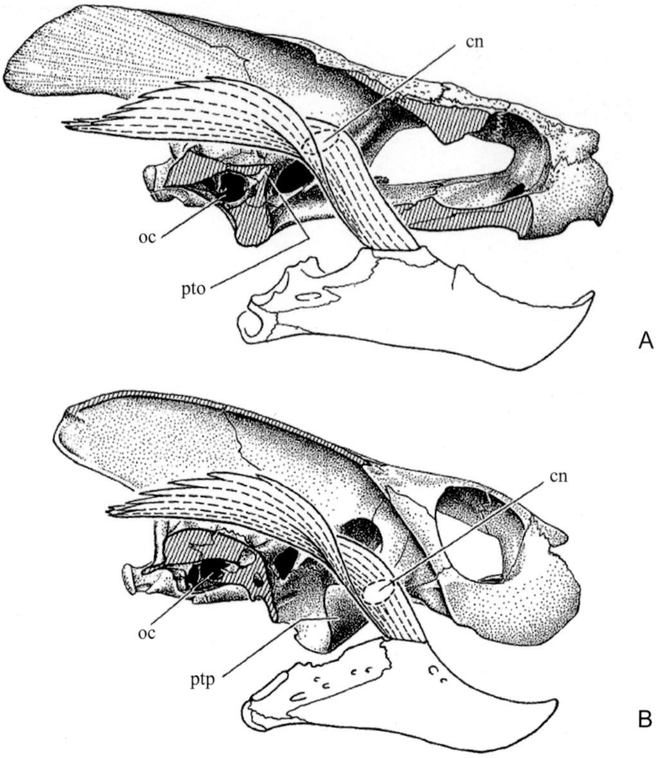

图 71　隐颈龟和侧颈龟下颌闭合机制对比

A. 蛇鳄龟 *Chelydra serpentina*（隐颈龟类），B. 齿缘癞颈龟 *Elseya dentata*（侧颈龟类）；cn. cartilaginous nodule 软骨小结节，oc. otic chamber 耳室，pto. *processus trochlearis oticum* 耳滑车突，ptp. *processus trochlearis pterygoidei* 翼骨滑车突；依 Gaffney et Meylan, 1988 修改

止缺少化石记录，但它与分子生物学预测的分化时间比较吻合（Sterli et al., 2012）。基于 Gaffney 在 20 世纪 70 年代提出的分类方案（Gaffney, 1975），Gaffney 和 Meylan（1988）进行了全面阐释，随后又经过不断补充和修订（如 Gaffney, 1996；Gaffney et al., 2006, 2011 等），形成了一个比较完整的分类体系（图 69）。

Joyce 等（2004）依分支系统命名法规（PhyloCode）派的观点对龟鳖类高级分类单元名称进行了改造。新的分支系统分析将一些种类排除在冠群之外，置于龟鳖类基干位置（如 *Proterochersis*，*Kayentachelys*，Meiolaniidae，*Mongolochelys* 和 *Kallokibotion* 等）。这样将隐颈龟和侧颈龟的分化时间推迟到中—晚侏罗世（Joyce, 2007；Danilov et Parham, 2008；Sterli, 2010；Anquetin, 2012；Sterli et al., 2012；Zhou et Rabi, 2015 等）。这代表第二种，可以称作“晚分化”观点（图 72）。两种观点分歧的主要原因是对一些关键特征的不同解释（包括下颌闭合机制、脑颅基部愈合以及腰带和甲壳缝连等）所导致的重要化石分类位置的改变。例如 Sterli 和 Joyce（2007）及 Gaffney 和 Jenkins（2010）分别对产自北美早侏罗世的 *Kayentachelys* 头骨进行了系统再研究，结果前者将其置于龟鳖类基干位置，而后者仍坚持原来的观点，认为它是隐颈龟类最原始成员。而 Joyce 等（2013）

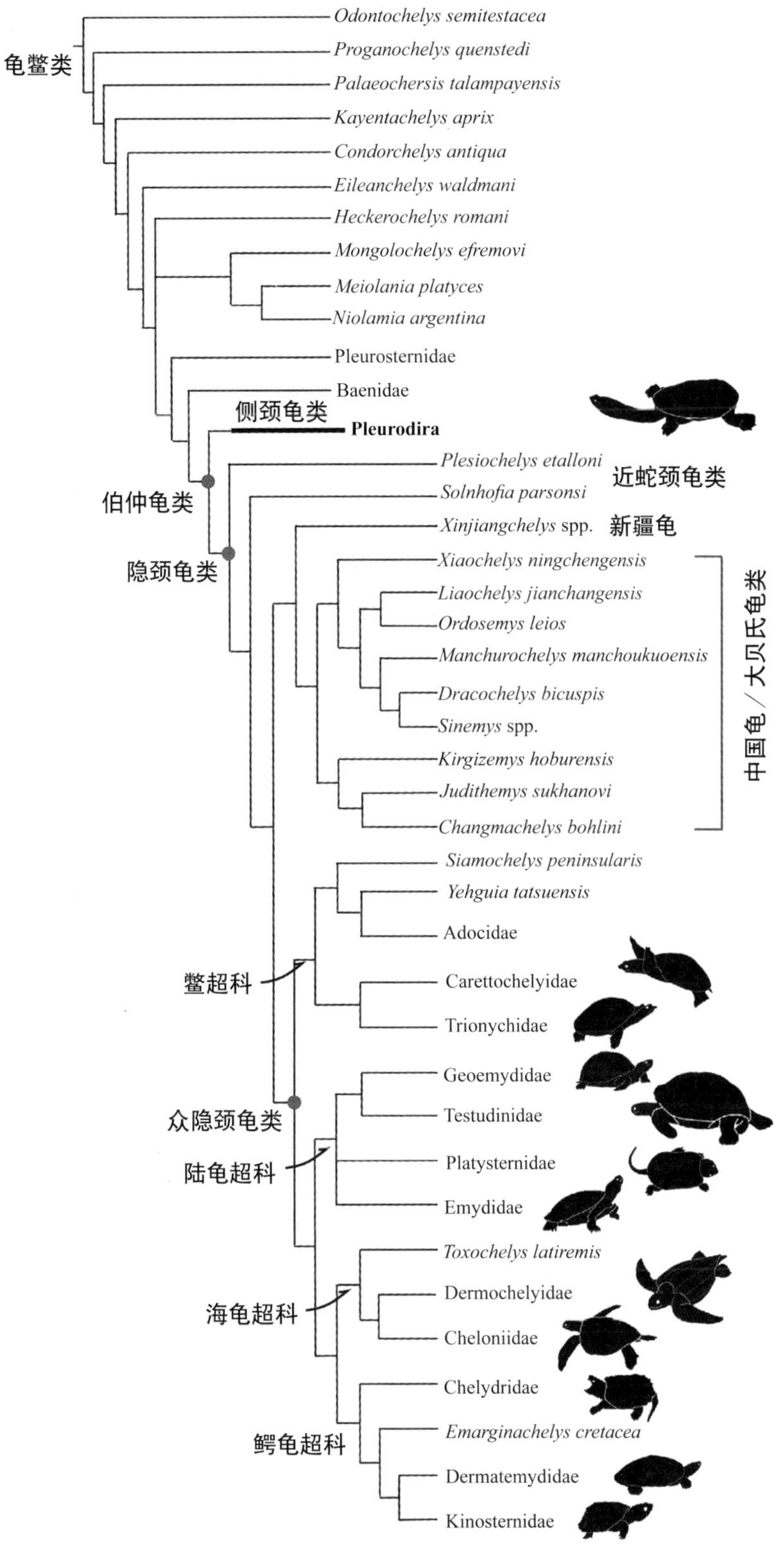

图 72　龟鳖类系统发育图
依 Zhou 和 Rabi（2015）简化

对晚三叠世的 *Proterochersis* 腰带的再研究得出的结论是其腰带与甲壳缝合的特征与侧颈龟不同源，因此将其排除在侧颈龟之外而置于龟鳖类基干位置。但到目前为止即使是持晚分化观点的学者们对隐颈龟类和侧颈龟类在系统发育中分化的位置也并未达成共识，也就是说一些位于分化点附近的种类在系统发育中的位置仍是摇摆不定的，包括副隐颈龟类、蛇颈龟类甚至新疆龟类是否属于隐颈龟类等（例如 Joyce, 2007；Anquetin, 2012；Sterli et al., 2012；Rabi et al., 2013；Zhou et Rabi, 2015 等）。

分子生物学对现生龟鳖类系统发育的研究结果有异于形态学。最显著的区别是鳖超科的系统发育位置。在隐颈龟类里，形态学研究将鳄龟科或海龟超科视为隐颈龟冠群的最基干类群（如 Gaffney et Meylan, 1988；Joyce, 2007；Sterli, 2010；Sterli et al., 2012 等），而分子生物学研究则将鳖超科置于隐颈龟冠群最基部位置（Shaffer et al., 1997；Fujita et al., 2004；Near et al., 2005；Crawford et al., 2015）。后一结果得到化石证据的支持：已知最早的隐颈龟冠群化石是产自四川盆地晚侏罗世鳖超科的维氏古鳖（Tong et al., 2014）。分子生物学另外的重要贡献是解决了形态学不确定的一些种类的分类位置，例如将平胸龟科归入陆龟超科；动胸龟科 / 泥龟科与鳖科 / 两爪鳖科没有近的亲缘关系，而与鳄龟科构成单系类群等（Crawford et al., 2015, 图 73）。

本书采用的龟鳖类高级分类单元分类基本上是以 Gaffney 的分类为基础加以简化，结合一些分子生物学的成果，显示各类群之间的系统发育关系并尽量保持以往常用的分类单元名称。

五、中国龟鳖类化石研究简史

中国龟鳖类化石的科学研究始于 20 世纪 20 年代末，大致可以分为三个阶段。

第一阶段（20 世纪 20 年代到 60 年代初） 1929 年，秉志记述了产自河南淅川县范庄晚始新世的一件龟甲，命名为淅川中国厚龟（*Sinohadrianus sichuanensis*），这是我国第一篇关于龟鳖化石的科学研究文章。随后两年，秉志先后研究发表了河南安阳殷墟、北京周口店第四纪和山西保德新近纪的龟化石（Ping, 1930a, 1930b, 1931）。1930 年瑞典学者威曼（C. Wiman）所著《中国之龟鳖化石》为第一部研究中国龟鳖化石专著，记述了山东白垩纪和华北三趾马红层中的龟类（Wiman, 1930）。同年，俄罗斯学者瑞亚宾（A. H. Riabinin）发表了记述黑龙江白垩纪龟鳖类的文章（Riabinin, 1930b）。随后美国学者吉尔摩（C. W. Gilmore）研究发表了美国自然历史博物馆组织的第三中亚古生物考察团历年在中国内蒙古和蒙古人民共和国采集的新生代龟鳖类化石标本（Gilmore, 1931, 1934）。30 年代还有卞美年对河南安阳和北京周口店的龟类的进一步研究（Bien, 1934, 1937）。40 年代，日本学者远藤隆次（R. Ento）和鹿间时夫（T. Shikama）记述的辽宁义县的满洲龟是热河动物群爬行类最早的记录（Endo et Shikama, 1942）。其他还有赞格尔

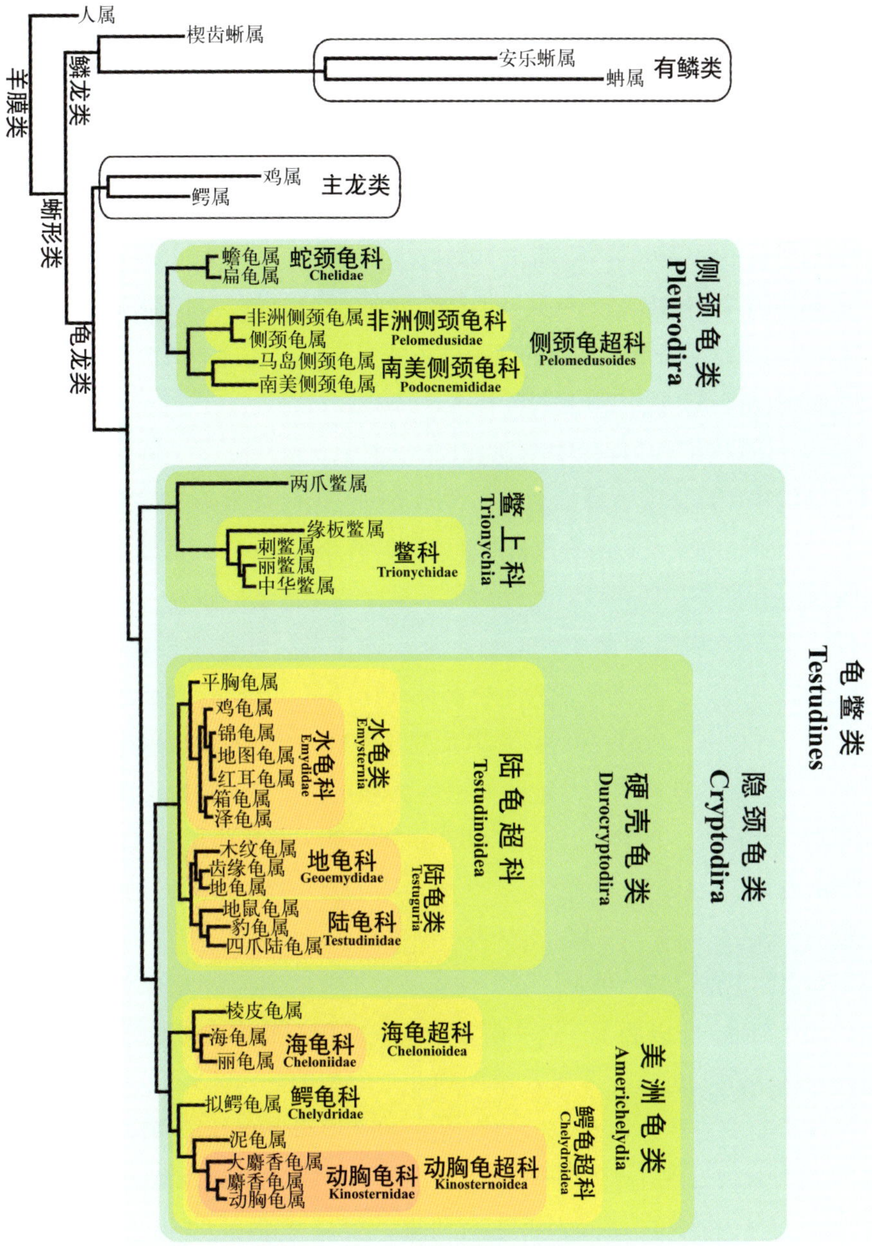

图 73　根据分子生物学所作的现生龟鳖类系统发育图

依 Crawford et al., 2015 翻译

（R. Zangerl）关于辽宁抚顺无盾鳖（Zangerl, 1947）与杨钟健和密纳尔斯基（Młynarski）关于甘肃天水一件龟甲的研究（Young, 1950；密纳尔斯基，1955）。1953 年，瑞典学者步林（B. Bohlin）发表专著记述了中瑞联合考察团 1929–1931 年在内蒙古和甘肃采集的爬行动物，其中包括中生代龟化石 2 科 5 属 10 种以及一些新生代龟化石未定种，但材料大多较破碎（Bohlin, 1953）。50 年代中国龟鳖化石研究一项重要成果是四川盆地中生代

龟鳖类在成渝铁路沿线的发现和记述，这是侏罗纪龟鳖化石在中国，也是在亚洲的最早记录（杨钟健、周明镇，1953）。五六十年代，中国龟鳖化石研究以中国科学院古脊椎动物与古人类研究所周明镇和叶祥奎为主，主要研究对象为新生代龟鳖化石，诸如广东茂名晚始新世的无盾鳖和等长龟、山西丁村旧石器时代的沼龟和榆社上新世的鳖、安徽泗洪下草湾更新世的乌龟，以及山东临朐古近纪的无盾鳖等；但材料大都零散破碎（周明镇，1955, 1956, 1959, 1961；周明镇、刘嘉龙，1955；周明镇、叶祥奎，1957, 1958, 1962；叶祥奎，1961；程政武，1961；叶祥奎，1962；杨钟健、周明镇，1962；叶祥奎，1963b）。1963 年叶祥奎所著中文版的《中国龟鳖类化石》为这一阶段总结；该书囊括了中国龟鳖化石 11 科、32 属和 58 种（叶祥奎，1963a）。

第二阶段（20 世纪 60 年代中期到 80 年代末） 这一阶段中国龟鳖类化石的研究是封闭式的，以中国科学院古脊椎动物与古人类研究所叶祥奎为主。重要的成果有广东晚白垩世大型南雄龟的发现和南雄龟科的建立（叶祥奎，1966）；新疆准噶尔盆地侏罗纪新疆龟的发现（叶祥奎，1986a）；新疆乌尔禾早白垩世龟类的研究（叶祥奎，1973a）；安徽、河南、广东、新疆和湖北古近纪龟鳖类的报道（叶祥奎，1974a, 1974b, 1979a, 1979b；陈公信，1983）；闭壳龟在云南中新世（叶祥奎，1981a, 1985）和在山东、浙江第四纪的发现（叶祥奎，1961, 1983a）；以及湖北南漳早始新世鳖类的发现（雷奕振、叶祥奎，1985）等。在此期间四川盆地侏罗纪龟类研究也有了新进展，众多标本和新属种被发现和描述（叶祥奎，1981b, 1982a, 1982b；叶祥奎、方其仁，1982；叶祥奎，1983b, 1986b, 1987；方其仁，1987；叶祥奎，1990a）。叶祥奎 1994 年所著英文版的《中国化石和现生龟鳖类》囊括 13 科、40 属、109 种中国化石和现生龟鳖，对当时中国龟鳖化石研究状况作了全面的总结（Ye, 1994）。

第三阶段（1987 年以后） 这一阶段中国龟鳖化石研究有长足进展。这和中国的改革开放是分不开的。近三十年来在中国的几个大型国际古生物联合考察对中国龟鳖类化石的采集和研究起了决定性的推动作用。1987 年至 1990 年中国 - 加拿大恐龙联合考察在新疆和内蒙古发现了大量中生代龟鳖化石。这些化石由加拿大皇家泰勒博物馆（Royal Tyrell Museum）的 Brinkman 主持研究，但成果都在 90 年代后才发表。1992 年美国学者加夫尼（Eugene S. Gaffney）和叶祥奎合作研究并发表了产自新疆乌尔禾早白垩世吐谷鲁群双尖龙龟的文章（*Dracochelys bicuspis*）。这可以看作是中国龟鳖化石研究与国际重新接轨的开始（Gaffney et Ye, 1992）。随后 Brinkman 等发表了一系列重要文章；包括内蒙古鄂尔多斯盆地早白垩世志丹群罗汉洞组的光滑河套龟（*Ordosemys leios*）和滑翔中国龟（*Sinemys gamera*）的发现和山东早白垩世蒙阴组圆镜中国龟（*Sinemys lens*）的再研究（Brinkman et Peng, 1993a, 1993b；Brinkman et Wu, 1999），内蒙古二连浩特晚白垩世达布苏组的二连匈奴鳖的头骨（*Khunnuchelys erinhotensis*）和巴音满都呼上白垩统红层中南雄龟科的内蒙古赞氏龟（*Zangerlia neimongolensis*）（Brinkman et al.,

1993；Brinkman et Peng, 1996），以及新疆准噶尔盆地吉木萨尔沙玉河的双尖龙龟和屏风山地区晚侏罗世石树沟群齐谷组的新疆龟的发现和研究等（Peng et Brinkman, 1993；Brinkman, 2001）。

1999–2000 年，由新疆地矿局第一区域地质调查大队、中国科学院南京地质古生物研究所、吉林大学古生物研究所和德国图宾根大学地质古生物研究所组成的中德新疆古生物联合考察队在准噶尔盆地南缘中侏罗世头屯河组和晚侏罗世齐谷组发现了大量脊椎动物化石。其中龟鳖类有中侏罗世的周氏新疆龟、晚侏罗世的齐谷新疆龟，以及早白垩世窄叶龟的两个种（Maisch et al., 2003；Matzke et Maisch, 2004；Matzke et al., 2004a, 2004b；Matzke et al., 2005）。

上一世纪 90 年代因带毛恐龙和鸟类起源而兴起的热河动物群的研究热潮亦带动了其中龟鳖类化石的发现和研究，迄今已发现龟鳖化石 2 科 6 属 7 种。其中鳖科化石的两个属种为该科早期代表（马绍良，1986；姬书安，1995；Zhou, 2010a, 2010b；Zhou et al., 2014；Li et al., 2015a, 2015b；Zhou et Rabi, 2015）。

四川盆地龟鳖类化石得到进一步重视，新属种陆续研究发表（叶勇、皮孝忠，1997；叶勇，1999）。2005 年自贡恐龙博物馆对四川自贡地区中—晚侏罗世脊椎动物群进行了研究整理，其中有中侏罗世龟鳖化石一科两属四种和晚侏罗世一科两属三种（彭光照等，2005）。

2008 年 Brinkman、李锦玲和叶祥奎在《The Chinese Fossil Reptiles and Their Kin》第二版龟鳖化石一章中，在叶祥奎 1994 年的《Fosssil and Recent Turtles of China》一书基础上，对 2005 年以前的中国龟鳖化石研究作了系统总结（Brinkman et al., 2008）。

近十年来对中国龟鳖化石的研究包括对已知材料的再研究和新发现两部分。对已知龟鳖化石的再研究包括 Tong 和 Claude 等对广东茂名晚始新世无盾鳖和等长龟的再研究（Tong et al., 2010；Claude et al., 2012），Danilov 等和 Tong 等对四川盆地和云南峨山侏罗纪龟鳖类的再研究（Danilov et Parham, 2008；Tong et al., 2012a, 2012b, 2014, 2015），以及 Danilov 等对新疆乌尔禾和头屯河附近早白垩世吐谷鲁群龟类的再研究等（Danilov et Sukhanov, 2006；Danilov et Parham, 2007）。对新发现材料的研究有 Tong 等对江西和河南晚白垩世南雄龟的描述（Tong et Mo, 2010；Tong et al., 2012c），Zhou 对早白垩世热河动物群的辽龟、小龟和满洲满洲龟的新标本的描述（Zhou, 2010a, 2010b；Zhou et al., 2014；Zhou et Rabi, 2015），以及 Li 等对产自山东晚白垩世林氏龟科的东武山东龟，辽西和黑龙江早白垩世鳖的描述等（Li et al., 2013, 2015a, 2015b）。

近几年中国龟鳖化石重要成果之一是 2008 年中国科学院古脊椎动物与古人类研究所 Li C. 等在贵州上三叠统发现的半甲齿龟（Li C. et al., 2008）。半甲齿龟是世界上最古老的龟类，它的发现极大地推动了龟鳖类起源问题的研究。

与此同时，新的国际联合古生物考察也在新疆准噶尔盆地进行。2000–2007 年中国科学院古脊椎动物与古人类研究所徐星研究员和美国乔治・华盛顿大学詹姆斯・克拉克教授领导的中 - 美联合考察队在准噶尔盆地北部五彩湾和将军庙地区中 - 上侏罗统石树沟组地层中采集了一系列龟鳖化石，经 Brinkman 等研究，有四川龟科和新疆龟科两科三属五种（Brinkman et al., 2013a）。

2008–2011 年中 - 德联合考察队在新疆吐鲁番盆地中侏罗统齐谷组发现了含大量龟鳖化石的埋藏地，其长 10 m，宽至少 2 m，若按每平方米 36 只龟计算，保守估计有 1800 只龟鳖。其中绝大多数属于新疆龟科安娜龟属，亦包括了新疆龟属一新种——乌苏新疆龟（Wings et al., 2012；Rabi et al., 2013）。

在中国龟鳖蛋化石研究方面，最早的是杨钟健对晚白垩世广东南雄盆地和江西赣州龟鳖蛋化石的研究，其中包括可能属于乌径南雄龟的两枚蛋和产自赣州的一枚圆形蛋（杨钟健，1965）。2003 年方晓思等研究了产自浙江天台盆地上白垩统赤城山组的一窝 27 枚龟鳖蛋化石，建立了蒋氏天台龟鳖蛋新属新种（方晓思等，2003）。这些蛋化石经过再研究后被移入硬壳龟鳖蛋属（Jackson et al., 2008）。2013 年在山东莱阳发现的晚白垩世龟鳖蛋化石，经中国科学院古脊椎动物与古人类研究所王强等研究，建立了莱阳水龟蛋新属新种（Wang Q. et al., 2013）。

中国龟鳖足迹化石近几年在新疆准噶尔盆地乌尔禾下白垩统吐谷鲁群和山东诸城上白垩统龙王庄组地层中均有报道（Xing et al., 2014；Lockley et al., 2015）。

系 统 记 述

龟鳖目 Order TESTUDINES Linnaeus, 1758

齿龟科 Family Odontochelyidae Li, Wu, Rieppel, Wang et Zhao, 2008

模式属 齿龟属 *Odontochelys* Li, Wu, Rieppel, Wang et Zhao, 2008

鉴别特征 同属。

中国已知属 仅模式属。

分布与时代 贵州，晚三叠世。

评注 在原始描述中未提及甲壳上的盾片（Li C. et al., 2008），其后的观察表明齿龟腹甲上是有盾片的（Lyson et al., 2014）。

根据 Li C. 等（2008）的原始资料，发现半甲齿龟的贵州关岭地区在晚三叠世早期属于南盘江盆地：一个三面被四川 - 云南 - 贵州古陆地环抱，在西南面通向古特提斯海的长形盆地。沉积学研究表明化石形成在缺氧的水底；共生的浮木和其他植物则显示化石产地当时靠近陆地。化石的海相沉积围岩和共生的海生动物群都表明，这个原始的龟类生活在海洋近海岸区域或者河流三角洲环境。这些都支持龟鳖类起源于水里，而不是陆地的假说。腹甲形成先于背甲亦支持龟鳖类水生起源的假说，因为游泳的动物有可能受到从下面来的袭击，而腹甲正是在躯体下面起到保护作用（Rieppel et Reisz, 1999）。

与上面的解释相反，Reisz 和 Head（2008）则认为半甲齿龟不发育的背甲有可能是再次退化的结果，而不是原始特征。该作者指出，半甲齿龟的背甲是存在的，只是其部分骨板退化了。背甲在胚胎发育过程中肋骨向外侧生长进入一个龟鳖类特有的外骨骼加厚层，叫背甲脊（carapacial ridge）的构造。半甲齿龟长而扩展的肋骨是和其他所有的龟鳖类一样的背甲成分，表明承担背甲形成的控制发育组织在半甲齿龟里已经存在。而且半甲齿龟的腹甲骨桥部分已经扩展，因为骨桥在龟类中用于连接背甲和腹甲，所以骨桥的存在也从侧面证明背甲是存在的。这一解释表明半甲齿龟背甲的形态不是原始特征，而是它适应水生环境甲壳退化，导致了幼态延续（paedomorphosis）现象，也就是说成年个体保存了幼年特征的结果。水生龟鳖类的甲壳退化是常见的现象，例如鳖类的骨质甲壳极度退化，缘板全部消失。海龟的甲壳也是很退化的，其背甲形态和半甲齿龟有些相像。而半甲齿龟的水生环境正好支持这一观点。

Rothschild 和 Naples（2015）在齿龟副模标本肱骨的近端关节面上发现了明显的凹陷。这些凹陷是在潜水过程中深度发生突然变化引起的减压症造成的骨组织无血管性坏死（avascular necrosis）的痕迹。被狩猎者追捕很可能是游水的龟类潜水深度突然变化的原因。这个研究显示晚三叠世的齿龟已经有了频繁的潜水习性，但是生理学和行为上的保护性适应还未完善。无血管性坏死现象发生的频率在龟鳖类里从白垩纪到古新世逐渐减少。这一发现亦支持半甲齿龟可能是一个陆生龟类的后代，所以其身躯和四肢都还没有完全适应新的水生环境。

齿龟属 Genus *Odontochelys* Li, Wu, Rieppel, Wang et Zhao, 2008

模式种 半甲齿龟 *Odontochelys semitestacea* Li, Wu, Rieppel, Wang et Zhao, 2008

鉴别特征 个体较小的龟类；上下颌及活动的腭上长有牙齿；吻部尖长。腹甲狭长椭圆形，两侧边缘各有四个有褶边的刺；上腹板具背突；中腹板两对。后坐骨（hypoischium）蝴蝶状，在坐骨后闭合肛孔。背甲仅椎板骨化，背肋加宽（Li C. et al., 2008）。

中国已知种 仅模式种。

分布与时代 贵州，晚三叠世。

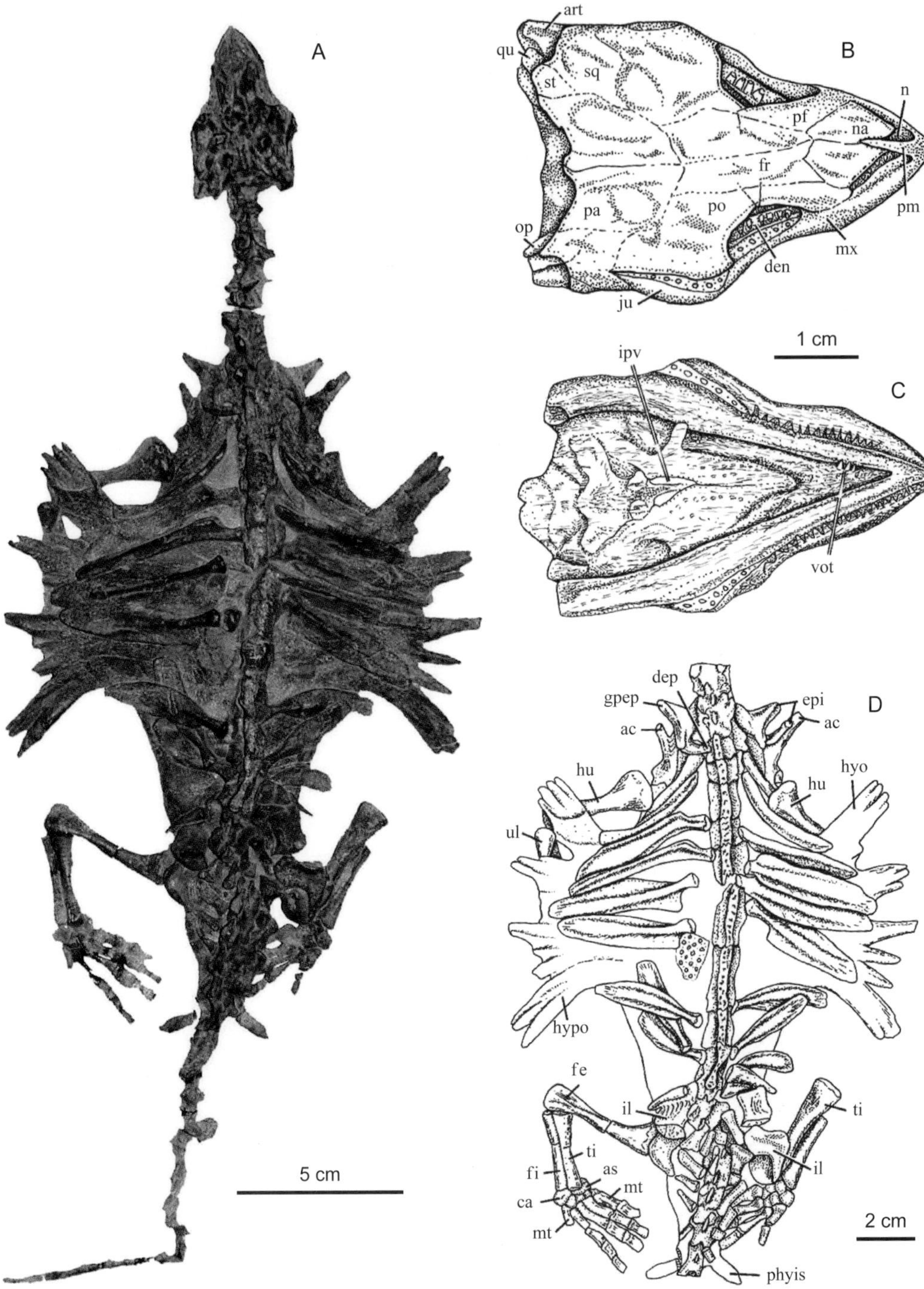

图 74　半甲齿龟 *Odontochelys semitestacea* 正模（IVPP V 15639）

A. 骨架背视，B. 头骨背视，C. 头骨腹视，D. 躯干背视；as. astragalus 距骨，ca. calcaneum 跟骨，dep. dorsal process of epiplastron 上腹板背突，gpep. gular projection of epiplastron 上腹板喉突，ipv. interpterygoid vacuity 翼骨间隙，na. nasal 鼻骨，n. naris 外鼻孔，phyis. posterolateral process of hypoischium 下坐骨后侧突，st. supratemporal 上颞骨，vot. vomerine teeth 犁骨齿，其余参见图 57、图 58、图 62、图 64；引自 Li C. et al., 2008，略修改

半甲齿龟 ***Odontochelys semitestacea*** **Li, Wu, Rieppel, Wang et Zhao, 2008**

（图 74，图 75）

正模 IVPP V 15639，一件近完整骨骼。贵州关岭，上三叠统法郎组瓦窑段（Li C. et al., 2008）。

副模 IVPP V 13240，一件近完整骨骼。产地及层位同正模。

归入标本 IVPP V 19653，部分骨骼。产地及层位同正模。

鉴别特征 同属。

产地与层位 仅模式产地。

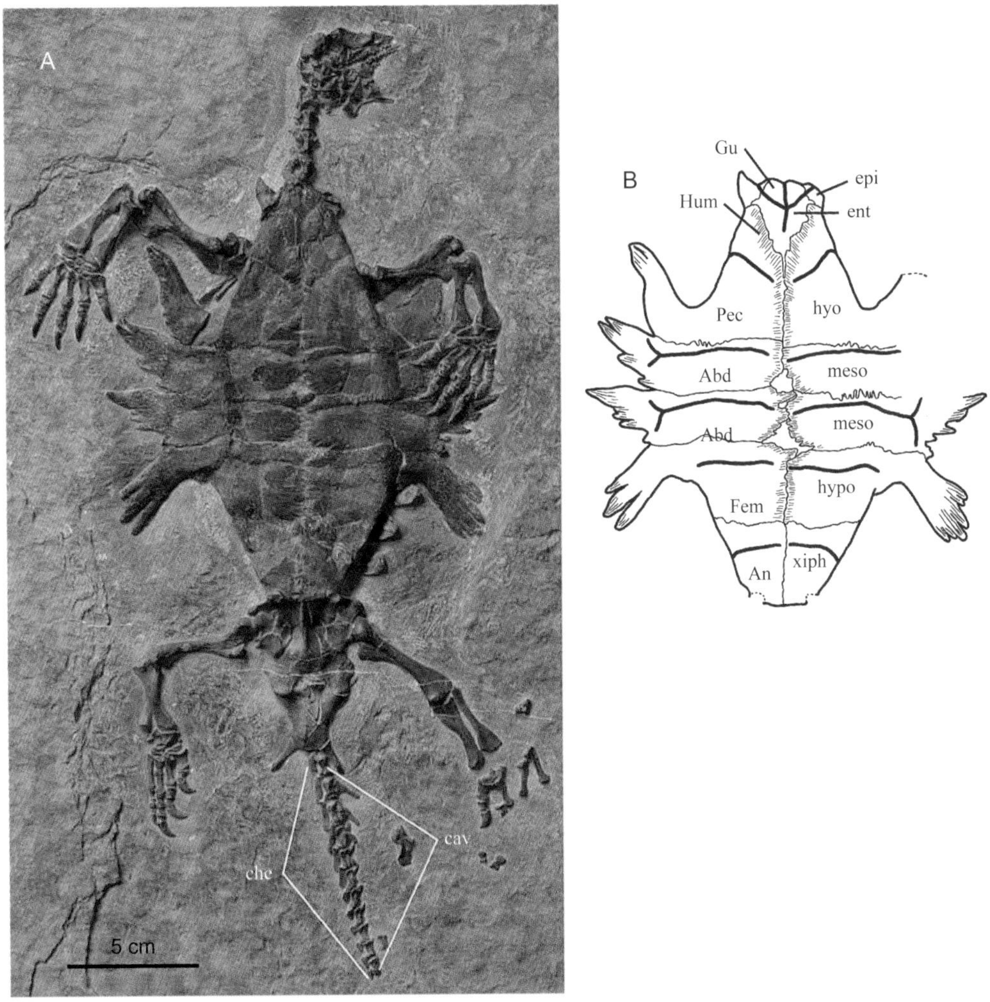

图 75 半甲齿龟 *Odontochelys semitestacea* 副模（IVPP V 13240）

A. 骨骼腹视，B. 腹甲腹视线条图；cav. caudal vertebra 尾椎，che. chevron 脉弧，meso. mesoplastron 中腹板，其余参见图 64；A 引自 Li C. et al., 2008，B 引自 Lyson et al., 2014，略修改

伯仲龟亚目 Suborder CASICHELYDIA Gaffney, 1975

形态特征 外鼻孔单一，不为前颌骨突（premaxillary processes）分隔；泪骨及泪腺管（lacrimal duct）阙如；翼骨间隙小或消失；耳鼓发育，漏斗形；具颈静脉后孔（*foramen jugulare posterius*）、耳窝鼓阶隐窝（*recessus scalae tympani*）和外淋巴窗（*fenestra perilymphatica*）。

评注 Gaffney 1975 年在分支系统分类基础上建立伯仲龟亚目（Casichelydia），用以定义龟鳖类的冠群，包括隐颈龟和侧颈龟两大类（Gaffney, 1975）。在当时伯仲龟类包含除了原颚龟以外的所有龟鳖类，是原颚龟亚目的姐妹群。随后的研究将有些原来归入冠群的种类移到龟鳖类基干位置，新的基干属种不断发现。目前龟鳖类冠群的成分仍有争议（例如 Joyce, 2007；Anquetin, 2012；Sterli et al., 2012 等）。Joyce 等（2004）用 Testudines 作为龟鳖类冠群的名称，视伯仲龟为其晚出同物异名。为避免名称使用的混淆，本书用 Testudines 作为龟鳖目的名称，伯仲龟作为龟鳖类冠群名称。

隐颈龟下目 Infraorder CRYPTODIRA Cope, 1868

形态特征 头骨具耳滑车突和翼骨外突（*processus pterygoideus externus*）；前额骨腹突与犁骨接触。颈项垂直折曲；腰带不与甲壳缝合。

分布与时代 全球，早侏罗世—现代。

评注 早期的隐颈龟类，包括侏罗纪的近蛇颈龟[①]和新疆龟等，颈椎椎体关节面是双凹型的，被认为是“未成形的”（“unformed”）关节面，只有进步的龟鳖类才具有“已成形的”（“formed”）、凹凸有致的颈椎关节面（前凹型、后凹型、双凸型）。推测那些不具备凹凸的颈椎关节面的龟类其颈项曲折伸缩功能尚未完善。龟鳖凹凸的颈椎关节面最早出现在晚侏罗世，在早白垩世已经很普遍，像隐颈龟类的中国龟科和大贝氏龟科，侧颈龟类的 *Euraxemys* 和 *Araripemys* 等。研究表明在龟鳖进化过程中凹凸的颈椎关节面在不同的单系群里独立出现（Sterli et de la Fuente, 2011）。

四川龟科 Family Sichuanchelyidae Tong, Danilov, Ye, Ouyang et Peng, 2012

模式属 四川龟属 *Sichuanchelys* Ye et Pi, 1997

鉴别特征 具以下特征组合的原始隐颈龟类：①个体小，甲壳长约 160 mm；②背甲低，

① *Plesiochelys* 曾译为蛇颈龟属，但因为其和现生蛇颈龟属 *Chelus* 以及蛇颈龟科 Chelidae 不存在直接亲缘关系，且容易混淆，故依据其词源译为近蛇颈龟属，Plesiochelyidae 译为近蛇颈龟科。

长宽近等，后部变窄；③颈凹大而深；④背甲中线处具纵向凹陷；⑤甲壳表面不具纹饰；⑥多数椎板呈短侧边朝前的长六边形；⑦缘板极宽大；⑧椎盾极横宽，第二和第三椎盾宽度几为长度的三倍；⑨肋盾窄；⑩所有缘盾都狭窄，尤其中部缘盾极其狭窄；⑪腹甲宽大，与背甲缝连；⑫腹甲前缘具一对微弱的间喉盾凸；⑬一对中腹板在中线处相互接触，中部变窄，除外侧边缘外均被腹盾覆盖；⑭上腹板之间的中缝极短；⑮上腹板呈长条状向外后侧延长；⑯内腹板小三角形，不伸至腹甲前缘；⑰一对间喉盾伸入内腹板；⑱肛盾限于剑腹板内；⑲缘盾四块。以特征①－③，⑦－⑩，⑫，⑮，⑯，⑱区别于巴蜀龟属。以特征②－④，⑦，⑩，⑫，⑭－⑱区别于原新疆龟属和川南龟属。以特征①－③，⑥，⑦，⑩，⑬－⑯区别于 *Kayentachelys* 和 *Indochelys*。

中国已知属 仅模式属。

分布与时代 四川，中侏罗世；新疆，中—晚侏罗世。

评注 叶勇和皮孝忠在 1997 年建立四川龟属时，仅包括周氏四川龟一种，并将其归入成渝龟科（叶勇、皮孝忠，1997）。彭光照等（2005）沿循这一分类观点。其后 Brinkman 等（2008）仍将四川龟属归入成渝龟科，但基于其宽大的椎盾将大山铺成渝龟（*Chengyuchelys dashanpuensis* Fang, 1987）移入四川龟属；而 Danilov 和 Parham（2008）则认为四川龟属和成渝龟属没有近裔关系。Tong 等（2012a）在四川中侏罗世龟类再研究一文中建立了四川龟科，仅包括周氏四川龟一属一种。分支系统学分析结果表明，四川龟科远比产于四川盆地同层位的巴蜀龟科原始，其分类位置靠近北美早侏罗世的 *Kayentachelys* Gaffney, Hutchison, Jenkins et Meeker, 1987。而对新疆准噶尔盆地四川龟的初步研究则将其视为产自蒙古上白垩统的 *Mongolochelys efremovi* 的姐妹群（Joyce et al., 2014）。

四川龟属 Genus *Sichuanchelys* Ye et Pi, 1997

模式种 周氏四川龟 *Sichuanchelys chowi* Ye et Pi, 1997

鉴别特征 同科。

中国已知种 仅模式种。

分布与时代 四川，中侏罗世；新疆，中—晚侏罗世。

评注 Danilov 和 Parham（2008）将一件产自自贡大山铺的幼年个体标本（IVPP V 8805）定为 *Sichuanchelys* sp.。

周氏四川龟 *Sichuanchelys chowi* Ye et Pi, 1997

（图 76）

正模 ZDM 3014，一件近完整背腹甲。四川自贡大山铺，中侏罗统下沙溪庙组。

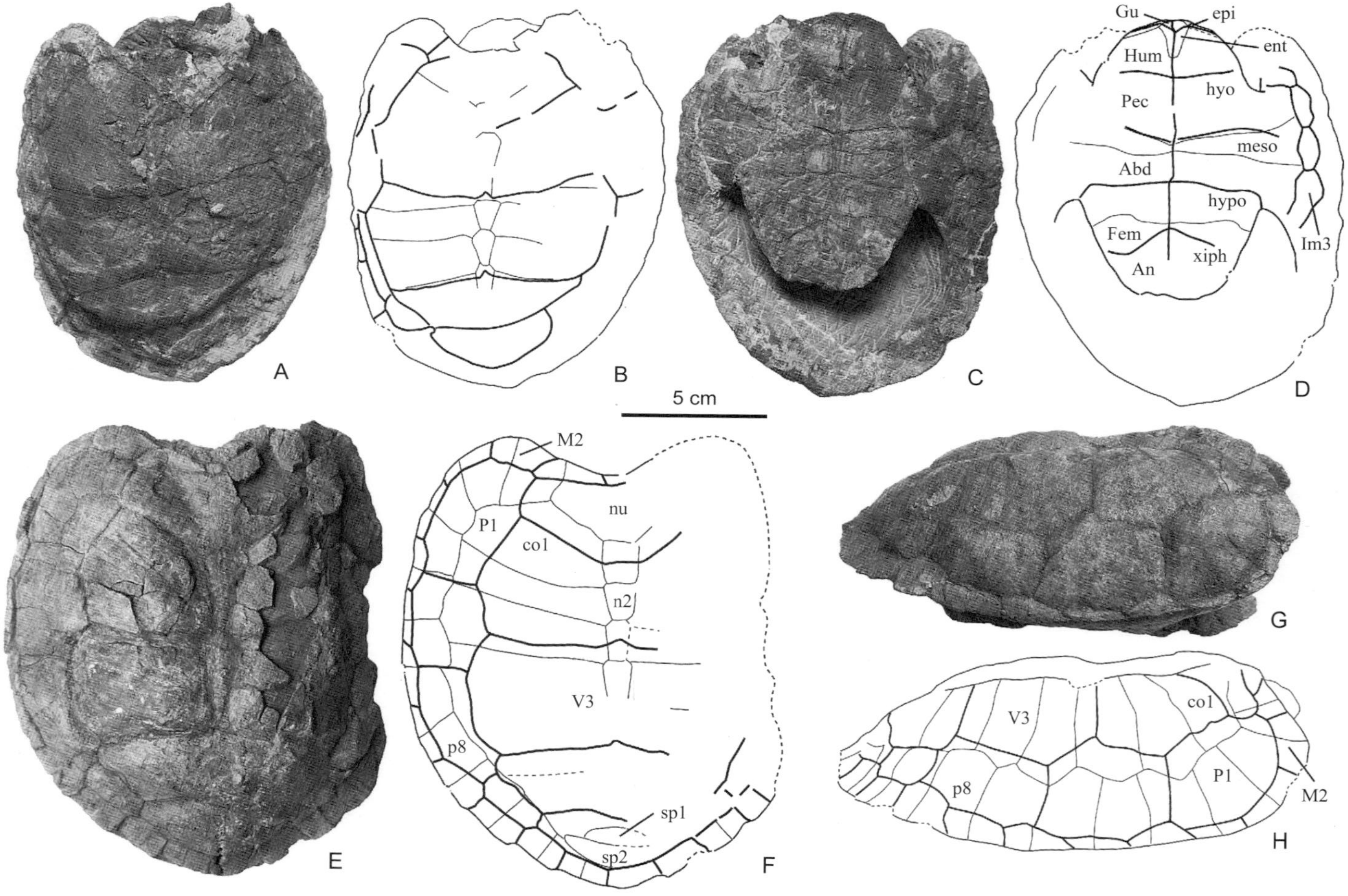

图 76　周氏四川龟 *Sichuanchelys chowi*

A–D. ZDM 3014（正模），甲壳背视（A, B）和腹视（C, D）；E, F. ZDM 3017，甲壳背视；G, H. ZDM 3001，甲壳右侧视；Im. inframarginal scute 下缘盾，meso. mesoplastron 中腹板，其余参见图 64；引自 Tong et al., 2012a

副模 ZDM 3001 和 ZDM 3017，近完整背腹甲。产地及层位同正模（叶勇、皮孝忠，1997）。

归入标本 ZDM 3018，一件背腹甲。产地及层位同正模（Tong et al., 2012a）。

鉴别特征 同属。

产地与层位 仅模式产地。

四川龟属（未定种）*Sichuanchelys* sp.

（图 77）

标本 IVPP V 18101–18103，三件龟甲。新疆准噶尔盆地五彩湾地区，石树沟组，

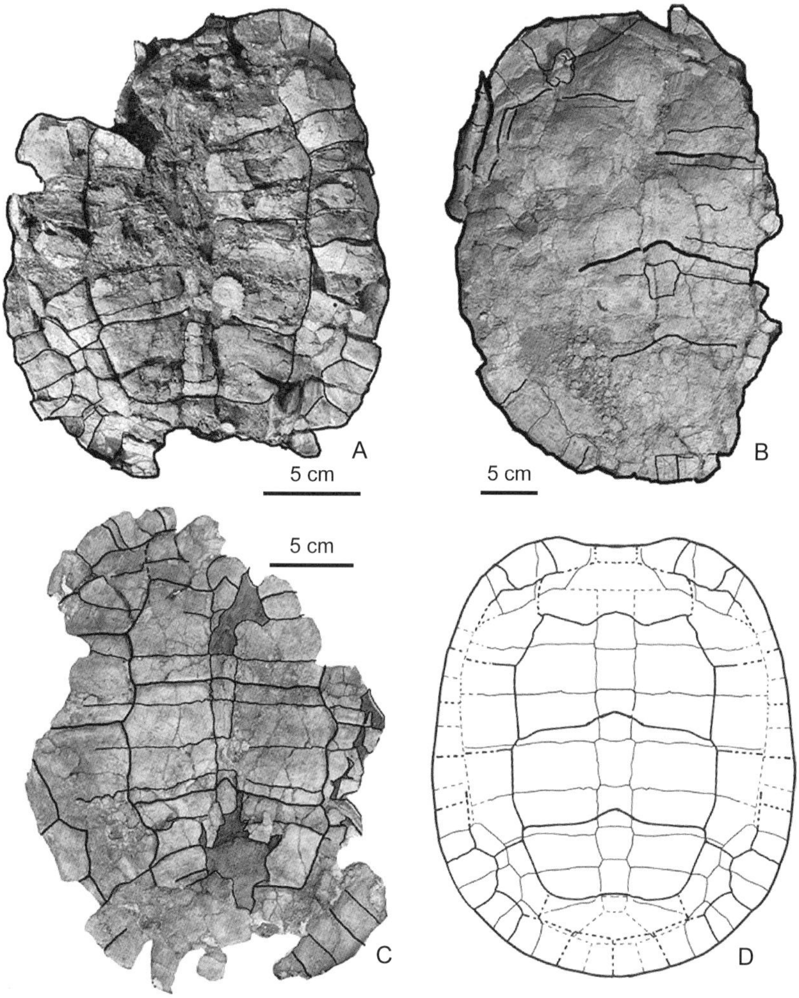

图 77 四川龟属（未定种）*Sichuanchelys* sp.

A. IVPP V 18101；B. IVPP V 18102；C. IVPP V 18103，甲壳背视（A–C）；D. 背甲复原图；引自 Brinkman et al., 2013a

中侏罗统上部[相当于卡洛夫阶(Callovian)]或上侏罗统下部[相当于牛津阶(Oxfordian)](Brinkman et al., 2013a)。

评注 该化石层位相对中-上侏罗统界线关系不清，可能为中侏罗世晚期（卡洛夫期）或晚侏罗世早期（牛津期）(Brinkman et al., 2013a)。

巴蜀龟科 Family Bashuchelyidae Tong, Danilov, Ye, Ouyang et Peng, 2012

模式属 巴蜀龟属 *Bashuchelys* Tong, Danilov, Ye, Ouyang et Peng, 2012

鉴别特征 具以下特征组合的原始隐颈龟类：①具一对中腹板；②左右中腹板在中线处接触；③舌中缝在腹甲中部极靠近胸腹沟；④椎板呈规则长形；⑤第四椎盾横宽；⑥第三与第四椎盾间沟通过第六椎板；⑦腹甲与背甲缝连；⑧骨桥扇状，腋柱和胯柱长；⑨左右上腹板在内腹板面前相互接触；⑩肱胸沟位置靠前，远离腹甲前叶基部；⑪胸盾明显长于腹盾；⑫股肛沟呈一城垛状，伸至下剑缝或伸入下腹板；⑬下缘盾四块。以特征③，④，⑧，⑨和⑫区别于Kayentachelyidae和Indochelyidae。以特征④，⑥，⑦，⑪和⑫区别于Heckerochelyidae。以特征①－③区别于Xinjiangchelyidae。

中国已知属 巴蜀龟属 *Bashuchelys* Tong, Danilov, Ye, Ouyang et Peng, 2012，川南龟属 *Chuannanchelys* Tong, Danilov, Ye, Ouyang et Peng, 2012；共2属。

分布与时代 四川，中侏罗世。

评注 1990年叶祥奎以似贝氏成渝龟 *Chengyuchelys baenoides* Young et Chow, 1953为模式属种建立成渝龟科（Ye, 1990；叶祥奎，1990a），包括成渝龟属的三个种（似贝氏成渝龟 *Chengyuchelys baenoides* Young et Chow, 1953，自贡成渝龟 *C. zigongensis* Ye, 1982和大山铺成渝龟 *C. dashanpuensis* Fang, 1987）。该科具有龟鳖类原始特征，即一对在腹甲中缝处相互接触的中腹板。1997年叶勇和皮孝忠建立四川龟属，并基于中腹板的存在将其归入成渝龟科。Tong等（2012a, b）对四川盆地中生代龟类进行了再研究，发现成渝龟科模式属种似贝氏成渝龟（*Chengyuchelys baenoides*）的模式标本CQMNH C.996（正模：IVPP V 708，杨钟健、周明镇，1953）和CQMNH C.997（副模：IVPP V 710，杨钟健、周明镇，1953）都不具中腹板，这两件标本根据甲壳其他特征应归入新疆龟科；而四川盆地中侏罗世大多数龟化石是具有中腹板的，故废弃成渝龟科并建立巴蜀龟科。巴蜀龟科包括巴蜀龟属（*Bashuchelys*）和川南龟属（*Chuannanchelys*），是原始真隐颈龟新疆龟科的姐妹群（Tong et al., 2012a）；而其后的分支系统学分析表明，川南龟属和巴蜀龟属不成单系组合，前者更靠近新疆龟科（Tong et al., 2012b）。

巴蜀龟属 Genus *Bashuchelys* Tong, Danilov, Ye, Ouyang et Peng, 2012

模式种 自贡巴蜀龟 *Bashuchelys zigongensis* (Ye, 1982)

鉴别特征 巴蜀龟科之一属，甲壳长达 25 cm；具下列特征组合：①甲壳低，长椭圆形；②椎板八块；③上臀板两块；④第一上臀板大于和宽于第二上臀板；⑤第一至第三椎盾窄；⑥第四椎盾宽度约为其长度两倍，并明显宽于第三椎盾；⑦腹甲前缘具一个间喉盾凸和一对喉盾凸；⑧左右上腹板之间的中缝短；⑨内腹板树叶状，侧后缘呈锯齿状；⑩间喉盾一对，深切入内腹板。以特征⑤－⑦，⑨和⑩区别于川南龟属（*Chuannanchelys*）。

中国已知种 自贡巴蜀龟 *Bashuchelys zigongensis* (Ye, 1982)，杨氏巴蜀龟 *B. youngi* Tong, Danilov, Ye, Ouyang et Peng, 2012；共 2 种。

分布与时代 四川，中侏罗世。

自贡巴蜀龟 *Bashuchelys zigongensis* (Ye, 1982) Tong, Danilov, Ye, Ouyang et Peng, 2012

（图 78）

Chengyuchelys zigongensis：叶祥奎，1982a，283 页，图 1；方其人，1987，67 页，图版 6；Ye, 1990, p. 34, Fig. 2；叶祥奎，1990a，305 页；Ye, 1994, p. 8, Fig. 3；Sun et al., 1992, p. 19, Fig. 21；彭光照等，2005，38 页，图 24；Brinkman et al., 2008, p. 36, Fig. 36；Danilov et Parham, 2008, p. 316

正模 CQMNH C.1001（C. V. 00678，叶祥奎，1982a），一件甲壳，包括不完整背甲和基本完整的腹甲。四川自贡大山铺，中侏罗统下沙溪庙组（叶祥奎，1982a）。

归入标本 ZDM 3012，一件近完整背腹甲。产地及层位同正模（Tong et al., 2012a）。

鉴别特征 巴蜀龟属之一种，以中腹板中部不收缩和中腹板被胸盾和腹盾覆盖区别于杨氏巴蜀龟（*B. youngi*）。

产地与层位 仅模式产地。

杨氏巴蜀龟 *Bashuchelys youngi* Tong, Danilov, Ye, Ouyang et Peng, 2012

（图 79）

Chengyuchelys baenoides：叶祥奎，1982a，286 页，图 2；叶祥奎，1990a（部分），305 页；Ye, 1990 (pars), p. 34；Ye, 1994 (pars), p. 6；彭光照等，2005（部分），37 页，图 23；Danilov et Parham, 2008, p. 307, Fig. 2；Brinkman et al., 2008 (pars), p. 36

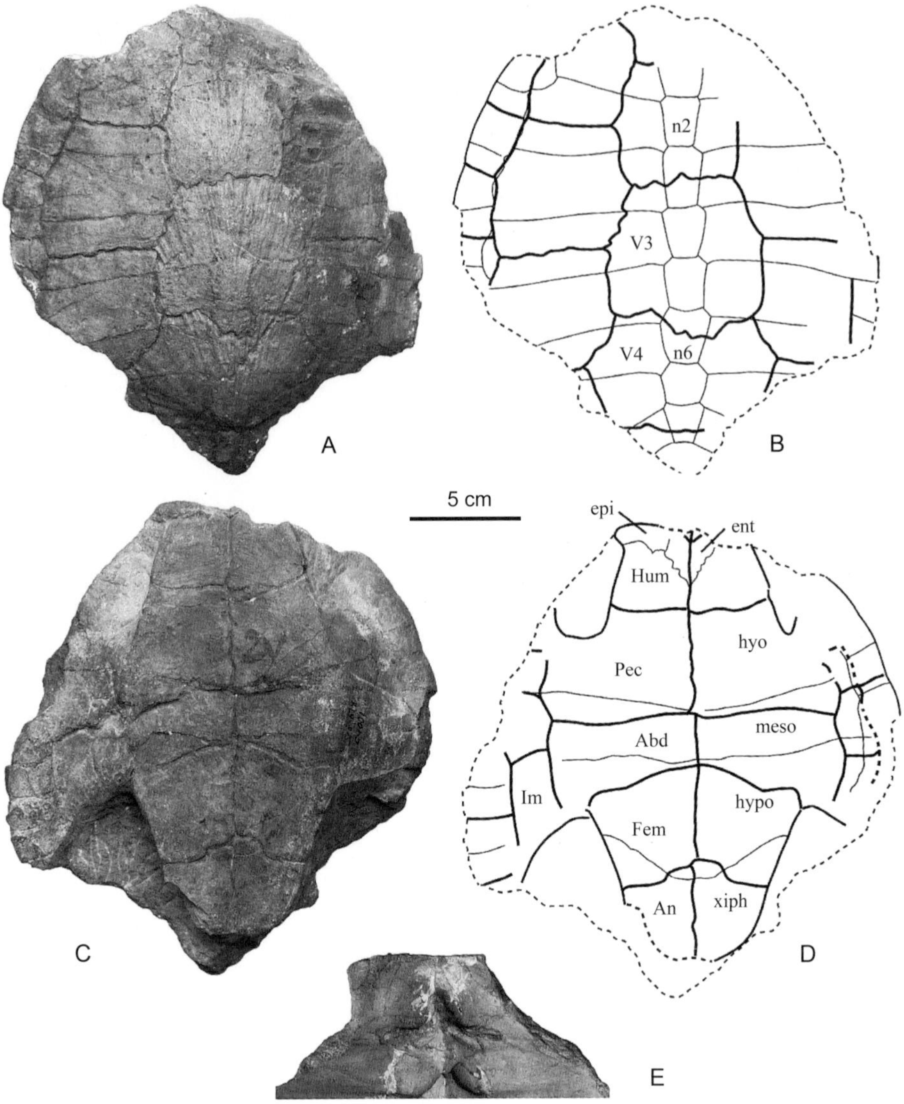

图 78　自贡巴蜀龟 *Bashuchelys zigongensis*

A–D. CQMNH C.1001（正模），甲壳背视（A, B）和腹视（C, D）；E. ZDM 3005（*B.* sp.），背甲前部腹视，显示短的第一胸肋；Im. inframarginal scute 下缘盾，meso. mesoplastron 中腹板，其余参见图 64；引自 Tong et al., 2012a

正模　ZDM 3007，一件破损的背甲和近完整的腹甲。四川自贡大山铺，中侏罗统下沙溪庙组。

副模　IVPP V 6507，一件背腹甲的前半部；ZDM 3003 和 ZDM 3006（野外号 ZDM 7），两件不完整背腹甲；ZDM 3008（野外号 ZDM 3），一件腹甲后半部。产地及层位同正模（Tong et al., 2012a）。

鉴别特征　巴蜀龟属之一种，以中腹板中部极短、两侧加宽，除边缘外大部分被腹盾覆盖区别于自贡巴蜀龟（*B. zigongensis*）。

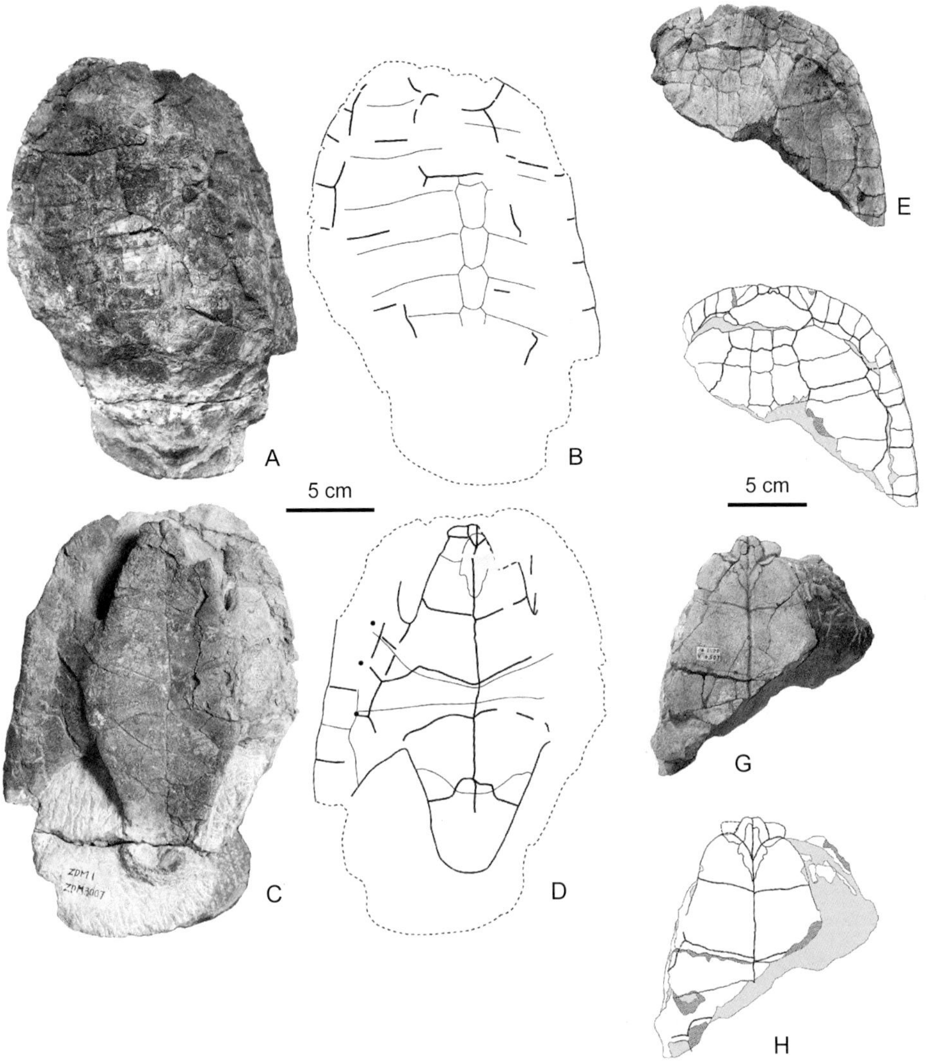

图 79　杨氏巴蜀龟 *Bashuchelys youngi*

A–D. ZDM 3007（正模），甲壳背视（A, B）和腹视（C, D）；E–H. IVPP V 6507，甲壳前部背视（E, F）和腹视（G, H）；A–D 引自 Tong et al., 2012a，E–H 引自 Danilov et Parham, 2008

产地与层位　仅模式产地。

川南龟属 Genus *Chuannanchelys* Tong, Danilov, Ye, Ouyang et Peng, 2012

模式种　大山铺川南龟 *Chuannanchelys dashanpuensis*（Fang, 1987）

鉴别特征　甲壳长约 200 mm，具以下特征组合：①背甲低，长椭圆形；②颈凹小；③所有椎盾横宽，第二至第四椎盾宽度几为长度的两倍；④腹甲前叶宽，后叶短宽；⑤一对退化的中腹板在中线处相互接触并完全被腹盾覆盖；⑥上腹板似四边形；⑦上腹板之间接缝长；⑧内腹板菱形，长略大于宽；⑨间喉盾不覆盖内腹板。以特征③ – ⑨区别于巴蜀龟属（*Bashuchelys*）。

中国已知种 仅模式种。

分布与时代 四川，中侏罗世。

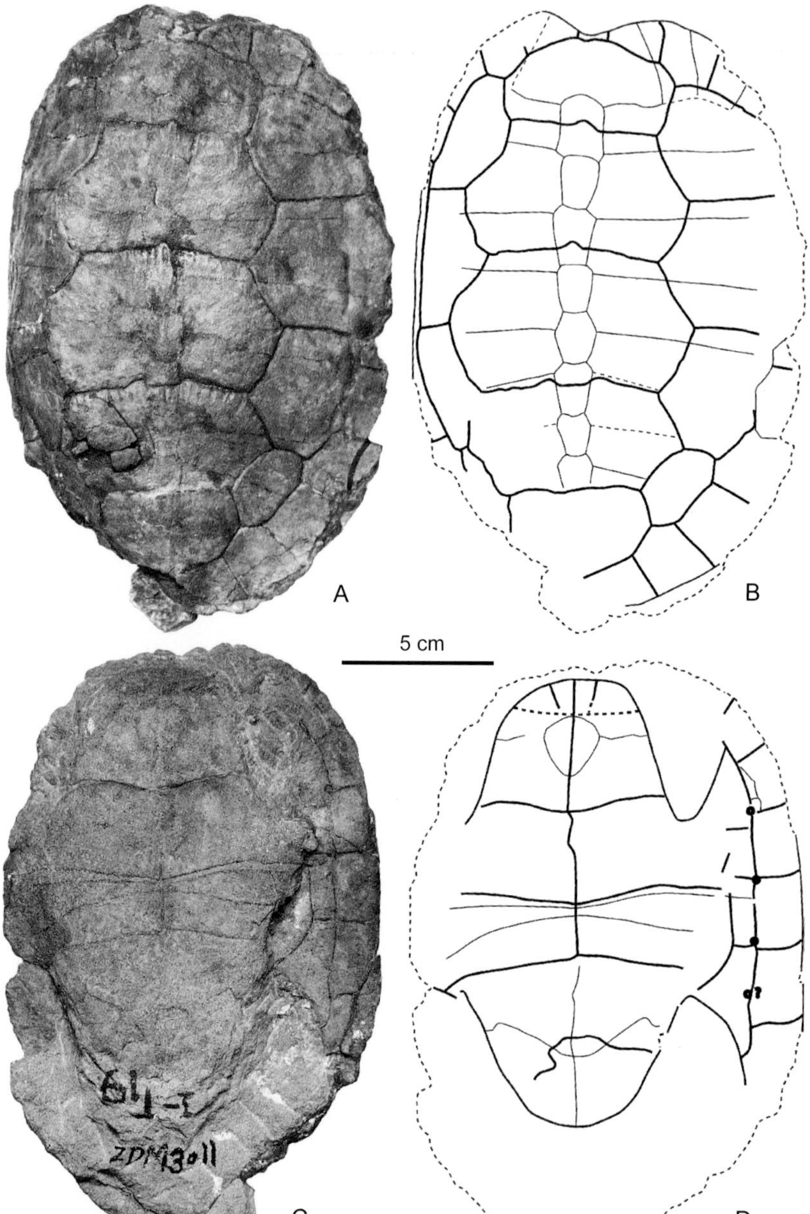

图 80 大山铺川南龟 *Chuannanchelys dashanpuensis*

A–D. ZDM 3011（正模），甲壳背视（A, B）和腹视（C, D）；引自 Tong et al., 2012a

大山铺川南龟 *Chuannanchelys dashanpuensis* (Fang, 1987) Tong, Danilov, Ye, Ouyang et Peng, 2012

（图 80）

Chengyuchelys dashanpuensis：方其人，1987，65 页，图 66，图版 6 左下图；叶祥奎，1990a，306 页；Ye, 1994, p. 10, Fig. 4；彭光照等，2005，41 页，图 26

'*Chengyuchelys*' *dashanpuensis*：Danilov et Parham, 2008, p. 316

Sichuanchelys dashanpuensis：Brinkman et al., 2008, p. 37, Fig. 38

正模 ZDM 3011（野外编号 I-T19），一基本完整背腹甲。四川自贡大山铺，中侏罗统下沙溪庙组（方其仁，1987）。

鉴别特征 同属。

产地与层位 仅模式产地。

真隐颈龟小目 Parvorder EUCRYPTODIRA Gaffney, 1975

鉴别特征 内颈动脉被翼骨包围，内颈动脉后孔位于翼骨后缘；中腹甲阙如。

分布与时代 全球；中侏罗世—现代。

新疆龟科 Family Xinjiangchelyidae Nessov in Kaznyshkin et al., 1990

模式属 新疆龟属 *Xinjiangchelys* Ye, 1986

鉴别特征 个体中等大小的原始真隐颈龟，甲壳长度不超过 40 cm；具以下特征组合：①背甲低矮；②第一背肋退化或不退化，其长度为第一肋板宽度的一半或伸至第一肋板外侧边缘，并与第二背肋缝合；③两块或三块上臀板，后面两块上臀板宽度相近或最后一块上臀板略宽；④前侧部缘板边缘向上翘起，沿背甲前部外侧边缘形成沟槽；⑤第七到第十一缘板横向扩展；⑥第四至第七缘盾覆盖第二至第四肋板外侧边缘；⑦上腹板具背突；⑧内腹板和上腹板大小相近；⑨内腹板大，长大于宽或长宽近等；⑩喉盾和间喉盾位于内腹板前，不覆盖或稍覆盖内腹板；⑪胸盾和腹盾长度相近或胸盾略长于腹盾；⑫股肛沟通常呈一城垛状，向前伸至或伸入下腹板；⑬三块或四块下缘盾；⑭腹甲中沟曲折；⑮具麝香腺管（musk duct）。以特征④，⑧－⑪，⑭及中腹甲缺失区别于巴蜀龟科；以特征③－⑥，⑧，⑨，⑫，⑭，⑮及中腹甲缺失区别于四川龟科；以特征③－⑫，⑭和⑮区别于近蛇颈龟科（Plesiochelyidae）及其相近类群（Eurysternidae，Thalassemydidae）；以特征②，⑥，⑫，⑭及上腹板退化区别于大贝氏龟科；以特征③－⑤，⑦，⑨，⑪，⑫及甲壳表面不具凹坑状或蠕虫脊状纹饰区别于 Adocidae 和南雄龟科。

中国已知属 新疆龟属 *Xinjiangchelys* Ye, 1986，成渝龟属 *Chengyuchelys* Young et Chow, 1953，天府龟属 *Tienfuchelys* Young et Chow, 1953，盐都龟属 *Yanduchelys* Peng, Ye, Gao, Shu et Jiang, 2005，安娜龟属 *Annemys* Sukhanov et Narmandakh, 2006 和原新疆龟属 *Protoxinjiangchelys* Tong, Danilov, Ye, Ouyang et Peng, 2012；共 6 属。

分布与时代 亚洲，中侏罗世—早白垩世；欧洲，早白垩世。中国：新疆、四川、重庆、云南、湖南，中侏罗世—早白垩世。

评注 新疆龟科是真隐颈龟类的基干类群，生活在淡水环境中。最早出现在亚洲中侏罗世，在中侏罗世晚期和晚侏罗世达到鼎盛，在早白垩世只有少量记录。

新疆龟科成员广泛分布于中国和中亚地区中、上侏罗统，是这些地区龟鳖动物群中的优势分子，在泰国上侏罗统和日本下白垩统亦有发现（Hirayama, 2006；Tong et al., 2015）。Hirayama 等（2000）将产自欧洲下白垩统的 *Brodiechelys* Nopcsa, 1928 归入新疆龟科。目前该属包括英国怀特岛的 *B. brodiei* (Lydekker, 1889a) 和西班牙的 *B. royoi* Perez-Garcia, Gasulla et Ortega, 2014 两种（Nopcsa, 1928；Hirayama et al., 2000；Pérez-García, 2012, 2014）。

成渝龟属 Genus *Chengyuchelys* Young et Chow, 1953

模式种 似贝氏成渝龟 *Chengyuchelys baenoides* Young et Chow, 1953

鉴别特征 新疆龟科之一属，背甲长约 30 cm。与新疆龟属、安娜龟属和 *Brodiechelys* 属区别于腹甲与背甲缝连及第五椎板覆盖第十缘板；与天府龟属区别于具有四块下缘盾；与原新疆龟属区别于椎盾较窄，第五椎盾不窄于第一椎盾，肱胸沟位于腹甲前叶基部，以及胸盾和腹盾近等长；与盐都龟属区别于缘盾不覆盖第六和第七椎板边缘，以及内腹板位置靠后。

中国已知种 似贝氏成渝龟 *Chengyuchelys baenoides* Young et Chow, 1953，宽缘板成渝龟 *C. latimarginalis* (Young et Chow, 1953)，放射纹成渝龟 *C. radiplicatus* (Young et Chow, 1953)；共 3 种。

分布与时代 四川，晚侏罗世。

评注 1953 年，杨钟健和周明镇以两件甲壳为基础（一件正模 IVPP V 708 和一件副模 IVPP V 710）建立了成渝龟属和似贝氏成渝龟种，认为该属种具有中腹甲并试图将其归入贝氏龟科（Baenidae）（杨钟健、周明镇，1953）。1990 年，叶祥奎以似贝氏成渝龟为模式属种建立成渝龟科并将所有产自四川盆地侏罗纪地层中具有中腹甲的龟类都归入该科，这一分类一直沿用（Ye, 1990, 1994；叶祥奎，1990a；彭光照等，2005；Brinkman *et al.*, 2008）。近年 Tong 等重新观察研究了似贝氏成渝龟的模式标本后认为其正模和副模都不具有中腹甲，而根据第三到第五缘盾覆盖肋板边缘；第四椎板仅比第三椎板略宽；腹甲前后叶宽大；内腹板较宽，侧后缘平直；肱胸沟位于腹甲前叶基部；胸盾和腹盾长度相近等特征，将成渝龟属归入新疆龟科。副模标本与正模标本的区别在于副模背甲不具纵向沟槽，腹甲前后叶较窄和肱胸沟略靠前；故将 IVPP V 710 移出似贝氏成渝龟种，定为 Xinjiangchelyidae indet.（Tong et al., 2012b）。

在建立成渝龟属的同时，杨钟健和周明镇还建立了近蛇颈龟的三个新种：宽缘板近蛇颈龟（*Plesiochelys latimarginalis* Young et Chow, 1953），重庆近蛇颈龟（*P. chungkingensis* Young et Chow, 1953）和放射纹近蛇颈龟（*P. radiplicatus* Young et Chow, 1953）。这一分类在随后的半个多世纪为中国学者沿用（叶祥奎，1963b, 1973b, 1981b, 1982b, 1983a, 1986a；叶祥奎、方其仁，1982；Ye, 1994；彭光照等，2005）。其后在四川盆地和云南侏罗纪地层中发现的新种也都归到近蛇颈龟属里，包括广安近蛇颈龟（*P. kwanganensis* Ye, 1963）、峨山近蛇颈龟（*P. oshanensis* Ye, 1973）、井研近蛇颈龟（*P. jingyanensis* Ye et Fang, 1982）、自贡近蛇颈龟（*P. zigongensis* Peng, Ye, Gao, Shu et Jiang, 2005）等（叶祥奎，1963a，1973b；叶祥奎、方其仁，1982；彭光照等，2005）。

Kaznyshkin（1988）和 Kaznyshkin 等（1990）将宽缘板近蛇颈龟和准噶尔新疆龟合并，一并归入新疆龟属。Peng 和 Brinkman（1993）对新疆龟属和近蛇颈龟属甲壳特征进行了详细的对比，认为前者与后者区别在于：①腹甲不与背甲缝连，而借助于腹甲边缘上的尖状突起插入缘板上的凹洞与背甲相连；②缘盾覆盖第一到第五肋板外侧边缘；③第二到第七缘板边缘明显加厚；④第七到第十一缘板横宽；⑤肛盾向前伸至下剑缝或伸入下腹板；⑥第一背肋退化；⑦腹甲中沟曲折；⑧具有麝香腺管。在此基础上，Peng 和 Brinkman（1993）同意 Kaznyshkin 的观点，将准噶尔盆地屏风山地区晚侏罗世的龟化石也归入宽缘板新疆龟［*Xinjiangchelys latimarginalis* (Young et Chow, 1953)］。这些工作澄清了中国侏罗纪原始真隐颈龟类科的归属问题，但也造成了科以下分类单元命名的混乱。

Tong 等（2012）对四川盆地侏罗纪龟化石进行了重新研究。在重新观察了这些产自四川盆地侏罗纪龟类的模式标本并研究了大量新标本以后，认为四川盆地原归入近蛇颈龟的种大多应归入新疆龟科，但这些种与新疆龟属也有不同，其腹甲与背甲缝连，而不是像新疆龟属那样借助于腹甲边缘上的尖状突起插入缘板上的凹洞与背甲相连，因此不应归入新疆龟属。根据下缘板的数目将宽缘板种和放射纹种移入成渝龟属中，将重庆种和自贡种移入天府龟属（Tong et al., 2012b）。

似贝氏成渝龟 *Chengyuchelys baenoides* Young et Chow, 1953

（图 81）

正模 CQMNH C.996（IVPP V 708，杨钟健、周明镇，1953），一件不完整背腹甲。

成渝铁路沿线，确切地点及层位不详，上侏罗统（杨钟健、周明镇，1953）。

鉴别特征 成渝龟之一种，背甲低矮，具明显纵向中央凹槽；与宽缘板成渝龟和放射纹成渝龟区别于第二和第三椎盾方形及第一椎盾明显窄于颈板；另外与宽缘板成渝龟区别于内腹板菱形；与放射纹成渝龟区别于背甲表面不具强烈放射纹及背甲盾片沟痕简单。

产地与层位 仅模式产地。

评注 CQMNH C.996 没有确切地点及层位。Tong 等（2012b）根据其形态特征认为这件标本很可能产自上侏罗统上沙溪庙组。

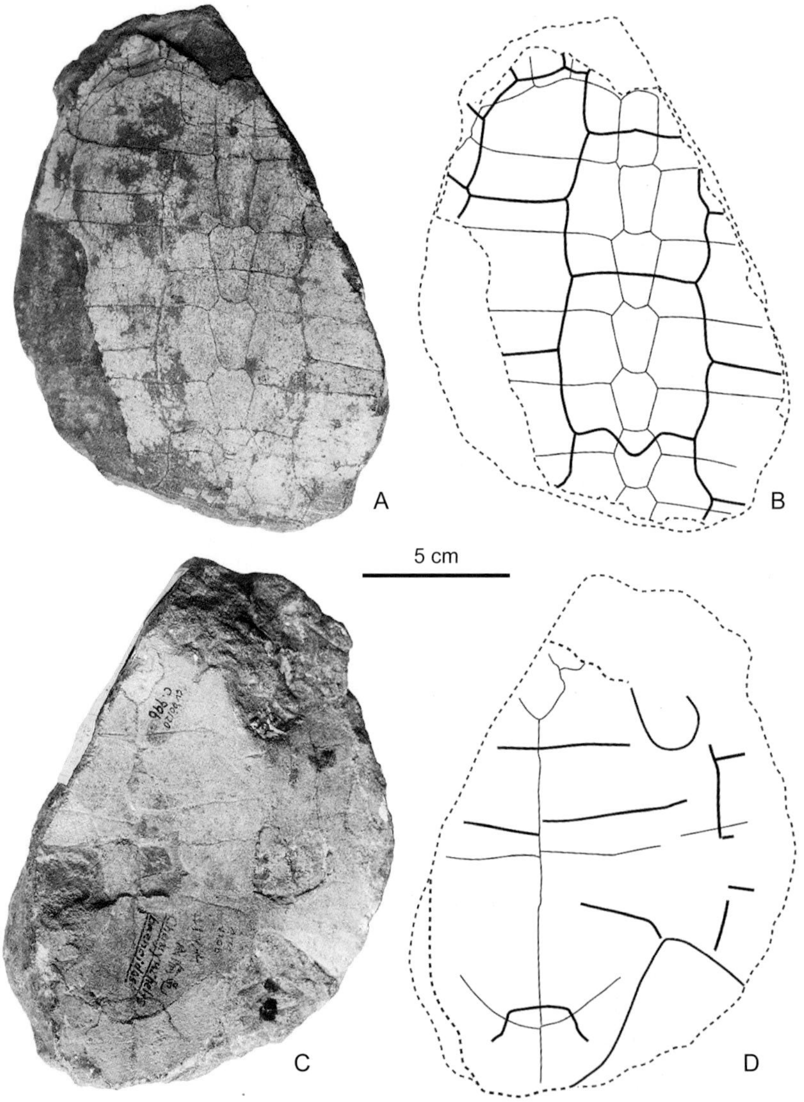

图 81 似贝氏成渝龟 *Chengyuchelys baenoides*

A–D. CQMNH C.996（正模），不完整甲壳背视（A, B）和腹视（C, D）；引自 Tong et al., 2012a

宽缘板成渝龟 *Chengyuchelys latimarginalis* (Young et Chow, 1953) Tong, Danilov, Ye, Ouyang, Peng et Li, 2012

（图 82）

Plesiochelys latimarginalis：杨钟健、周明镇，1953，219 页，图版 II, III；叶祥奎，1963a，9 页；中国科学院古脊椎动物与古人类研究所《中国脊椎动物化石手册》编写组，1979，100 页，图版 36-4, 5；Sun et al., 1992, p. 21, Fig. 24；Ye, 1994, p. 18, Fig. 6

'*Plesiochelys*' *latimarginalis*：Matzke et al., 2004b, p. 1295, Fig. 13C, D；Brinkman et al., 2008, p. 40, Fig. 41

Plesiochelys jingyanensis：叶祥奎、方其人，1982，63 页，图 1，图版 I；Sun et al., 1992, p. 25, Fig. 28；Ye, 1994, p. 24, Fig. 11

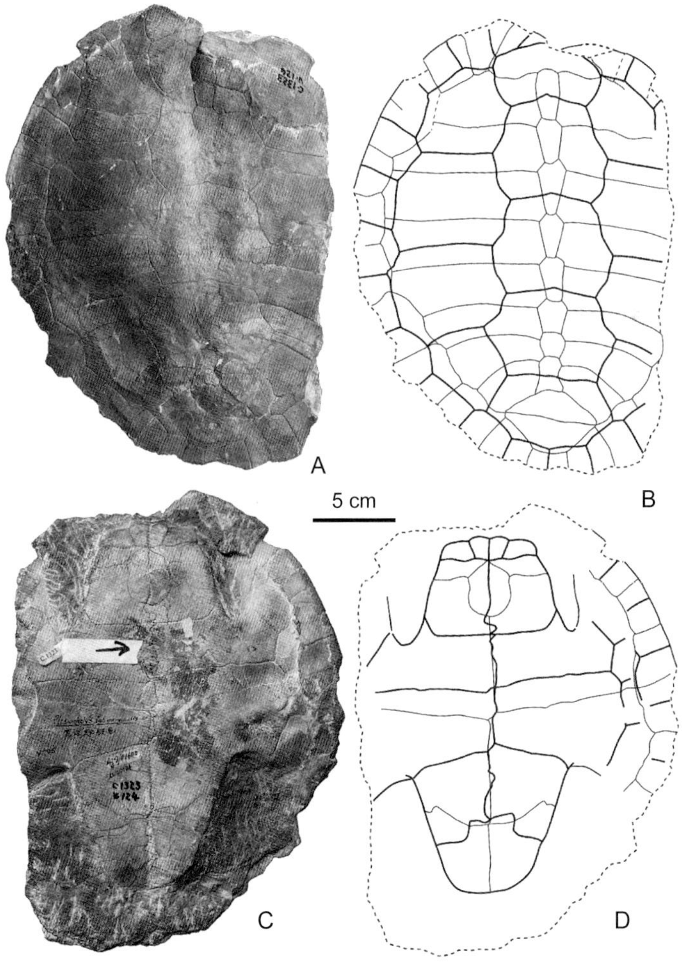

图 82　宽缘板成渝龟 *Chengyuchelys latimarginalis*

A–D. CQMNH C. 1323（正模），甲壳背视（A, B）和腹视（C, D）；引自 Tong et al., 2012b

Plesiochelys kwanganensis：叶祥奎，1963a，11 页，图 8，图版 II-1, 2；中国科学院古脊椎动物与古人类研究所《中国脊椎动物化石手册》编写组，1979，102 页，图 80；Sun et al., 1992, p. 23, Fig. 26

Xinjiangchelys latimarginalis：Kaznyshkin, 1988 (pars), p. 28–31；Kaznyshkin et al., 1990 (pars), p. 190；Peng et Brinkman, 1993 (pars), p. 2016；Rabi et al., 2010 (pars), p. 262

Xinjiangchelys? jingyanensis：Brinkman et al., 2008, p. 45, Fig. 46

正模 CQMNH C.1323（IVPP V 705，杨钟健、周明镇，1953），一件近完整的背腹甲。重庆（确切地点不详）。

归入标本 IVPP V 6746（四川井研），CQMNH C.1007（重庆九龙坡区），CQMNH C.1008（重庆九龙坡区），CQMNH C.1528（重庆江北区），CQMNH C.1529（重庆渝中区），CQMNH C.1530（重庆江北区），CQMNH C.1532（重庆江北区），CQMNH C.1535（重庆江北区），CQMNH C.1537（重庆大田湾），CUT(CDUT) 13088（四川威远），共十件甲壳；上侏罗统。CQMNH 无号：一件甲壳；四川盆地，确切地点及层位不明（Tong et al., 2012b）。

鉴别特征 成渝龟属之一种，背甲近圆形，长略大于宽；颈凹深。与似贝氏成渝龟区别于第一椎盾与颈盾宽度相等以及内腹板椭圆形；与放射纹成渝龟区别于第一缘板接触第一肋板，背甲表面不具强烈放射纹，以及背甲盾片沟痕两侧边缘不凸起。

产地与层位 四川盆地，上侏罗统上沙溪庙组。

放射纹成渝龟 *Chengyuchelys radiplicatus* (Young et Chow, 1953) Tong, Danilov, Ye, Ouyang, Peng et Li, 2012

（图 83）

Plesiochelys radiplicatus：杨钟健、周明镇，1953，221 页，图 3，图版 IV；叶祥奎，1963a，9 页；叶祥奎，1986b，269 页，图 1；中国科学院古脊椎动物与古人类研究所《中国脊椎动物化石手册》编写组，1979，100 页，图 78；Sun et al., 1992, p. 22, Fig. 25；Ye, 1994, p. 19, Fig. 7；彭光照等，2005，122 页，图 93

Xinjiangchelys radiplicatus：Peng et Brinkman, 1993, p. 2014；Matzke et al., 2004b, p. 1296；Brinkman et al., 2008, p. 44, Fig. 44；Rabi et al., 2010, p. 263

正模 CQMNH C.995（IVPP V 707，杨钟健、周明镇，1953），一件背腹甲的后半部。成渝铁路沿线，确切地点不详。

归入标本 ZDM 0013（四川自贡市大安区永嘉乡），CQMNH CV 00718（四川内

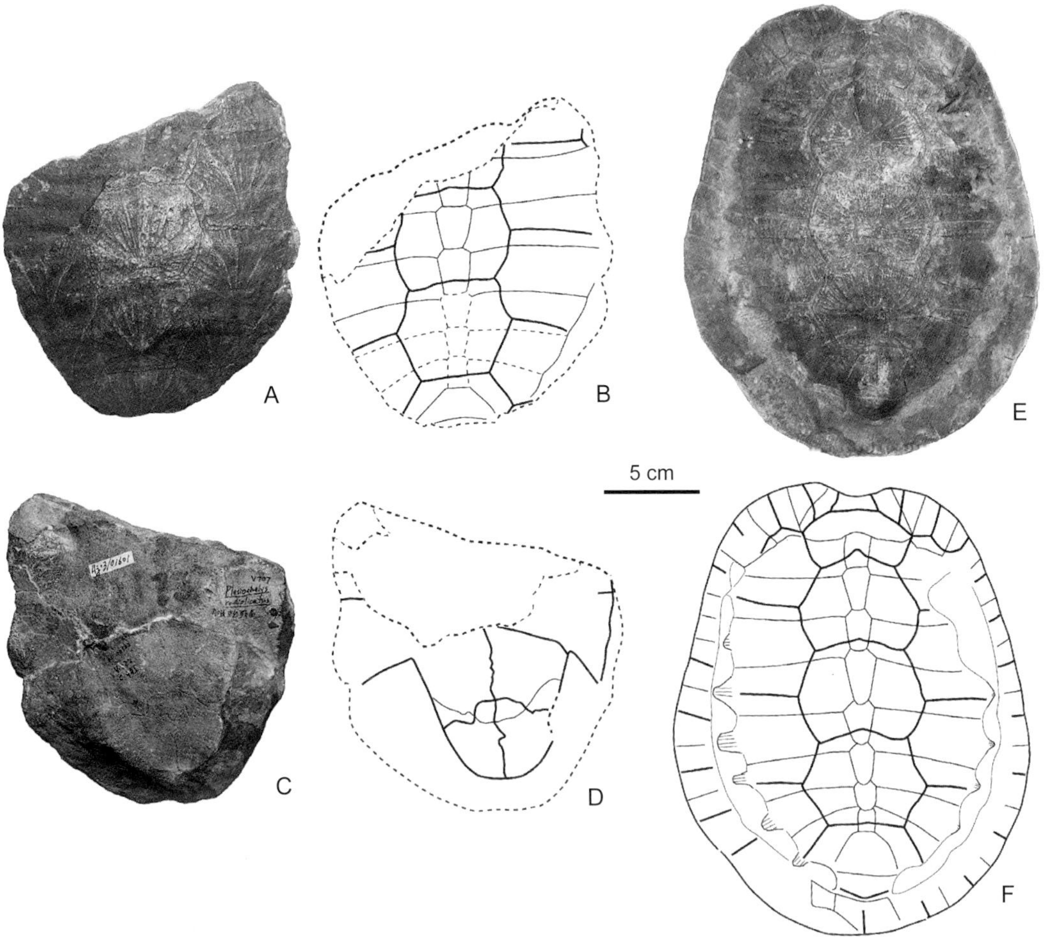

图 83　放射纹成渝龟 *Chengyuchelys radiplicatus*

A–D. CQMNH C.995（正模），不完整甲壳背视（A, B）和腹视（C, D）；E–F. ZDM 0013，背甲背视；引自 Tong et al., 2012b

江市威远县向义镇），两件甲壳；上侏罗统上沙溪庙组（叶祥奎，1986b；Tong et al., 2012b）。

鉴别特征　成渝龟之一种，背甲梨形，最大宽度位于背甲后部 1/3 处；背甲表面在椎盾和肋盾区域具强烈的放射状棱脊；背甲盾片沟痕由两个凸起的脊和一条沟组成；第一缘板三角形，不与第一肋板接触。

产地与层位　四川自贡大安永嘉、内江威远向义，上侏罗统上沙溪庙组（叶祥奎，1986b；Tong et al., 2012b）。

天府龟属 Genus *Tienfuchelys* Young et Chow, 1953

模式种　资阳天府龟 *Tienfuchelys tzuyangensis* Young et Chow, 1953

鉴别特征 新疆龟科之一属，以只有三块下缘盾区别于其他新疆龟科成员；另外与新疆龟属和安娜龟属区别于腹甲与背甲缝连；与原新疆龟属区别于椎盾较窄，第五椎盾不窄于第一椎盾，肱胸沟位于腹甲前叶基部以及胸盾和腹盾近等长；与盐都龟属区别于缘盾不覆盖第六和第七肋板边缘以及内腹板位置靠后。

中国已知种 资阳天府龟 *Tienfuchelys tzuyangensis* Young et Chow, 1953，重庆天府龟 *T. chungkingensis* (Young et Chow, 1953)，自贡天府龟 *T. zigongensis* (Peng, Ye, Gao, Shu et Jiang, 2005)；共 3 种。

分布与时代 四川，晚侏罗世。

评注 天府龟属原来只包括资阳天府龟一种（杨钟健、周明镇，1953）；Tong 等（2012b）根据下缘盾特征将重庆近蛇颈龟（*Plesiochelys chungkingensis* Young et Chow, 1953）和自贡近蛇颈龟（*Plesiochelys zigongensis* Peng, Ye, Gao, Shu et Jiang, 2005）归入天府龟属。

资阳天府龟 *Tienfuchelys tzuyangensis* Young et Chow, 1953

（图 84）

正模 CQMNH C.1536（IVPP V 711，杨钟健、周明镇，1953），一件不完整背腹甲及右肩胛骨和右肱骨。四川资阳，确切地点和层位不详。

归入标本 CQMNH C.1009，一件近完整但挤压变形的背腹甲。重庆九龙坡区，上侏罗统（Tong et al., 2012b）。

鉴别特征 天府龟之一种，背甲长约 18 cm；以下列特征区别于重庆天府龟和自贡天府龟：背甲表面具有由强烈纵向和斜向的脊和沟组成的纹饰，颈凹大，椎盾较狭窄，

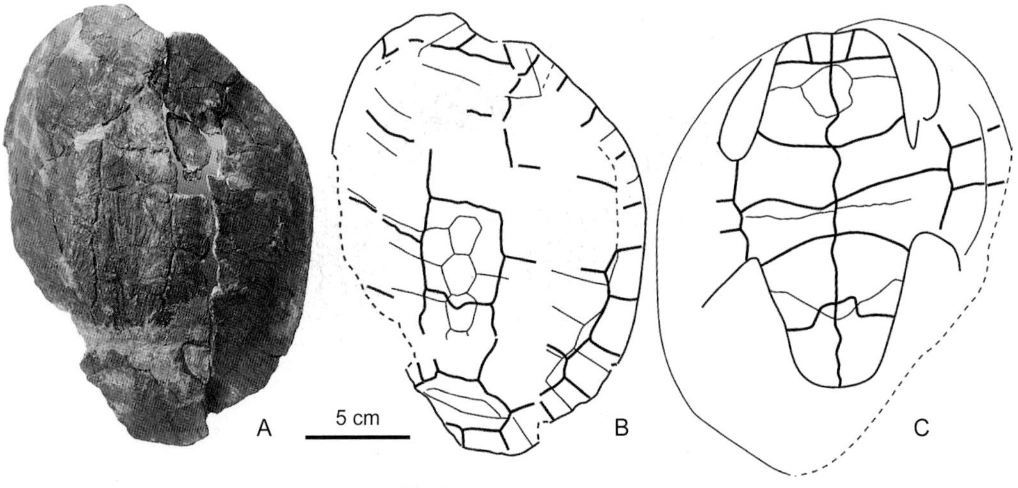

图 84 资阳天府龟 *Tienfuchelys tzuyangensis*
A–C. CQMNH C.1536（正模），甲壳背视（A, B）和腹视（C）；引自 Tong et al., 2012b

腹甲前部短截，内腹板呈长宽近等的菱形，腹甲中沟曲折。另外以股肛沟呈一城垛状，伸入下腹板区别于重庆天府龟；以前两块椎板程式为 6<4 区别于自贡天府龟。

产地与层位 四川资阳和重庆九龙坡区，上侏罗统。

重庆天府龟 *Tienfuchelys chungkingensis* (Young et Chow, 1953) Tong, Danilov, Ye, Ouyang, Peng et Li, 2012

（图 85）

Plestochelys chungkingensis：杨钟健、周明镇，1953，92 页，图 V；叶祥奎，1963a，9 页；中国

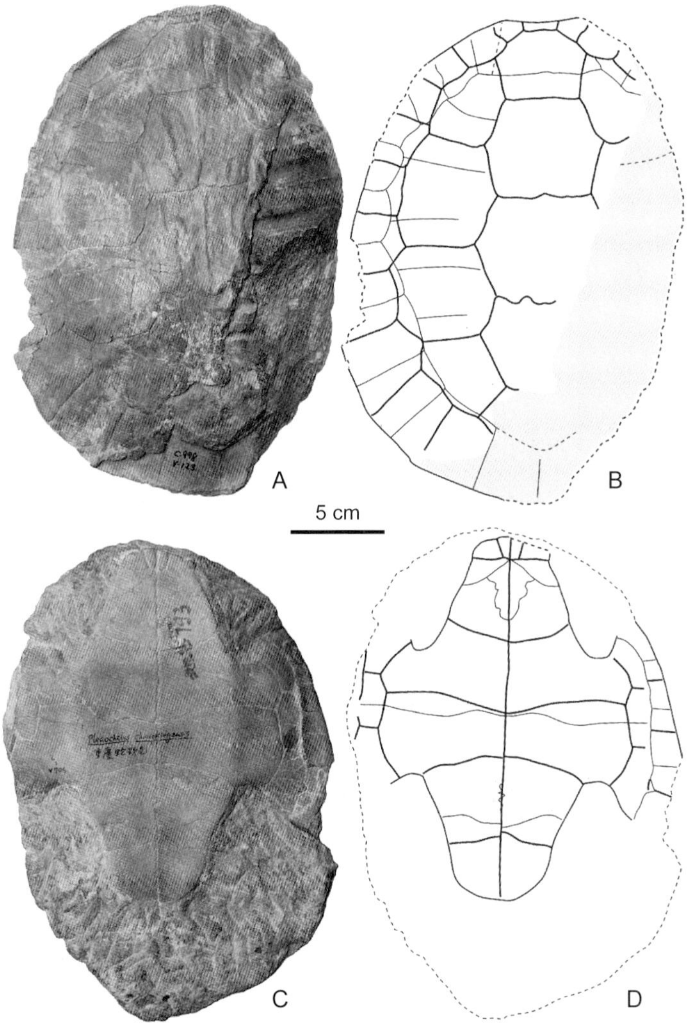

图 85 重庆天府龟 *Tienfuchelys chungkingensis*

A–D. CQMNH C.998（正模），甲壳背视（A, B）和腹视（C, D）；阴影部分指示破损；引自 Tong et al., 2012b

科学院古脊椎动物与古人类研究所《中国脊椎动物化石手册》编写组，1979，101 页；Sun et al., 1992, p. 23；Ye, 1994, p. 21

'*Plesiochelys*' *chungkingensis*：Matzke et al., 2004b, p. 1294；Brinkman et al., 2008, p. 40

Xinjiangchelys chungkingensis：Peng et Binkman, 1993, p. 2014；Brinkman et al., 2013a, p. 152

正模 CQMNH C.998（IVPP V 706，杨钟健、周明镇，1953），一件近完整甲壳，包括大部分背甲和完整腹甲。重庆，确切地点不详，上侏罗统顶部或下白垩统底部（杨钟健、周明镇，1953）。

鉴别特征 天府龟之一种；以上腹板三角形，向后外侧延伸，内腹板长菱形以及腹甲中沟平直区别于资阳天府龟和自贡天府龟。另外以股肛沟近平直，不伸达下腹板区别于资阳天府龟。

产地与层位 仅模式产地。

自贡天府龟 *Tienfuchelys zigongensis* (Peng, Ye, Gao, Shu et Jiang, 2005) Tong, Danilov, Ye, Ouyang, Peng et Li, 2012

（图 86）

Plesiochelys zigongensis：彭光照等，2005，123 页，图 94

正模 ZDM 0048，一件不完整背腹甲。四川自贡容县，上侏罗统上沙溪庙组。

归入标本 CQMNH C.1010，重庆大田湾；CQMNH C.1011p，重庆沙坪坝；CQMNH C.1014，重庆合川县；三件甲壳；上侏罗统（Tong et al., 2012b）。

鉴别特征 天府龟之一种，以背甲近圆形，内腹板椭圆形区别于资阳天府龟和重庆天府龟。另外以前两块椎板程式为 4>6，三块上臀板以及椎盾较宽区别于资阳天府龟。

产地与层位 四川自贡容县，重庆大田湾、沙坪坝及合川县；上侏罗统上沙溪庙组。

新疆龟属 Genus *Xinjiangchelys* Ye, 1986

模式种 准噶尔新疆龟 *Xinjiangchelys junggarensis* Ye, 1986

鉴别特征 新疆龟科之一属，甲壳厚，椎盾长宽相近或宽大于长。以腹甲不与背甲缝连，而借助于腹甲边缘上的尖状突起插入缘板上的凹洞与背甲相连，以及椎板系列常退化，后部肋板在中线相互接触，区别于成渝龟属、天府龟属、盐都龟属和原新疆龟属。与安娜龟属区别于第二、第三椎盾较宽；第一椎盾与第二、第三椎盾宽度近等，第三和第四椎盾间沟位于第五椎板上。

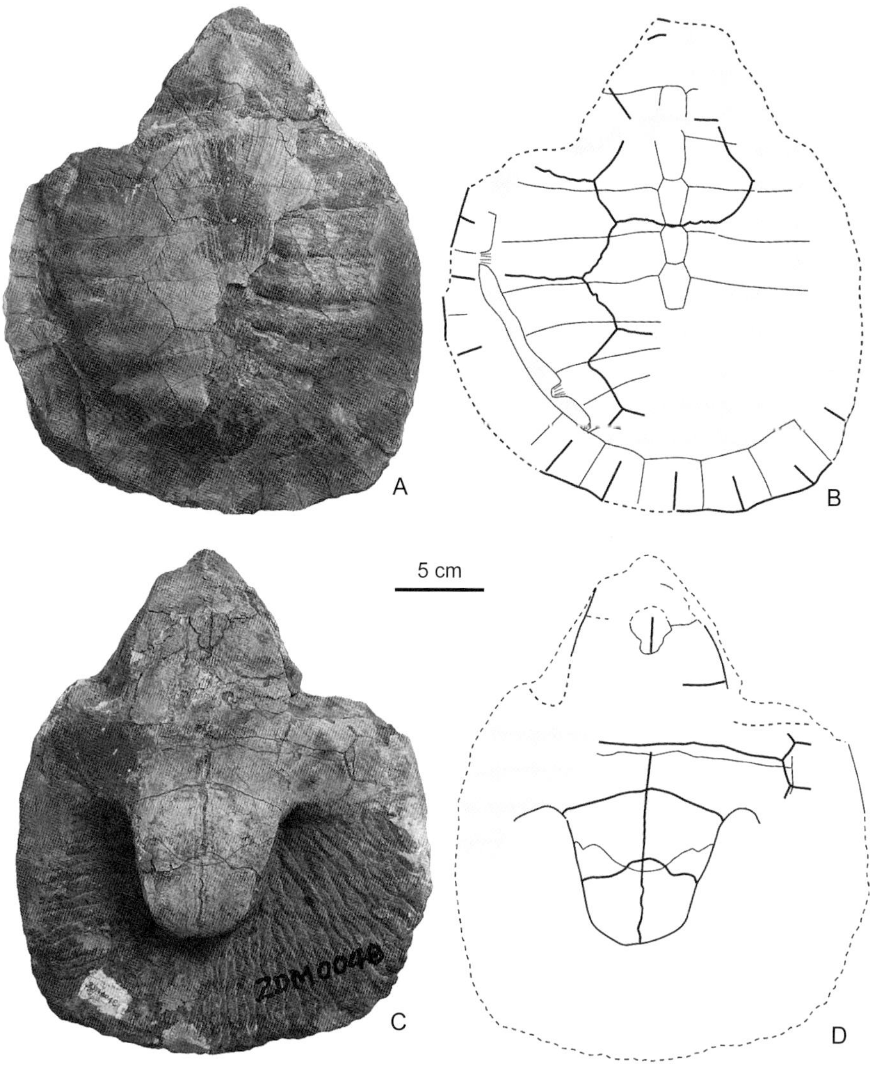

图 86　自贡天府龟 *Tienfuchelys zigongensis*
A–D. ZDM 0048（正模），甲壳背视（A, B）和腹视（C, D）；引自 Tong et al., 2012b

中国已知种　准噶尔新疆龟 *Xinjiangchelys junggarensis* Ye, 1986，峨山新疆龟 *X. oshanensis* (Ye, 1973)，齐古新疆龟 *X. qiguensis* Matzke, Maisch, Sun, Pfretzschner et Stöhr, 2004，周氏新疆龟 *X. chowi* Matzke, Maisch, Sun, Pfretzschner et Stöhr, 2005，似放射纹新疆龟 *X. radiplicatoides* Brinkman, Eberth, Xu, Clark et Wu, 2013，乌苏新疆龟 *X. wusu* Rabi, Zhou, Wings, Sun et Joyce, 2013；共 6 种。

分布与时代　中亚、中国（新疆、云南），中晚侏罗世—早白垩世。

评注　新疆龟属最初因为怀疑其具有中腹甲而归入成渝龟科（叶祥奎，1986a），但后来的学者们都认为原作者把腹甲上的裂纹解释成中腹甲的缝合线，因而新疆龟属不具有中腹甲（Kaznyshkin et al., 1990；Peng et Brinkman, 1993）。1988 年，Kaznyshkin

将准噶尔新疆龟和宽缘板近蛇颈龟合并为宽缘板新疆龟［*Xinjiangchelys latimarginalis* (Young et Chow, 1953)］，并将产自乌兹别克斯坦费尔干纳盆地中侏罗世的龟化石归入该种（Kaznyshkin, 1988）。Nessov 在 1990 年以新疆龟属为模式属建立新疆龟科，并将宽缘板新疆龟作为新疆龟属的模式种（Kaznyshkin et al., 1990）。Peng 和 Brinkman（1993）沿用这一分类观点。Matzke 等（2004a, b）在新疆准噶尔盆地南部头屯河地区侏罗纪龟化石研究中试图整理和修订新疆龟科，认为产自新疆的新疆龟类和四川盆地的新疆龟类属于不同的属，建议以准噶尔新疆龟作为新疆龟属的模式种并将新疆和中亚不同地点的新疆龟（将军庙、屏风山及乌兹别克斯坦费尔干纳盆地）作为不同的种群处理（Matzke et al., 2004b）。近年对四川盆地侏罗纪龟类再研究证实了"*Plesiochelys*" *latimarginalis* Young et Chow, 1953 因腹甲与背甲缝连不能归入新疆龟属，而应归入成渝龟属（Tong et al., 2012b）。本书依从 Brinkman 等（2008, 2013a）将新疆准噶尔盆地屏风山地区的新疆龟归入准噶尔新疆龟种。

准噶尔新疆龟 ***Xinjiangchelys junggarensis* Ye, 1986**

（图 87）

Xinjiangchelys latimarginalis：Kaznyshkin, 1988 (pars), p. 28；Peng et Brinkman, 1993, p. 2016, Fig. 3-12；Sukhanov, 2000, p. 313, 314, Fig. 17.1-A, B；Rabi et al., 2010, p. 262, Fig. 1a, b

正模 IVPP V 7648，一件不完整骨骼，包括完整背甲、破损腹甲、不完整肩带、腰带及肢骨。新疆准噶尔盆地克拉美丽将军庙北约 40 km，石树沟组中部，上侏罗统（相当于牛津阶）（叶祥奎，1986a；Brinkman et al., 2013a）。

归入标本 IVPP V 18100，一件破碎背甲；IVPP V 9537-1 至 V 9537-9 和 V 9537-11 至 V 9537-13，十二件标本，包括甲壳及其他头后骨骼。所有归入标本均产自新疆准噶尔盆地北部五彩湾地区屏风山化石点石树沟组上部，上侏罗统（相当于牛津阶）（Peng et Brinkman, 1993；Brinkman et al., 2013a）。

鉴别特征 新疆龟属之一种，与 *X. tianshanensis*，*X. qiguensis* 和 *X. chowi* 区别于背甲椭圆形。另外与 *X. tianshanensis* 区别于前部缘板明显扩大以及第一缘板接触第一肋板。与 *X. chowi* 区别于骨桥部位缘板不横向扩展。与 *X. radiplicatoides* 区别于背甲表面平滑，不具纹饰及椎盾宽大于长。与 *X. oshanensis* 区别于背甲椭圆形，后部不扩展；颈凹狭窄和前部缘板明显扩大。与 *X. wusu* 区别于椎盾较宽。

产地与层位 新疆准噶尔盆地北部将军庙和五彩湾地区屏风山，上侏罗统石树沟组中上部（相当于牛津阶）。

评注 Peng 和 Brinkman（1993）将屏风山地区的新疆龟和将军庙的新疆龟都归入宽

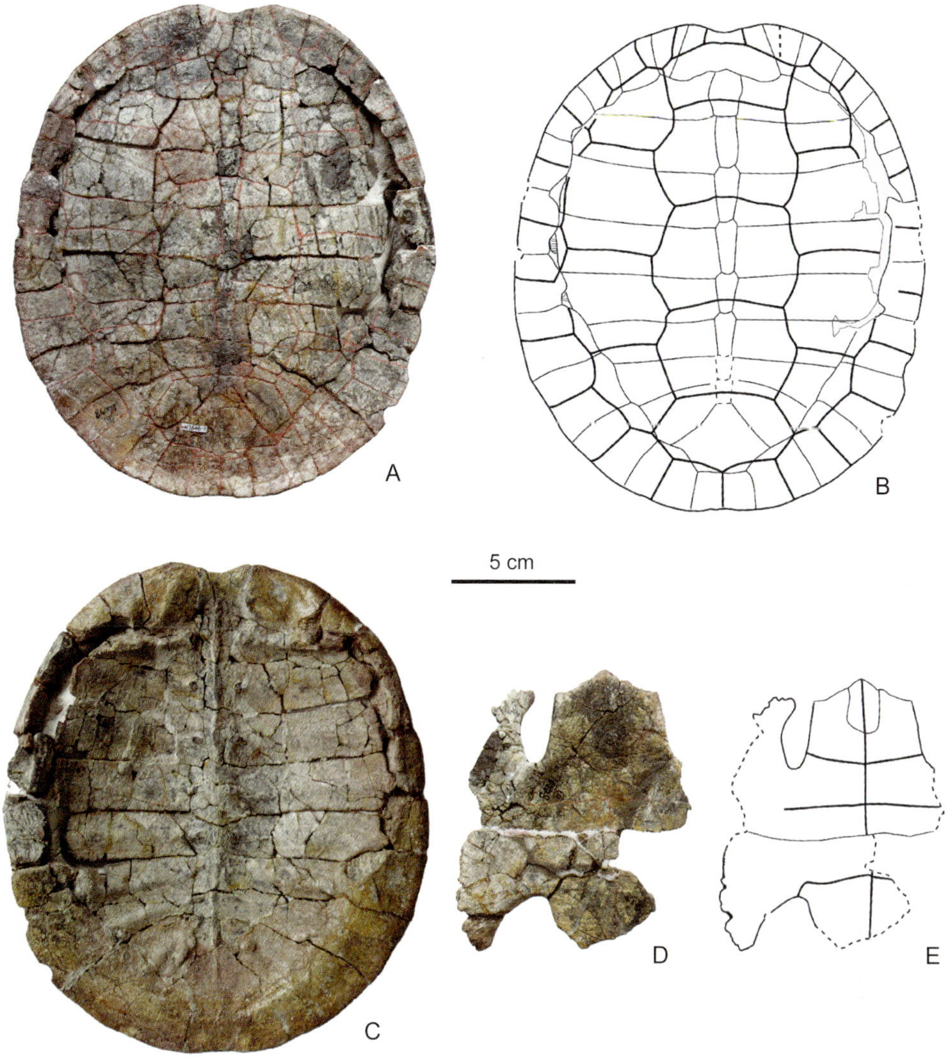

图 87　准噶尔新疆龟 *Xinjiangchelys junggarensis*
A–E. IVPP V 7648（正模），背甲背视（A, B）、背甲腹视（C）和腹甲腹视（D, E）

缘板新疆龟种 [*Xinjiangchelys latimarginalis* (Young et Chow, 1953)]，而 Matzke 等（2004b）认为这两个地区的新疆龟分属于不同的种。本书依从 Brinkman 等（2008）将二者都归入准噶尔新疆龟。

峨山新疆龟 *Xinjiangchelys oshanensis* (Ye, 1973) Tong, Dong et Wang, 2015
（图 88）

Plesiochelys oshanensis：叶祥奎，1973b，160 页，图 2，图版 I；中国科学院古脊椎动物与古人类研究所《中国脊椎动物化石手册》编写组，1979，102 页，图 81，图版 37-1, 2；Sun et al.,

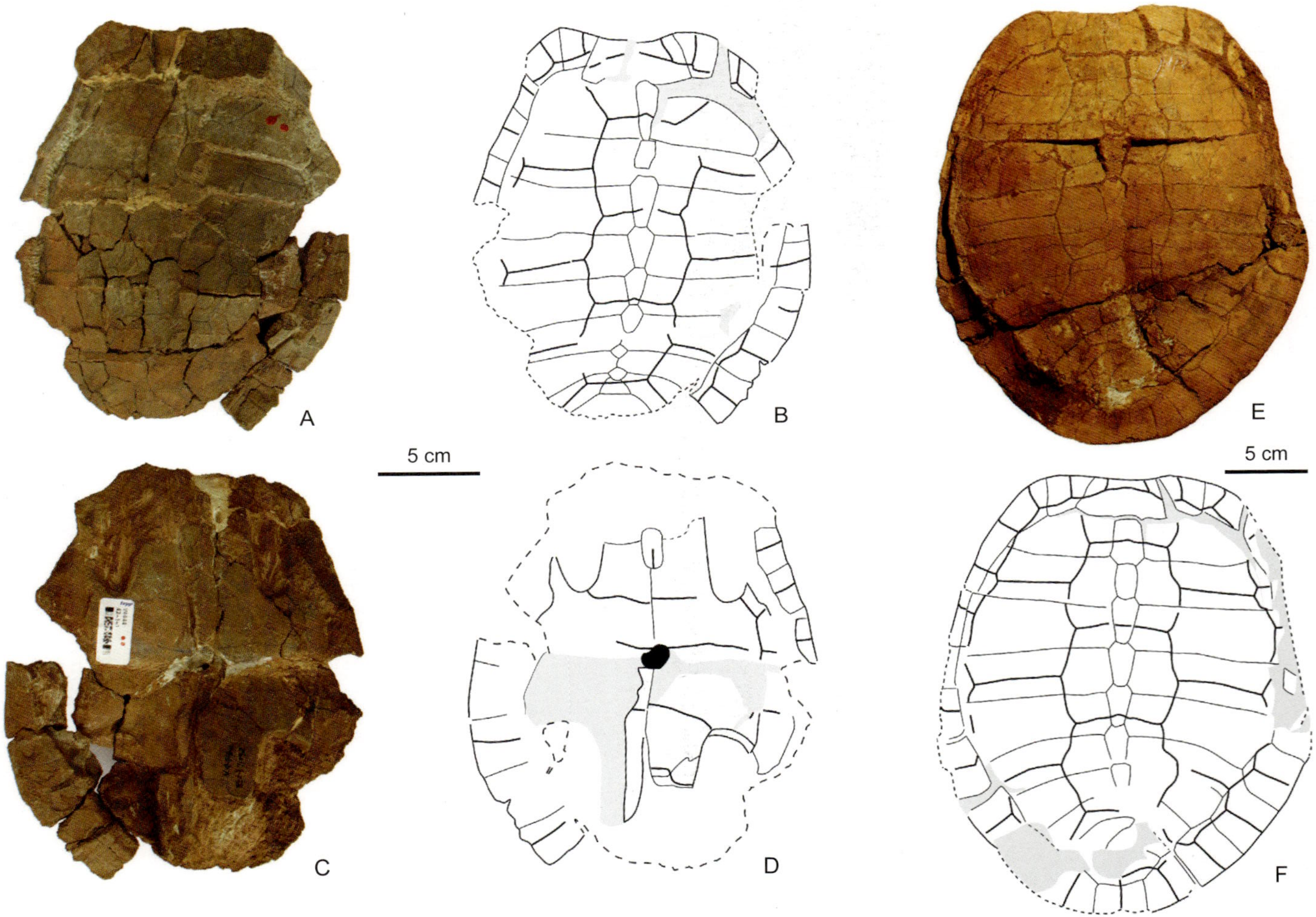

图 88 峨山新疆龟 *Xinjiangchelys oshanensis*

A–D. IVPP V 4444（正模）甲壳背视（A, B）和腹视（C, D）；E, F. LFDM zlj 0255-p36，背甲背视；阴影部分指示破损；引自 Tong et al., 2015

1992, p. 4, Fig. 27；Ye, 1994, p. 23, Fig. 10

Xinjiangchelys? oshanensis：Brinkman et al., 2008, p. 46, Fig. 47

正模 IVPP V 4444，一件近完整背腹甲。云南峨山甸中贾栗木村，中侏罗统（叶祥奎，1973b）。

归入标本 LFDM zlj 0381-p162、LFDM zlj 043、LFDM zlj 0106、LFDM zlj 0414、LFDM zlj 0255-p36，五件甲壳。云南禄丰阿纳乡老长箐，中侏罗统川街组（Tong et al., 2015）。

鉴别特征 新疆龟属之一种，背甲长度约 28 cm。与新疆龟属其他种区别于背甲椭圆形，后部扩展，最大宽度位于第六椎板；背甲肋缘窗、腹甲圆形的中窗和长条状侧窗在较大个体中存在。另外与 *X. radiplicatoides* 区别于背甲表面不具强烈放射状条纹以及第二至第四椎盾长宽近等；与 *X. tianshanensis* 区别于四边形的第一缘板接触第一肋板；与 *X. chowi* 区别于骨桥部位的缘板狭窄；与 *X. junggarensis* 区别于颈凹浅宽以及前侧部缘板不扩展；与 *X. wusu* 区别于第一缘盾较大，第一椎盾较狭窄，与第二缘盾接触短或不与后者接触。

产地与层位 云南峨山甸中、禄丰阿纳，中侏罗统川街组。

评注 峨山新疆龟正模产自上禄丰群下部，当时划归上侏罗统（叶祥奎，1973b）。新归入此种的禄丰材料产自上禄丰群下部川街组，其岩性与模式标本围岩亦相似，二者层位相当。目前上禄丰群下部地层包括川街组均划归中侏罗统，因此峨山新疆龟年代应为中侏罗世（方晓思等，2008；Tong et al., 2015）。

齐古新疆龟 *Xinjiangchelys qiguensis* Matzke, Maisch, Sun, Pfretzschner et Stöhr, 2004

（图 89）

正模 PMOL SGP 2000/5，一不完整骨骼，包括背腹甲、左右肩胛骨、腰带、尺骨和近完整的颈椎系列。新疆准噶尔盆地南部乌鲁木齐西南头屯河附近硫磺沟（Liuhuanggou）地段，中侏罗统齐古组底部（相当于卡洛夫阶）（Matzke et al., 2004b；王思恩、高林志，2012）。

鉴别特征 第一至第六缘板横宽，第一椎盾宽于颈板；臀板大，前缘后凹；第一和第五椎盾伸入缘板；三对喉盾；间喉盾不与肱盾接触；腋盾加大，第一下缘盾缩小；颈长超过背甲长度的一半；颈椎长，双凹形，神经脊低矮；颈椎腹脊从前部颈椎向后部颈椎逐渐加大；荐椎两枚，仅第一枚具有荐肋；肩胛骨肩峰突长，肩胛骨突短，肩峰突远端向腹面弯曲，肩峰突和肩胛骨突之间夹角为 100°；腰带横宽，髂骨短，髂骨后突长于髂骨主体，并与后者形成 90° 夹角；髂骨具长的前内侧突，耻坐窗一分为二。

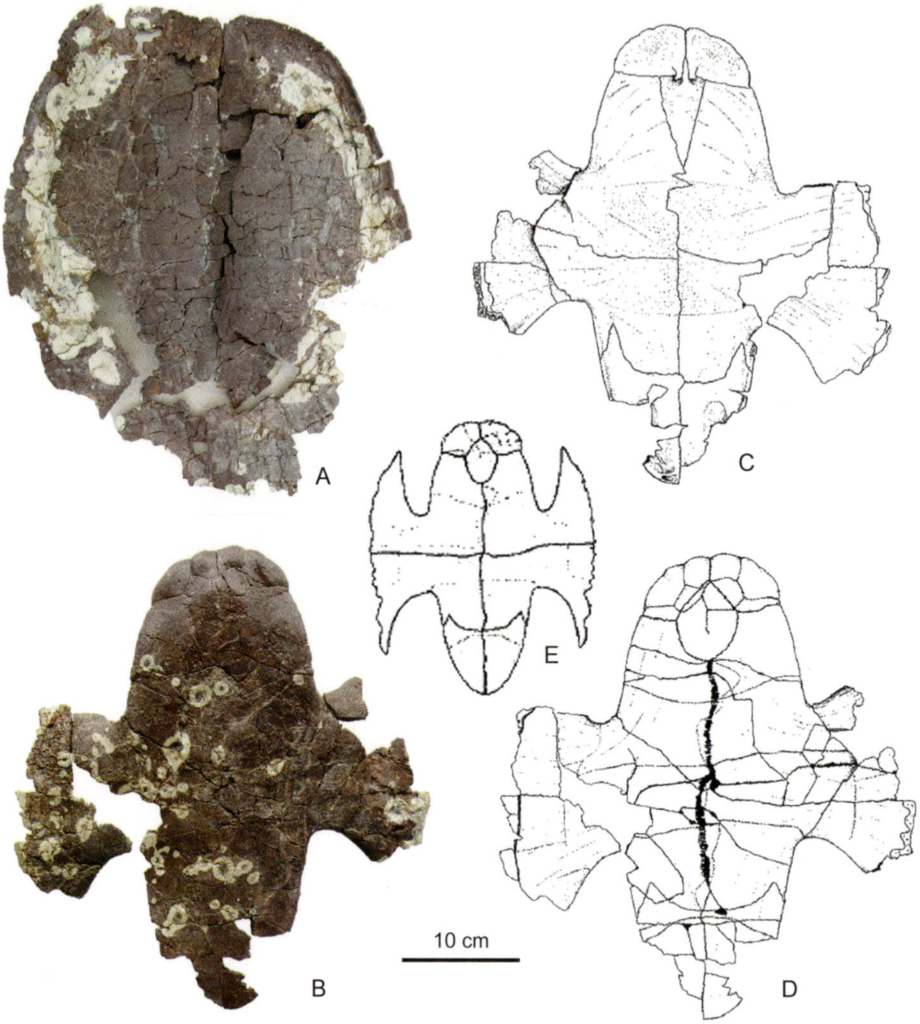

图 89　齐古新疆龟 *Xinjiangchelys qiguensis*
A–D. PMOL SGP 2000/5（正模），背甲背视（A）、腹甲腹视（B, D）、腹甲背视（C）和腹甲复原（E）；C–E 引自 Matzke et al., 2004

产地与层位　仅模式产地。

评注　据 Matzke 等（2004）研究，齐谷组年代为晚侏罗世（牛津期）。根据在新疆准噶尔盆地南缘采样测定的凝灰岩 SHRIMP 锆石 U-Pb 年龄测定和地层沉积速率推算，齐谷组年龄为 164.6–161.8 Ma（王思恩、高林志，2012），相当于卡洛夫期—牛津期。

周氏新疆龟 *Xinjiangchelys chowi* Matzke, Maisch, Sun, Pfretzschner et Stöhr, 2005

（图 90）

正模　PMOL SGP 2000/6，一近完整背甲和右下腹甲。新疆准噶尔盆地南部乌鲁木齐西南头屯河附近硫磺沟地段，中侏罗统头屯河组上部（相当于卡洛夫阶）(Matzke et al., 2005)。

归入标本 IVPP V 18015，不完整背甲及其他头后骨骼，包括一不完整颈椎。新疆准噶尔盆地北部五彩湾地区屏风山 J23 地点，上侏罗统石树沟组上部（相当于牛津阶）（Brinkman et al., 2013a）。

鉴别特征 背甲圆形，低矮，至少长 34.5 cm；第一椎板最大并且横向扩展；第七和第八椎板在背甲表面相互不接触；第一肋板具有游离的肋骨头；第二肋板外侧边缘三角形；小的背甲侧窗至少存在于第一和第二以及第二和第三肋板之间；上臀板两枚；第一上臀板明显长于第二上臀板；臀板短且极横宽，腹面边缘加厚，伸入第二上臀板；第五椎盾明显覆盖缘板和臀板；第十二对缘板较小。腹甲不与背甲缝连；位于背甲、舌腹板和下腹板之间的腹甲侧窗大；胯柱短，具长的尖状侧突；下腹板中部变薄，在中缝处具有尖状突起。荐椎至少两枚，但仅有一对荐肋。

产地与层位 新疆准噶尔盆地南部乌鲁木齐东北头屯河，中侏罗统头屯河组（相当于卡洛夫阶）；准噶尔盆地北部五彩湾地区屏风山 J23 地点，上侏罗统石树沟组上部（相当于牛津阶）。

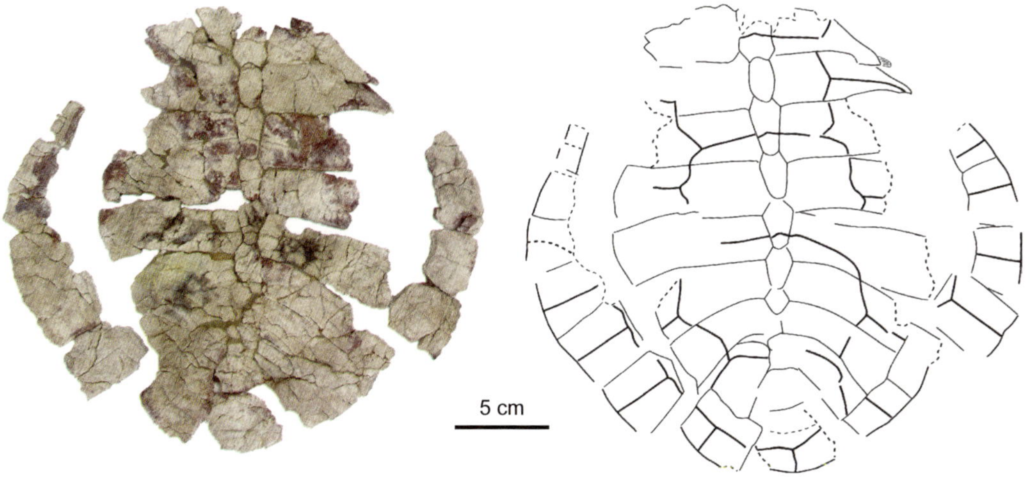

图 90 周氏新疆龟 *Xinjiangchelys chowi*
PMOL SGP2000/6（正模），背甲背视

似放射纹新疆龟 *Xinjiangchelys radiplicatoides* Brinkman, Eberth, Xu, Clark et Wu, 2013

（图 91）

正模 IVPP V 18104（野外编号 WCW-01-19），一件不完整骨骼，包括头骨、背腹甲、保存在甲壳里的不完整左肩带、股骨和胫骨。新疆准噶尔盆地北部五彩湾地区，上侏罗

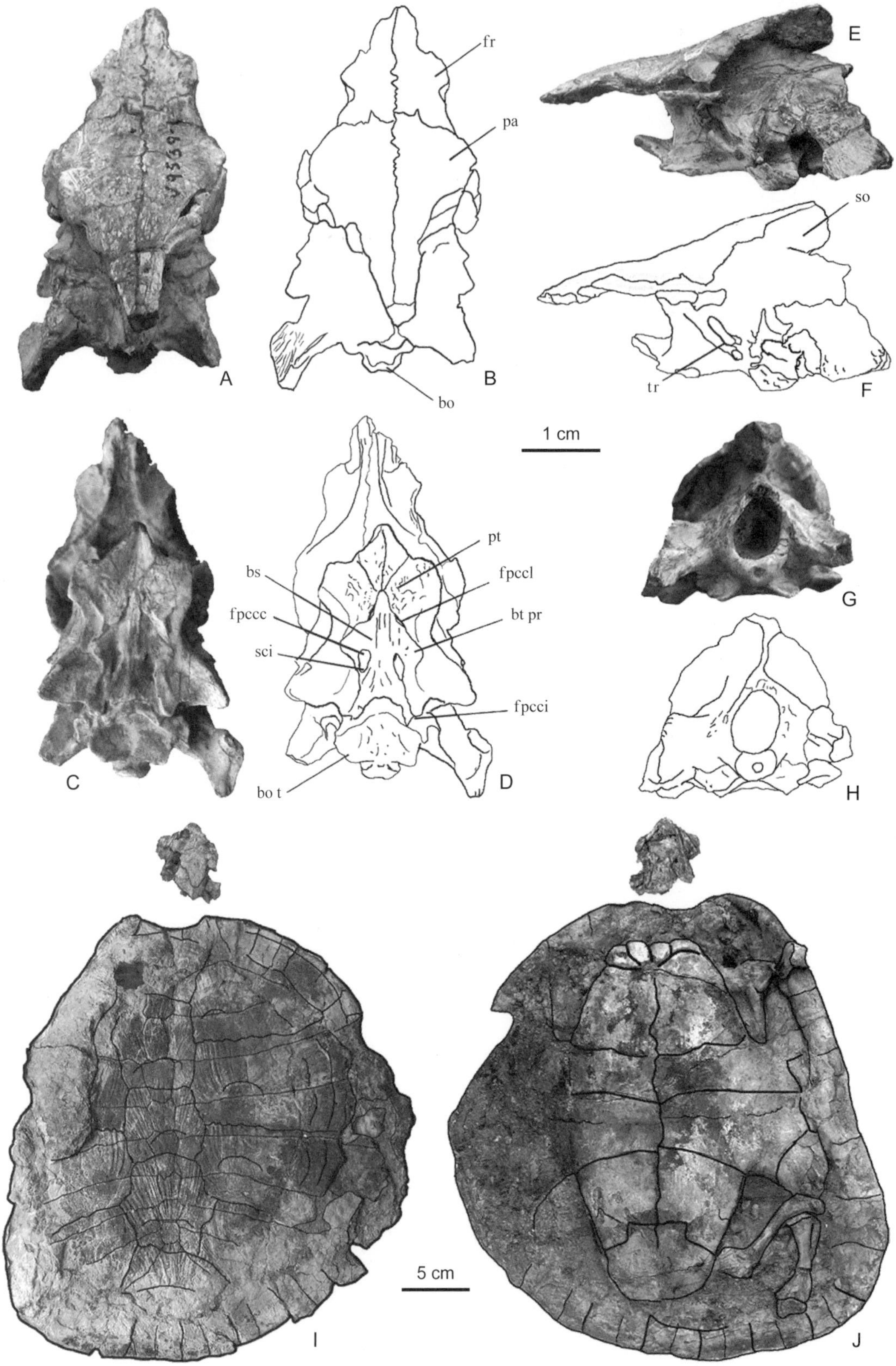

fr
pa
bo
so
tr
1 cm
pt
bs
fpccl
fpccc
bt pr
sci
fpcci
bo t
5 cm
A
B
C
D
E
F
G
H
I
J

统石树沟组上部（相当于牛津阶）。

副模 IVPP V 9539-1 至 IVPP V 9539-17，包括不完整头骨、单独甲壳骨板、肩带和肢骨。新疆准噶尔盆地将军庙地区龟化石层，中侏罗统或上侏罗统石树沟组（卡洛夫阶或牛津阶）。似放射纹新疆龟在将军庙骨化石层中十分丰富，具有该种典型放射性纹饰的肋板在化石点占优势（Brinkman et al., 2013a）。

归入标本 PMOL SGP 2001/34，腹甲后半部以及背甲碎片。新疆准噶尔盆地南部硫磺沟（Liuhuanggou），中侏罗统齐古组下部（Maisch et Matzke, 2014）。

鉴别特征 新疆龟之一种，以成年个体背甲表面具有从椎盾和肋盾后部生长中心向前侧方延伸的放射纹脊和椎盾长宽近等与放射纹成渝龟相似，但区别于其他新疆龟属成员。与放射纹成渝龟区别于放射纹更密集但较弱，从位于椎盾和肋盾后部的平滑中心向外放射，并与和盾片边缘平行的脊突交错（Brinkman et al., 2013a）。

产地与层位 新疆准噶尔盆地北部五彩湾地区，上侏罗统石树沟组上部（牛津阶）；新疆准噶尔盆地北部将军庙地区龟化石层，中侏罗统或上侏罗统石树沟组（卡洛夫阶或牛津阶）；新疆准噶尔盆地南部硫磺沟，中侏罗统齐古组下部（Maisch et Matzke, 2014；王思恩、高林志，2012）。

乌苏新疆龟 *Xinjiangchelys wusu* Rabi, Zhou, Wings, Sun et Joyce, 2013

（图 92）

正模 PMOL SGP A 0100-1，部分骨骼，包括背面暴露的头骨。新疆吐鲁番盆地鄯善市北东东 25 km 龟崖（Turtle Cliff），上侏罗统齐古组？（Rabi et al., 2013）。

副模 PMOL SGP A 0100-3、PMOL SGP A 0100-2，两件骨骼。产地及层位同正模（Rabi et al., 2013）。

鉴别特征 新疆龟属之一种，头骨与 *Annemys levensis* 区别于前额骨完全被额骨分开；与 *Annemys latiens* 区别于头骨较宽，以及腭骨和额骨更广泛参与眼眶形成；与 *X. radiplicatoides* 区别于头骨低矮和具有翼骨间隙残余。甲壳与 *X. chowi*，*X. qiguensis*，*X. tianshanensis* 和 *X. junggarensis* 区别于椎盾狭窄。

←— 图 91 似放射纹新疆龟 *Xinjiangchelys radiplicatoides*

A–H. IVPP V 9539-1，不完整头骨背视（A, B）、腹视（C, D）、左侧视（E, F）和后视（G, H）；I, J. IVPP V 18104（正模），头骨和甲壳背视（I）、腹视（J）；bo t. basioccipital tubercule 基枕骨结节，bt pr. basipterygoid process 基翼骨突，fpccc. *foramen posterius canalis carotici cerebralis* 脑颈动脉后孔，fpcci. *foramen posterius canalis carotici interni* 内颈动脉后孔，fpccl. *foramen posterius canalis carotici lateralis* 侧颈动脉后孔，sci. *sulcus caroticus interus* 内颈动脉沟，tr. tringeminal foramen 三叉神经孔，其余参见图 58；引自 Brinkman et al., 2013a，略修改

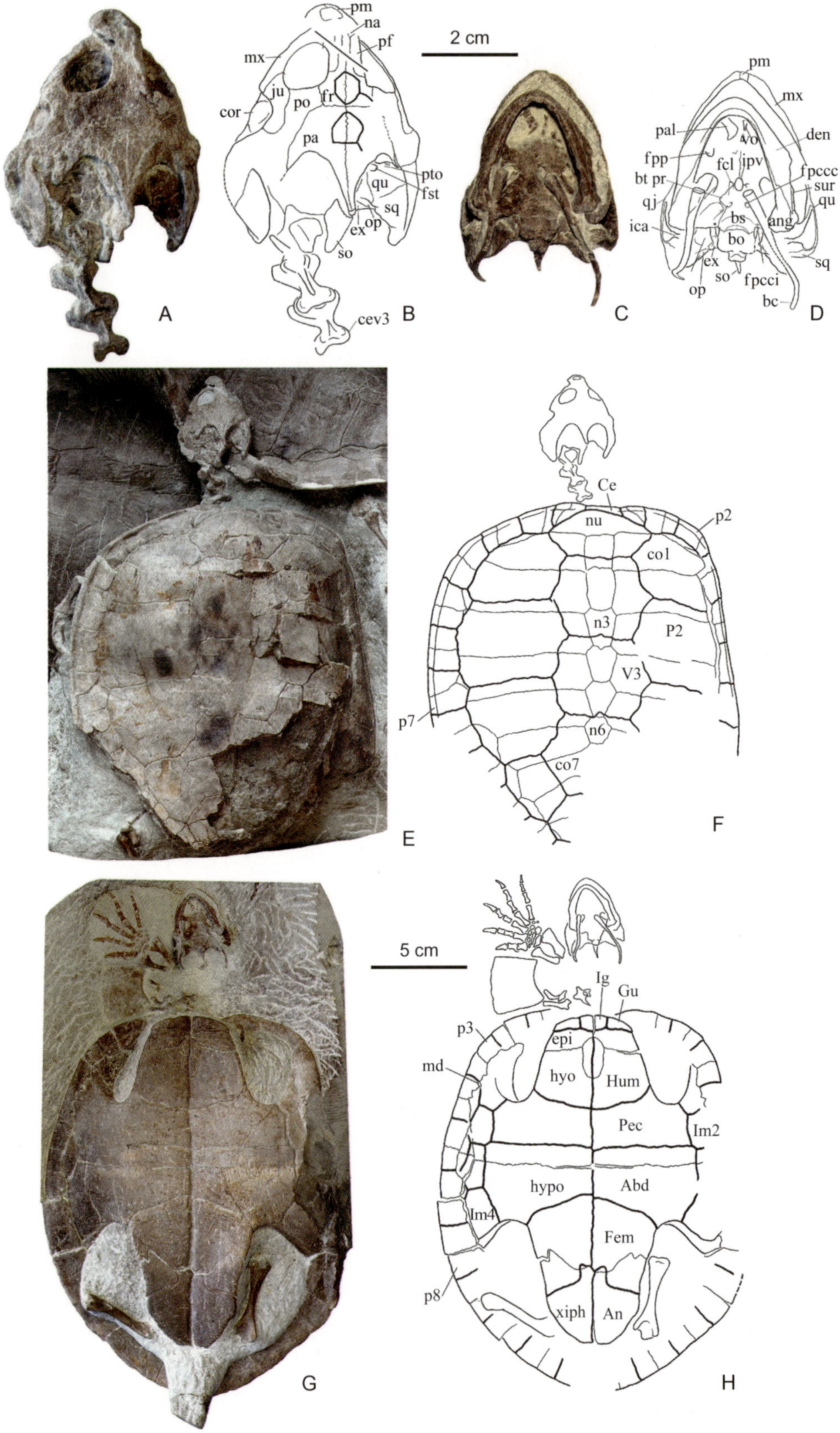
pm
na
pf
mx
ju
po
fr
cor
pa
pto
fst
qu
sq
ex
op
so
cev3
2 cm
pm
mx
pal
vo
den
fpp
fcl
ipv
fpccc
bt pr
sur
qj
qu
bs
ang
ica
bo
ex
sq
so
fpcci
op
bc
A
B
C
D
Ce
nu
p2
co1
n3
P2
V3
p7
n6
co7
E
F
5 cm
Ig
Gu
p3
epi
md
hyo
Hum
Pec
Im2
hypo
Abd
Im4
Fem
p8
xiph
An
G
H

产地与层位 仅模式产地。

评注 根据野外发掘和采集信息，乌苏新疆龟比产于同一地点的安娜龟层位稍高（Rabi，私人通讯，2016 年 6 月）。

新疆龟属（未定种 1）*Xinjiangchelys* sp. 1

（图 93）

Sinemys wuerhoensis：叶祥奎，1973a（部分），8 页，图版 I-2，图版 II-1；中国科学院古脊椎动物与古人类研究所《中国脊椎动物化石手册》编写组，1979（部分），121 页；Sun et al., 1992 (pars), p. 26；Ye, 1994 (pars), p. 28

'*Sinemys*' *wuerhoensis*：Brinkman et Peng, 1993b (pars), p. 2141；Brinkman et al., 2008 (pars), p. 52, Fig. 54

标本 IVPP V 4074，一件保存在岩石块上的腹面暴露的甲壳。

产地与层位 新疆准噶尔盆地乌尔禾，下白垩统吐谷鲁群。

评注 IVPP V 4074 是乌尔禾中国龟（*Sinemys wuerhoensis* Ye, 1973）的正模（叶祥奎，1973a）。Danilov 和 Parham（2007）在对乌尔禾中国龟重新研究时发现乌尔禾中国龟的二十几件标本分属于三个不同种类；而基于下列特征 IVPP V 4074 应归入新疆龟科：腹甲与背甲以韧带相连，上腹板横宽，具间喉盾。在新疆龟科中，IVPP V 4074 依下列特征可归入新疆龟属：内腹板似长方形；间喉盾小，限于上腹板内，肛盾覆盖下腹板。在新疆龟属中，IVPP V 4074 与准噶尔新疆龟最相似，但与后者区别在于内腹板及腹甲后叶狭长，下腹板中后部较长和具有腹甲中窗。Danilov 和 Parham 因此认为乌尔禾中国龟为疑难名（*nomen dubium*），将 IVPP V 4074 定为新疆龟属未定种（Danilov et Parham, 2007）。IVPP V 4074 是新疆龟科少数在早白垩世的代表之一，也是新疆龟属目前在早白垩世的唯一代表。

← 图 92 乌苏新疆龟 *Xinjiangchelys wusu*

A, B, E, F. PMOL SGP A 0100-1（正模），头骨和前部颈椎背视（A, B）、骨骼背视（E, F）；C, D, G, H. PMOL SGP A 0100-3，头骨腹视（C, D）、骨骼腹视（G, H）；bt pr. basipterygoid process 基翼骨突，fcl. *foramen caroticus laterale* 侧颈动脉孔，fpccc. *foramen posterius canalis carotici cerebralis* 脑颈动脉后孔，fpcci. *foramen posterius canalis carotici interni* 内颈动脉后孔，fpp. *foramen palatinum posterius* 后腭孔，fst. *foramen stapedio-temporale* 镫 - 颞孔，Ig. intergular scute 间喉盾，ica. *incisura columellae auris* 耳柱骨切迹，Im. inframarginal scute 下缘盾，ipv. interpterygoid vacuity 翼骨间隙，md. musk duct foramen 麝香腺管孔，pto. *processus trochlearis oticum* 耳滑车突，其余参见图 57、图 58、图 62、图 64；引自 Rabi et al., 2013，略修改

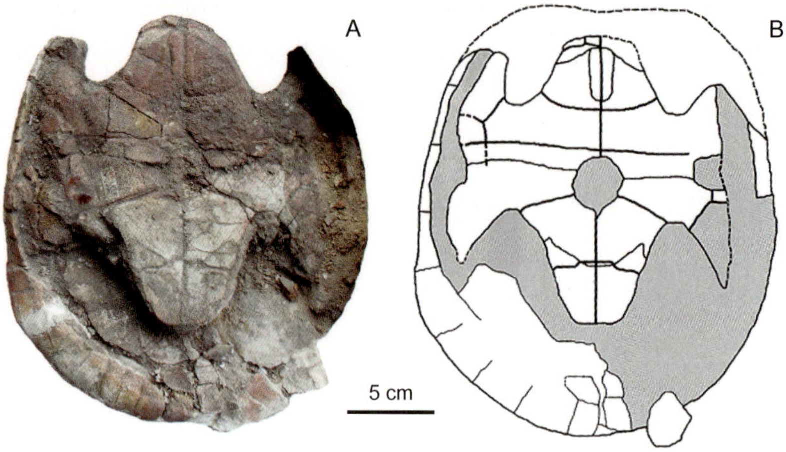

图 93 新疆龟属（未定种 1） *Xinjiangchelys* sp. 1
A, B. IVPP V 4074，甲壳腹视；B 引自 Danilov et Parham, 2007

新疆龟属（未定种 2） *Xinjiangchelys* sp. 2

（图 94）

标本 IVPP V 9537-10，一件龟甲，包括不完整背甲和近完整腹甲。

产地与层位 新疆准噶尔盆地北部屏风山地区沙丘河北约 22 km，上侏罗统石树沟组（Peng et Brinkman, 1993）。

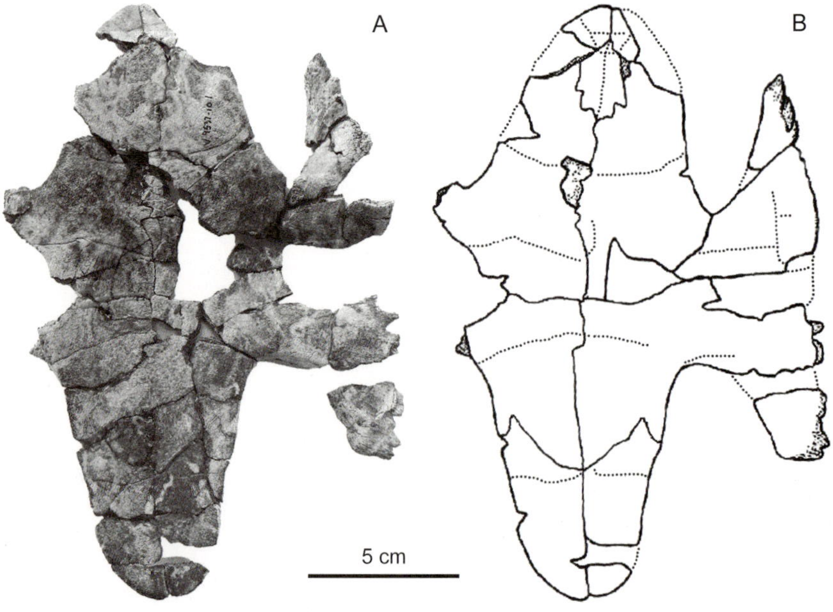

图 94 新疆龟属（未定种 2）*Xinjiangchelys* sp. 2
A, B. IVPP V 9537-10，腹甲腹视；B 引自 Peng et Brinkman, 1993

评注　Peng 和 Brinkman（1993）认为 IVPP V 9537-10 腹甲前后叶狭窄、骨桥较短与同一地点的其他新疆龟标本（*X. junggarensis*）不同，将这件龟甲定为 *Xinjiangchelys* sp.。Matzke 等（2004b）认为 IVPP V 9537-10 与齐古新疆龟相近。

盐都龟属 Genus *Yanduchelys* Peng, Ye, Gao, Shu et Jiang, 2005

模式种　娇小盐都龟 *Yanduchelys delicatus* Peng, Ye, Gao, Shu et Jiang, 2005

鉴别特征　新疆龟科之一属，背甲低矮，后部横向扩展。以后部椎盾覆盖第六和第七肋板边缘以及内腹板位置靠前区别于其他新疆龟科成员。

中国已知种　仅模式种。

分布与时代　四川，中晚侏罗世。

评注　盐都龟属是彭光照等在 2005 年建立的，仅包括只有正模的娇小盐都龟一种。Danilov 和 Parham（2008）对模式标本的解释提出疑问，认为其前后定向是错误的。Tong 等（2012b）重新研究了娇小盐都龟，证实 Danilov 和 Parham 的怀疑；并将一件产自重庆上侏罗统的近完整龟甲［CUT(CDUT) 01048］定为 *Yanduchelys* cf. *delicatus*（图 95E–H）。

娇小盐都龟 *Yanduchelys delicatus* Peng, Ye, Gao, Shu et Jiang, 2005

（图 95）

正模　ZDM 0162，一不完整背腹甲。四川自贡，确切地点不详；中侏罗统或上侏罗统（彭光照等，2005）。

鉴别特征　同属。

产地与层位　仅模式产地。

安娜龟属 Genus *Annemys* Sukhanov et Narmandakh, 2006

模式种　宽安娜龟 *Annemys latiens* Sukhanov et Narmandakh, 2006

鉴别特征　新疆龟科之一属，个体中等大小，甲壳长达 25 cm；背甲近圆形，甲壳后部加宽，最大宽度位于背甲后部 1/3 处；椎板狭窄，七枚或八枚，第七和第八椎板退化；第七对肋板在背甲中缝处互相接触；第一缘板接触第一肋板；第八至第十一缘板宽大；臀板较长；腹甲前缘短截且平直；腹甲前叶短于且宽于腹甲后叶；腹甲中部加厚，不具中窗；骨桥短（其长度为腹甲长度的 35%，或为腹甲宽度的 40%）；上腹板不扩大，近五边形，上舌缝以及上腹板长轴与腹甲中缝几近垂直；内腹板狭长，背面楔形，腹面较背面短宽；第一椎盾宽度适中，较短，仅比椎板略宽并与第二缘盾短暂接触；第二、

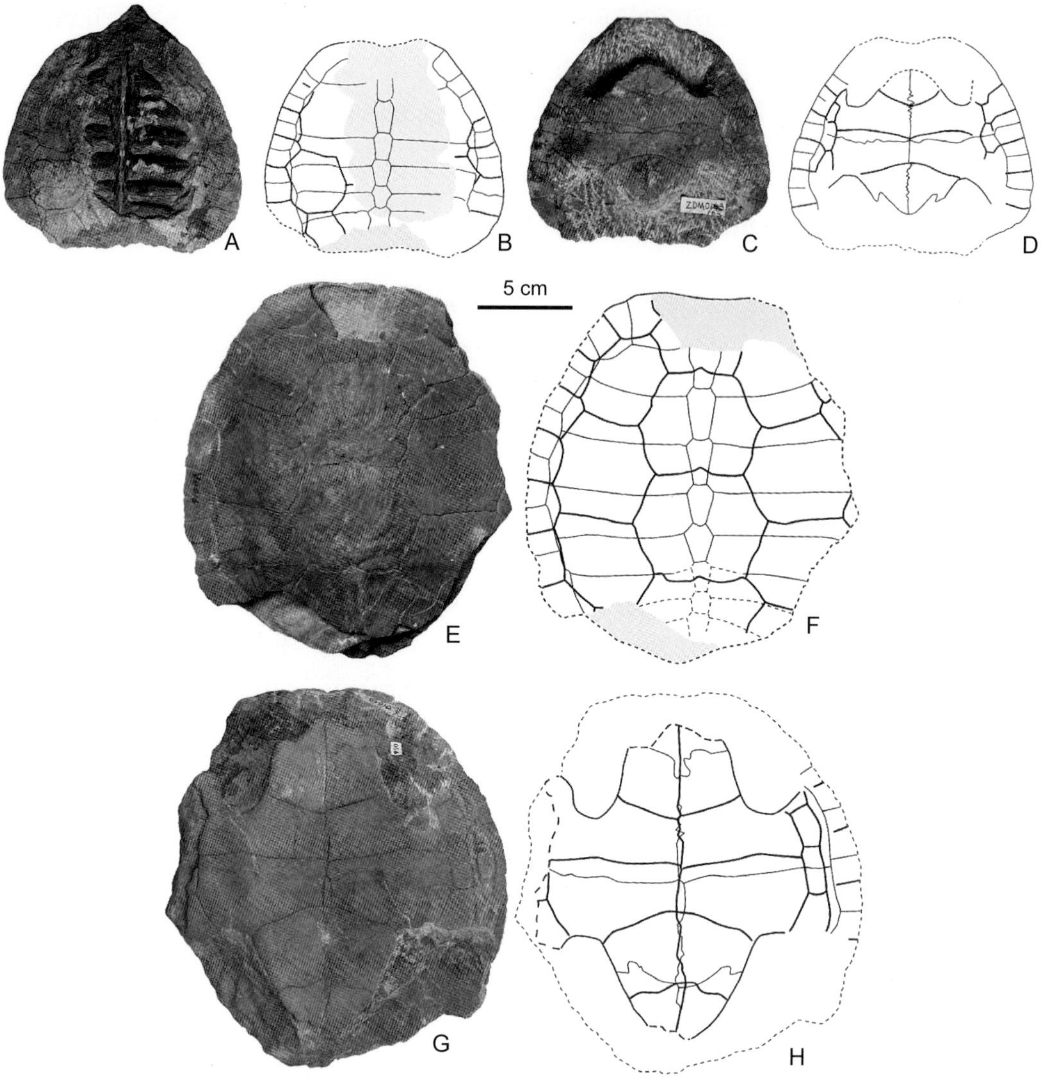

图 95 娇小盐都龟 *Yanduchelys delicatus* 和娇小盐都龟相似种 *Yanduchelys* cf. *delicatus*

A–D. ZDM 0162（正模），甲壳背视（A, B）和腹视（C, D）；E–H. CUT(CDUT) 01048（相似种），甲壳背视（E, F）和腹视（G, H）；引自 Tong et al., 2012b

第三椎盾近方形，窄于其他椎盾；第四椎盾六边形，长略小于宽，其前缘与后缘近等长；第五椎盾与第一椎盾宽度相近，但宽于第二上臀板，较第一椎盾略长，但比第四椎盾短；肋盾较宽（其宽大于长，且宽于相应椎盾）；第十二对缘盾不覆盖第二上臀板；间喉盾与喉盾大小相近或较后者略小，并将后者完全隔开。与 *Xinjiangchelys radiplicatoides* 区别在于头骨较低矮，颞凹较深，上枕骨脊较长以及基枕骨结节退化。

分布与时代 蒙古、中国（新疆），中晚侏罗世。

评注 有些学者依照分支系统学分析结果将安娜龟归入新疆龟属（Matzke et al., 2004b；Tong et al., 2012b），也有些学者认为安娜龟属是有效的（Rabi et al., 2010；Wings et al., 2012；Brinkman et al., 2013a；Rabi et al., 2014）。本书遵循后者，因为安娜龟的头骨和新疆龟明显不同。

安娜龟属（未定种）***Annemys* sp.**

（图 96）

标本　IVPP V 18106，一件不完整骨骼，包括近完整头骨、四个颈椎及不完整背甲；

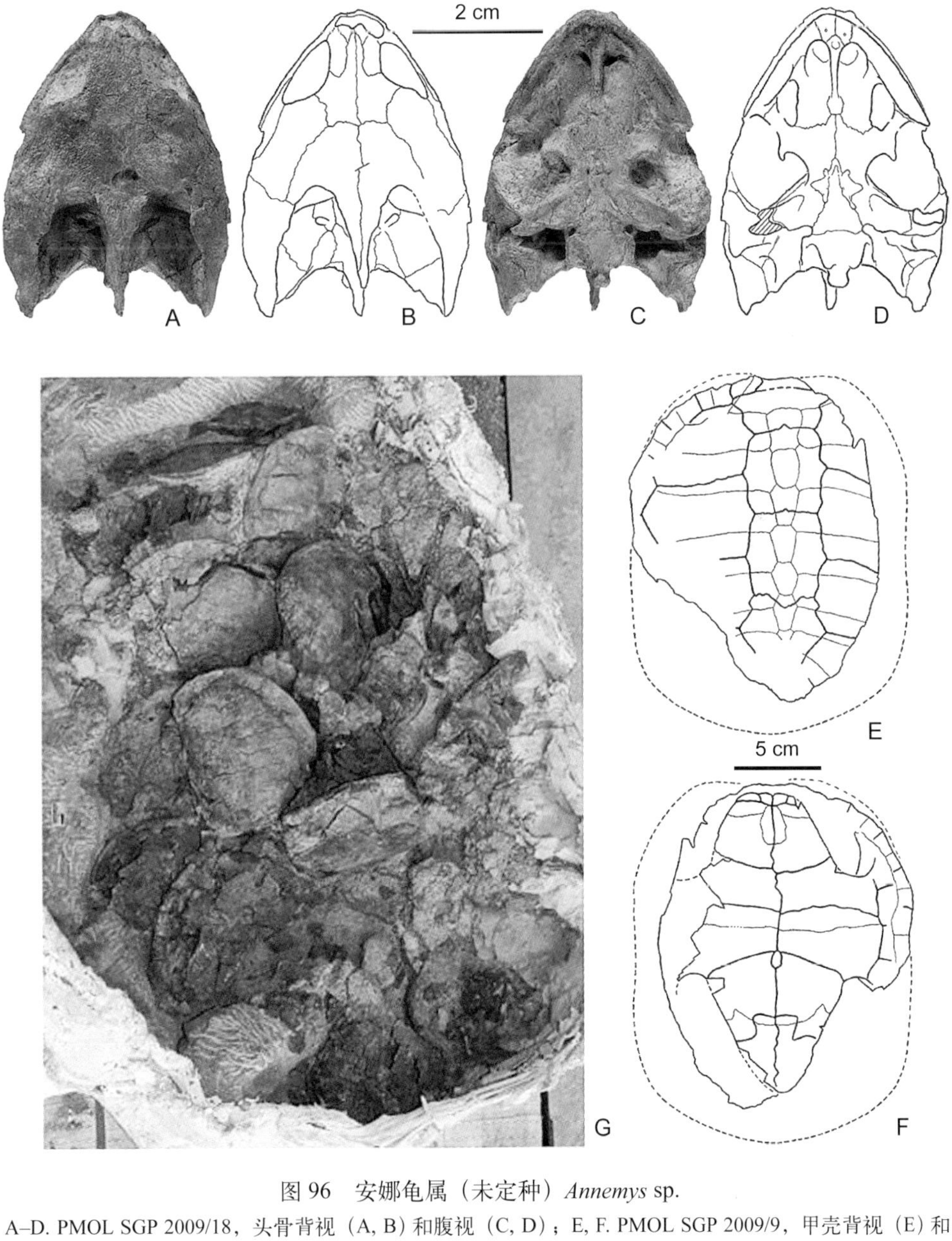

图 96　安娜龟属（未定种）*Annemys* sp.

A–D. PMOL SGP 2009/18，头骨背视（A, B）和腹视（C, D）；E, F. PMOL SGP 2009/9，甲壳背视（E）和腹视（F）；G. 龟化石堆积层；引自 Wings et al., 2012

IVPP V18107，残破背甲。两件标本均产自新疆准噶尔盆地北部五彩湾地区，上侏罗统石树沟组上部（相当于牛津阶）(Brinkman et al., 2013a)。PMOL SGP 2009/4、PMOL SGP 2009/9、PMOL SGP 2009/14、PMOL SGP 2009/18，甲壳及头骨。新疆吐鲁番盆地鄯善市北东东 25 km 龟崖（Turtle Cliff），中侏罗统上部齐古组（Wings et al., 2012）。

评注 新疆吐鲁番盆地鄯善市北东东 25 km 龟崖有大量龟化石堆积，堆积层约为 10 m 厚，密集程度为每平方米 36 只龟，保守估计共有 1800 多只龟埋藏在那里。吐鲁番盆地在晚侏罗世是一个山间盆地，有炎热的季风气候和短暂的干旱环境。这些水生龟在干旱季节河流干涸的时候聚集在残留的水坑里，就像现生水生龟类一样；在水坑完全干枯时集群死亡。当下一个雨季来临，暴雨在干河床里形成的急流将完整的和散落的龟骨骼短距离搬运形成密集堆积。据初步研究，这些龟大多属于安娜龟属（Wings et al., 2012）。

原新疆龟属 Genus *Protoxinjiangchelys* Tong, Danilov, Ye, Ouyang et Peng, 2012

模式种 盐原新疆龟 *Protoxinjiangchelys salis* Tong, Danilov, Ye, Ouyang et Peng, 2012

鉴别特征 原始的新疆龟科成员，背甲长约 200 mm。具下列特征组合：①背甲低，椭圆形；②颈凹浅；③所有椎盾都极横宽；④腹甲与背甲缝连；⑤腹甲前叶和后叶狭长；⑥上腹板似四边形，中间接缝长；⑦内腹板菱形，长大于宽；⑧一对间喉盾不覆盖内腹板；⑨肱胸沟位置靠前，远离腹甲前叶基部；⑩胸盾明显长于腹盾；⑪股肛沟伸至下剑缝。以中腹板缺失区别于巴蜀龟科。以特征③，④，⑨和⑩区别于新疆龟属。以特征③，⑦，⑨和⑩区别于天府龟属。以背甲椭圆形，后部不扩展及后侧缘盾不覆盖第六和第七肋板边缘区别于盐都龟属。

中国已知种 仅模式种。

分布与时代 四川，中侏罗世。

盐原新疆龟 *Protoxinjiangchelys salis* Tong, Danilov, Ye, Ouyang et Peng, 2012

（图 97）

Chengyuchelys zigongensis：叶祥奎，1990a，306 页；彭光照等，2005，40 页，图 25E-F

Chengyuchelys cf. *zigongensis*：Ye, 1994, p. 9

正模 ZDM 3009，一件完整背腹甲。四川自贡大山铺，中侏罗统下沙溪庙组。

鉴别特征 同属。

产地与层位 仅模式产地。

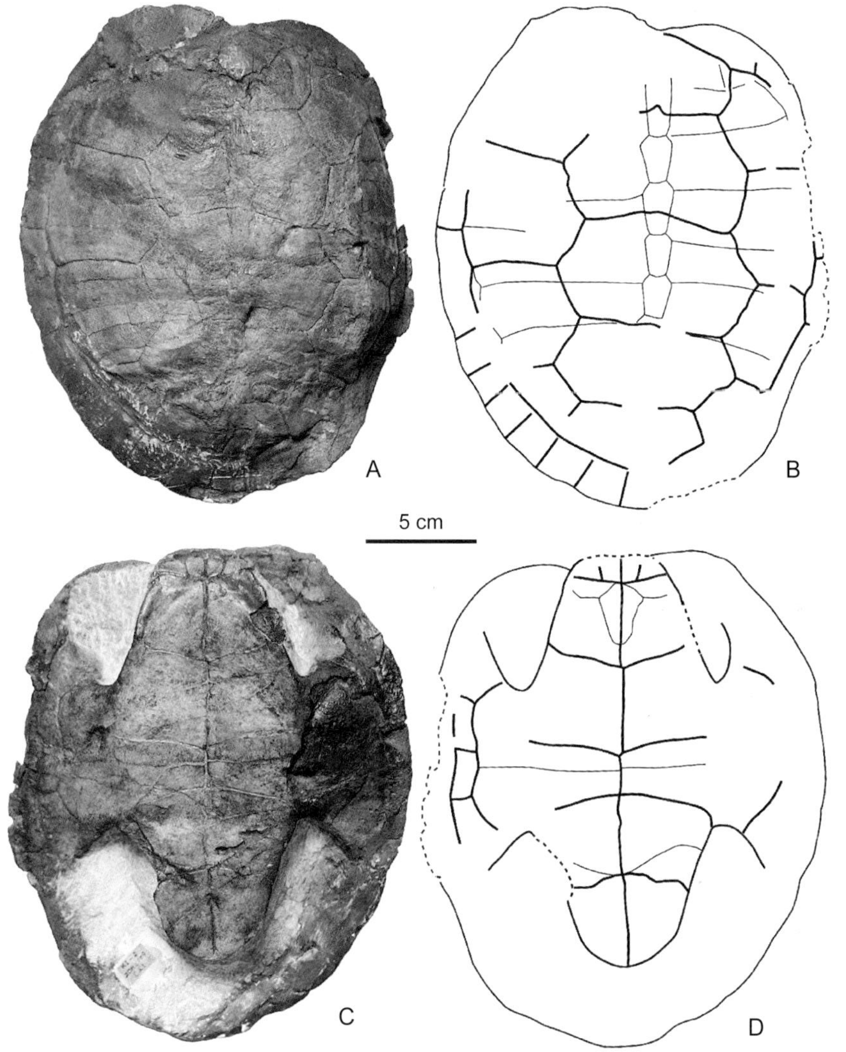

图 97　盐原新疆龟 *Protoxinjiangchelys salis*
A–D. ZDM 3009（正模），甲壳背视（A, B）和腹视（C, D）；引自 Tong et al., 2012a

原新疆龟属（未定种）*Protoxinjiangchelys* sp.

Chengyuchelys sp.：叶祥奎，1982a，285 页，图版 II，d-e；Ye, 1990, p. 306；Ye, 1994, p. 10

标本　CQMNH C.1002（C.V. 00679，叶祥奎，1982a），一件不完整背腹甲。四川自贡大山铺，中侏罗统下沙溪庙组（Tong et al., 2012a）。

评注　叶祥奎（1982a）原将这件标本归入 *Chengyuchelys* sp.。该标本横宽的椎盾和缺失中腹板的特征与 *Protoxinjiangchelys* 相同，但是与后者区别在于第三和第四椎盾较第二椎盾略为横宽，以及第三和第四椎盾间沟位于第五椎板上。

原新疆龟属？ Genus *Protoxinjiangchelys* Tong, Danilov, Ye, Ouyang et Peng, 2012 ?

标本 CQMNH C.1531（重庆永川区，上侏罗统），ZDM 0044（四川自贡大安县新民乡，上侏罗统上沙溪庙组）：两件甲壳（Tong et al., 2012b）。

评注 这两件产自四川盆地上侏罗统上沙溪庙组的龟甲可能为原新疆龟在晚侏罗世的代表。

新疆龟科（不定属和种） Xinjiangchelyidae gen. et sp. indet.

标本 一件破碎龟甲。湖南辰溪苍子庙，侏罗系（叶祥奎，1983c）。

评注 叶祥奎在 1983 年曾记述产自湖南辰溪苍子庙侏罗纪的一件破碎龟甲，认为其可能具有中腹板而可与成渝龟（*Chengyuchelys sensu* Young et Chow, 1953）对比（叶祥奎，1983c）。根据叶祥奎的原始描述和插图，这件标本具有下缘盾，并具下列特征，可以归入新疆龟科：喉盾 / 间喉盾和肱盾之间的沟成一直线并位于内腹板前缘，肱胸沟位于腹甲前叶基部，胸盾和腹盾长度相近。根据描述，在这块标本上“中腹板”与前面舌腹板的接缝是清晰的，但后面与下腹板的接缝是一断裂。由以上特征组合推测，中腹板很可能是不存在的。这是新疆龟科目前在中国地理上最靠东的记录。叶祥奎称该标本在研究完毕后归还原单位保存（叶祥奎，1983c），现去向不明。

中国龟科 Family Sinemydidae Ye, 1963

模式属 中国龟属 *Sinemys* Wiman, 1930

鉴别特征 甲壳长度约为 20 cm；背甲低平；颈盾缺失，第一椎盾伸至背甲前缘；臀板缺失，第二上臀板介入背甲后缘；第五椎盾伸至背甲后缘；第七缘板向外扩张，形成侧突或长棘刺；上腹板小，三角形；内腹板在腹面呈横向延长的条带状，将上腹板与舌腹板完全隔开；腹甲后缘几乎伸至背甲后缘；头骨低；一对前额骨不在头骨中线相互接触；眶后骨短；基蝶骨在翼骨之间向前远伸；后耳骨在头骨腹面暴露在翼骨和基枕骨之间。

中国已知属 仅模式属。

分布与时代 内蒙古、山东、甘肃，早白垩世。

评注 中国龟科是中国早白垩世土著小型淡水龟类。该科是叶祥奎在 1963 年建立的，当时包括中国龟属（*Sinemys* Wiman, 1930）和满洲龟属（*Manchurochelys* Endo et Shikama, 1942）两个属（叶祥奎，1963a）。Brinkman 和 Peng（1993b）维持叶祥奎关于中国龟科的定义，认为该科具有下列两个近裔特征：腹甲后叶拉长、基部狭窄和第一上臀板小于第二上臀板；并在稍后将龙龟属（*Dracochelys*）归入该科（Brinkman, 2001）。分支系统学分析表明在这个定义下的中国龟科为单系类群，具有眶后骨不接触鳞骨，第八颈椎椎体双凸型及其背神经脊低矮三个近裔特征（Zhou, 2010a, 2010b）。Chkhikvadze（1976a）扩大了中国龟科，将“大贝氏龟科”成员也包括进去（*Macrobaena* Tatarinov, 1959；*Kirgizemys* Nessov et Khosatzky, 1973；*Hangaiemys* Sukhanov et Narmandakh, 1974；*Yaxartemys* Riabinin, 1948）。这些属与中国龟属和满洲龟属共有腋柱和胯柱退化，腹甲窗洞发育，以及腹甲前叶短、呈三角形等特征。在这个基础上 Gaffney（1996）重新定义的中国龟科包括 *Sinemys*，*Dracochelys*/*Hangaiemys*，*Ordosemys* 和其后命名为 *Judithemys sukhanovi* Parham et Hutchison, 2003 的产自北美的 TMP 87.2.1 标本，认为它们共有两个明确的近裔特征：内颈动脉管腹面为骨质薄板闭合和第八颈椎椎体双凸型。Brinkman 等（2008）接受扩大的中国龟科的观点，将中国早白垩世以前归入中国龟科和大贝氏龟科的所有属种都归入中国龟科，包括 *Sinemys*，*Wuguia*，*Dracochelys*，“*S.*” *wuerhoensis*，*Honkongochelys*，*Manchurochelys*，*Ordosemys* 和 *Yumenemys*；因为这些属种共有第八颈椎椎体双凸型的特征。同时 Brinkman 等还指出这些属可以分为两个类群：以 *Dracochelys* 为代表的原始类群，具有完整的缘盾序列在臀板上相互接触；以 *Sinemys* 为代表的进步类群，具有退化的缘盾序列，从而使第五椎盾介入背甲后缘。所有的分支系统学分析都表明这个扩大的中国龟科构成复系类群（Gaffney, 1996；Brinkman et Wu, 1999；Parham et Hutchison, 2003；Joyce, 2007；Vandermark et al., 2009；Zhou, 2010a, 2010b；Anquetin, 2012）。

相反的观点认为中国龟科和大贝氏龟科不应该合并，因为 *Sinemys* 的近裔特征并不显示在大贝氏龟科中（Khosatzky et Nessov, 1979）。Brinkman 和 Peng（1993b）指出退化的具有窗洞的腹甲广泛存在于隐颈龟其他类群中，如 Trionychoidae，Chelydridae 和 Cheloniidae，应该作为原始特征看待。大贝氏龟科具三角形、短的腹甲后叶，与原始隐颈龟的新疆龟科十分接近，这一特征不能用作建立属以上分类单元的依据；因此得出扩大的中国龟科没有近裔特征支持的结论。与扩大的中国龟科观念相反，Sukhanov（2000）将中国龟科缩小到仅包括中国龟属和它的三个种：*S. lens*，*S. gamera* 和 ?*S. efremovi*。这一缩小的中国龟科与 Brinkman 等（2008）中国龟科的进步类群相对应。其后的研究将 ?*S. efremovi* 移入大贝氏龟科（Danilov et Sukhanov, 2006）。近年 Tong 和 Brinkman（2013）又重新定义了中国龟科，使该科仅包括中国龟属的三个种：*Sinemys lens* Wiman, 1930，*S. gamera* Brinkman et Peng, 1993 和 *S. brevispinus* Tong et Brinkman, 2013。

中国龟生活在河流里。Brinkman 和 Peng（1993）提出 *S. gamera* 在水流湍急的河里生活，其发育的侧刺棘起着增强稳定性和避免甲壳在水中翻滚的作用。*S. brevispinus* 的侧棘刺应该有相似的功能，但是其流线型的甲壳表明这种龟在水中游动速度更快。所以尽管都生活在河流里，不同的甲壳形态表明它们适应不同的水动力环境。

中国龟属 Genus *Sinemys* Wiman, 1930

模式种 圆镜中国龟 *Sinemys lens* Wiman, 1930

鉴别特征 同科。

中国已知种 圆镜中国龟 *Sinemys lens* Wiman, 1930，滑翔中国龟 *S. gamera* Brinkman et Peng, 1993，短刺中国龟 *S. brevispinus* Tong et Brinkman, 2013；共 3 种。

分布与时代 山东、甘肃、内蒙古，早白垩世。

圆镜中国龟 *Sinemys lens* Wiman, 1930

（图 98）

群模 MEUU: PMU. R 1500、PMU. R 1501、PMU. R 1502、PMU.R 1503、PMU. R 1504、PMU. R 1505、PMU. R 1506，共七件标本（标本 1–7；Wiman, 1930）。山东新泰宁家沟，下白垩统蒙阴组（Wiman, 1930）。

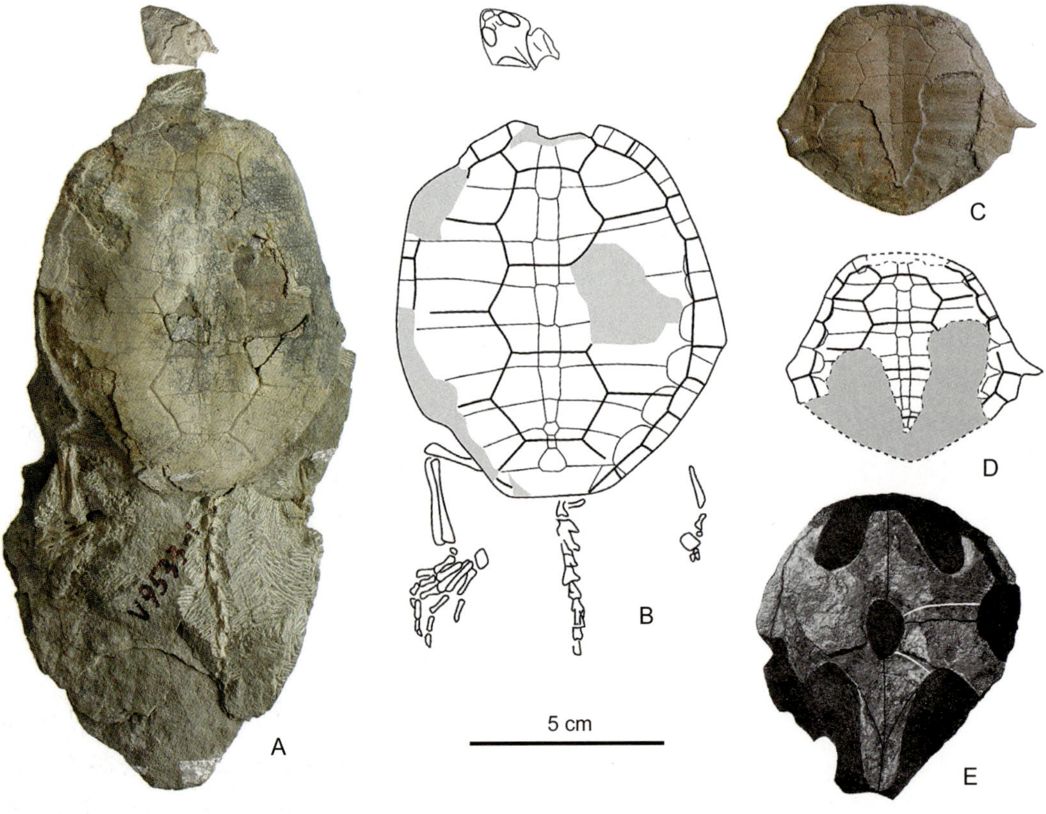

图 98 圆镜中国龟 *Sinemys lens*

A, B. IVPP V 9533-1，骨骼背视；C, D. IVPP V 8755. 背甲背视；E. 甲壳腹视；阴影部分指示破损；B 依 Brinkman et Peng, 1993b 重绘，E 引自 Wiman, 1930

归入标本 IVPP V 9533-1、IVPP V 9533-3，两件近完整骨骼；IVPP V 9533-2、IVPP V 9533-4、IVPP V 9533-5，三件背腹甲；IVPP V 8755，一件背甲。产地及层位同正模（Brinkman et Peng, 1993b）。

鉴别特征 中国龟属之一种，以下列特征区别于滑翔中国龟：甲壳表面光滑，肋缘窗缺失；腹甲侧窗窄缝状或缺失；成年龟个体大，甲壳长大于宽，第七缘板侧向棘刺不甚发育，第三和第四椎盾长大于宽，椎肋沟微呈角状。

产地与层位 仅模式产地。

评注 圆镜中国龟从幼年到成年甲壳形态变化较大。Brinkman 和 Peng（1993b）研究了从幼年到成年发育的一系列个体，发现幼年个体第七缘板外侧边缘发育有长的侧棘刺，而成年个体仅在同一部位发育有微弱的侧突。

蒙阴组年代最初认为是早白垩世（Wiman, 1930）。但是后来基于叶肢介和恐龙动物群，蒙阴组的年代又被认为是晚侏罗世（陈丕基，1982；Dong, 1992）。目前在《中国地层典 - 白垩系》和《山东省岩石地层》中，蒙阴系、蒙阴群和蒙阴组均已被废弃，将其相关地层等同于莱阳群，统一了鲁东和鲁西地区地层的称谓。莱阳群时代为早白垩世（中国地层典编委会，2000；山东地质矿产局，1996）。

滑翔中国龟 *Sinemys gamera* Brinkman et Peng, 1993

（图 99）

正模 IVPP V 9532-1，一件背甲右后部，包括第五到第八肋板，第六到第十一缘板和右下腹甲。内蒙古杭锦旗以西 53 km 老龙豁子，下白垩统罗汉洞组。

副模 IVPP V 9532-2 至 V 9532-10 和 IVPP V 9532-12，甲壳骨片；IVPP V 9532-11，头骨。产地及层位同正模（Brinkman et Peng, 1993b）。

鉴别特征 中国龟属之一种，以下列特征区别于圆镜中国龟：个体大，第七缘板具长的侧棘刺；肋缘窗大；腹甲侧窗大而圆；第四和第五椎盾之间的沟位于第七椎板和第七肋板后部而不在第八椎板上；个体发育变化较圆镜中国龟小，所以滑翔中国龟中大个体者和圆镜中国龟中小个体者形态相似，但和后者大个体者不同之处在于其甲壳极扁平，甲壳后部极度缩短，椎盾宽大于长，椎肋沟呈强烈角状。

产地与层位 仅模式产地。

短刺中国龟 *Sinemys brevispinus* Tong et Brinkman, 2013

（图 100）

正模 IVPP V 9538-1，一件近完整骨骼，包括头骨后部、完整颈椎系列、不完整

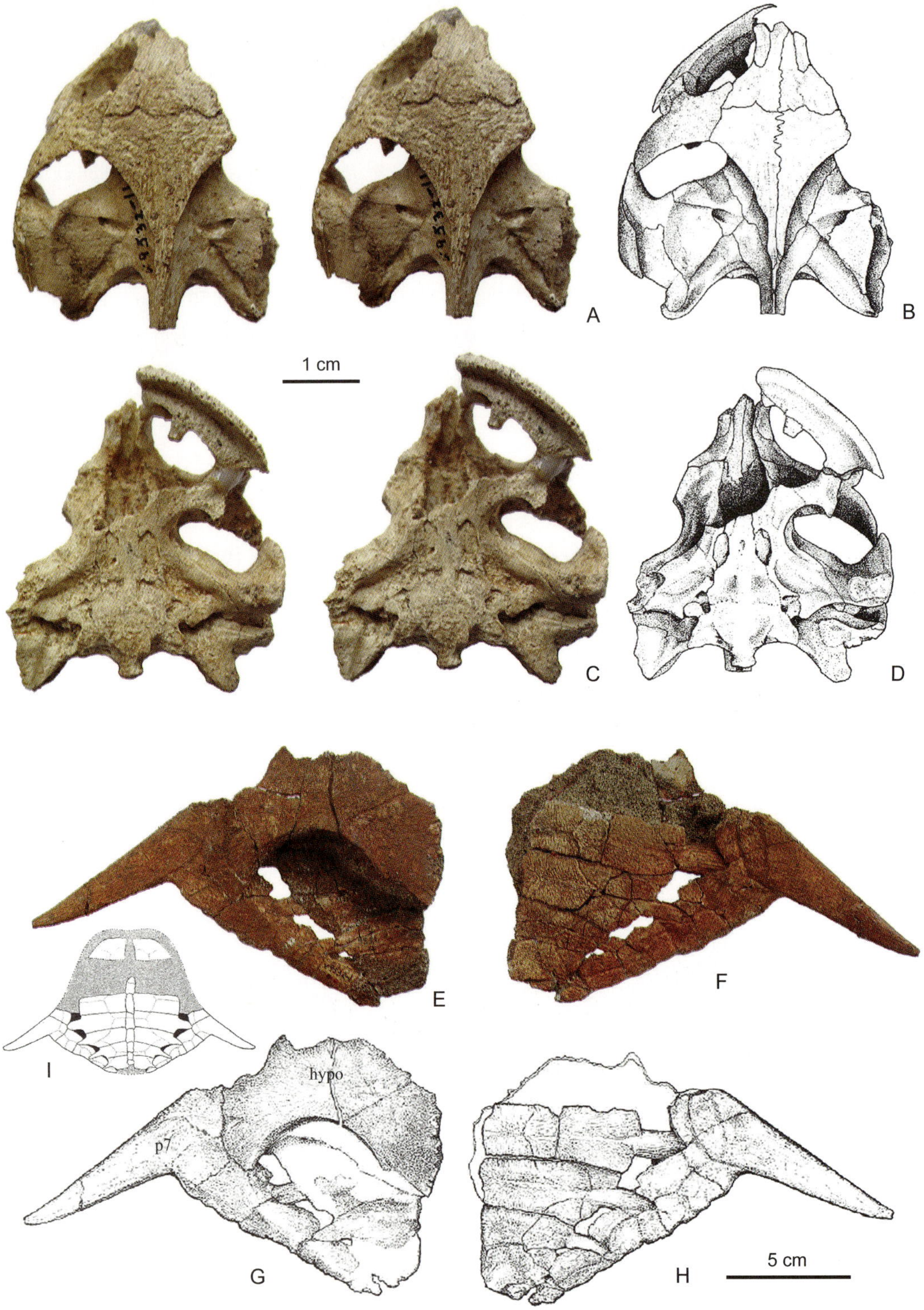

图 99　滑翔中国龟 *Sinemys gamera*

A–D. IVPP V 9532-11，头骨背视（A, B）和腹视（C, D）；E–H. IVPP V 9532-1（正模），部分甲壳腹视（E, G）和背视（F, H）；I. 背甲复原图；缩写参见图 64；B, D, G–I 引自 Brinkman et Peng, 1993b，略修改

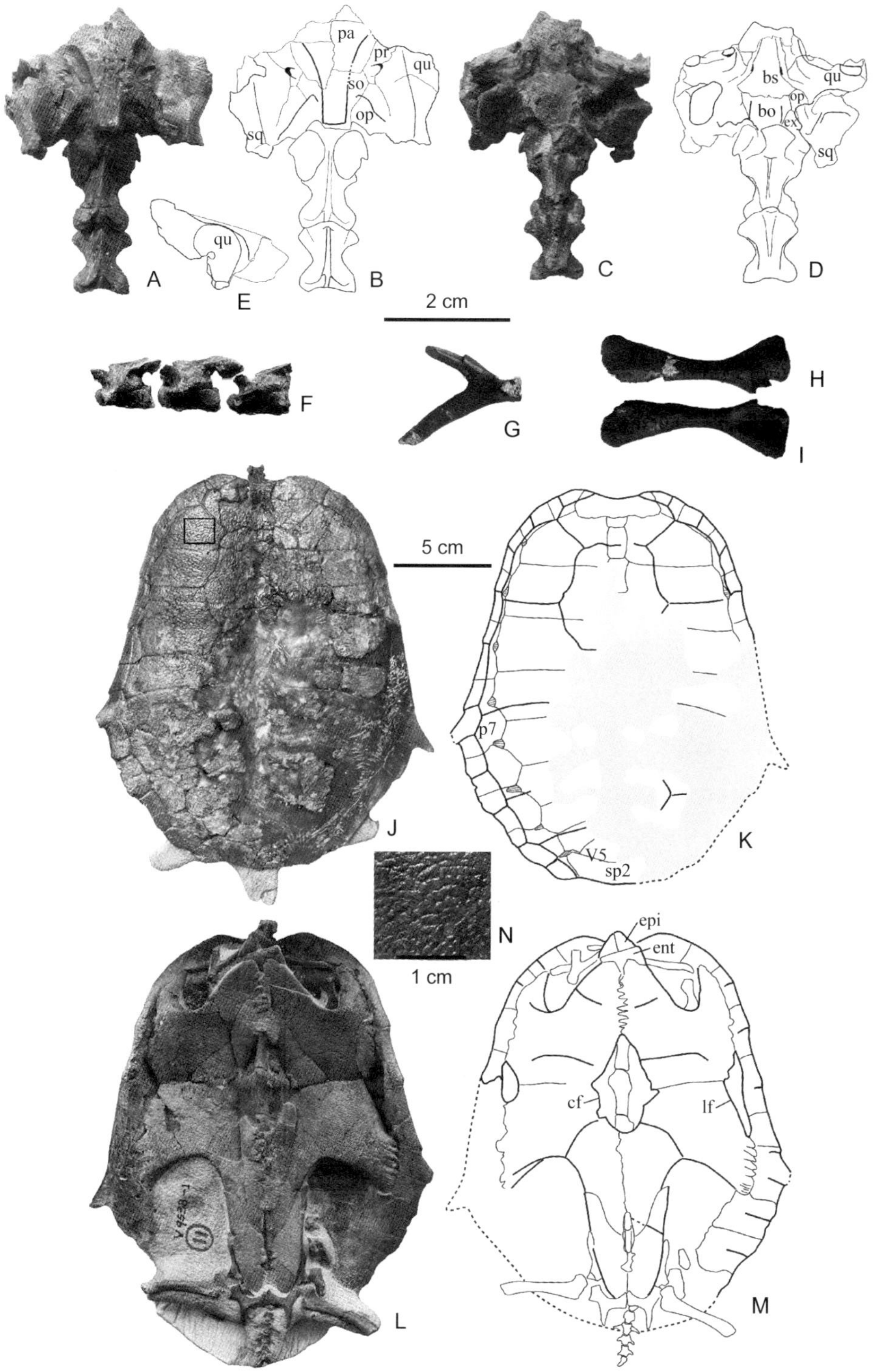

图 100 短刺中国龟 *Sinemys brevispinus*

A–E. IVPP V 9538-1（正模），头骨背视（A, B）、腹视（C, D）、右侧视（E）；F. 第四—六枚颈椎左侧视；G. 肩胛骨；H, I. 肱骨背视（H）和腹视（I）；J–M. 甲壳背视（J, K）和腹视（L, M）；N. 背甲纹饰细节；cf. central fontanelle 中窗，lf. lateral fontanelle 侧窗，其余参见图 58、图 64；阴影部分指示破损；引自 Tong et Brinkman, 2013，略修改

背甲及相连的完整腹甲、肩带和腰带、部分肢骨及尾椎。内蒙古鄂尔多斯盆地鄂托克旗以西 63 km 查布苏木，下白垩统志丹群罗汉洞组。

副模 IVPP V 9538-2、IVPP V 9538-3，两件骨骼。产地和层位同正模（Tong et Brinkman, 2013）。

鉴别特征 中国龟之一种，以甲壳具纹饰及成年个体具有发育的侧棘刺区别于圆镜中国龟；以甲壳长形，后部短截不发育，侧棘刺短，背甲肋缘窗封闭及耳切迹不闭合区别于滑翔中国龟。

产地与层位 仅模式产地。

短刺中国龟（相似种）*Sinemys* cf. *brevispinus*

（图 101）

Sinemys lens：叶祥奎，1963，54 页，图版 XIX-2

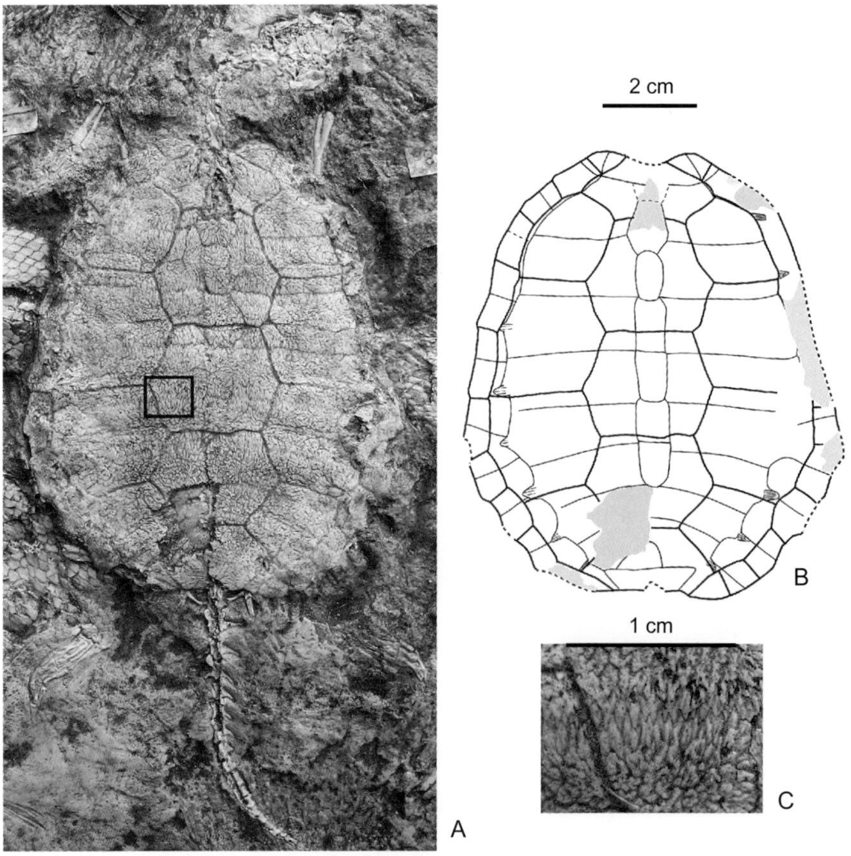

图 101 短刺中国龟（相似种）*Sinemys* cf. *brevispinus*

A–C. IVPP V 1034，骨骼背视（A）、背甲背视（B）、背甲纹饰细节（C）；阴影部分指示破损；引自 Tong et Brinkman, 2013

标本 IVPP V 1034，一件近完整骨骼。甘肃环县河道川，下白垩统。

评注 IVPP V 1034 原归入圆镜中国龟（叶祥奎，1963a）。经重新研究后，Tong 和 Brinkman（2013）将其改定为短刺中国龟（相似种）（*Sinemys* cf. *brevispinus*）。IVPP V 1034 背甲狭长，后侧部边缘具有短的棘刺，甲壳具纹饰不同于圆镜中国龟，而与短刺中国龟相像，但椎板程式和第一缘板形态却与后者有别。

大贝氏龟科 Family Macrobaenidae Sukhanov, 1964

模式属 大贝氏龟属 *Macrobaena* Tatarinov, 1959

鉴别特征 甲壳低平；背腹甲关联松弛；腹甲退化，似十字形；背甲前侧边缘从第二到第七缘板增厚，第七至第十一缘板扩展；上腹板和上腹板背突退化；不具间喉盾；内颈动脉沟封闭，其后孔位于翼骨后部，具基蝶骨孔（*foramen basisphenoidale*）；颈椎关节面形成凹凸，其中一个关节面成双（Sukhanov, 2000）。

中国已知属 满洲龟属 *Manchurochelys* Endo et Shikama, 1942，玉门龟属 *Yumenemys* Bohlin, 1953，吉尔吉斯龟属 *Kirgizemys* Nessov et Khosatzky, 1973，龙龟属 *Dracochelys* Gaffney et Ye, 1992，香港龟属 *Hongkongochelys* Ye, 1999，河套龟属 *Ordosemys* Brinkman et Peng, 1993，窄叶龟属 *Wuguia* Matzke, Maisch, Pfretzschner et Stöhr, 2004，辽龟属 *Liaochelys* Zhou, 2010，昌马龟属 *Changmachelys* Brinkman, Yuan, Ji, Li et You, 2013，小龟属 *Xiaochelys* Zhou et Rabi, 2015；共 10 属。

分布与时代 亚洲，晚侏罗世—古新世；北美洲，晚白垩世—古新世。中国：辽宁、黑龙江、新疆、四川、内蒙古、甘肃，晚侏罗世—早白垩世。

评注 大贝氏龟科是中小型淡水龟类。所有的研究人员都承认其形态上的一致性，但是它们仅有共近祖特征，包括低平的甲壳，似十字形的腹甲和背、腹甲松弛的连接，而被认为是复系类群，因此在很多文献中被加引号。该科最早出现在晚侏罗世，在亚洲早白垩世极繁盛，并于晚白垩世迁徙扩散到北美洲；在古新世末绝灭。

在重新定义了狭义的中国龟科之后（Tong et Brinkman, 2013），大贝氏龟科的含义也相应变化。Brinkman 等（2013b）认为大贝氏龟科在亚洲早白垩世的成员有满洲龟属、吉尔吉斯龟属（包括 *Hangaiemys* Sukhanov et Narmandakh, 1974）、龙龟属、河套龟属（包括 *Asiachelys* Sukhanov et Narmandakh, 2006）、辽龟属、窄叶龟属和昌马龟属七个属。现有资料表明，该科还应包括中亚晚古新世的大贝氏龟属（*Macrobaena* Tatarinov, 1959）；北美晚白垩世的 *Aurorachelys* Vandermark, Tarduno, Brinkman, Cottrell et Mason, 2009 和晚白垩世—古新世的 *Judithemys* Parham et Hutchison, 2003，以及晚白垩世—古新世的 *Osteopygis* Cope, 1869（Parham et Hutchison, 2003；Parham, 2005；Vandermark et al., 2009；Brinkman et al., 2010）。最近几年在欧洲西班牙早白垩世地层中发现的 *Hoyasemys jimenezi* Perez-Gracia, Fuente et Ortega, 2012 和 *Galvechelone lopezmartinezae* Perez-Garcia et Murelaga, 2012，根据系统分析，应归于 Sinemydidae/Macrobaenidae 中，可能为该类原始真隐颈龟在欧洲的代表（Perez-Garcia et al., 2012；Perez-Garcia et Murelaga, 2012）。

满洲龟属 Genus *Manchurochelys* Endo et Shikama, 1942

模式种 满洲满洲龟 *Manchurochelys manchoukuoensis* Endo et Shikama, 1942

鉴别特征 原始真隐颈龟类，甲壳低矮，腹甲与背甲借助于韧带相连。以下列独特特征组合与其他基干真隐颈龟类区别：前额骨在中线处相互接触；眶后骨和顶骨不与鳞骨接触；上枕骨脊较长；后腭孔大；颈凹浅；具颈盾；第二至第四椎盾长大于宽；第一椎盾宽于颈板；不具前椎板；椎板八块；第一缘板接触肋板；第三肋板前、后缘平行；第七缘板外侧缘不具侧突或棘刺；上臀板两块，后面的一块明显大于前面的一块；具臀板；腹甲中窗和侧窗阙如；腹甲后叶狭长。

中国已知种 仅模式种。

分布与时代 辽宁、内蒙古，早白垩世。

评注 原归入满洲龟属的两个种，*M. donghai* Ma, 1986 和 *M. liaoxiensis* Ji, 1995 已移入河套龟属（Tong et al., 2004；Brinkman et al., 2008）。

满洲满洲龟 *Manchurochelys manchoukuoensis* Endo et Shikama, 1942

（图 102）

Cryptodira liaoxiensis：张和，2007，174 页，下图

正模 Cent. Nat. Mus. Manchoukuo, Reg. 3898，一不完整背腹甲和后肢。辽宁西部，义县西南约 21 km 枣茨山，下白垩统义县组（枣茨山组）(Endo et Shikama, 1942)。

归入标本 PMOL R 00008，一件近完整骨骼，包括头骨、甲壳、散落的颈椎、相连的尾椎系列、部分左前肢及后肢；产自辽宁义县，靠近模式产地。PMOL AR 00180，一件不完整骨骼，包括头骨、颈椎 1–6、背甲前部以及不完整肩胛骨和右肱骨；产自内蒙古赤峰市麒麟山黑山沟（Qilinshan，Heishangou）附近，下白垩统九佛堂组（Zhou, 2010a；Zhou et al., 2014）。

鉴别特征 同属。

产地与层位 辽宁义县，下白垩统义县组；内蒙古赤峰麒麟山，下白垩统九佛堂组。

评注 满洲满洲龟的模式标本在第二次世界大战中丢失，至今下落不明。最近发现了该种的两件新标本（Zhou, 2010a；Zhou et al., 2014）。

图 102　满洲满洲龟 *Manchurochelys manchoukuoensis*

A, B. PMOL R 00008，骨骼背视；C, D. 正模甲壳复原图，背视（C）和腹视（D）；A, B 引自 Zhou, 2010a，C, D 引自 Endo et Shikama, 1942

Cryptodira liaoxiensis Zhang, 2007 的正模是一个腹面暴露的幼年个体的近完整骨骼（张和，2007）。这件产自辽宁北票热河生物群地层中的标本甲壳长约 3.5 cm；其长形的背甲和长而基部狭窄的腹甲后叶都可以和满洲满洲龟对比，为后者的晚出同物异名。

吉尔吉斯龟属 Genus *Kirgizemys* Nessov et Khosatzky, 1973

模式种　雕纹吉尔吉斯龟 *Kirgizemys exaratus* Nessov et Khosatzky, 1973

鉴别特征 大贝氏龟科之一属，具以下特征组合：个体中等大小（甲壳长25–35 cm）；头骨颞凹中等大小，伸达耳滑车突的前缘；具鼻骨；一对前额骨在中线处相互接触；轭骨呈狭窄棒状；咀嚼面狭窄至中等宽度；后腭孔中等大小；具基蝶骨孔；基蝶骨外侧后部被翼骨内侧翼突遮盖；翼骨接触基枕骨；内颈动脉管远离基蝶骨和翼骨接触线，其后部被翼骨封闭；蝶鞍退化或不退化；背甲椭圆形，颈凹小；颈板局限于第一椎盾内；不具前椎板；椎板九枚（极少数具八枚）；腹甲不具中窗；腹甲前、后叶不很狭窄；颈盾宽；第二和第三椎盾长宽相等或长大于宽；颈椎程式为1((2((3((4))5))6))7))8)。

中国已知种 甘肃吉尔吉斯龟 *Kirgizemys kansuensis* (Bohlin, 1953)。

分布与时代 吉尔吉斯斯坦、俄罗斯、蒙古、中国西北部（甘肃）、韩国，早白垩世。

评注 *Kirgizemys* 是大贝氏龟科目前囊括种最多而且地理分布最广的属，包括五个种，分布在吉尔吉斯斯坦、俄罗斯、蒙古、中国西北部和韩国下白垩统（Danilov et al., 2006；Lee et al., 2009；Brinkman et al., 2013b）。

甘肃吉尔吉斯龟 *Kirgizemys kansuensis* (Bohlin, 1953) Danilov, Averianov, Skutchas et Rezvyi, 2006

Osteopygis kansuensis：Bohlin, 1953, p. 69, Fig. 43, pl. VI-fig. 1

Osteopygis latilimbata：Bohlin, 1953, p. 71, Figs. 44, 45, pl. VI-figs. 2–7

Osteopygis acutus：Bohlin, 1953, p. 73, Figs. 46, 53, pl. VI-figs. 8–14

Osteopygis：Ye, 1963, p. 55

Hangaiemys：Sukhanov et Narmandakh, 1974, p. 219

Sinemydidae gen. et sp. indet.：Brinkman et al., 2008, p. 61

正模 一件标本号为“46B”的破碎龟甲，包括左第一、二、四—十一缘板和右第一—三和五—十缘板。甘肃嘉峪关大草滩（Ta-ts’ao-t’an），下白垩统（Bohlin, 1953）。

归入标本 几个不同个体的甲壳碎片及其他头后骨骼。

鉴别特征 吉尔吉斯龟属之一种，前侧部缘板边缘加厚且明显上翘，后部缘板扁平、边缘薄；背甲具肋缘窗；颈盾宽阔。

产地与层位 甘肃嘉峪关，下白垩统。

评注 Bohlin（1953）在研究甘肃嘉峪关附近白垩纪龟类时以破碎甲壳为基础建立了 *Osteopygis* 三个新种（*O. kansuensis*，*O. latilimbata* 和 *O. acutus*）。Sukhanov 和 Narmandakh（1974）将这些材料归入 *Hangaiemys*，而 Nessov 和 Khosatsky（1973）以及 Danilov 等（2006）则将其归入 *Kirgizemys*。Brinkman 等（2008）认为嘉峪关的这些标本在甲壳比例和纹饰上与龙龟和产自乌尔禾的河套龟相似，但缺少具有鉴定特征的部分（如上臀板、上腹板）；其宽阔的颈盾与后两者不同，所以嘉峪关的标本很可能是 *Kirgizemys* 属的一个有效种。本书依从 Danilov 等（2006），视嘉峪关标本为有效种。

玉门龟属 Genus *Yumenemys* Bohlin, 1953

模式种 臃肿玉门龟 *Yumenemys inflatus* Bohlin, 1953

鉴别特征 前部缘板边缘薄，盾沟之间部位明显肿胀；上腹板拉长，其边缘在喉盾和间喉盾交界处隆起；舌腹板外侧和后侧边缘薄，表明舌腹板和下腹板被发育的窗洞所分隔。

中国已知种 仅模式种。

分布与时代 甘肃，早白垩世。

评注 玉门龟仅有正模，现丢失。原作者（Bohlin, 1953）认为该属系统分类位置不明，在原著中未曾归科。叶祥奎（1963）将其暂时归入泥龟科。Brinkman 等（2008）将其归入大贝氏龟科，认为其肿胀的缘板以及上腹板盾片发育都与嘉峪关标本明显有别。该属种的有效性、分类位置以及鉴别特征都有待将来附加材料的发现来证实和补充。

臃肿玉门龟 *Yumenemys inflatus* Bohlin, 1953

正模 一件标号为“136”的破碎龟甲，包括不完整颈板、左第一—六缘板、右第六缘板、肋板碎片、右上腹甲以及左右舌腹甲。甘肃新民堡（原惠回堡），下白垩统（Bohlin, 1953）。

鉴别特征 同属。

产地与层位 仅模式产地。

龙龟属 Genus *Dracochelys* Gaffney et Ye, 1992

模式种 双尖龙龟 *Dracochelys bicuspis* Gaffney et Ye, 1992

鉴别特征 真隐颈龟类成员，头骨内颈动脉管仅部分闭合，与 *Sinemys* 相似，其颈动脉基蝶骨孔（*foramen caroticum basisphenoidale*）完全由基蝶骨构成，并在头骨腹面穿出，这不同于大多数真隐颈龟类的完全闭合的颈动脉管以及颈动脉基蝶骨孔至少部分由翼骨构成；头骨外形与 *Chelydra* 和 *Kirgizemys* 最相似，但较宽大而低平，眼眶和外鼻孔基本朝上；额骨参与眼眶的构成不同于 Chelydridae；颞凹大小与 *Chelydra* 和 *Kirgizemys* 相似；颊凹大小与 *Chelydra* 相似；咀嚼面极狭窄，在前颌骨和颌骨接缝处有一对尖齿状突起；后腭孔相对较大；犁骨脊与犁骨等长，与 *Kirgizemys* 相似；耳滑车突较小，耳柱骨切迹狭窄但不完全闭合；翼骨外突（*processus pterygoideus externus*）的垂直支较其他龟鳖类宽大；

翼骨和基枕骨之间接缝因基蝶骨后外突而减短；翼骨的方骨突具有深的凹陷。背甲颈凹由第一缘板前伸的突起构成；第一缘板三角形，不与第一肋板接触；前部缘板边缘不上翘；椎板九枚，上臀板二枚；第四和第五椎盾间沟穿过第九椎板；腹甲具中窗和侧窗。

中国已知种 仅模式种。

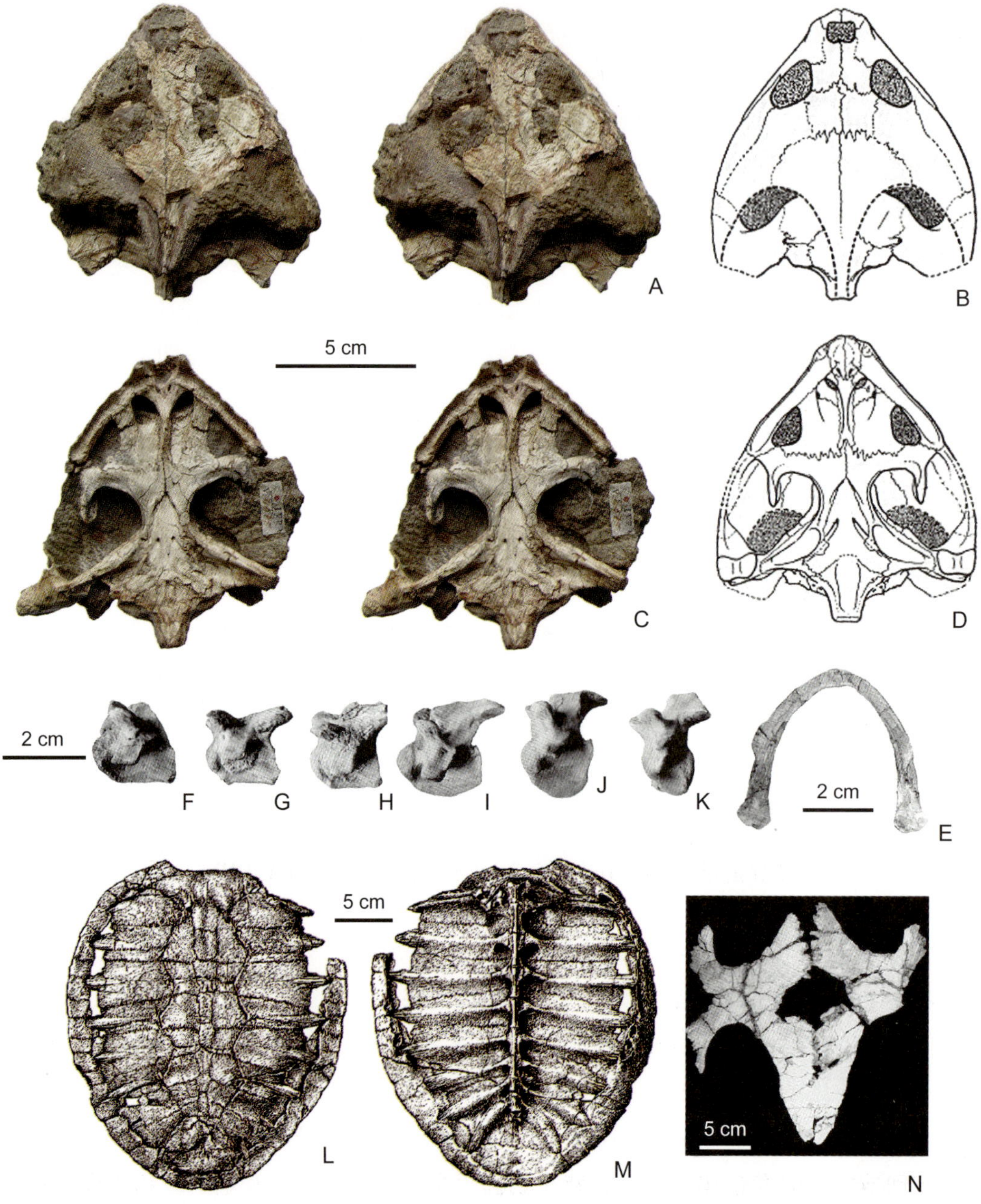

图 103 双尖龙龟 *Dracochelys bicuspis*

A–D. IVPP V 4075（正模），头骨背视（A, B）和腹视（C, D）；E–N. IVPP V12091，下颌背视（E）、第三—八枚颈椎左侧视（F–K）、背甲背视（L）、背甲腹视（M）、腹甲腹视（N）；B, D 引自 Gaffney et Ye, 1992，E, N 引自 Brinkman, 2001

分布与时代 新疆，早白垩世。

双尖龙龟 *Dracochelys bicuspis* Gaffney et Ye, 1992

（图 103）

正模 IVPP V 4075，一件近完整头骨。新疆准噶尔盆地乌尔禾 64045 地点；下白垩统吐谷鲁群（叶祥奎，1973a；Gaffney et Ye, 1992）。

归入标本 IVPP V 12091，一件近完整骨骼，包括下颌、完整颈椎系列、背腹甲、肩带、前肢和后肢。新疆准噶尔盆地吉木萨尔沙玉河（Jimsar, Saquihe）西南 5 km 的黄泥潭地点，下白垩统吐谷鲁群（Brinkman, 2001）。

鉴别特征 同属。

产地与层位 新疆准格尔盆地乌尔禾和吉木萨尔沙玉河，下白垩统吐谷鲁群。

河套龟属 Genus *Ordosemys* Brinkman et Peng, 1993

模式种 光滑河套龟 *Ordosemys leios* Brinkman et Peng, 1993

鉴别特征 大贝氏龟科成员，背甲圆形，具颈凹；具前椎板；椎盾明显宽大于长。腹甲具中窗和一对半圆形的侧窗。

中国已知种 光滑河套龟 *Ordosemys leios* Brinkman et Peng, 1993，辽西河套龟 *O. liaoxiensis* (Ji, 1995)，布氏河套龟 *O. brinkmania* Danilov et Parham, 2007，东海河套龟 *O. donghai* (Ma, 1986)；共 4 种。

分布与时代 内蒙古、辽宁、黑龙江、新疆，早白垩世。

光滑河套龟 *Ordosemys leios* Brinkman et Peng, 1993

（图 104）

正模 IVPP V 9534-1，一近完整骨骼。内蒙古杭锦旗西 53 km 老龙豁子，下白垩统志丹群罗汉洞组。

副模 IVPP V 9534-2 至 IVPP V 9534-12，零散甲壳或其他头后骨骼。产地及层位同正模（Brinkman et Peng, 1993b）。

鉴别特征 河套龟属之一种，背甲表面平滑，背甲前侧缘从第一到第六缘板边缘形成浅沟槽；具下剑窗。头骨咀嚼面宽；上颌骨不进入后腭孔；内颈动脉沟不封闭或以薄骨板封闭；内颈动脉沟前孔在蝶鞍处相互靠近；蝶鞍退化，不达到鞍背（dorsum sellae）。第四和第八颈椎双凸型，第七颈椎可能为双凹型。

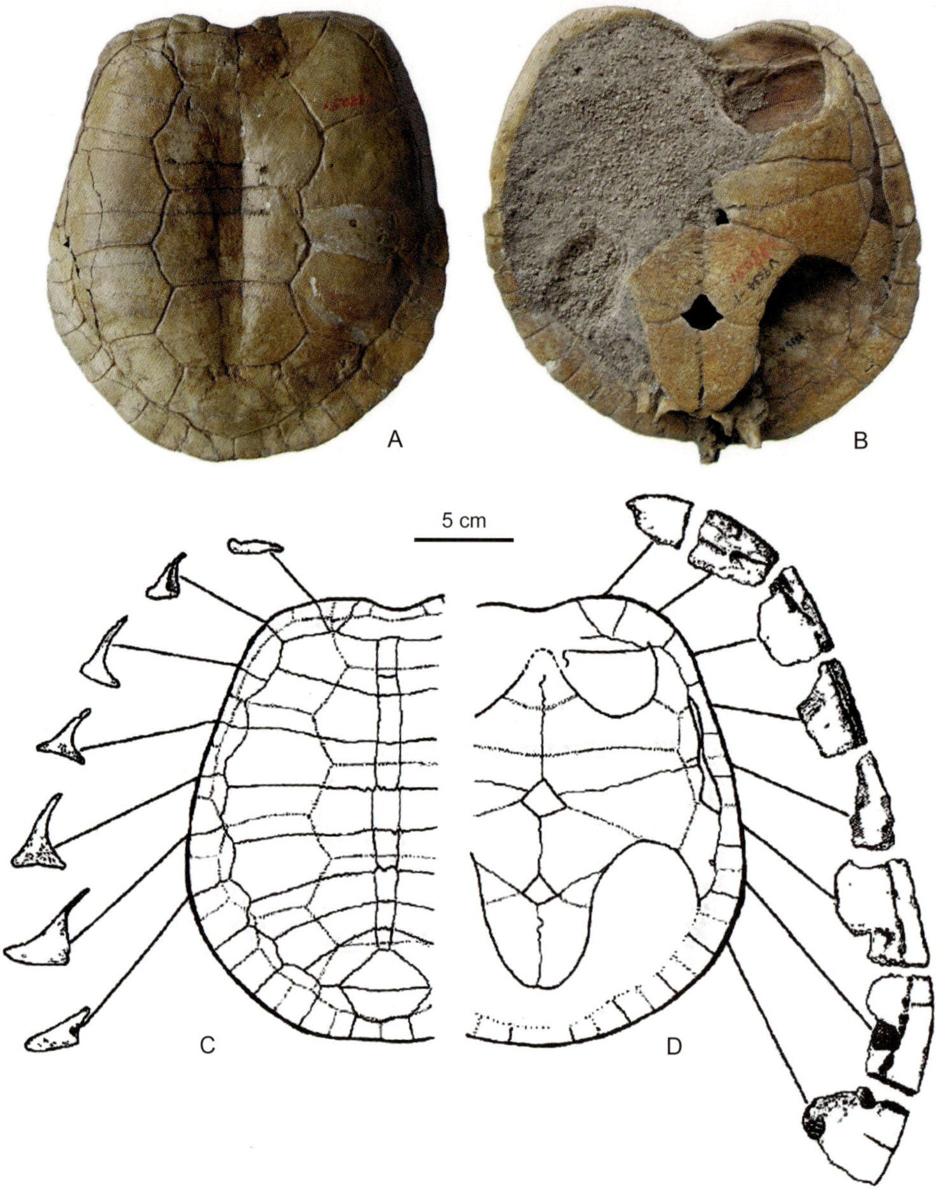

图 104　光滑河套龟 *Ordosemys leios*
A–D. IVPP V 9534-1（正模），甲壳背视（A）、甲壳腹视（B）、甲壳复原（C, D）；C, D 引自 Brinkman et Peng, 1993a

产地与层位　仅模式产地。

东海河套龟 *Ordosemys donghai* (Ma, 1986) Brinkman, Li et Ye, 2008

（图 105）

Manchurochelys donghai：Ma, 1986, p. 109；姬书安，1995，144 页

正模 JPM 无号，一件不完整背甲。黑龙江省鸡西东海煤矿，下白垩统鸡西群城子河组中上段（马绍良，1986）。

鉴别特征 背甲纵向低平，横向适度隆起，成年个体长度在 210–230 mm，宽长比例为 80% 左右。第一椎盾前部沿中轴隆起并连接颈盾，隆起高度与背甲最高处一致；第二间椎盾沟穿过第五椎板后部；椎盾侧边近曲线，宽大于长，第三、第四椎盾表面有较发育的放射状条纹；肋盾表面有几组纵向平行条纹，较中部椎盾表面所具放射状条纹粗强；第一椎板两侧边向内凹，后部宽，第八椎板六边形，颈板宽且横向凸起。

产地与层位 仅模式产地。

评注 Brinkman 等（2008）将该种归入河套龟属。此种特征不明确，其有效性有待重新研究正模和更多标本来证实。东海河套龟的年代依原始资料为晚侏罗世—早白垩世（马绍良，1986）。依《中国地层典 - 白垩纪》，城子河组时代为早白垩世（中国地层典编委会，2000）。

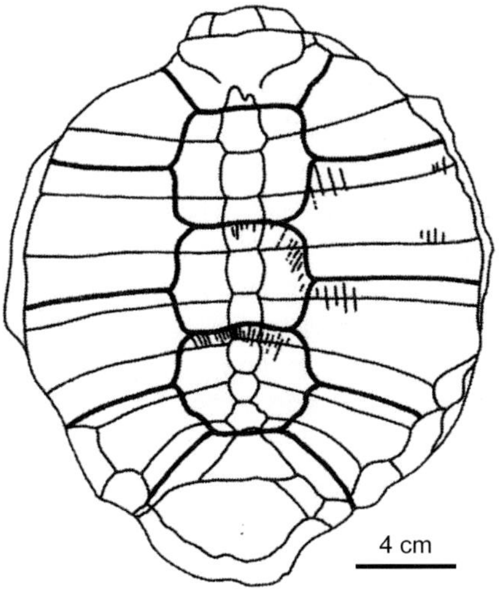

图 105 东海河套龟 *Ordosemys donghai*

背甲背视；引自 Brinkman et al., 2008

辽西河套龟 *Ordosemys liaoxiensis* (Ji, 1995) Tong, Ji et Ji, 2004

（图 106）

Manchurochelys liaoxiensis：姬书安，1995，141 页，图版 27，图 1, 2；李锦玲、刘俊，1999，281 页，图 1，图版 I, II；张和，2007，177 页

正模 GMC-LBV 92001，一件不完整背甲与部分腹甲及其印膜。辽宁北票上园乡尖

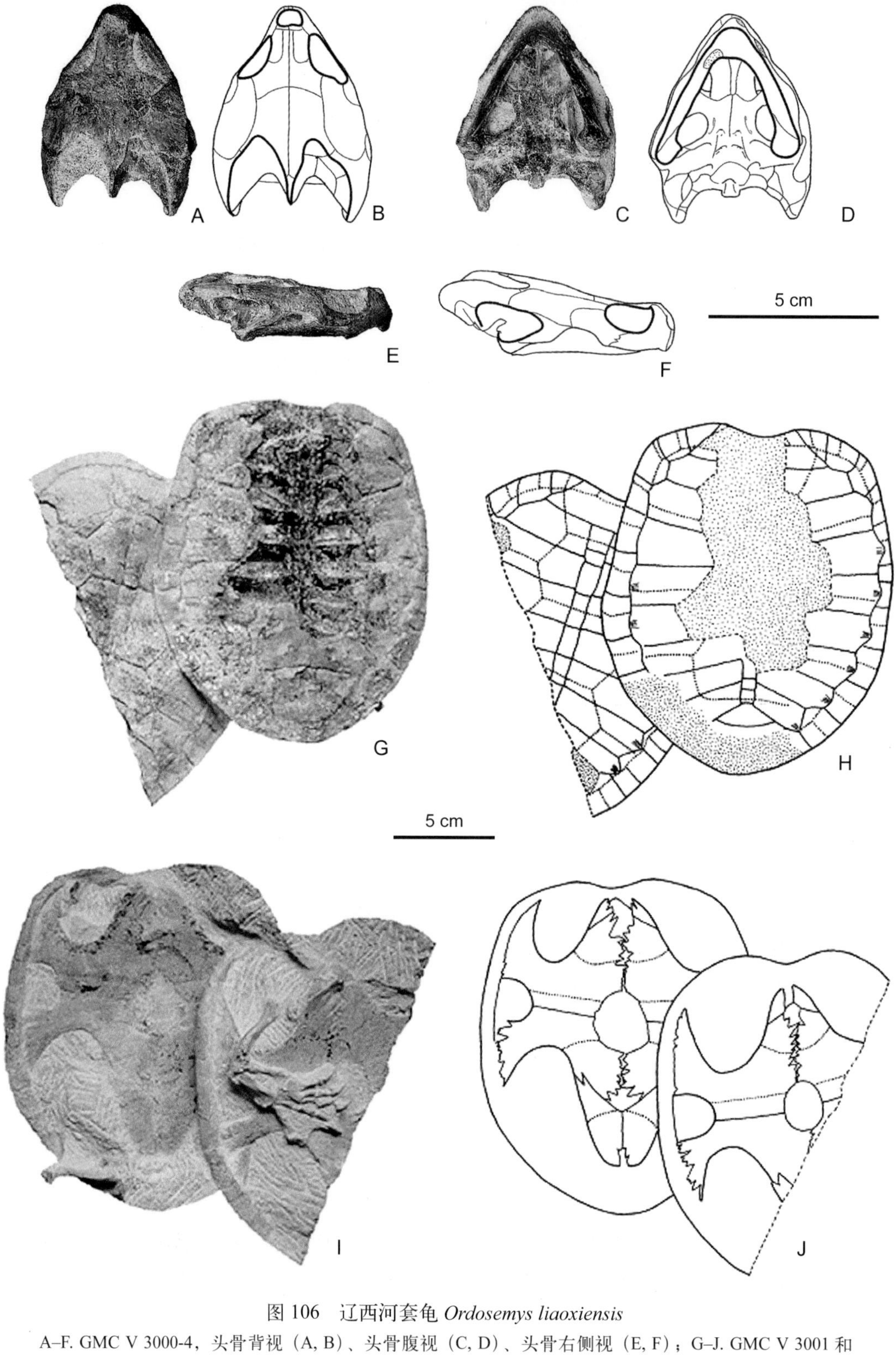

图 106　辽西河套龟 *Ordosemys liaoxiensis*

A–F. GMC V 3000-4，头骨背视（A, B）、头骨腹视（C, D）、头骨右侧视（E, F）；G–J. GMC V 3001 和 GMC V 3002，甲壳背视（G, H）和腹视（I, J）；引自 Tong et al., 2004

山沟，下白垩统义县组下部（姬书安，1995）。

副模 GMC-LBV 92002、GMC-LBV 92003、GMC-LBV 92004、GMC-LBV 92005、GMC-LBV 92006，五件不完整背甲或腹甲。产地及层位同正模（姬书安，1995）。

归入标本 GMC V 3001、GMC V 3002、GMC V 3000-1 和 GMC V3000-2，四件骨骼；GMC V 3000-3 和 GMC V 3000-4，两件头骨及部分颈椎。辽宁，下白垩统义县组 （Tong et al., 2004）。

鉴别特征 河套龟属之一种，与 *O. leios* 区别于甲壳表面具微弱纹饰；腹甲侧窗大，呈半圆形；第一椎板不与或勉强与第一肋板接触。

产地与层位 辽宁西部，下白垩统义县组。

评注 姬书安（1995）建立辽西满洲龟种，Tong 等（2004）将该种归入河套龟属。

布氏河套龟 *Ordosemys brinkmania* Danilov et Parham, 2007

（图 107）

Sinemys wuerhoensis：叶祥奎，1973a（部分），8 页，图版 I，图 1–2，图版 II，图 2–3，图版 III，图 1–5；中国科学院古脊椎动物与古人类研究所《中国脊椎动物化石手册》编写组，1979（部分），121 页；Sun et al., 1992 (pars), p. 26

“*Sinemys*” *wuerhoensis*：Brinkman et al., 2008 (pars), p. 52, Fig. 54

正模 IVPP V 4074.4，一件腹面暴露的完整龟甲。新疆准噶尔盆地乌尔禾 64041-12 地点，下白垩统吐谷鲁群（叶祥奎，1973a；Danilov et Parham, 2007）。

副模 IVPP V 4074.1、IVPP V 4074.3、IVPP V 4074.14、IVPP V 4074.15 和 IVPP V 4074.19，五件甲壳；IVPP V 4074.8、IVPP V 4074.16、IVPP V 4074.18，三件头骨。产地及层位同正模（Danilov et Parham, 2007）。IVPP V 4074.14 或 IVPP V 4074.15 可能和 IVPP V 4074.16 或 IVPP V 4074.18 属于同一个体。

鉴别特征 河套龟属之一种，颞凹深，约占头骨长度的 40%；第一椎盾中部前凸；下剑窗缺失。

产地与层位 仅模式产地。

评注 1973 年，叶祥奎研究发表了新疆准噶尔盆地西北缘乌尔禾地区下白垩统吐谷鲁群的龟类。其中绝大多数标本都产自 64041-12 地点，包括至少十三个个体，他在此基础上建立乌尔禾中国龟（*Sinemys wuerhoensis* Ye, 1973）（叶祥奎，1973a）。2007 年，Danilov 和 Parham 重新研究了乌尔禾这些标本，发现乌尔禾中国龟群模的二十几个个体分属于三个不同的属种，其中正模（IVPP V 4074，一件龟甲）属于新疆龟科新疆龟属（*Xinjiangchelys* sp.），一件单独的头骨（IVPP V 4074-17）可与鳖超科对比，并将

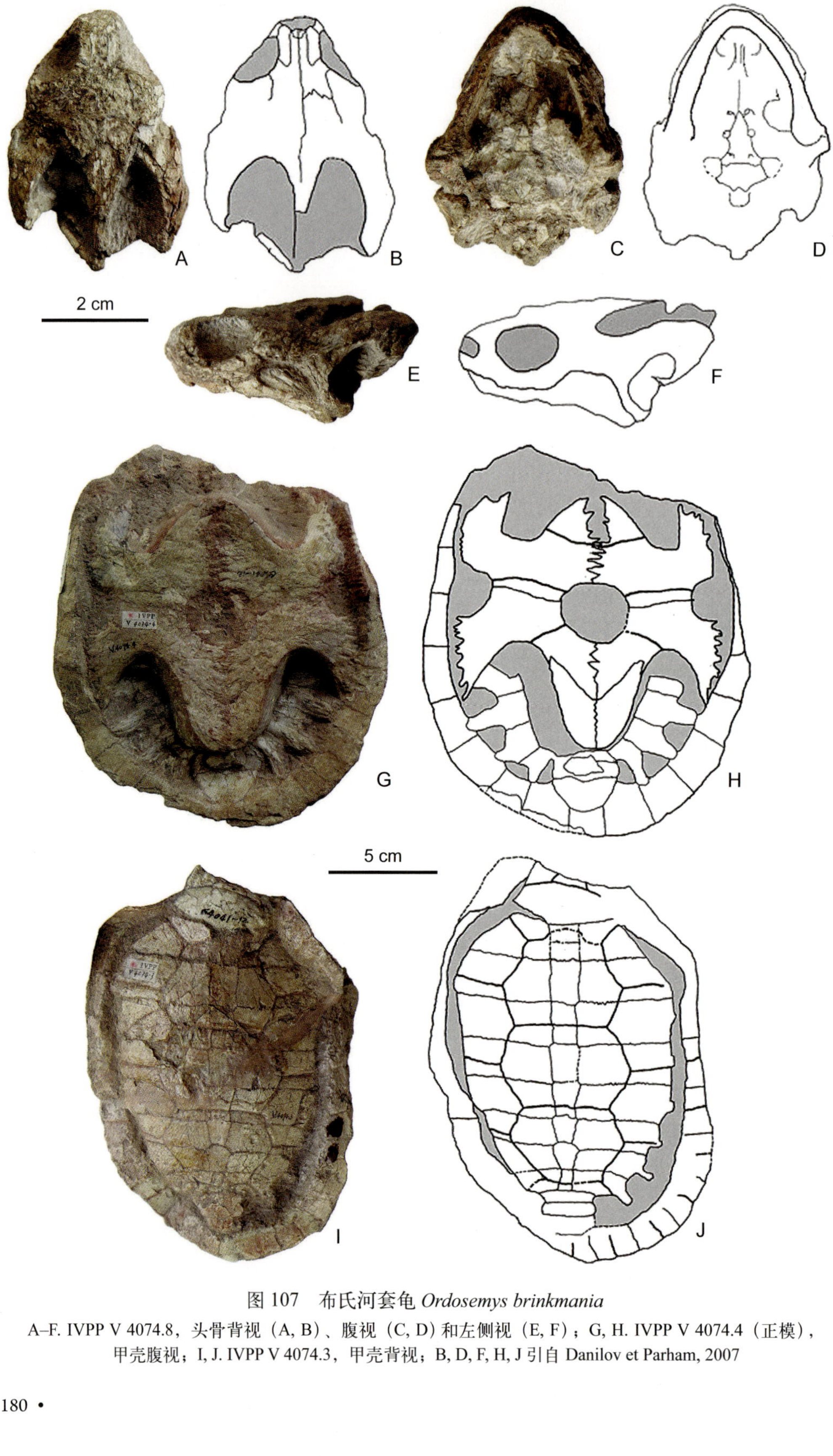

图 107　布氏河套龟 *Ordosemys brinkmania*

A–F. IVPP V 4074.8，头骨背视（A, B）、腹视（C, D）和左侧视（E, F）；G, H. IVPP V 4074.4（正模），甲壳腹视；I, J. IVPP V 4074.3，甲壳背视；B, D, F, H, J 引自 Danilov et Parham, 2007

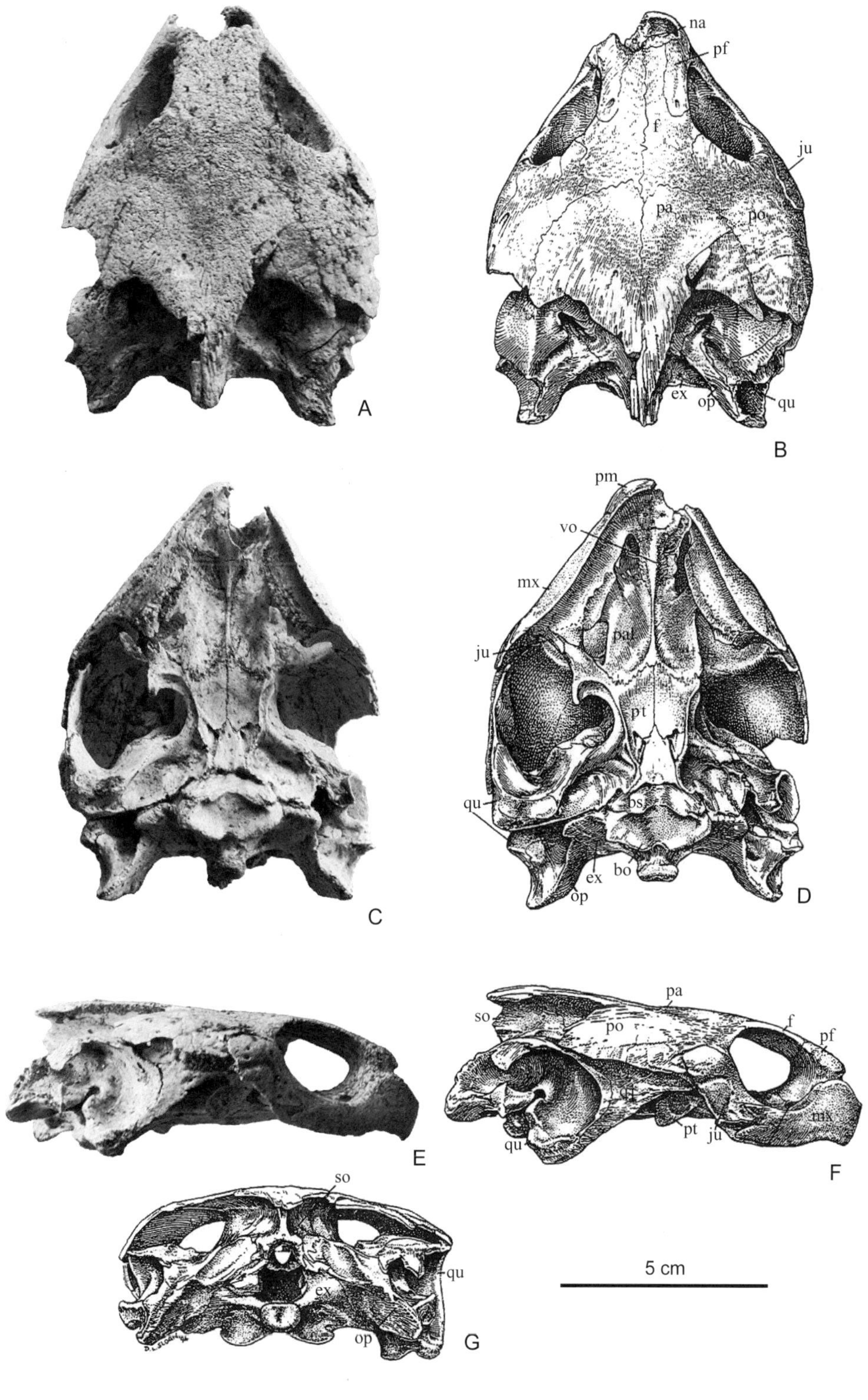

图 108　河套龟属（未定种）*Ordosemys* sp.

A–G. IVPP V 12092，头骨背视（A, B）、腹视（C, D）、右侧视（E, F）和后视（G）；缩写参见图 58；B, D, F, G 引自 Brinkman et Wu, 1999

包括副模在内的大多数标本归入河套龟属中，建立布氏河套龟新种（Danilov et Parham, 2007）。

河套龟属（未定种） *Ordosemys* sp.

（图 108）

标本 IVPP V 12092，一件保存完美的单独头骨。内蒙古杭锦旗西 53 km 老龙豁子，下白垩统志丹群罗汉洞组（Brinkman et Wu, 1999）。

评注 这件头骨和光滑河套龟产于同一地点和层位，后者头骨仅保存碎片。IVPP V 12092 的咀嚼面形态和头骨基部形态特征与 *Ordosemys leios* 一致，可归入同一属；但是它的前额骨背面形态以及后腭孔的构成与后者有所不同（Brinkman et Wu, 1999）。

香港龟属 Genus *Hongkongochelys* Ye, 1999

模式种 叶氏香港龟 *Hongkongochelys yehi* Ye, 1999

鉴别特征 甲壳呈卵圆形，适度隆起。背甲具浅的颈凹。椎盾横宽。颈板较宽大；椎板八枚，多呈短侧边朝前的六边形，第七、八椎板退化变小。第七、第八对肋板在中线处部分相遇。腹甲较为退化，前叶短宽，后叶瘦长。腹甲中部具一大的腹甲中窗，在两侧骨桥上具腹甲侧窗，在下腹板与剑腹板之间的中部具一小的腹甲后窗。无下缘盾。左、右舌腹板和左、右下腹板均呈锯齿状缝接。

中国已知种 仅模式种。

分布与时代 四川，晚侏罗世。

叶氏香港龟 *Hongkongochelys yehi* Ye, 1999

（图 109）

正模 ZDM 0102，一件近完整背腹甲。四川省内江市东兴区永远乡，上侏罗统上沙溪庙组（叶勇，1999）。

鉴别特征 同属。

产地与层位 仅模式产地。

评注 叶氏香港龟是目前大贝氏龟科在侏罗纪的唯一代表。但因其小的个体，发育的背甲侧窗和腹甲中、侧窗，不排除它是新疆龟科成员的幼年个体的可能（Brinkman et al., 2008）。

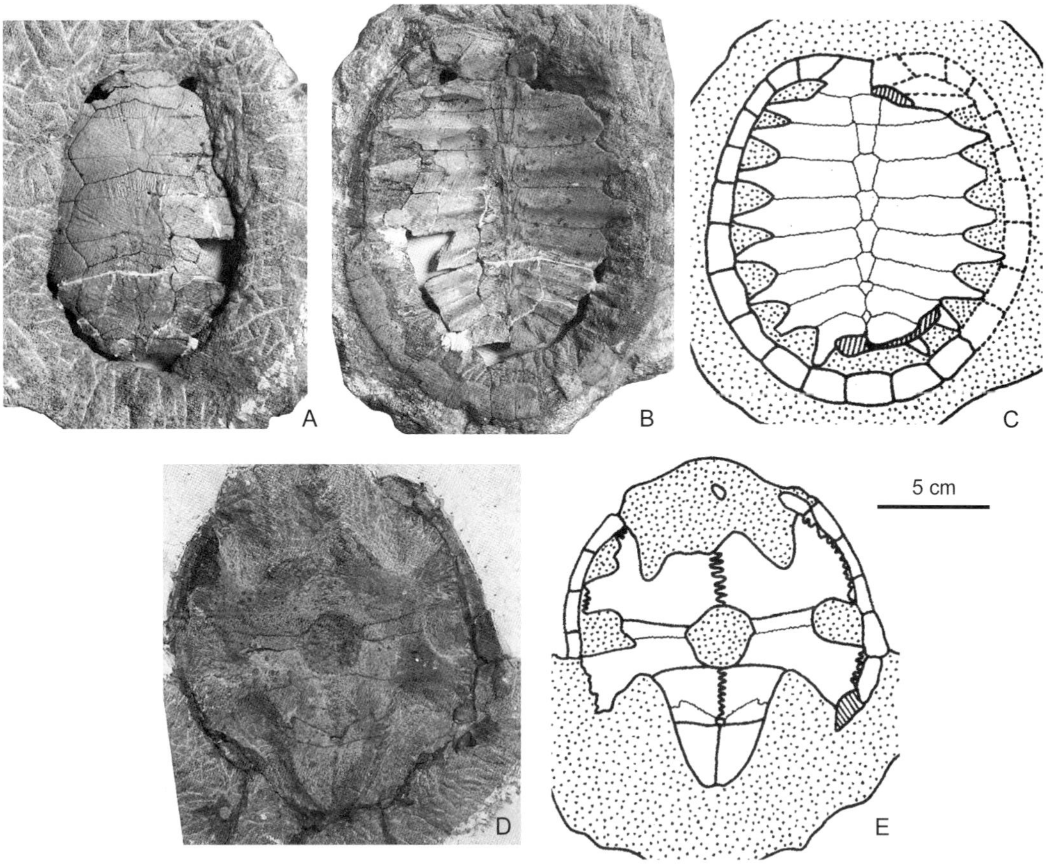

图 109 叶氏香港龟 *Hongkongochelys yehi*
A–E. ZDM 0102（正模），背甲背视（A）、背甲腹视（B, C）、腹甲腹视（D, E）；斜线部分指示破损；
C, E 引自叶勇，1999

窄叶龟属 Genus *Wuguia* Matzke, Maisch, Pfretzschner et Stöhr, 2004

模式种 呼图壁窄叶龟 *Wuguia hutubeiensis* Matzke, Maisch, Pfretzschner et Stöhr, 2004

鉴别特征 小型真隐颈龟，甲壳长约 15 cm，具有小的颈凹或不具颈凹；颈板似乎宽于第一椎盾；不具前椎板；在背甲颈部和臀部常出现附加板块；缘板边缘上翘；腹甲骨桥较长，其长度为腹甲宽度的 35%–45%；腹甲前、后叶均狭长；颈盾宽。

中国已知种 呼图壁窄叶龟 *Wuguia hutubeiensis* Matzke, Maisch, Pfretzschner et Stöhr, 2004，艾氏窄叶龟 *W. efremovi* (Khosatzky, 1996)；共 2 种。

分布与时代 新疆，早白垩世。

评注 *Wuguia* 属名源于中文“乌龟”（Matzke et al., 2004a），为避免与现生乌龟混淆，现根据该属具狭窄的腹甲前、后叶将中文名称定为窄叶龟属。

呼图壁窄叶龟 *Wuguia hutubeiensis* Matzke, Maisch, Pfretzschner et Stöhr, 2004

（图 110）

正模 PMOL SGP 2001/006，一件不完整的、均保存为印痕的背腹甲。新疆准噶尔盆地南部乌鲁木齐西南头屯河东郝家沟，下白垩统吐谷鲁群呼图壁河组底部［欧特里夫阶（Hauterivian）—巴雷姆阶（Barremian）］（Matzke et al., 2004）。

副模 PMOL SGP 2001/7、PMOL SGP 2001/8、PMOL SGP 2001/10 至 SGP 2001/15、

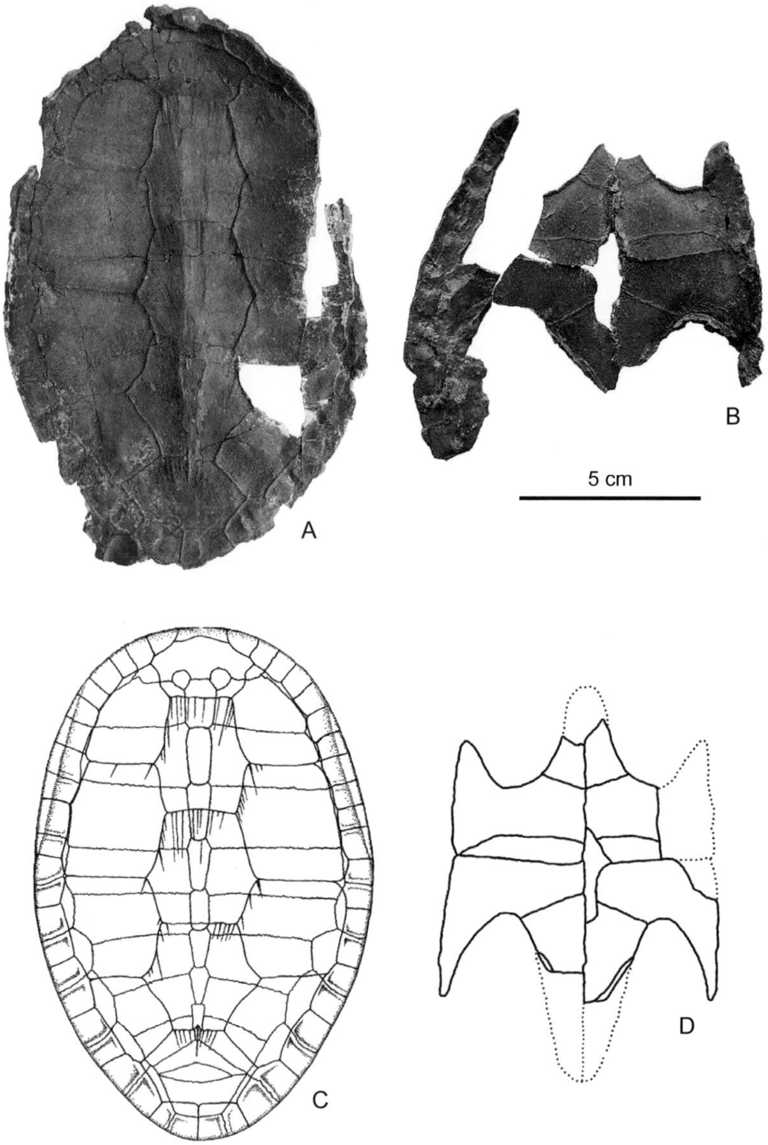

图 110　呼图壁窄叶龟 *Wuguia hutubeiensis*

A, B. PMOL SGP 2001/006（正模），背甲外印模（A）和腹甲外印模（B）；C, D. 背腹甲复原；C, D 引自 Matzke et al., 2004

PMOL SGP 2001/17 和 PMOL SGP 2001/18，十件完整程度不等的甲壳。产地和层位同正模（Matzke et Maisch, 2004a）。

鉴别特征 *Wuguia* 属之一种，背腹甲均不具窗洞；颈板与缘板愈合；臀板宽；第八对肋板不在中缝处相互接触；腹甲骨桥长度约为腹甲宽度的 45%；第三椎盾长大于宽，并窄于第四、第五椎盾。

产地与层位 仅模式产地。

艾氏窄叶龟 *Wuguia efremovi* (Khosatzky, 1996) Danilov et Sukhanov, 2006

（图 111）

?*Sinemys efremovi*：Khosatzky, 1996, p. 92, Figs. 1–4；Sukhanov, 2000, p. 319

"*Sinemys*" *efremovi*：Brinkman, 2001, p. 1650；Maisch et al., 2003, p. 706

Dracochelys wimani：Maisch et al., 2003, p. 707, Figs. 1–5

正模 PIN 5114-1，一件背腹甲。新疆准噶尔盆地头屯河附近，下白垩统吐谷鲁群。

副模 PIN 5114-2，一件背甲的前半部。产地和层位同正模（Danilov et Sukhanov, 2006）。

归入标本 PMOL SGP 2001/9：背腹甲前部 2/3，部分前、后肢骨。新疆准噶尔盆地西南部，乌鲁木齐西南约 40 km 头屯河西红柳沟，下白垩统吐谷鲁群上部连木沁组［相当于阿普特阶（Aptian）—阿尔布阶（Albien）？］（Maisch et al., 2003）。

鉴别特征 *Wuguia* 属之一种，背甲和腹甲均具窗；颈板和缘板不愈合；臀板狭窄；第八对肋板在中缝处相互接触；腹甲骨桥长为腹甲宽度的 35%–40%；第三椎盾宽大于长，且宽于第四、第五椎盾。

产地与层位 新疆准噶尔盆地头屯河，下白垩统吐谷鲁群连木沁组。

辽龟属 Genus *Liaochelys* Zhou, 2010

模式种 建昌辽龟 *Liaochelys jianchangensis* Zhou, 2010

鉴别特征 原始真隐颈龟类，甲壳低矮，背腹甲以韧带相连。以下列特征组合区别于河套龟属、中国龟科和大贝氏龟科其他成员：外鼻孔朝上；具鼻骨；前额骨在中线处相互接触；眶后骨接触鳞骨；顶骨不接触鳞骨；上枕骨脊短；后腭孔中等大小；具颈盾；椎盾宽大于长；第一椎盾宽于颈板；前椎板缺失；椎板八枚；第一缘板接触第一肋板；第三肋板远端明显扩大；第八对肋板在中线相互接触；两块上臀板，第二上臀板远较第一上臀板大；腹甲具中窗、侧窗和后窗；剑腹板粗壮。

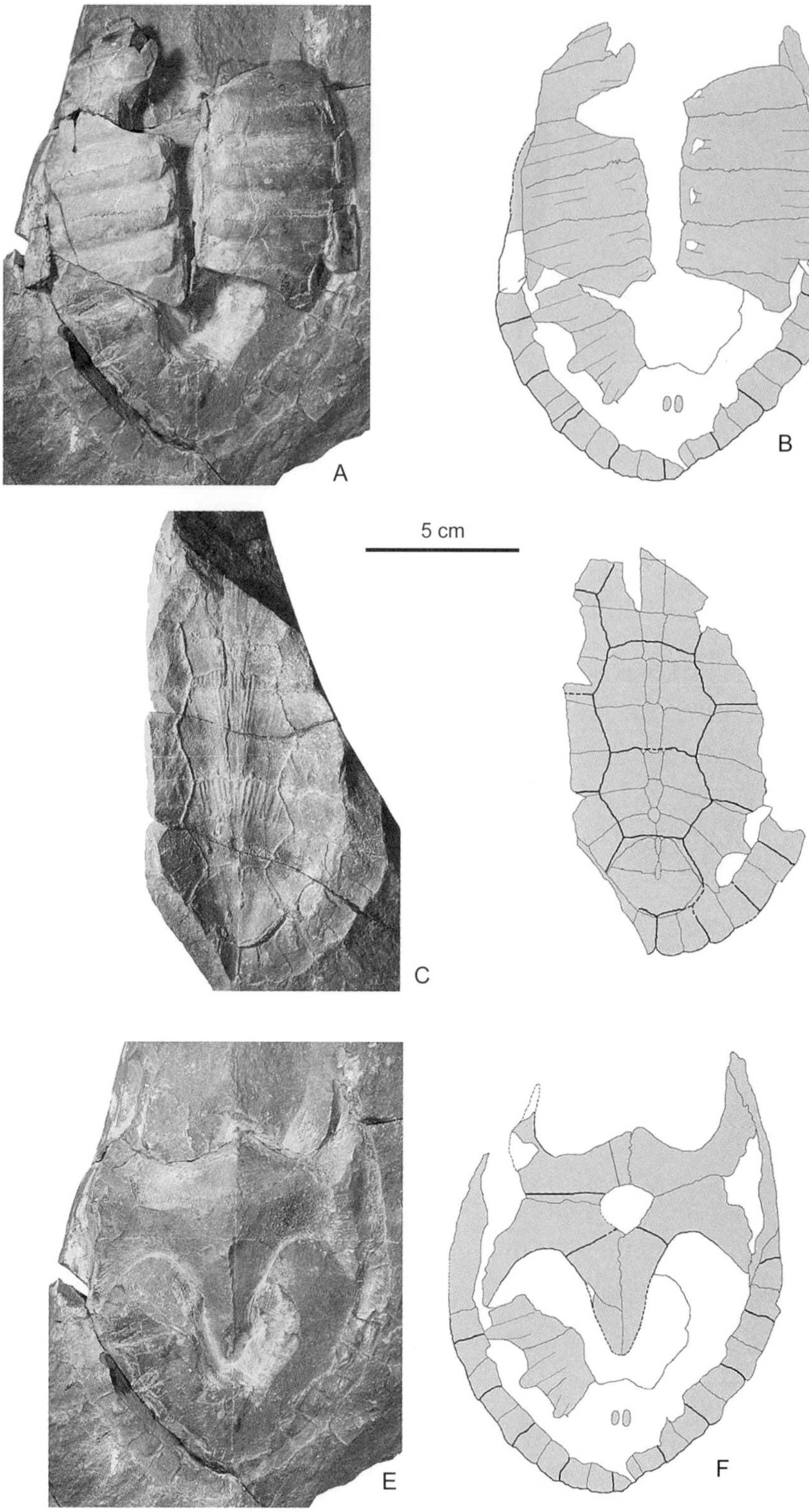

图 111　艾氏窄叶龟 *Wuguia efremovi*

A–F. PIN 5114-1（正模），部分背甲和背甲内印模背视（A, B）、背甲外印模（C, D）、腹甲外印模（E, F）；引自 Danilov et Sukhanov, 2006

中国已知种 仅模式种。

分布与时代 辽宁，早白垩世。

建昌辽龟 *Liaochelys jianchangensis* Zhou, 2010

（图 112）

正模 PMOL AR 00160，一件出露背面的近完整骨骼，包括不完整头骨、两个颈椎、

图 112 建昌辽龟 *Liaochelys jianchangensis*

A–C. PMOL AR 00140，头骨背视（A, B）和腹甲腹视（C）；D, E. PMOL AR 0160（正模），骨骼背视；ab. axillary buttress 腋柱，ib. inguinal buttress 胯柱，cf. central fontanelle 中窗，fpp. *foramen palatinum posterius* 后腭孔，fst. *foramen stapedio-temporale* 镫 - 颞孔，lf. lateral fontanelle 侧窗，pof. posterior fontanelle 后腹窗，其余参见图 58、图 64；引自 Zhou, 2010b

完整背甲、尾椎及肢骨。辽宁省葫芦岛市建昌县喇嘛洞，下白垩统九佛堂组（相当于阿尔布阶）(Zhou, 2010b)。

副模 PMOL AR 00140，一件散落的骨骼。产地及层位同正模（Zhou, 2010b）。

鉴别特征 同属。

产地与层位 仅模式产地。

昌马龟属 Genus *Changmachelys* Brinkman, Yuan, Ji, Li et You, 2013

模式种 步氏昌马龟 *Changmachelys bohlini* Brinkman, Yuan, Ji, Li et You, 2013

鉴别特征 大贝氏龟科成员，与该科亚洲所有其他属种区别于大的个体，背甲圆形和肋缘窗发育。以甲壳表面平滑，不具向后延伸垂直于盾沟的褶皱与 *Liaochelys*，*Manchurochelys*，*Ordosemys* 和 *Dracochelys* 相似，但不同于 *Kirgizemys* 和 *Wuguia*。以第二到第四椎盾狭窄与 *Manchurochelys*，*Kirgizemys*，*Wuguia* 和 *Dracochelys* 相似，但不同于 *Liaochelys* 和 *Ordosemys*。头骨以前额骨在中线相互接触与 *Dracochelys*，*Liaochelys* 和 *Kirgizemys* 相似，但不同于 *Manchurochelys* 和 *Ordosemys*。与 *Dracochelys* 区别于背甲后部不收缩变窄。

中国已知种 仅模式种。

分布与时代 甘肃，早白垩世晚期。

步氏昌马龟 *Changmachelys bohlini* Brinkman, Yuan, Ji, Li et You, 2013

（图 113）

正模 IGCAGS 02-0902，一件部分散落的、背面暴露的成年骨骼。甘肃昌马盆地昌马镇附近，下白垩统下沟组（相当于阿普特阶）(Brinkman et al., 2013b)。

副模 GSGM 05-CM-016，一件骨骼；GSGM 07-CM-017，一件幼年个体骨骼；GSGM 05-CM-015，一件分散的骨骼。产地及层位同正模。

鉴别特征 同属。

产地与层位 仅模式产地。

图 113 步氏昌马龟 *Changmachelys bohlini* ⟶

A–I. IGCAGS 02-0902（正模），头骨背视（A, B）、头骨腹视（C, D）、头骨右侧视（E, F）、头骨左侧视（G, H）、骨骼背视（I）；J, K. GSGM 05-CM-016（副模），骨骼腹视；L. 背甲复原；引自 Brinkman et al., 2013b

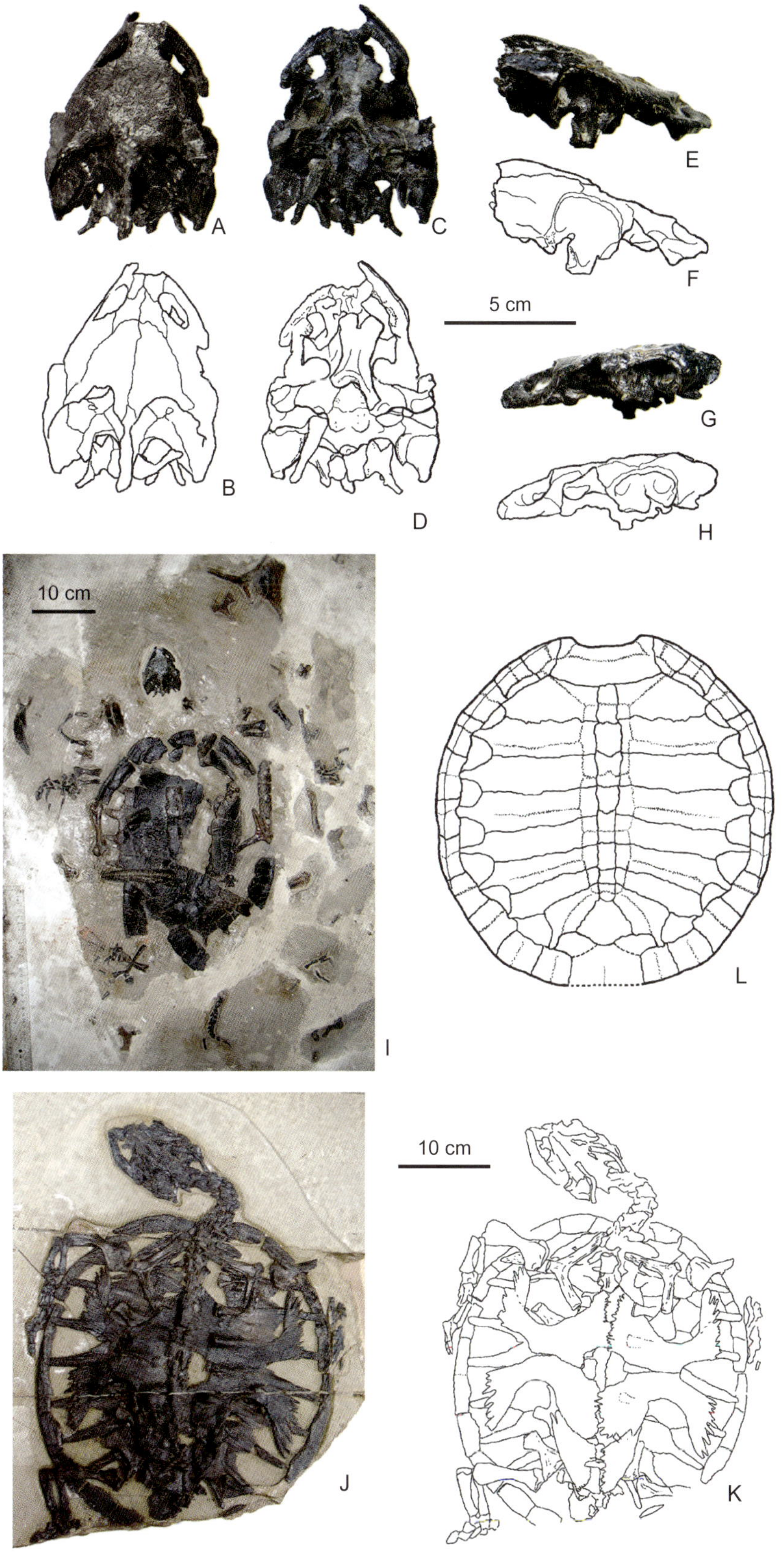
A
C
E
F
5 cm
B
D
G
H
10 cm
L
I
10 cm
J
K

小龟属 Genus *Xiaochelys* Zhou et Rabi, 2015

模式种 宁城小龟 *Xiaochelys ningchengensis* Zhou et Rabi, 2015

鉴别特征 大贝氏龟科之一属，具以下独特形态特征组合：前额骨在中线处相互接触；上枕骨脊超过鳞骨后缘；第四颈椎双凸型；颈凹浅；具颈盾；第一椎盾宽于颈板，覆盖第二缘板并接触第二缘盾；椎盾和肋盾区域具褶皱；不具前椎板；椎板八块，上臀板两块，臀板一块；第三肋板前、后缘平行；不具肋缘窗、腹甲中窗及侧窗。

中国已知种 仅模式种。

分布与时代 内蒙古，早白垩世。

宁城小龟 *Xiaochelys ningchengensis* Zhou et Rabi, 2015

（图 114）

正模 PMOL AR 00210，一件幼年或接近成年的骨骼。内蒙古赤峰市宁城县必斯营子乡杨树湾子村附近，下白垩统义县组（相当于巴雷姆阶—阿普特阶下部）(Zhou et Rabi, 2015）。

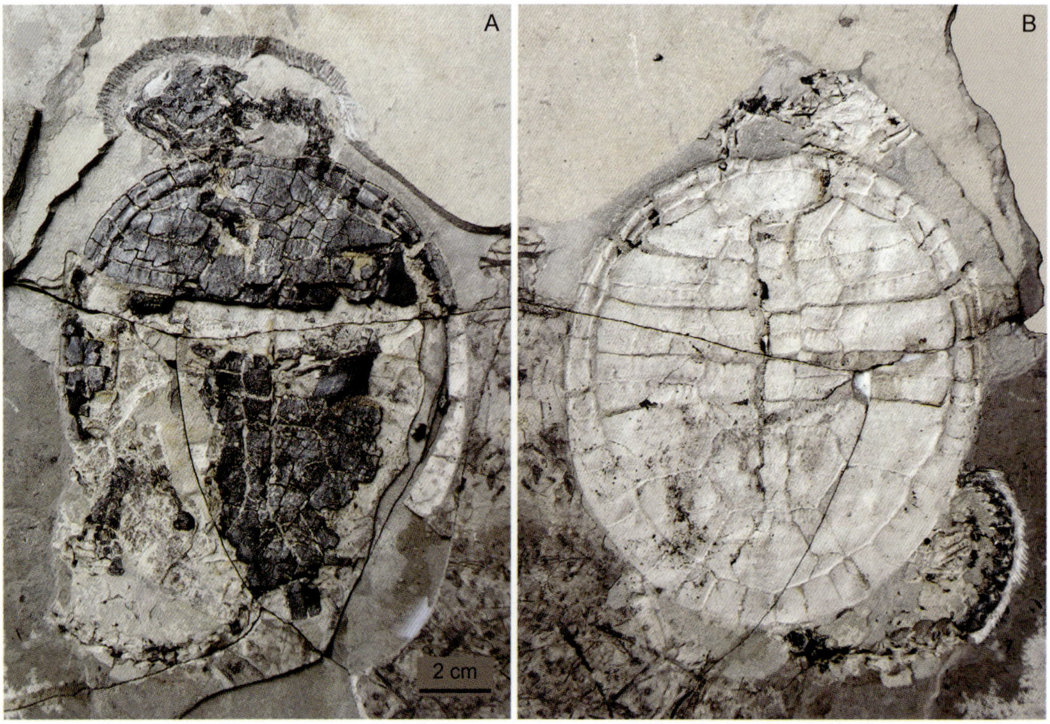

图 114 宁城小龟 *Xiaochelys ningchengensis*

A, B. PMOL AR 00210（正模），骨骼背视（A）和背甲外印模（B）；引自 Zhou et Rabi, 2015

鉴别特征 同属。

产地与层位 仅模式产地。

众隐颈龟微目 Nanorder POLYCRYPTODIRA Gaffney et Meylan, 1988

形态特征 前额骨在中线相互接触；腭动脉和内颈动脉完全嵌入骨内；后部颈椎具发育的腹脊；不具颈肋；颈椎横突单一；第一背椎椎体前关节面向腹面倾斜；第一躯肋短。

分布与时代 全球；晚侏罗世 现代。

评注 众隐颈龟是隐颈龟类的冠群。

鳖超科 Superfamily Trionychoidea Fitzinger, 1826

鉴别特征 所有颈椎后凹型；内颈动脉后孔腹位，完全被翼骨包围；耳滑车突主要由顶骨构成；冠状突高，位于下颌中部；反关节突发育；腹甲中沟曲折（Meylan et Gaffney，1989）。

中国古鳖属 Genus *Sinaspideretes* Young et Chow, 1953

模式种 维氏中国古鳖 *Sinaspideretes wimani* Young et Chow, 1953

鉴别特征 鳖超科成员，个体小（背甲长约16.5 cm）；背甲低，椭圆形，后部略加宽，颈凹浅。具下列特征组合：背甲表面具细小凹坑状纹饰，腹甲表面粗糙不平；椎板系列完全，连接上臀板，椎板程式为6<4>6>6>6>6>6>6；上臀板两块，大小近等；椎盾狭窄，第二、第三椎盾长宽近等；腹甲与背甲缝连；上腹板较大；内腹板大，长宽近等；间喉盾一对，略覆盖内腹板前缘；胸盾短于腹盾；肛盾限于剑腹板内；下缘盾四块；腹甲中沟曲折。

中国已知种 仅模式种。

分布与时代 四川，晚侏罗世。

维氏中国古鳖 *Sinaspideretes wimani* Young et Chow, 1953

（图115）

Plesiohcleys tatsuensis：叶祥奎，1963a，9页，图7，图版I, 3-4；Sun ct al., 1992, p. 23；中国科学院古脊椎动物与古人类研究所《中国脊椎动物化石手册》编写组，1979，101页，图79；Ye, 1994, p. 21, Fig. 8

Yehguia tatsuensis：Danilov et Parham, 2006, p. 578, Figs. 2–3；Brinkman et al., 2008, p. 62, Fig. 64

正模 CQMNH C.994（IVPP V 709，杨钟健、周明镇，1953），一件不完整背腹甲。四川盆地成渝铁路沿线，确切地点及层位不明，?晚侏罗世（杨钟健、周明镇，1953）。

归入标本 IVPP V 996，一件大部分保存为内模的背甲和近完整腹甲以及部分肢骨；四川大足大安公路高峰山。CQMNH C.1000，一件近完整背甲；四川遂宁，上侏罗统上沙溪庙组（叶祥奎，1963a；Danilov et Parham, 2006；Tong, et al., 2014）。

鉴别特征 同属。

产地与层位 四川大足大安公路高峰山、四川遂宁，上侏罗统上沙溪庙组。

评注 1953 年杨钟健、周明镇在研究四川盆地成渝铁路沿线发现的中生代脊椎动物化石时以一件不完整甲壳（CQMNH C.994，不完整背甲及仅少部分暴露的腹甲）为模

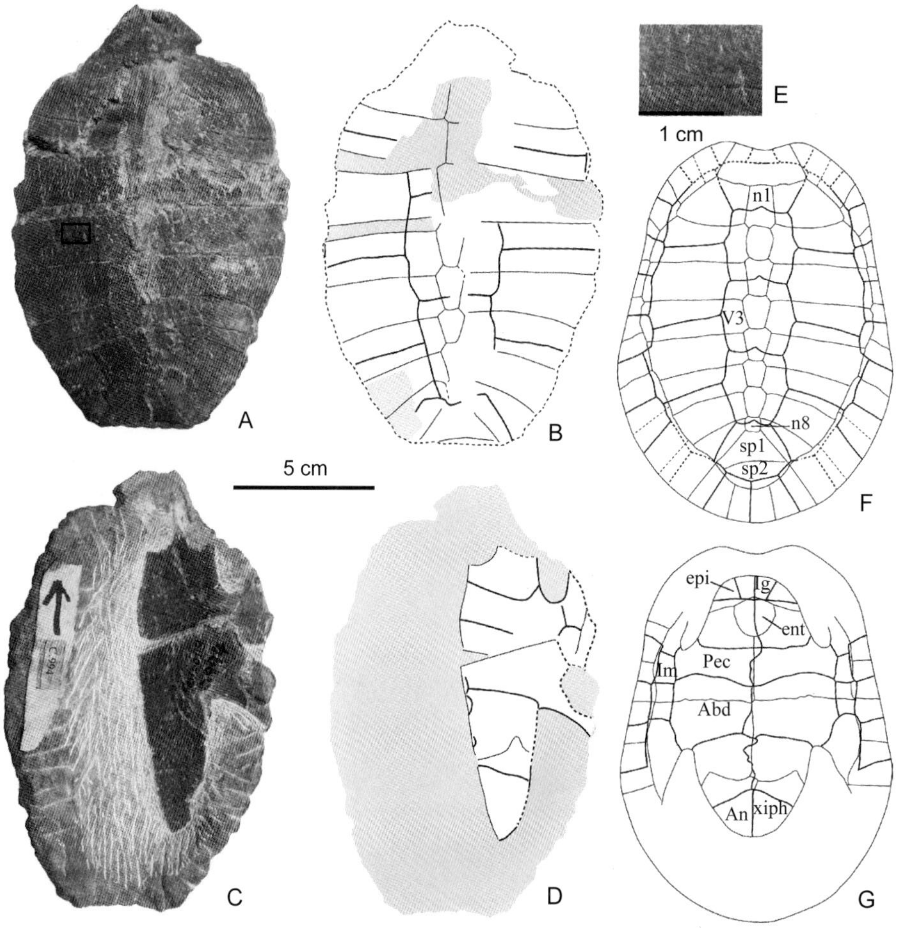

图 115 维氏中国古鳖 *Sinaspideretes wimani*

A–E. CQMNH C.994（正模），背甲背视（A, B）、腹甲左半部腹视（C, D）、背甲纹饰细节（E）；F, G. 背腹甲复原；Ig. intergular scute 间喉盾，Im. inframarginal scute 下缘盾，其余参见图 64；引自 Tong et al., 2014

式建立维氏中国古鳖，并将其归入鳖科（Trionychidae）（杨钟健、周明镇，1953）。随后几十年来维氏中国古鳖一直被认为是世界上最古老的鳖类（叶祥奎，1963a；Młynarski, 1976；Pritchard, 1979；Ernst et Barbour, 1989；Ye, 1994；张孟闻等，1998；Lucas, 2001）。1992 年，Meylan 和 Gaffney 重新鉴定了维氏中国古鳖，认为它不是鳖科成员，而试图将其归入两爪鳖科（Carettochelyidae）（Meylan et Gaffney, 1992）。大足近蛇颈龟是叶祥奎 1963 年在一件背甲内模和完整腹甲以及部分肢骨（IVPP V 996）基础上建立的，最初归入近蛇颈龟科（Plesiochelyidae）（叶祥奎，1963a）。Nessov（1977）认为这件标本应归入椽龟科，分类位置靠近产自费尔干纳盆地白垩纪中期的费尔干纳龟（*Ferganemys*）（Nessov, 1977）。2006 年 Danilov 和 Parham 对大足近蛇颈龟进行了重新研究，认为大足近蛇颈龟属于鳖超科原始成员，将其移入新建立的叶氏龟属，建立 Adocusia（包括南雄龟科和椽龟科）（Danilov et Parham, 2006）；但由于大足近蛇颈龟和维氏中国古鳖没有相同的保存和出露部分，没有进行两者之间的对比。最近 Tong 等重新研究维氏中国古鳖模式标本，进一步修理了腹甲，并在重庆博物馆保存的四川盆地中生代龟化石中找到一件近完整背甲。这三件标本的对比表明大足叶氏龟为维氏中国古鳖的晚出同物异名。维氏中国古鳖不具备两爪鳖科的特征；分支系统学分析将其置于鳖超科最基干位置（Tong et al., 2014）。

尽管维氏中国古鳖既不属于鳖科也不属于两爪鳖科，它仍然是鳖超科，也是龟鳖冠群中目前最古老的代表。维氏中国古鳖在侏罗纪的出现为以分子生物学为基础建立的龟鳖系统发育关系提供了化石证据，支持鳖超科是龟鳖类冠群中最原始的类群（Tong et al., 2014）。

作为鳖超科基干成员的维氏中国古鳖和新疆龟科成员分享一系列近裔特征，这些特征包括后部缘板扩展，侧部缘盾覆盖肋板外侧边缘，腹甲中沟曲折等。这些共近裔特征表明鳖超科可能起源于某些原始的新疆龟类。

椽龟科 Family Adocidae Cope, 1870

模式属 椽龟 *Adocus* Cope, 1868

鉴别特征 具下列特征组合的原始鳖超科成员：甲壳骨片尤其是颈板和后部缘板狭长；后部椎板和第一上臀板退化，从而椎板系列不与上臀板接触；后部缘盾前缘呈弧形覆盖上臀板；颈盾极度退化甚至缺失；第二至第五椎盾狭窄；第一胸肋退化，仅剩纤细的基部从第二胸肋分出；头骨后部狭长；前耳骨狭窄。

中国已知属 椽龟属 *Adocus* Cope, 1868，沙诗龟属 *Shachemys* Kuznetzov, 1976。

分布与时代 亚洲，早白垩世—渐新世；北美洲，晚白垩世—古新世。中国，早白垩世—渐新世。

评注 橡龟科是鳖超科的基干类群，包括橡龟亚科（Adocinae）和沙诗龟亚科（Shachemydinae）两个亚科。该科出现在亚洲早白垩世，分布于亚洲白垩系到渐新统和北美上白垩统到古新统。

橡龟亚科 Subfamily Adocinae Cope, 1870

橡龟属 Genus *Adocus* Cope, 1868

模式种 幸运橡龟 *Adocus beatus* (Leidy, 1865)

鉴别特征 甲壳表面具细小凹坑状纹饰，侧部和后部缘盾覆盖肋板。

中国已知种 意外橡龟 *Adocus inexpectatus* Danilov, Syromyatnikova, Skutschas, Kodrul et Jin, 2013，东方“橡龟”“*Adocus*” *orientalis* Gilmore, 1931；共 2 种。

分布与时代 亚洲、北美洲，晚白垩世—渐新世。

评注 关于 *Adocus* 的中文译名，《中国脊椎动物化石手册》（增订版，1979）依其发音译为“阿杜库斯龟”。本书采用李录（2013，私人通讯）的译法，译为“橡龟”，因为该类龟的腋柱和胯柱极发育，像中国房屋的椽子（李录，私人通讯，2013 年 5 月 13 日）。

意外橡龟 *Adocus inexpectatus* Danilov, Syromyatnikova, Skutschas, Kodrul et Jin, 2013

（图 116）

正模 SLSSYSU MMT 001，一件不完整背腹甲。广东茂名盆地茂名市附近，上始新统油柑窝组。

鉴别特征 橡龟属之一种，与本属其他种区别于第一椎盾较短，第四椎盾覆盖第一上臀板以及喉盾内侧缘拉长。另外与其他种还区别于第六椎板长（*A. amtgai* 和 *A. beatus* 除外）；第五椎盾较其他椎盾狭窄（*A. aksary*，*A. amtgai* 和 *A. bossi* 除外）；从第四缘盾开始覆盖肋板（*A. aksary* 和 *A. amtgai* 除外）。与 *A. beatus* 还区别于腹甲前叶前缘浑圆；与“*A.*” *orientalis* 还区别于腹甲前叶前缘浑圆，喉盾较大，甲壳表面纹饰由细小的沟和坑组成。

产地与层位 仅模式产地。

东方“橡龟”“*Adocus*” *orientalis* Gilmore, 1931

（图 117）

Adocus orientalis：Gilmore, 1931, p. 220, Fig. 2；Sun et al., 1992, p. 31；中国科学院古脊椎动物与古人类研究所《中国脊椎动物化石手册》编写组，1979，107 页；Brinkman et al., 2008, p. 63, Fig. 65

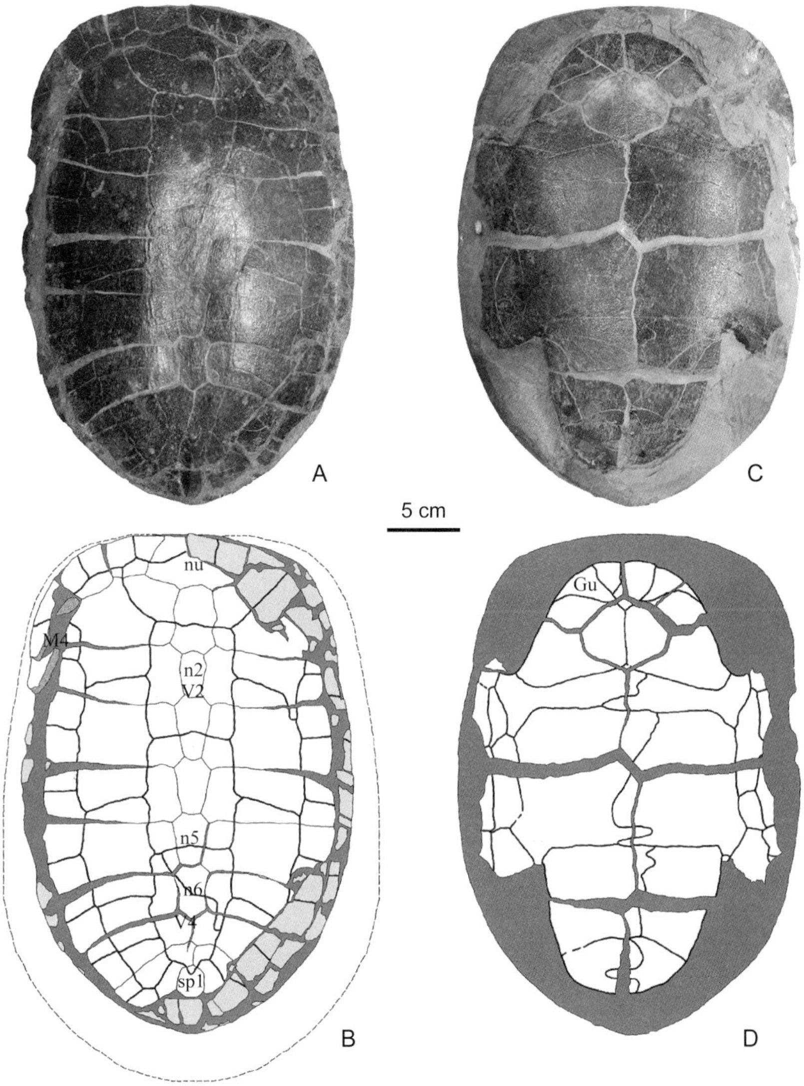

图 116　意外椽龟 *Adocus inexpectatus*

A–D. SLSSYSU MMT 001（正模），甲壳背视（A, B）和腹视（C, D）；缩写参见图 64；阴影指示围岩及破损；引自 Danilov et al., 2013b

正模　AMNH 6356，腹甲前半部。内蒙古伊尔丁曼哈电报线营地，中始新统（Gilmore, 1931）。

鉴别特征　与白垩纪 *Adocus* 区别于甲壳表面纹饰由细小的凹坑组成。与“*A.*” *kazachstanica* 区别于个体较大；上腹甲较长、前部较窄；间喉盾前部宽于后部；喉盾较大，内侧缘较长；下缘盾较狭窄，距离背腹甲缝合线较远。与北美古近纪的 *Adocus annexus* 区别于下缘盾较狭窄；与 *A. onerosus* 区别于上腹甲较长和内腹甲较宽；与 *A. substricta* 区别于喉盾较大，胸盾覆盖内腹甲和下缘盾较狭窄。

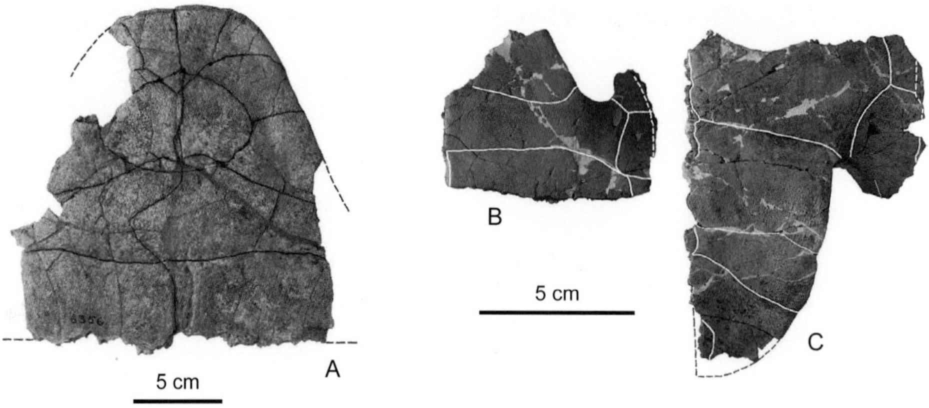

图 117 东方“橡龟”“*Adocus*” *orientalis* 和东方“橡龟”相似种 cf.“*Adocus*” *orientalis*
A. AMNH 6356（正模），腹甲前半部腹视；B, C. AMNH 6712（相似种），左舌腹板腹视（B）和左下腹板-剑腹板腹视（C）；引自 Danilov et al., 2011

产地与层位 仅模式产地。

评注 Danilov 等（2011）认为 *Adocus orientalis* 甲壳纹饰有别于真正 *Adocus* 属成员，不应归入该属，故在属名上加引号。

两件产自内蒙古沙拉木伦烟囱包北山台（North Mesa, Chimney Buttle, Shara Murun region）上始新统的部分腹甲（AMNH 6712），原被 Gilmore（1931）归入 Dermatemydidae gen. indet.；Danilov 等（2011）将这两件标本归入 cf.“*Adocus*” *orientalis* （图 117B–C）。

伊尔丁曼哈的化石年代原来认为是晚始新世 （Gilmore, 1931；叶祥奎，1963a）。现在根据哺乳动物组合，为中始新世（童永生等，1995）。

橡龟属（未定种）“*Adocus*” sp.

标本 AMNH 6723，两块甲壳碎片。

产地与层位 内蒙古沙拉木伦地区乌尔丁鄂博东山台（Urtyn Obo, East Mesa, Shara Murun region），上始新统乌兰戈楚组（Danilov et al., 2011）。

评注 Danilov 等（2011）根据甲片上特有的细小凹坑状纹饰将这两块甲板碎片归入“*Adocus*”。这是橡龟科在中国最晚的记录。

沙诗龟亚科 Subfamily Shachemydinae Khosatzky in Nessov et Khosatzky, 1977

鉴别特征 以下列特征区别于橡龟亚科（Adocinae）：背甲较低平；缘盾在甲壳腹面向前逐渐变窄；间喉盾后缘短截，不覆盖内腹板；内腹板前缘短截。

中国已知属 沙诗龟属 *Shachemys* Kuznetzov, 1976。

分布与时代 吉尔吉斯斯坦、乌兹别克斯坦、哈萨克斯坦、老挝、泰国，白垩纪。中国：广西，早白垩世。

沙诗龟属 Genus *Shachemys* Kuznetzov, 1976

模式种 网球沙诗龟 *Shachemys baibolatica* Kuznetzov, 1976

鉴别特征 腋凹狭窄；上腹板 / 舌腹板和内腹板之间的铰链与喉盾 / 间喉盾和肱盾之间的沟重合；颈板窄；颈盾缺失；椎板除第一椎板有时呈五角形存在外全部缺失；第一上臀板缺失；第一胸肋短粗。头骨镫 - 颞孔（*foramen stapedio-temporale*）小，前耳骨狭窄；眼孔小；耳滑车突位置靠近眶后骨。

分布与时代 乌兹别克斯坦、哈萨克斯坦、老挝、泰国，白垩纪。中国：广西，早白垩世。

沙诗龟属（未定种）*Shachemys* sp.

（图 118）

标本 NHMG 无号，零散龟甲骨板，包括一块完整骨桥部分的缘板；广西扶绥派芒，下白垩统新隆组。左第一缘板（NHMG Z010870）、左第八缘板（NHMG Z010872）和一块不完整骨桥部分的缘板（NHMG Z010871）；广西扶绥下庙，下白垩统新隆组。

产地与层位 广西扶绥派芒、下庙，下白垩统新隆组（Mo et al., 2016）。

图 118 沙诗龟属（未定种）*Shachemys* sp.

NHMG Z010870，左侧第一枚缘板背视；引自 Mo et al., 2016

南雄龟科 Family Nanhsiungchelyidae Ye, 1966

模式属 南雄龟属 *Nanhsiungchelys* Ye, 1966

鉴别特征 鳖超科陆生种类，甲壳长可达一米多。背腹甲表面具有强烈的由凹坑和脊组成的网状纹饰并披有角质盾片。背腹甲边缘加厚。椎板系列完整，在大多数属种内不退化、接触上臀板，椎板程式为 6<4>6>6>6>6>6。上臀板两块，第一上臀板明显小于第二上臀板。后部缘盾扩大，覆盖上臀板。腹甲与背甲缝连。腹甲前后叶宽大，骨桥长。腹甲前叶前伸可超过背甲前缘，上腹板前部明显加厚。内腹板宽大。胸盾不与腋凹相交，肱胸沟前凸覆盖内腹板；腹甲中沟曲折。耳柱骨切迹封闭。乌喙骨扇状；髂骨突（thelial process）阙如。前、后肢具两节或更少的短粗的指骨；四肢披有骨板。

中国已知属 南雄龟属 *Nanhsiungchelys* Ye, 1966，江西龟属 *Jiangxichelys* Tong et Mo, 2010，豫龟属 *Yuchelys* Tong, Xu, Buffetaut, Zhang et Jia, 2012；共 3 属。

分布与时代 亚洲、北美洲，白垩纪。中国：内蒙古、山东、河南、广东、江西，晚白垩世。

评注 南雄龟科是鳖超科大型陆生种类。最早出现于亚洲早白垩世，主要分布于亚洲和北美洲上白垩统，在白垩纪末绝灭。该科包括亚洲的赞氏龟属（*Zangerlia*）、南雄龟属（*Nanhsiungchelys*）、江西龟属（*Jiangxichelys*）、豫龟属（*Yuchelys*）、异龟属（*Anomalochelys*）、*Hanbogdemys*、*Kharakhutulia* 和北美洲的 *Basilemys* 8 属十余种。其中南雄龟属、江西龟属和豫龟属为中国特有。

南雄龟科成员在晚白垩世土伦期（Turonian）通过白令海峡迁徙扩散到北美洲（Hutchison, 2000）。分支系统学分析显示北美的 *Basilemys* 一属四种构成一个单系类群，这表明南雄龟从亚洲到北美洲的迁徙是一次性的，而不是多次迁徙扩散（Brinkman et al., 2015）。

南雄龟科的生态是有争议的。叶祥奎（1966）认为基于其不发育的次生腭，短的指骨和爪，推断南雄龟是陆生种类，或者至多是半水生类型。Młynarski（1972）认为产于蒙古的赞氏龟生活在炎热干旱的沙漠戈壁地区的陆地上。Hutchison 和 Archibald（1986）认为北美 *Basilemys* 具有大而发育完全的甲壳，发育的骨桥以及腹甲上腋凹和胯凹有限的张开度，头骨咀嚼面的形态，形态像象腿的足，发育的腿部盾片，像陆龟那样发育的上腹板前突，以及粗壮的四肢骨骼等，都表明它是像陆龟那样的陆生食草种类。*Basilemys* 的陆生生态亦得到骨组织学研究的支持（Scheyer, 2007）。但是 Sukhanov 和 Narmandakh（1977）则认为产于蒙古上白垩统的 *Hanbogdemys* 强壮的前肢，肱骨的构造，腰带的结构及其与甲壳的相对位置都和陆生生态不协调，可能是特殊的游泳者，生活在激流中，以其前肢在水底爬动。而 Hutchison（2000）却认为上述这些特征是原始特征而不是特化特征。南雄龟的生态还需要全面的形态功能学、地球化学以及形态测量学的进一步研究才能确定。

南雄龟科是少数在白垩纪末绝灭的龟鳖门类，其化石记录在广东南雄盆地可追溯到白垩纪 - 古近系界线附近。

南雄龟属 Genus *Nanhsiungchelys* Ye, 1966

模式种 乌迳南雄龟 *Nanhsiungchelys wuchingensis* Ye, 1966

鉴别特征 南雄龟科之一属，个体大，背甲长超过一米。头骨、下颌以及背腹甲表面都有凹坑和脊组成的粗大的网状纹饰。头骨宽大；吻长、呈喇叭筒状，上颞凹微弱；颊凹浅；眼侧视，位于头骨纵向的中部；轭骨宽大、向前扩展，构成眼眶下缘；前颌骨愈合呈倒置的大 Y 形，位于上颌骨下面；前颌骨接触轭骨，将上颌骨排除在咀嚼面唇侧脊之外。甲壳长形，颈凹深大，第一缘板在背甲前外侧形成前伸的角状突；椎板和椎盾皆宽大；喉盾单一，覆盖内腹板前部；无间喉盾；下缘盾狭窄。肩胛骨肩胛骨突和肩峰突之间夹角大，约为 105°。前足背面披有一块大的带纹饰的骨板。

中国已知种 仅模式种。

分布与时代 广东，晚白垩世晚期。

乌迳南雄龟 *Nanhsiungchelys wuchingensis* Ye, 1966

（图 119）

正模 IVPP V 3106，一近完整的骨骼，包括头骨、下颌、不完整背腹甲、颈椎、部分肩带、腰带和肢骨。广东南雄乌迳腊树园，上白垩统南雄群园圃组（叶祥奎，1966；张显球等，2013）。

鉴别特征 同属。

产地与层位 广东南雄，上白垩统南雄群。

评注 依原始资料南雄龟正模产自广东南雄乌迳腊树园，上白垩统南雄群（叶祥奎，1966）。根据新的地层资料，目前南雄群从下到上进一步划分为长坝组、江头组、园圃组、大凤组、主田组和浈水组；上覆罗佛寨群上湖组平岭段划归白垩系顶部。白垩纪 - 古近系界线在上湖组平岭段和下惠段之间通过。南雄乌迳腊树园地层划归园圃组（张显球等，2013）。

南雄龟属（未定种）*Nanhsiungchelys* sp.

标本 SNHM 1558，一件骨骼，包括头骨和近完整背腹甲；广东南雄，上白垩统南

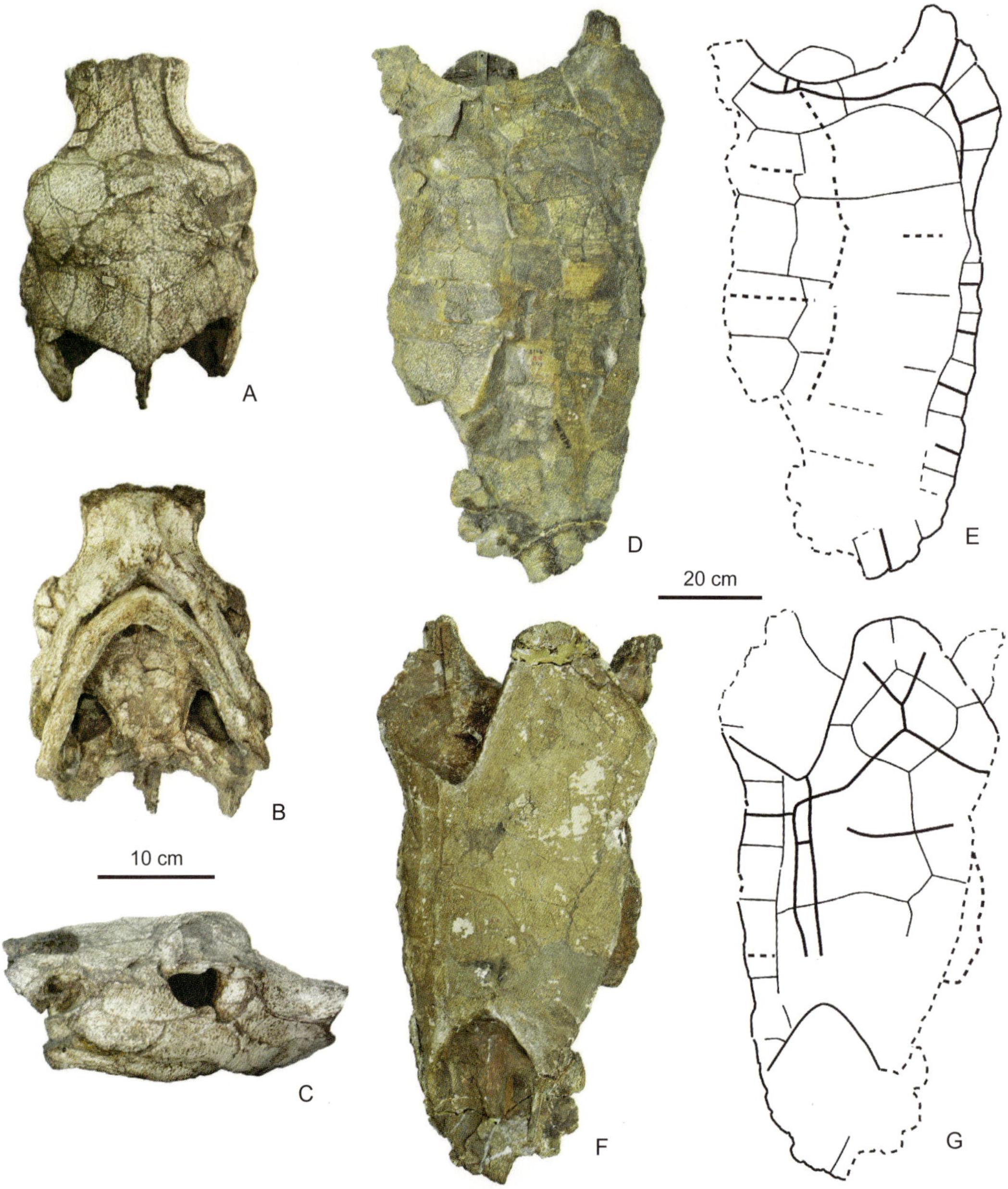

图 119　乌迳南雄龟 *Nanhsiungchelys wuchingensis*

A–G. IVPP V 3106（正模），头骨背视（A）、腹视（B）和右侧视（C），甲壳背视（D, E）和腹视（F, G）

雄群。SXM 无号，一件近完整背腹甲；广东始兴，上白垩统南雄群。

评注　叶祥奎（1994）提到上述两件标本。Hirayama 等（2009）初步研究了保存在上海自然博物馆的 SNHM 1558，认为该标本背甲前侧的一对前伸的角状突完全由颈板构成，与产自日本白垩系中部［相当于塞诺曼阶（Cenomanian）］的异龟（*Anomalochelys*）

相似，可归入该属。但经笔者进一步观察，这件标本背甲角状突起和南雄龟一样是由第一缘板构成的，并且头骨背面具有凹坑状纹饰以及腹甲形态亦都和南雄龟一致。故仍将其归入南雄龟属。

江西龟属 Genus *Jiangxichelys* Tong et Mo, 2010

模式种 赣州江西龟 *Jiangxichelys ganzhouensis* Tong et Mo, 2010

鉴别特征 南雄龟科之一属，个体中等大小，背甲不具中脊；颈凹发育，三角形，第一椎盾盂状。与其他南雄龟科成员区别于第一缘盾短宽，游离边长，与第二缘盾接触边长；第二缘盾靴状，向内侧延伸至第一椎盾，将第一缘盾和第一肋盾完全隔开。与 *Hanbogdemys*（包括 *Bulganemys*）区别于第一上臀板大、三角形，第五椎盾大、三角形，覆盖第十缘板，侧部缘盾狭窄。与南雄龟属（*Nanhsiungchelys*）和 *Anomalochelys* 区别于颈凹较浅，颈盾宽大于长，椎板和椎盾狭窄。与 *Kharakhutulia* 区别于腹甲前叶较长、前伸超过背甲前缘，内腹板五边形。与 *Basilemys* 区别于颈凹发育，颈盾宽大于长，缘板狭窄。与‘*Zangerlia*’ *dzamynchondi* 区别于颈凹较浅，上腹板和间喉盾中沟长。与‘*Zangerlia*’ *ukhaachelys* 区别于内腹板五边形，胸腹沟平直，腹盾中线长度大于胸盾。头骨与南雄龟区别于颞凹和颊凹发育，两凹之间间隔以及颞凹和眼眶之间间隔均狭窄。

中国已知种 赣州江西龟 *Jiangxichelys ganzhouensis* Tong et Mo, 2010 和内蒙古江西龟 *Jiangxichelys neimongolensis* (Brinkman et Peng, 1996) 两种。

分布与时代 江西、内蒙古，晚白垩世。

赣州江西龟 *Jiangxichelys ganzhouensis* Tong et Mo, 2010

（图 120）

正模 NHMG 010415，一件完整的背腹甲。江西赣州赣县，上白垩统南雄群。

归入标本 JXGZ(2012)-179，甲壳和不完整头骨；JXGZ(2012)-178、JXGZ(2012)-180、JXGZ(2012)-182，三件甲壳。江西赣州南康龙岭，上白垩统南雄群（Tong et al., 2016a）。

鉴别特征 江西龟属之一种，与内蒙古江西龟区别于内腹板五边形，间喉盾 / 肱盾沟平直、远在内腹板之前，喉盾极度退化或消失（当存在时位于间喉盾 / 肱盾沟外端）。

产地与层位 江西赣州赣县、南康龙岭，上白垩统南雄群。

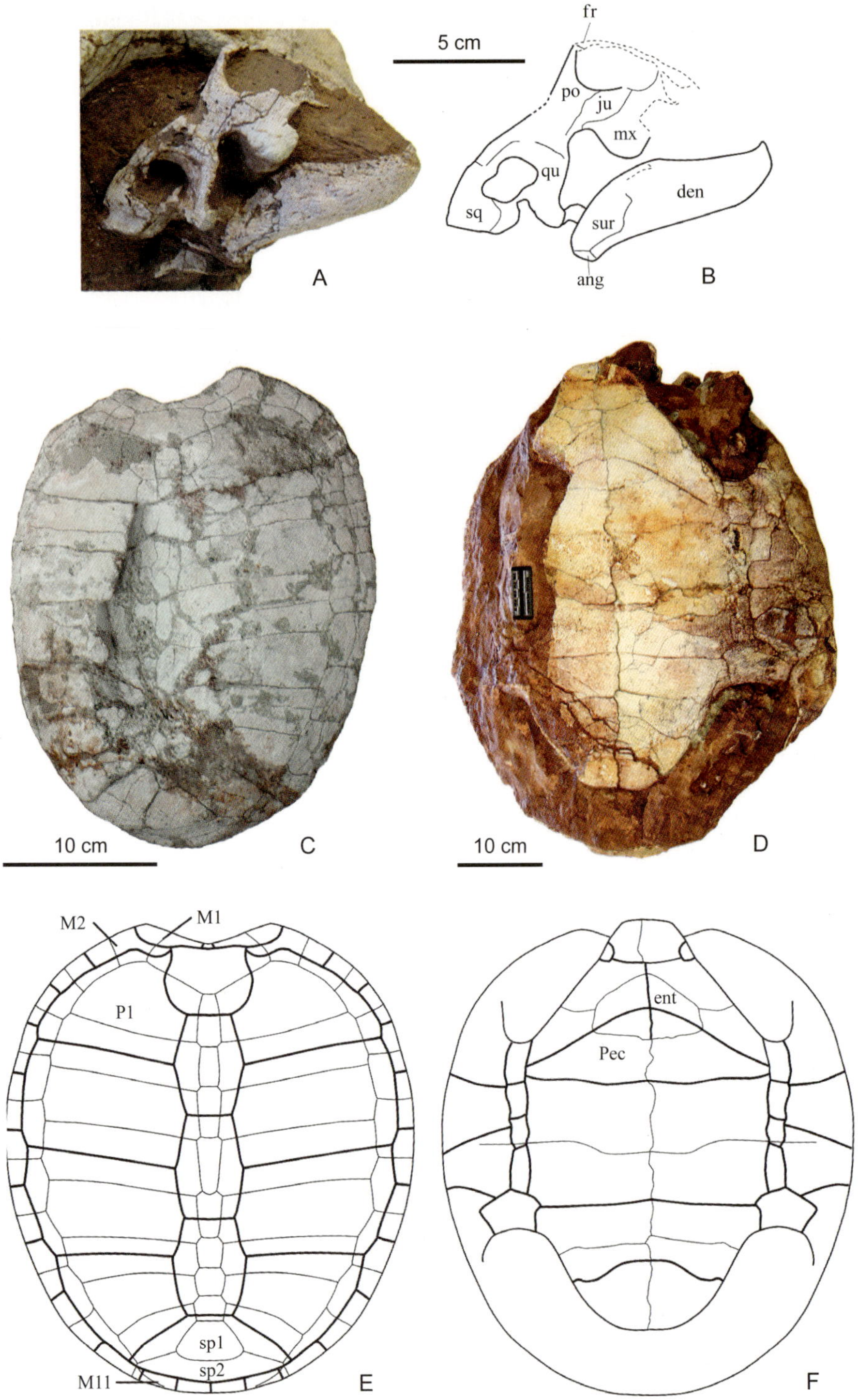

图 120　赣州江西龟 *Jiangxichelys ganzhouensis*

A, B. JXGZ(2012)-179，头骨右侧视；C. NHMG 010415（正模），背甲背视；D. JXGZ(2012)-179，甲壳腹视；E, F. 背腹甲复原；缩写参见图 58、图 62、图 64；C 引自 Tong et Mo, 2010；A, B, D, F 引自 Tong et al., 2016a

内蒙古江西龟 *Jiangxichelys neimongolensis* (Brinkman et Peng, 1996) Tong, Li, Jie et Yi, 2016

（图 121）

Zangerlia neimongolensis：Brinkman et Peng, 1996, p. 528, Figs. 1–9；Brinkman et al., 2008, p. 65, Fig. 67

'*Zangerlia*' *neimongolensis*：Brinkman et al., 2015, p. 580, Figs. 1–4

正模 IVPP RV96007，一近完整骨骼，包括部分背甲和完整腹甲、头骨、下颌、颈椎、肩带、腰带和前后肢。内蒙古乌拉特后旗巴音满都呼 Nuchidaba，上白垩统红层 (Brinkman et Peng, 1996)。

副模 IVPP RV 96008、IVPP 290690-6 RV 96009、IVPP 020790-4 RV 96010、IVPP 130790-1 RV 96011、IMM 4252，五件不完整甲壳及其他头后骨骼；IMM 2802，一件骨骼，包括头骨、下颌及甲壳。产地及层位同正模（Brinkman et Peng, 1996）。

归入标本 IMM 96NMBY-I-14 和 IMM 93NMBY-2，两件近完整骨骼。内蒙古乌拉特后旗巴音满都呼（Brinkman et al., 2015）。

鉴别特征 江西龟之一种，无背中棘。内腹板大，后伸至腋凹水平之后。腹甲后叶中沟强烈曲折。

产地与层位 内蒙古乌拉特后旗巴音满都呼 Nuchidaba，上白垩统红层乌兰苏海组。

评注 该种原归入赞氏龟属（*Zangerlia*，Brinkman et Peng, 1996；Brinkman et al., 2015）。最近研究发表的新材料（两件保存精美的骨骼）使得该种成为南雄龟科目前保存最完整的种类。新的分支系统学研究显示，内蒙古赞氏龟以及赞氏龟属其他归入种（"*Z.*" *ukhaachelys* 和"*Z.*" *dzamynchondi*）与该属模式种 *Zangerlia testudinimorpha* 分离，但和江西龟（*Jiangxichelys*）构成单系群。这表明目前定义下的赞氏龟属不是一个单系群，而该属应该仅包括模式种 *Z. testudinimorpha*（Brinkman *et al.*, 2015）。这一研究成果在一定意义下支持 Hirayama 等（2001）和 Danilov 等（2013a）的观点。这些作者将赞氏龟属除了模式种以外的所有其他归入种在属名上都加上引号。Tong 等（2016a）将内蒙古种归入江西龟属。

IMM 96NMBY-I-14 部分伸出的前肢和仰起的头表明这只龟在临死前正在从沙土里向外挖刨。此前在同一地区发现的龟类和其他脊椎动物化石都在很大程度上受到食腐甲虫的破坏。保存完好的 IMM 96NMBY-I-14 和 IMM 93NMBY-2 很可能是快速而深度埋藏的结果。其死因有两种可能的解释：一个是沙尘暴或者是沙丘坍塌将龟快速埋藏；另一个是这种龟生活在洞穴中，洞穴坍塌所致。

内蒙古江西龟在前足掌下有一系列小骨板。这些骨板可能有运动学的功能，也就

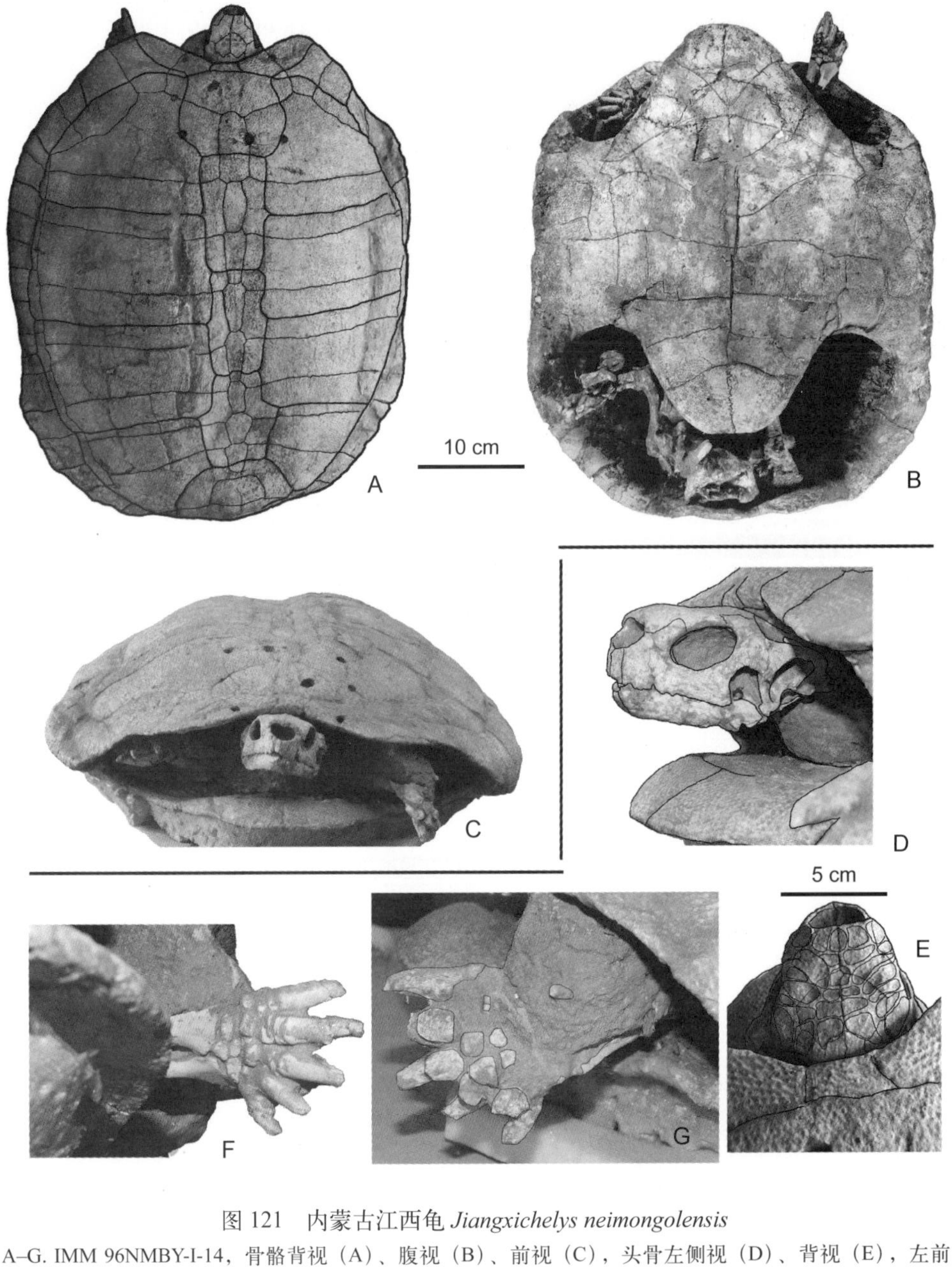

图 121　内蒙古江西龟 *Jiangxichelys neimongolensis*

A–G. IMM 96NMBY-I-14，骨骼背视（A）、腹视（B）、前视（C），头骨左侧视（D）、背视（E），左前肢背视（F），左前掌腹视（G）；引自 Brinkman et al., 2015

是说在挖掘中起到“距”的作用，有助于刨出松散的沉积物，而不是作为防御的盾甲（Brinkman et al., 2015）。

豫龟属 Genus *Yuchelys* Tong, Xu, Buffetaut, Zhang et Jia, 2012

模式种　南阳豫龟 *Yuchelys nanyangensis* Tong, Xu, Buffetaut, Zhang et Jia, 2012

鉴别特征 个体中等大小的南雄龟科成员，背甲长约 55 cm。以内腹板位置靠前，其后缘位于腋凹水平之前区别于南雄龟其他属。另外以椎板和椎盾狭长区别于南雄龟属（*Nanhsiungchelys*）和异龟属（*Anomalochelys*）；以后部缘盾横宽，与对等的缘板宽度相近，及腹甲后叶宽大区别于 *Basilemys*；以后侧部缘板和缘盾近方形以及腹甲较宽大区别于江西龟属（*Jiangxichelys*）；以第五椎盾呈梯形以及腹甲后叶宽大区别于 *Hanbogdemys*；以下剑缝远离腹甲后叶基部区别于赞氏龟属（*Zangerlia*）；以椎板系列不退化，接触上臀板区别于 *Kharakhutulia*。

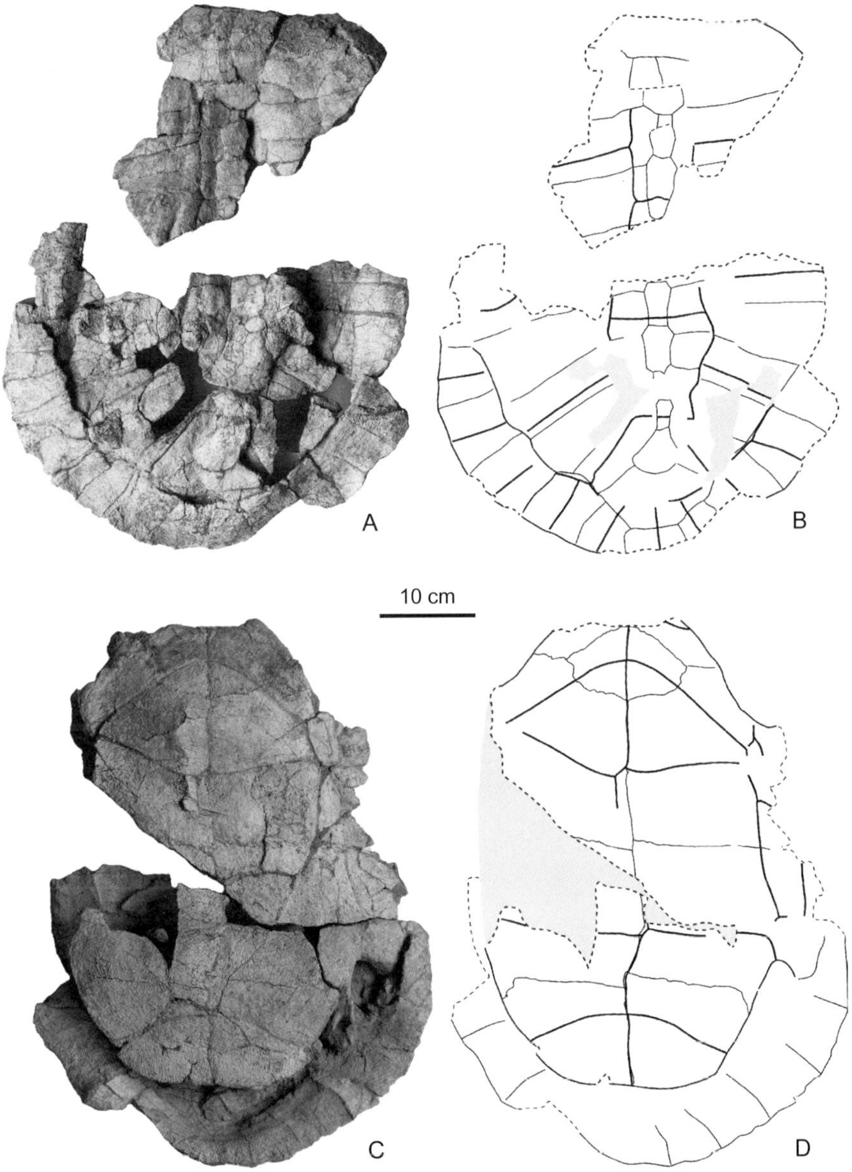

图 122 南阳豫龟 *Yuchelys nanyangensis*

A–D. HNGM NR09-11-14（正模），背腹甲背视（A, B）和腹视（C, D）；引自 Tong et al., 2012c

中国已知种 仅模式种。

分布与时代 河南，晚白垩世。

南阳豫龟 *Yuchelys nanyangensis* Tong, Xu, Buffetaut, Zhang et Jia, 2012

（图 122）

正模 HNGM NR09-11-14，一件不完整骨骼，包括不完整背甲和相连的近完整腹甲、第二到第八颈椎、背椎、肩带、腰带及部分肢骨；河南南阳内乡夏馆镇，上白垩统下部高沟组。

鉴别特征 同属。

产地与层位 仅模式产地。

南雄龟科（不定属和种）Nanhsiungchelyidae gen. et sp. indet.

（图 123）

标本 一块龟甲碎片。

产地与层位 山东莱阳长春亭西南 0.5 km，上白垩统王氏群。

评注 Wiman 在 1930 年所著《中国龟鳖化石》(Fossile Schildkröten aus China）一书中记述了 Zdanstzy 于 1923 年 4 月 20 日在山东莱阳采集的一块龟骨板碎片。Wiman 认为其纹饰与鳖科一些属种（*Amyda*，*Aspideretes*）相近，但由于这类纹饰广泛分布于龟鳖不同类群，只定为 Schildkröte A，未能做进一步鉴定（Wiman, 1930）。这件标本虽残破，但从插图上可以清楚地看到这块龟板正、反两面都有南雄龟典型的网状纹饰（Wiman, 1930, Pl. II, fig. 5-5a)，无疑可归入南雄龟科。这是南雄龟在中国最早的发现，也是我国南雄龟地理分布最靠东的记录。

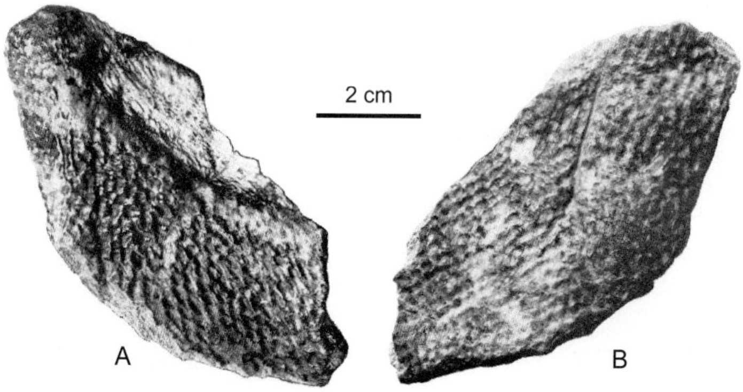

图 123 南雄龟科（不定属和种）Nanhsiungchelyidae gen.et sp. indet.
A. 背视，B. 腹视；引自 Wiman, 1930

鳖上科 Epifamily Trionychia Hummel, 1929

鳖上科（Trionychia）是由两爪鳖科和鳖科组成的单系类群，具有下列骨骼形态裔征：①缘板不与肋板缝合；②肋骨头与脊椎椎体紧密缝合；③前颌骨愈合；④桡骨和尺骨在远端相互接触；⑤指（趾）具有三个或更少的爪；⑥乌喙骨长于肩胛骨突和肩峰突；⑦背甲不与腹甲缝连（Meylan et Gaffney, 1989）。Trionychia 的单系性亦得到分子生物学、细胞学和血清学研究的支持（Bickham et al., 1983；Bickham et Carr, 1983；Fujita et al., 2004）。

两爪鳖科 Family Carettochelyidae Boulenger, 1887

模式属 两爪鳖属 *Carettochelys* Ramsay, 1886

鉴别特征 头骨在方骨后面有一浅凹陷，后耳窝（*antrum posticum*）退化；甲壳表面有明显的由瘤状和蠕虫状脊组成的纹饰，纹饰在腹甲的各骨板上呈放射状；甲壳盾片退化或阙如；背甲穹凸，后部具中脊；后部缘板扩展；颈板宽大于长，前部向上弓起，其腹面有一对腹突用以接受第八颈椎的后关节突；椎板六至七枚，后部椎板退化；后部肋板在中线处相互接触；上臀板一枚；臀板一枚；缘板十对；腹甲十字形；腋柱和胯柱不发育；腹甲前叶基部在上腹板 / 内腹板和舌腹板之间具有铰链；内腹板三角形。

中国已知属 无盾鳖属 *Anosteira* Leidy, 1871，克孜勒库姆鳖属 *Kizylkumemys* Nessov, 1977；共 2 属。

分布与时代 亚洲、欧洲、北美洲、非洲、大洋洲，早白垩世—现代。中国：广西、广东、山东、内蒙古、辽宁、江西，早白垩世—始新世。

评注 两爪鳖科是极度特化的淡水龟类，具缘板，四肢桨状。两爪鳖科最早出现在亚洲早白垩世地层中，最早的化石记录是产自泰国 Sao Khua 组（相当于 Barremian? 巴雷姆阶）的 *Kizylkumemys* sp.。白垩纪的两爪鳖科化石仅发现于亚洲大陆，*Kizylkumemys* 广泛分布于泰国下白垩统的 Sao Khua 和 Khok Kruat 组（相当于阿普特阶）地层中，在老挝下白垩统 Grès supérieur 组、中国广西扶绥下白垩统新隆组以及乌兹别克斯坦和蒙古上白垩统都有发现（Lapparent de Broin, 2004；Tong et al., 2005；Mo et al., 2016）。两爪鳖科在始新世极繁盛，于始新世初期扩散到北美洲和欧洲，并在中新世出现在非洲和大洋洲。现生仅存两爪鳖（*Carettochelys insculpta*，亦称猪鼻龟）一属一种，分布在澳大利亚北部和巴布亚新几内亚。与世界其他地区相比，两爪鳖科在中国有从早白垩世到始新世较完整的化石记录。

两爪鳖科传统上划分为无盾鳖亚科（Anosteirinae）和两爪鳖亚科（Carettochelyinae）两个亚科，其主要区别是前者甲壳骨板上覆有盾片，盾片结构极度特化，第二椎盾前部被第一椎盾包围；腹甲骨桥短宽，腋凹和胯凹宽大，腹甲后叶狭长；而后者成年个体盾片缺失，腹甲后叶较宽大。中国的两爪鳖科化石都属于无盾鳖亚科。但是近年 Danilov 等对无盾鳖亚科的 *Kizylkumemys schultzi* 和茂名无盾鳖（*Anosteira maomingensis*）和两爪鳖亚科的 *Carettochelys insculpta* 头骨进行了研究，其分支系统分析表明茂名无盾鳖和两爪鳖组成单系类群，而 *K. schultzi* 为其姐妹群，这意味着两爪鳖科的两个亚科有可能是不存在的（Danilov et al., 2014）。Joyce 应用分支系统命名法规对两爪鳖科化石进行修订，将克孜勒库姆鳖属视为 Pan-*Carettochelys* 基干成员，不归入两爪鳖科。在两爪鳖科中无盾鳖属不为单系类群，仅两爪鳖亚科有效（Joyce, 2014）。

无盾鳖亚科 Subfamily Anosteirinae Lydekker, 1889

鉴别特征 两爪鳖科之一亚科，具极度特化的盾片结构，第二椎盾前部被第一椎盾包围；腹甲骨桥短宽，腋凹和胯凹宽大，腹甲后叶狭长。

中国已知属 无盾鳖属 *Anosteira* Leidy, 1871，克孜勒库姆鳖属 *Kizylkumemys* Nessov, 1977；共 2 属。

分布与时代 亚洲、北美洲，早白垩世—始新世。中国：广西、广东、山东、内蒙古、辽宁、江西，早白垩世—始新世。

无盾鳖属 Genus *Anosteira* Leidy, 1871

模式种 饰纹无盾鳖 *Anosteira ornata* Leidy, 1871

鉴别特征 无盾鳖亚科之一属，与 *Kizylkumemys* 区别于第二椎盾前伸至第一椎板；与 *Pseudanosteira* 区别于椎板形状规则，第二椎盾宽大且不分化。

中国已知种 蒙古无盾鳖 *Anosteira mongoliensis* Gilmore, 1931，满洲无盾鳖 *A. manchuriana* Zangerl, 1947，茂名无盾鳖 *A. maomingensis* Chow et Liu, 1955，山东无盾鳖 *A. shantungensis* Cheng, 1961，岭南无盾鳖 *A. lingnanica* Young et Chow, 1962；共 5 种。

分布与时代 北美、亚洲，晚白垩世—始新世。中国：广东、山东、内蒙古、辽宁、江西。

评注 无盾鳖属在中国的五个种形态差别都不大，除了茂名无盾鳖有大量标本外，其他种都只有一件或两件不完整标本，这些种的有效性有待今后更多化石的发现来证实。

蒙古无盾鳖 *Anosteira mongoliensis* Gilmore, 1931

（图 124）

正模 AMNH 6666，包括一件完整椎板，部分第八缘板及一个肋板远端。1925 年采集于内蒙古沙拉木伦地区北山台（North Mesa），中始新统乌兰希热组（Ulan Shireh）。

副模 AMNH 6697，部分腹甲，包括相连的舌腹板、下腹板、剑腹板以及部分后部缘板。第三中亚考察团 1928 年采集于内蒙古沙拉木伦烟囱包北山台（North Mesa, Chimney Buttle, Shara Murun region），中始新统乌兰希热组（Gilmore, 1931）。

鉴别特征 无盾鳖之一种，与其他无盾鳖种区别于腹甲后叶两侧边缘几近平行，末端钝圆。

产地与层位 仅模式产地。

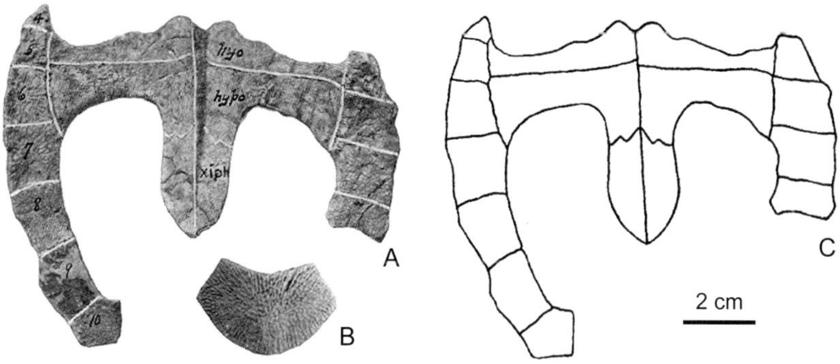

图 124 蒙古无盾鳖 *Anosteira mongoliensis*

A, C. AMNH 6697（副模），部分甲壳腹视；B. AMNH 6666（正模），颈板背视；引自 Gilmore, 1931

满洲无盾鳖 *Anosteira manchuriana* Zangerl, 1947

（图 125）

正模 CNHM P15102，一件近完整背腹甲。辽宁抚顺煤矿，上始新统（Zangerl, 1947）。

鉴别特征 颈板甚宽，前缘显著前凸，后缘凹陷用以接受第一椎板突出的前缘；上腹板椭圆形；剑腹板的两侧缘向尾部收拢，形成尖锐的末端；舌腹板和内腹板之间有小窗洞。

产地与层位 仅模式产地。

茂名无盾鳖 *Anosteira maomingensis* Chow et Liu, 1955

（图 126）

正模 IVPP V 809，一件甲壳内模。广东茂名九区平头岭，上始新统。

副模 IVPP V 810，一件甲壳内模。广东茂名九区光松林，上始新统（周明镇、刘嘉龙，1955）。

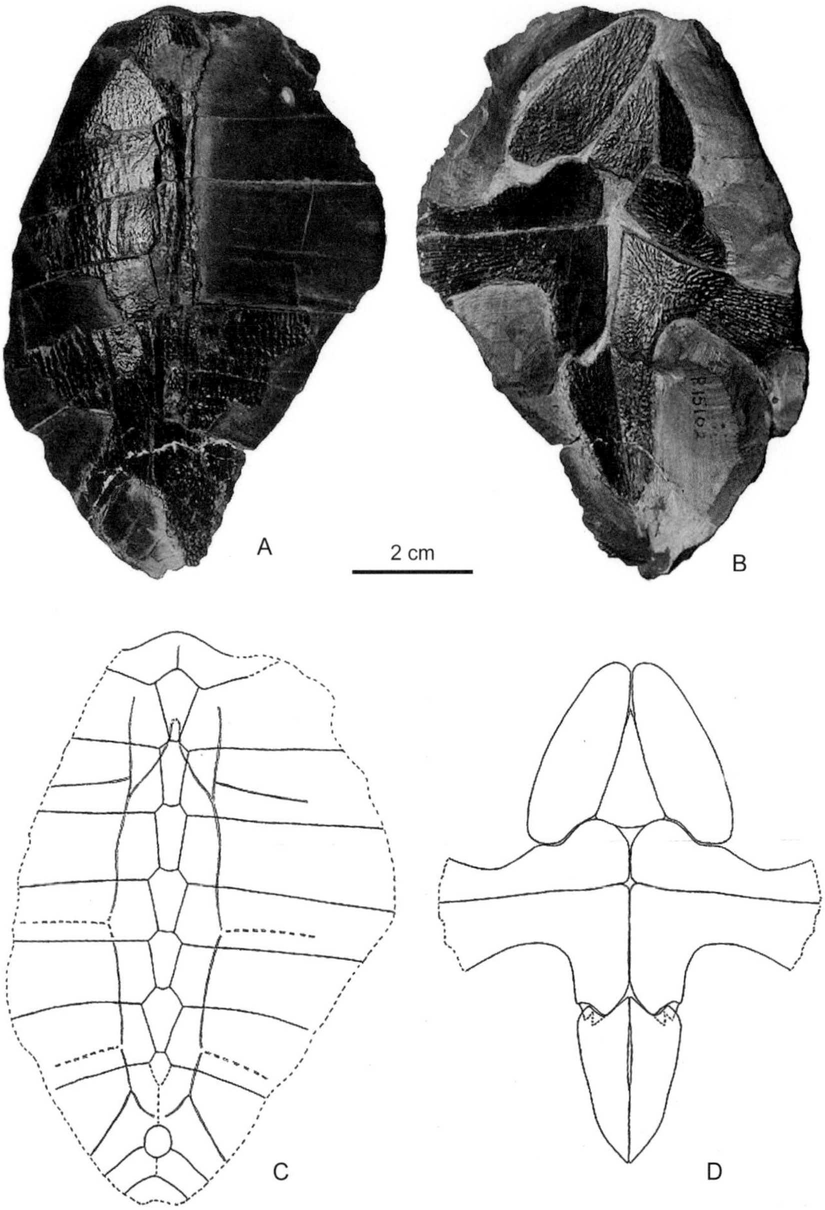

图 125　满洲无盾鳖 *Anosteira manchuriana*

A, B. CNHM P15102（正模），甲壳背视（A）和腹视（B）；C, D. 背甲复原（C）和腹甲复原（D）；引自 Zangerl, 1947

图 126　茂名无盾鳖 *Anosteira maomingensis*　⟶

A–F. IVPP V 15005-5，下颌背视（A–C）、左侧视（D–F）；G–J. IVPP V 15005，甲壳背视（G, H）、腹视（I, J）；K–L. IVPP V 15005-1，腹甲腹视；M. IVPP V 15005-4，颈板腹面印模示一对腹突；N. 背甲复原；O. 腹甲复原；引自 Tong et al., 2010

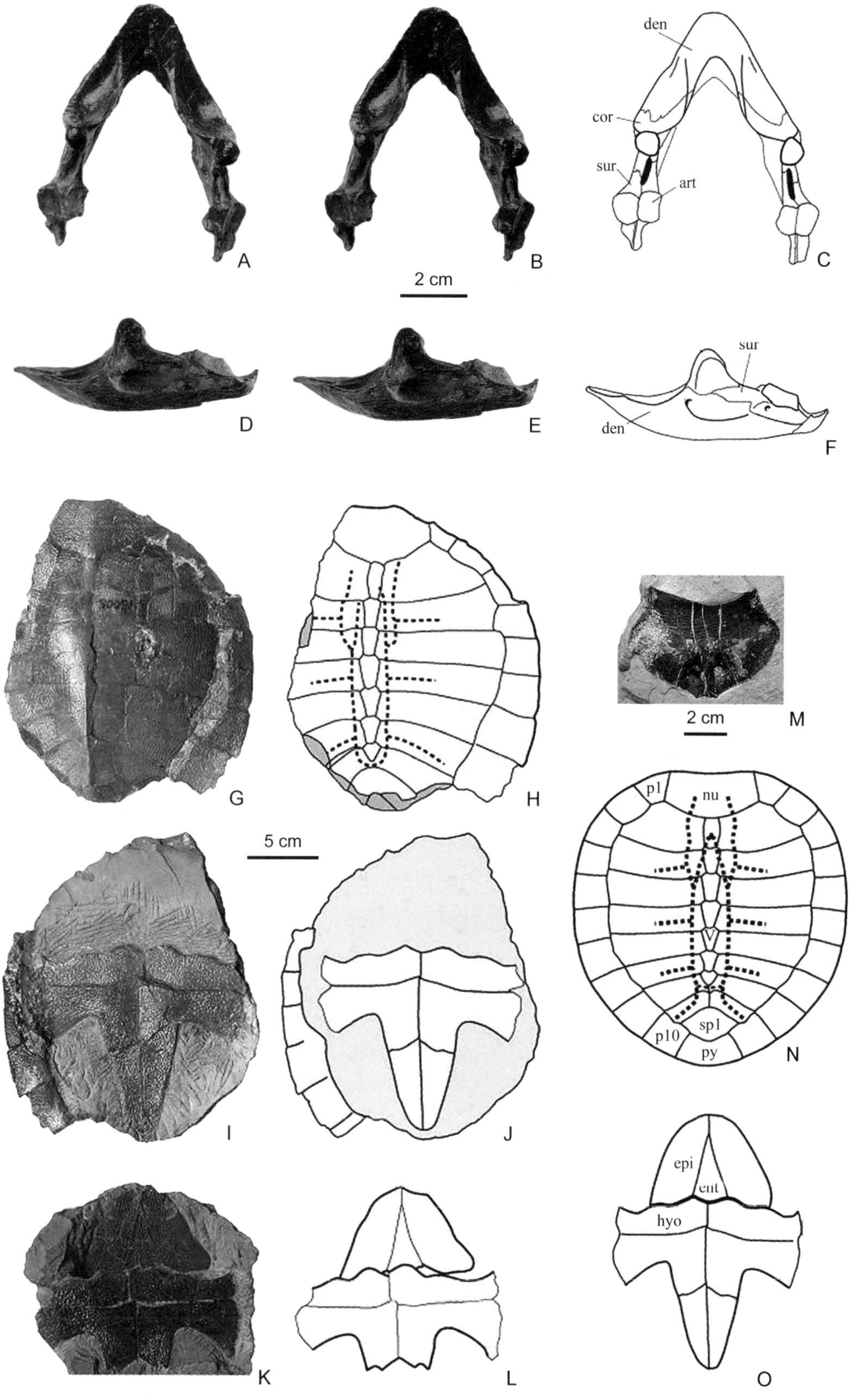
den
cor
sur
art
A
B
C
2 cm
sur
D
E
den
F
G
H
2 cm
M
p1
nu
sp1
p10
py
N
5 cm
I
J
epi
ent
hyo
K
L
O

归入标本 IVPP V 816、IVPP V 15005、IVPP V 15005-1、IVPP V 15005-2、IVPP V 15005-3、BMNH Ph000259、BMNH Ph000282、BMNH Ph000290、BMNH Ph000261、BMNH Ph000271、BMNH Ph000274、BMNH Ph000276、BMNH Ph000278、BMNH Ph000280、BMNH Ph000283、BMNH Ph000284、BMNH Ph000285 和 BMNH Ph000286 等，十几件甲壳；IVPP V15005-4，一件颈板内模；IVPP V 15005-5，一件下颌骨（周明镇，1956；Tong et al., 2010）。产地及层位同正模。

鉴别特征 无盾鳖属之一种；个体较大（背甲长度 210–290 mm）；与 *A. ornata* 区别于肋盾退化和缘盾缺失；与 *A. manchuriana* 区别于颈板梯形；与 *A. mongoliensis* 区别于腹甲后叶两侧边缘向后收拢；与 *A. shantungensis* 区别于肋盾退化及缘板纹饰由独立的瘤状突起组成。

产地与层位 广东茂名，上始新统油柑窝组。

评注 茂名无盾鳖标本极丰富，全国各博物馆都有收藏，这里仅列出了 Tong 等重新描述时归入的标本（Tong et al., 2010）。

茂名油柑窝层的层位在原始资料中为上始新统或下渐新统（周明镇、刘嘉龙，1955）；随后周明镇（1956）又对地层问题做了补充。金建华（2008）根据茂名盆地油柑窝层产出的鱼类、爬行类、孢粉以及哺乳动物化石综合分析，认为油柑窝组的时代应为始新世晚期。

山东无盾鳖 *Anosteira shantungensis* Cheng, 1961

（图 127）

正模 IVPP V 2585a，一件未成年个体骨骼，包括头骨和近完整背甲。山东临朐一带，始新世晚期或渐新世初期黑灰色页岩（程政武，1961）。

副模 IVPP V 2585，部分背甲，包括第四至第六椎板和不完整的第三到第五左肋板。山东临朐牛山，古近纪牛山组（渐新世？）（程政武，1961）。

鉴别特征 甲壳扁平，长和宽相近；颈板宽大，约为其长的两倍，前端中央微后凹；椎板七块，第一块最长大且前窄后宽；肋板外缘上刻纹细密而弯曲，近中部的粗直，不连续且稀疏，近椎板处平滑而不明显。

产地与层位 仅模式产地。

评注 叶祥奎（1962）在研究产自山东临朐牛山的临朐亚洲鳖时，注意到临朐亚洲鳖的围岩和山东无盾鳖的围岩相似，认为二者很可能产自同一地层；因此山东无盾鳖可能产自下始新统五图组（见临朐亚洲鳖评注）。

Joyce（2014）认为在形态上无法分辨山东无盾鳖、蒙古无盾鳖、*A. ornata* 和 *A.* (*Pseudanosteira*) *pulchra*，他主张将山东无盾鳖归入蒙古无盾鳖，因为二者都产自亚洲。

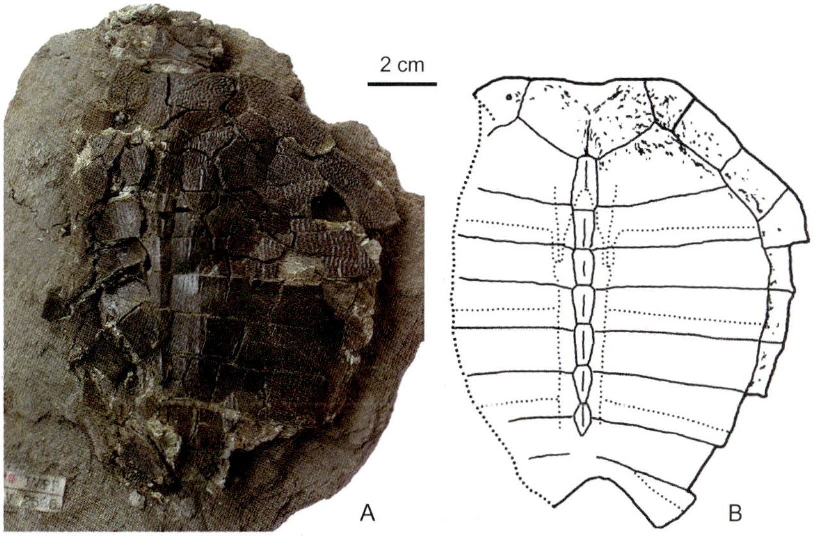

图 127　山东无盾鳖 *Anosteira shantungensis*
A, B. IVPP V 2585a（正模），背视；B 引自程政武，1961

本书作者认为鉴于前者主要保存了背甲，而后者主要保存了腹甲，二者之间很难对比，故仍将山东无盾鳖视为有效种，以待今后更多的化石发现进行进一步研究和对比。

岭南无盾鳖 *Anosteira lingnanica* Young et Chow, 1962

（图 128）

Allaeochelys lingnanica：Nessov, 1976, p. 13；Joyce, 2014, p. 22

正模　IVPP V 1044，背甲前部及腹甲左部骨桥。广东南雄乌迳圩西北约 3–4 km，上白垩统上部南雄群主田组。

副模　IVPP V 1044.1，腹甲左部骨桥。产地及层位同正模（杨钟健、周明镇，1962）。

鉴别特征　一种个体较大的无盾鳖，背甲宽大，肋板短而宽；舌腹板及下腹板比其他各种相对较宽。背甲骨板上的刻纹粗而密集，呈并行的直条排列，在靠近脊部处特别粗和显著。

产地与层位　广东南雄乌迳圩西北约 3–4 km，上白垩统上部南雄群主田组。

评注　大多数学者都将岭南无盾鳖归入无盾鳖亚科（Ye, 1994；Brinkman *et al.*, 2008；Tong *et al.*, 2010）；但 de Broin（1977, 1987）则认为岭南无盾鳖与两爪鳖亚科欧洲始新世的 *Allaeochelys* 或巴基斯坦中晚始新世的 *Chorlakkichelys shahi* Broin，1987 更接近，也就是说应该归入两爪鳖亚科。Nessov（1976）和 Joyce（2014）甚至将岭南无盾鳖

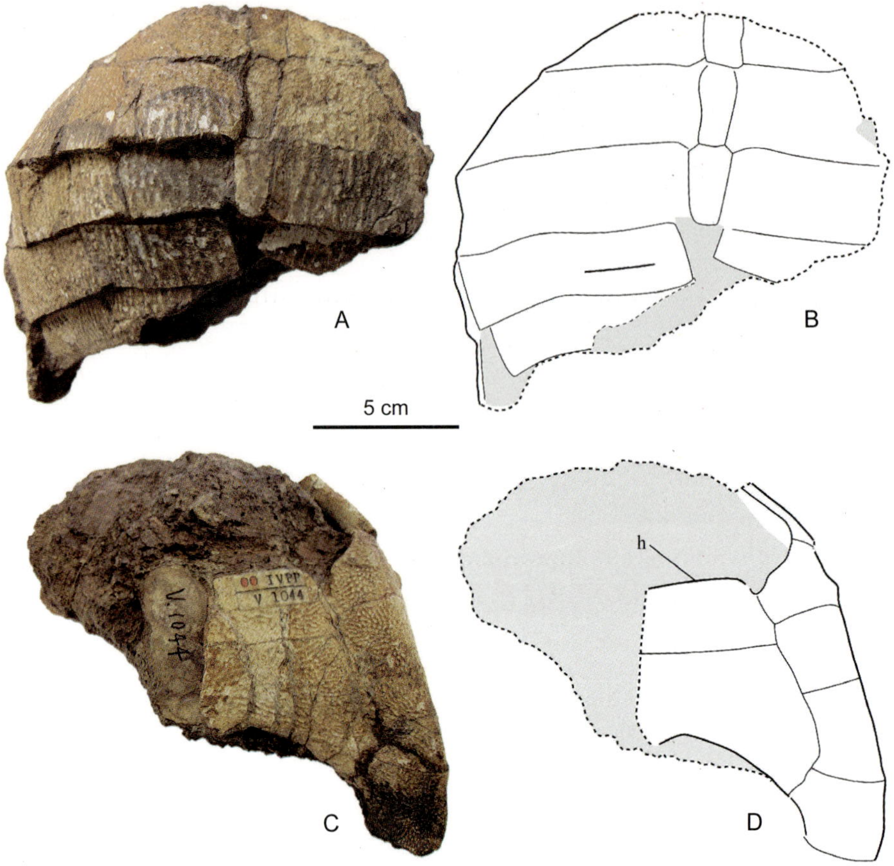

图 128　岭南无盾鳖 *Anosteira lingnanica*

A–D. IVPP V 1044（正模），部分甲壳背视（A, B）和腹视（C, D）；h. hinge 铰链；阴影部分指示围岩

归入两爪鳖亚科的 *Allaeochelys* 属。岭南无盾鳖正模骨桥短宽，胯凹宽大，与其他无盾鳖形态相似；本书将其归入无盾鳖亚科。

原作者认为岭南无盾鳖的时代“有可能比其他的稍早，甚至到白垩纪，但从现有的资料说，属于第三纪早期的可能性比较大”（杨钟健、周明镇，1962）。Ye（1994）认为该化石可能产自罗佛寨组，时代为晚古新世（至少是早始新世）。依照张显球等（2013）意见，化石产地南雄县乌迳圩西北约 3–4 km 的地层划归上白垩统上部南雄群主田组，为岭南无盾鳖的模式层位。

无盾鳖属（未定种）*Anosteira* sp.

标本　IVPP V 2368，一块缘板。

产地与层位　江西新余，中始新统（周明镇，1959）。

克孜勒库姆鳖属 Genus *Kizylkumemys* Nessov, 1977

模式种 舒氏克孜勒库姆鳖 *Kizylkumemys schultzi* Nessov, 1977

鉴别特征 无盾鳖亚科之一属。以下列特征区别于无盾鳖属（*Anosteira*）和假无盾鳖属（*Pseudanosteira*）：在第二至第四椎板上有一局限于第二椎盾内的附加中央盾片；第一椎盾不分化；第二和第三椎盾间沟通过第二椎板；上腹板及腹甲后叶更狭长。

分布与时代 乌兹别克斯坦、泰国、老挝，白垩纪。中国：广西，早白垩世。

克孜勒库姆鳖属（未定种）*Kizylkumemys* sp.

（图 129）

归入标本 NHMG Z008120，一件完整右下腹甲。广西扶绥六榜屯茏草岭，下白垩统新隆组（Mo et al., 2016）。

图 129 克孜勒库姆鳖（未定种）*Kizylkumemys* sp.
NHMG Z008120，右下腹板腹视；引自 Mo et al., 2016

鳖科 Family Trionychidae Fitzinger, 1826

模式属 *Trionyx* Geoffroy, 1809

鉴别特征 具有 18 枚或更少缘板的鳖超科成员，上臀板和臀板阙如；内腹板八字形；方轭骨不与眶后骨接触；轭骨接触顶骨；前颌骨愈合，并被上颌骨排除在外鼻孔之外；前肢第四、五指和后肢第四趾指（趾）骨数超常，内侧三个指（趾）有爪；颈椎除第八枚外均为后凹型；第八颈椎没有中央关节与第一胸椎相连，并不具腹脊；舌骨体由六枚或八枚骨化单元组成；髂骨向后弯曲，梳妆突位于同一平面并且与腹甲广泛接触，其大小等于或宽于耻骨间接触。

分布与时代 欧洲、亚洲、非洲、北美洲、大洋洲，早白垩世—现代。

评注 鳖科是高度特化的淡水龟类，甲壳骨板外面没有角质盾片，而覆以柔软的革质皮层；背甲表面有明显的蠕虫状纹饰；缘板消失或极度退化；腹甲退化，骨板分离。鳖科下分三个亚科：团板鳖亚科（Plastomeninae）、盘鳖亚科（Cyclanorbinae）和鳖亚科（Trionychinae）。中国的化石鳖类都属于鳖亚科。

鳖亚科 Subfamily Trionychinae Fitzinger, 1826

鉴别特征 鳖科之一亚科，颈板宽度至少为其长度的三倍，前、后羽状翼（anterior and posterior costiform processes）聚合，缘板阙如，椎板系列中至少有一枚椎板倒向，第八肋板不具髂骨关节凹陷，骨桥短，舌骨第二鳃骨角（second branchial cornu）具有两枚或更多骨化单元（一些 *Aspideretes humum* 除外），外鼻孔背缘轻微至强烈凹缺，上翼骨在成年个体中与翼骨愈合。

中国已知属 亚洲鳖属 *Amyda* Geoffroy, 1809，中华鳖属 *Pelodiscus* Fitzinger, 1835，斑鳖属 *Rafetus* Gray, 1864，匈奴鳖属 *Khunnuchelys* Brinkman, Nessov et Peng, 1993，中国鳖属 *Sinamyda* Chkhikhvadze, 2000，连鳖属 *Perochelys* Li, Joyce et Liu, 2015，古鳖属 *Aspideretes* Hay, 1904，鳖属（广义）“*Trionyx*” Geoffory, 1809；共 8 属。

分布与时代 欧洲、亚洲、非洲、大洋洲、北美洲，早白垩世—现代。

评注 中国鳖科化石分类十分混乱。传统上将具有前椎板（即在第一对肋板之间有两枚椎板）的鳖类都归入 *Aspideretes* 属，而不具有前椎板的鳖类大都归入 *Amyda* 属（Ye, 1994；Brinkman et al., 2008）。这种分类现在看来是不完善的。目前鳖亚科在亚洲的现生属种包括九属近二十种，只有 *Aspideretes* 一属具有前椎板，而中国鳖类化石目前没有任何一个属种是确定有前椎板的。而传统上归入 *Amyda* 属的中华鳖，现在无论是骨骼形态学（Meylan, 1987）还是分子生物学（Engstrom et al., 2004）研究都将其从 *Amyda* 属中分出，归入 *Pelodiscus* 属。中国鳖科化石需要系统的再研究；但由于时间限制，在本书中仅按照现行的分类方案进行了适当的调整。

根据骨骼特征，Meylan（1987）将鳖亚科现生属种划分为四个单系族：Aspideretini，Chitrini，Pelodiscini 和 Trionychini。该分类方案基本上获得了分子生物学研究的支持（Engstrom et al., 2004）。Engstrom（2004）根据分子生物学结合一些骨骼特征将鳖亚科现生属种划分为三个单系组合：Amydona，Apalonina 和 Gigantestaesuarochelys。其中 Amydona 基本和 Meylan 的 Aspideretini+Pelodiscini 相对应。

亚洲鳖属 Genus *Amyda* Geoffroy, 1809

模式种 亚洲鳖 *Amyda cartilaginea* (Boddaert, 1770)

鉴别特征 背甲一般具八枚椎板；不具前椎板；后一对或更多对肋板在中线相互接

触，或者所有肋板都被椎板隔开；幼年个体背甲上具有纵向的脊或纵向排列成行的瘤。

中国已知种 簇亚洲鳖 *Amyda gregaria* Gilmore, 1934，巧亚洲鳖 *A. gracilia* Ye, 1963，内蒙古亚洲鳖 *A. neimenguensis* Ye, 1965，姜氏亚洲鳖（属存疑）*Amyda? johnsoni* Gilmore, 1931，临朐亚洲鳖（属存疑）*Amyda? linchuensis* Ye, 1962；共 5 种。

分布与时代 *Amyda* 属现生仅一种 *A. cartilaginea*，分布于南亚和东南亚地区。在中国仅有化石记录：内蒙古、山东、山西，始新世—上新世。

簇亚洲鳖 *Amyda gregaria* Gilmore, 1934

（图 130）

正模 AMNH 6734，背腹甲及其他头后骨骼。内蒙古二连浩特西南 25 km，中渐新统，1930 年中亚考察采集（Gilmore, 1934）。

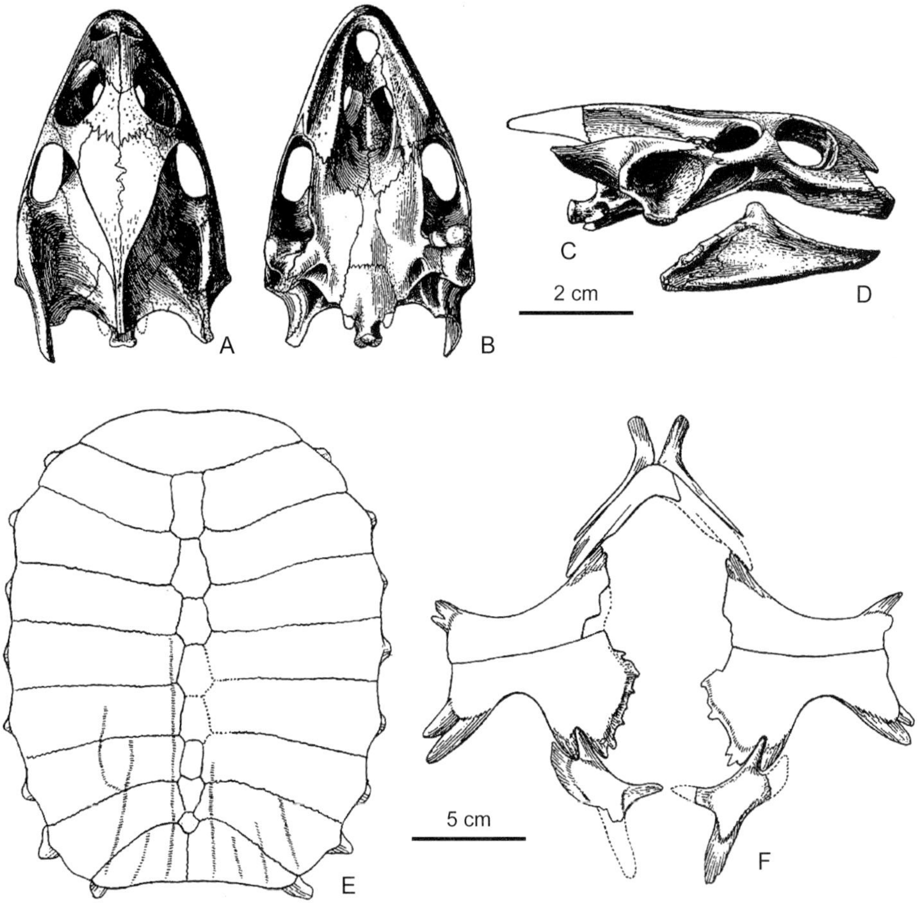

图 130 簇亚洲鳖 *Amyda gregaria*

A–D. AMNH 6735（副模），头骨背视（A）、腹视（B）、右侧视（C），下颌右侧视（D）；E, F. AMNH 6734（正模），背甲背视（E）、腹甲腹视（F）；引自 Gilmore, 1934

副模 AMNH 6735，头骨，下颌，部分背甲，腹甲及其他头后骨骼；AMNH 6736，一近完整幼年个体的骨骼。产地及层位同正模。

归入标本 AMNH 6728–6733。产地及层位同模式标本（Gilmore, 1934, Figs. 7–8）。

鉴别特征 背甲长明显大于宽，两侧边缘近平行，后部在成年个体中短截；椎板七或八枚，第八枚极度退化；颈板宽度大于背甲宽度的 1/2，在成年个体中不覆盖第一肋板游离肋头；吻突长度短于眼眶长径。

产地与层位 仅模式产地。

巧亚洲鳖 *Amyda gracilia* Ye, 1963

（图 131）

正模 IVPP V 1038，一件骨骼，包括近完整背甲、左剑腹板、七枚颈椎、部分完整的肩带和腰带以及其他腹甲碎片。山西榆社，上中新统—上新统（叶祥奎，1963a）。

鉴别特征 背甲卵圆形，长约 22 cm；前缘浅凹，后缘平切；颈板横宽；椎板八枚，第八枚后部退化；肋板除最后一对外，皆外缘长于内缘，其中第七对的外缘长超过内缘长的 2.5 倍；背甲除了周缘外布满凹坑和蠕虫状纹饰。

产地与层位 仅模式产地。

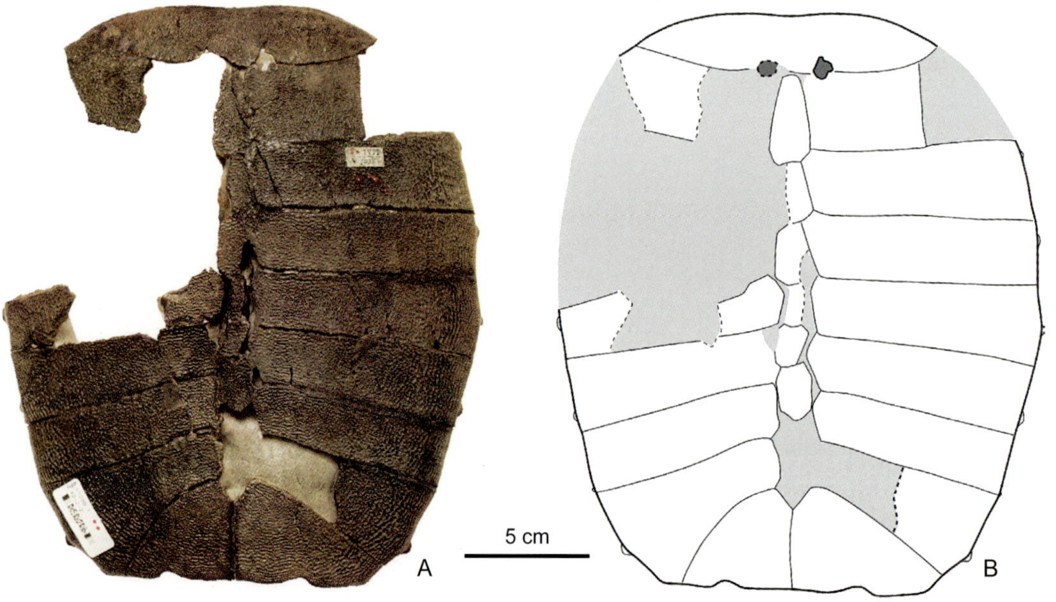

图 131 巧亚洲鳖 *Amyda gracilia*

A, B. IVPP V 1038（正模），背甲背视；阴影部分指示破损

内蒙古亚洲鳖 *Amyda neimenguensis* Ye, 1965

（图 132）

正模 IVPP V 2870，一件不完整背甲。内蒙古沙拉木伦乌兰希热（Ulan Shireh），中始新统（叶祥奎，1965）。

鉴别特征 个体大，背甲长约 50 cm；背甲低平，近圆形；椎板七枚，第七枚退化，椎板倒转位于第五椎板；第七对肋板后部和第八对肋板在中线处相互接触；第八对肋板退化；肋板除最后一对外，其余皆外端长于内端，其中第六对相差在一半以上；骨板表面有大小不等的凹坑纹饰，但肋板远端 1/4 处完全平滑。

产地与层位 仅模式产地。

评注 IVPP V 2870 个体较大，以后部椎板更退化、第八对肋板退化以及背甲外缘表面平滑不同于 *A. cartilaginea*。原作者指出，IVPP V 2870 形态特征与 *Amyda*? *jonhsoni* 甚为近似，诸如椎板的数目、外形，肋板的一般构造和纹饰特征等，尤其是第六肋板外端扩展，几乎完全可以对比。二者之间的差别主要为后者的凹坑纹饰较为粗大、较深，背甲中部有一个纵长的凹陷。

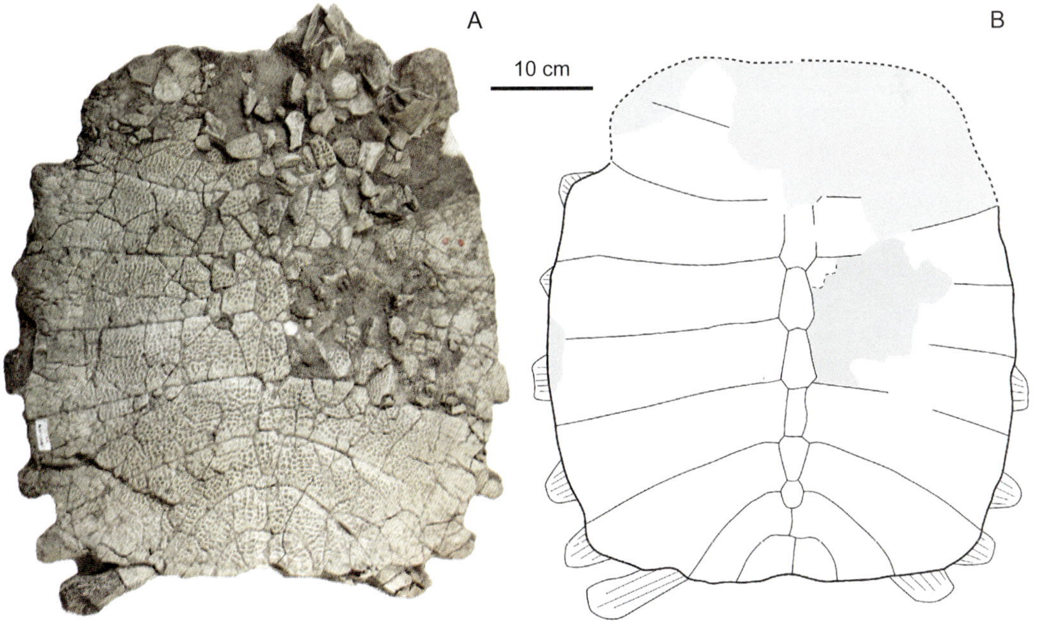

图 132 内蒙古亚洲鳖 *Amyda neimenguensis*

IVPP V 2870（正模），背甲背视；阴影部分指示破损

姜氏亚洲鳖（属存疑）*Amyda*? *johnsoni* Gilmore, 1931

（图 133）

正模 AMNH 6357，一件前部破损的背甲。内蒙古伊尔丁曼哈电报营地（Telegraph Line Camp, Irdin Manha），中始新统上部伊尔丁曼哈组（Gilmore, 1931）。

鉴别特征 背甲长宽近等；后部短截；椎板七枚，第七枚退化；第六对肋板远端极度扩展；背甲纹饰由背部浑圆的脊隔成不规则的近圆形的浅凹坑组成；背甲边缘平滑而不具纹饰。

产地与层位 仅模式产地。

图 133 姜氏亚洲鳖（属存疑）*Amyda*? *johnsoni*

AMNH 6357（正模）背甲背视及背甲纹饰细节；引自 Gilmore, 1931

临朐亚洲鳖（属存疑）*Amyda*? *linchuensis* Ye, 1962

（图 134）

正模 IVPP V 1050，一件背甲的右前部，破损头骨，部分肢骨和肩带。山东临朐牛山，下始新统（叶祥奎，1962）。

鉴别特征 不具前椎板；第一肋板近端长于远端；第二、三肋板远端长于近端；背甲表面除了边缘部位以外布满凹坑状纹饰。

产地与层位 仅模式产地。

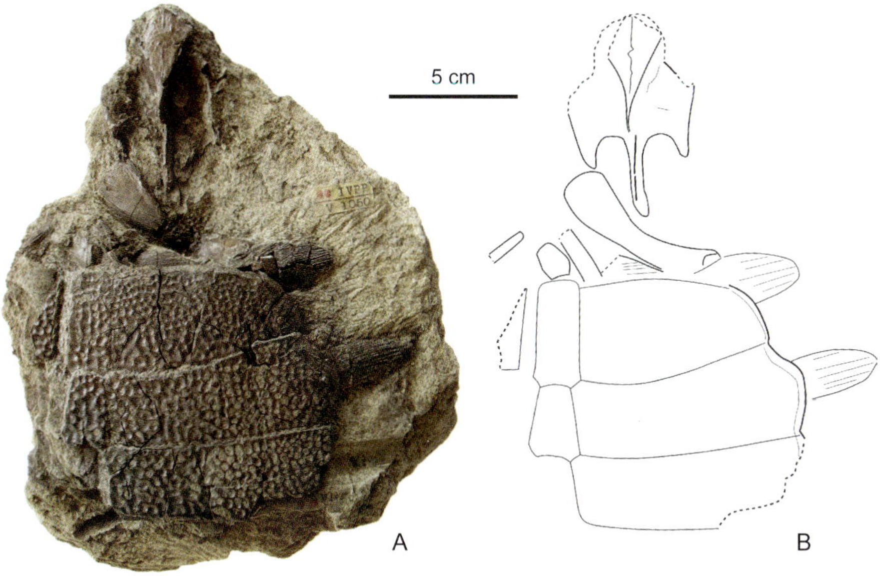

图 134 临朐亚洲鳖（属存疑）*Amyda? linchuensis*
A, B. IVPP V 1050（正模），部分骨骼背视

评注 关于临朐亚洲鳖的年代，依原始资料，IVPP V 1050 产自牛山油页岩，但标本上所附围岩为灰色泥岩，原作者认为可能是油页岩中某一夹层；并且注意到临朐亚洲鳖的围岩和山东无盾鳖的围岩相似，两者很可能产自同一地层层位（叶祥奎，1962）。当时认为牛山组年代为始新世晚期或渐新世早期（叶祥奎，1962），后改为早始新世（Ye, 1994）。牛山组是一套夹泥岩、砂岩和砾岩的玄武岩，目前《中国地层典 - 第三纪》和《中国地质图》都将牛山组划入中新统下部。IVPP V 1050 依其围岩岩性，有可能产自牛山组下伏地层五图组，时代为早始新世。

中华鳖属 Genus *Pelodiscus* Fitzinger, 1835

模式种 中华鳖 *Pelodiscus sinensis* (Wiegmann, 1835)

鉴别特征 个体较小；头骨较隆起；吻突长于眼眶眶径；眶后弓长度为眶径的 1/3；下颌咀嚼面平滑；背甲表面布满细小的蠕虫状的脊和凹坑纹饰，幼年个体有附加的纵向的脊或纵行瘤粒；不具前椎板；椎板通常八枚；肋板八对；最后一对肋板在中线相互接触；上腹板前支细长，左右分开。

中国已知种（化石） 中华鳖 *Pelodiscus sinensis* (Wiegmann, 1835)，亚圆中华鳖 *P. subcircularis* (Chow et Ye, 1957)，波状中华鳖 *P. sinuosus* (Chow et Ye, 1958)，印痕中华鳖 *P. impressus* (Ye, 1963)；共 4 种。

分布与时代（中国，化石） 山西、河南、广东，始新世—现代。

中华鳖 *Pelodiscus sinensis* (Wiegmann, 1835)

Amyda sinensis：叶祥奎，1963a，60 页，图版 XX，图 2, 2a；Sun et al., 1992, p. 55；Brinkman et al., 2008, p. 74

Amyda (*Trionyx*) *sinensis*：Ye, 1994, p. 97, Fig. 77

归入标本 IVPP V 1451，右第一肋板；IVPP V 1450，左上腹板；山西襄汾县丁村（裴文中，1958）。ZMNH YH41.1 至 ZMNH YH41.7，七件较完整背甲；ZMNH YH41.8 至 ZMNH YH41.17，九件头骨以及大量破碎的背、腹甲和肢骨等；浙江余姚河姆渡（魏丰等，1990）。

鉴别特征 中华鳖属之一种，甲壳长可达 25 cm；背甲前缘有一列扁平疣粒；成年个体腓胝体七枚。

产地与层位 现生种在中国除宁夏、新疆、青海及西藏未见报道以外，全国各省（区）均有分布。国外分布于日本、朝鲜、越南（张孟闻等，1998）。化石（中国）：山西襄汾县丁村，上更新统（裴文中，1958）；浙江余姚河姆渡，新石器时代（魏丰等，1990）。

评注 叶祥奎（1963a, 1994）和 Brinkman 等（2008）都将中华鳖归入 *Amyda* 属。本书依从 Meylan（1987）和 Engstrom 等（2004）将其归入 *Pelodiscus* 属。

在新石器时代遗址中，出土鳖的遗址很多。其中产出可鉴定为中华鳖的遗址还有河南舞阳贾湖遗址、广西横县江口遗址和江苏高淳县薛城遗址（范方芳、张居中，2010）。

亚圆中华鳖（新组合）*Pelodiscus subcircularis* (Chow et Ye, 1957) comb. nov.

（图 135）

Platypeltis subcircularis：周明镇、叶祥奎，1957，259 页，图版 I；叶祥奎，1963a，63 页；中国科学院古脊椎动物与古人类研究所《中国脊椎动物化石手册》编写组，1979，127 页；Sun et al., 1992, p. 55, Fig. 53；Ye, 1994, p. 110, Fig. 80

正模 IVPP V 914：一件不完整背甲，包括不完整颈板，第一至第五椎板，右侧第一至第四肋板以及左侧第四、第五肋板近端。河南卢氏孟家坡，中始新统卢氏组（周明镇、叶祥奎，1957）。

鉴别特征 个体小，背甲长宽几近等；整个背甲上满布由细小的蠕虫状脊组成的不规则凹坑纹饰并有发育的纵向棱脊；颈板宽阔，略呈半月形。

产地与层位 仅模式产地。

评注 1957 年，周明镇和叶祥奎以产自河南卢氏上始新统的一件部分背甲（IVPP

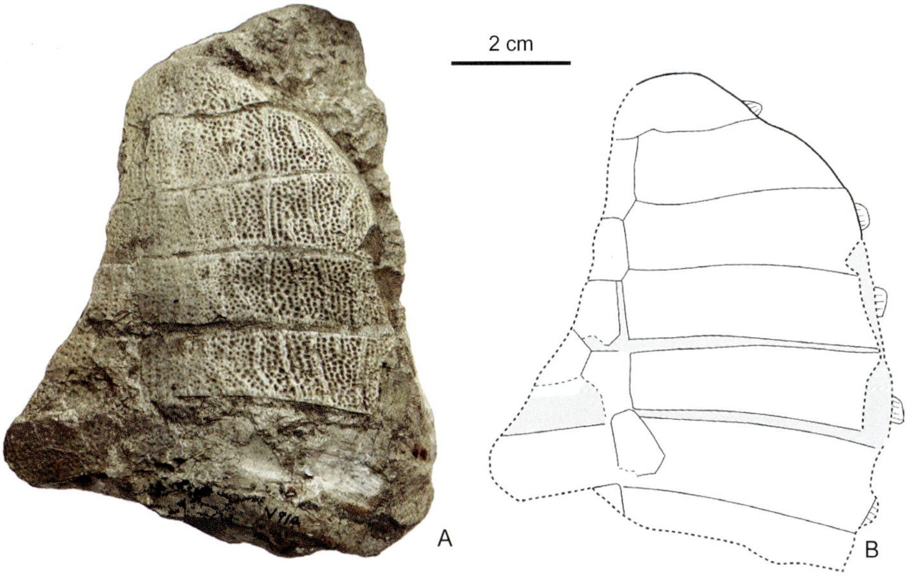

图 135　亚圆中华鳖 *Pelodiscus subcircularis*
A, B. IVPP V 914（正模），部分背甲背视

V 914）为模式建立了亚圆板鳖（*Platypeltis subcircularis*）新种（周明镇、叶祥奎，1957）。正如原作者所指出，*Platypeltis* 为鳖科北美特有的属（或亚属）。IVPP V 914 不具前椎板，个体较小；其短截的游离肋头表明这件标本属于成年个体。背甲表面有由蠕虫状的脊组成的不规则凹坑纹饰，并具有明显的纵向的棱脊。原文指出其第五椎板缩小，因此推测第六、七对肋板似应在第五椎板后面中缝处相遇。近期观察显示第五椎板由于挤压移位，但并不比第四椎板小（见图 135）；而原作者推测的第八对肋板阙如或仅存残余是没有根据的。据此看来 IVPP V 914 不应归入 *Platypeltis*。现在根据其较小的个体、背甲表面纹饰及背甲形态特征将 IVPP V 914 归入中华鳖属。该种特征并不明确，其有效性有待今后更多的化石发现来证实。

关于卢氏组的年代，周明镇、叶祥奎（1957）原文中定为晚始新世。根据《中国地层典》，卢氏组（层）有两个含化石层位：一个在卢氏组上部，产出哺乳类，可与内蒙古二连浩特地区伊尔丁曼哈动物群对比，时代为中始新世晚期；另一化石层位在卢氏组下部，产出的哺乳动物与北美中中始新统和山东中始新统官庄组的种类有一定相似性，时代为中始新世中期（中国地层典编委会，1999）。因此 IVPP V 914 时代应为中始新世。

波状中华鳖（新组合）*Pelodiscus sinuosus* (Chow et Ye, 1958) comb. nov.

（图 136）

Trionyx (?*Aspideretes*) *sinuosus*：周明镇、叶祥奎，1958，51 页，图 1–2；叶祥奎，1963a，60 页

Aspideretes sinuosus：中国科学院古脊椎动物与古人类研究所《中国脊椎动物化石手册》编写组，1979，125 页

?*Aspideretes sinuosus*：Sun et al., 1992, p. 53, Fig. 52；Ye, 1994, p. 93, Fig. 72

'*Aspideretes*'? *sinuosus*：Brinkman et al., 2008, p. 71, Fig. 75

正模 IVPP V 944，一件背甲前部的 2/3。山西榆社更修，可能产自上中新统—上新统榆社群（周明镇、叶祥奎，1958；Brinkman et al., 2008）。

鉴别特征 个体中等大小，背甲较高，椭圆形，沿椎板系列有一纵向的浅槽；肩囱一对；背甲前缘略后凹，颈板与第一肋板紧密缝连。

产地与层位 仅模式产地。

评注 原作者认为 IVPP V 944 具前椎板，故将其归入 *Aspideretes* 属（周明镇、叶祥奎，1958）。经重新观察，第一椎板前部 2/5 处有一细缝，但不是骨板间的缝合线，故前椎板不存在。其背甲纹饰不同于 *Aspideretes*，但与 *Pelodiscus sinensis* 相似，故移入该属。

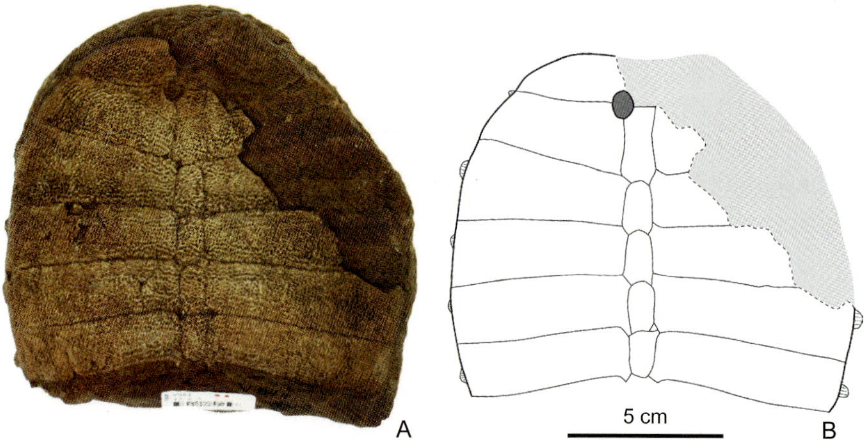

图 136 波状中华鳖 *Pelodiscus sinuosus*

A, B. IVPP V 944（正模），不完整背甲背视；阴影部分指示破损

印痕中华鳖（新组合）*Pelodiscus impressus* (Ye, 1963) comb. nov.

（图 137）

Aspideretes impressus：叶祥奎，1963a，58 页，图 32，图版 XIX-3, XX-1, 1a；中国科学院古脊椎动物与古人类研究所《中国脊椎动物化石手册》编写组，1979，124 页；Sun et al., 1992, p. 53；Ye, 1994, p. 92, Fig. 70

"*Aspideretes*" *impressus*：Brinkman et al., 2008, p. 70, Fig. 73

正模 IVPP V 1036，一件近完整的背甲外模。广东茂名大塘，上始新统油柑窝组（叶祥奎，1963a）。

鉴别特征 个体较小，背甲长约 14 cm；背甲低平，长宽近等，前后缘皆近平切；肩囟愈合；椎板八枚，椎板倒转位于第五椎板，最后一枚椎板后部退化；肋板八对，第一对外缘略收缩，第七对外缘略扩张，第八对在中线处相互接触，外缘成尖锐末端；背甲上有蠕虫状的脊构成的不规则凹坑和纵向棱脊纹饰。

产地与层位 仅模式产地。

评注 原作者认为其具前椎板，将其归入 *Aspideretes* 属（叶祥奎，1963a）。经重新观察，IVPP V 1036 的第一椎板破损，前椎板不存在。现依其较小的个体、背甲纹饰以及背甲形态特征移入 *Pelodiscus* 属。

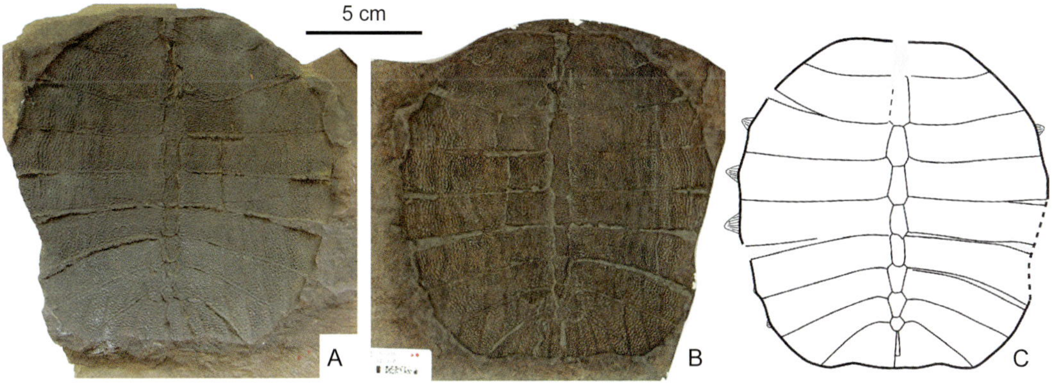

图 137 印痕中华鳖 *Pelodiscus impressus*
A–C. IVPP V 1036（正模），背甲外模（A）、背甲模型（B）、线条图（C）

斑鳖属 Genus *Rafetus* Gray, 1864

模式种 西亚斑鳖 *Rafetus euphraticus* (Daudin, 1802)

鉴别特征 第八对肋板萎缩或消失，不在中线相遇；腹甲上仅有两块胼胝体，下颌间后孔（*foramen intermadibularis caudalis*）从不被前关节骨封闭，外鼻孔背缘仅略微凹陷。

中国已知种 斯氏斑鳖 *Rafetus swinhoei* (Gray, 1873)。

分布与时代 亚洲西部、中国及越南，晚更新世—现代。

斯氏斑鳖 *Rafetus swinhoei* (Gray, 1873)

（图 138）

Pelochelys taihuensis：张明华，1984，71 页，图 1，1-2；Ye, 1994, p. 99, Fig. 79

Trionyx liupani：Tao, 1986, p. 21, Figs. 1, 3, 5, 7, 9–10, pls. 2, 4, 6, 9–12

归入标本 ZMNH TNO 9.5，一件近完整头骨；ZMNH TNO 9.9，左第四肋板；浙江省桐乡县罗家角遗址，新石器时代（张明华，1984）。潘常武私人博物馆，无号，一件近完整头骨和一件下腹板；刘梦松私人博物馆，无号，一件舌腹板；台湾海峡澎湖水道，上更新统（Tao, 1986）。

鉴别特征 *Rafetus* 之一种，轭骨接触鳞骨，后腭孔（*foramen palatinum posterius*）被腭骨包围，基蝶骨接触腭骨。

产地与层位 化石和亚化石发现于浙江省桐乡县罗家角新石器时代遗址和台湾海峡澎湖水道上更新统。经考证，该种在历史上曾广泛分布于黄河、长江、太湖、钱塘江、红河流域，台湾澎湖水道和马江流域（王剑、史海涛，2011）。

评注 赵肯堂、黄恭情（1994）和张孟闻等（1998）都认为太湖鼋（*Pelochelys taihuensis*）为斑鼋（*Pelochelys maculatus*）的晚出同物异名。Farkas（1992）和 Turtle Extinctions Working Group（2015）将太湖鼋（*Pelochelys taihuensis*）和刘潘氏鳖（*Trionyx liupani*）均归入斯氏斑鳖。

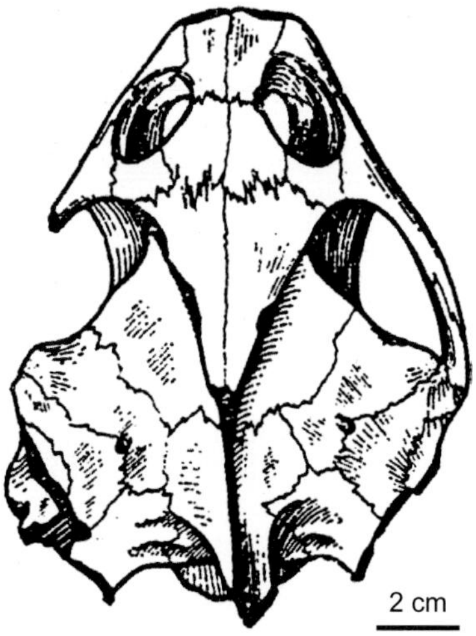

图 138 斯氏斑鳖 *Rafetus swinhoei*

ZMNH TNO 9.5，头骨背视；引自张明华，1984

匈奴鳖属 Genus *Khunnuchelys* Brinkman, Nessov et Peng, 1993

模式种 二连匈奴鳖 *Khunnuchelys erinhotensis* Brinkman, Nessov et Peng, 1993

鉴别特征 鳖科之一属，外鼻孔位置远低于眼眶；眼眶朝向前方；眼眶下的上颌骨部分高度大；腭部拱形；左右上颌骨咀嚼面在中线处相遇形成一中央腹脊；内鼻孔位置相当靠后，且上方被腭骨和上颌骨围限；腭骨的前侧角和上颌骨的后侧角极度扩展共同构成咀嚼面的大约一半面积；上颌骨和轭骨膨大，在背侧形成宽大的凸起面；眶后骨接触上颌骨，并将轭骨排除在眼眶之外；顶骨下降支止于耳滑车凸内侧；枕面朝后，后耳骨和上枕骨构成其弧形的背脊；其在耳后窗之上和枕骨大孔外侧的枕面凹陷；外枕骨枕面朝后；舌下神经在外枕骨上的开口单一。与 *Conchochelys* 相似之处在于腭部极度上拱，次生腭极发育，左右上颌骨在中线处广泛接触，具有从内鼻孔向后伸延的沟槽，以及基枕部较短。与 *Dogania* 相似之处在于前额骨在额骨和上颌骨之间构成眼眶的一小部分。

中国已知种 二连匈奴鳖 *Khunnuchelys erinhotensis* Brinkman, Nessov et Peng, 1993。

分布与时代 乌兹别克斯坦、中国（内蒙古），晚白垩世。

二连匈奴鳖 *Khunnuchelys erinhotensis* Brinkman, Nessov et Peng, 1993

（图 139）

正模 IVPP V 9535，一件不完整头骨。内蒙古锡林郭勒二连浩特东北，上白垩统二连达巴苏组（Brinkman et al., 1993）。

鉴别特征 匈奴鳖之一种，与 *K. kizylkumensis* 区别于后耳骨的一个腹突接触翼骨从而形成一独立的后颈静脉孔（*foramen jugulare posterius*）；不具强烈深凹的鼓室；耳柱骨切迹为一大的椭圆形开口；腭骨上自内鼻孔向后延伸的沟槽狭窄；上枕骨两侧边缘具有一个长脊状的突起伸入到后耳骨的沟槽中；上颌骨接触眶后骨，从而阻止轭骨进入眼眶。

产地与层位 仅模式产地。

评注 匈奴鳖属包括以头骨为基础建立的三个种：二连匈奴鳖、产自乌兹别克斯坦的 *K. kizylkumensis* Brinkman, Nessov et Peng, 1993 和产自哈萨克斯坦的 *K. lophorhothon* Danilov, Vitek, Averianov et Glinskiy, 2015（Brinkman et al., 1993；Danilov et al., 2015）。Danilov 等（2015）认为 *K. lophorhothon* 和在甲壳基础上建立的“*Trionyx*” *kansaiensis* 有可能属于同一种，因为二者个体大小接近而且产于同一层位。

中国鳖属 Genus *Sinamyda* Chkhikvadze, 2000

模式种 福建中国鳖 *Sinamyda fuchienensis* (Ye, 1974)

鉴别特征 甲壳纵长（宽度仅为长度的 60%）；背甲表面布满纹饰，肋突不外露；颈板前缘浑圆；第一肋板外侧边缘长于第二肋板外侧边缘；肋板七对，但推测有退化的第八对肋板；第三和第六对肋板楔形，外侧边长明显大于内侧边长；第一至第三椎板相

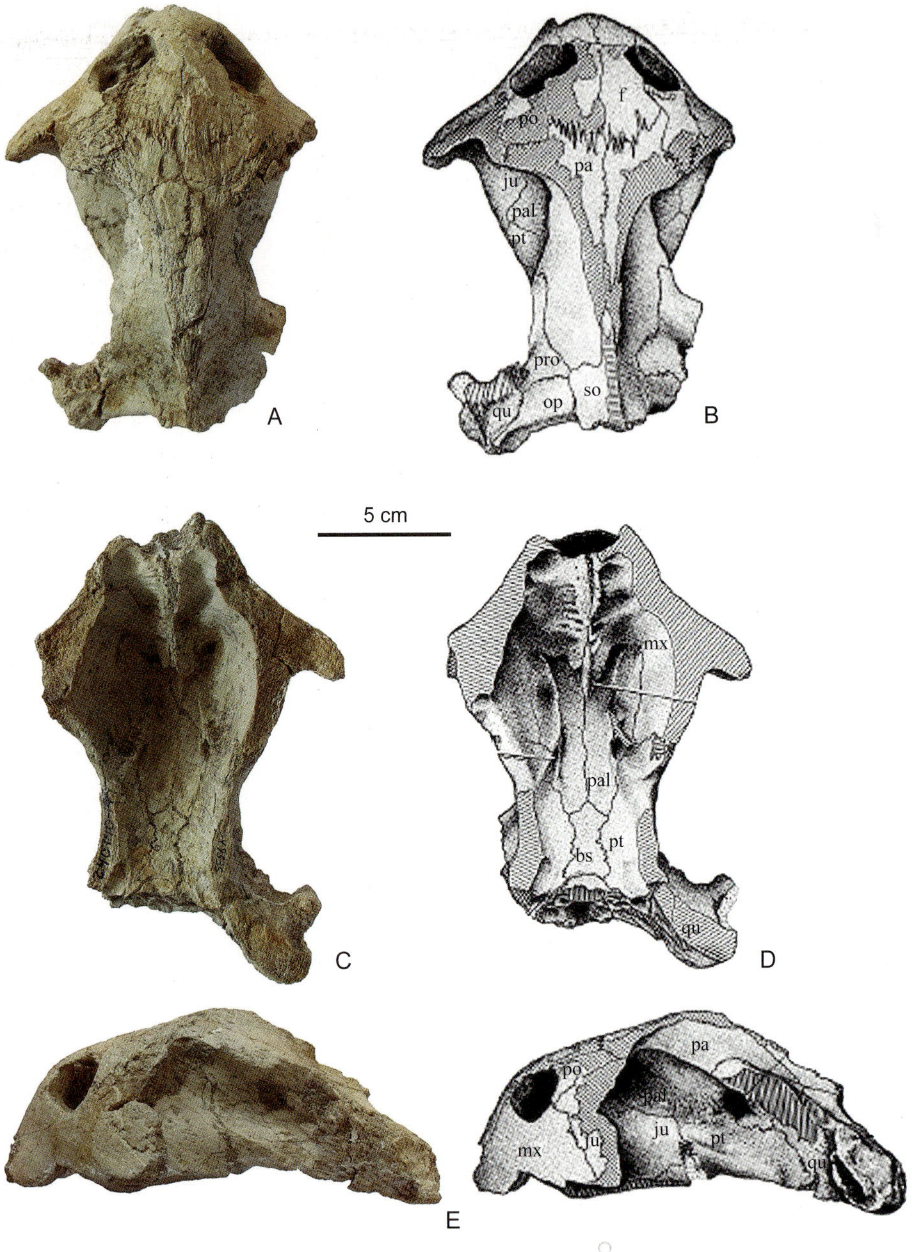

图 139　二连匈奴鳖 *Khunnuchelys erinhotensis*

A–F. IVPP V 9535（正模），头骨背视（A, B）、腹视（C, D）和左侧视（E, F）；f=fr. frontal 额骨，pro=pr. prootic 前耳骨，其余参见图 58；斜线部分指示破损；B, D, F 引自 Brinkman et al., 1993

当大而且狭长，均为短边朝后的六边形，第二椎板的长度是背甲长度的 1/7–1/6；第五椎板可能为四边形；推测完整椎板序列可能具有八枚椎板，但至少有七枚椎板。

中国已知种　福建中国鳖 *Sinamyda fuchienensis* (Ye, 1974)。

分布与时代　福建，早白垩世。

福建中国鳖 *Sinamyda fuchienensis* (Ye, 1974) Chkhikvadze, 2000

（图 140）

Trionyx (*Aspideretes*) *fuchienensis*：叶祥奎，1974b，190 页，图版 1

Aspideretes fuchienensis：中国科学院古脊椎动物与古人类研究所《中国脊椎动物化石手册》编写组，1979，125 页，图 99；Sun et al., 1992, p. 51, Fig. 50；Ye, 1994, p. 91, Fig. 68

"*Aspideretes*" *fuchienensis*：Brinkman et al., 2008, p. 69, Fig. 71

正模 IVPP V 4708，一件背甲，部分骨板业已错位和破损。福建省宁化县石壁镇（原禾口公社）凤山，下白垩统禾口组（叶祥奎，1974b）。

鉴别特征 同属。

产地与层位 仅模式产地。

评注 原作者认为第一枚椎板上两条裂缝的后面一条可以解释为前椎板和第一椎板之间的界限，因此该种具有前椎板，故将 IVPP V 4708 归入 *Aspideretes* 属。化石在原作者研究后已归还地质队（叶祥奎，1974b），现不知所终，中国科学院古脊椎动物与古人类

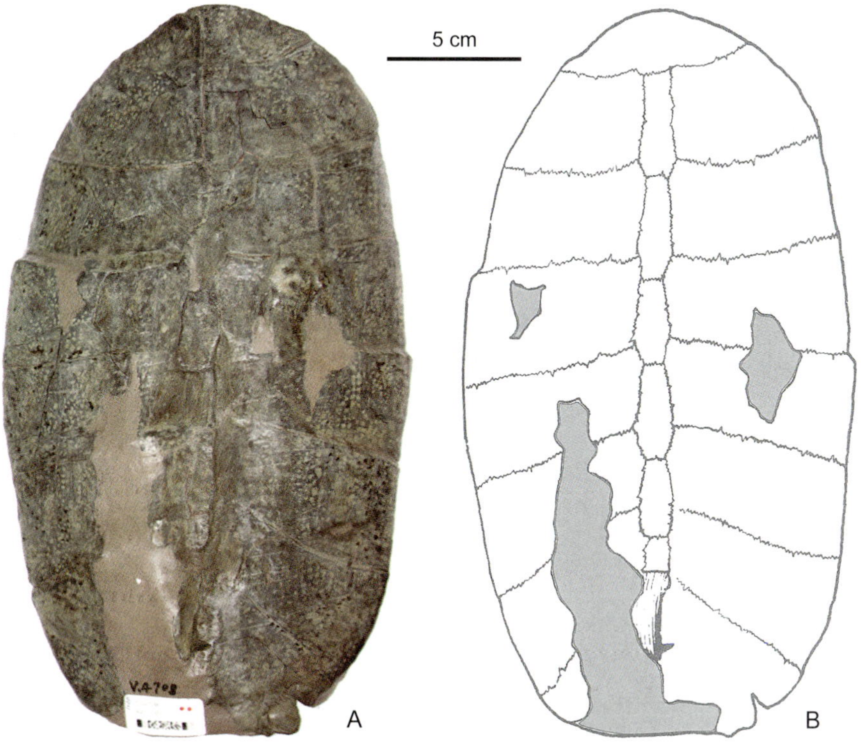

图 140 福建中国鳖 *Sinamyda fuchienensis*

A, B. IVPP CV 4708，背甲背视，正模模型（A）和背甲线条图（B）；阴影部分指示破损；B 引自叶祥奎，1974b，略修改

研究所仅保存模型。从模型上可以清楚地看到，那只是一条裂缝而不是骨缝，前椎板是不存在的，因而将该种归入 *Aspideretes* 属是错误的。Chkhikvadze（2000）根据其背甲明显拉长，椎板加长，第一对肋板外侧边缘长于第二肋板外侧边缘等特征建立 *Sinamyda* 属。

原文根据同产的淡水双壳类化石鉴定意见，认为福建中国鳖时代为早白垩世，但不排除有晚白垩世早期的可能（叶祥奎，1974b）。福建宁化县禾口凤山一带地层划归下白垩统禾口组，其中产大量淡水双壳类化石类三角蚌（*Trigonioides*）和褶珠蚌（*Plicatounio*），时代主要为阿普特期，不晚于阿尔布期晚期（沙金庚，1993；Sha, 2007）。

连鳖属 Genus *Perochelys* Li, Joyce et Liu, 2015

模式种 喇嘛洞连鳖 *Perochelys lamadongensis* Li, Joyce et Liu, 2015

鉴别特征 鳖亚科之一属，以下列特征组合区别于该亚科其他成员：前椎板阙如，颈板横宽，所有肋板都不在中线相互接触（另外仅有 *Dogania subplana* 具此特征）以及第八对肋板极度退化。

中国已知种 仅模式种。

分布与时代 辽宁，早白垩世。

喇嘛洞连鳖 *Perochelys lamadongensis* Li, Joyce et Liu, 2015

（图 141）

正模 IVPP V 18048，一件近完整骨骼。

鉴别特征 同属。

产地与层位 辽宁省葫芦岛市建昌县喇嘛洞乡肖台子，下白垩统九佛堂组（相当于阿普特阶）。

评注 关于喇嘛洞连鳖的系统分类位置，Li 等（2015a）根据分支系统分析得出包括鳖科姐妹群、Cyclanorbinae+Plastomeninae 姐妹群、鳖亚科姐妹群以及位于鳖亚科冠群内部的十个可能位置，因此仅将其视为鳖科冠群成员。本书基于其极横宽的颈板，前、后羽状翼聚合，椎板形态和数目以及短的骨桥等特征组合将喇嘛洞连鳖归入鳖亚科。

古鳖属 Genus *Aspideretes* Hay, 1904

模式种 恒河鳖 *Aspideretes gangeticus*（Cuvier, 1825）

鉴别特征 背甲具有八对肋板，最后一对或更多对在中线相互接触；具前椎板，腹甲具有五枚胼胝体，上腹板前支中等长。

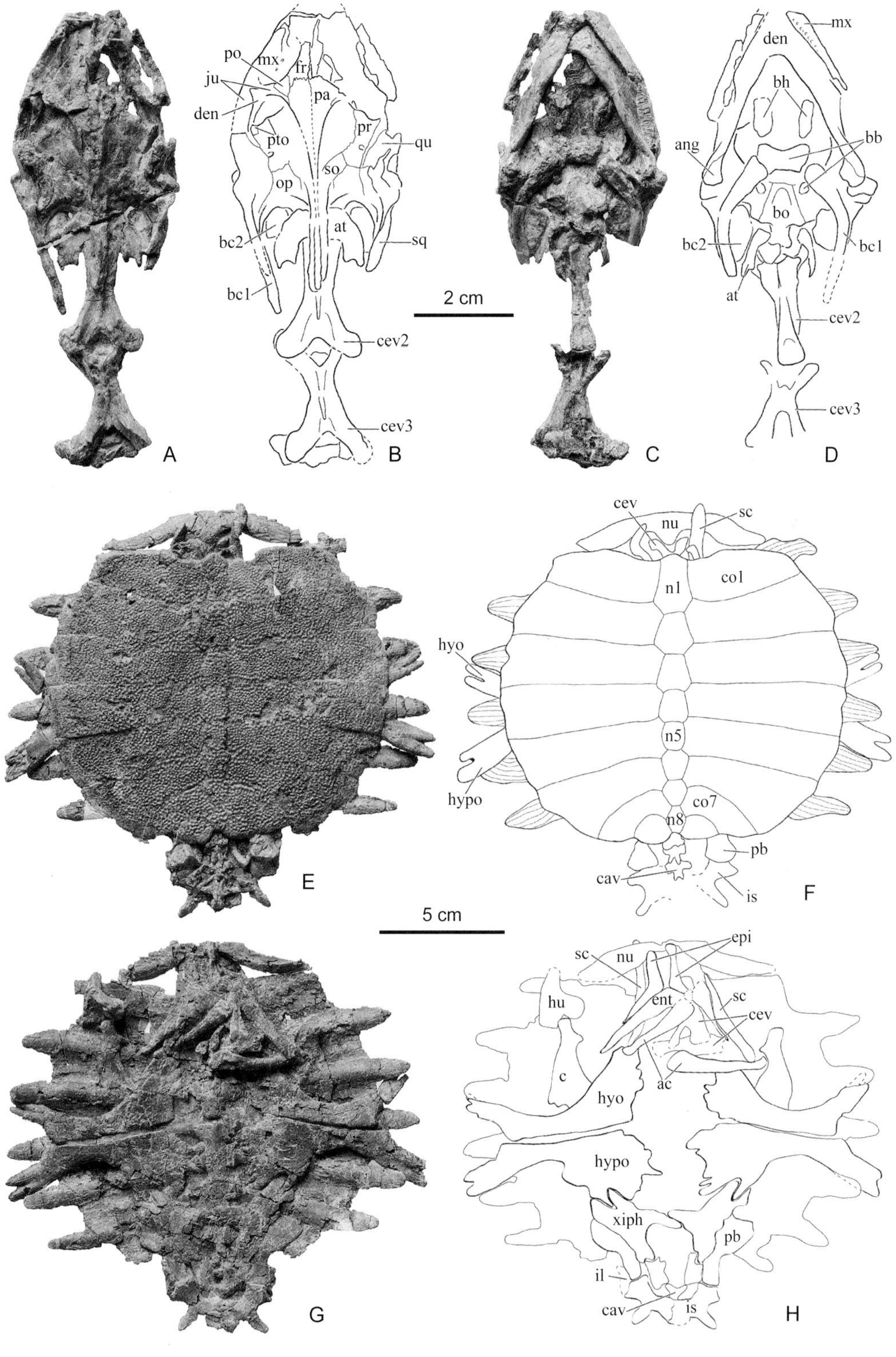

图 141　喇嘛洞连鳖 *Perochelys lamadongensis*

A–H. IVPP V 18048（正模），头骨背视（A, B）、腹视（C, D），甲壳及其他头后骨骼背视（E, F）、腹视（G, H）；at. atlas 寰椎，其余缩写参见图 57、图 58、图 62—图 64、图 71；引自 Li et al., 2015a

中国已知种 雕纹“古鳖”“*Aspideretes*” *sculptus* (Gilmore, 1931)，毛尔图“古鳖”“*Aspideretes*” *maortuensis* Ye, 1965，阿拉善“古鳖”“*Aspideretes*” *alashanensis* Ye, 1965，沐浴“古鳖”“*Aspideretes*” *muyuensis* Lei et Ye, 1985；共 4 种。

分布与时代 中国，晚白垩世—上新世。

评注 中国化石鳖类以前有很多种都归入 *Aspideretes* 属，但没有任何一种确定具有该属特有的前椎板（即在第一对肋板之间有两块椎板）。现将其中部分确定没有前椎板的种移出，剩下的种暂时在属名上加引号，留待重新系统研究以确定其分类位置。

雕纹“古鳖”“*Aspideretes*” *sculptus* (Gilmore, 1931) Ye, 1963

（图 142）

Trionyx sculptus：Gilmore, 1931, p. 253, pl. X

Aspideretes sculptus：叶祥奎，1963a，59 页；中国科学院古脊椎动物与古人类研究所《中国脊椎动物化石手册》编写组，1979，124 页；Ye, 1994, p. 92, Fig. 71

正模 AMNH 6700，一件近完整背甲。内蒙古推饶木诺尔（Tairum Nor Basin），中中新统通古尔组（Gilmore, 1931；Ye, 1994）。

鉴别特征 个体大，背甲长度不小于 53.5 cm；背甲宽大于长，椎板七枚，最后一枚退化，椎板倒向位于第五椎板；沿背甲中线有一纵向凹槽；背甲纹饰由具棱角的凹坑和陡立的脊组成，肋板边缘平滑。

图 142 雕纹“古鳖”“*Aspideretes*” *sculptus*

A, B. AMNH 6700（正模），背甲背视（A）和背甲纹饰细节（B）；引自 Gilmore, 1931

产地与层位 仅模式产地。

评注 Gilmore 最初将 AMNH 6700 归入 *Trionyx* 属。虽然该标本背甲前部没有保存，但是据原作者描述前椎板能在甲壳内模上分辨出来（Gilmore, 1931），据此叶祥奎（1963a）将其移入 *Aspideretes* 属。

产出雕纹“古鳖”的通古尔组年代在原始文献中为上新世（Gilmore, 1931）；后改为中新世晚期（叶祥奎，1963a）。根据哺乳动物化石组合，通古尔组年代为中中新世（Wang X. M. et al., 2013）。

毛尔图“古鳖”“*Aspideretes*” *maortuensis* Ye, 1965

（图 143）

Aspideretes maortuensis：叶祥奎，1965，48 页，图 1，图版 I–II；中国科学院古脊椎动物与古人类研究所《中国脊椎动物化石手册》编写组，1979，125 页，图 100；Sun et al., 1992, p. 50, Fig. 49；Ye, 1994, p. 90, Fig. 67

Axestemys maortuensis：Kordikova, 1994, p. 7

Kuhnemys maortuensis：Chkhikvadze, 1999, p. 223

Dogania maortuensis：Karl, 1999, p. 6, Fig. 2.2

正模 IVPP V 2864，一件骨骼，包括左侧后部破损的背腹甲，部分肩带、腰带、肢骨和两个颈椎。内蒙古阿拉善盟阿拉善左旗毛尔图，上白垩统乌兰苏海组（叶祥奎，1965）。

鉴别特征 中型鳖类。肩囟保存；无前椎板；椎板八枚，前五枚椎板短边朝后，第六、七枚椎板短边朝前，椎板倒转发生在第五枚和第六枚椎板之间；肋板八对，第八对肋板退化；颈板远端纹饰不发育；舌腹板内侧突和下腹板前后内侧突均为锯齿状；腹甲纹饰微弱。

产地与层位 仅模式产地。

评注 IVPP V 2864 不具前椎板，不应归入 *Aspideretes* 属。Kordikova（1994）将毛尔图古鳖放在 *Axestemys* Hay, 1899 属里；Chkhikvadze（1999）将其作为新属 *Kuhnemys* Chkhikvadze, 1999 的模式种；而 Karl（1999）则认为毛尔图古鳖应归入 *Dogania* 属。Danilov 和 Vitek（2013）认为三种观点虽然都有一定的道理，但也都缺乏足够证据；因此不接受其中任何一种观点。本书依从后者，毛尔图“古鳖”的分类位置有待重新研究来确定。

原作者认为 IVPP V 2864 标本产出时代为早白垩世（叶祥奎，1965）。Brinkman 等（2008）将时代改为晚白垩世，但未说明缘由。在其他关于毛尔图化石地点的文献中，科列班诺娃（Kleybanova）从埋藏学角度研究了毛尔图地区恐龙化石层，指出毛尔图地区一共有三个化石点：其中两个在毛尔图村附近，时代可能为早白垩世晚期或晚白垩世早期；另外一个在毛尔图村东北 15 km 处的大水沟，其时代稍晚，可能为晚白垩世。鳖类化石均产自大水沟（科列班诺娃，1963）。胡寿永（1964）研究了毛尔图的兽脚类恐龙，从吉兰泰龙（*Chilantaisaurus* spp.）的形态比较佐证了上述观点。综上所述，鳖化石产出层位为上白垩统乌兰苏海组（李录，私人通讯，2013 年 5 月 13 日）。

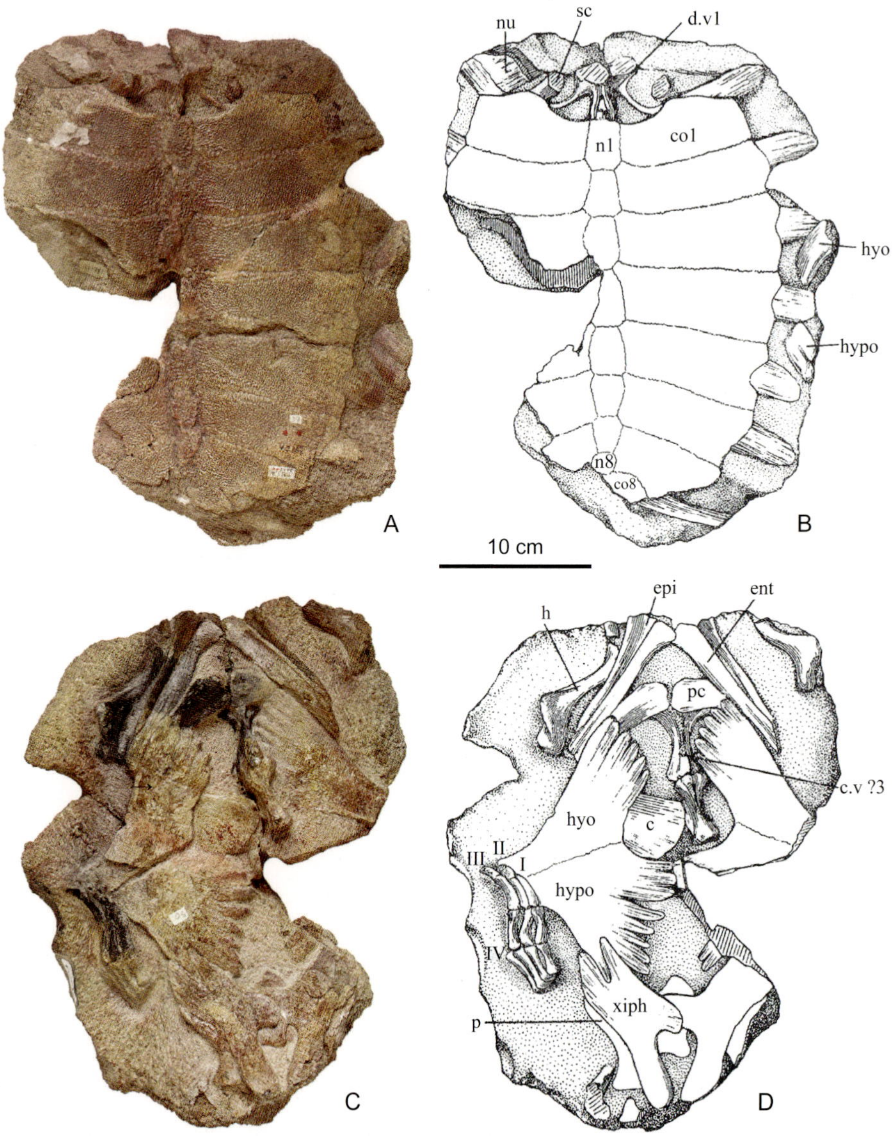

图 143　毛尔图“古鳖”“*Aspideretes*” *maortuensis*

A–D. IVPP V 2864（正模），骨骼背视（A, B）、腹视（C, D）；c. 乌喙骨，c. v. 颈椎，d.v. 背椎，h. 肱骨，p. 耻骨，pc. 肩峰突，sc. 肩胛骨，I–IV. 趾骨，其余缩写参见图 64；B, D 引自叶祥奎，1965

阿拉善“古鳖”“*Aspideretes*” *alashanensis* Ye, 1965

（图 144）

正模 IVPP V 2865，一件不完整背甲。内蒙古阿拉善盟阿拉善左旗毛尔图，上白垩统乌兰苏海组。

鉴别特征 中小型鳖类。肩囟基本愈合；七枚椎板，前四枚椎板短边朝后，第五枚椎板四边形，椎板翻转发生在第五枚椎板，第六枚椎板短边朝前，第七枚椎板五边形；肋板八对，第八对肋板退化。

产地与层位 仅模式产地。

评注 Danilov 和 Vitek（2013）将阿拉善“古鳖”视为 Trionychini incertae sedis。

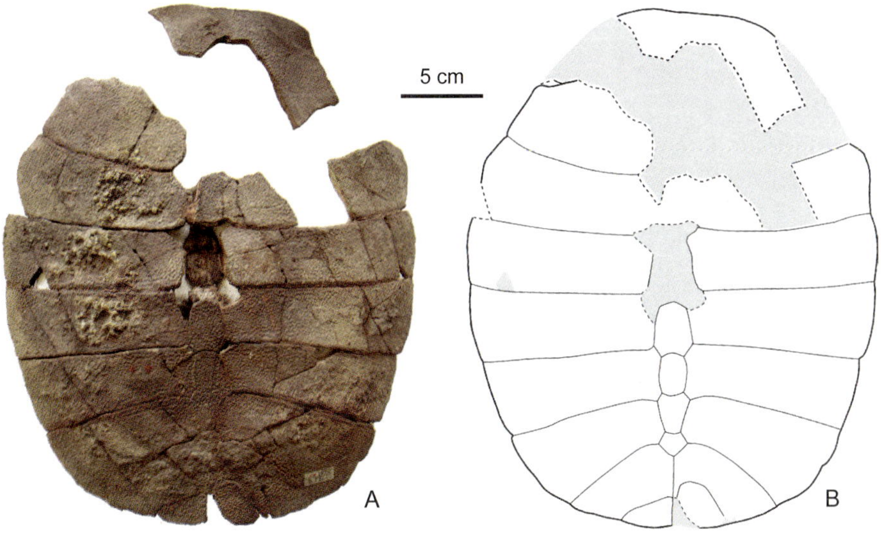

图 144 阿拉善“古鳖” “*Aspideretes*” *alashanensis*
A, B. IVPP V 2865（正模），背甲背视；阴影部分指示破损

沐浴“古鳖”“*Aspideretes*” *muyuensis* Lei et Ye, 1985

（图 145）

Aspideretes muyuensis：雷奕振、叶祥奎，1985，20 页，图 2，图版 I；Sun et al., 1992, p. 52, Fig. 51；Ye, 1994, p. 91, Fig. 69

正模 YCIGM V25517，一件带有部分内部骨骼的背腹甲。湖北省南漳县沐浴区（原沐浴公社）沐浴村附近，下始新统走马岭组上段（雷奕振、叶祥奎，1985）。

鉴别特征 个体较小，背甲长约 15 cm；甲壳低平，近圆形，前、后缘平切，前椎板存在，其前端超出在第一对肋板内缘之前；椎板七枚，第七枚收缩；肋板八对，第八对收缩呈三角形；第七对肋板的大部和第八对肋板分别在中线处左右相遇；一对肩囱发育；颈板宽短，呈展翼状向两侧平伸，其远端不覆盖第一肋板远端或其肋条的突出部；背甲表面具圆形凹坑及不规则的嵴状纹饰，腹甲胼胝体不发育。

产地与层位 仅模式产地。

评注 沐浴“古鳖”仅有正模，依其编号保存在宜昌地质矿产研究所（雷奕振、叶祥奎，1985），现不知去向。根据原作者的描述和插图，其第八对肋板退化，骨桥纤细，以及腹甲胼胝体不发育等特征，都可与斑鳖（*Rafetus*）对比。但标本遗失，无法验证。

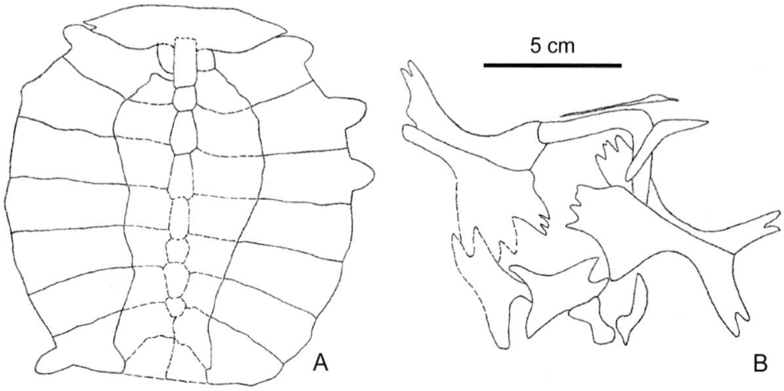

图 145 沐浴“古鳖”“*Aspideretes*” *muyuensis*
A, B. YCIGM V25517（正模），背甲背视（A）、腹甲背视（B）；引自雷奕振、叶祥奎，1985

鳖属（广义）Genus “*Trionyx*” Geoffory, 1809 *s. l.*

鸡西“鳖”“*Trionyx*” *jixiensis* Li, Tong, Gu et Liu, 2015

（图 146）

正模 GMH H 2008JI2，一件背甲。

鉴别特征 鳖亚科之一种，个体中等大小，背甲长 216 mm，具下列特征组合：①颈凹阙如；②颈板宽度为其长度的 3.5 倍；③肩囱阙如；④前椎板阙如；⑤椎板八枚；⑥第五椎板四边形；⑦肋板八对；⑧第一肋板前、后缘相互平行；⑨第八肋板大，并且在第八椎板后面相互接触。以特征②区别于白垩纪鳖亚科其他所有成员。另外以特征③，⑨，⑩区别于喇嘛洞连鳖；以特征①区别于“*Trionyx*” *kansaiensis*；以特征③，⑧，⑨区别于 *Gobiapalone* spp.；以特征③，⑥，⑨区别于“*T.*” *dissolutus* 和“*Aspideretes*” *maortuensis*；以特征④，⑥，⑧，⑨区别于“*T.*” *shiluutulensis*；以特征③－⑤和⑨区别于 *Aspideretoides riabinini*。

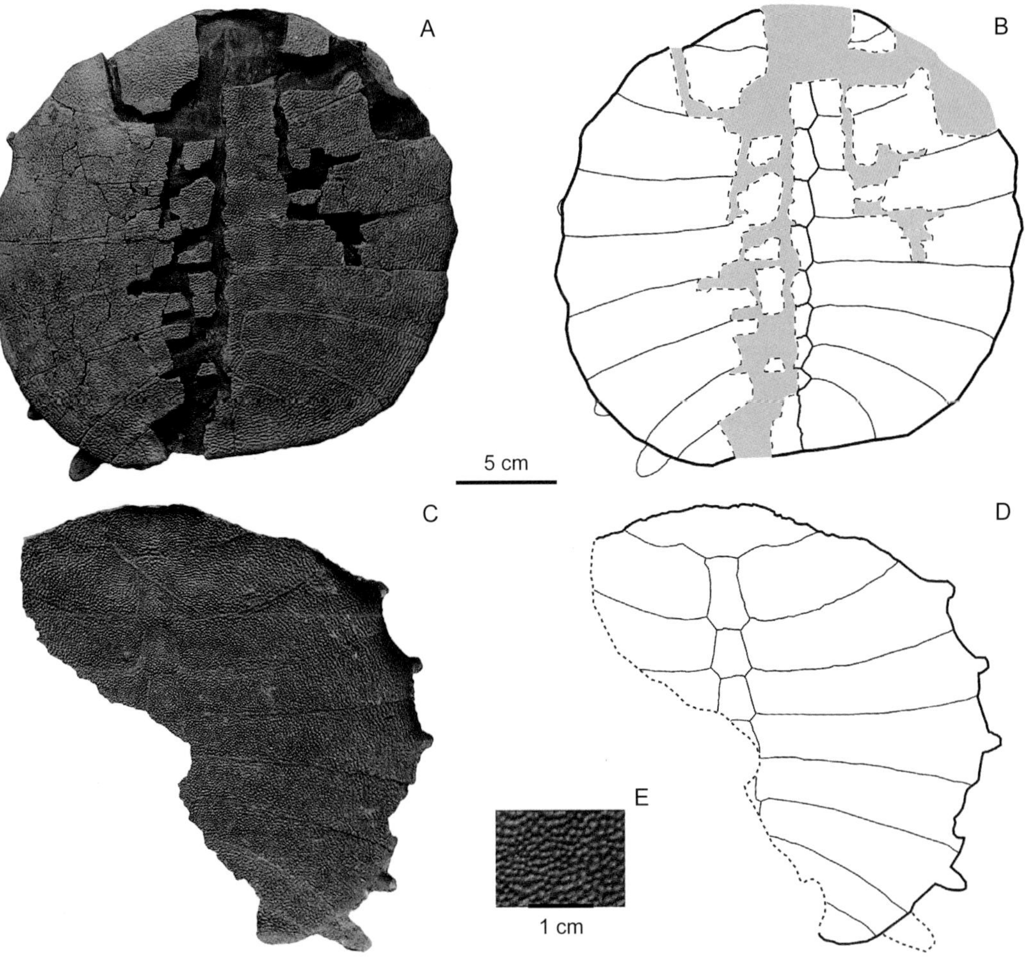

图 146　鸡西"鳖""*Trionyx*" *jixiensis*
A–E. GMH H 2008JI20（正模），背甲背视（A, B）、背甲外印模（C, D）、背甲纹饰细节（E）；阴影部分指示破损；引自 Li et al., 2015c，略修改

产地与层位　黑龙江鸡西恒山柳毛裕丰村，下白垩统城子河组（相当于阿普特阶—阿尔布阶）。

鳖超科（不定属和种）Trionychoidea gen. et sp. indet.

（图 147）

标本　IVPP V 4074.17，一件单独的头骨。新疆准噶尔盆地乌尔禾 64041-12 地点，下白垩统吐谷鲁群（叶祥奎，1973a）。

评注　IVPP V 4074.17 原归入乌尔禾中国龟（叶祥奎，1973a）。Danilov 和 Parham（2007）根据这件头骨小而前位的眼眶和极深的颞凹将其归入 cf. Pantrionychia indet.。

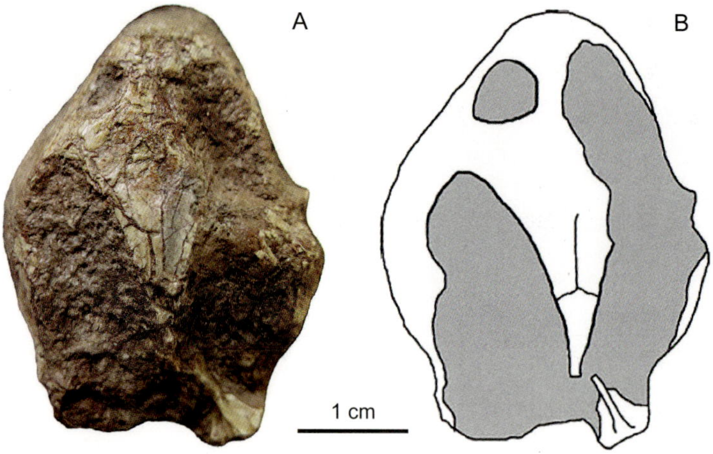

图 147　鳖超科（不定属和种）Trionychoidea gen. et sp. indet.
A, B. IVPP V 4074.17，头骨背视；B 引自 Danilov et Parham, 2007

海龟超科 Superfamily Chelonioidea Agassiz, 1857

海龟科 Family Cheloniidae Gray, 1825

模式属　海龟属 *Chelonia* Brongniart, 1800

鉴别特征　次生腭初始；内鼻孔全部由腭骨和犁骨组成；基蝶骨腹面具有 V 形脊；颈椎较长，椎体关节宽大于长，第七和第八颈椎椎体双关节；第一胸椎椎体前关节面朝向前下方；桡骨和尺骨远端相互紧密接触并具有显著的粗糙面；腰带耻坐窗融合。

中国已知属（化石）　仅模式属。

分布与时代　全球海域，白垩纪中期—现代。

评注　海龟科终生生活在海洋中，仅在产卵时登陆。该科最早出现在白垩纪中期，现生海龟分布在全球海域中。

海龟科在中国仅有少量亚化石记录。除了下面的海龟（*Chelonia mydas*）记录外，蔡保全（1998）报道在福建平潭壳丘头新石器时代贝丘遗址发现海龟残骸（Cheloniidae indet.）。广东潮安新石器时代陈村贝丘遗址和梅林贝丘遗址也有海龟发现（范方芳、张居中，2010）。

海龟属 Genus *Chelonia* Brongniart, 1800

模式种　绿海龟 *Chelonia mydas* (Linnaeus, 1758)

鉴别特征　椎盾五枚；肋盾四对，第一对不接触颈盾；喉盾前有单枚间喉盾；具下缘盾。前额鳞一对；吻部短圆，上颌前端不成钩曲。四肢桨状，每肢内侧各具一爪。

中国已知种（化石） 仅模式种。

分布与时代 该属化石在中国目前仅有浙江余姚河姆渡新石器时代的绿海龟亚化石一项记录。

绿海龟 *Chelonia mydas* (Linnaeus, 1758)

（图 148）

归入标本 ZMNH YH58.1、ZMNH YH58.2，两块肋板。

产地与层位 浙江余姚河姆渡，新石器时代（魏丰等，1990）。

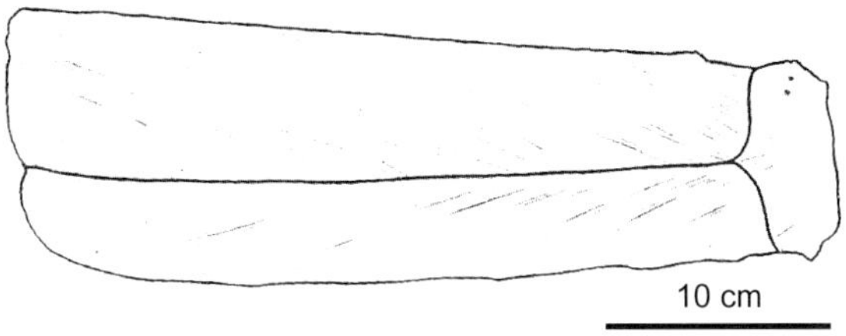

图 148 绿海龟 *Chelonia mydas*

ZMNH YH58.1，左侧第四枚肋板背视；引自魏丰等，1990

陆龟超科 Superfamily Testudinoidea Batsch, 1788

鉴别特征 腋柱和胯柱发育、接触肋板。

林氏龟科 Family Lindholmemydidae Chkhikvadze in Shuvalov et Chkhikvadze, 1975

模式属 林氏龟属 *Lindholmemys* Riabinin, 1935

鉴别特征 具有完整下缘盾系列，将缘盾和腹甲其他盾片完全隔开的陆龟超科成员。

中国已知属 草滩龟属 *Tsaotanemys* Bohlin, 1953，湖口龟属 *Hokouchelys* Ye, 1974，抽取龟属 *Elkemys* Chkhikvadze, 1976，重龟属 *Gravemys* Sukhanov et Narmandakh, 1983，黑龙江龟属 *Amuremys* Danilov, Bolotsky, Averianov et Donchenko, 2002，山东龟属 *Shandongemys* Li, Tong, Wang, Chen et Xu, 2013 和蒙古龟属 *Mongolemys* Khosatzky et Młynarski, 1971；共 7 属。

分布与时代 乌兹别克斯坦、蒙古、日本，白垩纪—古新世。中国：黑龙江、甘肃、广东、新疆、山东，白垩纪—古新世。

评注 林氏龟科是亚洲白垩纪—古新世陆龟超科（Testudinoidea）中的一个原始复系类群，以具有完整的下缘盾系列为特征。包括林氏龟属（*Lindholmemys* Riabinin, 1935），草滩龟属（*Tsaotanemys* Bohlin, 1953），蒙古龟属（*Mongolemys* Khosatzky et Młynarski, 1971），湖口龟属（*Hokouchelys* Ye, 1974），抽取龟属（*Elkemys* Chkhikvadze, 1976），重龟属（*Gravemys* Sukhanov et Narmandakh, 1983），黑龙江龟属（*Amuremys* Danilov, Bolotsky, Averianov et Donchenko, 2002），*Hongilemys* Sukhanov et Narmandakh, 2006，*Paragravemys* Sukhanov, Danilov et Narmandakh, 1999，*Paramongolemys* Danilov et Sukhanov, 2013 和山东龟属（*Shandongemys* Li, Tong, Wang, Chen et Xu, 2013）等十来个属。该科出现于早白垩世，在晚白垩世晚期达到鼎盛。在蒙古晚白垩世末期的 Nemegt 层（Svita）和晚古新世的 Naranbulag 层（Svita）的龟鳖动物群中占优势。林氏龟科是水生或半水生龟类，在白垩纪占据新生代龟科和地龟科的生态环境，也是不受白垩纪 / 古近纪绝灭事件影响的类群。

草滩龟属 Genus *Tsaotanemys* Bohlin, 1953

模式种 皱纹草滩龟 *Tsaotanemys rugosus* Bohlin, 1953

鉴别特征 背甲椭圆形，颇高；椎盾窄；上腹板短而横宽；腹甲前叶甚短宽，前缘强烈后凹；肛凹深大；腹甲中部甚厚；甲壳表面具有较分明的相互平行并与盾沟以直角相交的棱脊纹饰，或具由瘤状凸起组成的脊；腹甲表面在不规则分叉的脊之间有小的长形凹坑。

中国已知种 仅模式种。

分布与时代 甘肃，白垩纪。

评注 草滩龟在嘉峪关白垩纪地层中很丰富，较其他龟类化石更为普遍。Bohlin（1953）一共记述了 4 个种（*T. rugosus*，*T. compressus*，*T. parvulus* 和 *T. undulatus*），并指出这些属于草滩龟属的材料特征差异性很大，很难明确肯定哪些属于个体变异，哪些是不同种的特征。*T. rugosus* 的主要特征是甲壳表面纹饰很发达，缘板与肋板缝连；*T. compressus* 的主要特征是它的第七缘板较 *T. rugosus* 低平；*T. parvulus* 的主要特征是第七缘板既不与肋板也不与腹甲缝合；而 *T. undulatus* 的主要特征是保存的缘板有一个平滑的、仅呈轻微波状的外缘面（Bohlin, 1953）。叶祥奎（1963a）认为 Bohlin 所建的 4 个种的概念都较模糊，材料又很破碎，甚可怀疑。建议仅保留皱纹草滩龟种，作为草滩龟属模式种；其他材料暂时作为草滩龟属未定种处理。而 Brinkman 等（2008）则将 *T. compressus*，*T. parvulus* 和 *T. undulatus* 都归入 *T. rugosus*。本书采用 Brinkman 等的做法。个体较小且具有背腹甲侧窗的 *T. parvulus* 应是未成年个体。

关于 *Tsaotanemys* 中文名称，《中国脊椎动物化石手册》中译为草堂龟，该名称源于“大草滩”（Ta-ts’ao-t’an），所以中文名称叫草滩龟更合适。

皱纹草滩龟 *Tsaotanemys rugosus* Bohlin, 1953

（图 149）

Tsaotanemys compressus：Bohlin, 1953, p. 92, Fig. 69

Tsaotanemys parvulus：Bohlin, 1953, p. 92, Fig. 70

Tsaotanemys undulatus：Bohlin, 1953, p. 93, pl. VII, fig. 9

正模 一件标本号为“10”的个体，包括第七和第十左侧缘板，第六至第十一右侧缘板，部分肋板以及腹甲（Bohlin, 1953, p. 89, Fig. 63a, pl. VII-4）。甘肃嘉峪关，白垩系。

副模 标本号为“19”、“52”的个体，原为 *Tsaotanemys rugosus*；标本号为“56”、“66”、“70”的个体，原为 *Tsaotanemys compressus*；标本号为“21”的个体，原为 *Tsaotanemys parvulus*；标本号为“92”的个体，原为 *Tsaotanemys undulatus*。产地及层位同正模。

鉴别特征 同属。

产地与层位 仅模式产地。

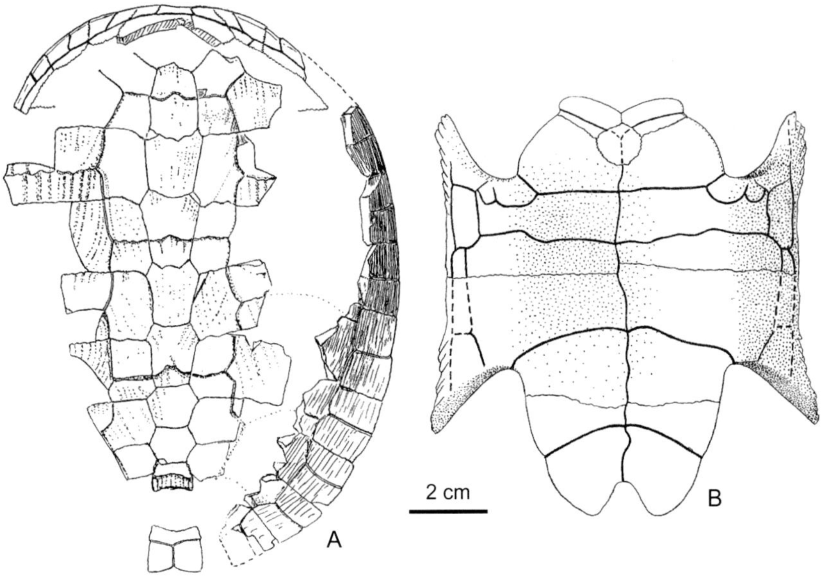

图 149 皱纹草滩龟 *Tsaotanemys rugosus*
A. 背甲背视，B. 腹甲腹视；引自 Bohlin, 1953

湖口龟属 Genus *Hokouchelys* Ye, 1974

模式种 浈水湖口龟 *Hokouchelys chenshuensis* Ye, 1974

鉴别特征 林氏龟科（Lindholmemydidae）之一属，背甲长约 40 cm；甲壳骨板极厚；

无明显纹饰；背甲高耸，长椭圆形；颈凹浅宽；椎板程式为 4>6>6>6>6>6>6>6；腋柱和胯柱极发育，分别与第一和第五 / 六肋板内面缝合，伸至肋板宽内侧的 1/3 处；腹甲前缘后凹，肛凹深；肱胸沟位于内腹板之后 。

中国已知种 仅模式种。

分布与时代 广东，古新世。

浈水湖口龟 *Hokouchelys chenshuensis* Ye, 1974

（图 150）

正模 IVPP V 3108，背甲前部。广东南雄湖口西约 1 km，古新统罗佛寨群浓山组。

副模 IVPP V 3108.1 至 IVPP V 3108.6、IVPP V 3109，不完整龟甲。广东南雄湖口北西约 2 km，层位同正模（叶祥奎，1974a）。

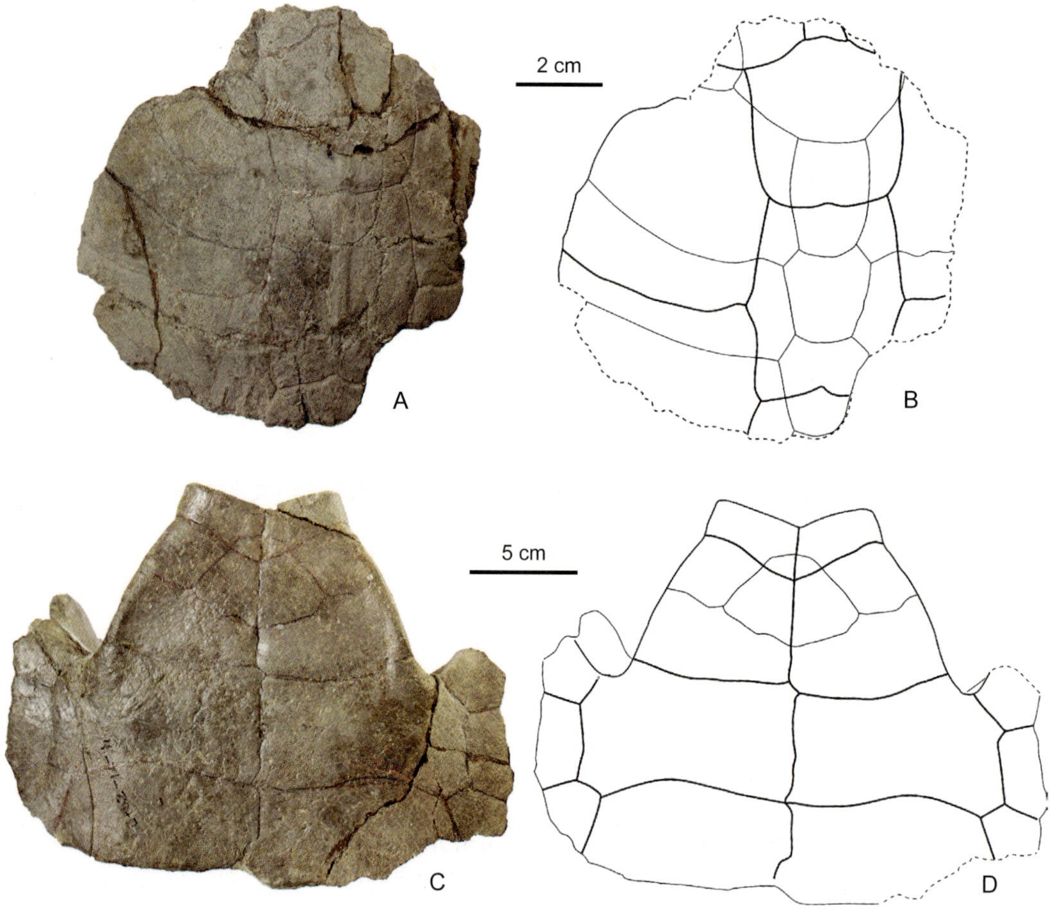

图 150 浈水湖口龟 *Hokouchelys chenshuensis*

A, B. IVPP V 3108（正模），部分背甲背视；C, D. IVPP V 3109，腹甲前半部腹视

归入标本 SNHM 0939，一近完整背甲及部分腹甲。广东南雄湖口（曹克清，1984）。

鉴别特征 同属。

产地与层位 广东南雄湖口西约 1 km 和北西约 2 km，古新统罗佛寨群浓山组。

评注 浈水湖口龟最初归入龟科（Emydidae）（叶祥奎，1974a；Ye, 1994）。1984 年曹克清报道了 1972 年采自广东湖口罗佛寨组地层中的浈水湖口龟的新标本。这些收藏在上海自然博物馆的标本至少代表三个不同个体，有两个个体的腹甲上保存了下缘盾。该作者因此认为浈水湖口龟似应从龟科移至泥龟科（Dermatemydidae），但未做进一步研究（曹克清，1984）。Brinkman 等（2008）仍将浈水湖口龟归入龟科。本书作者在重新观察标本之后，鉴于两件保存较好的标本（IVPP V 3109，一件前半部腹甲和 NHMS 0939，一件近完整背腹甲）都具有下缘盾，将浈水湖口龟归入林氏龟科。

关于浈水湖口龟的年代，依叶祥奎原始资料化石产自罗佛寨组上部，时代为古新世或始新世初期（叶祥奎，1974a）。依照张显球等《南雄盆地红层岩石地层划分》，目前罗佛寨组（群）进一步自下而上划分为上湖组、浓山组和古城村组。浈水湖口龟产自浓山组，时代为古新世（张显球等，2013）。

抽取龟属 Genus *Elkemys* Chkhikvadze, 1976

模式种 南方抽取龟 *Elkemys australis* (Ye, 1974)

鉴别特征 林氏龟科之一属，背甲长达 22.5 cm，具如下特征组合：①甲壳表面光滑，不具纹饰；②背甲椭圆形，前部短截；③颈凹大；④颈板较大，其宽度约为甲壳宽度的 35%；⑤第一肋板与第四缘板接触短或不接触；⑥颈盾宽，梯形，约覆盖颈板长度的 1/4；⑦第一椎盾前部窄，不与第二缘盾接触；⑧第二和第三椎盾长大于宽；⑨第五椎盾接触或几乎接触第十缘盾；⑩第十一缘盾不覆盖第八肋板；⑪第十二对缘盾不接触第二上臀板；⑫腹甲腋柱和胯柱不很发育；⑬骨桥最小长度为腹甲宽度的 60%–70%；⑭上腹板骨桥长度大于舌腹板骨桥长度；⑮腹甲前叶长度为腹甲长度的 25%；⑯腹甲后叶长度为腹甲长度的 30%；⑰腹甲后叶基部较宽，向后急剧收缩；⑱腹甲后叶两侧边缘在股盾部外凸，在肛盾部平直；⑲肛凹大；⑳上腹板较大；㉑内腹板菱形，长大于宽；㉒胸盾覆盖内腹板；㉓ 4–5 个下缘盾；㉔下缘盾较宽；㉕下缘盾覆盖大部分缘板；㉖皮盾沟（skin-scute sulci）在腹甲背面位置远离腹甲边缘。以特征④，⑨，⑯，⑳，㉒，㉖区别于其他所有林氏龟科成员；以特征①，⑥，⑩，⑪，⑮，⑱区别于重龟属；以特征②，③，⑧，⑪，⑫，⑭，⑰，⑲，㉓–㉕区别于 *Lindholmemys*；以特征②，③，⑥–⑧，⑩，⑪，⑬–⑮，⑰–⑲，㉑，㉓和㉕区别于 *Mongolemys*。

中国已知种 仅模式种。

分布与时代 广东，古新世。

评注 叶祥奎 1974 年建立当时归于龟科的南方蒙古龟新种（叶祥奎，1974a）。1976 年 Chkhikvadze 将此种从蒙古龟属中抽出，另立抽取龟属 [在建立 *Elkemys* 属时原作者没有注明词源（Chkhikvadze, 1976b）。通过 Danilov 和原作者 Chkhikvadze 信息交换，*Elkemys* 取自希腊文 ‘elkema’，有抽取、从某个地方拿出的意思（Danilov，私人通讯，2013 年 5 月 23 日）]；并将其归入林氏龟科（Chkhikvadze, 1976b）。1987 年 Chkhikvadze 又发表了 *Elkemys* 的腹甲复原图，但是将其移入地龟科（Geoemydidae Theobold, 1868）。其他一些学者也认为 *Elkemys* 可能与地龟科亲缘关系近或者可归入地龟科（Sukhanov, 2000）。Danilov 等（2012）重新研究了南方抽取龟，认为它和湖口龟属以及重龟属很可能属于同一个自然类群。这一类群与现生地龟科和陆龟科成员共有某些近裔特征（肛凹深以及第二、第三椎盾狭窄），可能与后者亲缘关系接近。

南方抽取龟 *Elkemys australis* (Ye, 1974) Chkhikvadze, 1976

（图 151）

Mongolemys australis：叶祥奎，1974a，26 页，图 1，图版 I–III；中国科学院古脊椎动物与古人类研究所《中国脊椎动物化石手册》编写组，1979，106 页，图 85，图版 38，5–6；Sun et al., 1992, p. 30, Fig. 33；Ye, 1994, p. 35, Fig. 17

正模 IVPP V 3017，一件背腹甲后半部。广东南雄湖口赤沙排，古新统罗佛寨群上湖组下惠段。

副模 IVPP V 3107.1 至 IVPP V 3107.18，7 件完整程度不同的甲壳。产地及层位同正模（叶祥奎，1974a）。

鉴别特征 同属。

产地与层位 仅模式产地。

评注 Danilov 等在 2012 年南方抽取龟的再研究中未能观察 IVPP V 3017（正模）和 V 3017.8（Danilov et al., 2012）。后来 V 3017 找到，但 V 3107.8 至今未见，很可能为碎片。

南方抽取龟标本均产自野外编号为 63084 的湖口赤沙排地点，地层上位于罗佛寨组中下部（叶祥奎，1974a)。根据目前新的地层划分，其具体层位为罗佛寨群上湖组下惠段，时代为古新世（张显球等，2013）。

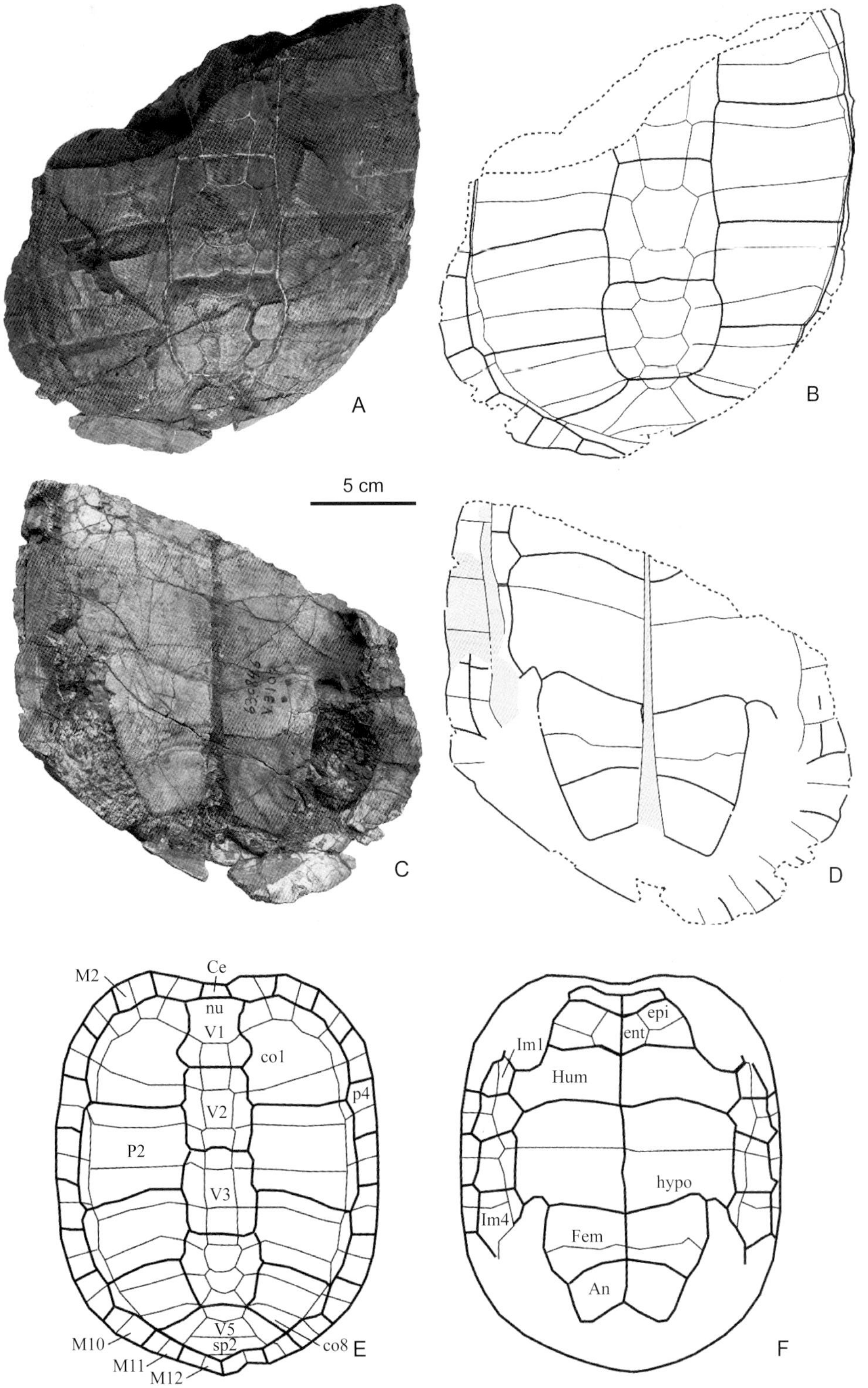

图 151 南方抽取龟 *Elkemys australis*

A–D. IVPP V 3107（正模），不完整甲壳背视（A, B）和腹视（C, D）；E–F. 甲壳复原；Im. inframarginal scute 下缘盾，其余参见图 64；E, F 引自 Danilov et al., 2012

重龟属 Genus *Gravemys* Sukhanov et Narmandakh, 1983

模式种 巴氏重龟 *Gravemys barsboldi* (Sukhanov et Narmandakh, 1974)

鉴别特征 个体中等大小（背甲长可达 30 cm），背甲中等高（背甲高度小于背甲宽度的一半）；背甲前部加宽，前缘短截；颈凹大；骨桥较长（占腹甲宽度的 60%–72.5% 或腹甲长度的 45%）；舌腹板骨桥长度大于下腹板骨桥长度；腋柱伸达第一肋板中部；胯柱伸达第五肋板宽 2/3 处；腹甲前、后叶似三角形，腹甲前叶基部宽，其长度约为腹甲后叶的一半；具肛凹；甲壳骨板厚；第一肋板接触第一至第四缘板；肋板和缘板在骨桥部连接较弱；肋骨头插入缘板并暴露于缘板腹面；颈盾较大，长宽近等，其长度等于或大于颈板长度的 1/3；第二至第四椎盾宽度明显小于其长度；后部缘盾高，但除第十一缘盾外均不覆盖肋板；第十二缘盾覆盖上臀板；皮盾沟（skin-scute sulci）在背甲腹面位置远离边缘，占据缘板宽度的 50%–60% 或颈板长度的 20%；内腹板大，菱形，宽大于长；喉盾强烈覆盖内腹板；下缘盾四块，强烈覆盖缘板，在内侧不延至腋凹和胯凹连线；甲壳表面具有成行的瘤状凸起或脊状纹饰。

中国已知种 哈氏重龟 *Gravemys hutchisoni* Danilov, 2003。

分布与时代 蒙古、中国（新疆），晚白垩世。

哈氏重龟 *Gravemys hutchisoni* Danilov, 2003

（图 152）

Mongolemys trufenensis：叶祥奎，1974c（部分），257 页，图版 I，图 3；中国科学院古脊椎动物与古人类研究所《中国脊椎动物化石手册》编写组，1979（部分），106 页，图版 38，3–4；Sun et al., 1992 (pars), p. 30, Fig. 34；Ye, 1994 (pars), p. 36

正模 IVPP V 4241，一件完整腹甲及两侧缘板。新疆吐鲁番十三间房，上白垩统上部苏巴什组。

鉴别特征 上腹板宽大于长；内腹板位置靠前，远离腹甲前叶基部；骨桥长度为腹甲宽度的 72.5%；肛凹弱；肱胸沟位于腋凹之前；胸盾中部加长；第三和第四下缘盾五角或六角形。

产地与层位 仅模式产地。

评注 IVPP V 4241 为叶祥奎（1974c）描述的 *Mongolemys trufenensis* 两件标本中的一件；Danilov（2003）将其归入重龟属。

根据中国陆相白垩纪地层对比，苏巴什组年代为晚白垩世［坎潘期（Campanian）—马斯特里赫特期（Maastrichtian）］（曹珂，2013）。

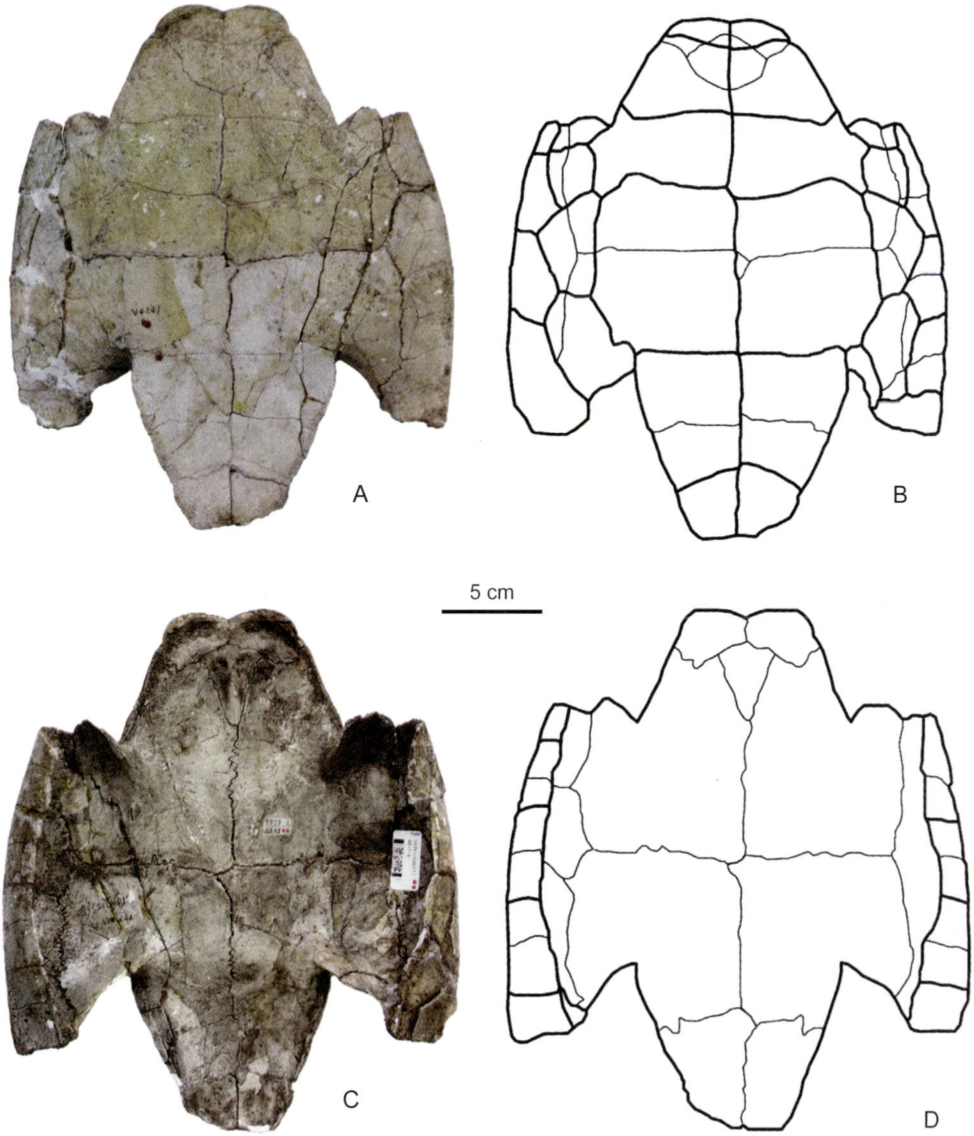

图 152　哈氏重龟 *Gravemys hutchisoni*

A–D. IVPP V 4241（正模），腹甲腹视（A, B）和背视（C, D）；B, D 引自 Danilov, 2003

黑龙江龟属 Genus *Amuremys* Danilov, Bolotsky, Averianov et Donchenko, 2002

模式种　平板黑龙江龟 *Amuremys planicostata* (Riabinin, 1930)

鉴别特征　甲壳长 20–30 cm；骨板厚；颈凹浅；颈板腹面具有横向隆起并延伸至前部缘板；第一椎板短截；前部缘板边缘向上翘起；腋柱和胯柱中等发育，介于 *Mongolemys* 和 *Lindholmemys* 之间；胯柱与第五肋板后部相接触；第一胸肋短；腹甲比

例接近 *Mongolemys* 者。颈盾较小，方形；第一椎盾前部加宽，在其前部呈腰状收缩，覆盖第一缘板但不与第二缘板相接触；最后一对缘盾短；下缘盾可能为 3 对，长形，其宽度约为腹甲宽度一半的 25%；第一下缘盾覆盖舌腹板骨桥部分的 1/2。甲壳表面具由瘤和脊组成的明显纹饰。

中国已知种 仅模式种。

分布与时代 俄罗斯、中国（黑龙江），晚白垩世。

平板黑龙江龟 *Amuremys planicostata* (Riabinin, 1930) Danilov, Bolotsky, Averianov et Donchenko, 2002

(图 153)

Aspideretes planicostatus：Riabinin, 1930b, p. 47, Table I

Mongolemys planicostatus：Nessov, 1981, p. 69, Fig. III.1；Nessov, 1987, p. 90, Pl. II, Fig. 1

"*Mongolemys*" *planicostatus*：Danilov, 1999, p. 66；Sukhanov, 2000, p. 354

正模 CCMGE 12/3413，右第一肋板。黑龙江嘉荫盆地别里 - 克鲁契（Belyie Kruchi，嘉荫附近），上白垩统渔亮子组（相当于马斯特里赫特阶）。

鉴别特征 同属。

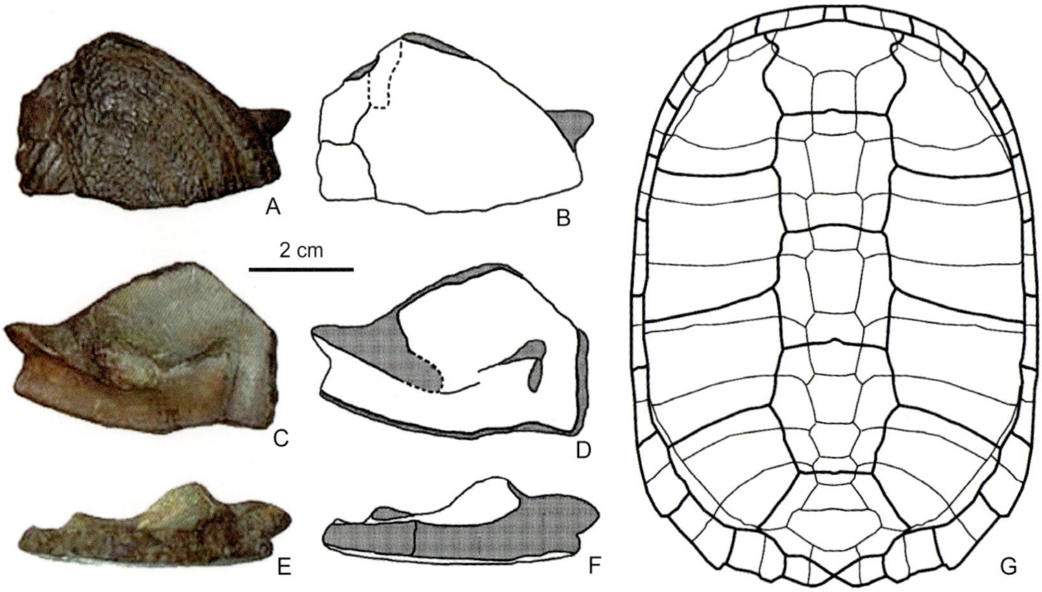

图 153 平板黑龙江龟 *Amuremys planicostata*

A–F. CCMGE 12/3413（正模），右第一肋板背视（A, B）、腹视（C, D）和后侧视（E, F），G. 背甲复原；引自 Danilov et al., 2002

产地与层位 黑龙江嘉荫盆地别里 - 克鲁契及俄罗斯阿穆尔河沿岸地区 Kundur；上白垩统渔亮子组（相当于马斯特里赫特阶）（Danilov et al., 2002）。

山东龟属 Genus *Shandongemys* Li, Tong, Wang, Chen et Xu, 2013

模式种 东武山东龟 *Shandongemys dongwuica* Li, Tong, Wang, Chen et Xu, 2013

鉴别特征 林氏龟科之一属，背甲低，长约 22.5 cm；与除蒙古龟属以外的其他所有林氏龟科成员区别于具有三块宽大的、局限于腹甲内的下缘盾。与蒙古龟属区别于甲壳较宽，背甲表面有由平行纵向排列的粗壮的脊和瘤组成的强烈的纹饰；第一椎盾不与第二缘盾接触；腹甲较宽，腹甲前叶基部宽大，后叶两侧边缘向尾部靠拢，内腹板宽大于长以及肱胸沟位置靠近腹甲前叶基部。

中国已知种 仅模式种。

分布与时代 山东，晚白垩世。

东武山东龟 *Shandongemys dongwuica* Li, Tong, Wang, Chen et Xu, 2013

（图 154）

正模 ZCDM V 0050，一件不完整骨骼，包括不完整背甲及相连的腹甲、头骨、下颌及部分肢骨。山东诸城库沟，上白垩统王氏群红土崖组（相当于坎潘阶）。

鉴别特征 同属。

产地与层位 仅模式产地。

蒙古龟属 Genus *Mongolemys* Khosatzky et Młynarski, 1971

模式种 优美蒙古龟 *Mongolemys elegans* Khosatzky et Młynarski, 1971

鉴别特征 林氏龟科之一属，具有以下特征组合：甲壳长 250–350 mm，背甲中等高（约为背甲宽度的 40%）；背甲较狭长；肋板厚；颈凹缺失；甲壳表面几近平滑，只有极细小的网状沟痕；腋柱短，伸至第一肋板宽度的 1/3 处；第一椎盾覆盖第一缘板内侧后部并接触第二缘盾；三块宽大的下缘盾完全局限于腹甲中；腹甲前叶长，后叶两侧边近平行；内腹板长大于宽或长宽近等。后耳窝极小；眶后骨接触鳞骨；前额骨在头骨表面出露缩小，不在中线处互相接触。

中国已知种 吐鲁番“蒙古龟”“*Mongolemys*” *trufanensis* Ye, 1974。

分布与时代 新疆，古新世。

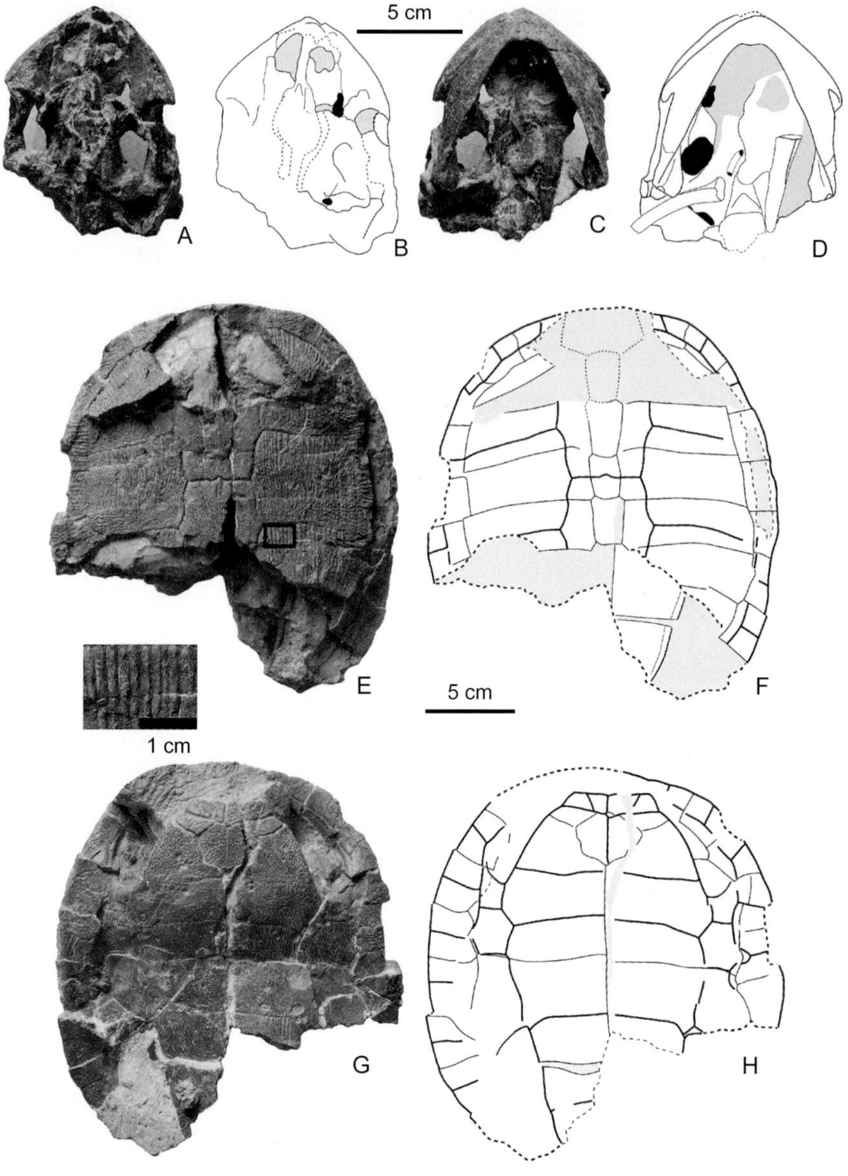

图 154　东武山东龟 *Shandongemys dongwuica*

A–I. ZCDM V 0050（正模），头骨背视（A, B）、头骨腹视（C, D）、甲壳背视（E, F）、甲壳腹视（G, H）、背甲纹饰细节（I）；引自 Li et al., 2013

吐鲁番“蒙古龟”“*Mongolemys*”*trufanensis* Ye, 1974

（图 155）

Mongolemys trufanensis：叶祥奎，1974c（部分），257 页，图版 I，图 1–2；Ye, 1994 (pars), p. 36；中国科学院古脊椎动物与古人类研究所《中国脊椎动物化石手册》编写组，1979（部分），106 页，图版 38，1–2；Sun et al., 1992, p. 30 (pars)；Brinkman et al., 2008, p. 79, Fig. 84

正模 IVPP V 4240，一件背腹甲前部 4/5。新疆鄯善连木沁沟，古新统台子村组（叶祥奎，1974c；Brinkman et al., 2008）。

鉴别特征 个体相对较大；甲壳椭圆形，中等高度；无明显纹饰；颈板大；内腹板宽大，位于肱胸沟之前。

产地与层位 仅模式产地。

评注 吐鲁番蒙古龟的原始材料包括两件标本：除 IVPP V 4240 外，还有一件产自新疆吐鲁番十三间房的腹甲（叶祥奎，1974c）。Danilov（2003）将后者归入重龟属（*Gravemys*），建立哈氏重龟种（*G. hutchisoni* Danilov, 2003）。很多学者都认为 IVPP V 4240 的分类位置不正确，不属于蒙古龟属，故在属名上加引号，本书从之（Sukhanov, 2000；Danilov, 2003；Danilov et Sukhanov, 2013；Li et al., 2013）。

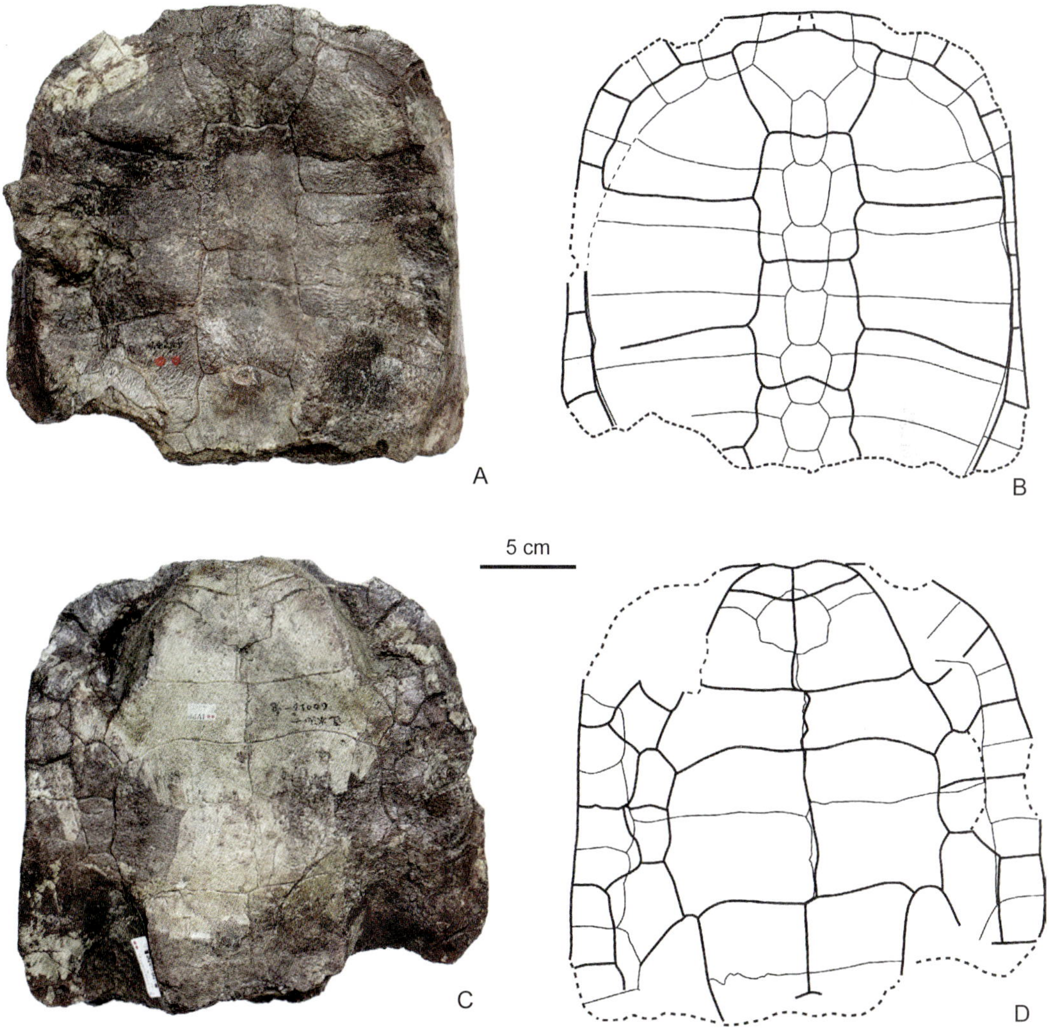

图 155 吐鲁番"蒙古龟"*"Mongolemys" trufanensis*
A–D. IVPP V 4240（正模），不完整甲壳背视（A, B）和腹视（C, D）

林氏龟科（不定属和种）**Lindholmemydidae gen. et sp. indet.**

（图 156）

标本 1　IVPP V 734，一件近端破损的第三肋板。山东莱阳金刚口，上白垩统王氏群（周明镇，1954b；Li et al., 2013）。

标本 2　IVPP RV 95001，一件不完整背腹甲。山东昌乐五图，下始新统五图组（叶祥奎，1995）。

标本 3　ZCDM V0051，不完整腹甲和右侧第四至第七缘板。山东诸城库沟，上白垩统王氏群红土崖组（Li et al., 2013）。

评注　周明镇（1954b）记述一件产自山东莱阳金刚口上白垩统王氏群的一块不完整肋板（IVPP V 734），并依其一般形态和表面纹饰将其归入北美中生代的镂龟属（*Glyptops* sp.）。Li 等（2013）将这件标本归入林氏龟科，因为其表面呈纵向排列成行的瘤状凸起

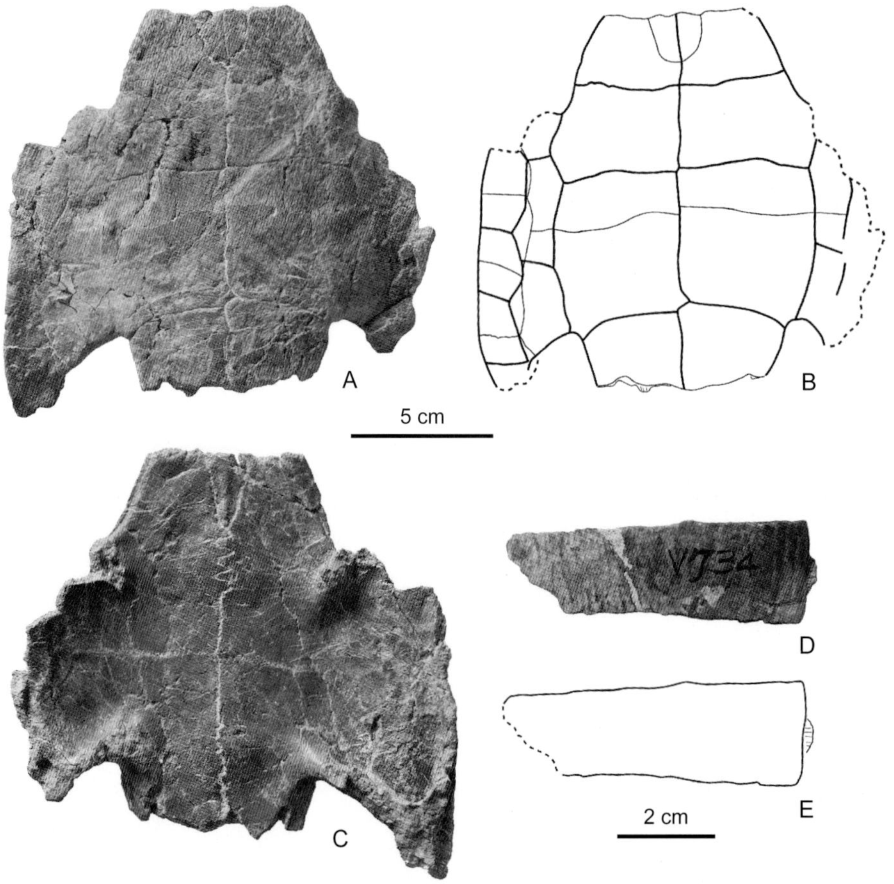

图 156　林氏龟科（不定属和种）Lindholmemydidae gen. et sp. indet.

A–C. ZCDM V0051，不完整腹甲腹视（A, B）、背视（C）；D–E. IVPP V 734，肋板背视；引自 Li et al., 2013

和棱脊组成的纹饰不同于镂龟的蠕虫状纹饰，而和林氏龟科某些成员的纹饰相似。

叶祥奎（1995）记述了一件产自山东昌乐五图下始新统五图组的龟甲，将其归入泥龟科（Dermatemydidae）。昌乐这件标本腋柱和胯柱发育，伸达背甲肋板，腹甲上有完整的下缘盾系列，可归入林氏龟科。这是林氏龟科目前已知在始新世的唯一代表。

地龟科 Family Geoemydidae Theobald, 1868

模式属 地龟属 *Geoemyda* Gray, 1834

鉴别特征 陆龟超科成员，具有限于缘板内或位于缘板和腋柱、胯柱之间的腋麝香腺或胯麝香腺，或两者兼有；至少有两指（趾）具有三枚指（趾）骨；前关节骨具有侧脊将隅骨和麦氏软骨（Meckel's cartilage）几乎完全或完全隔开；基枕骨具有骨化的侧突构成耳窝鼓阶隐窝的底面并接触副囊状肌（paracapsular sac）；翼骨后端接触基枕骨侧突；第五和第六颈椎之间关节单一；尾盾覆盖上臀板。

中国已知属（化石） 古龟属 *Palaeochelys* Meyer, 1847，锡拉龟属 *Sharemys* Gilmore, 1931，上龟属 *Epiemys* Ye, 1963，山西龟属 *Shansiemys* Ye, 1963，闭壳龟属 *Cuora* Gray, 1855，拟水龟属 *Mauremys* Gray, 1828，等长龟属 *Isometremys* Chow et Ye, 1962，广东龟属 *Guangdongemys* Claude, Zhang, Li, Mo, Kuang et Tong, 2012；共 8 属。

分布与时代 亚洲、欧洲、非洲、北美洲、南美洲，始新世—现代。中国（化石）：安徽、云南、浙江、江苏、福建、湖南、广东、广西、陕西、山西、山东、河南、北京、辽宁、内蒙古、海南、台湾，始新世—现代。

评注 地龟科主要为水栖或半水栖淡水龟类；现生除美洲的木纹龟（*Rhinoclemmys*）一属外，皆分布于旧大陆。

现在归入地龟科（Geoemydidae）的龟类传统上都归入水龟科（Emydidae Gray, 1825），中国化石和现生龟类也一直沿袭这一分类（叶祥奎，1963a；Ye, 1994；张孟闻等，1998；Brinkman et al., 2008）。McDowell（1964）根据一系列骨骼形态特征将原来的 Emydidae 分成两个亚科：Bataguirinae 和 Emydinae，后升为两个科（Bataguiridae 和 Emydidae）。这一分类已被学者们广泛接受并应用。Bataguiridae Gray, 1869 为 Geoemydidae Theobald, 1868 的晚出同物异名（Bour et Dubois, 1986；David, 1994）。

地龟科下分两个亚科：潮龟亚科（Batagurinae Gray, 1869）包括 *Hartelle*、*Batagur* 和 *Orlitia* 三个组合；具有咀嚼面宽，筛骨裂（ethmoid fissure）宽，椭圆形；额骨有时由于前额骨和眶后骨接触而被排除于眼眶之外，以及后腭孔小，不位于翼骨中等特征。地龟亚科（Geoemydinae Theobald, 1868）包括 *Geoemyda* 组合；具有咀嚼面窄，方轭骨至少与轭骨分隔，也可以和鳞骨分隔或缺失；以及舌下神经孔分割等特征（Gaffney et Meylan, 1988）。鉴于亚科特征都是头骨特征，而中国地龟科化石大都没有头骨保存，在本书中地龟科化石没有划分亚科。中国地龟科化石由于大多研究时间较早，存在不少问题；但由于时间有限本书仅依照现行分类方案进行了整理，系统再研究只有留待以后。

古龟属 Genus *Palaeochelys* Meyer, 1847

模式种 布森古龟 *Palaeochelys bussenensis* Meyer, 1847

鉴别特征 个体较大（甲壳长约 30–40 cm）；背甲前部方圆；后部中脊存在或阙如；

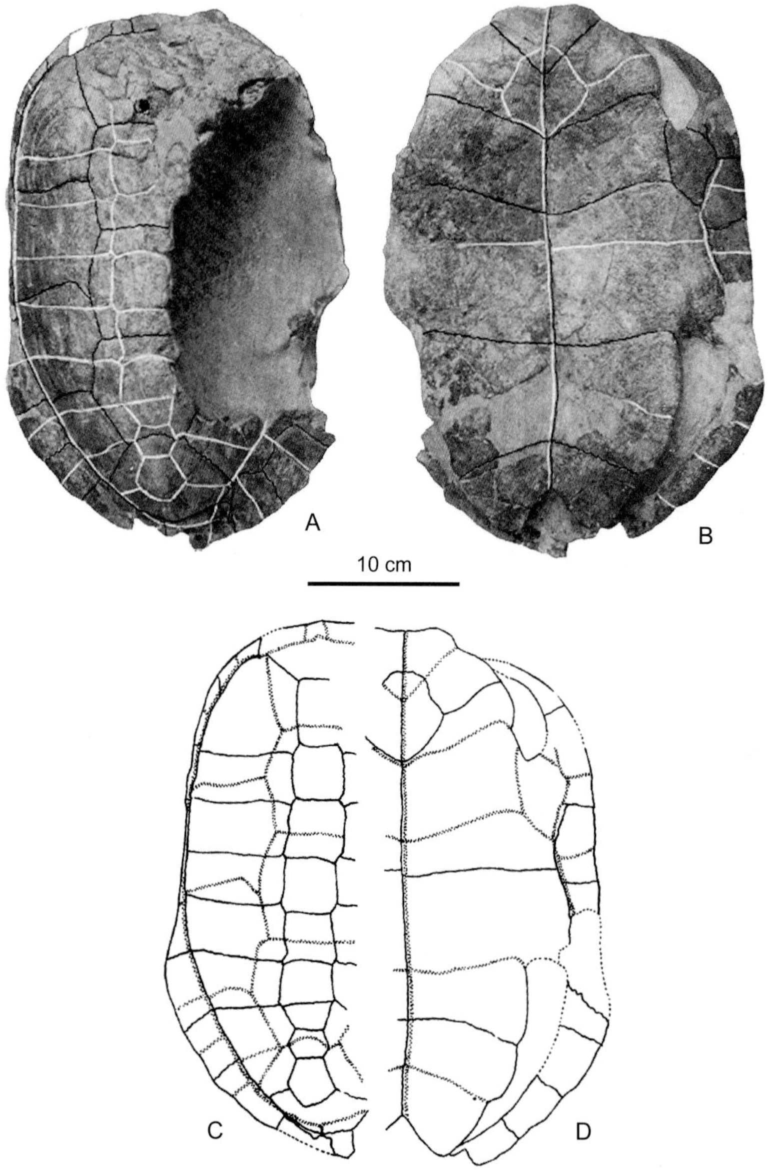

图 157 长形古龟（属存疑）*Palaeochelys? elongata*
A–D. AMNH 6698（正模），甲壳背视（A, C）和腹视（B, D）；引自 Gilmore, 1931

第五椎盾同时覆盖第二上臀板和臀板，因第十二对缘盾内侧短，它们之间的沟局限在臀板内，但两侧边覆盖第二上臀板；第一椎盾极横宽；臀板极短，宽明显大于长，后缘具浅的凹缺。

中国已知种 *Palaeochelys*? *elongata* Gilmore, 1931。

分布与时代 内蒙古，早渐新世。

长形古龟（属存疑） *Palaeochelys? elongata* Gilmore, 1931

（图 157）

正模 AMNH 6698，一件甲壳，包括背甲的左半部和几近完整的腹甲。内蒙古诺康鄂博（Nom Khong Obo），下渐新统。

鉴别特征 甲壳低，背甲顶部平坦，具不明显且间断的中脊；大多数椎板宽大于长，形状异化；肋缘沟与肋缘缝重合；肋板内、外侧长度不交替变化；肛凹深；上腹板宽大，略前伸；肱胸沟位于内腹板之后；腋盾宽大。

产地和层位 仅模式产地。

锡拉龟属 Genus *Sharemys* Gilmore, 1931

模式种 半圆锡拉龟 *Sharemys hemispherica* Gilmore, 1931

鉴别特征 个体小；背甲亚圆形，颈凹深；缘盾短于缘板和臀板；第八块椎板大，中部为椎盾沟切割；腹甲前缘后凹，上腹板唇略前凸；具肛凹；胸腹沟在中部位于舌下缝之后；肱胸沟穿过内腹板前部；胸盾中线长度是腹盾中线长度的两倍；骨桥长于腹甲后叶。

中国已知种 仅模式种。

分布与时代 内蒙古，早渐新世。

半圆锡拉龟 *Sharemys hemispherica* Gilmore, 1931

（图 158）

正模 AMNH 6694，一件近完整的背腹甲。内蒙古沙拉木伦双敖包（Twin Oboes, Shara Murun），下渐新统。

鉴别特征 同属。

产地与层位 仅模式产地。

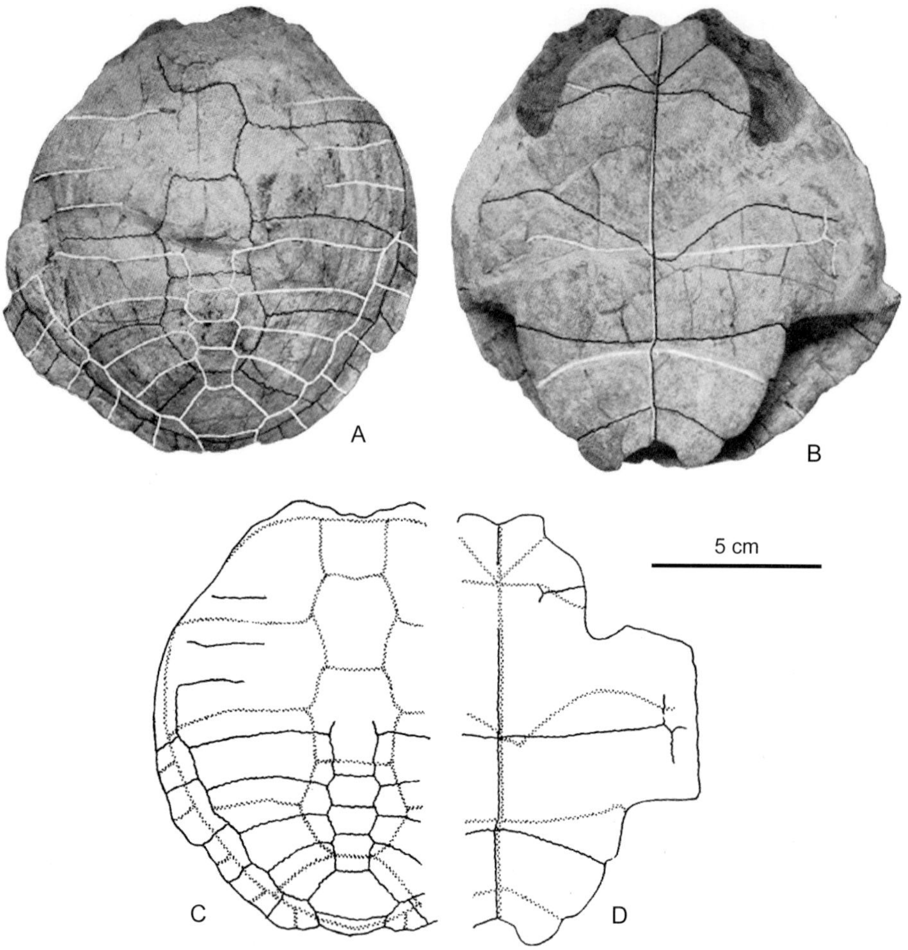

图 158 半圆锡拉龟 *Sharemys hemispherica*
A–D. AMNH 6694（正模），甲壳背视（A, C）和腹视（B, D）；引自 Gilmore, 1931

等长龟属 Genus *Isometremys* Chow et Ye, 1962

模式种 湖等长龟 *Isometremys lacuna* Chow et Ye, 1962

鉴别特征 地龟科之一属，个体中等大小（成年个体背甲长 25–35 cm）。背甲中脊从第五椎板延伸至第一上臀板，背甲侧脊靠近椎盾；椎板宽（第二至第四椎板长宽近等，第五至第八椎板宽大于长），六边形，短侧边朝前；第一肋板短于 *Palaeoemys* 或 *Malayemys* 者，接触第三缘板后端或第四缘板前端；第一椎盾梯形，覆盖部分第一缘板；前部缘盾覆盖大部分缘板但不与肋板接触；第二、三椎盾六边形，前部略宽于后部，与 *Orlitia* 相似；第二和第三肋盾间沟向后侧方延伸，在第四肋板外侧边接近此肋板后缘。背腹甲缝合，骨桥长；胯柱伸达第五和第六肋板宽度的一半；腹甲前叶短于腹甲后叶，前缘略凹；上腹板发育，上腹板中缝几乎与上舌缝等长，具上腹板唇，但平缓不强烈凸起；

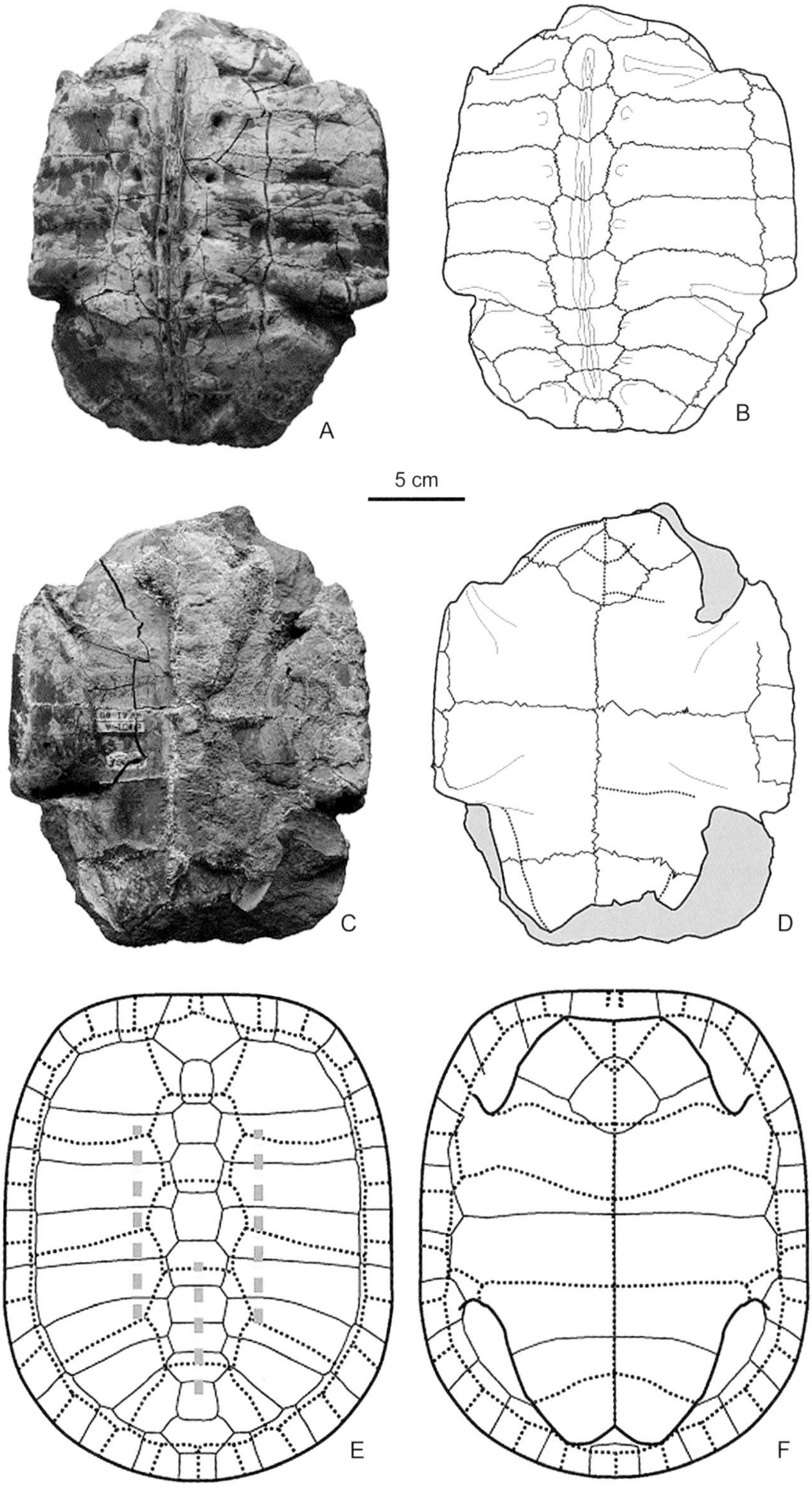

图 159　湖等长龟 *Isometremys lacuna*

A–D. IVPP V 1049（正模），甲壳内模背视（A, B）、甲壳内模腹视（C, D）；E, F. 甲壳复原；引自 Claude et al., 2012

内腹板呈平行四边形，喉肱沟从其前部 1/4 处穿过，肱胸沟从其后端穿过；胸盾和腹盾近等长；肛凹发育；腹甲背面的唇在股盾区域发育。

中国已知种 仅模式种。

分布与时代 广东，晚始新世 。

湖等长龟 *Isometremys lacuna* Chow et Ye, 1962

（图 159）

正模 IVPP V 1049，一件甲壳内模。广东茂名，详细产地不明，可能与副模相同或相距不远。

副模 IVPP V 1003，一件甲壳内模。广东茂名金塘大塘区，上始新统油柑窝组（周明镇、叶祥奎，1962）。

归入标本 IVPP V 1035.11、BMNH-Ph 000255、BMNH-Ph 000258、BMNH-Ph 000256、TMNH-TNP 01520，5 件甲壳。产地及层位同模式标本（Claude et al., 2012）。

鉴别特征 同属。

产地与层位 广东茂名，上始新统油柑窝层。

上龟属 Genus *Epiemys* Ye, 1963

模式种 完美上龟 *Epiemys perfecta* Ye, 1963

鉴别特征 甲壳低平；背甲长 19.5 cm；第一椎板六角形，短侧边朝后；其余椎板多呈四边形，宽大于长；第六肋板特长；椎盾形状各异，各椎盾前后缘成规律性的交替变化，第四椎盾最宽；第九、十一缘盾特宽。腹甲与背甲缝连，腹甲后叶长度等于骨桥长度；内腹板近方形，长宽近等，前、后 1/3 处分别为喉肱沟、肱胸沟切割；具肛凹。

中国已知种 仅模式种。

分布与时代 山西，晚中新世—上新世。

完美上龟 *Epiemys perfecta* Ye, 1963

（图 160）

正模 IVPP V 999，一件完整的背腹甲。山西榆社云簇盆地北村，上中新统—上新统榆社群（叶祥奎，1963a）。

鉴别特征 同属。

产地与层位 仅模式产地。

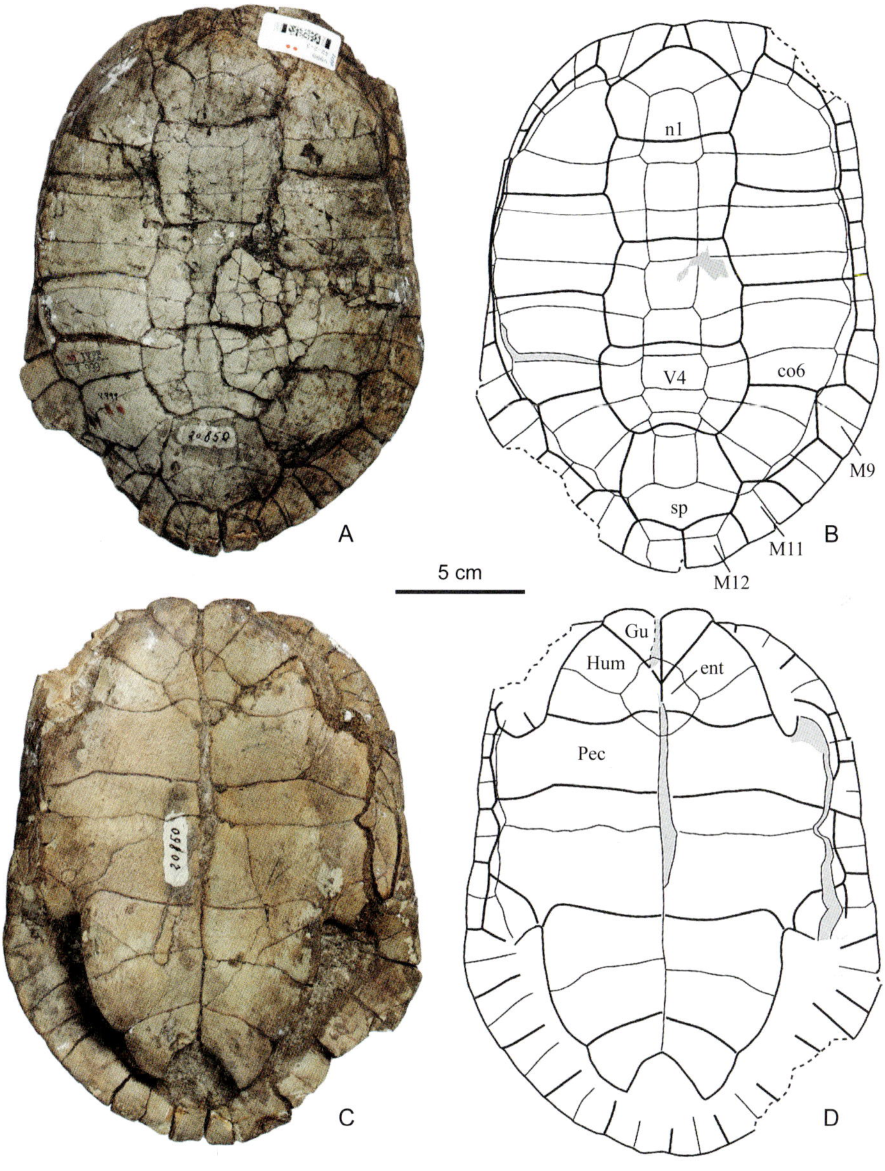

图 160　完美上龟 *Epiemys perfecta*

A–D. IVPP V 999（正模），甲壳背视（A, B）和腹视（C, D）；缩写参见图 64

评注　种名原为 *perfectus*。因为 *emys* 为阴性，种名应为 *perfecta*。

山西龟属 Genus *Shansiemys* Ye, 1963

模式种　宽盾山西龟 *Shansiemys latiscuta* Ye, 1963

鉴别特征　背甲低平；椭圆形，两侧缘几近平行；背甲具中脊，但侧脊阙如；椎板外形分化，除第一枚外，皆宽大于长；椎盾横宽，明显宽于对应的肋盾；第一椎盾接触第二缘盾。腹甲与背甲缝连；腹甲前缘突出超过背甲前缘；内腹板纵长菱形，喉肱沟切割内腹板的顶部；肱胸沟切割内腹板后 1/3 处。

中国已知种 宽盾山西龟 *Shansiemys latiscuta* Ye, 1963，山西山西龟 *S. schansiensis* (Ping, 1931)；共 2 种。

分布与时代 山西，晚中新世—上新世。

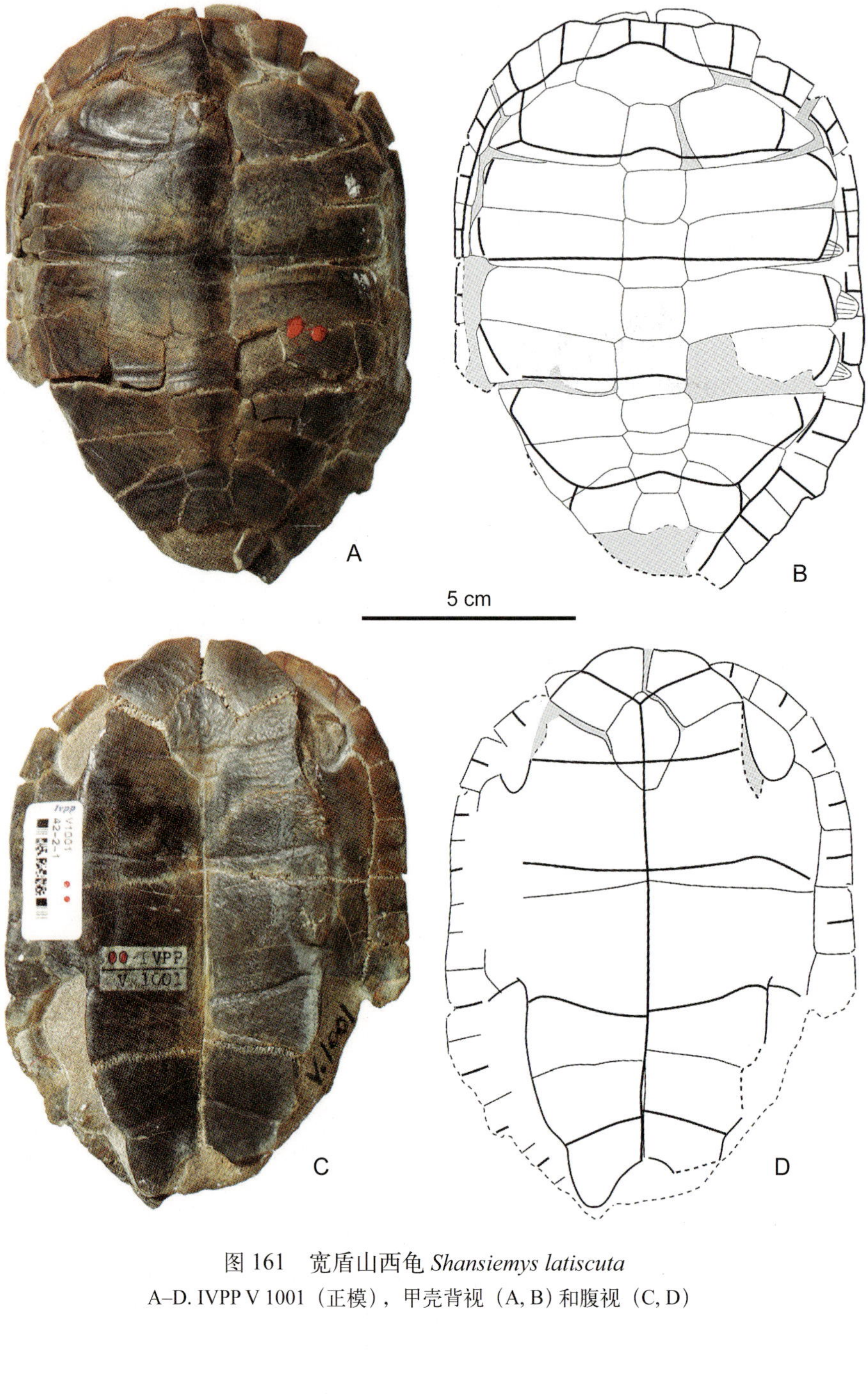

图 161 宽盾山西龟 *Shansiemys latiscuta*
A–D. IVPP V 1001（正模），甲壳背视（A, B）和腹视（C, D）

宽盾山西龟 *Shansiemys latiscuta* Ye, 1963

（图 161）

正模 IVPP V 1001，一件近完整的背腹甲。山西榆社，上中新统—上新统榆社群（叶祥奎，1963a）。

鉴别特征 个体小，椎盾极横宽；椎板短宽，外形分化，第三、五块最大，第七块最短，除第一块外，皆宽大于长；前四对肋板内端长度大于外端，而后四对肋板则外端长度大于内端。骨桥略短于腹甲后叶长度。

产地与层位 仅模式产地。

评注 IVPP V 1001 为一未成年个体。其幼年特征包括个体较小，甲壳骨片未完全愈合，背甲具肋缘窗，肋板具有游离的肋骨头等。其极度横宽的椎盾很可能也属于幼年特征。该标本原标签上有“北疆博物馆”等字样，可能系 1934 或 1935 年桑志华在榆社工作时采集（叶祥奎，1963a）。

山西山西龟（新组合）*Shansiemys schansiensis* (Ping, 1931) comb. nov.

（图 162）

Clemmys schansiensis：Ping, 1931, p. 97, pls. I–II；叶祥奎，1963a，19 页；中国科学院古脊椎动物与古人类研究所《中国脊椎动物化石手册》编写组，1979，108 页，图 86- 左图； Sun et al., 1992, p. 37；Ye, 1994, p. 50

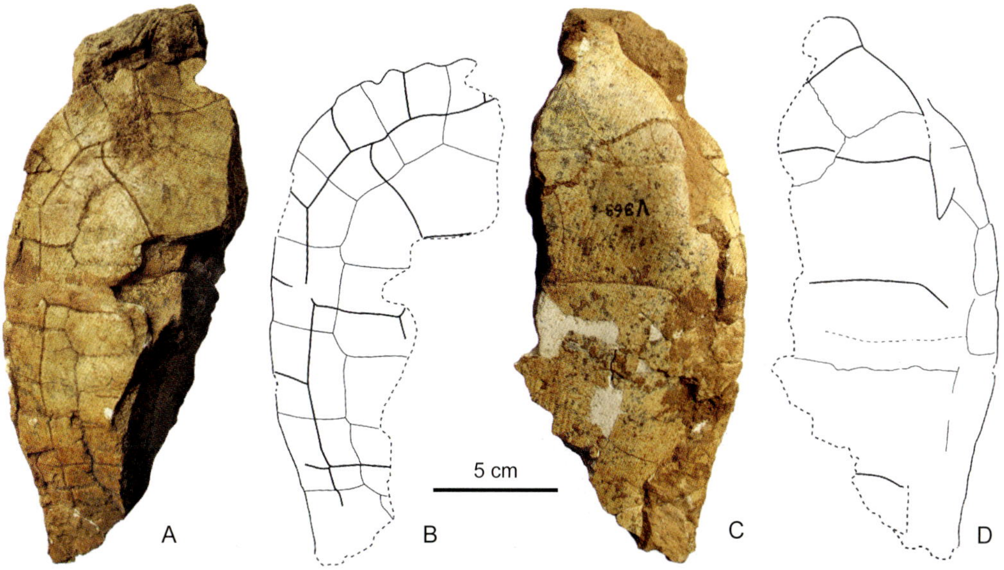

图 162 山西山西龟 *Shansiemys schansiensis*

A–D. IVPP V 363-1（正模），部分甲壳背视（A, B）和腹视（C, D）

'*Clemmys*' *schansiensis*：Brinkman et al., 2008, p. 86

正模 IVPP V 363-1，一件背腹甲前侧部。山西保德冀家沟，上中新统（Ping, 1931）。

鉴别特征 山西龟之一种；个体大，背甲长约 25 cm；与宽盾山西龟区别于椎盾相对较窄，第二、第三椎盾窄于第一椎盾。

产地与层位 仅模式产地。

评注 秉志（Ping, 1931）原将 IVPP V 363-1 归入水龟属（*Clemmys*）。但正如 Brinkman 等 (2008) 所指出，现生水龟属产于北美，且属于龟科（Emydidae）而不属于地龟科（McDowell, 1964），IVPP V 363-1 原来的分类位置是不正确的。IVPP V 363-1 颈盾短宽，椎盾横宽并明显宽于对应的肋盾，第一椎盾覆盖第二缘板后内侧近 1/2 并接触第二缘盾，以及腹甲前缘前伸超出背甲前缘等特征与宽盾山西龟相近，现将其归入山西龟属。

山西龟属（未定种）*Shansiemys* sp.

（图 163）

Clemmys sp.：叶祥奎，1963a，19 页，图版 II，3–4；Ye, 1994, p. 50

标本 GMC V. 755，一件近完整背腹甲。

图 163 山西龟属（未定种）*Shansiemys* sp.
GMC V. 755，甲壳背视

产地与层位 山西榆社董家庄，上中新统—上新统榆社群（叶祥奎，1963a；Ye, 1994）。

评注 叶祥奎原将 V. 755 定为 *Clemmys* sp.（叶祥奎，1963a）。现根据其椎盾横宽并宽于相应肋盾，腹甲前缘突出于背甲前缘之前等特征将 V. 755 归入山西龟属。但以肱胸沟位置靠前，切割上舌缝区别于宽盾山西龟和山西山西龟。

闭壳龟属 Genus *Cuora* Gray, 1855

模式种 三线闭壳龟 *Cuora trifasciata* (Bell, 1825)

鉴别特征 背甲椭圆形，较高或高耸；椎板短宽，呈短侧边朝后的六边形；腹甲与背甲以韧带相连，无清晰的骨桥；胸腹沟和舌下缝重合，舌腹板和下腹板以韧带相连，形成铰链，前、后部分可动，并能完全闭合于背甲；腋柱及胯柱退化；肛凹小或阙如；头骨上腭咀嚼面狭窄。

中国已知种（化石） 古猿闭壳龟 *Cuora pitheca* Ye, 1981，黄缘闭壳龟 *C. flavomarginata* (Gray, 1863)，洞穴闭壳龟 *C. tungia* (Ye, 1963)；共 3 种。

分布与时代（中国：化石） 云南、广西、山东、浙江、河南、福建，中新世—新石器时代。

古猿闭壳龟 *Cuora pitheca* Ye, 1981

（图 164）

选模 IVPP V 6178，一件不完整背甲。云南禄丰石灰坝腊玛古猿产地，上中新统石灰坝组（叶祥奎，1981a）。

副选模 IVPP V 6178.1，一件近完整腹甲及相连的背甲后部和左侧前部缘板；IVPP V 6178.2，一件腹甲后半部；IVPP V 6178.3，不完整腹甲前叶；以及其他背、腹甲碎片。产地及层位同选模（叶祥奎，1981a）。

归入标本 IVPP V 6178.4，一件基本完整的背甲；IVPP V 6178.5，一件腹甲后半部；IVPP V 6178.6，不完整腹甲前叶。所有标本产地及层位均同选模（叶祥奎，1985）。

鉴别特征 背甲椭圆形，不甚隆起；椎盾较宽阔，宽略大于长，第四椎盾前缘呈“元宝”形向前突出；具小肛凹。

产地与层位 仅模式产地。

评注 原作者将属于不同个体的一件背甲（IVPP V 6178）和一件腹甲（IVPP V 6178.1）指定为古猿闭壳龟的正模（叶祥奎，1981a）。Brinkman 等（2008）将 IVPP V 6178 视为正模，但包括了背（IVPP V 6178）、腹甲（IVPP V 6178.1）。本书选用 IVPP V

6178（不完整背甲）为选模（lectotype）。

IVPP V 6178.4，IVPP V 6178.5 和 IVPP V 6178.6 丢失。

古猿闭壳龟年代最初认为是上新世早期（叶祥奎，1981a）；后更正为中新世晚期，但未说明缘由（Ye, 1994）。云南禄丰石灰坝腊玛古猿产地根据共生哺乳类化石年代约为距今 8–9 Ma（Deng, 2006）或稍晚（7 Ma；邓涛、祁国琴，2009），为中新世晚期。

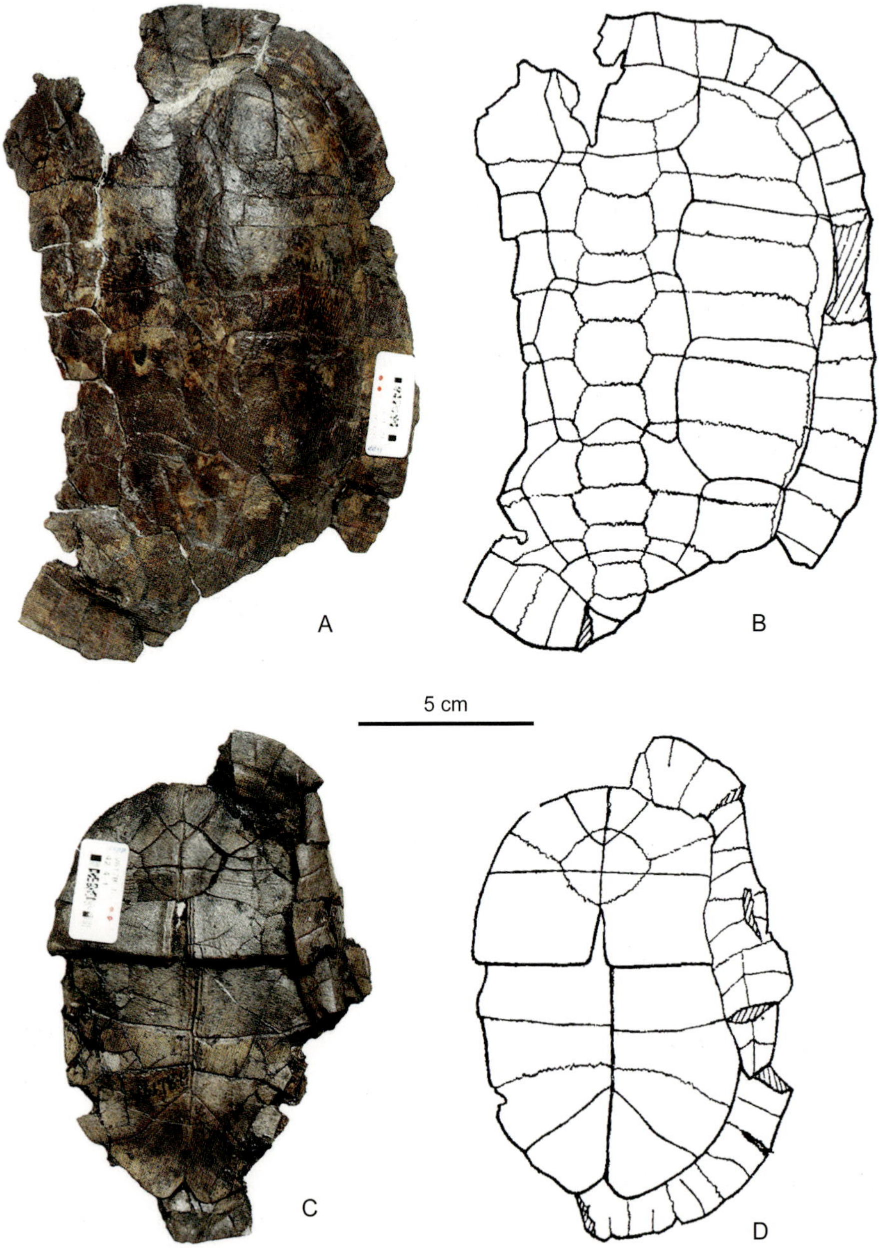

图 164　古猿闭壳龟 *Cuora pitheca*

A, B. IVPP V 6178（选模），背甲背视；C, D. IVPP V 6178.1，甲壳腹视；B, D 引自叶祥奎，1981a

黄缘闭壳龟 *Cuora flavomarginata* (Gray, 1863) Guenther, 1864

Terrapene culturalia：叶祥奎，1961，59 页，图 1，图版 I；叶祥奎，1963a，26 页；中国科学院古脊椎动物与古人类研究所《中国脊椎动物化石手册》编写组，1979，110 页，图版 40，1–2

归入标本 IVPP V 2520，一件完整的腹甲和背甲前 2/3；山东泰安宁阳大汶口（叶祥奎，1961）。ZMNH 无号，一件腹甲后叶；浙江建德安仁。ZMNH YH 55.9，一件较完整背甲；ZMNH YH 55.1–2，两件腹甲前半部；ZMNH YH 55.3–8：六件腹甲后半部；浙江余姚河姆渡（叶祥奎，1983a；魏丰等，1990）。几十件完整背腹甲；河南舞阳贾湖（叶祥奎、张居中，1994）。

鉴别特征 背甲高耸，中脊明显，不连续，在每枚椎盾的中部更为突出；侧脊不显；背甲后缘平滑，不呈锯齿状；颈盾较大，梯形；第一椎盾窄于第二椎盾；第二至第四椎盾长宽近等，并窄于相应肋盾；腹甲腋盾和胯盾小或阙如；肛盾单枚，其前部有不达末端的中央纵沟；无肛凹；上颌钩曲；吻部短截，其长度短于眼眶眶径。

产地与层位（化石） 山东泰安宁阳大汶口，新石器时代；浙江建德安仁，上更新统；浙江余姚河姆渡，新石器时代（叶祥奎，1983a）；河南舞阳贾湖，新石器（前仰韶）时代（叶祥奎、张居中，1994）。

洞穴闭壳龟 *Cuora tungia* (Ye, 1963) Naksri, Li et Tong, 2014

（图 165）

Testudo tungia：叶祥奎，1963b，223 页，图 1，图版 I；中国科学院古脊椎动物与古人类研究所《中国脊椎动物化石手册》编写组，1979，118 页，图 95；Sun et al., 1992, p. 47；Brinkman et al., 2008, p. 102

正模 IVPP V 2768，一件近完整背甲。广西柳城巨猿洞，下更新统（叶祥奎，1963b）。

鉴别特征 闭壳龟属之一种，个体中等大小（背甲长约 15 cm）；背甲椭圆形，高耸，前、后缘平滑。与其他闭壳龟区别于臀板狭长，其长约等于第十一对缘板长；第四椎盾明显宽于第三椎盾；第五椎盾梯形；肋缘沟与肋缘缝重合。

产地与层位 仅模式产地。

评注 1963 年，叶祥奎描述了一件产自广西柳城巨猿洞更新世早期的龟背甲（IVPP V 2768），将其归入陆龟科陆龟属并建立一新种：洞穴陆龟 *Testudo tungia*（叶祥奎，1963b）。Auffenberg（1974）和 Crumly（1983）都认为这件标本不属于陆龟科，而可

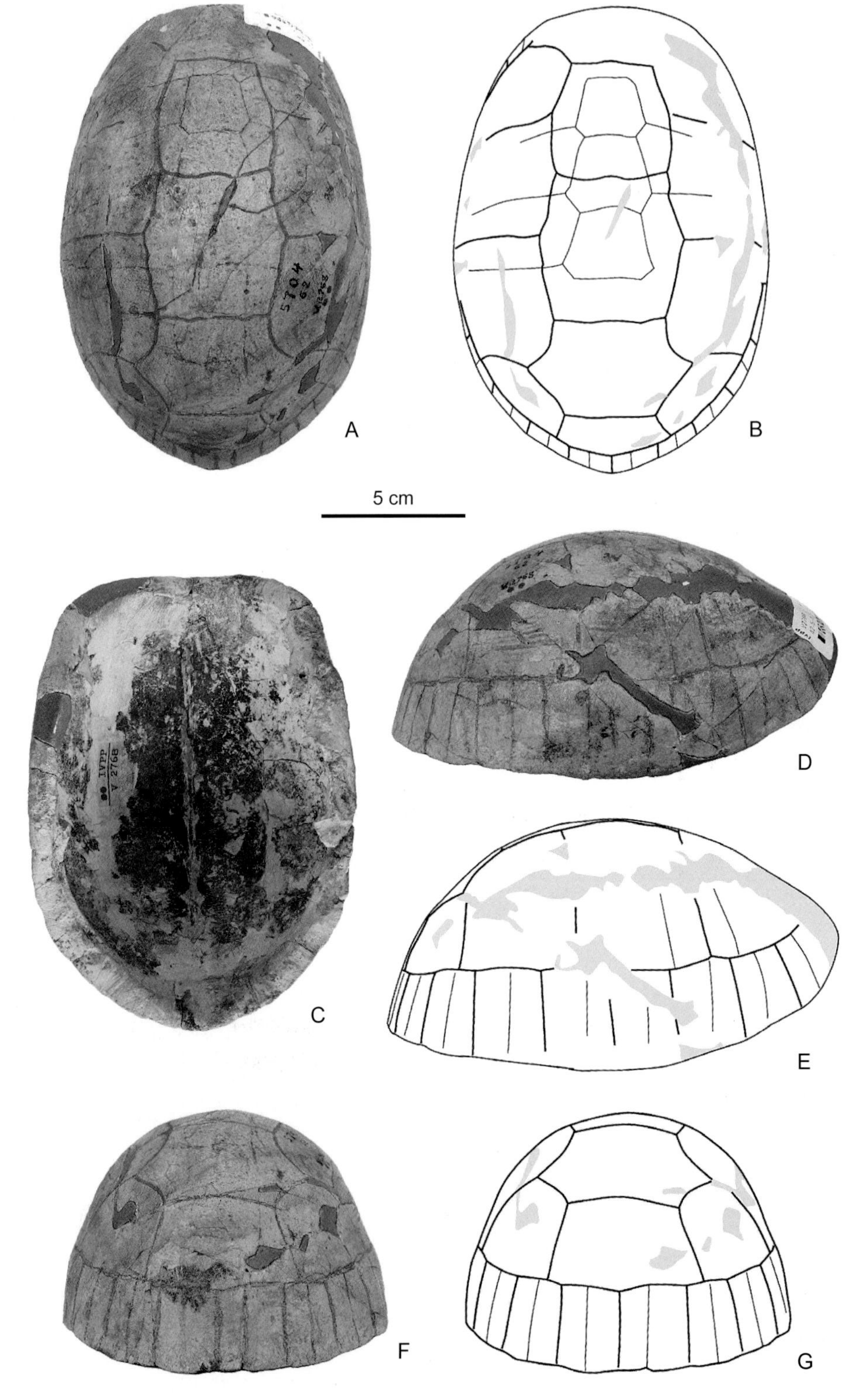

图 165 洞穴闭壳龟 *Cuora tungia*

A–G. IVPP V 2768（正模），背甲背视（A, B）、腹视（C）、右侧视（D, E）、后视（F, G）；引自 Naksri et al., 2014

能是闭壳龟。近年 Naksri 等（2014）对 IVPP V 2768 的重新研究证实了 Auffenberg 和 Crumly 的意见和该种的有效性。IVPP V 2768 根据下列特征可归入闭壳龟属：背甲高耸，长椭圆形；椎板短宽，呈短侧边朝后的六边形；腹甲和背甲以韧带相连，骨桥短；腹甲腋柱和胯柱退化等。与其他化石和现生闭壳龟比较，其背甲形态特征更接近黄缘闭壳龟。其高耸的背甲表明它是一个陆生种类。

闭壳龟属（未定种） *Cuora* sp.

归入标本 AHM 无号，两件甲壳；安徽铜山（叶祥奎，1994）。ZPM 无号，一件近完整背甲；福建漳平大深。

产地与层位 安徽铜山，上新统（叶祥奎，1994）；福建漳平大深，? 更新统。

评注 安徽铜山标本下落不明（叶祥奎，1994）。

拟水龟属 Genus *Mauremys* Gray, 1828

模式种 地中海拟水龟 *Mauremys leprosa* (Schewigger, 1812)

鉴别特征 背甲低矮，具中脊；腹甲腋柱和胯柱中等发育，伸达肋板中部；股肛沟垂直于剑腹板外侧缘；肛凹大。

中国已知种（化石） 中华花龟 *Mauremys sinensis* (Gray, 1834)，乌龟 *M. reevesii* (Gray, 1831)，汾河拟水龟 *M. fenhoensis*（Chow, 1961）；共 3 种。

分布与时代（中国，化石） 北京、辽宁、河南、山西、陕西、江苏、浙江、海南、台湾，中新世—现代。

评注 中华花龟和乌龟原分属不同的属（*Ocadia sinensis*；*Chinemys reevesii*）。分子生物学研究表明这两个属的种和拟水龟属（*Mauremys*）几个种共同构成一个单系类群 （Spinks et al., 2004），故将原属于前两属的种都归入后者。本书依此将中国原归入 *Ocadia* 和 *Chinemys* 两属的化石都移入拟水龟属。

中华花龟 *Mauremys sinensis* (Gray, 1834) Spinks, Shaffer, Iverson et McCord, 2004

（图 166）

Testudo anyangensis：Ping, 1930a, p. 217, Figs. 1–3

Pseudocadia anyangensis：Lindholm, 1931, p. 30

Ocadia sinensis：张孟闻等，1998，132 页

归入标本 IVPP 无号，一件完整背腹甲；河南安阳殷墟（Ping, 1930a；Bien, 1937）。H3：297（背甲）和H3：391（腹甲），大量甲壳；河南安阳殷墟花园庄东地（叶祥奎、刘一曼，2001）。IVPP V 1002，一件甲壳，包括不完整背甲和几近完整的腹甲；山西榆社常银村北沟。IVPP V 1005，一件甲壳；山西，具体地点不详（叶祥奎，1963a）。T114 F 17-16，一件破碎甲壳，H 107（无号），一件破碎背甲；河南舞阳贾湖（叶祥奎、张居中，1994）。IACASS M 170-70、IACASS M 170-52、IACASS M1 29-24和IACASS M 129-45，四件背甲；陕西长安沣西张家坡西周墓地（叶祥奎，1990b）。无号：一件残缺背甲；台湾海峡澎湖水道（Tao, 1988a）。HNCJBWG 0098-00098，一件甲壳后半部；海南昌江信冲洞（Li et al., 2015c）。

鉴别特征 甲壳略低平，幼年个体背甲上有三条不连续的脊，侧脊在成年个体中通常消失；背甲后缘不呈锯齿状；第一椎盾前部扩展；第二、第三椎盾长宽相近或宽稍大于长，但在成年个体中较相应肋盾狭窄。腹甲与背甲等长，前部短截；骨桥略长于腹甲后叶；腋盾和胯盾大。

产地与层位（化石） 河南安阳，殷商时代（Ping, 1930a；Bien, 1937；叶祥奎、刘一曼，2001）；山西榆社常银村北沟，马会组底部，上中新统（叶祥奎，1963a；邱占祥，私人通讯，2017年3月24日）；河南舞阳贾湖，新石器时代（叶祥奎、张居中，1994）；陕西长安沣西张家坡西周墓地，西周时期（叶祥奎，1990b）；台湾海峡澎湖水道，上更新统（Tao, 1988a）；海南昌江信冲洞，中更新统（Li et al., 2015c）。

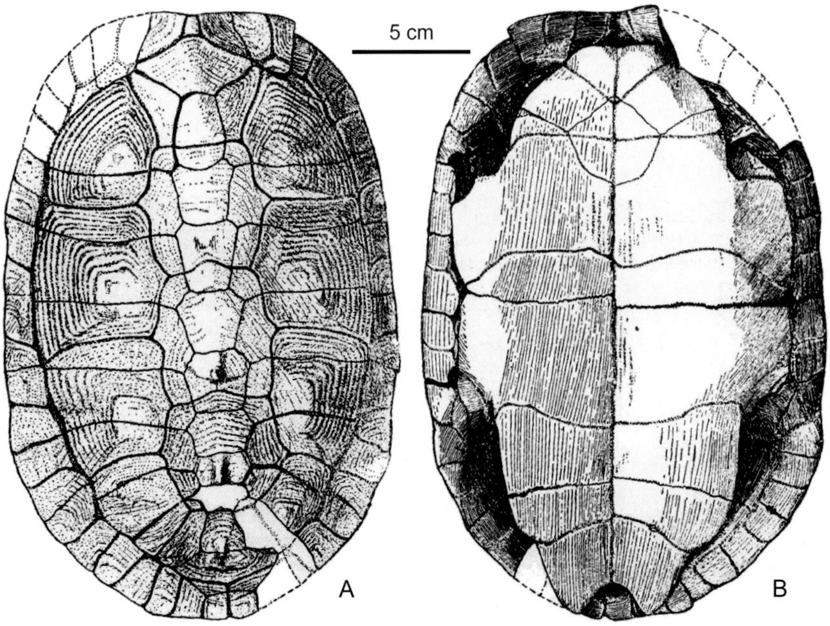

图166 中华花龟 *Mauremys sinensis*

A, B. 河南安阳殷墟，无号，甲壳背视（A）和腹视（B）；引自 Bien, 1937

评注 秉志在1930年记述一件产自河南安阳殷墟的完整龟甲，认为与希腊陆龟相近，将其归入陆龟科，定名为安阳陆龟（*Testudo anyangensis* Ping, 1930）。Lindholm（1931）则认为该龟化石不应归入陆龟科，但也与花龟有别，另立新属，定名为安阳拟花龟（*Pseudocadia anyangensis*）。Pope（1935）、张孟闻（1982）和Auffenberg（1962）亦认为安阳的这件龟甲不应归入陆龟科。Romer（1956）和叶祥奎（1963a）将 *Pseudocadia* 并入 *Ocadia* 属。Bien（1937）、Pritchard（1994）重新研究了秉志的安阳龟的标本，将其归入中华花龟（*Ocadia sinensis*）。

叶祥奎（1963a）将在中国科学院古脊椎动物与古人类研究所旧藏材料中的一件甲壳（IVPP V 1002）归入 *Ocadia sinensis*。该标本产自山西榆社常银村北沟，时代被认为可能为上新世。该地点属于榆社盆地北部的一个次级盆地（潭村盆地），层位是马会组底部，上中新统（邱占祥，私人通讯，2017年3月24日）。

乌龟 *Mauremys reevesii* (Gray, 1831) Spinks, Shaffer, Iverson et McCord, 2004

（图167）

Polyechmatemys pekinensis：Ping, 1930b, p. 205, Figs. 1–3

Geoclemys reevesii：Bien, 1934, p. 127, Fig. 9, pl. II-27, pl. III

Chinemys pani：Tao, 1985, p. 45, Figs. 2–4, Textfig.1-2

Chinemys reevesii：张孟闻等，1998，97页，图22

归入标本 IVPP RV 37094，头骨，背腹甲以及肢骨；河南安阳殷墟（Bien, 1937）。H3：804（背甲）和H3：271（腹甲）；河南安阳殷墟花园庄东地（叶祥奎、刘一曼，2001）。IVPP RV 341422，一件甲壳（不完整背甲和近完整腹甲）；北京周口店第三地点（Ping, 1930b；Bien, 1934）。IVPP V 798，背腹甲前部，右肱骨和左肩胛骨；IVPP V799，左剑腹板；江苏泗洪下草湾（周明镇，1955）。IACASS M 129-24、IACASS M 129-45，背甲；陕西长安沣西西周墓地（叶祥奎，1990b）。无号：一件头骨，一件股骨及甲壳碎片；辽宁营口金牛山（叶祥奎，1993）。ZMNH YH 40.1-20，较完整背甲；ZMNH YH 40.21-30，腹甲；ZMNH YH 40.31-40，头骨及其他大量龟甲碎片；浙江余姚河姆渡（魏丰等，1990）。无号，一件腹甲前半部；台湾海峡澎湖水道（Tao, 1988b）。NTUM R 0001，一件近完整的、缺失前部的背腹甲；台湾台南市菜寮溪左镇（Tao, 1985）。

鉴别特征 甲壳较低，背甲具三条纵向脊，侧脊在背甲后部向中部靠拢；背甲后缘微呈锯齿状；颈板中等发育，后部扩展；第一椎盾长宽相近或长大于宽；第二至第四椎盾宽大于长。腹甲长度与背甲长度相近，前部短截；腹甲前叶的前侧部呈角状；肛凹发育；吻部短于眼眶眶径，并伸出于下颌之前。

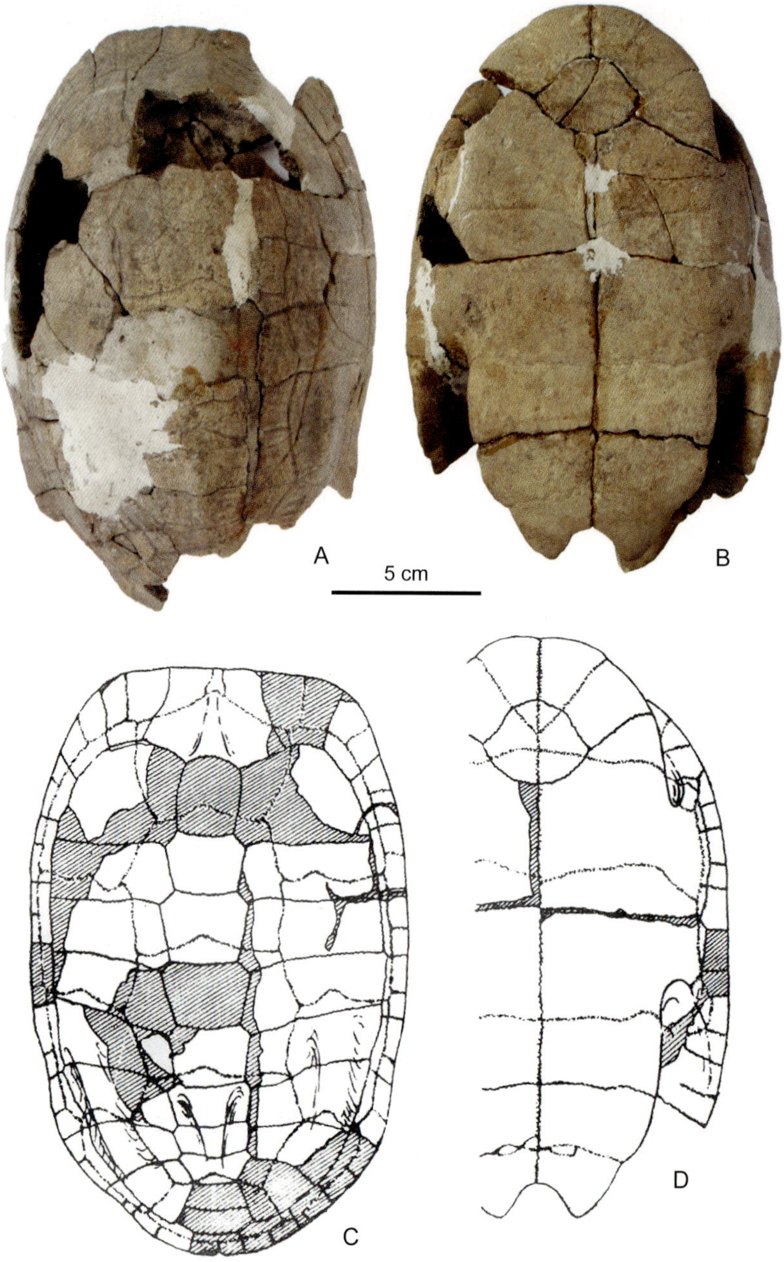

图 167 乌龟 *Mauremys reevesii*

A–D. IVPP RV 341422，甲壳背视（A, C）和腹视（B, D）；C, D 引自 Bien, 1934

产地与层位 河南安阳殷墟，殷商时期（Bien, 1937）。河南安阳殷墟花园庄东地，殷商时期（叶祥奎、刘一曼，2001）。北京周口店第三地点，中更新统（Ping, 1930b; Bien, 1934）。江苏泗洪下草湾，下更新统（周明镇，1955）。陕西长安沣西西周墓地，西周时期（叶祥奎，1990b）。辽宁营口金牛山，旧石器时代（叶祥奎，1993）。浙江余姚河姆渡，新石器时代（魏丰等，1990）。台湾海峡澎湖水道，上更新统（Tao, 1988b）。

台湾台南市莱寮溪左镇，更新统崎顶组（Chi-Ting Fm.）（Tao, 1985）。

评注 Turtle Extinctions Working Group（2015）将 *Chinemys pani* Tao, 1985 归入本种。

汾河拟水龟（新组合）*Maurenys fenhoensis* (Chow, 1961) comb. nov.

（图 168）

Chinemys fenhoensis：周明镇，1961，426 页，图 1–2；Sun et al., 1992, p. 37；Ye, 1994, p. 57, Fig. 34；Brinkman et al., 2008, p. 87, Fig. 93

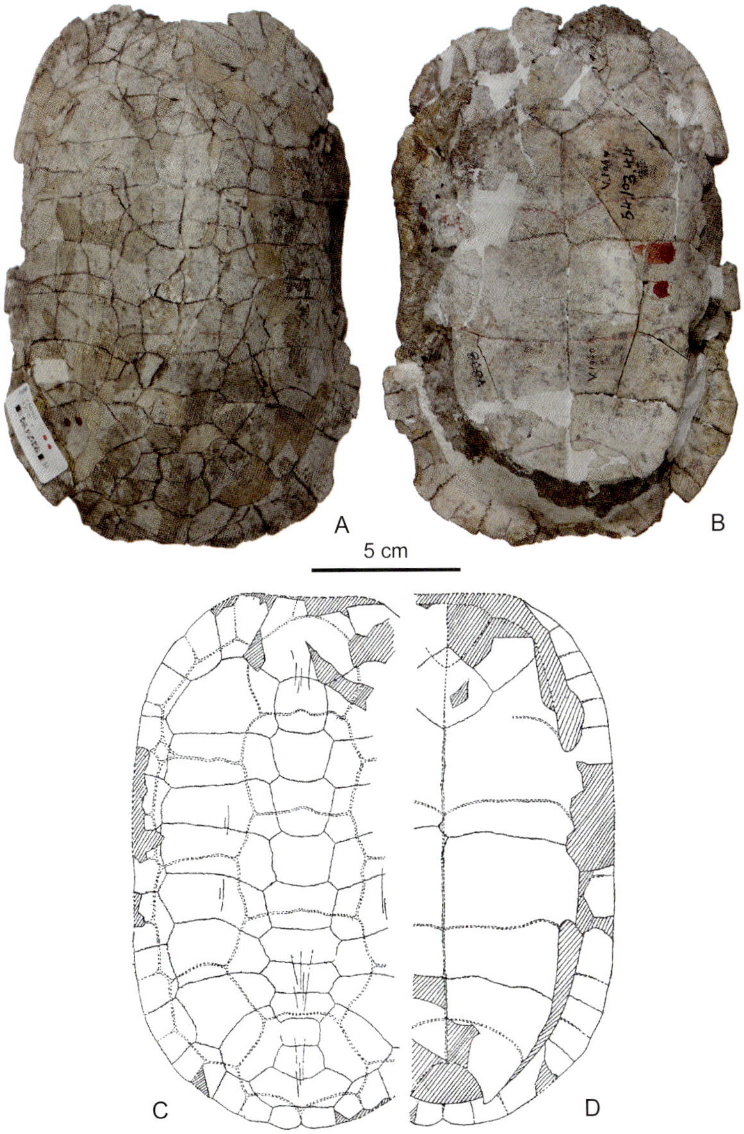

图 168　汾河拟水龟 *Mauremys fenhoensis*

A–D. IVPP V 1040（正模），甲壳背视（A, C）和腹视（B, D）；C, D 引自周明镇，1961

正模 IVPP V 1040，一件近乎完整的背腹甲。山西襄汾县丁村汾河西岸东流沟口，下更新统泥河湾组（周明镇，1961）。

鉴别特征 个体中等大小，长椭圆形，背甲侧缘近平行；骨板坚厚；背甲中脊在第五椎板以后的部位显著，侧脊仅在后部隐约可见；颈板大，宽大于长，前缘长；上臀板三块。腹甲前端侧部呈两角状向上弯曲；肛凹深。

产地与层位 仅模式产地。

广东龟属 Genus *Guangdongemys* Claude, Zhang, Li, Mo, Kuang et Tong, 2012

模式种 秉氏广东龟 *Guangdongemys pingi* Claude, Zhang, Li, Mo, Kuang et Tong, 2012

鉴别特征 地龟科之一属，个体中等大小（成年个体背甲长 20–30 cm）。以下列特征组合区别于其他所有地龟科成员：背甲中脊和侧脊在第一至第五椎板上及临近区域缺失或极弱；椎板较宽（第五至第八椎板宽大于长），椎板形状异化（第二、三椎板六边形，短侧边朝前，第四椎板六边形或八边形，第五椎板五边形或四边形）；第一肋板长；第一椎盾狭窄，前部局限于颈板内；第二椎盾长大于宽；前部缘盾短，覆盖缘板的 1/2 或更少。背腹甲缝合，骨桥长；胯柱伸至第五和第六肋板宽度的 1/2；腹甲前叶短，前缘略凹；喉肱沟穿过内腹板前部，肱胸沟位于内腹板之后；胸盾明显短于腹盾；肛凹发育。广东龟与同一地点产出的等长龟区别于椎板形状异化，胸盾短，肱胸沟位于内腹板之后，第一肋板较长，第一椎板较狭窄以及前部缘板相对较短。

中国已知种 仅模式种。

分布与时代 广东，晚始新世。

秉氏广东龟 *Guangdongemys pingi* Claude, Zhang, Li, Mo, Kuang et Tong, 2012

（图 169）

正模 IVPP V 14561，一件不完整背腹甲。广东茂名，上始新统油柑窝组（Claude et al., 2012）。

副模 NHMG 10404、NHMG 10405、BMNH Ph 000257，三件甲壳；产地及层位同正模（Claude et al., 2012）。

鉴别特征 同属。

产地与层位 仅模式产地。

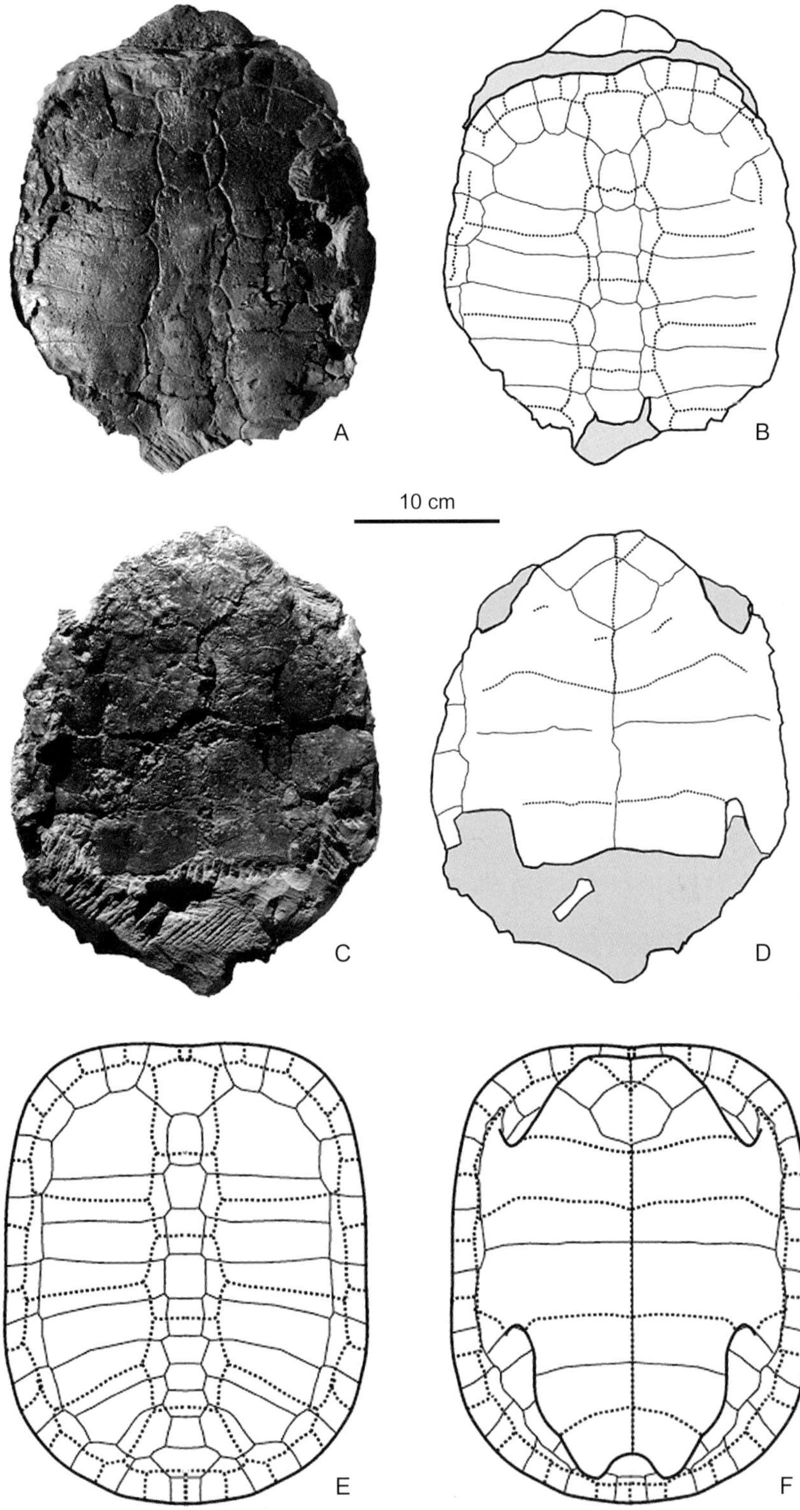

图 169　秉氏广东龟 *Guangdongemys pingi*

A–D. IVPP V 14561（正模），甲壳背视（A, B）和腹视（C, D）；E, F. 背腹甲复原；阴影部分指示围岩和破损，引自 Claude et al., 2012

地龟科（不定属和种） Geoemydidae gen. et sp. indet.

Geoclemys sp.：叶祥奎，1963a，22 页，图版 VI-5

标本 IVPP V 1000，一件腹甲的前半部。湖南衡阳杨梅桥，始新统（叶祥奎，1963a）。

评注 这件标本系杨钟健等 1938 年采自湖南衡阳，仅有腹甲前半部。叶祥奎根据其肱胸沟位于内腹板之后，上腹板不显著向前突出，以及上腹板前缘薄等特征，将其归入 *Geoclemys*。IVPP V 1000 上腹板前缘平切，不显著向前突出，上腹板前唇不发育；可归入地龟科。但肱胸沟位于内腹板之后为原始特征。这一特征广泛分布于林氏龟科和始新世 - 渐新世地龟科成员中，例如广东龟和古龟；仅依此特征不足以将其归入 *Geoclemys*。

陆龟科 Family Testudinidae Batsch, 1788

模式属 陆龟属 *Testudo* Linnaeus, 1758

鉴别特征 陆龟超科成员，背甲通常高耸；背肋骨头退化；股骨转子联合；前、后肢不多于两节指（趾）骨；后肢只有四趾；乌喙骨扩展；镫骨被方骨包围；筛骨裂宽大；无麝香腺管也无肛侧囊。

中国已知属（化石） 安徽龟属 *Anhuichelys* Ye, 1979，中国厚龟属 *Sinohadrianus* Ping, 1929，甘肃龟属 *Kansuchelys* Ye, 1963，陆龟属 *Testudo* Linnaeus, 1758，凹甲陆龟属 *Manouria* Gray, 1854；共 5 属。

分布与时代 亚洲、欧洲、非洲、北美洲、南美洲，古新世—现代。中国（化石）：山西、河南、陕西、内蒙古、甘肃、河北、云南、安徽、浙江，古新世—现代。

评注 陆龟科是陆龟超科中的陆生类群。该科下分两个亚科：Testudininae 和 Xerobatinae，后者包括北美的 *Gopherus* 和亚洲的 *Manouria* 两个属（David, 1994；Bonin et al., 2006）。尽管 *Gopherus* 和 *Manouria* 构成一个单系类群得到分子生物学研究的支持（Le et al., 2006），但依据形态特征传统上都认为 *Gopherus* 和 *Manouria* 依次为陆龟科其他成员的姐妹群。Gaffney 和 Meylan（1988）也将陆龟科划分为 Testudininae 和 Xerobatinae 两个亚科，但后者只包括北美的陆龟科成员（*Gopherus*，*Stylemys* 和 *Xerobates*）。*Xerobates* 现在被视为 *Gopherus* 的一个亚属（David, 1994）。Meylan 和 Sterrer（2000）的 Xerobatinae 亚科还包含 *Hesperotestudo*，但是不包括 *Manouria*。

过去曾有不少学者都对中国的陆龟科化石有过评议（Auffenberg, 1974；Crumly, 1983, 1984）等）。Ye（1994）列出中国陆龟科化石包括三个属共 21 个种，其中陆龟属有 17 个种。Crumly（1983）在文献资料基础上对中国陆龟科化石做了整理，认为有中国厚龟属、*Geochelone*、甘肃龟属和陆龟属四个属。中国陆龟科化石需要系统的再研究。因为时间有限，在本书中只做了一些调整。

安徽龟属 Genus *Anhuichelys* Ye, 1979

模式种 小市安徽龟 *Anhuichelys siaoshihensis* Ye, 1979

鉴别特征 背甲椭圆形，较高；颈板宽大；椎板呈短侧边朝前的长六边形，椎板程式为 4>6>6>6>6>6>6；第二、第四和第六肋板外侧边拉长，第三和第五肋板外侧边缩短；椎盾狭长；第一椎盾盂状，前部局限于颈板内；腹甲发育，前后叶呈宽大的长方形；腹甲前缘前伸至背甲前缘或超过背甲前缘；腹甲前缘明显后凹，上腹板在腹甲颈凹两侧向上翘起形成粗壮的角状突；肛凹极浅宽或缺失；剑腹板扩大，下剑缝平直，其位置靠近腹甲后叶基部；间喉盾阙如；股盾中线长度短。

中国已知种 小市安徽龟 *Anhuichelys siaoshihensis* Ye, 1979，潜山安徽龟 *A. tsienshanensis* Ye, 1979，痘姆安徽龟 *A. doumuensis* Tong, Li, Li, Chen, Li, Yu, Yu, Cheng, Di et Claude, 2016；共 3 种。

分布与时代 安徽、湖北，古新世。

评注 叶祥奎在 1979 年建立安徽龟属，并将其归入龟科（Emydidae）。安徽龟具有一些陆龟科的特征，例如肋板长度交替变化，垂直的臀板，高拱的缘板和极浅的肛凹等；另外安徽龟的一些标本的第一上臀板宽于第二上臀板，第五椎盾和第十二对缘盾间沟与第二上臀板和臀板间骨缝重合（Tong et al., 2015），现将其归入陆龟科。安徽龟是陆龟科最古老和最原始的代表，也是陆龟超科中最先发育铰链的成员。

安徽龟产自潜山盆地古新统痘姆组和望虎墩组地层中。依照叶祥奎（1979a）原始资料，痘姆组时代为晚古新世，望虎墩组时代为中古新世。根据哺乳动物的分布，潜山盆地望虎墩组下段和上段下部地层对应于亚洲古近纪陆生哺乳动物分期的上湖期，望虎墩组上段上部及痘姆组对应于哺乳动物分期的浓山期。因此，望虎墩组和痘姆组的年代分别为早、中古新世（Wang et Li, 2015）。

小市安徽龟 *Anhuichelys siaoshihensis* Ye, 1979

（图 170）

正模 IVPP V 5598，一件完整的背腹甲。安徽怀宁小市镇丁花屋，下古新统望虎墩组下段（叶祥奎，1979a）。

归入标本 TZSGP 2。安徽潜山张家屋东 150 m，望虎墩组上段。MQSC V 005，一件背腹甲。黄铺五板张冲，望虎墩组上段下部（Tong et al., 2015, 2016b）。

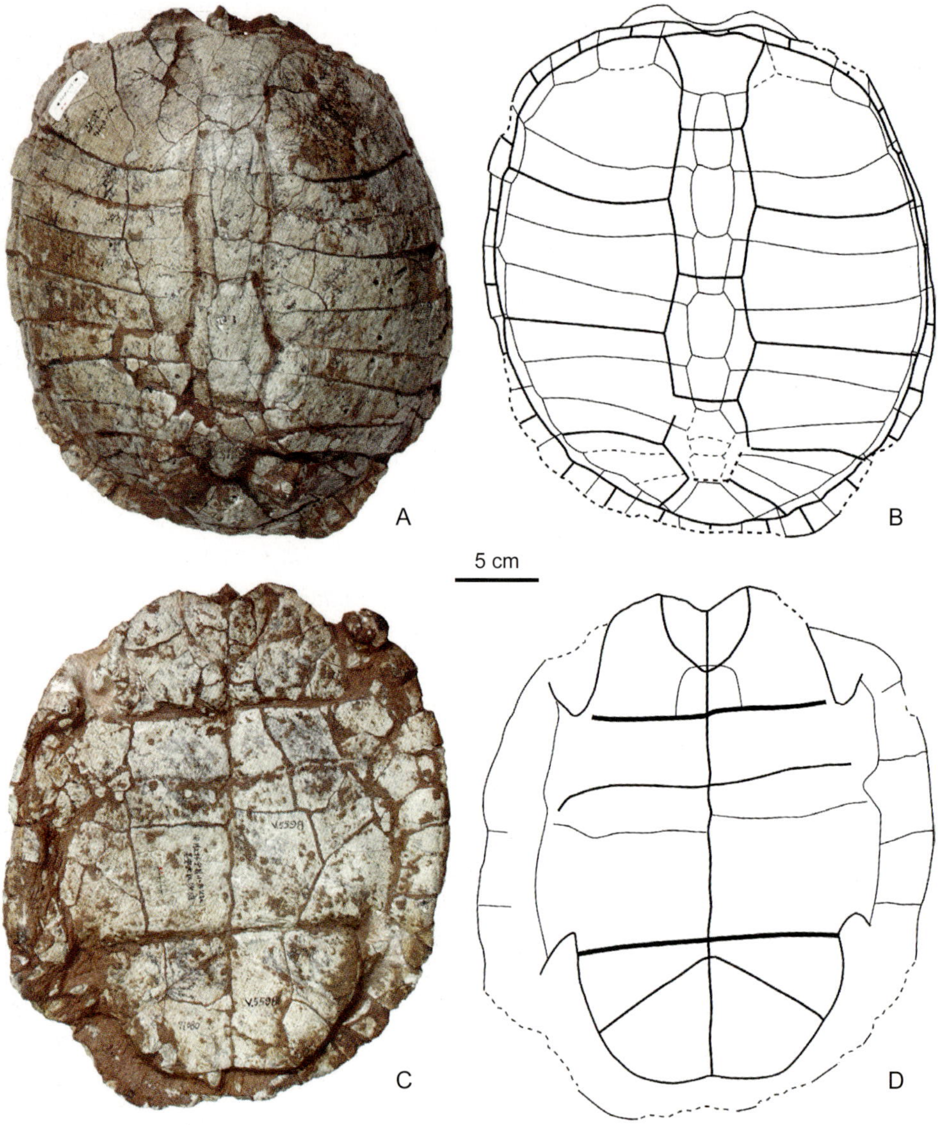

图 170　小市安徽龟 *Anhuichelys siaoshihensis*

A–D. IVPP V 5598（正模），甲壳背视（A, B）和腹视（C, D）；引自 Tong et al., 2016b

鉴别特征　安徽龟之一种，与潜山安徽龟区别于腹甲前叶基部具铰链；内舌缝和上舌缝共同形成一条直线位于内腹板之后；肱胸沟与内舌缝 - 上舌缝重合或接近。另外与潜山安徽龟和痘姆安徽龟区别于上腹板中缝长；内腹板半圆形；喉盾长、伸入内腹板；肱胸沟与内腹板后缘重合；胸盾短以及胸腹沟平直。

产地与层位　安徽怀宁小市镇毛庵大队丁花屋，下古新统望虎墩组下段。安徽潜山张家屋东 150 m 和黄铺五板张冲，下古新统望虎墩组上段。

潜山安徽龟 *Anhuichelys tsienshanensis* Ye, 1979

（图 171）

Anhuichelys xinzhouensis：陈公信，1983，43 页，图 2–4；Sun et al., 1992, p. 33, Fig. 37；Ye, 1994, p. 43, Fig. 24；Brinkman et al., 2008, p. 82, Fig. 87

正模 AHM V 71079-3，一件不完整背腹甲。安徽潜山黄铺韩花屋，中古新统痘姆组下段（叶祥奎，1979a）。

副模 AHM V 71079-1，一件基本完整背甲。产地及层位同正模。

归入标本 AHM V 71079-2，一件背甲的左侧部分缘板；产地及层位同模式标本。RGSTHB V. H751、HBGM V. H752 、RGSTHB V. H753，三件背腹甲相连的甲壳；湖北省新洲县旧街街道寨岗，？古新统（陈公信，1983）。TZSGP 15，安徽潜山徐大屋，痘姆组底部。MQSC V 001，潜山黄铺汪岭杨小屋，痘姆组上段。MQSC V 061，潜山牌楼乡棋盘村韩家山包，痘姆组下段或上段底部。MQSC V 023-2，潜山青龙乡进士村，望虎墩组上段上部或痘姆组下段。MQSC V 012，潜山王家闸东南山岗，？望虎墩组上段。MQSC V 010，潜山黄铺莲花塘南，？望虎墩组上段。MQSC V 066，潜山黄铺杨家屋，痘姆组上段。以上共十件甲壳。IVPP V 23137，腹甲前部；潜山傅家山嘴，望虎墩组上段上部（Tong et al., 2015, 2016b）。

鉴别特征 安徽龟之一种，与小市安徽龟和痘姆安徽龟区别于腹甲前叶基部不具铰链；上舌缝位于内腹板两侧；肱胸沟位于上舌缝后；上腹板中缝短；内腹板菱形、长宽近等；喉盾横宽，不深入或刚刚深入内腹板；胸盾长；以及胸腹沟向后凸出。

产地与层位 安徽潜山黄铺韩花屋、潜山徐大屋，中古新统痘姆组下段；潜山黄铺汪岭杨小屋、杨家屋，痘姆组上段；潜山牌楼乡棋盘村韩家山包，痘姆组下段或上段底部；

图 171 潜山安徽龟 *Anhuichelys tsienshanensis*
A–C. AHM V71079-3（正模），不完整甲壳背视（A）、腹视（B, C）；阴影部分指示破损；引自 Tong et al., 2016b

潜山青龙乡进士村，望虎墩组上段上部或痘姆组下段；潜山王家闸东南山岗、黄铺莲花塘南，？望虎墩组上段；潜山傅家山嘴，下古新统望虎墩组上段。湖北省新洲县旧街街道寨岗，？古新统。

评注 陈公信（1983）描述了产自湖北新洲盆地古新世的三件龟甲，建立安徽龟新洲种。新洲安徽龟与潜山安徽龟甲壳的一般形态，尤其是腹甲极相似，包括内腹板菱形，喉盾极短而横宽，位于内腹板之前，喉肱沟横贯内腹板以及腹甲前叶基部不具铰链等。新洲安徽龟是潜山安徽龟的晚出同物异名。新洲盆地安徽龟的三件标本，HBGM V. H 752 保存在湖北省地质博物馆；RGSTHB V. H751、RGSTHB V. H753 原保存在湖北省区测队，现不知所终。

痘姆安徽龟 *Anhuichelys doumuensis* Tong, Li, Li, Chen, Li, Yu, Yu, Cheng, Di et Claude, 2016

（图 172）

Anhuichelys sp.：叶祥奎，1963a，54 页，图 3

正模 IVPP V 5599（野外号：71071），一件中部残破的背甲和相连的完整腹甲。安徽潜山杨新屋，痘姆组上段。

副模 MQSC V 002 和 MQSC V 007，潜山黄铺汪岭杨小屋，痘姆组上段。MQSC V 009，潜山岭头乡文良村杨老屋门前大塘埂，痘姆组上段。MQSC V 065，潜山痘姆乡梅园，痘姆组上段。SNHM 1945，潜山盆地安庆，古新统。以上共五件甲壳（Tong et al., 2016b）。

鉴别特征 安徽龟属之一种，腹甲前叶基部在上腹板和内腹板 / 舌腹板之间具铰链。与小市安徽龟和潜山安徽龟区别于内腹板椭圆形、长大于宽；上腹板中线中等长度。另外与小市安徽龟还区别于喉盾较宽，胸盾长以及胸腹沟向后凸出；与潜山安徽龟区别于在大多数标本中喉盾伸入内腹板。

产地与层位 安徽潜山杨新屋、岭头乡文良村杨老屋、痘姆乡梅园，安庆；中古新统痘姆组。

安徽龟属（未定种）*Anhuichelys* sp.

标本 TZSGP QT 19，安徽潜山傅家山嘴，望虎墩组上段上部。MQSC V 011-2，潜山余井万丰牛形水库东侧，痘姆组底部或望虎墩组顶部。MQSC V 023-1，潜山青楼乡进士村，望虎墩组上段或痘姆组下段。以上共三件甲壳。IVPP V 18674，一件幼年个体甲

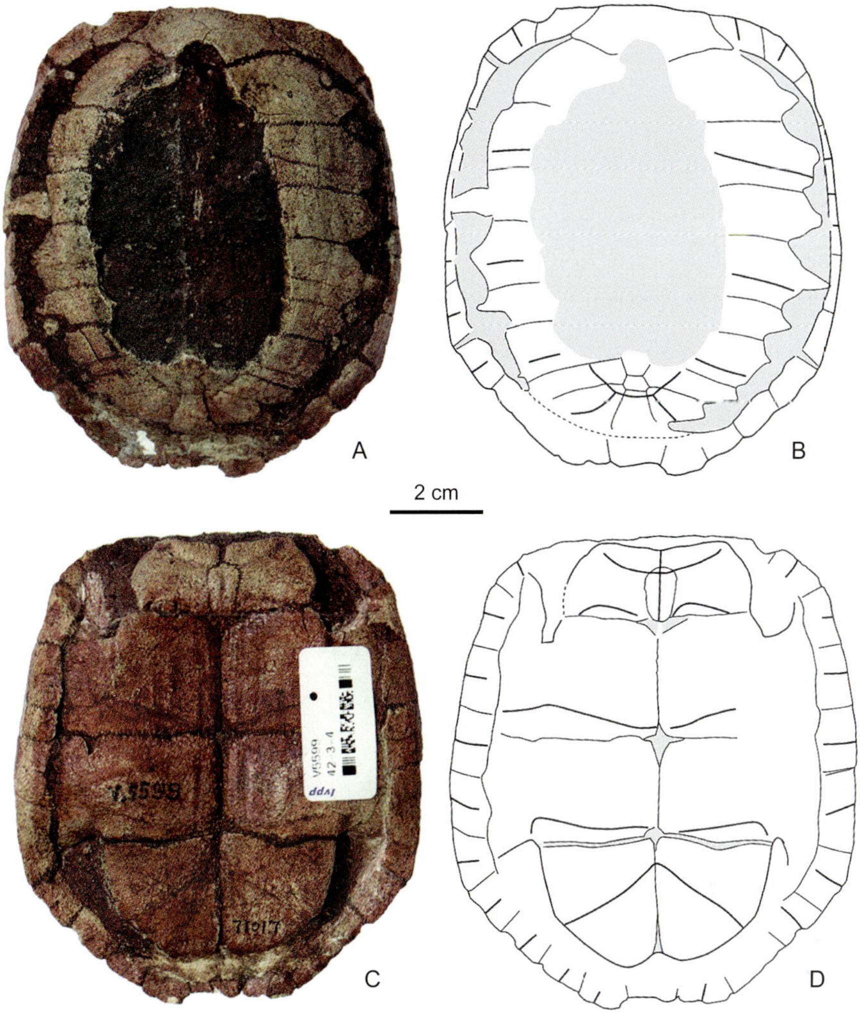

图 172　痘姆安徽龟 *Anhuichelys doumuensis*

A–D. IVPP V 5599（正模），甲壳背视（A, B）和腹视（C, D）；引自 Tong et al., 2016b

壳内模，地点及层位不详。

中国厚龟属 Genus *Sinohadrianus* Ping, 1929

模式种　淅川中国厚龟 *Sinohadrianus sichuanensis* Ping, 1929

鉴别特征　椎板较窄，大多呈短侧边朝前的六角形，第一椎板椭圆形，第四椎板八角形；第一至第四肋板内外缘长度不交替变化，而后四对肋板却稍具长度交替的倾向。腹甲腋柱和胯柱短，分别伸至第一、第五对肋板之内；内腹板完全位于胸盾之前，具肛凹。

中国已知种　仅模式种。

分布与时代　河南，中始新世。

淅川中国厚龟 *Sinohadrianus sichuanensis* Ping, 1929

（图 173）

正模 无号。一近完整背腹甲。河南淅川县范庄，中始新统核桃园组（Ping, 1929；Brinkman et al., 2008）。

鉴别特征 同属。

产地与层位 仅模式产地。

评注 淅川中国厚龟是中国龟鳖化石在科学文献中的第一次记录，但由于材料不完整而且特征不够明确，其分类位置一直有争议。叶祥奎（1963a）认为淅川中国厚龟和北美的厚龟（*Hadrianus*）没有很近的亲缘关系。Auffenberg（1974）认为它比后者更原始。Młynarski（1976）将该种视为 Testudinidae incertae sedis。Crumly（1984）则认为如果淅川中国厚龟属于陆龟科的话，应该归入“凹甲陆龟属”。Hirayama 甚至认为淅川中国厚龟可能不属于陆龟科（Hirayama, pers. com.）。目前标本下落不明。

淅川中国厚龟的时代在秉志原文中为晚始新世（Ping, 1929）。叶祥奎（1994）认为该标本可能产自桃树园组（可能为核桃园组之误），时代为晚始新世。Brinkman 等（2008）则认为该标本可能产于中始新统核桃园组。核桃园组动物群和内蒙古中始新世伊尔丁曼哈动物群甚为相似，时代为中始新世（中国地层典编委会，1999）。

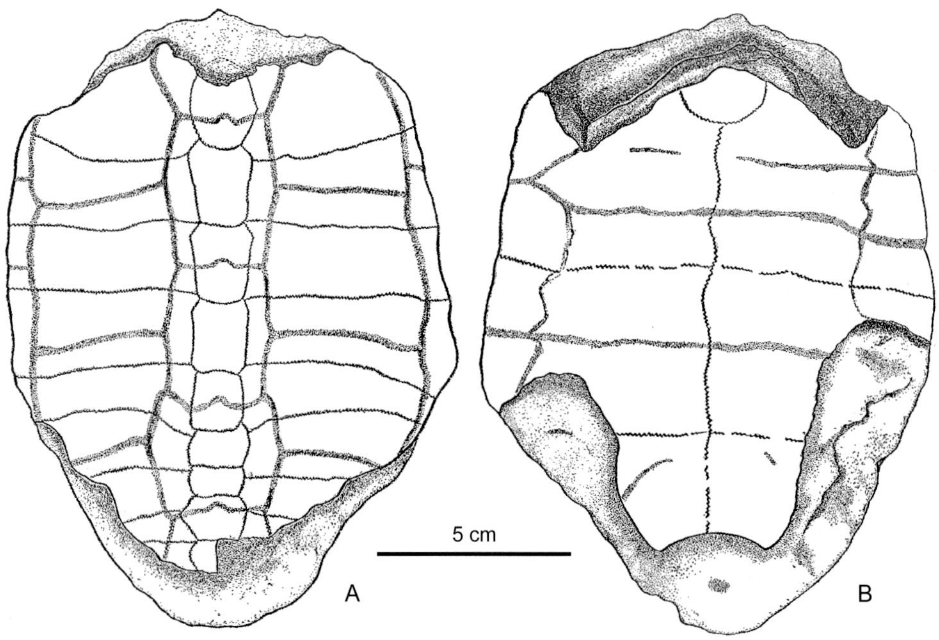

图 173 淅川中国厚龟 *Sinohadrianus sichuanensis*

A, B. 无号（正模），甲壳背视（A）和腹视（B）；引自 Ping, 1929

甘肃龟属 Genus *Kansuchelys* Ye, 1963

模式种 嘉峪关甘肃龟 *Kansuchelys chiayukuanensis* Ye, 1963

鉴别特征 背甲隆起，椎板多呈短侧边朝前的六角形；椎盾较窄，肋盾甚宽；肋板内外缘长度交替变化；肋缘沟与肋缘缝一致。上腹板显著向前突出；内腹板位于胸盾之前；具肛凹。

中国已知种 嘉峪关甘肃龟 *Kansuchelys chiayukuanensis* Ye, 1963，椭圆甘肃龟 *K. ovalis* Ye, 1963，济源甘肃龟 *K. tsiyuanensis* Ye, 1979，云南甘肃龟 *Kansuchelys yunnanensis* (Ye, 1963)，锡拉甘肃龟 *Kansuchelys sharanensis* (Ye, 1965)；共 5 种。

分布与时代 甘肃、河南、山西?、云南、内蒙古，中始新世—早渐新世。

评注 Młynarski（1976）视甘肃龟为 Testudinidae incertae sedis。Auffenberg（1974）认为甘肃龟与凹甲陆龟亲缘关系接近，甚至是后者的同物异名。Crumly（1983）基于其几乎所有椎板都是短侧边朝前的六边形以及原始的上臀板形态（两块上臀板，第一块上臀板向后包围第二块上臀板），认为甘肃龟是陆龟科非常原始的成员，因此将甘肃龟的三个种归入广义的“凹甲陆龟属”。本书作者认为甘肃龟属和凹甲陆龟有较近的亲缘关系，因为二者的许多形态特征都相似，包括颈盾宽大，第十二对缘盾不愈合，肛盾中线长度和股盾中线长度近等以及上腹板前缘一对刻缺等。但其原始的椎板和上臀板形态与凹甲陆龟不同，不应归入同属。

嘉峪关甘肃龟 *Kansuchelys chiayukuanensis* Ye, 1963

（图 174）

Testudinidae sp. A：Bohlin, 1953, p. 100, Fig. 75h, pl. VIII-6, 7

正模 IVPP V 1006，一件近完整的背腹甲。甘肃新民堡（原惠回堡）北骟马城（Hui-hui-p'u, Shih-Her-Ma-Ch'eng；又译为“十二马厂”或“十二麻城”）（叶祥奎，1963a）。

副模 IVPP V 1006a，一件右侧缘板和尾盾部分破损的背腹甲；IVPP V 1006b，一件背腹甲。产地及层位同正模（叶祥奎，1963a）。

鉴别特征 个体较大，骨桥长于腹甲前叶或后叶之长；内腹板大，梨形，前部被喉肱沟切割；胸腹沟和舌下缝之间的距离在外侧为中线处的两倍。

产地与层位 仅发现于模式产地，中始新统火烧沟组下部骟马城段（Zhang et Wang, 2016）。

评注 嘉峪关甘肃龟标本皆为中瑞古生物考察团于 1929–1931 年采集。Bohlin (1953)

曾做过初步观察，认为同属一种，但未命名，只订为陆龟科未定种。

骗马城化石地质年代长期存在争议。据叶祥奎（1963a）记载，其具体层位不明，可能为渐新统或始新统上部。根据新的地质调查和磁性地层学资料，Zhang 和 Wang（2016）认为骗马城化石点（亦产出哺乳类 *Mimolagus* 和 *Anagalopsis*）层位是火烧沟组下部骗马城段，时代大致为中始新世晚期。

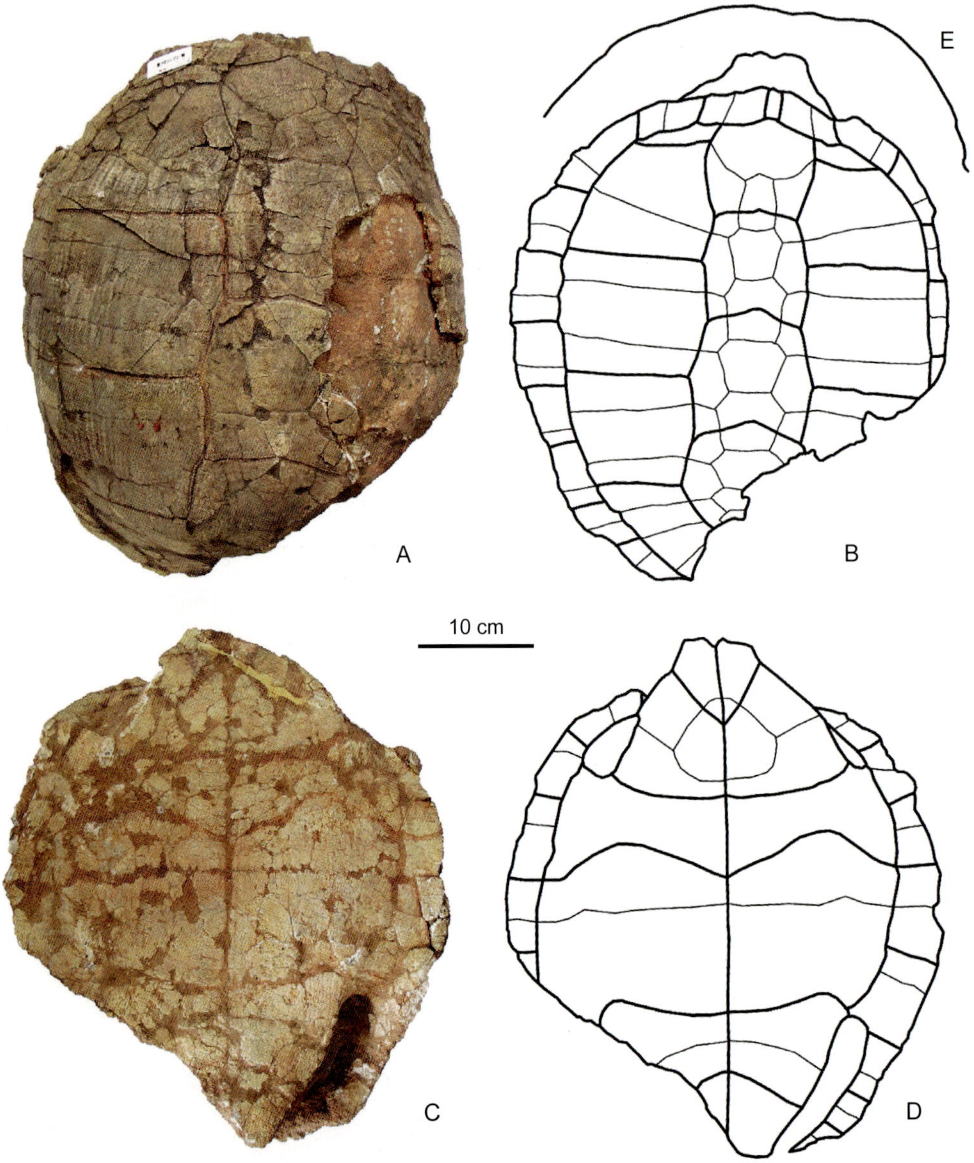

图 174　嘉峪关甘肃龟 *Kansuchelys chiayukuanensis*

A–D. IVPP V 1006（正模），甲壳背视（A, B）和腹视（C, D）；E. 背甲横断面；B, D, E 根据叶祥奎，1963a 重绘

椭圆甘肃龟 *Kansuchelys ovalis* Ye, 1963

（图 175）

正模 IVPP V 1007，一件几近完整的背腹甲。产地不详，可能为山西榆社（叶祥奎，1963a）。

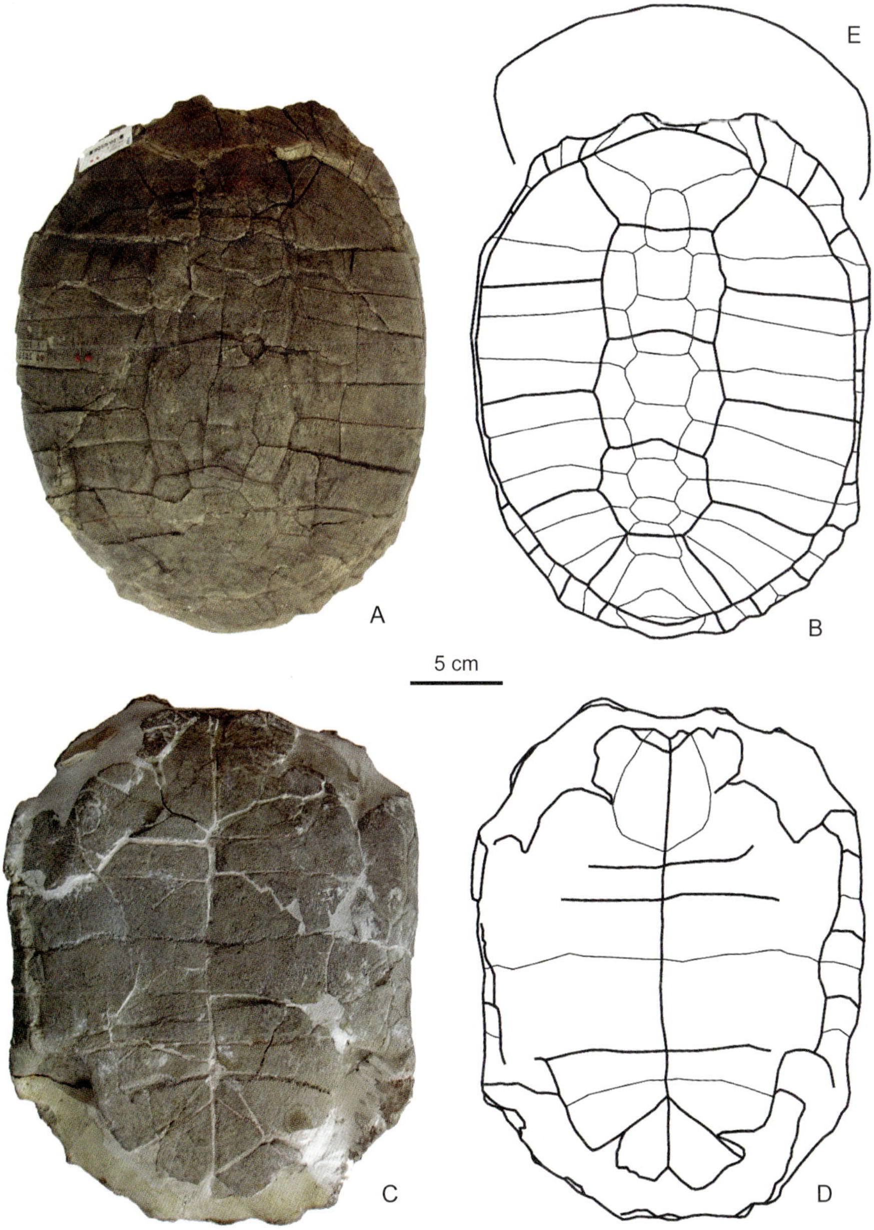

图 175 椭圆甘肃龟 *Kansuchelys ovalis*

A–D. IVPP V 1007（正模），甲壳背视（A, B）和腹视（C, D）；E. 背甲横断面；B, D, E 根据叶祥奎，1963a 重绘

鉴别特征 个体中等大小；上臀板两块，第一块上臀板呈二分叉状；尾盾单枚。内腹板大，椭圆形；肱胸沟平直。

产地与层位 产地及层位均不详，可能产自山西榆社（叶祥奎，1963a）。

济源甘肃龟 *Kansuchelys tsiyuanensis* Ye, 1979

（图 176）

正模 HNGM 41H III 0459，一件完整的背腹甲和同一个体分离保存的左右肩带和腰带。河南济源承留镇南杜村南沟西坡，始新统上部济源群泽峪组（叶祥奎，1979b）。

鉴别特征 个体较大（背甲长 39 cm）；背甲高凸，椭圆形；第一上臀板分叉，向后包围第二上臀板；尾盾一对。腹甲前端狭窄，后端锐凹；上腹板内面增厚，略突出于背甲之前；喉盾远离内腹板；腹盾长度为胸盾的六倍；骨桥宽大，腋柱和胯柱微弱。肩峰突与肩胛骨突之间夹角呈钝角。

产地与层位 仅模式产地。

评注 济源甘肃龟年代依原始资料为始新世晚期（或渐新世早期）（叶祥奎，1979b）。根据《中国地层典 - 第三系》产出济源甘肃龟的济源群泽峪组年代为晚始新世（中国地层典编委会，1999）。

云南甘肃龟（新组合）*Kansuchelys yunnanensis* (Ye, 1963) comb. nov.

（图 177）

Testudo yunnanensis：叶祥奎，1963a，47 页，图 27–29，图版 XVI, XVII；中国科学院古脊椎动物与古人类研究所《中国脊椎动物化石手册》编写组，1979，118 页，图 95；Sun et al., 1992, p. 43；Ye, 1994, p. 69, Fig. 46；Brinkman et al., 2008, p. 94, Fig. 102

Geochelone yunnanensis：Auffenberg, 1974, p. 179

正模 IVPP V 1031.1，一件腹股沟以前部分的腹甲，前缘和两侧部分破损。云南路南大矣马伴瓦窑冲，渐新世早期。

副模 IVPP V 1031.2，腹甲前部。产地及层位同正模（叶祥奎，1963a）。

归入标本 IVPP V 1031.3，完整内腹甲；IVPP V 1031.4，左剑腹甲，以及其他甲壳碎片，部分肢骨和肩带等（IVPP V 1031.5）（叶祥奎，1963a）。

鉴别特征 个体大，腹甲纵长；内腹板亚菱形，长宽近等或宽略大于长；喉肱沟切割内腹板最前部；肱胸沟位于内腹板后；胸盾长约为腹盾长的五分之一；上腹板不强烈前伸。

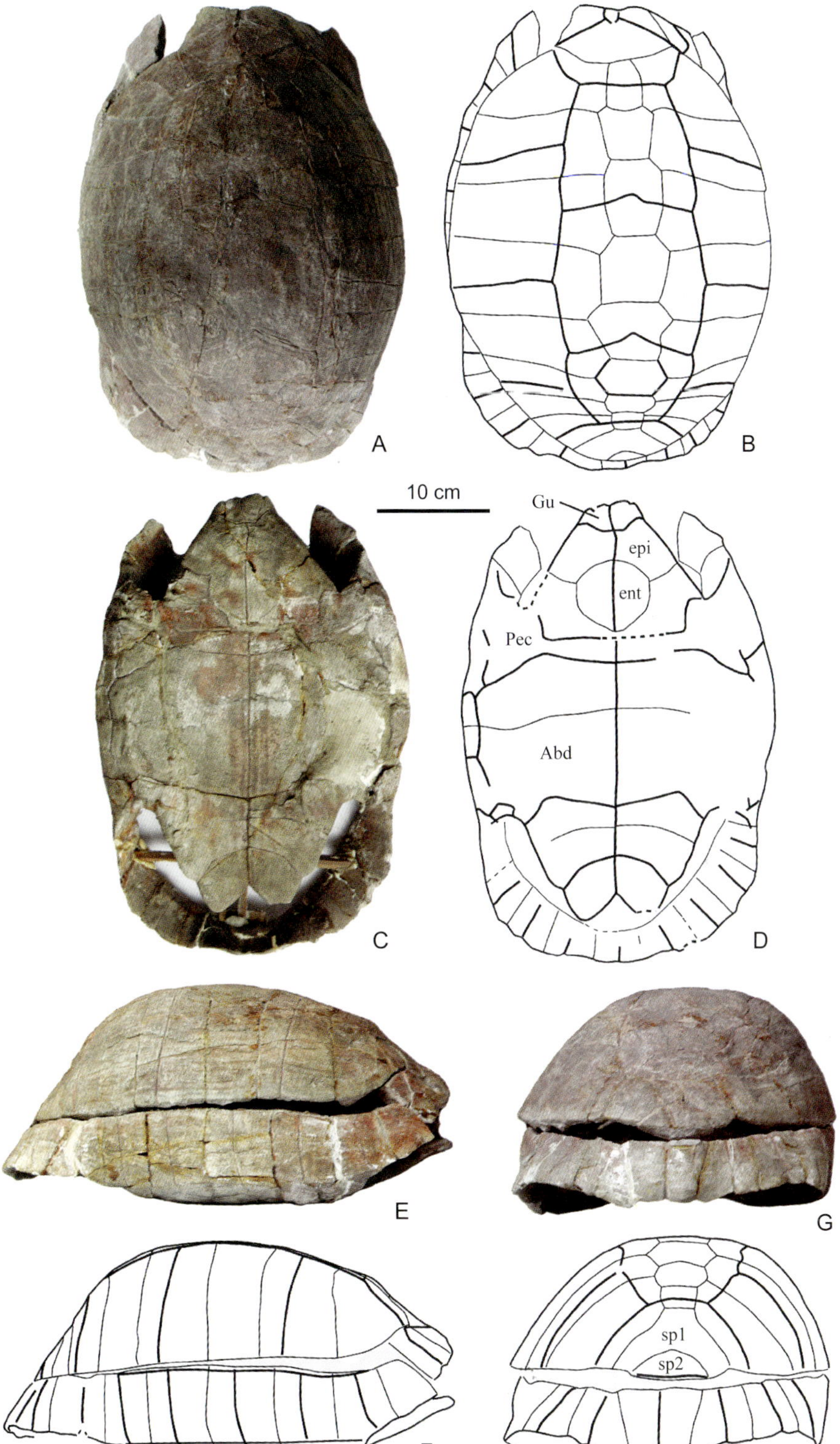

图 176　济源甘肃龟 *Kansuchelys tsiyuanensis*

A–H. HNGM 41H III 0459（正模），甲壳背视（A, B）、腹视（C, D）、右侧视（E, F）、后视（G, H）；缩写参见图 64

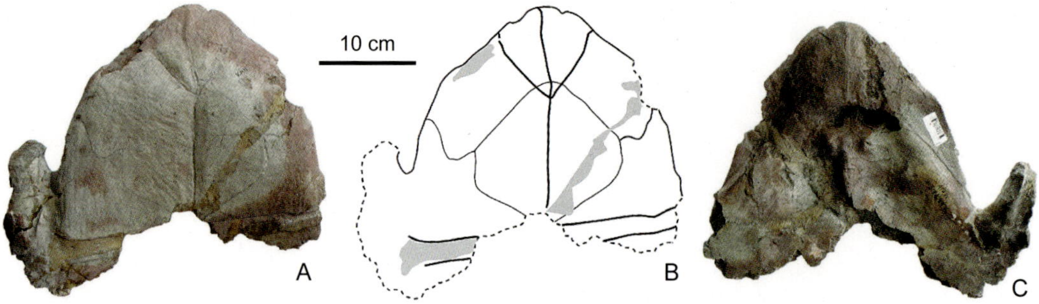

图 177　云南甘肃龟 *Kansuchelys yunnanensis*
A–C. IVPP V 1031.2（副模），腹甲前部腹视（A, B）和背视（C）

产地与层位　仅模式产地。

评注　基于其大的个体，Auffenberg（1974）将云南陆龟归入 *Geochelone*, 但有疑问。Crumly（1983）认为其胸盾的形态接近 *Geochelone* 者，亦将其归入该属。Chkhikvadze（1972）则将云南陆龟归入 *Ergilemys*。现根据下列特征将云南路南的陆龟暂时移入甘肃龟属：腹甲前叶及前唇形态，前缘具一对刻缺，盾沟两侧缘凸起等。

锡拉甘肃龟（新组合）*Kansuchelys sharanensis* (Ye, 1965) comb. nov.

（图 178）

Testudo sharanensis：叶祥奎，1965，53 页，图 3，图版 IV–VI；Sun et al., 1992, p. 43, Fig. 46；中国科学院古脊椎动物与古人类研究所《中国脊椎动物化石手册》编写组，1979，120 页，图 96；Ye, 1994, p. 67, Fig. 44；Brinkman et al., 2008, p. 94, Fig. 101

正模　IVPP V 2868，一件受压变形，部分破损的背甲和完整的腹甲以及一些甲壳碎片。内蒙古沙拉木伦乌拉乌苏，中始新统（叶祥奎，1965；Brinkman et al., 2008）。

副模　IVPP V 2868.1，一件基本完整的腹甲和一些背甲碎片；IVPP V 2868.2，破碎肋板；IVPP V 2869（野外号 7130），一块臀板和相连的右第十一缘板，三块相连的缘板以及其他不完整缘板；IVPP V 2869.1（野外号 7050），甲壳碎片，包括一块腹甲碎片，以及两块缘板；IVPP V 2869.2（野外号 7110），一块缘板和一块内腹板，以及一件股骨远端；IVPP V 2869.3（野外号 7042），甲壳碎片，包括相连的左第十和第十一缘板，一枚颈板，一枚第二上臀板；IVPP V 2869.4（野外号 7026.2），甲壳碎片，包括一枚右上腹板以及几枚缘板；IVPP V 2869.5，甲壳碎片；IVPP V 2869.6，一件腹甲前部，包括左右上腹板和内腹板；IVPP V 2869.8，甲壳碎片。产地及层位同正模。

鉴别特征　个体大（背甲长约 46.5 cm）；背甲高耸，纵长；第二椎板八角形，第三椎板四边形，其余皆六角形；上臀板三块；颈盾小；第四椎盾后缘盾沟通过第一上臀板；尾盾一对。腹甲骨桥宽大；内腹板六角形；胸盾中部长度约为腹盾的 1/3；腹甲前缘浅凹，肛凹深大。

产地与层位 仅模式产地。

评注 叶祥奎（1965）认为 *T. sharaensis* 是陆龟科原始成员但其亲缘关系并不和 *Hadrianus* 或 *Stylemys* 相近。Młynarski（1976）认为该种分类位置不明确，将其视为 Testudinidae incertae sedis，?*Geochelone sharaensis*。Crumly（1983）将其归入广义的“凹

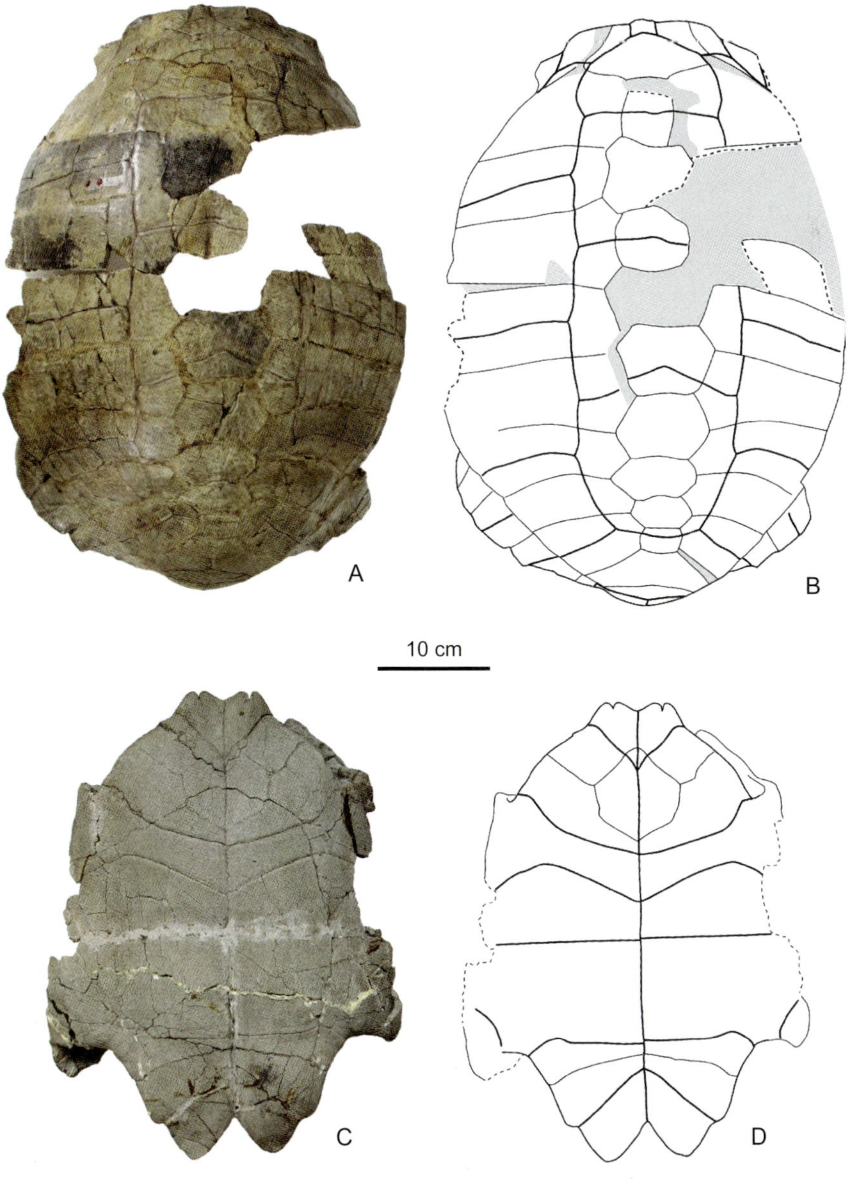

图 178 锡拉甘肃龟 *Kansuchelys sharanensis*

A, B. IVPP V 2868（正模），背甲背视；C, D. IVPP V 2868.1（副模），腹甲腹视；阴影部分指示破损

甲陆龟属”。乌拉乌苏的标本有很多特征与甘肃龟属相像，包括多数椎板呈短侧边朝前的六边形，倒数第二枚上臀板分叉向后包围后面的上臀板，宽大的颈盾，尾盾不愈合；腹甲前缘具有一对刻缺，前唇后缘不呈强烈凹陷等；其中椎板和上臀板形态有别于凹甲陆龟，故将其暂时归入甘肃龟属。

锡拉甘肃龟依原始资料年代为晚始新世（叶祥奎，1965）。据哺乳动物化石组合，内蒙古沙拉木伦乌拉乌苏的地层现划归中始新统（童永生等，1995）。

凹甲陆龟属 Genus *Manouria* Gray, 1854

模式种 靴脚陆龟 *Manouria emys* (Schlegel et Müller, 1840)

鉴别特征 头骨狭长，颈动脉侧孔（*foramen caroticum laterale*）扩张；咀嚼面仅在上颌骨上具明显的纵脊；前耳骨背面暴露扩大；上隅骨突阙如。背甲不甚高耸，顶部较平坦；颈盾三角形；尾盾一对。腹甲腋柱和胯柱短弱，几乎不触及肋板；内腹板位于肱胸沟之前或与之相切；胸盾短；上腹板前唇发育，向前突出，但较低平且前部短截，前缘具有一对刻缺；胯盾宽大，经常分化为二。前肢五爪。

中国已知种 凹甲陆龟 *Manouria impressa* (Günther, 1882)，常山凹甲陆龟 *M. changshanensis* (Wei, Wu, Xu et Zhang, 1975)，河姆凹甲陆龟 *M. hemuensis* (Jin, Du et Zhao, 1997)；共 3 种。

分布与时代（中国，化石） 浙江，更新世 — 新石器时代。

评注 凹甲陆龟是陆龟科中现生最原始的成员（Auffenberg, 1974；Crumly, 1984；Gaffney and Meylan, 1988；Lapparent de Broin et al., 2006），这亦得到分子生物学支持（Le et al., 2006）。现生凹甲陆龟属包括两种（凹甲陆龟 *M. impressa* 和靴脚陆龟 *M. emys*），分布在东南亚印度、缅甸、泰国、马来半岛、越南和中国。中国只有凹甲陆龟一种，分布于中国南方海南岛、云南、广西和湖南（张孟闻等，1998）。化石记录稀少，尽管有一些古近纪陆龟科化石原始种类曾被试图归入凹甲陆龟属（Auffenberg, 1974；Crumly, 1983）。凹甲陆龟在日本繁盛于晚更新世，在更新世末绝灭（Takahashi et al., 2003）。在中国目前凹甲陆龟化石记录可从晚更新世追溯到新石器时代，而其地理分布也比现在更靠东北。

常山凹甲陆龟（新组合）*Manouria changshanensis* (Wei, Wu, Xu et Zhang, 1975) comb. nov.

（图 179）

Testudo changshanensis：魏丰等，1975，118 页，图 1–2，图版 I；Sun et al., 1992, p. 47；Ye, 1994, p. 77, Fig. 56；Brinkman et al., 2008, p. 101, Fig. 112

正模 ZMNH M 1462，一件不完整背腹甲以及属于同一个体的两个肱骨及其他头后骨骼。浙江常山三里亭一石灰岩溶洞，上更新统（魏丰等，1975）。

鉴别特征 个体大，椭圆形，甲壳隆凸；背甲薄；椎板较宽，多呈短侧边朝前的六边形；椎盾宽而肋盾较窄；缘板和缘盾均较窄；骨桥较宽；上腹板明显增厚并突出于腹甲前缘；内腹板亚圆形，内腹板前后缘分别与喉肱沟和肱胸沟相切；腋柱和胯柱短；椎板九枚，肋板八对。

产地与层位 仅模式产地。

评注 ZMNH M 1462 基于下列特征归入凹甲陆龟属：背甲极薄，椎盾和肋盾部位凹陷，椎板及肋板形态，背甲盾片的沟痕两侧缘凸起，腹甲前缘具有一对刻缺以及上腹板前唇的形态等。该种背甲椎盾和肋盾部位明显凹陷与凹甲陆龟（*M. impressa*）相似，但背甲骨化程度较后者高。其上腹板前唇形态和肋缘缝与肋缘沟重合的特征与靴脚陆龟（*M. emys*）相似。另外从图版上可以看到胸盾位于腹甲两侧，不在中间相互接触；这一特征与 *M. emys emys* 亚种相同。本种的有效性有待今后系统研究来确定。

浙江常山三里亭地点年代原定为更新世早期（魏丰等，1975）。根据浙江洞穴堆积的进一步研究，浙江洞穴堆积分属更新世晚期和全新世两个时代；大型个体的陆龟在晚更新世的建德乌龟洞、建德豪猪洞和余杭凤凰山都有发现，金幸生等（1997）因此认为 ZMNH M 1462 的时代应为晚更新世。

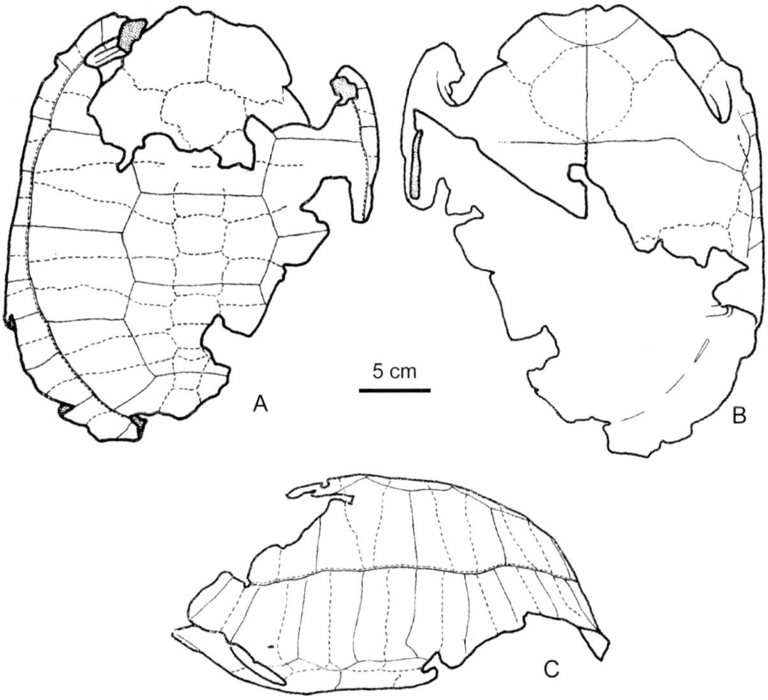

图 179 常山凹甲陆龟 *Manouria changshanensis*

A–C. ZMNH M 1462（正模），甲壳背视（A）、腹视（B）和左侧视（C）；引自魏丰等，1975

河姆凹甲陆龟（新组合）*Manouria hemuensis* (Jin, Du et Zhao, 1997) comb. nov.

（图 180）

Testudo sp.：魏丰等，1990，12 页，图 8，图版 II

Testudo hemuensis：金幸生等，1997，229 页，图 1

正模 ZMNH YH 54.3，腹甲前叶。浙江余姚河姆渡，新石器时代（魏丰等，1990；金幸生等，1997）。

归入标本 ZMNH TH 54.4，一件破损不全的背甲；ZMNH YH 54.1–2、ZMNH YH 54.5，三件残缺的腹甲；ZMNH YH 54.6–8，三件单独的颈板（魏丰等，1990；金幸生等，1997）。

鉴别特征 个体大，背甲长约 46 cm；内腹板呈菱形，与喉肱沟相切，肱胸沟在内腹板后平直通过，不割入内腹板；肱盾在腹甲中部接触腹盾，将左右胸盾分开。

产地与层位 仅模式产地。

评注 浙江余姚河姆渡的陆龟科化石最初归入陆龟属未定种（*Testudo* sp.，魏丰等，1990）。其后金幸生等（1997）以此为基础建立了河姆陆龟新种（*Testudo hemuensis*）。根据背腹甲特征，尤其是腹甲前唇的形态，现将其归入凹甲陆龟属。在背甲骨化程度，腹甲前叶以及内腹板形态上河姆凹甲陆龟都与常山凹甲陆龟相近。根据金幸生等（1997）描述，河姆凹甲陆龟肱盾在腹甲中部接触腹盾，将左右胸盾分开。该特征与常山凹甲陆龟和 *Manouria emys emys* 亚种相似。河姆凹甲陆龟种的有效性有待重新研究后证实。

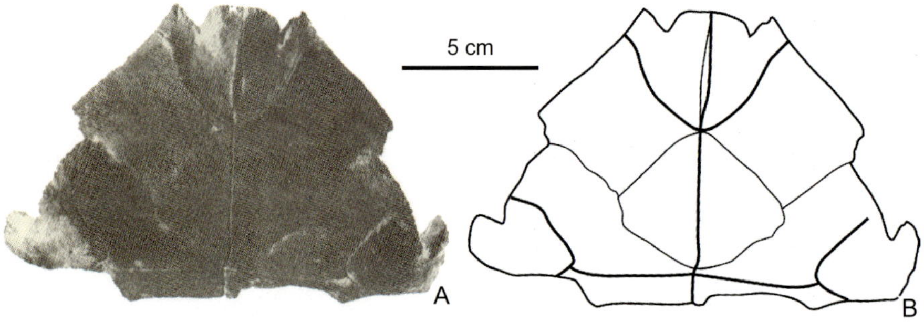

图 180 河姆凹甲陆龟 *Manouria hemuensis*

A, B. ZMNH YH 54.3（正模），腹甲前半部腹视；A 引自魏丰等，1990

凹甲陆龟属（未定种）*Manouria* sp.

标本 ZMNH M 1170，龟甲碎片。

产地与层位 浙江余杭凤凰山，上更新统（韩德芬、张森水，1978）。

评注 韩德芬、张森水（1978）将浙江余杭凤凰山的龟化石归入陆龟科不定属种（Testudinidae indet.）。笔者在观察了标本后认为其中部分龟甲碎片应归入凹甲陆龟属。

陆龟属 Genus *Testudo* Linnaeus, 1758

模式种 希腊陆龟 *Testudo graeca* Linnaeus, 1758

鉴别特征 陆龟科之一属，个体小到中等，背甲高耸，两侧陡降；椎板为短侧边朝后的六角形，或分化呈八角形和四角形交替；肋板内外缘长度交替变化；颈盾狭窄；尾盾单一或成对。腹甲与背甲缝连，骨桥长；腹甲在成年个体中两性都在腹盾和股盾之间具有微弱的铰链；肛凹浅；喉盾一对；上腹板前唇明显增厚，但不强烈向前突出；内腹板通常位于肱胸沟前；腋柱和胯柱短而粗壮，勉强伸达肋板或不与肋板接触。头骨短，上颌前缘钩状；上颌咀嚼面通常具一条微弱的脊，但是在前颌骨上不具脊；镫骨完全被方骨封闭。前肢五爪。

中国已知种 三趾马陆龟 *Testudo hipparionum* Wiman, 1930，多肋板陆龟 *T. hypercostata* Wiman, 1930，山西陆龟 *T. shansiensis* Wiman, 1930，河南陆龟 *T. honanensis* Wiman, 1930，圆陆龟 *T. sphaerica* Wiman, 1930，陕西陆龟 *T. shensiensis* Wiman, 1930，小陆龟 *T. nanus* Gilmore, 1931，敦煌陆龟 *T. tunhuanensis* Ye, 1963，榆社陆龟 *T. yushensis* Ye, 1963，石楼陆龟 *T. shilouensis* Xu, Li, Han et Lu, 1973，乌兰陆龟（属存疑）*Testudo*? *ulanensis* Gilmore, 1931，张家口陆龟（属存疑）*Testudo*? *kalganensis* Gilmore, 1931，路南陆龟（属存疑）*Testudo*? *lunanensis* Ye, 1963，千佛洞陆龟（属存疑）*Testudo*? *chienfutungensis* Ye, 1963；共 14 种。

分布与时代（中国，化石） 山西、河南、陕西、内蒙古、河北、云南、甘肃，渐新世—上新世。

评注 叶祥奎 1963 年在《中国龟鳖化石》一书中列举了中国陆龟属化石的 14 个种，到 1994 年 Ye 在《Fossil and Recent Turtles of China》一书中增加到 17 个种（含现生）。1983 年 Crumly 在文献基础上整理了中国的陆龟属化石，将其中两个种（张家口陆龟和云南陆龟）移入 *Geochelone*，洞穴陆龟移入闭壳龟属，锡拉陆龟移入广义的凹甲陆龟属（Crumly, 1983）。这样中国的陆龟属还剩 10 个种：三趾马陆龟，多肋板陆龟，山西陆龟，河南陆龟，圆陆龟，陕西陆龟，小陆龟，敦煌陆龟，千佛洞陆龟和乌兰陆龟；其中后两种是存疑的；而且其中有些种可能是同物异名。

陆龟属在中新世—上新世时期在中国北方繁盛，产出大量化石，目前在中国第四纪没有记录。原归入陆龟属的更新世的常山陆龟和河姆陆龟现归入凹甲陆龟属。而始新世的锡拉陆龟和渐新世的云南陆龟在形态上更接近甘肃龟属，故移入后者。

三趾马陆龟 *Testudo hipparionum* Wiman, 1930

（图 181）

Geochelone hipparionum：Młynarski, 1968, p. 95

正模 MEUU 无号，一件完整背腹甲。山西武乡县 Huo-Shen-Miao-Kou 东 1 km（Wiman, 1930）。

归入标本 IVPP V 1017、IVPP V 1018、IVPP V 1020，三件甲壳；山西榆社。IVPP V 1021、IVPP V 1022、IVPP V 1023，三件破碎甲壳；无详细产地，可能产自山西。IVPP V 1024，一件完整背腹甲以及保存在甲壳里的头骨、肩带、腰带和四肢；山西保德王家窨子村（叶祥奎 , 1963a）。

鉴别特征 个体中等大小，背甲高凸，椭圆形。第二、四、六椎板八角形，第三、五椎板四边形；第一上臀板分叉；颈盾窄；尾盾单枚。上腹板稍微向前突出；内腹板多少呈五角形；肱胸沟紧挨其后而过。

产地与层位 山西武乡县 Huo-Shen-Miao-Kou 东 1 km，？上中新统—上新统；山西榆社，上中新统—上新统；山西保德王家窨子村，上中新统。

评注 三趾马陆龟是华北红层中最常见的陆龟（叶祥奎 , 1963a）。Gilmore（1934）和 Auffenberg（1974）都认为 Wiman（1930）命名的陆龟属的六个种中有些很可能是同种。

黄土高原新近纪的龟化石时代传统上定为上新世，地点包括山西保德、河曲、榆社、武乡、更修和清源，及陕西府谷等（Wiman, 1930；叶祥奎，1963a）。根据目前地质资料

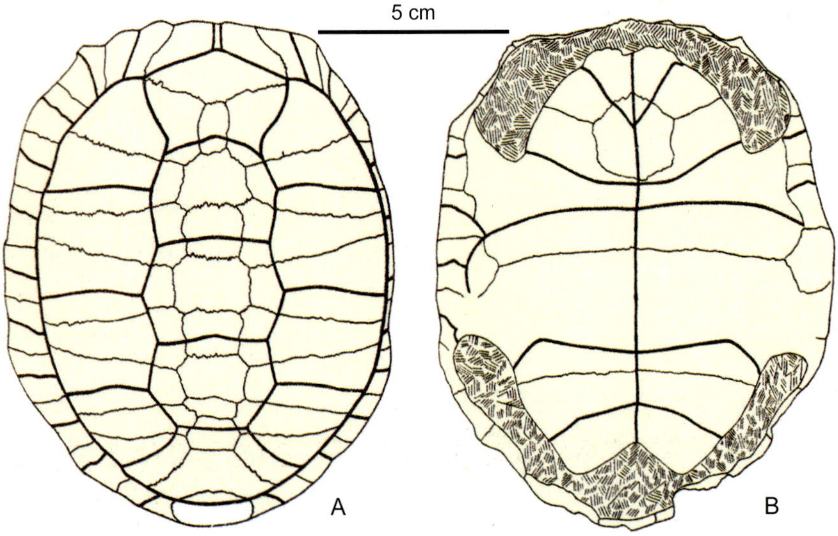

图 181 三趾马陆龟 *Testudo hipparionum*

A, B. MEUU 无号（正模），甲壳背视（A）和腹视（B）；引自 Wiman, 1930

和哺乳动物组合研究，保德盆地脊椎动物化石均产自保德组，时代为晚中新世。榆社盆地榆社群时代为晚中新世—上新世（邱占祥，私人通讯，2017 年 3 月 22 日；Wang X. M. et al., 2013）。

多肋板陆龟 *Testudo hypercostata* Wiman, 1930

（图 182）

正模 MEUU 无号，一件完整背腹甲。山西河曲，？上中新统（Wiman, 1930）。

鉴别特征 甲壳高度穹窿，椭圆形；椎板九块；第二和第四椎板八角形，第三、五、九椎板四边形，其余为六角形；其中第六、七椎板短侧边朝前，而第八椎板短侧边朝后；肋板九对；第一上臀板分叉。上腹板前伸；内腹板完全在肱盾范围之内；具肛凹。

产地与层位 仅模式产地。

评注 叶祥奎（1963a）认为多肋板陆龟的九块椎板和九对肋板是一种特殊变异。Auffenberg（1974）认为多肋板陆龟可能和陕西陆龟同种。

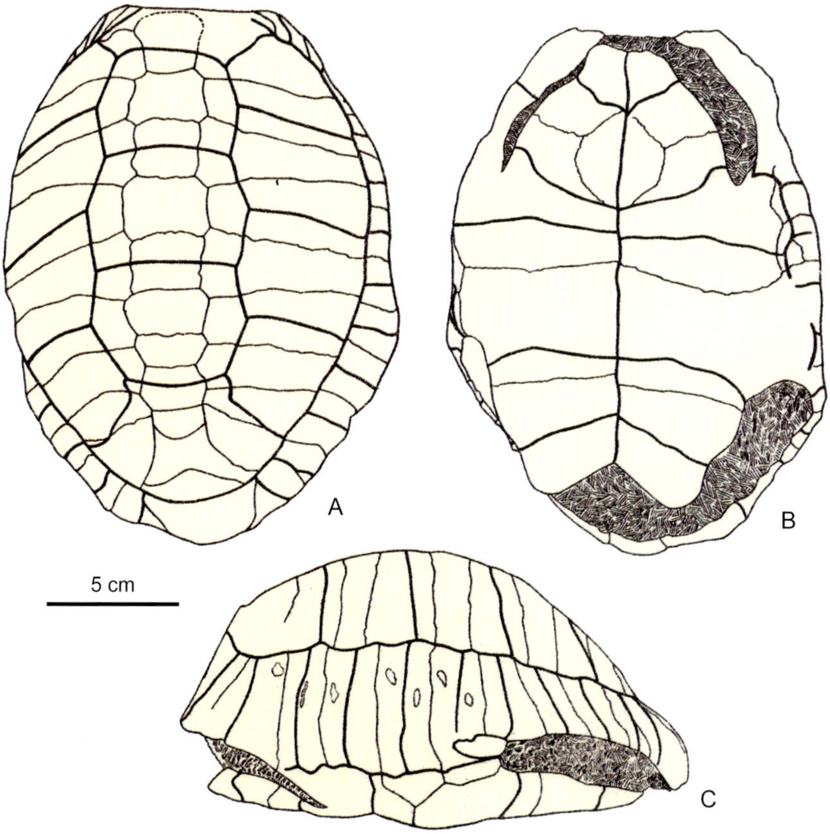

图 182 多肋板陆龟 *Testudo hypercostata*

A–C. MEUU 无号（正模），甲壳背视（A）、腹视（B）和左侧视（C）；引自 Wiman, 1930

山西陆龟 *Testudo shansiensis* Wiman, 1930

（图 183）

群模 MEUU 无号，三件几近完整的背腹甲。山西河曲（Wiman, 1930）。

归入标本 IVPP V 1015，山西榆社大南沟。IVPP V 1016，山西榆社（叶祥奎，1963a）。

鉴别特征 甲壳亚圆形，背甲高凸；第二、四椎板八角形，第三、五椎板四边形，其余六边形；第一上臀板分叉；尾盾单枚。腹甲较宽；内腹甲五角形，后部被肱胸沟切割。

产地与层位 山西河曲，？上中新统；山西榆社大南沟，马会组底部，上中新统（邱占祥，私人通讯，2017 年 3 月 24 日）。

评注 叶祥奎（1963a）注意到山西陆龟的背甲构造和多肋板陆龟相似，但腹甲形态有别。

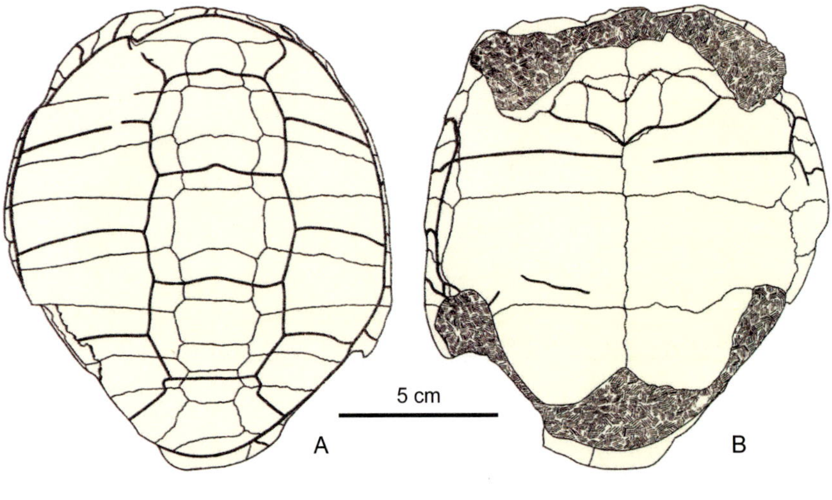

图 183 山西陆龟 *Testudo shansiensis*
A, B. MEUU 无号（群模之一），甲壳背视（A）和腹视（B）；引自 Wiman, 1930

河南陆龟 *Testudo honanensis* Wiman, 1930

（图 184）

Testudinidae sp. C：Bohlin, 1953, p. 100, Fig. 75f–g

Testudo sphaerica：Auffenberg, 1974, p. 207 (pars)

正模 MEUU 无号，一件近完整背腹甲。河南新安上印沟（Shang-Yin-Kou）（Wiman, 1930）。

归入标本 IVPP V 1025，山西榆社；IVPP V 1026，山西清源；IVPP V 1027，甘肃敦煌盆地西南（现属阿克塞哈萨克族自治县）塔奔布鲁克（叶祥奎，1963a）。

鉴别特征 背甲圆五角形；第三椎板六角形，第二、四椎板八角形，第六至第八椎板六角形；颈盾窄。上腹板不前伸；具肛凹；内腹板长椭圆形，位于向后突出的肱胸沟之前。

产地与层位 河南新安上印沟，？上新统；山西榆社，上中新统—上新统；山西清源；？上新统；甘肃敦煌盆地西南塔奔布鲁克，中中新统铁匠沟组。

评注 关于产自塔奔布鲁克（Taben-Buluk）龟化石的时代：Bohlin（1953）认为塔奔布鲁克沉积层下部为上渐新统，上部很可能为中新统；龟化石均采集于上部地层。其中有三件保存完好的甲壳和啮齿类 *Sayimys*（T.b.261）采自铁匠沟（Tieh-chiang-ku）同一地点（Bohlin, 1946, 1953），其具体层位为铁匠沟组中部（Wang et al., 2008）。铁匠沟组剖面古地磁年代为 22.8–9 Ma （Sun et al., 2005）。Wang 等（2008）推断位于铁匠沟组中部的化石动物群年代为 15.5–12 Ma（中中新世）。

Bohlin（1953）描述的产自塔奔布鲁克的龟化石一共有五件甲壳，分别鉴定为 Species A, B, C, D, E。根据 Wang 等（2008）研究，其中 Species A（编号 304）采自西水沟，Species B（编号 198）采自燕丹图，其余三件［Species C（编号 179）及 Species D 和 E，两件未标明编号的甲壳］很可能就是采自铁匠沟和 *Sayimys* 同一地点的那三件甲壳。叶祥奎（1963a）将 Species C 归入河南陆龟，Species D 订为敦煌陆龟，Species E 订为千佛洞陆龟。

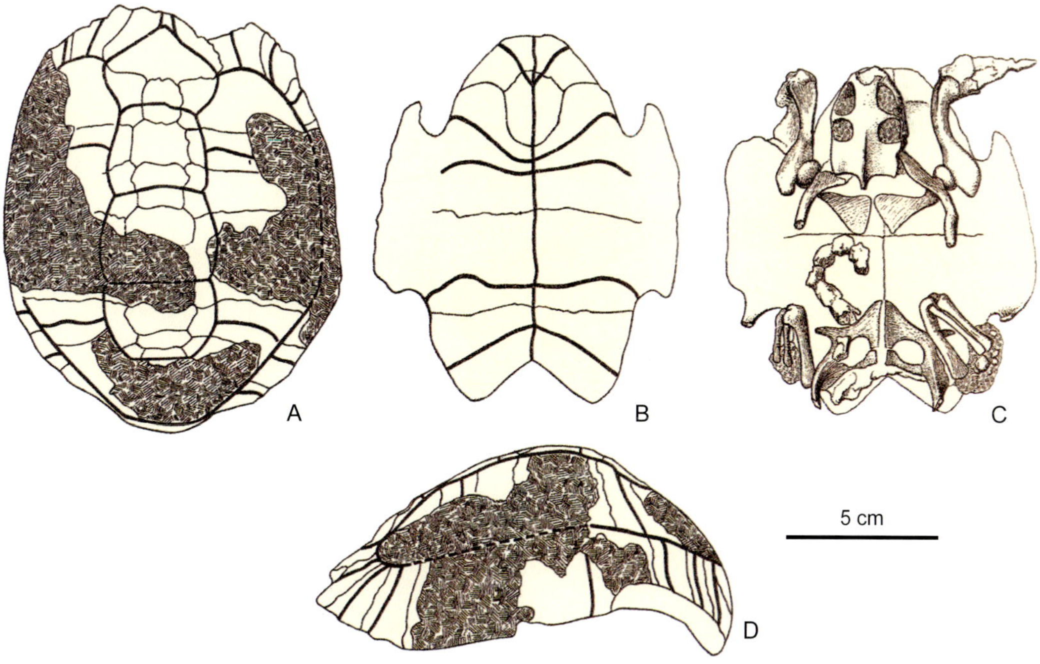

图 184 河南陆龟 *Testudo honanensis*

A–C. MEUU 无号（正模），背甲背视（A）、腹甲腹视（B）、腹甲及部分骨骼背视（C）；D. 背甲左侧视；引自 Wiman, 1930

圆陆龟 *Testudo sphaerica* Wiman, 1930

（图 185）

Terrapine sinica：Young, 1950, p. 1, Figs. 1–2

cf. *Testudo sinica*：Młynarski, 1955, p. 160

正模 MEUU 无号，一件近完整的背腹甲。山西保德冀家沟（Chi-Chia-Kou）（Wiman, 1930）。

归入标本 IVPP V 701，一件不完整背腹甲；甘肃天水（具体地点不明）（Young, 1950）。IVPP V 1011，一件近完整背腹甲；山西榆社枣林村。IVPP V 1012，一件完整背腹甲；山西榆社寿家凹。IVPP V 1013，背腹甲前 2/3；产地及层位不明（叶祥奎，1963a）。IVPP V 3134，陕西蓝田水家咀；IVPP V 3151.1、IVPP V 3151.2 和 IVPP V 3151.3，陕西蓝田费家新庄；四件完整背腹甲（刘东生等，1978）。

鉴别特征 甲壳短宽而高；颈板窄；第二、四椎板八角形，第三、五椎板四边形；第一上臀板分叉，前缘窄；第三椎盾宽。内腹板六角形；后端被肱胸沟切割；喉盾小；上腹板不前伸。

产地与层位 山西保德冀家沟，上中新统；山西榆社枣林村，上新统高庄组（邱占祥，私人通讯，2017 年 3 月 24 日；童永生等，1995）；山西榆社寺家凹，上中新统马会组中上部（邱占祥，私人通讯，2017 年 3 月 24 日；Wang X. M. et al., 2013）；陕西蓝田水家咀，上中新统灞河组中上部；陕西蓝田费家新庄，?上中新统；甘肃天水（具体地点不明），可能为上新统下部。

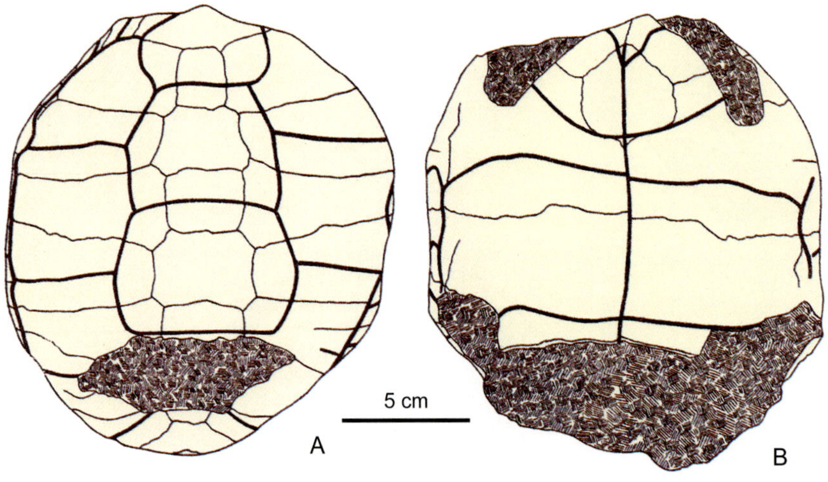

图 185 圆陆龟 *Testudo sphaerica*

A, B. MEUU 无号（正模），甲壳背视（A）和腹视（B）；引自 Wiman, 1930

评注 Młynarski 认为圆陆龟与 *T. horsfieldi* 亲缘关系相近（Młynarski, 1955）。叶祥奎（1963a）和 Auffenberg（1974）将产自甘肃天水的 *Terrapene sinica* 归入圆陆龟种。Auffenberg（1974）认为河南陆龟和榆社陆龟是圆陆龟的同种异名。

陕西蓝田灞河组时代原来被认为是上新世（刘东生等，1978）。现在根据哺乳动物化石组合及对比，灞河组时代为上中新世（Wang X. M. et al., 2013）。

陕西陆龟 *Testudo shensiensis* Wiman, 1930

（图 186）

正模 MEUU 无号，一件完整背腹甲。陕西府谷（Wiman, 1930）。

归入标本 IVPP V 1008，山西更修；IVPP V 1009 和 IVPP V 1019，山西榆社；IVPP V 1010，？山西（叶祥奎，1963a）。

鉴别特征 甲壳高度和宽度大于长度的 1/2，甲壳边缘不呈锯齿状；第二椎板八角形，后缘最宽；第三椎板四边形，其余皆为六边形；第五椎板的后侧缘甚长；第一上臀板仅表面分叉；颈盾宽。上腹板不前伸；具肛凹；内腹板五角形，位于肱胸沟之前。

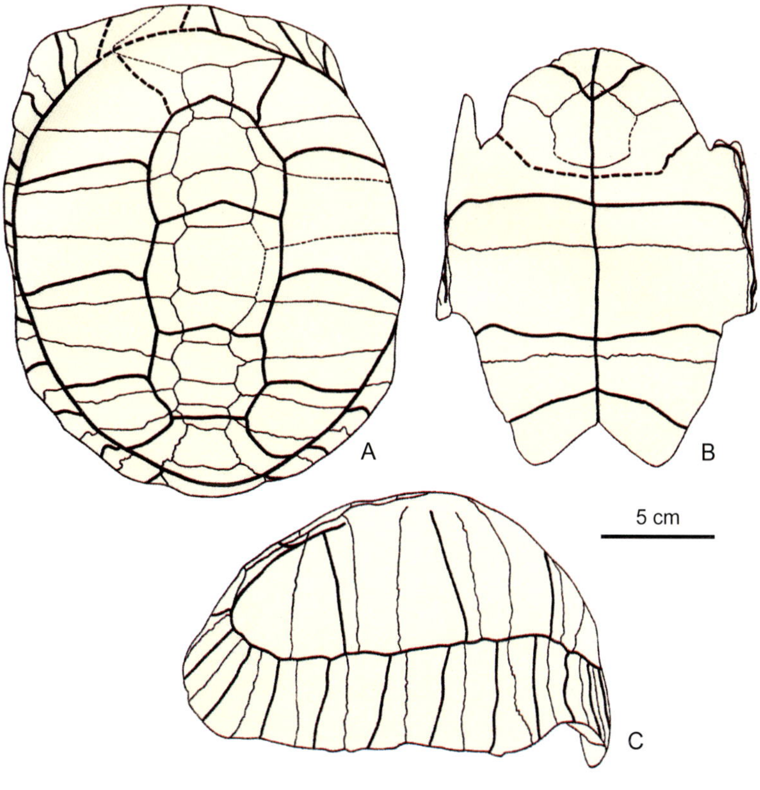

图 186 陕西陆龟 *Testudo shensiensis*

A–C. MEUU 无号（正模），甲壳背视（A）、腹视（B）和左侧视（C）；引自 Wiman, 1930

产地与层位 陕西府谷，上中新统；山西榆社、更修，上中新统—上新统。

评注 陕西府谷地区地层年代原来认为是上新世（叶祥奎，1963a，1994；Brinkman et al., 2008）。目前根据哺乳动物化石组合，该地层年代为晚中新世（Wang X. M. et al., 2013）。

Gilmore（1934）将产自内蒙古通古尔狼营地（Wolf Camp, Gur Tung Khara Usu）中中新统通古尔组的三件陆龟甲壳（AMNH 6725, 6726, 6727）归入 *Testudo* cf. *shensiensis*。根据哺乳动物化石组合，通古尔组时代为中中新统（Wang X. M. et al., 2013）。

小陆龟 *Testudo nanus* Gilmore, 1931

（图 187）

Geochelone nanus：Młynarski, 1968, p. 96

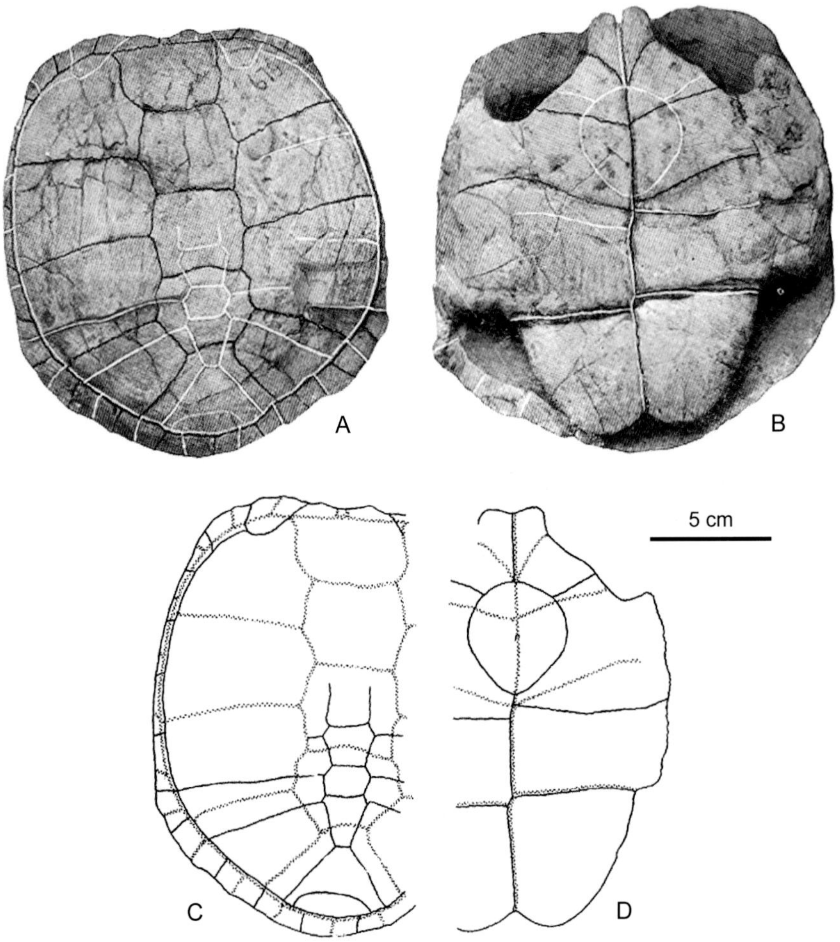

图 187 小陆龟 *Testudo nanus*

A–D. AMNH 6692（正模），甲壳背视（A, C）和腹视（B, D）；引自 Gilmore, 1931

正模 AMNH 6692，一件完整的背腹甲。内蒙古沙拉木伦地区双敖包东山台（East Mesa, Twin Oboes, Shara Murun Region），上始新统？乌兰戈楚组（Gilmore, 1931；Brinkman et al., 2008）。

鉴别特征 个体小，甲壳低平；背甲似方形，表面平滑；颈凹浅；肋缘沟基本与肋缘缝一致；尾盾一对。上腹板强烈前伸；内腹板卵圆形，大部分位于前叶基线后；喉盾位于内腹板之前；肱胸沟横切内腹板前半部；胸盾长度与腹盾长度近等；肛凹浅；腹甲后叶完全由剑腹板组成，可活动。

产地与层位 仅模式产地。

评注 Młynarski（1968）将小陆龟归入 *Geochelone*，认为该种在属里的分类位置不清楚，但是不能归入缅甸陆龟亚属（*Indotestudo*）。小陆龟在下腹板和剑腹板之间有铰链，这个特征也存在于其他一些陆龟中，例如 *T. greaca*，因此 Crumly（1983）将该种保留在陆龟属中。

敦煌陆龟 *Testudo tunhuanensis* Ye, 1963

（图 188）

Testudinidae sp. D：Bohlin, 1953, p. 100, pl. IX, figs. 1–2

群模 IVPP V 1029a，一件背甲前 2/3 部分；IVPP V 1029b，一件背腹甲皆保存，但背甲构造破坏严重而腹甲保存完整的标本；甘肃敦煌盆地西南（现属阿克塞哈萨克族自治县）塔奔布鲁克，中中新统铁匠沟组中部。

鉴别特征 甲壳宽扁，宽略大于长；颈盾小，椎盾横宽；第二、四椎板八角形，第三椎板四边形，其余为六角形。骨桥宽，腹甲前后叶甚短；上腹板不突出；内腹板宽，宽大于长；不被肱胸沟切割；腹股沟与下剑缝在腹甲中部紧挨在一起；肛凹浅。

产地与层位 仅模式产地。

评注 敦煌陆龟的两件甲壳是中瑞古生物考察团采集的（叶祥奎，1963a）。Bohlin（1953）描述了这两件标本，但未命名。叶祥奎（1963a）和 Auffenberg（1974）都注意到它们和圆陆龟相近。

榆社陆龟 *Testudo yushensis* Ye, 1963

（图 189）

Testudo sphaerica：Auffenberg, 1974, p. 207

"*Manouria*" *yushensis*：Crumly, 1983, p. 577, 578

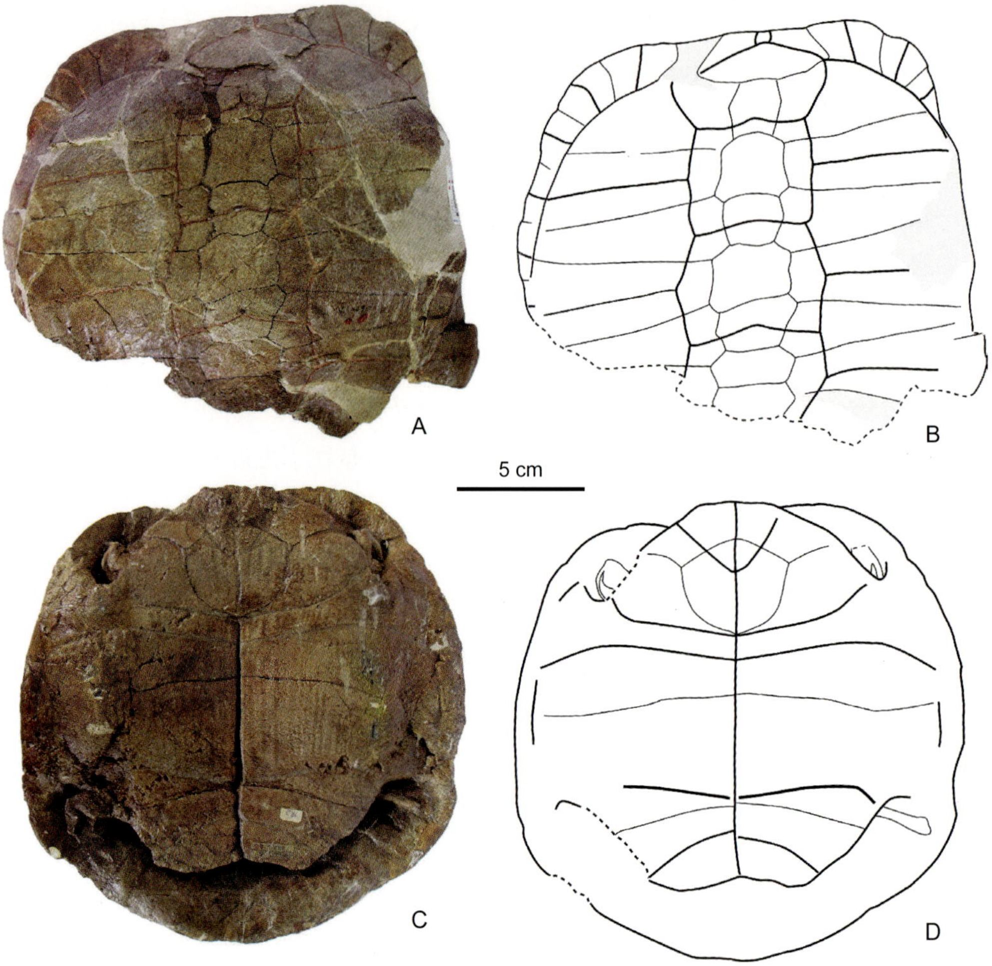

图 188　敦煌陆龟 *Testudo tunhuanensis*

A, B. IVPP V 1029a（群模之一），不完整背甲背视；C, D. IVPP V 1029b（群模之一），甲壳腹视

正模　IVPP V 1028，一件完整的背腹甲。山西榆社中余沟北（叶祥奎，1963a），上中新统马会组中上部（邱占祥，私人通讯，2017 年 3 月 24 日；Wang X. M. et al., 2013）。

鉴别特征　个体小，甲壳椭圆形；背甲高凸，最大高度在中后部，前端平斜而后端陡斜；颈盾大；第二椎板呈短侧边朝后的六角形；第三、五、八椎板四边形；第四椎板八角形；第六、七椎板为短侧边朝前的六角形；第一上臀板分叉；尾盾单一。内腹板菱形，前宽后窄，位于向后凸出的肱胸沟之前；上腹板中度向前突出于背甲前缘之前；胸盾中部长度仅为腹盾的 1/7。

产地与层位　仅模式产地。

评注　Auffenberg (1974) 将榆社陆龟归入圆陆龟。Crumly (1983) 将其归入“*Manouria*”，但持疑问。

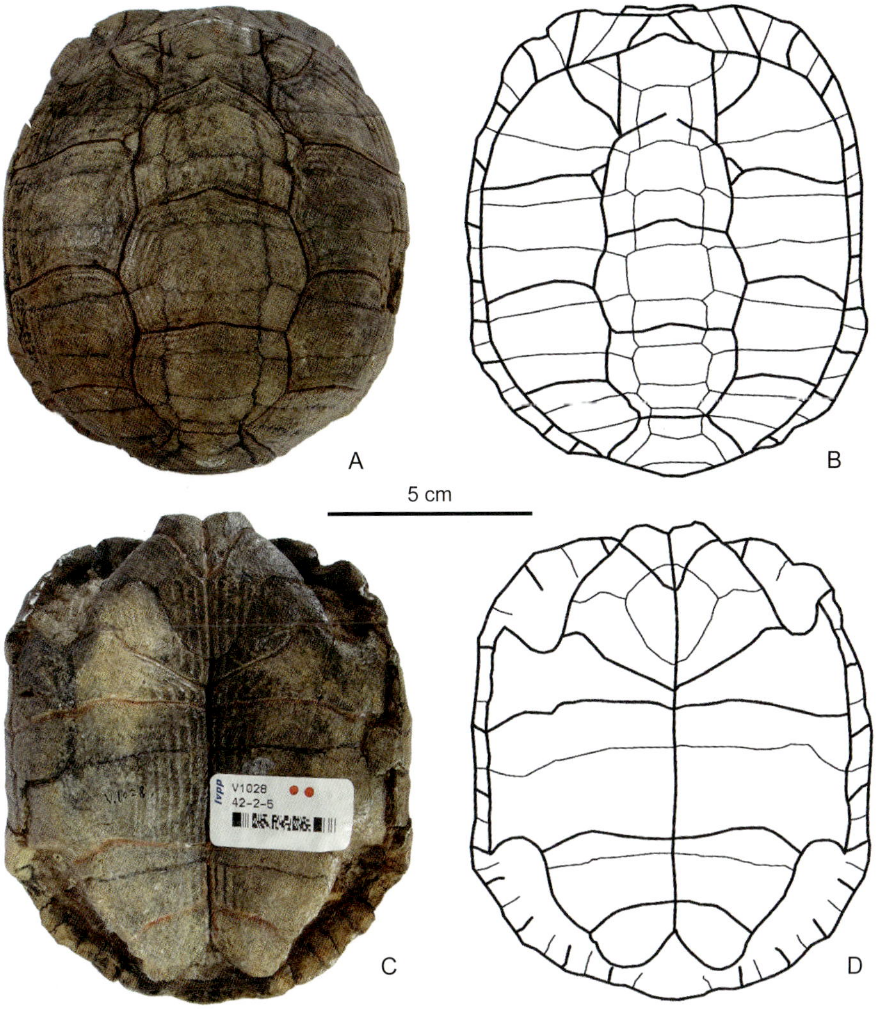

图 189　榆社陆龟 *Testudo yushensis*

A–D. IVPP V 1028（正模），甲壳背视（A, B）和腹视（C, D）；B, D 根据叶祥奎，1963a 重绘

石楼陆龟 *Testudo shilouensis* Xu, Li, Han et Lu, 1973

（图 190）

正模　IVPP V 4027，一件背腹甲前 2/3 和同一个体的部分肢骨。山西石楼县板桥西约两公里的公路旁（许春华等，1973），上中新统保德组（Ye, 1994；Brinkman et al., 2008）。

鉴别特征　个体较大，背甲椭圆形，前缘平直；骨板坚厚，盾沟宽深。颈盾狭长，呈小等腰三角形；第一椎板似椭圆形，第二、四、六椎板八边形，第三、五椎板为短侧边朝前的六边形；肋板内、外缘长度交替变化；缘板和缘盾较宽。腹甲前叶甚短；上腹板前缘加厚，但不甚前伸；内腹板大，前窄后宽，肱胸沟呈宽弧形在内腹板后绕过。

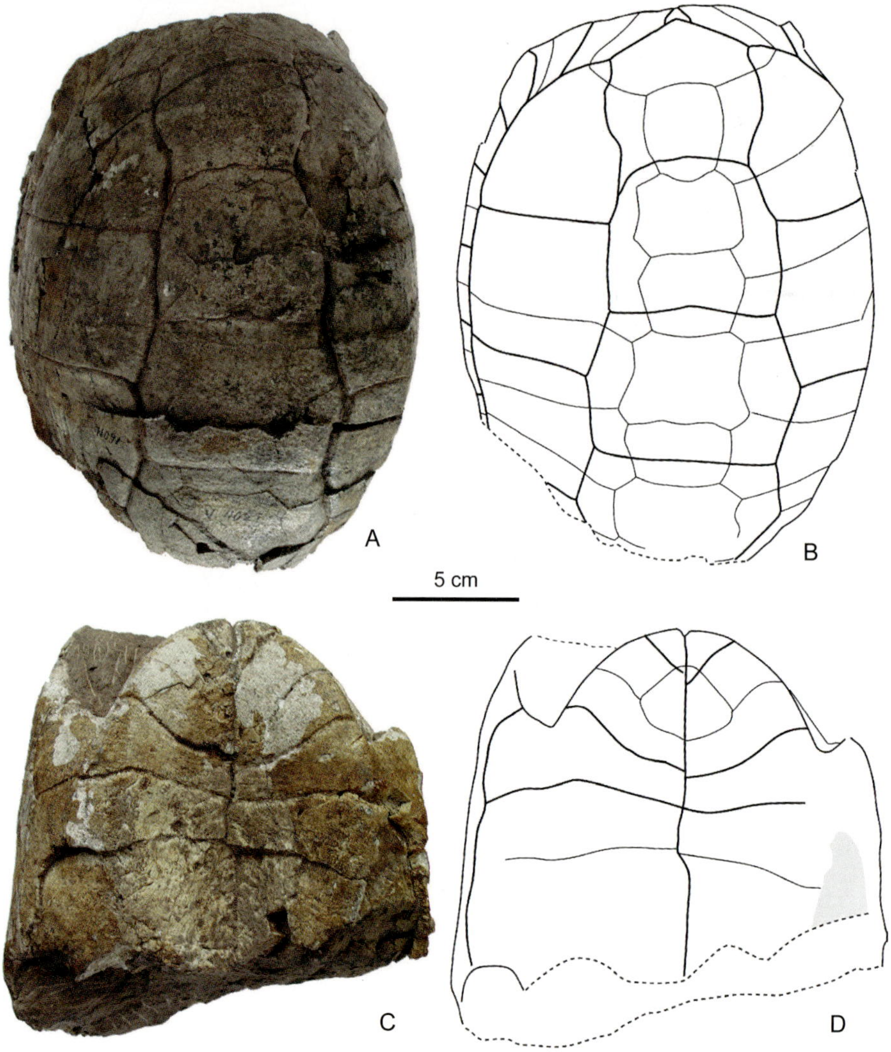

图 190　石楼陆龟 *Testudo shilouensis*
A–D. IVPP V 4027（正模），不完整甲壳背视（A, B）和腹视（C, D）

产地与层位　仅模式产地。

乌兰陆龟（属存疑）*Testudo*? *ulanensis* Gilmore, 1931

（图 191）

Geochelone ulanensis：Młynarski，1968，p. 96

正模　AMNH 6691，部分腹甲及部分肋板和缘板。内蒙古沙拉木伦北山台（North Mesa, Shara Murun Region），中始新统乌兰希热组（Gilmore, 1931；Brinkman et al., 2008）。

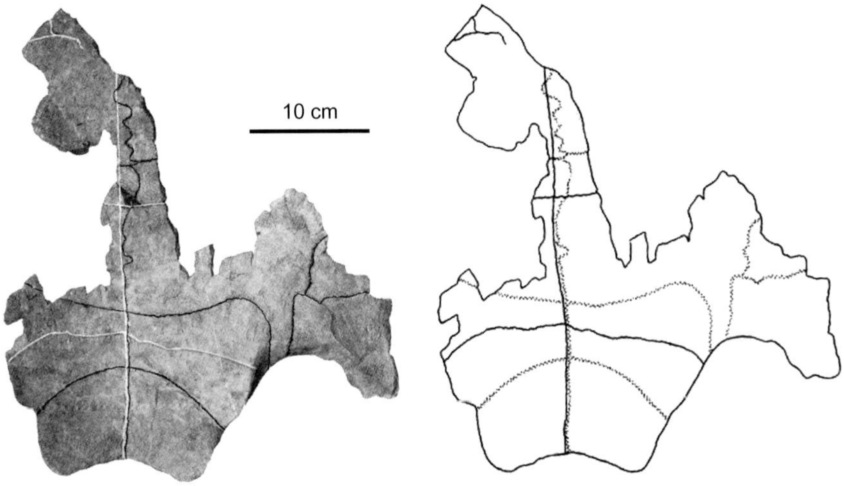

图 191 乌兰陆龟（属存疑）*Testudo*? *ulanensis*
AMNH 6691（正模），部分腹甲腹视；引自 Gilmore, 1931

鉴别特征 个体大，甲壳高凸；背甲表面显著起伏，后部明显倾斜；肋缘沟在肋缘缝之下。肱胸沟位于内腹板后；胸盾长度稍短于腹盾的 1/3；肛凹宽大。

产地与层位 仅模式产地。

评注 Młynarski（1968）将乌兰陆龟归入 *Geochelone*，但 Auffenberg（1974）对此持有疑问。Crumly（1983）对将其归入陆龟属持有疑问。

乌兰陆龟时代依原始资料为上始新统（Gilmore, 1931）。乌兰希热组产出丰富哺乳类化石。从动物群组成看，属伊尔丁曼哈期，时代为中始新世（中国地层典编委会，1999；童永生等，1995）。

张家口陆龟（属存疑）*Testudo*? *kalganensis* Gilmore, 1931

（图 192）

Hesperotestudo kalganensis：Auffenberg, 1974, p. 163

Geochelone kalganensis：Crumly, 1983, p. 570

正模 AMNH 6701，一件不完整背腹甲。河北张家口，？第三系（Gilmore, 1931）。

鉴别特征 个体中等大小，甲壳甚凸，骨板厚，表面因臃肿并具粗嵴而不平；盾沟深；颈凹浅。腹甲前叶厚重且强烈前伸；上腹板内面增厚，凸出于临近骨板面之上；内腹板七边形；喉盾切割内腹板前部；肱胸沟切割内腹板后部。

产地与层位 仅模式产地。

评注 Auffenberg（1974）将张家口陆龟归入 *Hesperotestudo*。Crumly（1983）则

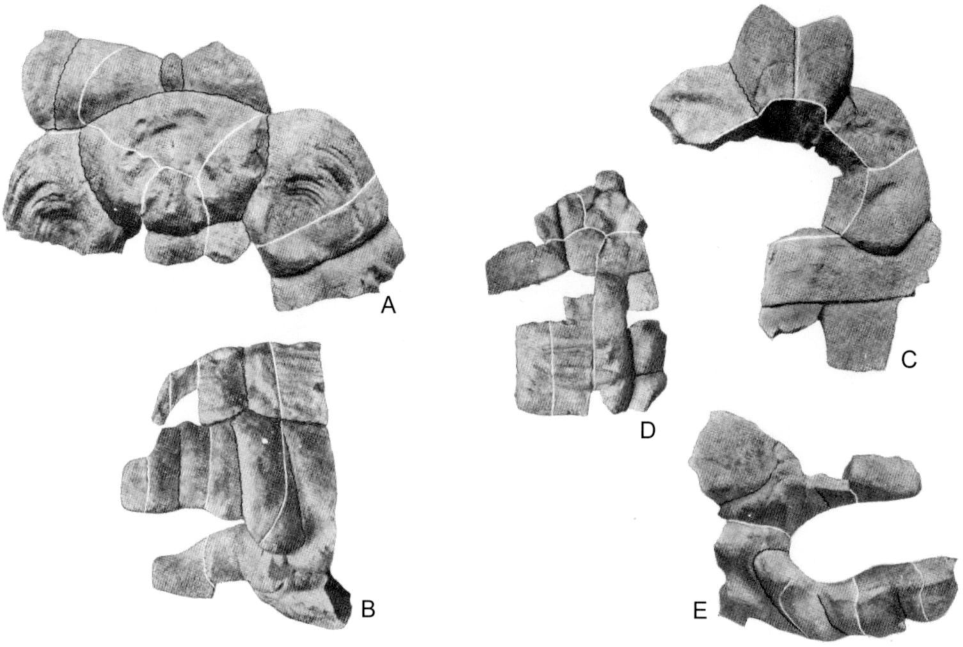

图 192　张家口陆龟（属存疑）*Testudo*? *kalganensis*
A–E. AMNH 6701（正模），背甲前部背视（A），右侧第五—八枚肋板背视（B），腹甲前部腹视（C），左侧第三、四枚肋板背视（D），腹甲右后部和缘板腹视（E）；引自 Gilmore, 1931

认为该种的肱胸沟切过内腹板后部与 *Indotestudo* 和 *Testudo horsfieldii* 相似，但将其归入 *Geochelone*（Crumly, 1983, Table 1）。

路南陆龟（属存疑）*Testudo*? *lunanensis* Ye, 1963

Geochelone? *yunnanensis*：Auffenberg, 1974, p. 179

Geochelone? *lunanensis*：Crumly, 1983, Table 1

正模　IVPP V 1032，一件几近完整的腹甲和相连的左边骨桥。云南路南大矣马伴瓦窑冲，渐新统下部（叶祥奎，1963a）。

鉴别特征　个体巨大（腹甲全长约 81 cm），宽大于长；骨桥宽大；腹甲前叶和后叶短；上腹甲厚但不强烈前伸；肛凹浅。

产地与层位　仅模式产地。

评注　路南陆龟建立在一件只暴露背面的腹甲的基础上，除了个体巨大，没有明显的形态特征可与同一地点产出的云南陆龟相区别（叶祥奎，1963a）。Auffenberg（1974）将路南陆龟归入云南陆龟。Crumly（1983）则将该种归入 *Geochelone*，但有疑问。标本目前下落不明。

千佛洞陆龟（属存疑）***Testudo? chienfutungensis* Ye, 1963**

（图 193）

Testudinidae sp. E：Bohlin, 1953, p. 100, pl. IX, 3–4

正模　IVPP V 1030，一件近完整背腹甲；背甲前部及后部缘板破损，腹甲基本完整。甘肃敦煌盆地西南（现属阿克塞哈萨克族自治县）塔奔布鲁克，中中新统铁匠沟组中部。

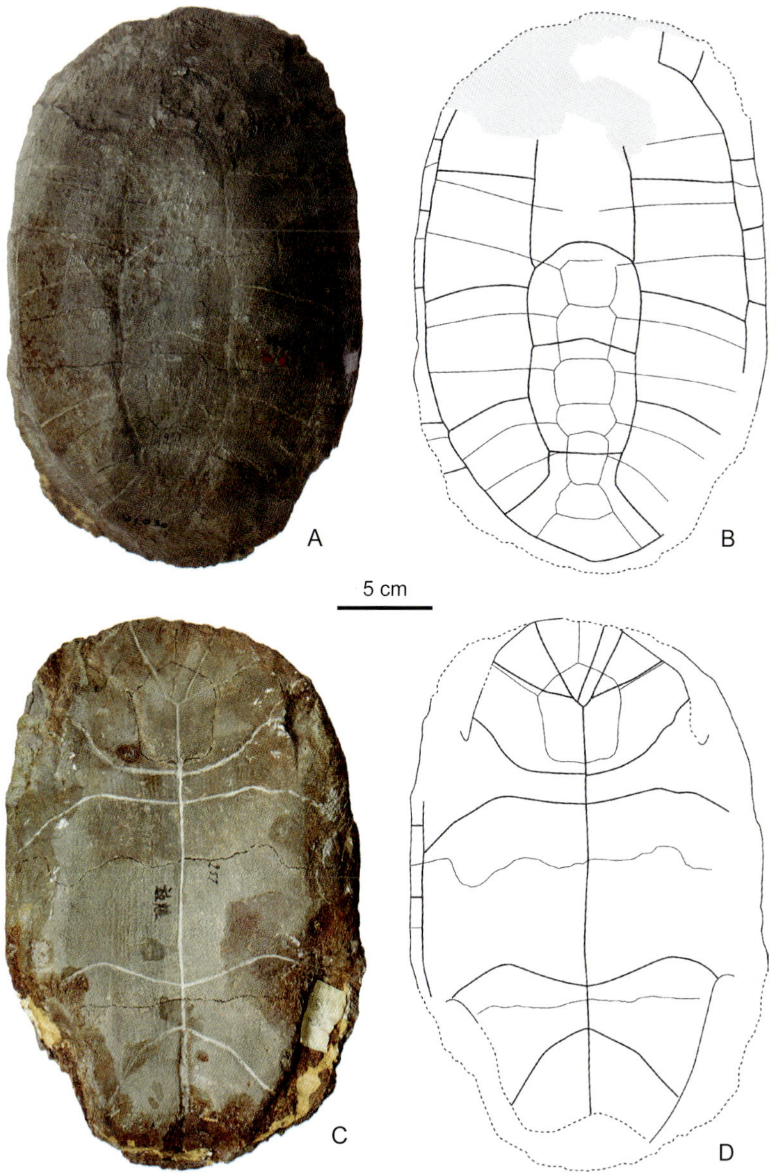

图 193　千佛洞陆龟（属存疑）*Testudo? chienfutungensis*
A–D. IVPP V 1030（正模），甲壳背视（A, B）和腹视（C, D）

鉴别特征 甲壳纵长，两侧缘几近平直；背甲稍隆起，略向前后端倾斜；第三椎盾宽大于长，第二、四椎盾长大于宽，但均较其相应肋盾为窄；肋盾近方形。骨桥宽，上腹板不明显向前突出；内腹板五角形，不被肱胸沟切割；具肛凹。

产地与层位 仅模式产地。

评注 Bohlin（1953）和叶祥奎（1963a）都注意到千佛洞陆龟长形的甲壳，间喉盾的存在以及六边形的椎板在陆龟属中很特殊。Auffenberg（1974）和Crumly（1983）都对其归入陆龟属持保留态度。Crumly（1983）认为该种确有陆龟属的特征，但是大多数都是原始特征，例如肛盾明显长于股盾，以及腹甲边缘在喉肱沟和股肛沟处不明显收缩等。

陆龟属（属存疑，未定种）*Testudo*? sp.

（图 194）

归入标本 AMNH 6601，一件完整的、带有皮骨的左后肢；乌拉乌苏邮路（Chinese Postroad, Ula Usu），中始新统沙拉木伦组。IVPP V 10487，一枚喉盾，一件髂骨近端，一件被皮骨包围的肢骨下端及爪，三个分离保存的爪骨，五个圆锥状的骨刺以及一腓骨（？）远端和两块甲壳碎片；1992 年采自乌拉乌苏沙拉木伦组。

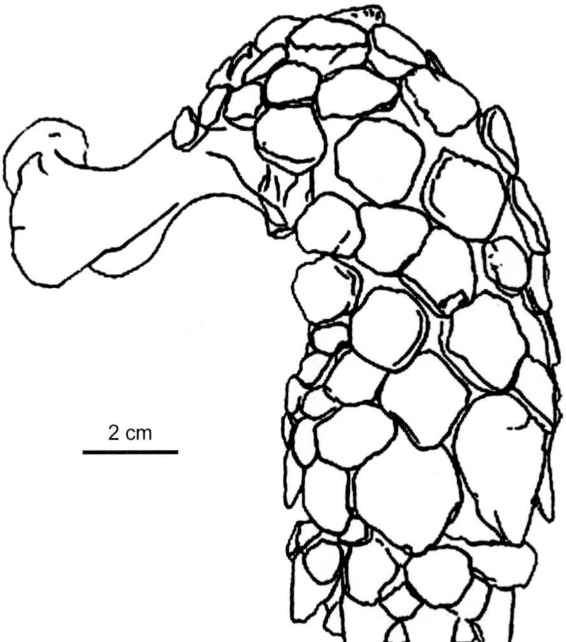

图 194 陆龟属（属存疑，未定种）*Testudo*? sp.

AMNH 6601，带有皮骨的左后肢背视；引自 Gilmore, 1931

产地与层位 内蒙古沙拉木伦乌拉乌苏，中始新统上部沙拉木伦组（Gilmore, 1931；叶祥奎、齐陶，1993）。

评注 依原作者称，IVPP V 10487所有标本似应属于同一个体。该标本目前下落不明。

真隐颈龟分类位置未定 EUCRYPTODIRA incertae sedis

中华龟科 Family Sinochelyidae Chkhikvadze, 1970

模式属 中华龟属 *Sinochelys* Wiman, 1930

鉴别特征 同属。

中国已知属 仅模式属。

分布与时代 蒙古，早白垩世晚期。中国：山东、甘肃，早白垩世。

评注 中华龟科是Chkhikvadze 1970年以中华龟为模式属建立的，但是后来才有具体的定义和鉴别特征（Chkhikvadze, 1970, 1976b, 1983, 1985）。1985年该作者撰文专述中华龟科，认为该科包括中华龟、北山龟（*Peishanemys*）、产自蒙古下白垩统Döshuul Svita的"*Nessovemys*" *testudiformis* (Nessov, 1981)，很可能还包括黑山龟（*Heishanemys*），但后者建立在不够充足的材料上（Chkhikvadze, 1985）。Nessov则认为中华龟的原始标本不够完整，而且形态特征不够明确，不适合选做科的模式，而以北山龟为模式属建立北山龟科（Nessov et Verzilin, 1981；Nessov, 1986）。尽管Nessov的看法有一定的道理，但是中华龟科由于有命名优先权而为学者们接受（Hirayama, 2000；Sukhanov, 2000；Brinkman et al., 2008）。

中华龟科的分类位置不甚清楚。Chkhikvadze（1985）认为它很可能是陆龟科的祖先。Nessov则认为中华龟科属于陆龟超科，但不可能是后者的直接祖先（Nessov et Verzilin, 1981）。该科的肢骨和甲壳具有与陆龟科相似的特征，但其具有间喉盾，头骨顶盖完全以及完整的下缘盾系列却比陆龟科原始；而某些头骨和下颌特征却与平胸龟科（Platysternidae）相似（Nessov, 1986；Sukhanov, 2000）。Hirayama等（2000）应用分支系统学分析将中华龟置于隐颈龟的基干位置。

中华龟属 Genus *Sinochelys* Wiman, 1930

模式种 扁平中华龟 *Sinochelys applanata* Wiman, 1930

鉴别特征 甲壳宽大，背甲长度可达30 cm；背甲高耸，椭圆形或近长方形，最大宽度位于背甲中部；椎板程式为6<6<6<4>6>6-4>6；两块上臀板；椎盾狭窄，缘盾明显窄于缘板，除第十一和第十二对缘盾外全部局限于缘板内，第十一和第十二对缘盾扩大，覆盖第八肋板和第二上臀板的后部边缘；腹甲与背甲缝连，骨桥长且宽大；具腹甲中窗；肛凹浅宽；内腹板宽大；间喉盾单一，深切内腹板；下缘盾四块；具麝香腺孔。头骨较短宽；眼眶位于头骨侧面的前部；前额骨宽大，五边形；额骨小，三角形，后侧边不伸入眼眶；颌骨小；下颌骨中缝短。

中国已知种 仅模式种。

分布与时代 山东、甘肃，早白垩世。

扁平中华龟 *Sinochelys applanata* Wiman, 1930

（图 195）

Scutemys tecta：Wiman, 1930, p. 19, Fig. 6, pl. IV, 2–3；叶祥奎，1963a，18 页；中国科学院古脊椎动物与古人类研究所《中国脊椎动物化石手册》编写组，1979，107 页，图 86-右图；Sun et al., 1992, p. 57；Ye, 1994, p. 40, Fig. 21

Peishanemys latipons：Bohlin, 1953, p. 81, Figs. 57, 58, pl. VIII, 1–3；叶祥奎，1963a，14 页；周明镇 1954b，396 页，图 2–4，图版 I–II；中国科学院古脊椎动物与古人类研究所《中国脊椎动物化石手册》编写组，1979，104 页，图 82；Sun et al., 1992, p. 29, Fig. 32；Ye, 1994, p. 34, Fig. 16

Heishanemys imperfectus：Bohlin, 1953, p. 85, Fig. 59, pl. VII, 13–15；中国科学院古脊椎动物与古人类研究所《中国脊椎动物化石手册》编写组，1979，104 页

?*Heishanemys imperfectus*：叶祥奎，1963a，14 页

正模 MEUU 无号，一件不完整背腹甲。山东新泰宁家沟，下白垩统蒙阴组（Wiman, 1930）。

归入标本 MEUU 无号，一件头骨和一件不完整的腹甲前叶（*Scutemys tecta* Wiman, 1930）；产地及层位同正模。MEUU 无号，一件破碎背甲及近完整腹甲；甘肃玉门北山二家梧桐（Ehr-chia-wu-tung），白垩系。IVPP V 761，一件背腹甲的左侧后部；IVPP V 762，一件完整背腹甲；IVPP V 763，是 IVPP V V 762 的腹甲外模；山东莱阳陡山，下白垩统青山组（Bohlin, 1953；周明镇，1954b）。

鉴别特征 同属。

产地与层位 甘肃玉门，白垩系；山东新泰宁家沟，下白垩统蒙阴组；山东莱阳陡山，下白垩统青山组。

评注 Wiman（1930）研究了产自山东新泰蒙阴组的龟化石，在一件不完整背腹甲的基础上建立扁平中华龟，并以一件头骨和一不完整的腹甲前叶为基础建立盖板龟（*Scutemys tecta*）。Hirayama 等（2000）将盖板龟视为中华龟的同物异名（Hirayama et al., 2000）。Brinkman 等（2008）认为扁平中华龟和盖板龟的正模很可能属于同一个体。

Bohlin（1953）建立宽边北山龟（*Peishanemys latipons*），材料包括产自甘肃嘉峪关的一件近完整腹甲和破碎背甲。周明镇（1954b）将产自山东莱阳陡山青山群的龟甲归入宽边北山龟。Brinkman 等（2008）将北山龟视为中华龟的晚出同物异名，因为它们的背腹甲一般形态以及腹甲盾片结构十分相似。

不全黑山龟（*Heishanemys imperfectus* Bohlin, 1953）仅包括几块缘板和一块破碎的上腹甲（Bohlin, 1953）。叶祥奎（1963a）认为材料破碎，依据欠缺，该属种的有效性令人怀疑。Brinkman 等（2008）将其视为扁平中华龟的同物异名。

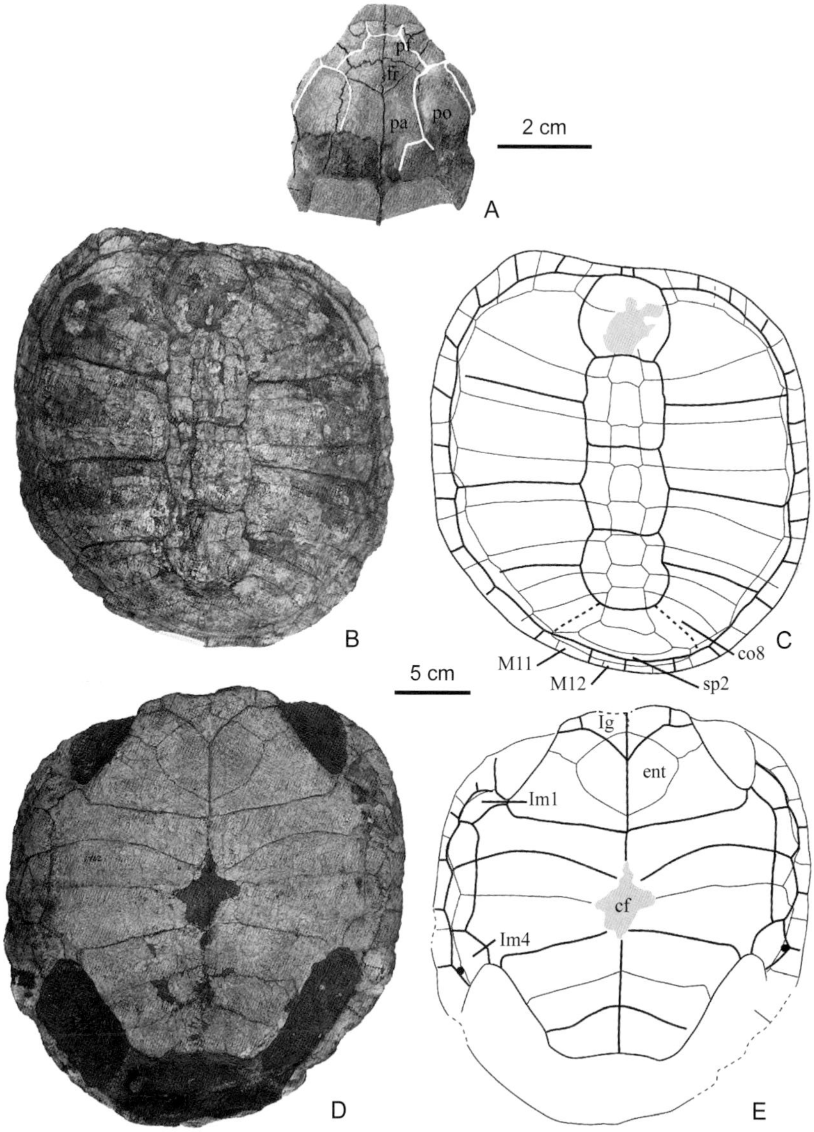

图 195　扁平中国龟 *Sinochelys applanata*

A. MEUU 无号，头骨背视；B–E. IVPP V 762，甲壳背视（B, C）和腹视（D, E）；Ig. intergular scute 间喉盾，Im. inframarginal scute 下缘盾，其余参见图 58、图 64；A 引自 Wiman, 1930

龟鳖蛋化石

龟鳖蛋的研究主要依据形态（蛋的大小和形状，蛋壳的厚度，蛋壳表面纹饰及气孔的构造和分布格局）和显微结构（蛋壳显微单元的构造）。分类沿循 parataxonomy 原则，依 Hirsch（1996）分为两科：硬壳龟鳖蛋科（Testudoolithidae Hirsch, 1996）和软壳龟鳖蛋科（Testudoflexoolithidae Hirsch, 1996）。

硬壳龟鳖蛋科 Family Testudoolithidae Hirsch, 1996

鉴别特征 硬蛋壳；具有互相连锁的壳单元的钙质层；壳单元之间的气孔简单，间距大；蛋壳圆形到长形。

中国已知属 硬壳龟鳖蛋属 *Testudoolithus* Hirsch, 1996，水龟蛋属 *Emydoolithus* Wang, Wang, Zhao, Zhang et Jiang, 2013。

分布与时代 浙江、山东，白垩纪。

评注 除了 *Testudoolithus jiangi* 和 *Emydoolithus laiyangensis*，还有以下有关中国龟鳖蛋化石的报道：Lawver 和 Jackson（2014）统计了世界龟鳖蛋化石记录，其中中国的记录有方晓思等（2009）发表的产自河南西峡晚白垩世的带胚胎龟鳖蛋连续切片照片和 Cohen 等（1995）报道的晚白垩世带胚胎的龟鳖蛋 ?emydid。另外 Fernández（2010）运用同步加速器显微断层摄影（microtomography synchrotron）做出一枚产自中国白垩纪的龟鳖蛋化石的精美胚胎图像。但后两者都没有具体的产地和层位。

另外，1965 年杨钟健研究了广东南雄、始兴和江西赣州的蛋化石，认为其中几个圆形蛋可能是龟鳖蛋，命名为 *Oolithes nanhsiungensis* Young, 1965。这些材料包括两枚产自南雄乌迳腊树园编号为 IVPP V 2789 的圆形蛋，一枚产自赣州城南五里亭 1.5 km 的编号为 PMRE 153 (Ks7) 的破损的蛋以及其他未注明具体产地的蛋壳碎片。其中产自南雄的两枚蛋与乌迳南雄龟共生，杨钟健因此认为这两枚蛋壳应当属于乌迳南雄龟。这些标本可惜未作切片研究，现在下落不明（杨钟健，1965）。

硬壳龟鳖蛋属 Genus *Testudoolithus* Hirsch, 1996

模式种 刚硬硬壳龟鳖蛋 *Testudoolithus rigidus* Hirsch, 1996

鉴别特征 圆形蛋，蛋壳厚度 0.2–0.8 mm。

中国已知种 蒋氏硬壳龟鳖蛋 *Testudoolithus jiangi* (Fang, Lu, Jiang et Yang, 2003)。

分布与时代 亚洲、欧洲、美洲，侏罗纪—上新世。中国：浙江，白垩纪。

蒋氏硬壳龟鳖蛋 ***Testudoolithus jiangi*** **(Fang, Lu, Jiang et Yang, 2003) Jackson, Jin, Varricchio, Azuma et Jiang, 2008**

（图 196）

Tiantaioolithus jiangi：方晓思等 , 2003, 516 页 , 图版 II, 图 7–9

图 196　蒋氏硬壳龟鳖蛋 *Testudoolithus jiangi*

A–C. ZMNH M 8713（正模），示原地埋藏（A），蛋窝细节，示三层排列（B），ES 137 号蛋蛋壳横切面扫描电镜照片（C）；引自 Jackson et al., 2008

正模 ZMNH M 8713，一窝 27 个蛋。浙江天台盆地双塘，上白垩统赤城山组。

归入标本 TTM 006，一个单独的蛋。产自浙江天台双塘村附近柑桔园，层位同正模。

鉴别特征 以下列特征区别于 *Testudoolithus hirschi* 和 *Testudoolithus rigidus*：直径 35–52 mm 的圆形蛋，蛋壳厚 0.70–1.0 mm；壳单元高宽比例为 2.5:1–3:1。蛋的大小和形状与 *Testudoolithus rigidus* 相似，但蛋壳比后者厚两倍，且显微单元高宽比例大；壳单元高宽比例与 *Testudoolithus hirschi* 相似，但比后者蛋壳厚三倍。

产地与层位 浙江天台盆地，上白垩统赤城山组。

评注 双塘的一窝 27 个龟鳖蛋是中国第一个原地保存龟鳖蛋的记录，有四个分离取出。其中两个由方晓思等研究定名为蒋氏天台龟鳖蛋（方晓思等，2003）。后经 Jackson 等（2008）重新研究后移入硬壳龟鳖蛋属，并将一枚产自浙江天台盆地双塘村附近柑桔园的龟鳖蛋归入同种。Jackson 等（2008）认为蒋氏天台龟鳖蛋模式层位是下白垩统两头塘组（阿尔布阶），但未说明缘由。沉积学研究表明这窝蛋像现生龟鳖产卵那样埋在泥土中。蛋的大的体积及数量都表明这窝蛋是大个体的龟鳖产的；而厚的蛋壳和蛋壳上大的气孔间距表明对相对干燥的陆地环境的适应，并在处在蛋窝边缘的蛋上发现了真菌（Jackson et al., 2008, 2009）。

水龟蛋属 Genus *Emydoolithus* Wang, Wang, Zhao, Zhang et Jiang, 2013

模式种 莱阳水龟蛋 *Emydoolithus laiyangensis* Wang, Wang, Zhao, Zhang et Jiang, 2013

鉴别特征 蛋呈对称长椭圆形，长轴长 9.1 cm，短轴长 2.2–2.5 cm，形状指数为 27.4。钙质硬蛋壳厚度为 400–500 μm，壳单元宽度为 100–200 μm，长宽比为 2:1–5:1；蛋壳每厘米有 50–60 个壳单元。

中国已知种 仅模式种。

分布与时代 山东莱阳，晚白垩世。

莱阳水龟蛋 *Emydoolithus laiyangensis* Wang, Wang, Zhao, Zhang et Jiang, 2013

（图 197）

正模 IVPP V 18544，一个近完整椭圆形蛋 ；山东省莱阳金刚口，上白垩统王氏群金刚口组（Wang Q. et al., 2013）。

鉴别特征 同属。

产地与层位 仅模式产地。

图 197 莱阳水龟蛋 *Emydoolithus laiyangensis*
A–C. IVPP V 18544（正模），蛋壳顶视（A）、蛋壳横切面偏光显微照片（B）、蛋壳横切面扫描电镜照片（C）；引自 Wang Q. et al., 2013

龟鳖足迹化石

龟鳖足迹化石在中国有如下记录：

新疆准噶尔盆地乌尔禾黄羊泉（Huangyangquan）下白垩统吐谷鲁群发现的大量龟鳖类足迹化石（图 198）包括行走和游泳时在水底地表留下的足迹；经 Xing 等（2014）研究认为与 *Chelonipus* 和 *Emydhipus* 相似，但更接近前者。

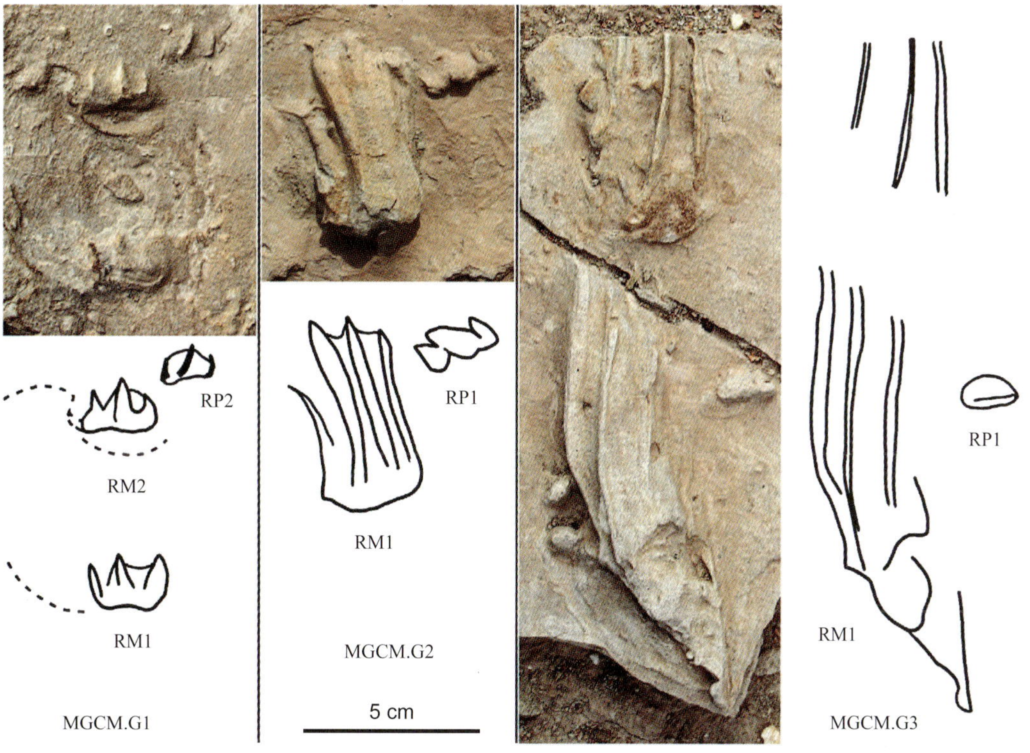

图 198 新疆黄羊泉龟鳖足迹化石
RP. 右后足，RM 右前足；引自 Xing et al., 2014

山东诸城黄龙沟上白垩统龙王庄组多个小型足迹有着长度相等的、相互平行的四爪痕迹（图 199），为龟鳖足迹（Lockley et al., 2015）。

另外，内蒙古查布下白垩统泾川组的一组足迹和四川喜德巴臼下白垩统肥田山组发现的爬行类足迹化石中的一个游泳时在水底地表留下的足迹都可能为龟鳖类足迹（Lockley et al., 2012；Xing et al., 2016）。

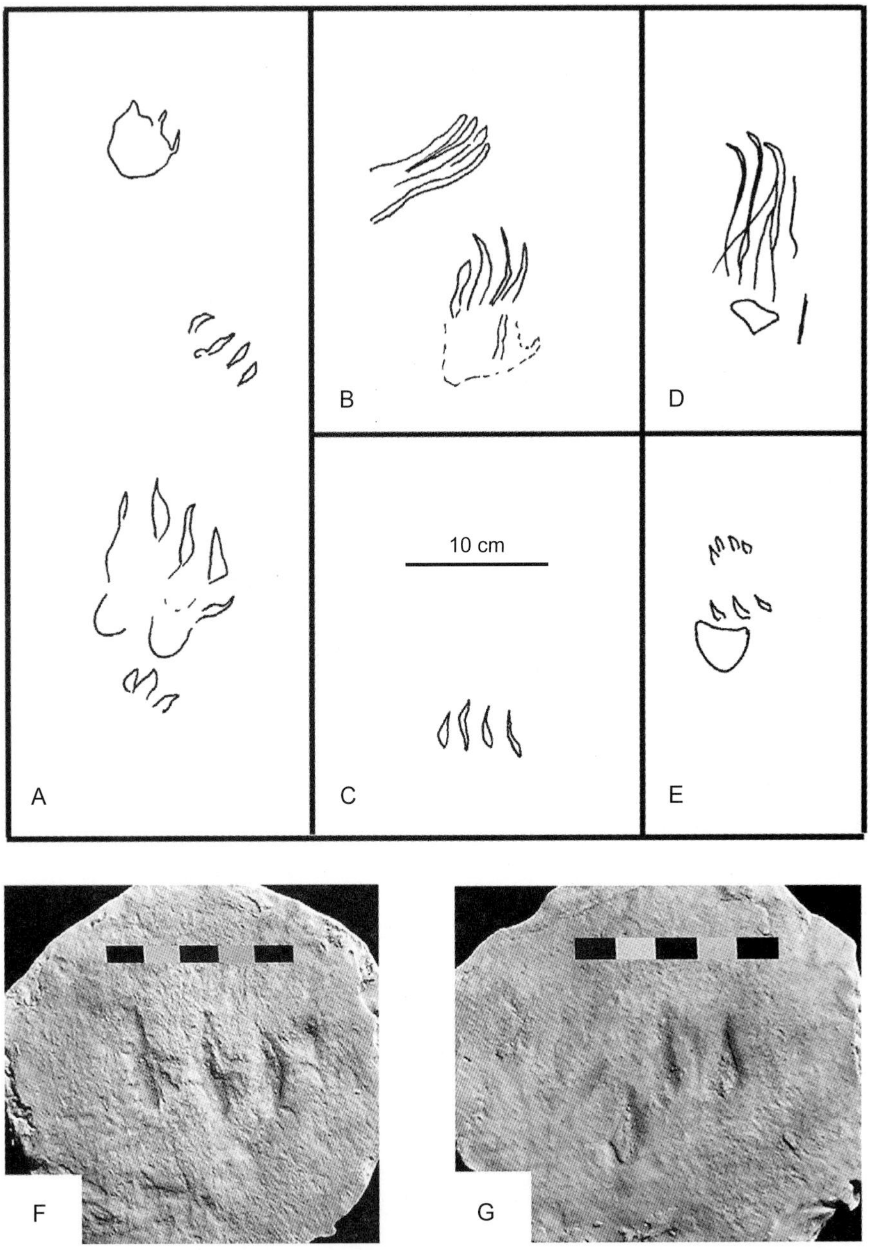

图 199　山东诸城黄龙沟龟鳖足迹化石

A. UCM 214.239，B. UCM 214.236，C, F. UCM 214.233，D. UCM 214.238，E. 214.235，G. 214.231；引自 Lockley et al., 2015

参考文献

蔡保全 (Cai B Q). 1998. 从贝丘遗址看福建沿海先民的居住环境与资源开发 . 厦门大学学报 (哲学社会科学版), 3: 106–111

曹珂 (Cao K). 2013. 中国陆相白垩系地层对比 . 地质论评 , 59(1): 24–40

曹克清 (Cao K Q). 1984. 广东南雄浈水湖口龟的新材料 . 古脊椎动物学报 , 22(3): 249

陈壁辉 (Chen B H), 花兆合 (Hua Z H), 李炳华 (Li B H). 1985. 扬子鳄 . 合肥 : 安徽科学技术出版社 . 1–245

陈公信 (Chen G X). 1983. 湖北新洲盆地的龟化石 . 古脊椎动物与古人类 , 21(1): 43–48

陈丕基 (Chen P J). 1982. 山东蒙阴侏罗纪叶肢介 . 古生物学报 , 21(1): 133–139

程政武 (Cheng Z W). 1961. 山东临朐早第三纪无盾龟属化石一新种 . 古脊椎动物与古人类 , 5(3): 273–276

程政武 (Cheng Z W). 1980. 脊椎动物化石 . 见 : 中国地质科学院地质研究所 . 陕甘宁盆地中生代地层古生物 . 北京 : 地质出版社 . 115–172

程政武 (Cheng Z W), 李佩贤 (Li P X), 李锦玲 (Li J L), 姬书安 (Ji S A), 靳悦高 (Jin Y G). 1995. 甘肃西部一新晚二叠世脊椎动物群的发现及其意义 . 科学通报 , 40(5): 442–445

丛林玉 (Cong L Y), 侯连海 (Hou L H), 吴肖春 (Wu X C), 侯晋封 (Hou J F). 1998. 扬子鳄的大体解剖 . 北京 : 科学出版社 . 1–388

邓涛 (Deng T), 祁国琴 (Qi G Q). 2009. 云南禄丰古猿化石地点的犀科化石 . 古脊椎动物学报 , 47(2): 135–152

董枝明 (Dong Z M). 1973. 新疆古生物考察报告 (二): 乌尔禾地区白垩纪地层 . 中国科学院古脊椎动物与古人类研究所甲种专刊 , 9: 1–7

董枝明 (Dong Z M), 李宣民 (Li X M), 周世武 (Zhou S W), 张奕宏 (Zhang Y H). 1977. 四川自贡剑龙化石简报 . 古脊椎动物与古人类 , 15(4): 307–312

董枝明 (Dong Z M), 尤海鲁 (You H L), 彭光照 (Peng G Z). 2015. 中国古脊椎动物志 , 第二卷 , 两栖类 爬行类 鸟类 , 第五册 (总第九册), 鸟臀类恐龙 . 北京 : 科学出版社 . 1–179

范方芳 (Fan F F), 张居中 (Zhang J Z). 2010. 中国新石器时代遗址出土的龟鳖类 . 见 : 河南省文物考古研究所 . 动物考古 第 1 辑 -2007 年中国郑州动物考古国际学术研讨会论文集 . 北京 : 文物出版社 . 48–56

方其仁 (Fang Q R). 1987. 四川中侏罗世龟类一新种 . 两栖爬行动物学报 , 6(1): 65–69

方晓思 (Fang X S), 卢立伍 (Lu L W), 蒋严根 (Jiang Y G), 杨良锋 (Yang L F). 2003. 浙江天台盆地蛋化石与恐龙的绝灭 . 地质通报 , 22(7): 512–520

方晓思 (Fang X S), 李佩贤 (Li P X), 张志军 (Zhang Z J), 程政武 (Cheng Z W), 庞其清 (Pang Q Q), 张子雄 (Zhang Z X), 黄宝春 (Huang B C). 2008. 滇中侏罗纪红层 . 北京 : 地质出版社

方晓思 (Fang X S), 岳昭 (Yue Z), 凌虹 (Ling H). 2009. 近十五年来蛋化石研究概况 . 地球学报 , 30(4): 523–542

高克勤 (Gao K Q). 1983. 山西柳林的锯齿龙类化石 . 古脊椎动物与古人类 , 21(3): 193–203

郭相奇 (Guo X Q), 韩建刚 (Han J G), 姬书安 (Ji S A). 2012. 辽宁西部及邻区中侏罗世燕辽生物群脊椎动物化石研究进展 . 地质通报 , 31(6): 928–935

韩德芬 (Han D F), 张森水 (Zhang S S). 1978. 建德发现的一枚人的犬齿化石及浙江第四纪哺乳动物新资料 . 古脊椎动物与古人类 , 16(4): 255–263

洪友崇 (Hong Y C). 1983. 中国北方侏罗纪昆虫群 . 北京 : 地质出版社 . 1–223

胡承志 (Hu C Z), 程政武 (Cheng Z W), 庞其清 (Pang Q Q), 方晓思 (Fang X S). 2001. 巨型山东龙 . 北京 : 地质出版社 . 1–139

胡寿永 (Hu S Y). 1964. 内蒙古阿拉善旗肉食龙类化石 . 古脊椎动物与古人类 , 8(1): 42–63

黄迪颖 (Huang D Y). 2015. 燕辽生物群和燕山运动 . 古生物学报 , 54(4): 501–546

姬书安 (Ji S A). 1995. 三、爬行类化石部分 . 见 : 任东 (Ren D), 卢立伍 (Lu L W), 郭子光 (Guo Z G), 姬书安 (Ji S A). 北京与邻区侏罗 - 白垩纪动物群及其地层 . 北京 : 地震出版社

季燕南 (Ji Y N), 王旭日 (Wang X R), 季强 (Ji Q). 2014. 中国水生蜥与潜龙名称合法性之争 . 地质学刊 , 38(1): 12–16

金建华 (Jin J H). 2008. 广东茂名盆地油柑窝组的地质时代 . 地层学杂志 , 32(1): 47–50

金幸生 (Jin X S), 杜天明 (Du T M), 赵丽君 (Zhao L J). 1997. 浙江陆龟化石的再认识 . 东方博物 , 1: 229–232

科列班诺娃 И M (Kleybanova I M). 1963. 阿拉善地区 (毛尔图) 白垩纪恐龙的埋藏 . 古脊椎动物与古人类 , 7(1): 52–58

雷奕振 (Lei Y Z), 叶祥奎 (Ye X K). 1985. 湖北南漳早始新世的鳖类 . 古脊椎动物与古人类 , 23(1): 19–26

李建军 (Li J J) . 2015. 中国古脊椎动物志 , 第二卷 , 两栖类 爬行类 鸟类 , 第八册 (总第十二册), 中生代爬行类和鸟类足迹 . 北京 : 科学出版社 . 1–273

李锦玲 (Li J L). 1989. 陕西府谷前棱蜥类一新属及有关问题的讨论 . 古脊椎动物学报 , 27(4): 248–267

李锦玲 (Li J L), 程政武 (Cheng Z W). 1995. 波罗蜥类 (bolosaurs) 在中国上二叠统的发现——甘肃玉门晚二叠世脊椎动物群系列报道之一 . 古脊椎动物学报 , 33(1): 17–23

李锦玲 (Li J L), 程政武 (Cheng Z W). 1997. 记内蒙古大青山一晚二叠世的大鼻龙类 . 见 : 童永生 (Tong Y S), 张银运 (Zhang Y Y), 吴文裕 (Wu W Y), 李锦玲 (Li J L), 史立群(Shi L Q). 演化的实证——纪念杨钟健教授百年诞辰论文集 . 北京 : 海洋出版社 . 119–124

刘东生 (Liu D S), 李传夔 (Li C K), 翟人杰 (Zhai R J). 1978. 陕西蓝田上新世脊椎动物化石 . 见 : 中国地质科学院地层古生物论文集编委会 . 地层古生物论文集 - 第七辑 . 北京 : 地质出版社 . 149–200

刘俊 (Liu J), 尚庆华 (Shang Q H), 孙克勤 (Sun K Q), 李录 (Li L). 2012. 甘肃玉门大山口动物群层位及北祁连区二叠和三叠纪地层 . 古脊椎动物学报 , 50(4): 373–381

马绍良 (Ma S L). 1986. 黑龙江省鸡西东海煤矿中生代龟化石 . 博物馆研究 , 14: 109–112

密纳尔斯基 M (Młynarski M). 1955. 论甘肃天水上新世龟化石的系统位置 . 古生物学报 , 3(3): 159–165

裴文中 (Pei W Z). 1958. 山西襄汾县丁村附近 103 地点的哺乳动物化石 . 古生物学报 , 6(4): 359–374

彭光照 (Peng G Z), 叶勇 (Ye Y), 高玉辉 (Gao Y H), 舒纯康 (Shu C K), 江山 (Jiang S). 2005. 自贡地区侏罗纪恐龙动物群 . 成都 : 四川人民出版社

任东 (Ren D), 卢立伍 (Lu L W), 姬书安 (Ji S A). 1995. 生物地层 . 见 : 任东 (Ren D), 卢立伍 (Lu L W), 郭子光 (Guo Z G), 姬书安 (Ji S A). 北京与邻区侏罗 - 白垩纪动物群及其地层 . 北京 : 地震出版社 . 23–42

沙金庚 (Sha J G). 1993. 福建禾口盆地早白垩世禾口组的类三角蚌——兼论 Trigonioididae 的分类 . 古生物学报 , 32(3): 285–302

山东地质矿产局 . 1996. 全国地层多重划分对比研究 -37, 山东省岩石地层 . 武汉 : 中国地质大学出版社

尚庆华 (Shang Q H), 吴肖春 (Wu X C), 李淳 (Li C). 2011. 云南东部中三叠世始鳍龙类一新属种 . 古脊椎动物学报 , 49(2): 155–171

孙艾璘 (孙艾玲) (Sun A L). 1963. 中国的肯氏兽类 . 中国古生物志，总号第 147 册 , 新丙种第 17 号 . 北京 : 科学出版社 . 1–109

童永生 (Tong Y S), 郑绍华 (Zheng S H), 邱铸鼎 (Qiu Z D). 1995. 中国新生代哺乳动物分期 . 古脊椎动物学报 , 33(4):

290–314
汪筱林 (Wang X L), 周忠和 (Zhou Z H). 2006. 热河生物群翼龙的适应辐射及其古环境背景 . 见 : 戎嘉余 (Rong J Y). 生物的起源、辐射与多样性演变——华夏化石记录的启示 . 北京 : 科学出版社 . 665–689
汪筱林 (Wang X L), 程心 (Cheng X), 蒋顺兴 (Jiang S X), 王强 (Wang Q), 孟溪 (Meng X),张嘉良 (Zhang J L), 李宁 (Li N). 2014. 辽西玲珑塔翼龙动物群和浙江翼龙的同位素年代 : 兼论中国翼龙化石的地层序列和时代框架 . 地学前缘 , 21(2): 157–184
王剑 (Wang J), 史海涛 (Shi H T). 2011. 黄斑巨鳖分布的历史变迁 . 动物分类学报 , 36: 919–924
王思恩 (Wang S E), 高林志 (Gao L Z). 2012. 新疆准噶尔盆地侏罗系凝灰岩 SHRIMP 锆石 U-Pb 年龄 . 地质通报 , 31(4): 503–509
魏丰 (Wei F), 吴维棠 (Wu W T), 徐玉斌 (Xu Y B), 张明华 (Zhang M H). 1975. 陆龟化石在浙江的首次发现 . 古脊椎动物与古人类 , 13(2): 118–121
魏丰 (Wei F), 吴维棠 (Wu W T), 张明华 (Zhang M H), 韩德芬 (Han D F). 1990. 浙江余姚河姆渡新石器时代遗址动物群 . 北京 : 海洋出版社
吴肖春 (Wu X C). 1982. 陕甘宁盆地二马营组的假鳄类 . 古脊椎动物与古人类 , 20(4): 291–301
吴肖春 (Wu X C). 1986. 记裂头鳄属 (*Dibothrosuchus*) 一新种 . 古脊椎动物学报 , 24(1): 43–62
许春华 (Xu C H), 李有恒 (Li Y H), 韩德芬 (Han D F), 陆庆伍 (Lu Q W). 1973. 山西石楼县一陆龟化石 . 古脊椎动物与古人类 , 11(1): 59–65
杨安峰 (Yang A F), 程红 (Cheng H). 1999. 脊椎动物比较解剖学 . 北京 : 北京大学出版社 . 1–304
杨钟健 (Young C C). 1951. 禄丰蜥龙动物群 . 中国古生物志 , 总号第 134 册 , 新丙种第 13 号 . 北京 : 科学出版社 . 1–96
杨钟健 (Young C C). 1954. 山东莱阳蛋化石 . 古生物学报 , 2(4): 371–388
杨钟健 (Young C C). 1958. 山东莱阳恐龙化石 . 中国古生物志, 总号第142册, 新丙种第16号 . 北京 : 科学出版社 . 1–138
杨钟健 (Young C C). 1964. 中国的假鳄类 . 中国古生物志 , 总号第 151 册 , 新丙种第 19 号 . 北京 : 科学出版社 . 1–205
杨钟健 (Young C C). 1965. 广东南雄、始兴 , 江西赣州的蛋化石 . 古脊椎动物与古人类 , 9(2): 141–170
杨钟健 (Young C C). 1979. 河南济源一新晚二叠世动物群 . 古脊椎动物与古人类 , 17(2): 99–113
杨钟健 (Young C C), 董枝明 (Dong Z M). 1972. 中国三叠纪水生爬行动物 . 中国科学院古脊椎动物与古人类研究所甲种专刊 , 9: 1–34
杨钟健 (Young C C), 叶祥奎 (Yeh H K). 1963. 锯齿龙类在我国的初次发现 . 古脊椎动物与古人类 , 7(3): 195–212
杨钟健 (Young C C), 赵喜进 (Zhao X J). 1972. 合川马门溪龙 . 中国科学院古脊椎动物与古人类研究所甲种专刊 , 8: 1–45
杨钟健 (Young C C), 周明镇 (Chow M C). 1953. 四川中生代爬行类动物的新发现 . 古生物学报 , 1(3): 87–110
杨钟健 (Young C C), 周明镇 (Chow M C). 1962. 粤北“红层”中的脊椎动物化石 . 古脊椎动物与古人类 , 6(2): 130–135
叶祥奎 (Ye X K). 1961. 中国首次发现的地平龟甲壳 . 古脊椎动物与古人类 , 1: 58–64
叶祥奎 (Ye X K). 1962. 记山东、浙江两个鳖类化石 . 古脊椎动物与古人类 , 6(4): 384–388
叶祥奎 (Ye X K). 1963a. 中国龟鳖类化石 . 中国古生物志 , 总号第 150 册 , 新丙种第 18 号 . 北京 : 科学出版社 . 1–112
叶祥奎 (Ye X K). 1963b. 广西柳城巨猿洞更新世陆龟一新种及其意义 . 古脊椎动物与古人类 , 7(3): 223–228
叶祥奎 (Ye X K). 1965. 内蒙古龟鳖类化石的新材料 . 古脊椎动物与古人类 , 9(1): 47–76
叶祥奎 (Ye X K). 1966. 广东南雄白垩纪龟类一新种 . 古脊椎动物与古人类 , 10(2): 191–200
叶祥奎 (Ye X K). 1973a. 乌尔禾的龟鳖类化石 . 中国科学院古脊椎动物与古人类研究所甲种专刊 , 9: 8–11
叶祥奎 (Ye X K). 1973b. 蛇颈龟化石在上禄丰群的发现及其意义 . 古脊椎动物与古人类 , 11(2): 160–163
叶祥奎 (Ye X K). 1974a. 广东南雄新生代龟类化石 . 古脊椎动物与古人类 , 12(1): 26–37

叶祥奎 (Ye X K). 1974b. 福建新发现的鳖类化石 . 古脊椎动物与古人类 , 12(3): 190–191

叶祥奎 (Ye X K). 1974c. 记新疆泥龟类化石一新种 . 古脊椎动物与古人类 , 12(4): 257–260

叶祥奎 (Ye X K). 1979a. 安徽古新世的龟类 . 古脊椎动物与古人类 , 17(1): 49–55

叶祥奎 (Ye X K). 1979b. 河南济源陆龟科化石 . 古脊椎动物与古人类 , 17(4): 310–317

叶祥奎 (Ye X K). 1981a. 化石闭壳龟的新发现 . 古脊椎动物与古人类 , 19(3): 239–245

叶祥奎 (Ye X K). 1981b. 四川的龟鳖类化石 . 两栖爬行动物研究 , 5(10): 69–70

叶祥奎 (Ye X K). 1982a. 四川中侏罗世的龟化石 . 古脊椎动物与古人类 , 20(4): 282–290

叶祥奎 (Ye X K). 1982b. 天府之国古已然——四川侏罗纪的爬行动物及其意义 . 四川动物 , 1(3): 36–39

叶祥奎 (Ye X K). 1983a. 浙江的闭壳龟化石 . 古脊椎动物与古人类 , 21(1): 49–51

叶祥奎 (Ye X K). 1983b. 四川威远晚侏罗世一龟类背甲 . 古脊椎动物与古人类 , 21(3): 188–192

叶祥奎 (Ye X K). 1983c. 湖南辰溪侏罗纪的龟化石 . 古脊椎动物与古人类 , 21(4): 286–291

叶祥奎 (Ye X K). 1985. 古猿闭壳龟的新材料及该属的地史分布 . 人类学学报 , 4(2): 113–117

叶祥奎 (Ye X K). 1986a. 新疆首次发现的侏罗纪龟类 . 古脊椎动物学报 , 24(3): 171–181

叶祥奎 (Ye X K). 1986b. 放射纹蛇颈龟的新材料及其有关问题的探讨 . 古脊椎动物学报 , 24 (4): 269–273

叶祥奎 (Ye X K). 1987. 我国的早期龟类 . 两栖爬行动物学报 , 6(3): 63–66

叶祥奎 (Ye X K). 1990a. 四川自贡大山铺的龟化石 . 古脊椎动物学报 , 28(4): 304–311

叶祥奎 (Ye X K). 1990b. 陕西长安沣西西周墓地出土的龟甲 . 考古 , 6: 544–549

叶祥奎 (Ye X K). 1993. 龟类化石 (附鱼类化石). 中国科学院古脊椎动物与古人类研究所甲种专刊 , 19: 28–29

叶祥奎 (Ye X K). 1994. 安徽铜山上新世的闭壳龟化石 . 古脊椎动物与古人类 , 32(1): 66–68

叶祥奎 (Ye X K). 1995. 记山东昌乐一泥龟化石 . 两栖爬行动物学研究 , 4-5: 287–290

叶祥奎 (Ye X K), 方其仁 (Fang Q R). 1982. 四川井研蛇颈龟化石一新种 . 两栖爬行动物学报 , (1): 63–68

叶祥奎 (Ye X K), 刘一曼 (Liu Y M). 2001. 河南安阳殷墟花园庄东地出土的龟甲研究 . 考古 , 8: 85–92

叶祥奎 (Ye X K), 齐陶 (Qi T). 1993. 内蒙古乌拉乌苏的陆龟属皮骨化石 . 古脊椎动物学报 , 31(1): 15–18

叶祥奎 (Ye X K), 张居中 (Zhang J Z). 1994. 河南舞阳县贾湖遗址中的龟鳖类 . 人类学学报 , 13 (1): 32–38

叶勇 (Ye Y). 1999. 四川内江晚侏罗世中国龟科一新种 . 古脊椎动物学报 , 37(2): 81–87

叶勇 (Ye Y), 皮孝忠 (Pi X Z). 1997. 四川自贡大山铺成渝龟科一新属 . 古脊椎动物学报 , 35(3): 182–188

张和 (Zhang H). 2007. 中国化石 . 武汉 : 中国地质大学出版社

张孟闻 (Zhang M W). 1982. 四灵考 . 见 : 李国豪 (Li G H), 张孟闻 (Zhang M W), 曹天钦 (Cao T Q). 中国科技史探索 . 上海 : 上海古籍出版社

张孟闻 (Zhang M W), 宗愉 (Zong Y), 马积藩 (Ma J F). 1998. 总论 龟鳖目 鳄形目 . 中国动物志 爬行纲 第一卷 . 北京 : 科学出版社 . 1–213

张明华 (Zhang M H). 1984. 浙江鼋属一新种及其亚化石记述 . 两栖爬行动物学报 , 3(4): 71–76

张显球 (Zhang X Q), 张喜满 (Zhang X M), 侯明才 (Hou M C), 李罡 (Li G), 黎汉明 (Li H M). 2013. 南雄盆地红层岩石地层划分 . 地层学杂志 , 37(4): 441–451

赵尔宓 (Zhao E M), 黄美华 (Huang M H), 宗愉 (Zong Y) 等 . 1998. 有鳞目 蛇亚目 . 中国动物志 爬行纲 第二卷 . 北京 : 科学出版社 . 1–522

赵尔宓 (Zhao E M), 赵肯堂 (Zhao K T), 周开亚 (Zhou K Y). 1999. 有鳞目 蜥蜴亚目 . 中国动物志 爬行纲 第二卷 . 北京 : 科学出版社 . 1–394

赵肯堂 (Zhao K T), 黄恭情 (Huang G Q). 1994. 苏州地区鼋种考证 . 见 : 中国动物学会 , 中国科学院动物研究所 , 北京

大学生命科学学院，清华大学生物科学与技术系．中国动物学会成立 60 周年——纪念陈桢教授诞辰 100 周年论文集．北京：中国科学技术出版社．77–83

赵资奎 (Zhao Z K). 1975. 广东南雄恐龙蛋化石的显微结构（一）——兼论恐龙蛋化石的分类问题．古脊椎动物与古人类，13(2): 105–117

赵资奎 (Zhao Z K). 1979. 我国恐龙蛋化石研究的进展．见：中国科学院古脊椎动物与古人类研究所和南京地质古生物研究所编辑．华南中、新生代红层——广东南雄“华南白垩纪—早第三纪红层现场会议”论文选集．北京：科学出版社．330–334

赵资奎 (Zhao Z K)，王强 (Wang Q)，张蜀康 (Zhang S K). 2015. 中国古脊椎动物志，第二卷，两栖类 爬行类 鸟类，第七册（总第十一册），恐龙蛋类．北京：科学出版社．1–172

甄朔南 (Zhen S N)，李建军 (Li J J)，韩兆宽 (Han Z K)，杨兴隆 (Yang X L). 1996. 中国恐龙足迹研究．成都：四川科技出版社．1–110

中国地层典编委会．1999. 中国地层典 - 第三系．北京：地质出版社

中国地层典编委会．2000. 中国地层典 - 白垩系．北京：地质出版社

中国科学院古脊椎动物与古人类研究所《中国脊椎动物化石手册》编写组．1979. 中国脊椎动物化石手册（增订版）. 北京：科学出版社．1–665

周明镇 (Chow M C). 1954a. 山东莱阳化石蛋壳的微细构造．古生物学报，2(4): 389–394

周明镇 (Chow M C). 1954b. 山东莱阳白垩纪后期龟类化石．古生物学报，2(4): 395–408

周明镇 (Chow M C). 1955. 安徽泗洪县下草湾金龟化石．古生物学报，3(1): 69–72

周明镇 (Chow M C). 1956. 关于茂名龟和有关地层问题的补充材料．古生物学报，4(2): 233–238

周明镇 (Chow M C). 1959. 江西新余始新世脊椎动物化石的新发现．古脊椎动物与古人类，1(2): 79–80

周明镇 (Chow M C). 1961. 山西襄汾更新世初期一新种沼龟化石．古生物学报，9(4): 246–249

周明镇 (Chow M C)，刘嘉龙 (Liu J L). 1955. 广东茂名一新种始新世 *Anosteira* 属龟化石．古生物学报，3(4): 275–282

周明镇 (Chow M C)，孙艾玲 (Sun A L). 1960. 记山西第二次发现的前棱蜥化石．古脊椎动物与古人类，2(2): 155–156

周明镇 (Chow M C)，叶祥奎 (Ye X K). 1957. 河南卢氏始新世一新种 *Platypeltis* 属鳖类．古脊椎动物学报，1(3): 259–262

周明镇 (Chow M C)，叶祥奎 (Ye X K). 1958. 山西榆社一新种鳖类．古脊椎动物学报，2(1): 51–55

周明镇 (Chow M C)，叶祥奎 (Ye X K). 1962. 广东茂名龟科化石一新属．古脊椎动物与古人类，6(3): 225–229

周忠和 (Zhou Z H). 2006. 热河生物群的辐射及其进化生态学背景．见：戎嘉余 (Rong J Y). 生物的起源、辐射与多样性演变——华夏化石记录的启示．北京：科学出版社．705–732

朱敏 (Zhu M)，邱占祥 (Qiu Z X). 2015. 脊椎动物总论．见：朱敏 (Zhu M). 中国古脊椎动物志，第一卷 鱼类，第一册（总第一册），无颌类．北京：科学出版社．1–80

Anquetin J. 2012. Reassessment of the phylogenetic interrelationships of basal turtles (Testudinata). Journal of Systematic Palaeontology, 10(1): 3–45

Auffenberg W. 1962. The status of *Testudo anyangensis* Ping. Herpetologica, 18(1): 58–59

Auffenberg W. 1974. Checklist of fossil land tortoises (Testudinidae). Bulletin of the Florida State Museum (Biological Sciences), 18(3): 121–251

Bakker R T. 1972. Anatomicaland ecological evidence of endothermy in dinosaurs. Nature, 238: 81–85

Baur G. 1890. On the classification of the Testudinata. The American Naturalist, 24(282): 530–536

Benson R B J. 2012. Interrelationships of basal synapsids: cranial and postcranial morphological partitions suggest different topologies. J Syst Paleont, 10(4): 601–624

Benton M J. 1985. Classification and phylogeny of the diapsid reptiles. Zoological Journal of the Linnean Society, 84: 97–164

Benton M J. 1990. The species of *Rhynchosaurus*, a rhynchosaur (Reptilia, Diapsida) from the Middle Triassic of England. Phil Trans Roy Soc Lond, B 328: 213–306

Benton M J. 1991. Amiote Phylogeny. In: Schultze H P, Trueb L eds. Origins of the Higher Groups of Tetrapods: Controversy and Consensus. Cornell University Press Comstock. 317–330

Benton M J. 2005. Vertebrate Palaeontology (Third edition). Malden, USA; Oxford, UK; Carlton, Australia: Blackwell Publishing. 1–455

Benton M J. 2015. Vertebrate Palaeontology (Fourth edition). West Sussex, UK: Wiley Blackwell

Benton M J. 2016. The Chinese pareiasaurs. Zoological Journal of the Linnean Society, 177: 813–853

Bergounioux F M. 1955. Testudinata. In: Piveteau J. Traité de Paléontology, V. Masson et Cie. 486–544

Bever G S, Lyson T R, Field D J, Bhullar B A S. 2015. Evolutionary origin of the turtle skull. Nature, 525: 239–242

Bickham J W, Carr J L. 1983. Taxonomy and phylogeny of the higher categories of Cryptodiran turtles based on a cladistic analysis of chromosomal data. Copeia, (4): 918–932

Bickham J W, Bull J J, Legler J M. 1983. Karyotypes and evolutionary relationships of trionychoid turtles. Cytologia, 48(1): 177–183

Bien M N. 1934. On the fossil pisces, anphibia and reptilia from Choukoutien localities 1 and 3. Palaeontologia Sinica, Ser. C, 10: 5–33

Bien M N. 1937. On the turtle remains from the archaeological site of Anyang, Honan. Bulletin of the Geological Society of China, 17(1): 121–133

Bohlin B. 1946. The fossil Mammals from the Tertiary deposit of Taben-buluk, western Kansu. Part II: Simplicidentata, Carnivora, Artiodactyla, Perissodactyla, and Primates. Palaeontologia Sinica, New Ser C, 8b: 1–259

Bohlin B. 1953. Fossil reptiles from Mongolia and Kansu. Stockholm: Statens Etnografiska Museum. 1–113

Bojanus L H. 1819. Anatome Testudinis europaeae. (Reprinted 1970) Society for the Study of Amphibians and Reptiles, facsimile reprints in Herpetology, 26: 1–178

Bonin F, Devaux B, Dupré A. 2006. Toutes les tortues du monde. Paris: Delachaux et Niestlé

Bour R, Dubois A. 1984. Nomenclature ordinal et familiale des Tortues (Reptilia). In: de Broin F, Jimenez-Fuentes E. Studia Geologica Salamanticensia, Vol. Especial 1-Studia Palaeocheloniologica 1. Salamanca: Comunicaciones del I Simposium internacional sobre Quelonios Fosiles. 77–86

Bour R, Dubois A. 1986. Nomenclature ordinal et familiale des Tortues (Reptilia). Note complementaire. Bulletin mensuel de la Scieté Linnéenne de Lyon, 55(3): 87–90

Brinkman D B. 2001. New material of *Dracochelys* (Eucryptodira: Sinemydidae) from the Junggar Basin, Xinjiang, People' s Republic of China. Canadian Journal of Earth Sciences, 38(12): 1645–1651

Brinkman D B, Matzke A T. 2009. New turtle specimens from the Jurassic Shishugou Formation of Xinjiang, China. In: Brinkman D B. Gaffney Turtle Symposium. Drumheller: Royal Tyrell Museum. 23–24

Brinkman D B, Peng J H. 1993a. *Ordosemys leios*, n. gen., n. sp., a new turtle from the Early Cretaceous of the Ordos Basin, Inner Mongolia. Canadian Journal of Earth Sciences, 30(10): 2128–2138

Brinkman D B, Peng J H. 1993b. New material of *Sinemys* (Testudines, Sinemydiae) from the Early Cretaceous of China. Canadian Journal of Earth Sciences, 30(10): 2139–2152

Brinkman D B, Peng J H. 1996. A new species of *Zangerlia* (Testudines: Nanhsiungchelyidae) from the Upper Cretaceous redbeds at Bayan Mandahu, Inner Mongolia, and the relationships of the genus. Canadian Journal of Earth Sciences, 33(4): 526–540

Brinkman D B, Wu X C. 1999. The skull of *Ordosemys*, an Early Cretaceous turtle from the Inner Mongolia, People's Republic of China, and the interrelationships of Eucryptodira (Chelonia, Cryptodira). Paludicola, 2: 134–147

Brinkman D B, Nessov L A, Peng J H. 1993. *Khunnuchelys* gen. nov., a new trionychid (Testudines: Trionychidae) from the Late Cretaceous of Inner Mongolia and Uzbekistan. Canadian Journal of Earth Science, 30(10): 2214–2223

Brinkman D B, Li J L, Ye X K. 2008. Order Testudines. In: Li J L, Wu X C, Zhang F C. The Chinese Fossil Reptiles and Their Kin. Beijing: Science Press. 35–102

Brinkman D B, Densmore M J, Joyce W G. 2010. "Macrobaenidae" (Testudines: Eucryptodira) from the Late Paleocene (Clarkforkian) of Montana and the taxonomic treatment of "*Clemmys*" *backmani*. Bulletin of the Peabody Museum of Natural History, 51(2): 147–155

Brinkman D B, Eberth D A, Xu X, Clark J M, Wu X C. 2013a. Turtles from the Jurassic Shishugou Formation of the Junggar Basin, People's Republic of China, with comments on the basicranial region of basal Eucryptodires. In: Brinkman D B, Holroyd P A, Gardner J D. Morphology and Evolution of Turtles. Dordrecht: Springer. 147–172

Brinkman D B, Yuan C X, Ji Q, Li D Q, You H L. 2013b. A new turtle from the Xiagou Formation (Early Cretaceous) of Changma Basin, Gansu Province, P. R. China. Palaeobiodiversity and Palaeoenvironments, 93(3): 367–382

Brinkman D B, Tong H Y, Li H, Sun Y, Zhang J S, Godefroit P, Zhang Z M. 2015. New exceptionally well-preserved specimens of "*Zangerlia*" *neimongolensis* from Bayan Mandahu, Inner Mongolia, and their taxonomic significance. Comptes Rendus Palevol, 14(6-7): 577–587

Brongniart A T. 1800. Essai d'une classification naturelle des reptiles. Iere Partie. Bulletin des Sciences, par La Société Philomathique. Paris 2: 81–82

Broom R. 1914. A further comparison of the South African dinocephalians with the American pelycosaurs. Bulletin of the American Museum of Natural History, 33: 135–144

Broom R. 1924. On the classification of the reptiles. Bulletin of the American Museum of Natural History, 51: 39–65

Cao Y, Sorenson M D, Kumazawa Y, Mindell D P, Hasegawa M. 2000. Phylogenetic position of turtles among amniotes: evidence from mitochondrial and nuclear genes. Gene, 259(1-2): 139–148

Carroll R L. 1975. Permo-Triassic "Lizards" from the Karroo. Palaeont Afr, 18: 71–87

Carroll R L. 1988. Vertebtate Paleontology and Evolution. New York: W. H. Freeman and Company. 1–698

Carroll R L. 1991. The origin of reptiles. In: Schultze H P, Trueb L. Origins of the Higher Groups of Tetrapods: Controversy and Consensus. Cornell University Press Comstock. 331–353

Carroll R L. 2013. Problem of the ancestry of turtles. In: Brinkman D B, Holroyd P A, Gardner J D. Morphology and Evolution of Turtles. Dordrecht: Springer. 19–36

Carroll R L, Baird D. 1972. Carboniferous stem-reptiles of the family Romeriidae. Bull Mus Comparative Zool, 143(5): 321–363

Case E C. 1911. A Revision of the Cotylosauria of North America. Washington: Carnegie Institution. 1–122

Chen P J, Dong Z M, Zhen S N. 1998. An exceptionally well-preserved theropod dinosaur from the Yixian Formation of China. Nature, 391: 147–152

Cheng Y N, Wu X C, Ji Q. 2004. Triassic marine reptiles gave birth to live young. Nature, 432: 383–386

Cheng Y N, Wu X C, Sato T, Shan H Y. 2012. A new eosauropterygian (Diapsida, Sauropterygia) from the Triassic of China.

Journal of Vertebrate Paleontology, 32(6): 1335–1349

Chiari Y, Cahais V, Galtier N, Delsuc F. 2012. Phylogenomic analyses support the position of turtles as the sister group of birds and crocodiles (Archosauria). BMC Biology, 10(1): 1–14

Chkhikvadze V M. 1970. Classification of the subclass Testudinata, 16th Scientific Session of the Institute of Palaeontology: Academy of Georgia, 7–8

Chkhikvadze V M. 1972. On the systematic position of Tertiary gigantic land tortoises of the Paleartic. Bulletin Academy of Sciences. Geotgian SSR, 65: 745–748

Chkhikvadze V M. 1976a. The fossil turtles of the family Sinemydidae. Akademiya Nauk Gruzinskoy SSR, Izvestiya, Seriya Biologicheskikh, 3: 265–270

Chkhikvadze V M. 1976b. New data on fossil turtles of Mongolia, China and eastern Kazakhstan. Bulletin of the Academy of Sciences of the Georgian SSR, 82: 745–748

Chkhikvadze V M. 1983. Fossil turtles from the Caucasus and northern region of the Black Sea: Izdatel'stvo "Metsniereba", Tbilisi

Chkhikvadze V M. 1985. Fossil turtles of the family Sinochelyidae. Vestnik Zoologil, (1): 40–44

Chkhikvadze V M. 1987. Sur la classification et les caractères de certaines tortues fossiles d'Asie rares et peu étudiées. Studia Palaeocheloniologica, 2: 55–86

Chkhikvadze V M. 1999. Somme fossil soft-shell turtles of Asia (*Rafetini* trib. nov.). Trudy Tbilisskogo Gosudarstvennogo Pedagogicheskogo Universiteta, 5: 215–225

Chkhikvadze V M. 2000. On the systematic position of some extinct trionychids of North America and Asia. Trudy Tbilisskogo Gosudarstvennogo Pedagogicheskogo Universiteta, 7: 199–213

Chow M C. 1951. Notes on Late Cretaceous dinosaurian remains and fossil eggs from Laiyang, Shantung. Bull Geol Soc China, 31: 89–96

Cisneros J C. 2008. Phylogenetic relationships of procolophonid parareptiles with remarks on their geological record. J Syst Palaeont, 6(3): 345–366

Claude J, Zhang J Y, Li J J, Mo J Y, Kuang X W, Tong H L. 2012. Geoemydid turtles from the Late Eocene Maoming Basin, southern China. Bulletin de la Societe Geologique de France, 183(6): 641–651

Cohen S, Cruickshank A, Joysey K, Manning T, Upchurch P. 1995. The Dinosaur Egg and Embryo Project: Exhibition Guide. Leicester: Rockart Publishing

Colbert E H. 1969. Evolution of the Vertebrates, A History of the Backboned Animals through Time (2nd edition), New York: John Wiley & Sons Inc. 1–535

Cope E D. 1870. On the Adocidae. Proceedings of the American Philosophical Society, 11(81): 547–553

Cope E D. 1878. Descriptions of extinct Batrachia and Reptilia from the Permian formation of Texas. Proceedings of the American Philosophical Society, 17: 505–530

Cope E D. 1895. The reptilian order Cotylosauria. Proceedings of the American Philosophical Society, 34: 436–457

Crawford N G, Parham J F, Sellas A, Faircloth B C, Glenn T, Papenfuss T J, Henderson J B, Hansen M H, Simison W B. 2015. A phylogenomic analysis of turtle. Molecular Phylogenetics and Evolution, 83: 250–257

Crumly C R. 1983. An annotated checklist of the fossil tortoises of China and Mongolia. Proceedings of the Biological Society of Washington, 96(3): 567–580

Crumly C R. 1984. A hypothesis for the relationships of the land tortoise genera (family Testudinidae). In: de Broin F,

Jimenez-Fuentes E. Studia Geologica Salamanticensia, Vol. Especial 1-Studia Palaeocheloniologica 1. Salamanca: Comunicaciones del I Simposium internacional sobre Quelonios Fosiles. 115–124

Danilov I G. 1999. A new lindholmemydid genus (Testudines: Lindholmemydidae) from the mid-Cretaceous of Uzbekistan. Russian Journal of Herpetology, 6(1): 63–71

Danilov I G. 2003. *Gravemys* Sukhanov and Narmandakh, 1983 (Tesutudinoidea: Lindholmemydidae) from the Late Cretaceous of Asia: new data. Paleo Bios, 23(3): 9–19

Danilov I G, Parham J F. 2006. A redescription of '*Plesiochelys*' *tatsuensis* from the Late Jurassic of China, with comments on the antiquity of the crown clade Cryptodira. Journal of Vertebrate Paleontology, 26(3): 573–580

Danilov I G, Parham J F. 2007. The type series of "*Sinemys*" *wuerhoensis*, a problematic turtle from the Lower Cretaceous of China, includes at least three taxa. Palaeontology, 50(2): 431–444

Danilov I G, Parham J F. 2008. A reassessment of some poorly known turtles from the Middle Jurassic of China, with comments on the antiquity of extant turtles. Journal of Vertebrate Palentology, 28(2): 306–318

Danilov I G, Sukhanov V B. 2006. A basal eucryptodiran turtle "*Sinemys*" *efremovi* (=*Wuguia efremovi*) from the Early Cretaceous of China. Acta Palaeontologica Polonica, 51(1): 105–110

Danilov I G, Sukhanov V B. 2013. A new basal testudinoid turtle (Testudinoidea: "Lindholmemydidae") from the Upper Paleocene of Mongolia. Paleontological Journal, 47(1): 104–113

Danilov I G, Vitek N S. 2013. Cretaceous trionychids of Asia: a expanded review of their record and biogeography. In: Brinkman D B, Holroyd P A, Gardner J D. Morphology and Evolution of Turtles. Dordrecht: Springer. 419–438

Danilov I G, Bolotsky Yu L, Averianov A O, Donchenko I V. 2002. A new genus of Lindholmemydid turtle (Testudines: Testudinoidea) from the Late Cretaceous of the Amur River region, Russia. Russian Journal of Herpetology, 9(2): 155–168

Danilov I G, Averianov A O, Skutschas P P, Rezvyi A S. 2006. *Kirgizemys* (Testudines, "Macrobaenidae"): new material from the Lower Cretaceous of Buryatia (Russia) and taxonomic revision. In: Danilov I G, Parham J F eds. Fossil Turtles Research, Vol. 1, Russian Journal of Herpetology, 13(Sup): 46–62

Danilov I G, Sukhanov V B, Syromyatnikova E V. 2011. New Asiatic materials on turtles of the family Adocidae with a review of the adocid record in Asia. Proceedings of the Zoological Institute RAS, 315(2): 101–132

Danilov I G, Claude J, Sukhanov V B. 2012. A redescription of *Elkemys australis* (Yeh, 1974), a poorly known basal testudinoid turtle from the Paleocene of China. Proceedings of the Zoological Institute RAS, 316(3): 223–238

Danilov I G, Sukhanov V B, Syromyatnikova E V. 2013a. Redescription of *Zangerlia dzamynchondi* (Testudines: Nanhsiungchelyidae) from the Late Cretaceous of Mongolia, with a reassessment of the phylogenetic position and relationships of *Zangerlia*. In: Brinkman D B, Holroyd P A, Gardner J D. Morphology and Evolution of Turtles. Dordrecht: Springer. 406–418

Danilov I G, Syromyatnikova E V, Skutschas P P, Kodrul T M, Jin J H. 2013b. The first "true" *Adocus* (Testudines, Adocidae) from the Paleogene of Asia. Journal of Vertebrate Paleontology, 33(5): 1071–1080

Danilov I G, Obraztsova E M, Syromyatnikova E V, Averianov A O, Chen W, Jin J H. 2014. Cranial morphology and phylogeny of carettochelyid turtles. In: Maxwell E, Miller-Camp J. Abstracts of Papers, 74th Annual Meeting of SVP. Berlin: Estrel Berlin. 116

Danilov I G, Vitek N S, Averianov A O, Glinskiy V N. 2015. A new soft-shelled trionychid turtle of the genus *Khunnuchelys* from the Upper Cretaceous Bostobe Formation of Kazakhstan. Acta Palaeontologica Polonica, 60(1): 155–161

David P. 1994. Liste des reptiles actuels du monde. I. Chelonii. Herpetological Riew, 26: 111–112 de Braga M, Reisz R R. 1996. The Early Permian reptile Acleistorhinus pteroticus and its phylogenetic position. Journal of Vertebrate Paleontology, 16(3): 384–395

de Braga M, Rieppel O. 1997. Reptile phylogeny and the interrelationships of turtles. Zoological Journal of the Linnean Society, 120: 281–354

de Broin F. 1977. Contribution à l'étude des Chéloniens. Chéloniens continentaux du Crétacé et du Tertiaire de France. Mémoires du Muséum National d' Histoires naturelles, Paris C, 38: 1–366

de Broin F. 1987. Lower vertebrates from the Early-Middle Eocene Kuldana Formation of Kohat (Pakistan): Chelonia. Contribution from the Museum of Paleontology, The University of Michigan, 27: 169–180

de Ricqles A, Taquet P. 1982. La faune de vertébrés du Permien Superieur du Niger. 1. Le captorhinomorphe *Moradisaurus grandis* (Reptilia, Cotylosauria). Annales de Paleontologies (*vert.-invert.*), 68(1): 33–106

Deeming D C, Halstead L B, Manabe M, Unwin D M.1993. An ichthyosaur embryo from the Lower Lias (Jurassic: Hettangian) of Somerset, England, with comments on the reproductive biology of ichthyosaurs. Mod Geol, 18: 423–442

Deng T. 2006. Chinese Neogene mammal biochronology. Vertebrata PalAsiatica, 44(2): 143–153

Dong Z M. 1992. Dinosaurian Faunas of China. Beijing: China Ocean Press. 1–188

Edmund A G. 1969. Dentition. In: Gans C ed. Biology of the Reptilia. Vol. 1: Morphology. London and New York: Academic Press. 117–200

Endo R. 1940. A new genus of Thecodontia from the Lycoptera beds in "Manchoukuo". Bulletin of Central National Museum of "Manchoukuo", 2: 1–14

Endo R, Shikama T. 1942. Mesozoic reptilian fauna in the Jehol mountainland, "Manchoukuo". Bulletin of Central National Museum of "Manchoukuo", 3: 1–23

Engstrom T N, Shaffer H B, McCord W P. 2004. Multiple data sets, high homoplasy, and the phylogeny of softshell turtles. Systematic Biology, 53(5): 693–710

Erickson B R. 1976. Osteology of the early eusuchian crocodile *Leidyosuchus frormidabilis*, sp. nov. The Science Museum of Minnesota, Monograph Vol 2: Paleontology, 1–61

Ernst C H, Barbour R W. 1989. Turtles of the World. Washington D. C.: Smithsonian Institution Scholarly Press. 1–313

Evans S E. 1988. The early history and relationships of the Diapsida. In: Benton M J ed. The Phylogeny and Classification of the Tetrapod. Vol 1:Amphibians,Reptiles, Birds. Syst Assoc Spec, 35A: 221–260

Farkas B. 1992. Wiederentdeckung eines Exemplars von *Rafetus swinhoei* (Gray, 1873) im Naturhistorischen Museum Wien. Salamandra, 28: 145–152

Farkas B, Fritz U. 1998. On the identity of *Rafetus swinhoei* (Gray, 1873) and Pelochelys maculatus (Heude, 1880) (Reptilia: Testudines: Trionychidae). Zoologische Abhandlungen. Staatliches Museum für Tierkunde Dresden, 50: 59–75

Fernández V. 2010. Detection and imaging of fossilized in ovo embryos using synchroton microtomography. In: Buffetaut E, Tafforeau P eds. Studu of the enigmatic embryos from Phu Phok (Early Cretaceous, Thailande). Paris: Université Pierre et Marie Curie. 1–351

Fujita M K, Engstrom T N, Starkey D E, Shaffer H B. 2004. Turtle phylogeny: insights from a novel nuclear intron. Molecular Phylogenetics and Evolution, 31: 1031–1040

Gaffney E S. 1975. A phylogeny and classification of the higher categories of turtles. Bulletin of the American Museum of Natural History, 155(5): 389–436

Gaffney E S. 1979. Comparative cranial morphology of recent and fossil turtles. Bulletin of the American Museum of Natural

History, 164(2): 67–376

Gaffney E S. 1990. The comparative osteology of the Triassic turtle Proganochelys. Bulletin of the American Museum of Natural History, 194: 1–263

Gaffney E S. 1996. The postcranial morphology of *Meiolania platyceps* and a review of the Meiolaniidae. Bulletin of the American Museum of Natural History, 229: 1–166

Gaffney E S, Jenkins Jr F A. 2010. The cranial morphology of *Kayentachelys*, an Early Jurassic cryptodire, and the early history of turtles. Acta Zoologica, 91(3): 335–368

Gaffney E S, McKenna M C. 1979. A Late Permian captorhinid from Rhodesia. American Museum Novitates, 2688: 1–15

Gaffney E S, Meylan P A. 1988. 5. A phylogeny of turtles. In: Benton M J ed. The Phylogeny and Classification of the Tetrapods, Vol. 1: Amphibian, Reptiles, Birds. Oxford: Clarendon Press. 157–219

Gaffney E S, Ye X K. 1992. *Dracochelys*, a new Cryptodiran turtle from the Early Cretaceous of China. American Museum Novitates, 3048: 1–13

Gaffney E S, Tong H Y, Meylan P A. 2006. Evolution of the side-necked turtles: the families Bothremydidae, Euraxemydidae, and Araripemydidae. Bulletin of the American Museum of Natural History, 300: 1–700

Gaffney E S, Meylan P A, Wood R C, Simons E, Campos D D A. 2011. Evolution of the side-neked turtles: the family Podocnemididae. Bulletin of the American Museum of Natural History, 350:1–237

Gao K Q. 1989. Pareiasaurs from the Upper Permian of North China. Canadian Journal of Earth Science, 26(6): 1234–1240

Gao K Q, Evens S, Ji Q, Norell M, Ji S A. 2000. Exceptional fossil material of a semi-aquatic reptile from China: the resolution of an enigma. Journal of Vertebrate Paleontology, 20(3): 417–421

Gardiner B. 1982. Tetrapod classification. Zoological Journal of the Linnean Society, 74: 207–232

Gauthier J A. 1994. The diversification of the amniotes. In: Prothero D R, Schoch R M eds. Major Features of Vertebrate Evolution. Knozcille: Paleontological Society

Gauthier J A, Estes R, de Queiroz K. 1988a. A phylogenetic analysis of Lepidosauromorpha. In: Estes R, Pregill G eds. Phylogenetic Relationships of the Lizard Families. Stanford University Press. 15–98

Gauthier J A, Kluge A G, Row T. 1988b. The early evolution of the Amniota. In: Benton M J ed. The Phylogeny and Classification of the Tetrapods. Vol. 1: Amphibians, Reptiles, Birds. Syst Assoc Apec, Vol. No. 35A. Oxford: Clarendon Press. 103–155

Gilmore C W. 1931. Fossil turtles of Mongolia. Bulletin of the American Museum of Natural History, 59: 213–257

Gilmore C W. 1933. On the dinosaurian fauna of Iren Dabasu Formation. Bulletin of the American Museum of Natural History, 67(2): 23–78

Gilmore C W. 1934. Fossil turtles of Mongolia: second contribution. American Museum Novitates, 689: 1–14

Gilmore C W. 1943. Fossil lizards of Mongolia. Bulletin of the American Museum of Natural History, 81(4): 361–384

Goodrich E S. 1916. On the classification of Reptilia. Proc Roy Soc London, 89: 261–276

Gow C E. 1977. New procolophonids from the Triassic *Cynognathus* Zone of South Africa. Annals of the South African Museum, 72: 109–124

Gray J E. 1825. A synopsis of genera of reptiles and Amphibia, with a description of new species. Ann Philo (London), 26: 193–217

Gray J E. 1831. Synopsis Reptilium; or Short Descriptions of Species of Reptiles. Pt. 1-Cataphracta, Tortoises, Crocodiles, and Enaliosaurians. London: G. B. Sower. 1–85

Gregory W K. 1946. Pareiasaurs versus placodonts as near ancestors to the turtles. Bulletin of the American Museum of Natural History, 86: 275–326

Guibé J. 1970. La systématique des reptiles actuels, In: Grassé P P ed. Traité de Zoologie: Anatomie, Systématique, Biologie. Tome XIV, Fascicule III, Reptiles: Glandes Endocrines, Embryologie, Syetématique, Paléontologie. Paris, Masson et Cie Éditures. 1054–1160

Guillette L J Jr. 1993. The evolution of viviparity in lizards. BioSci, 43: 742–751

Hay O P. 1908. The fossil turtles of North America. Carnegie Institute of Washington, 75: 1–568

Hedges S B, Poling L L. 1999. A molecular phylogeny of reptiles. Science, 283: 998–1001

Hirasawa T, Nagashima H, Kuratani S. 2013. The endoskeletal origin of the turtle carapace. Nature Communications, 4(2107): 1–7

Hirayama R. 2000. Fossil turtles from the Kuwajima Formaiton (Tetori Group; Early Cretaceous) of Kaseki-Kabe, Shiramine-mura, Ishikawa Prefecture, Central Japan. In: Matsuoka H ed. Fossils of the Kuwajima "Kaseki-Kabe" (Fossi-bluff). Scientific report on a Neocomian (Early Cretaceous) fossil assemblage from the Kuwajima Formation, Tetori Group, Shiramine, Ishikawa, Japan. Ishikawa Prefecture: Shiramine Village Board of Education. 75–92

Hirayama R. 2006. Review of fossil turtles of Japan. Fossils (The Palaeontological Society of Japan), 80: 47–59

Hirayama R, Brinkman D B, Danilov I G. 2000. Distribution and biogeography of non-marine Cretaceous turtles. Russian Journal of Herpetology, 7(3): 181–198

Hirayama R, Sakurai K, Chitoku T, Kawakami G, Kito N. 2001. *Anomalochelys angulata*, an unusual land turtle of Family Nanhsiungchelyidae (Superfamily Trionychoidea; Order Testudines) from the Upper Cretaceous of Hokkaido, North Japan. Russian Journal of Herpetology, 8(2): 127–138

Hirayama R, Zhong Y, Di Y, Yonezawa T, Hasegawa M. 2009. A new nanhsiungchelyid turtle from Late Cretaceous of Guangdong, China. In: Brinkman D B ed. Gaffney Turtle Symposium. Drumheller: Royal Tyrell Museum. 72–73

Hirsch K F. 1996. Parataxonomic classification of fossil chelonian and gecko eggs. Journal of Vertebrate Paleontology, 16(4): 752–762

Holmes R. 1984. The Carboniferous amphibians *Proterogyrinus scheelei* Romer, and the early evolution of tetrapods. Phil Trans Roy Soc Lond, B 306: 431–527

Holmes R, Cheng Y N, Wu X C. 2008. New information on the skull of *Keichousaurus hui* (Reptilia: Sauropterygia) with comments on sauropterygian interrelationships. Journal of Vertebrate Paleontology, 28(1): 76–84

Hunt T. 1958. The ordinal name of tortoises, terrapins and turtles. Herpetologica, 14: 148–150

Hutchison J H. 2000. Diversity of Cretaceous turtles of eastern Asia and their contribution to the turtle fauna of North America. Paleontological Society of Korea, Special Publication, 4: 27–38

Hutchison J H, Archibald J D. 1986. Diversity of turtles across the Cretaceous/Tertiary boundary in northeastern Montana. Palaeogeography, Palaeoclimatology, Palaeoecology, 55(1): 1–22

Ivakhnenko M F. 1973. New Cisuralian cotylosaurs. Paleont Zh, 1973: 131–134

Ivakhnenko M F. 1979. Permian and Triassic procolophonians of the Russian Platform.Trud Paleont Inst Acad Nauk SSSR, 164: 1–80

Ivakhnenko M F. 1987. Permian parareptiles of U.S.S.R. Akademiya Nauk SSSR, 223: 1–159

Ivakhnenko M F, Tverdokhlebova G I. 1987. A revision of the Permian bolodauromorphs of eastern Europe. Paleont Zh, 1987: 98–106

Iwabe N, Hara Y, Kumazawa Y, Shibamoto K, Saito Y, Miyata Y, Katoh K. 2004. Siter group relationship of turtles to the bird-crocodilian clade revealed by nuclear DNA-coded proteins. Molecular Biology and Evolution, 22(4): 810–813

Jackson F D, Jin X S, Varricchio D J, Azuma Y, Jiang Y G. 2008. The first *in situ* turtle clutch from the Cretaceous Tiantai Basin, Zhejiang Province, China. Journal of Vertebrate Paleontology, 28(2): 319–325

Jackson F D, Jin X S, Schmitt J G. 2009. Fungi in a Lower Cretaceous turtle egg from China: evidence of ecological interactions. Palaios, 24: 840–845

Ji Q, Ji S A. 1996. On the discovery of the earliest fossil bird in China (*Sinosauropteryx* gen. nov.) and the origin of birds. Chinese Geology, 233: 30–33

Ji Q, Ji S A. 1997. Protarchaeopterygid bird (*Protarchaeopteryx* gen. nov.)—fossil remains of archaeopterygids from China. Chinese Geology, 238: 38–41

Ji Q, Wu X C, Cheng Y N. 2010. Cretaceous christoderan reptiles gave birth of living young. Naturwissenschaften, 97: 423–428

Ji S A, Ji Q. 1997. Discovery of a new pterosaur in western Liaoning, China. Acta Geol Sin, 71(1): 1–6

Jiang D Y, Motani R, Tintori A, Rieppel O, Chen G B, Huang J D, Zhang R, Sun Z Y, Ji C. 2014. The Early Triassic eosaurupterygian *Majiashanosaurus discocoracoidis* gen. et sp. nov. (Reptilia, Sauropterygia), from Chaohu, Anhui Province, People's Republic of China. Journal of Vertebrate Paleontology, 34(5): 1044–1052

Joyce W G. 2007. Phylogenetic relationships of Mesozoic turtles. Bulletin of the Peabody Museum of Natural History, 48(1): 3–102

Joyce W G. 2014. A review of the fossil record of turtles of the clade Pan-Carettochelys. Bulletin of Peabody Museum of Natural History, 55(1): 3–33

Joyce W G, Gauthier J A. 2003. Palaeoecology of Triassic stem turtles sheds new light on turtle origins. Proceedings of the Royal Society of London B: Biological Sciences, 271(1534): 1–5

Joyce W G, Parham J F, Gauthier J A. 2004. Developing a protocol for the conversion of rank-based taxon names to phylogenetically defined clade names, as exemplified by turtles. Journal of Paleontology, 78(5): 989–1013

Joyce W G, Schoch R R, Lyson T R. 2013. The girdle of the oldest fossil turtle, *Proterochersis robusta*, and the age of the turtle crown. BMC Evolutionary Biology, 13(266): 1–9

Joyce W G, Rabi M, Li L, Xu X, Clark J M. 2014. A toothed turtle from the Late Jurassic of Xinjiang, China and its phylogenetic implications. In: Delfino M, Carnevale G, Pavia M eds. Abstract Book of EAVP XII. Torino: Università degli Studi di Torino. 84

Kälin J. 1955. Crocodilia. In: Piveteau J ed. Traité de Paléontolodie V. Paris: Masson et Cie Publ. 695–784

Karl H V. 1999. Paleogeography and systematics of the genus *Dogania* Gray, 1844 (Testudines: Trionychidae). Studia Geologica Salamanticensia, 35: 3–8

Kaznyshkin M N. 1988. Late Jurassic turtles from northern Fergana (Kirgiskaya SSR). Vestnik Zoologii, 1: 26–32

Kaznyshkin M N, Nalbandyan L A, Nesson L A. 1990. Middle and Late Jurassic turtles of Fergana (Kirghiz USSR). Yezhegodnik Vsesoyuznogo Paleontologichesgoko Obshchestva, 32: 185–204

Kemp T S. 1988. Interrelationships of the Synapsida. In: Benton M J ed. The Phylogeny and Classification of the Tetrapods. Vol 2: Mammals. London: Oxford University Press. 23–29

Khosatzky L I, Młynarski M. 1971. Chelonians from the Upper Cretaceous of the Gobi Desert, Mongolia. Acta Palaeontologica Polonica, 25: 131–144

Khosatzky L I, Nessov L A. 1979. Large turtles from the Late Cretaceous of Soviet Middle Asia. Trudy Zoologicheskii Institut Akademiya Nauk SSSR, 89: 98–107

Koh T P. 1940. *Santaisaurus yuani* gen. et sp. nov. ein neues Reptil aus dem unteren Trias von China. Bull Geol Soc China, 20: 73–92

Kordikova E G. 1994. About systematics of fossil trionychids in Kazakhstan. Selevinia, 2: 3–8

Kumazawa Y. 2007. Mitochondrial genomes from major lizard families suggested their phylogenetic relationships and ancient radiations. Gene, 388(1-2): 19–26

Kumazawa Y, Nishida M. 1999. Complete motochondrial DNA sequences of the green turtle and blue-tailed mole skink: statistical evidence for archosaurian affinity to turtles. Molecular Biology and Evolution, 16(6): 784–792

Kuratani S, Kuraku S, Nagashima H. 2011. Evolutionary developmental perspective for the origin of turtles: the folding theory for the shell based on the developmental nature of the carapacial ridge. Evolution & Development, 13(1): 1–14

Kuznetzov V V. 1976. Freshwater turtles from the Senonian deposits of northeastern Pre-Aralia. Paleontologicheskii Zhurnal, (4): 125–127

Lapparent de Broin F. 2004. A new Shachemydinae (Chelonii, Crytodira) from the Lower Cretaceous of Laos: preliminary data. Comptes Rendus Palevol, 3(5): 387–396

Lapparent de Broin F, Bour R, Perälä J. 2006. Morphological definition of Eurotestudo (Testudinidae, Chelonii): First part. Annales de Paléontologie, 92: 255–304

Laurin M, Reisz R. 1995. A reevaluation of early amniote phylogeny. Zoological Journal of the Linnean Society, 113: 165–223

Lawver D R, Jackson F D. 2014. A review of the fossil record of turtle reproduction: eggs, embryos, nests and copulating pairs. Bulletin of the Peabody Museum of Natural History, 55(2): 215–236

Le M, Rexworthy C J, McCord W P, Mertz L. 2006. A molecular phylogeny of tortoises (Testudines: Testudinidae) based on mitochondrial and nuclear genes. Molecular Phylogenetics and Evolution, 40: 517–531

Lee M S Y. 1993. The origin of the turtle body plan: bridging a famous morphological gap. Science, 261(5129): 1716–1720

Lee M S Y. 1995. Historical burden in systematics and the interrelationships of parareptiles. Bol Rev, 70: 459–547

Lee M S Y. 1996. Correlated progression and the origin of turtles. Nature, 379: 812–815

Lee M S Y. 1997a. A taxonomic revision of pareiasurian reptiles: implications for Permian terrestrial palaeoecology. Modern Geol, 21: 231–298

Lee M S Y. 1997b. Pareiasaur phylogeny and the origin of turtles. Zoological Journal of the Linnean Society, 120(3): 197–280

Lee M S Y. 2000. The Russian pareiasaurs. In: Benton M J, Shishkin M A, Unwin D M, Kurochkin E N eds. The Age of Dinosaurs in Russia and Mongolia. Cambridge (UK): Cambridge University Press. 71–85

Lee Y N, Hutchison J H, Chang K H. 2009. The first Mesozoic turtle from South Korea. Cretaceous Research, 30(5): 1287–1292

Li C, Wu X C, Cheng Y N, Sato T, Wang L. 2006. An unusual archosaurian from the marine Triassic of China. Naturwissenschaften, 93: 200–206

Li C, Wu X C, Rieppel O, Wang L T, Zhao L J. 2008. An ancestral turtle from the Late Triassic of southwestern China. Nature, 456: 497–501

Li C, Rieppel O, Wu X C, Zhao L J, Wang L T. 2011. A new Triassic marine reptile from southwestern China. Journal of Vertebrate Paleontology, 31: 303–312

Li C, Jiang D Y, Cheng L, Wu X C, Rieppel O. 2014. A new species of *Largocephalosaurus* (Diapsida: Saurosphargidae), with implications for the morphological diversity and phylogeny of the group. Geol Magazine, 151: 100–120

Li C, Rieppel O, Cheng L, Fraser N C. 2016. The earliest herbivorous marine reptile and its remarkable jaw apparatus. Science Advances, 2(5): e1501659

Li J L. 1983. Tooth replacement in a new genus of procolophonid from the Early Triassic of China. Palaeontology, 26(3): 567–583

Li J L, Wu X C, Zhang F C. 2008. The Chinese Fossil Reptiles and Their Kin. Beijing: Science Press. 1–474

Li K, Yang C Y, Liu J, Jiang T. 2010. The vertebrate assemblage from Shaximiao Formation of Sichuan Basin, China and discussions on its age. Earth Science Frontiers, 17: 123–124

Li L, Tong H Y, Wang K B, Chen S Q, Xu X. 2013. Lindholmemydid turtles (Cryptodira: Testudinoidea) from the Late Cretaceous of Shandong Province, China. Annales de Paléontologie, 99(3): 243–259

Li L, Joyce W G, Liu J. 2015a. The first soft-shelled turtle from the Jehol Biota of China. Journal of Vertebrate Paleontology, 35(2): 1–9

Li L, Mo J Y, Huang Z X, Tong H Y. 2015b. First fossil turtle from Hainan Island, China. Research and Knowledge, 1: 48–52

Li L, Tong H Y, Gu W, Liu J. 2015c. A new trionychid turtle from the Early Cretaceous of Heilongjiang Province, northeastern China. Cretaceous Research, 56: 155–160

Li X W, Liu J. 2013. New specimens of pareiasaurs from the Upper Permian Sunjiagou Formation of Liulin, Shanxi and their implications for the taxonomy of Chinese pareiasaurs. Vertebrata PalAsiatica, 51(3): 199–204

Lindholm W A. 1931. Uber eine andebliche Testudo-Art aus Südchina. Zool Anzeiger, B, 97: 27–30

Linnaeus C. 1758. Systema naturae per regna tria naturae: secundum classes, ordines, genera, species, cum characteribus, differentiis, synonymis, locis. Stockholm: Laurentius Salvius

Lockley G M, Xing L D, Li J J, Li R H, Matsukawa M. 2012. First records of turtle tracks from the Cretaceous of China. Abstract. In: 11th Mesozoic Terrestrial Ecosystems Meeting. Kwangju, Korea. 311–313

Lockley M G, Li R H, Matsukawa M, Xing L D, Li J J, Liu M W, Xu X. 2015. Tracking the yellow dragons: Implications of China's largest dinosaur tracksite (Cretaceous of the Zhucheng area, Shandong Province, China). Palaeogeography, Palaeoclimatology, Palaeoecology, 423: 62–79

Lourenço J M, Claude J, Galtier N, Chiari Y. 2012. Dating cryptodiran nodes: Origin and diversification of the turtles superfamily Testudinoidea. Molecular Phylogenetics and Evolution, 62(1): 496–507

Lucas S G. 2001. Chinese Fossil Vertebrates. New York: Columbia University Press

Lucas S G. 1998. Toward a tetrapod biochronology of the Permian. In: Lucas S G, Estep J W, Hoffer J M eds. Permian Stratigraphy and Paleontology of the Robleds Mountains, New Mexico. New Mexico Museum of Natural History and Science. Albuquerque: El Paso Geological Society Fieldguide. 1–47

Lydekker R. 1889a. On remains of Eocene and Mesozoic chelonia and a tooth of (?) *Ornithopsis*. Quartly Journal of the Geological Society, 45: 227–246

Lydekker R. 1889b. Catalogue of the Fossil Reptilia and Amphibia in the British Museum (Natural History), Part III, the Order Chelonia. London: British Museum (Natural History) London. 1–239

Lyson T R, Bever G S, Bhullar B-A S, Joyce W G, Gauthier J A. 2010. Transitional fossils and the origin of turtles. Biology Letters, 6: 830–833

Lyson T R, Bever G S, Scheyer T M, Hsiang A Y, Gauthier J A. 2013. Evolutionary origin of the turtles shell. Current Biology, 23(12): 1113–1119

Lyson T R, Schachner E R, Botha-Brink J, Scheyer T M, Lambertz M, Bever G S, Rubidge B S, Queiroz K D. 2014. Origin of the unique ventilatory apparatus of turtles. Nature Communications, 5: 5211

Maisch M W, Matzke A T. 2014. The turtle *Xinjiangchelys radiplicatoides* Brinkman et al., 2013 (Reptilia: Testudines) from the Lower Qigu Formation (Upper Jurassic) of Liuhuanggou, Xinjiang, People's Republic of China. Palaeodiversity, 7: 133–147

Maisch M W, Matzke A T, Sun G. 2003. A new sinemydid turtle (Reptilia: Testudines) from the Lower Cretaceous of the Junggar Basin (NW-China). Neues Jahrbuch fur Geologie und Palaontologie Monatshefte, (12): 705–722

Matzke A T, Maisch M W. 2004. New information and specimens of *Wuguia hutubeiensis* (Reptilia: Testudines) from the Lower Cretaceous Tugulu Group of the southern Junggar Basin (NW China). Neues Jahrbuch fur Geologie und Palaontologie Monatshefte, (8): 473–495

Matzke A T, Maisch M W, Pfretzschner H-U, Sun G, Stöhr H. 2004a. A new basal sinemydid turtle (Reptilia: Testudines) from the lower Cretaceous Tugulu Group of the Junggar Basin (NW China). Neues Jahrbuch fur Geologie und Palaontologie Monatshefte, (3): 151–167

Matzke A T, Maisch M W, Sun G, Pfretzschner H U, Stöhr H. 2004b. A new xinjiangchelyid turtle (Testudines, Eucryptodira) from the Jurassic Qigu Formation of the southern Junggar Basin, Xinjiang, north-west China. Palaeontology, 47(5): 1267–1299

Matzke A T, Maisch M W, Sun G, Pfretzschner H-U, Stöhr H. 2005. A new Middle Jurassic xinjiangchelyid turtle (Testudines; Eucryptodira) from China (Xinjiang, Junggar Basin). Journal of Vertebrate Paleontology, 25(1): 63–70

McDowell S B. 1964. Partition of the genus *Clemmys* and related problems in the taxonomy of the aquatic Testudinidae. Proceedings of the Zoological Society of London, 143(2): 239–278

Meylan P A. 1987. The phylogenetic relationships of the soft-shelled turtles (family Trionychidae). Bulletin of the American Museum of Natural History, 186(1): 1–101

Meylan P A, Gaffney E S. 1989. The skeletal morphology of the Cretaceous cryptodiran turtle, *Adocus*, and the relationships of the Trionychoidea. American Museum Novitates, 2941: 1–60

Meylan P A, Gaffney E S. 1992. *Sinaspideretes* is not the oldest trionychid turtle. Journal of Vertebrate Paleontology, 12(2): 257–259

Meylan P A, Sterrer W. 2000. *Hesperotestudo* (Testudines: Testudinidae) from the Pleistocene of Bermuda, with comments on the phylogenetic position of the genus. Zoological Journal of Linnean Society, 128(1): 51–76

Młynarski M. 1955. The systematic position of the Pliocene turtle from Tienshui, Kansu (North China). Acta Paleont Sinica, 3(3): 159–165

Młynarski M. 1968. Notes on tortoises (Testudinidae) from the Tertiary of Mongolia. Palaeontologia Polonica, 19: 85–97

Młynarski M. 1972. *Zangerlia testudinimorpha* n. gen., n. sp., a primitive land tortoise from the Upper Cretaceous of Mongolia. Palaeontologia Polonica, 27: 85–92

Młynarski M. 1976. Handbuch der Paläoherpetologie—Encyclopedia of Paleoherpetology Part 7, Testudines. Stuttgart: Gustav Fischer Verlag. 1–130

Mo J Y, Buffetaut E, Tong H Y, Amiot R, Cavin L, Cuny G, Suteethorn V, Suteethorn S, Jiang S. 2016. Early Cretaceous vertebrates from the Xinglong Formation of Guangxi (southern China): a review. Geological Magazine, 153: 143–159

Modesto S P. 1999. Observations on the structure of the Early Permian reptile *Stereosternum tumidum* Cope. Plaeont Afr, 35: 7–19

Modesto S P. 2000. *Eunotosaurus africanus* and the Gondwanan ancestry of anapsid reptiles. Plaeont Afr, 36: 15–20

Modesto S P, Anderson J S. 2004. The phylogenetic definition of reptilia. Syst Biol, 53(5): 815–821

Modesto S P, Damiani R J. 2003. Taxonomic status of *Thelegnathus browni* Broom, a procolophonid reptile from the South African Triassic. Annals of Carnigie Museum, 72(1): 53–64

Modesto S P, Damiani R J, Sues H D. 2002. A reappraisal of *Coletta seca*, a basal procolophonoid reptile from the Lower Triassic of South Africa. Palaeontology, 45: 883–895

Modesto S P, Lamb A J, Reisz R R. 2014. The captorhinid reptile *Captorhinikos valensis* from the Lower Permian Vale Formation of Texas, and the evolution of Herbivory in eureptiles. Journal of Vertebrate Paleontology, 34(2): 291–302

Motani R, Minoura N, Ando T. 1998. Ichthyosaurian relationships illuminated by new primitive skeletons from Japan. Nature, 393: 255–257

Motani R, Jiang D Y, Chen G B, Tinton A, Rieppel O et al. 2014. A basal ichthyosauriform with a short snout from the Lower Triassic of China. Nature, 517: 485–488

Müller J, Reisz R R. 2005. An early captorhinid reptile (Amniota, Eureptilia) from the Upper Carboniferous of Hamilton Kansas. Journal of Vertebrate Paleontology, 25(3): 561–568

Müller J, Reisz R R. 2006. The phylogeny of early eureptiles: Comparing parsimony and Bayesian approaches in the investigation of a basal fossil clade. Syst Biol, 55(3): 503–511

Müller J, Li J L, Reisz R R. 2008. A new bolosaurid parareptile, *Belebey chengi* sp. nov., from the Middle Permian of China and its paleogeographic significance. Naturwissenschaften, 95: 1169–1174

Nagashima H, Sugahara F, Takechi M, Ericsson R, Kawashima-Ohya Y, Narita Y, Kuratani S. 2009. Evolution of the turtle body plan by the folding and creation of new muscle connections. Science, 325(193): 193–196

Naksri W, Li L, Tong H Y. 2014. A revision of *Testudo tungia* Yeh, 1963 from the Lower Pleistocene Gigantopithecus Cave, Liucheng, China. Journal of Science and Technology. Mahasrakham University, 33(4): 386–392

Near T J, Meylan P A, Shaffer H B. 2005. Assessing concordance of fossil calibration points in molecular clock studies: an example using turtles. The American Naturalist, 165(2): 137–146

Neenan J M, Klein N, Scheyer T M. 2013. European origin of placodont marine reptiles and the evolution of crushing dentition in Placodontia. Nature Communications, 4: 1621

Nesbitt S J, Barrett P M, Werning S, Sidor C A, Charig A J. 2013. The oldest dinosaur? A Middle Triassic dinosauriform from Tanzania. Biology Letters, 9: 20120949

Nessov L A. 1976. On the systematics and phylogeny of two clawed turtles. Vestnik Leningradskogo Universiteta, 9: 7–17

Nessov L A. 1977. Skull morphology of the Early Cretaceous turtle belonging to the family Trudy Zoologicheskii Institut Akademiya Nauk SSSR, 74: 75–79

Nessov L A. 1981. On turtles of the family Dermademydidae from the Cretaceous of the Amur River basin, and some other rare discoveries of the remains of ancient turtles of Asia. In: Borkin L J ed. Herpetological Research in Siberia and the Far East. Leningrad: Russian Academy of Sciences, Zoological Institute. 69–73

Nessov L A. 1986. Some Late Mesozoic and Paleocene turtles of Soviet Middle Asia. Studia Geologica Salamanticensia, Studia Palaeontcheloniologica, 2(2): 7–22

Nessov L A. 1987. On some Mesozoic turtles of the Soviet Union, Mongolia and China, with comments on systematics. Studia Geologica Salamanticensia, Studia Palaeontcheloniologica, 2(4): 87–102

Nessov L A, Khosatzky L I. 1973. Early Cretaceous turtle from the southeastern Fergana, Problems in Herpetology: Proc 3rd

All-Union Herpetological Conferences, Leningrad, 132–133

Nessov L A, Verzilin N N. 1981. Remains of turtles from Aptian-Albian deposits of the Transaltai Gobi in Mongolia and conditions of their burial. Fossil vertebrates of Mongolia. Trudy Sovmestnoi Sovetsko-Mongol'skoi Paleontologicheskoi Ekspeditsii, 15: 12–26

Nopcsa F. 1928. Palaeontological notes on the reptiles. IV. *Helochelydra* and *Hylaeochelys*, two little known tortoises from the Wealden and Purbeck Formations. Geologica Hungarica, Seria Palaeontlolgica, 1(1): 44–84

Olson E C. 1947. The family Diadectidae and its bearing on the classification of reptiles. Fieldiana: Geol, 11(1): 1–53

Osborn H F. 1903. The reptilian subclasses Diapsida and Synapsida and the early history of Diatosauria. Mem Amer Mus Nat Hist, 1: 449–507

Owen R. 1860. Palaeontology; or A Systematic Summary of Extinct Animals and Their Geological Remains. Edinburgh, Rev Lit Gaz London, (n. s.) IV: 389–391

Owen R. 1876. On the fossil mammals of Australia. Part X. Family Macropodidae: mandibular dentition and parts of the skeleton of *Palorchetes*, additional evidences of *Macropus titan*, *Sthenurus*, and *Procolophon*. Philos Trans Roy Soc, London, CLXVI: 197–226

Parham J F. 2005. A reassessment of the referral of sea turtle skulls to the genus *Osteopygis* (Late Cretaceous, New Jersey, USA). Journal of Vertebrate Paleontology, 25(1): 71–77

Parham J F, Hutchison J H. 2003. A new eucryptodiran turtle from the Late Cretaceous of North America (Dinosaur Provincial Park, Alberta, Canada). Journal of Vertebrate Paleontology, 23(4): 783–798

Parham J F, Feldman C R, Boore J L. 2006. The complete mitochondrial genome of the enigmatic bigheaded turtle (*Platysernon*): description of unusual genomic feature and the reconciliation of phylogenetic hypotheses based on mitochondrial and nuclear DNA. BMC Evolutionary Biology, 6(11): 1–11

Peng J H, Brinkman D B. 1993. New material of *Xinjiangchelys* (Reptilia: Testudines) from the Late Jurassic Qigu Formation (Shishugou Group) of the Pingfengshan locality, Junggar Basin, Xinjiang. Canadian Journal of Earth Sciences, 30(10): 2013–2026

Pérez-García A. 2012. High diversity of pancryptodian turtles in the Lower Cretaceous of Europe. Cretaceous Research, 36: 67–82

Pérez-García A, Murelaga X. 2012. *Galvechelone lopezmartinezae* gen. et sp. nov., a new cryptodiran turtle in the Lower Cretaceous of Europe. Palaeontology, 55(5): 937–944

Pérez-García A, de la Fuente M S, Ortega F. 2012. A new freshwater basal eucryptodiran turtle from the Early Cretaceous of the Spain. Acta Palaeontologica Polonica, 57(2): 285–298

Pérez-García A, Gasulla J M, Ortega F. 2014. A new turtle species of *Brodiechelys* from the Early Cretaceous of Spain: Systematic and palaeobiogeographic impications. Acta Palaeontologica Polonica, 59(2): 333–342

Ping C. 1929. A new fossil land turtle from Honan. Bulletin of Geological Society of China, 8: 231–242

Ping C. 1930a. Notes on the shell of a land tortoise from the ancient ruins of Anyang. Bulletin of the Fan Memorial Institute of Biology, 1(13): 217–226

Ping C. 1930b. On the remains of a turtle from Chou'koutien. Bulletin of Geological Society of China, 9: 205–212

Ping C. 1931. On a fossil *Clemmys*. Bulletin of Geological Society of China, 11: 97–100

Pope C H. 1935. Natural History of Central Asia, Vol. 10, The Reptiles of China. New York: American Museum of Natural History. 604

Pough F H, Janis C M, Heiser J B. 2009. Vertebrate Life (8th edition). San Francisco et al.: Benjamin Cummings. 1–688

Pritchard P C H. 1979. Encyclopedia of Turtles. Neptune: TFH Publications. 1–895

Pritchard P C H. 1994. Comments on *Chinemys palaeannamitica* and certain other chelonian taxa based upon material from archaeological sites. Chelonian Conservation and Biology, 1(2): 131–137

Rabi M, Joyce W G, Wings O. 2010. A review of the Mesozoic turtles of the Junggar Basin (Xinjiang, Northwest China) and the paleobiogeography of Jurassic to Early Cretaceous testudinates. Palaeobiodiversity and Palaeoenvironments, 90(3): 259–273

Rabi M, Zhou C F, Wings O, Sun G, Joyce W G. 2013. A new xinjiangchelyid turtle from the Middle Jurassic of Xinjiang, China and the evolution of the basipterygoid process in Mesozoic turtles. BMC Evolutionary Biology, 13(203): 1–28

Rabi M, Sukhanov V B, Egorova V N, Danilov I G, Joyce W G. 2014. Osteology, relationships and ecology of *Annemys* (Testudines, Eucryptodira) from the Late Jurassic of Shar Teg, Mongolia and phylogenetic definition for Xinjiangchelyidae, Sinemydidae and Macrobaenidae. Journal of Vertebrate Paleontology, 34(2): 237–252

Reisz R R. 1977. Petrolacosaurus, the oldest known diapsid reptile. Science, 196: 1091–1093

Reisz R R. 1991. The origin and early evolutionary history of amniotes. Elsevier Trends Journals, 12(6): 218–222

Reisz R R, Head J J. 2008. Palaeontology: Turtle origin out to sea. Nature, 456: 450–451

Reisz R R, Laurin M. 1991. *Owenetta* and the origin of turtles. Nature, 349: 324–326

Reisz R R, Liu J, Li J L, Müller J. 2011. A new captorhinid reptile, *Gansurhinus qingtoushanensis*, gen. et sp. nov., from the Permian of China. Naturwissenschaften, 98: 435–441

Riabinin A N. 1930a. *Manschurosaurus amurensis* nov. gen. nov. sp., a hadrosaurian dinosaur from the Upper Cretaceous of Amur River. Mém Soc Paléontol Russie, 2: 1–36

Riabinin A N. 1930b. On the age and fauna of the dinosaur beds on the Amur River. Mem Soc Russ, Mineral, Ser. 2, 59: 47–48

Rieppel O. 1998. The systematic status of *Hanosaurus hupehensis* (Reptilia, Sauropterygia) from the Triassic of China. Journal of Vertebrate Paleontology, 18(3): 545–557

Rieppel O. 2000. Sauropterygia I: Placodontia, Pachypleurosauria, Nothosauroidea, Pistosauroidea. In: Wellnhofer P ed. Encyclopedia of Paleoherpetology, Volume 12A. München: Verlag Dr. Friedrich Pfeil. 1–144

Rieppel O, Reisz R R. 1999. The origin and early evolution of turtles. Annual Reviews of Ecology and Systematics, 30: 1–22

Romer A S. 1956. Osteology of the Reptiles. Chicago and London: The University of Chicago Press. 1–772

Romer A S. 1966. Vertebrate Paleontology. Chicago and London: The University of Chicago Press. 1–468

Romer A S. 1970. The Vertebrate Body (4th Edition). Philadelphia, London and Toronto: W. B. Saunders Company. 1–601

Rothschild B M, Naples V. 2015. Decommpression syndrome and diving behavior in *Odontochelys*, the first turtle. Acta Palaeontologica Polonica, 60(1): 163–167

Rozhdestvensky A K. 1966a. New iguanodonts from central Asia. International Geology Review, 9(4): 556–566

Rozhdestvensky A K. 1966b. New iguanodonts from central Asia. Phylogenetic and taxonomic interrelationships of late Iguanodontidaeand early Hadrosauridae. Paleontol Zh, 1966: 103–116

Sato T, Cheng Y N, Wu X C, Zelenitsky D K, Hsiao Y F. 2005. A pair of shelled eggs in a female dinosaur. Science, 308: 375

Sato T, Cheng Y N, Wu X C, Li C. 2010. Osteology of *Yunguisaurus* Cheng et al., 2006 (Reptilia; Sauropterygia), a Triassic pistosauroid from China. Paleont Research, 14: 179–195

Sato T, Zhao L J, Wu X C, Li C. 2014. A new specimen of the Triassic pistosauroid *Yunguisaurus*, with implications for the origin of Plesiosauria (Reptilia, Sauropterygia). Palaeontology, 57: 55–76

Scheyer T M. 2007. Comparative bone histology of the turtle shell (carapace and plastron): implications for turtle systematics, functional morphology and turtle origins: PhD Thesis, Bonn: University of Bonn. 343

Scheyer T M, Sander P M. 2007. Shell bone history indicates terrestrial palaeoecology of basal turtles. Proceedings of the Royal Society B, 274(1620): 1885–1893

Schoch R R, Sues H D. 2015. A Middle Triassic stem-turtle and the evolution of the turtle body plan. Nature, 523: 584–587

Seeley H G. 1887. On the classification of the fossil animals commonly named Dinosauria. Proceedings of the Royal Society of London, 43: 165–171

Sereno P C, Chao S C, Cheng Z W, Rao C G. 1988. *Psittacosaurus meileyingensis* (Ornithischia, Ceratopsia) a new psittacosaurs from the Lower Cretaceous of northeastern China. Journal of Vertebrate Paleontology, 8(4): 366–377

Sha J G. 2007. Cretaceous trigonioidid (non-marine Bivalvia) assemblages and biostratigraphy in Asia with special remarks on the classification of Trigoninodacea. Journal of Asian Earth Sciences, 29(1): 62–83

Shaffer H B, Meylan P A, McKnight M L. 1997. Tests of turtle phylogeny: molecular, morphological, and paleontological approaches. Systematic Biology, 46(2): 235 268

Shang Q H, Wu X-c, Li C. 2011. A new eosauropterygian from Middle Triassic of eastern Yunnan Province, southwestern China. Journal of Vertebrate Paleontology, 49(2): 155–171

Shuvalov V F, Chkhikvadze V M. 1975. New data on the Late Cretaceous turtles of southern Mongolia. Trudy Sovmestnoi Sovetsko-Mongol'skoi Paleontologicheskoi Ekspeditsii, 2: 214–229

Sigogneau-Russell D, Sun A L. 1981. A brief review of Chinese synapsids. Geobios, 14(2): 275–279

Smith J B, Harris J D. 2001. A taxonomic problem concerning two diapsid genera from the Lower Yixian Formation of Liaoning Province, Northeast China. Journal of Vertebrate Paleontology, 21(2): 389–391

Smithson T R. 1989. The earliest known reptile. Nature, 342(6250): 676–678

Spinks P Q, Shaffer H B, Iverson J B, McCord W P. 2004. Phylogenetic hypotheses for the turtle family Geoemydidae. Molecular Phylogenetic and Evolution, 32(1): 164–182

Sterli J. 2010. Phylogenetic relationships among extinct and extant turtles: the position of Pleurodira and the effects of the fossils on rooting crown-group turtles. Contribution to Zoology, 79(3): 93–106

Sterli J, de la Fuente M S. 2011. A new turtle from the La Colonia Formation (Campanian-Maastrichtian), Patagonia, Argentina, with remarks on the evolution of the vertebral column in turtles. Palaeontology, 54(1): 63–78

Sterli J, Joyce W G. 2007. The cranial anatomy of the Early Jurassic turtle *Kayentachelys aprix*. Acta Palaeontological Polonica, 52(4): 675–694

Sterli J, Pol D, Laurin M. 2012. Incorporating phylogenetic uncertainty on phylogeny-based palaeontological dating and the timing of turtle diversification. Cladistics, 29(3): 233–246

Sukhanov V B. 2000. Mesozoic turtles of Middle and Central Asia. In: Benton M J, Shishkin M A, Unwin D M, Kurochkin E N eds. The Age of Dinosaurs in Russia and Mongolia. Cambridge: Cambridge University Press. 309–367

Sukhanov V B, Narmandakh P. 1974. A new Early Cretaceous turtle from continental deposits of the northern Gobi, Fauna and biostratigraphy of the Mesozoic and Cenozoic of Mongolia. Trudy Sovmestnoi Sovetsko-Mongol'skoi Paleontologicheskoi Ekspeditsii, 1: 192–220

Sukhanov V B, Narmandakh P. 1977. The shell and limbs of *Basilemys orientalis* (Chelonia, Dermatemyidae): a contribution to the morphology and evolution of the genus. Fauna, flora i biostratgrafiya Mezozoya i Kainozoya Mongolii.

Sovmestnaya Sovetsko-Mongol'skaya Nauchneissledovat El'skaya Geologicheskaya Ekspeditsiya, Trudy 4: 57–79

Sukhanov V B, Narmandakh P. 2006. New taxa of Mesozoic turtles from Mongolia, In: Danilov I G, Parham J F eds. Fossil Turtles Research, Vol.1, Russian Journal of Herpetology, 13(Sup.): 119–127

Sun A L, Li J L, Ye X K, Dong Z M, Hou L H. 1992. The Chinese Fossil Reptiles and Their Kins. Beijing: Science Press. 1–260

Sun J M, Zhu R X, An Z S. 2005. Tectonic uplift in the northern Tibetan Plateau since 13.7 Ma ago inferred from molasses deposits along Altyn Tagh Fault. Earth and Planetary Science Letters, 235: 641–653

Takahashi A, Otsuka H, Hirayama R. 2003. A new species of the genus *Manouria* (Testudines: Testudinidae) from the Upper Pleistocene of the Ryukyu Islands, Japan. Paleontological Research, 7(3): 195–217

Tao H J. 1985. New fossil turtles, *Chinemys pani* n. sp. (Testudinidae) from the Chi-Ting Formation (Pleistocene), Tainan District, Taiwan Island. Journal of Taiwan Museum, 38(1): 43–52

Tao H J. 1986. Report of a new fossil soft-shelled turtle, *Trionyx liupani* from Taiwan, with comparisons study to the living species *Trionyx sinensis* (Wiegmann). Journal of Taiwan Museum, 39(2): 21–41

Tao H J. 1988a. New fossil turtle: *Ocadia sinensis changwui* n. subsp. from Late Pleistocene, Taiwan Strait. Acta Zoologica Taiwanica, 2: 229–240

Tao H J. 1988b. A new record of fossil turtle *Chinemys reevesii* (Gray) from Late Pleistocene, Taiwan Strait. Journal of Taiwan Museum, 41(2): 125–132

Taquet P. 1969. Premiere decouverte en Afrique d'un reptile Captorhinomorphe (Cotylosaurien). Comptes Rendus Hebdomadaires des Seances de l'Academie des Sciences Paris, Série D, 268: 779–781

Tong H Y, Brinkman D B. 2013. A new species of *Sinemys* (Testudines: Cryptodira: Sinemydidae) from the Early Cretaceous of Inner Mongolia, China. Palaeobiodiversity and Palaeoenvironment, 93: 355–366

Tong H Y, Mo J Y. 2010. *Jiangxichelys*, a new nanhsiungchelyid turtle from the Late Cretaceous of Ganzhou, Jiangxi Province, China. Geological Magazine, 147(5): 981–986

Tong H Y, Ji S A, Ji Q. 2004. *Ordosemys* (Testudines: Cryptodira) from the Yixian Formation of Liaoning Province, northeastern China: new specimens and systematic revision. American Museum Novitates, 3438: 1–20

Tong H Y, Zhang J Y, Li J J. 2010. *Anosteira maomingensis* (Testudines: Carettochelyidae) from the Late Eocene of Maoming, Guangdong, southern China: new material and re-description. Neues Jahrbuch fur Geologie und Palaontologie Abhandlungen, 256(3): 279–290

Tong H Y, Danilov I G, Ye Y, Ouyang H, Peng G Z. 2012a. Middle Jurassic turtles from Sichuan Basin, China: a review. Geological Magazine, 149(4): 675–695

Tong H Y, Danilov I G, Ye Y, Ouyang H, Peng G Z, Li K. 2012b. A revision of xinjiangchelyid turtles from the Late Jurassic of Sichuan Basin, China. Annales de Paléontologie, 98(2): 73–114

Tong H Y, Xu L, Buffetaut E, Xiang L Z, Jia S H. 2012c. A new nanhsiungchelyid turtle from the Late Cretaceous of Neixiang, Henan Province, China. Annales de Paléontologie, 98(4): 303–314

Tong H Y, Li L, Ouyang H. 2014. A revision of *Sinaspideretes wimani* Young & Chow, 1953 (Testudines: Cryptodira: Trionychoidae) from the Jurassic of the Sichuan Basin, China. Geological Magazine, 151(4): 600–610

Tong H Y, Dong Z M, Wang T. 2015. A revision of *Xijiangchelys oshanensis* (Ye, 1973), and new material from the Middle Jurassic of Lufeng, Yunnan Province, China. Bulletin de la Société Géologique de France, 186(1): 43–49

Tong H Y, Li L, Jie C Q, Yi L P. 2016a. New material of *Jiangxichelys ganzhouensis* Tong & Mo, 2010 (Testudines: Cryptodira: Nanhsiungchelyidae) and its phylogenetic and palaeogeographical implications. Geological Magazine, 1: 1–9

Tong H Y, Li L, Li D S, Chen L M, Li T, Yu S H, Yu G S, Cheng X Q, Di Y L, Claude J. 2016b. A revision of *Anhuichelys* Yeh, 1979, the earliest known stem Testudinidae (Testudines: Cryptodira) from the Palaeocene of China. Vertebrata Palasiatica, 54(2): 156–179

Tsuji L A. 2013. Anatomy, cranial ontogeny and phylogenetic relationships of the pareiasaur *Deltavjatia rossicus* from the Late Permian of central Russia. Earth & Environmental Science Transactions of the Royal Society of Edinburgh, 104: 81–122

Turtle Extinctions Working Group (Rhodin A G J, Thomson S, Goergalis G L, Karl H-V, Danilov I, Takahashi A, Fuente de La M, Bourque J R, Delfino M, Bour R, Iverson J B, Shaffer H B, van Dijk P P). 2015. Turtles and tortoises of the world during the rise and global spread of humanity: first checklist and review of extinct Pleistocene and Holocene chelonians. In: Rhodin A G J, Pritchard P C H, van Dijk P P, Saumure R A, Buhlmann K A, Iverson J B, Mittermeier R A eds. Conservation Biology of Freshwater Turtles and Tortoises: A Compilation Project of the IUCN/SSC Tortoise and Freshwater Turtle Specialist Group. Chelonian Research Monographs, 5(8): 00e.1–66

Turtle Taxonomy Working Group (van Dijk P P, Iverson J B, Shaffer H B, Bour R, Rhodin A G J). 2012. Turtles of the world, 2012 update: annotated checklist of taxonomy, synonymy, distribution, and conservation status. In: Rhodin A G J, Pritchard P C H, van Dijk P P, Saumure R A, Buhlmann K A, Iverson J B, Mittermeier R A eds. Conservation Biology of Freshwater Turtles and Tortoises: A Compilation Project of the IUCN/SSC Tortoise and Freshwater Turtle Specialist Group. Chelonian Research Monographs, 5: 00.243–00.328

Tverdokhlebov V P, Tverdokhlebova G I, Surkov M V, Benton M J. 2002. Tetrapod localities from the Triassic of the SE of European Russia. Earth-Science Reviews, 60: 1–66

Vandermark D, Tarduno J A, Brinkman D B, Cottrell R D, Mason S. 2009. New Late Cretaceous macrobaenid turtle with Asian affinities from the High Canadian Arctic: Dispersal via ice-free polar routes. Geology, 37: 183–186

Vickaruous M K, Russell A P, Currie P J, Zhao X J. 2001. A new ankylosaurid (Dinosauria: Ankylosauria) from the Lower Cretaceous of China, with comments on ankylosaurian relationships. Canadian Journal of Earth Science, 38(12): 1767–1780

von Zittel K A. 1890. Handbuch der Palaeontologie. Munich and Leipzig. 1–900

Wang Q, Wang X L, Zhao Z K, Zhang J L, Jiang S X. 2013. New turtle egg fossil from the Upper Cretaceous of the Laiyang Basin, Shandong Province, China. Anais da Academia Brasileira de Ciências, 85(1): 103–111

Wang X L, Zhou Z H. 2004. Paleontology: pterosaur embryo from the Early Cretaceous. Nature, 429–621

Wang X M., Wang B Y, Qiu Z X. 2008. Early explorations of Tabenbuluk region (western Gansu Province) by Birger Bohlin—Reconciling classic vertebrate fossil localities with modern stratigraphy. Vertebrata PalAsiatica, 46(1): 1–19

Wang X M, Flynn L J, Fortelius M. 2013. Fossil mammals of Asia. Neogene Biostratigraphy and Chronology. New York: Columbia University Press. 732

Wang Y D, Fu B H, Xie X P, Li G, Huang Q S, Yang X J, Pan Y H, Tian N, Jiang Z J. 2010. The non-marine Triassic and Jurassic system in the Sichuan Basin, China: Stratigraphic sequences, biodiversity and major strato-boundaries. Marine and Non-marine Jurassic, Short Papers for the 8th International Congress on the Jurassic System. Hefei: University of Science and Technology of China Press

Wang Y Q, Li D S. 2015. Synopsis of Paleocene mammalian biostratigraphy of the Qianshan Basin, Anhui, China. Abstract. International Symposium on Terrestrial Paleocene Biota and Paleobiogeography, Qianshan, Anhui Province, China. 34–35

Watson D M S. 1917. A sketch classification of the pre-Jurassic tetrapod vertebrates. Proc Zool Soc London, 1917: 167–186

Werneburg I, Sánchez-Villagra M R. 2009. Timing of organogenesis support basal position of turtles in the amniote tree of life. BMC Evolutionary Biology, 9(82): 1–9

Werneburg I, Hinz J K, Gumpenberger M, Volpato V, Natchev N, Joyce W G. 2015a. Modeling neck mobility in fossil turtles. Journal of Experimental Zoology Part B: Molecular and Developmental Evolution, 324(3): 230–243

Werneburg I, Wilson L A B, Parr W C H, Joyce W G. 2015b. Evolution of neck vertebral shape and neck retraction at the transition to modern turtles: an intergrated geometric morphometric approach. Systematic Biology, 64: 187–204

Williams E E. 1950. Variation and selection in the cervical central articulations of living turtles. Bulletin of the American Museum of Natural History, 94(9): 187–204

Williston S W. 1925. The Osteology of the Reptiles. Cambridge: Harvard University Press. 1–289

Wiman C. 1929. Die Kriede-dinosaurier aus Shantung. Palaeontologia Sinica, Ser. C, 6(1): 1–67

Wiman C. 1930. Fossile Schildkröten aus China. Palaeontologia Sinica, Ser. C, 6(3): 1–56

Wings O, Rabi M, Schneider J W, Schwermann L, Sun G, Zhou C F, Joyce W G. 2012. An enormous Jurassic turtle bone bed from the Turpan Basin of Xinjiang, China. Naturwissenschaften, 99(11): 925–935

Xing L D, Avanzini M, Lockley M G, Miyashita T, Klein H, Zhang J P, He Q, Qi L Q, Divay J D, Jia C K. 2014. Early Cretaceous turtle tracks and skeletons from the Junggar Basin, Xinjiang, China. Palaios, 29: 137–144

Xing L D, Lockley M G, Yang G, Cao J, McCrea R T, Klen H, Zhang J P, Persons IV W S, Dal H X. 2016. A diversified vertebrate ichnite fauna from the Feitianshan Formation (Lower Cretaceous) of southern Sichuan, China. Cretaceous Research, 57: 79–89

Xu L, Li X W, Jia S H, Liu J. 2014. The Jiyuan tetrapod fauna of the Upper Permian of China: New pareiasaur materials and the reestablishment of *Honania complicidentata*. Acta Palaeontologica Polonica, 60(3): 689–700

Xu X, Tang Z L, Wang X L. 1999. A therizinosauroid dinosaur with integumentary structures from China. Nature, 399 (6734): 350–354

Xu X, Zhou Z H, Wang X L, Kuang X W, Zhang F C et al. 2003. Four-winged dinosaurs from China. Nature, 421: 335–340

Xu X, Zheng X T, You H L. 2009. A new feather type in a nonavian therapod and the early evolution of feathers. PNAS, 106(3): 832–834

Ye X K. 1990. Chengyuchelyidae n. fam., Middle Jurassic turtles of China. Studia Geologica Salamanticensia, Studia Palaeocheloniologica, 3: 33–40

Ye X K. 1994. Fossil and Recent Turtles of China. Beijing: Science Press

Young C C. 1935. On a new nodosaurid from Ninghsia. Paleont Sin, Ser C, 11(1): 1–33

Young C C. 1936. On a new *Chasmatosaurus* from Sinkiang. Bull Geol Soc China, 15(3): 291–320

Young C C. 1948. Fossil crocodiles in China, with notes on dinosaurian remains associated with the Kansu crocodiles. Bull Geol Soc China, 28(3-4) 255–288

Young C C. 1950. Notes on a new turtle from Kansu, China. Pal Novit, 8: 1–5

Young C C. 1957. *Neoprocolophon asiaticus*, a new cotylosaurian reptile from China. Vertebrata PalAsiatica, 1(1): 1–7

Yuan F L, Young C C. 1934a. On the discovery of a new *Dicynodon* in Sinkiang. Bull Geol Soc China, 13: 563–574

Yuan F L, Young C C. 1934b. On the occurrence *of Lystrosaurus* in Sinkiang. Bull Geol Soc China, 13: 575–580

Zangerl R. 1947. A new anosteirine turtle from Manchuria. Fieldiana Geology, 10(3): 13–21

Zangerl R. 1969. The turtle shell. In: Gans C, Bellairs D A, Parsons T S eds. Biology of the Reptiles. New York: Academic Press. 311–339

Zardoya R, Meyer A. 1998. Complete mitochondiral genome suggests diapsid affinities of turtles. Proceedings of National Academy of Sciences USA, 95(24): 14226–14231

Zhang Z Q, Wang J. 2016. On the geological age of mammalian fossils from Shanmacheng, Gansu Province. Vertebrata PalAsiatica, 54(4): 351–357

Zhou C F. 2010a. A second specimen of *Manchurochelys manchoukuoensis* Ento & Shikama, 1942 (Testudines: Eucryptodira) from the Early Cretaceous Yixian Formation of western Liaoning, China. Zootaxa, 2534: 57–66

Zhou C F. 2010b. A new eucryptodiran turtle from the Early Cretaceous Jiufotang Formation of western Liaoning, China. Zootaxa, 2676: 45–56

Zhou C F, Rabi M. 2015. A sinemydid turtle from the Jehol Biota provides insights into the basal divergence of crown turtles. Scientific Reports, 5: 16299

Zhou C F, Rabi M, Joyce W G. 2014. A new specimen of *Manchurochelys manchoukuoensis* from the Early Cretaceous Jehol Biota of Chifeng, Inner Mongolia, China and the phylogeny of Cretaceous basal eucryptodiran turtles. BMC Evolutionary Biology, 14(77): 1–16

汉-拉学名索引

W

X

Y

Z

拉-汉学名索引

N

O

P

R

S

T

W

X

Y

附表一　中国副爬行类、大鼻龙类的时代与层位

亚纲	科	亚科	拉丁学名	化石地点	地层单位	时　代
副爬行亚纲	波罗蜥科		*Belebey chengi*	甘肃玉门	青头山组	中二叠世
	前棱蜥科	乳突齿蜥亚科	*Eumetabolodon? dongshengensis*	内蒙古鄂尔多斯东胜	?	早三叠世
			Santaisaurus yuani	新疆阜康、吉木萨尔	韭菜园组	早三叠世
		前棱蜥亚科	*Eumetabolodon bathycephalus*	内蒙古准格尔旗，陕西府谷	和尚沟组，二马营组底部	早三叠世
		弱肋蜥亚科	*Pentaedrusaurus ordosianus*	陕西府谷	和尚沟组	早三叠世
			Neoprocolophon asiaticus	山西榆社	二马营组上部	中三叠世
			Procolophonidae gen. et sp. indet.	山西保德	二马营组	中三叠世
	锯齿龙科		*Shihtienfenia permica*	山西保德、柳林	孙家沟组	晚二叠世
			Shansisaurus xuecunensis	山西柳林	孙家沟组	晚二叠世
			Sanchuansaurus pygmaeus	山西柳林	孙家沟组	晚二叠世
			Honania complidentata	河南济源	上石盒子组	晚二叠世
真爬行亚纲	大鼻龙科		*Gansurhinus qingtoushanensis*	内蒙古包头	脑包沟组	晚二叠世
				甘肃玉门	青头山组	中二叠世

附表二　中国化石龟鳖类的时代与层位

科	属	拉丁学名	化石地点	地层单位	时　代
齿龟科	齿龟属	*Odontochelys semitestacea*	贵州关岭	法郎组	晚三叠世
四川龟科	四川龟属	*Sichuanchelys chowi*	四川自贡	下沙溪庙组	中侏罗世
		Sichuanchelys sp.	新疆富蕴	石树沟组	中侏罗世或晚侏罗世
巴蜀龟科	巴蜀龟属	*Bashuchelys zigongensis*	四川自贡	下沙溪庙组	中侏罗世
		Bashuchelys youngi	四川自贡	下沙溪庙组	中侏罗世
	川南龟属	*Chuannanchelys dashanpuensis*	四川自贡	下沙溪庙组	中侏罗世
新疆龟科	成渝龟属	*Chengyuchelys baenoides*	成渝铁路沿线	? 上沙溪庙组	? 晚侏罗世
		Chengyuchelys latimarginalis	重庆九龙坡、江北、渝中、大田湾，四川内江 重庆 四川	上沙溪庙组 ? ?	晚侏罗世 ? ?
		Chengyuchelys radiplicatus	成渝铁路沿线 四川自贡、内江	? 上沙溪庙组 上沙溪庙组	? 晚侏罗世 晚侏罗世
	天府龟属	*Tienfuchelys tzuyangensis*	四川资阳，重庆九龙坡	?	晚侏罗世
		Tienfuchelys chungkingensis	重庆	?	晚侏罗世晚期或早白垩世早期
		Tienfuchelys zigongensis	四川自贡，重庆大田湾、沙坪坝、合川	上沙溪庙组	晚侏罗世
	新疆龟属	*Xinjiangchelys junggarensis*	新疆奇台、富蕴	石树沟组	晚侏罗世
		Xinjiangchelys oshanensis	云南峨山、禄丰	川街组	中侏罗世
		Xinjiangchelys qiguensis	新疆乌鲁木齐	齐古组	中侏罗世
		Xinjiangchelys chowi	新疆乌鲁木齐 新疆富蕴	头屯河组 石树沟组	中侏罗世 晚侏罗世
		Xinjiangchelys radiplicatoides	新疆乌鲁木齐 新疆富蕴、奇台	齐古组 石树沟组	中侏罗世 中 - 晚侏罗世
		Xinjiangchelys wusu	新疆鄯善	齐古组	晚侏罗世
		Xinjiangchelys sp.1	新疆乌尔禾	吐谷鲁群	早白垩世
		Xinjiangchelys sp.2	新疆富蕴	石树沟组	晚侏罗世
	盐都龟属	*Yanduchelys delicatus*	四川自贡	?	中侏罗世或晚侏罗世
		Yanduchelys cf. *delicatus*	重庆	?	晚侏罗世
	安娜龟属	*Annemys* sp.	新疆鄯善 新疆富蕴	齐古组 石树沟组	中侏罗世 晚侏罗世
	原新疆龟属	*Protoxinjiangchelys salis*	四川自贡	下沙溪庙组	中侏罗世
		Protoxinjiangchelys sp.	四川自贡	下沙溪庙组	中侏罗世
		Protoxinjiangchelys ?	重庆永川 四川自贡	? 上沙溪庙组	? 晚侏罗世 晚侏罗世
	不定属和种	Xinjiangchelyidae gen. et sp. indet.	湖南辰溪	?	侏罗纪

续表

科	属	拉丁学名	化石地点	地层单位	时　代
中国龟科	中国龟属	*Sinemys lens*	山东新泰	蒙阴组	早白垩世
		Sinemys gamera	内蒙古杭锦旗	罗汉洞组	早白垩世
		Sinemys brevispinus	内蒙古鄂托克旗	罗汉洞组	早白垩世
		Sinemys cf. *brevispinus*	甘肃环县	?	早白垩世
大贝氏龟科	满洲龟属	*Manchurochelys manchoukuoensis*	辽宁义县 内蒙古赤峰	义县组 九佛堂组	早白垩世 早白垩世
	吉尔吉斯龟属	*Kirgizemys kansuensis*	甘肃嘉峪关	?	早白垩世
	玉门龟属	*Yumenemys inflatus*	甘肃玉门	?	早白垩世
	龙龟属	*Dracochelys bicuspis*	新疆乌尔禾、吉木萨尔	吐谷鲁群	早白垩世
	河套龟属	*Ordosemys leios*	内蒙古杭锦旗	罗汉洞组	早白垩世
		Ordosemys donghai	黑龙江鸡西	城子河组	早白垩世
		Ordosemys liaoxiensis	辽宁北票	义县组	早白垩世
		Ordosemys brinkmania	新疆乌尔禾	吐谷鲁群	早白垩世
		Ordosemys sp.	内蒙古杭锦旗	罗汉洞组	早白垩世
	香港龟属	*Hongkongochelys yehi*	四川内江	上沙溪庙组	晚侏罗世
	窄叶龟属	*Wuguia hutubeiensis*	新疆乌鲁木齐	呼图壁河组	早白垩世
		Wuguia efremovi	新疆乌鲁木齐	连木沁组	早白垩世
	辽龟属	*Liaochelys jianchangensis*	辽宁建昌	九佛堂组	早白垩世
	昌马龟属	*Changmachelys bohlini*	甘肃昌马	下沟组	早白垩世
	小龟属	*Xiaochelys ningchengensis*	内蒙古赤峰	义县组	早白垩世
	中国古鳖属	*Sinaspideretes wimani*	成渝铁路沿线 四川大足、遂宁	? 上沙溪庙组	?晚侏罗世 晚侏罗世
椽龟科	椽龟属	*Adocus inexpectatus*	广东茂名	油柑窝组	晚始新世
		“*Adocus*” *orientalis*	内蒙古乌兰察布		中始新世
		cf. “*Adocus*” *orientalis*	内蒙古乌兰察布		晚始新世
		“*Adocus*” sp.	内蒙古乌兰察布	乌兰戈楚组	晚始新世
	沙诗龟属	*Shachemys* sp.	广西扶绥	新隆组	早白垩世
南雄龟科	南雄龟属	*Nanhsiungchelys wuchingensis*	广东南雄	园圃组	晚白垩世
		Nanhsiungchelys sp.	广东南雄、始兴	南雄群	晚白垩世
	江西龟属	*Jiangxichelys ganzhouensis*	江西赣州	南雄群	晚白垩世
		Jiangxichelys neimongolensis	内蒙古乌拉特后旗	乌兰苏海组	晚白垩世
	豫龟属	*Yuchelys nanyangensis*	河南南阳	高沟组	晚白垩世
	不定属和种	Nanhsiungchelyidae gen. et sp. indet.	山东莱阳	王氏群	晚白垩世
两爪鳖科	无盾鳖属	*Anosteira mongoliensis*	内蒙古乌兰察布	乌兰希热组	中始新世
		Anosteira manchuriana	辽宁抚顺	?	晚始新世
		Anosteira maomingensis	广东茂名	油柑窝组	晚始新世
		Anosteira shantungensis	山东临朐	? 牛山组	晚始新世或早渐新世 渐新世?
		Anosteira lingnanica	广东南雄	主田组	晚白垩世
		Anosteira sp.	江西新余	?	中始新世
	克孜勒库姆鳖属	*Kizylkumemys* sp.	广西扶绥	新隆组	早白垩世

科	属	拉丁学名	化石地点	地层单位	时　代
鳖科	亚洲鳖属	*Amyda gregaria*	内蒙古二连浩特	?	中渐新世
		Amyda gracilia	山西榆社	?	晚中新世—上新世
		Amyda neimenguensis	内蒙古乌兰察布	?	中始新世
		Amyda? johnsoni	内蒙古乌兰察布	伊尔丁曼哈组	中始新世
		Amyda? linchuensis	山东临朐	?	早始新世
	中华鳖属	*Pelodiscus sinensis*	山西襄汾 浙江余姚 河南舞阳 广西横县 江苏高淳	? ? ? ? ?	晚更新世 新石器时代 新石器时代 新石器时代 新石器时代
		Pelodiscus subcircularis	河南卢氏	卢氏组	中始新世
		Pelodiscus sinuosus	山西榆社	榆社群	中新世—上新世
		Pelodiscus impressus	广东茂名	油柑窝组	晚始新世
	斑鳖属	*Rafetus swinhoei*	台湾澎湖 浙江桐乡	? ?	晚更新世 新石器时代
	匈奴鳖属	*Khunnuchelys erinhotensis*	内蒙古锡林郭勒	二连达巴苏组	晚白垩世
	中国鳖属	*Sinamyda fuchienensis*	福建宁化	禾口组	早白垩世
	连鳖属	*Perochelys lamadongensis*	辽宁葫芦岛	九佛堂组	早白垩世
	古鳖属	“*Aspideretes*” *sculptus*	内蒙古苏尼特左旗	通古尔组	中中新世
		“*Aspideretes*” *maortuensis*	内蒙古阿拉善左旗	乌兰苏海组	晚白垩世
		“*Aspideretes*” *alashanensis*	内蒙古阿拉善左旗	乌兰苏海组	晚白垩世
		“*Aspideretes*” *muyuensis*	湖北南漳	走马岭组	早始新世
	鳖属（广义）	“*Trionyx*” *jixiensis*	黑龙江鸡西	城子河组	早白垩世
鳖超科	不定属和种	Trionychoidea gen. et sp. indet.	新疆乌尔禾	吐谷鲁群	早白垩世
海龟科	海龟属	*Chelonia mydas*	浙江余姚	?	新石器时代
林氏龟科	草滩龟属	*Tsaotanemys rugosus*	甘肃嘉峪关	?	白垩纪
	湖口龟属	*Hokouchelys chenshuensis*	广东南雄	浓山组	古新世
	抽取龟属	*Elkemys australis*	广东南雄	上湖组	古新世
	重龟属	*Gravemys hutchisoni*	新疆鄯善	苏巴什组	晚白垩世
	黑龙江龟属	*Amuremys planicostata*	黑龙江嘉荫	渔亮子组	晚白垩世
	山东龟属	*Shandongemys dongwuica*	山东诸城	红土崖组	晚白垩世
	蒙古龟属	“*Mongolemys*” *trufanensis*	新疆鄯善	台子村组	古新世
	不定属和种	Lindholmemydidae gen. et sp. indet.	山东莱阳 山东诸城 山东昌乐	王氏群 红土崖组 五图组	晚白垩世 晚白垩世 早始新世
地龟科	古龟属	*Palaeochelys? elongata*	内蒙古乌兰察布	?	早渐新世
	锡拉龟属	*Sharemys hemispherica*	内蒙古乌兰察布		早渐新世
	等长龟属	*Isometremys lacuna*	广东茂名	油柑窝组	晚始新世
	上龟属	*Epiemys perfecta*	山西榆社	榆社群	晚中新世—上新世

科	属	拉丁学名	化石地点	地层单位	时　代
地龟科	山西龟属	*Shansiemys latiscuta*	山西榆社	榆社群	晚中新世—上新世
		Shansiemys schansiensis	山西保德	?	晚中新世
		Shansiemys sp.	山西榆社	榆社群	晚中新世—上新世
	闭壳龟属	*Cuora pitheca*	云南禄丰	石灰坝组	晚中新世
		Cuora flavomarginata	浙江建德 山东泰安 浙江余姚 河南舞阳	? ? ? ?	晚更新世 新石器时代 新石器时代 新石器时代
		Cuora tungia	广西柳城	?	早更新世
		Cuora sp.	安徽铜山 福建漳平	? ?	上新世 ? 更新世
	拟水龟属	*Mauremys sinensis*	山西榆社 海南昌江 台湾澎湖 河南舞阳 河南安阳 陕西长安	马会组 ? ? ? ? ?	晚中新世 中更新世 晚更新世 新石器时代 殷商时期 西周时期
		Mauremys reevesii	江苏泗洪 北京周口店 台湾澎湖 台湾台南 辽宁营口 浙江余姚 河南安阳 陕西长安	? ? ? 崎顶组 ? ? ? ?	早更新世 中更新世 晚更新世 更新世 旧石器时代 新石器时代 殷商时期 西周时期
		Mauremys fenhoensis	山西襄汾	泥河湾组	早更新世
	广东龟属	*Guangdongemys pingi*	广东茂名	油柑窝组	晚始新世
	不定属和种	Geoemydidae gen. et sp. indet.	湖南衡阳	?	始新世
陆龟科	安徽龟属	*Anhuichelys siaoshihensis*	安徽怀宁、潜山	望虎墩组	早古新世
		Anhuichelys tsienshanensis	安徽潜山 湖北新洲	望虎墩组，痘姆组 ?	早—中古新世 ? 古新世
		Anhuichelys doumuensis	安徽潜山、安庆	痘姆组	中古新世
		Anhuichelys sp.	安徽潜山	望虎墩组，痘姆组	古新世
	中国厚龟属	*Sinohadrianus sichuanensis*	河南淅川	核桃园组	中始新世
	甘肃龟属	*Kansuchelys chiayukuanensis*	甘肃玉门	火烧沟组	中始新世
		Kansuchelys ovalis	山西榆社	?	?
		Kansuchelys tsiyuanensis	河南济源	泽峪组	晚始新世
		Kansuchelys yunnanensis	云南路南	?	早渐新世
		Kansuchelys sharanensis	内蒙古乌兰察布		中始新世
	凹甲陆龟属	*Manouria changshanensis*	浙江常山	?	晚更新世
		Manouria hemuensis	浙江余姚	?	新石器时代
		Manouria sp.	浙江余杭	?	晚更新世

续表

科	属	拉丁学名	化石地点	地层单位	时 代
陆龟科	陆龟属	*Testudo hipparionum*	山西保德 山西武乡 山西榆社	? ? ?	晚中新世 ?晚中新世—上新世 晚中新世—上新世
		Testudo hypercostata	山西河曲	?	?晚中新世
		Testudo shansiensis	山西河曲 山西榆社	? 马会组	?晚中新世 晚中新世
		Testudo honanensis	甘肃阿克塞 山西榆社 山西清源 河南新安	铁匠沟组 ? ? ?	中中新世 晚中新世—上新世 ?上新世 ?上新世
		Testudo sphaerica	山西保德 陕西蓝田 山西榆社 甘肃天水	? 灞河组 高庄组、马会组 ?	晚中新世 晚中新世 晚中新世、上新世 早上新世
		Testudo shensiensis	陕西府谷 山西更修 山西榆社	? ? ?	晚中新世 晚中新世—上新世 晚中新世—上新世
		Testudo cf. *shensiensis*	内蒙古乌兰察布	通古尔组	中中新世
		Testudo nanus	内蒙古乌兰察布	?乌兰戈楚组	晚始新世
		Testudo tunhuanensis	甘肃阿克塞	铁匠沟组	中中新世
		Testudo yushensis	山西榆社	马会组	晚中新世
		Testudo shilouensis	山西石楼	保德组	晚中新世
		Testudo? ulanensis	内蒙古乌兰察布	乌兰希热组	中始新世
		Testudo? kalganensis	河北张家口	?	?
		Testudo? lunanensis	云南路南	?	早渐新世
		Testudo? chienfutungensis	甘肃阿克塞	铁匠沟组	中中新世
		Testudo? sp.	内蒙古乌兰察布	沙拉木伦组	中始新世
中华龟科	中华龟属	*Sinochelys applanata*	山东新泰 山东莱阳 甘肃玉门	蒙阴组 青山组 ?	早白垩世 早白垩世 白垩纪
硬壳龟鳖蛋科	硬壳龟鳖蛋属	*Testudoolithus jiangi*	浙江天台	赤城山组	晚白垩世
	水龟蛋属	*Emydoolithus laiyangensis*	山东莱阳	金刚口组	晚白垩世

附表三　解剖学和形态学术语

鞍背 dorsum sellae
板障结构 diploe
棒骨 tabular 又称板状骨
背甲 carapace
背甲脊 carapacial ridge
鼻骨 nasal
鼻腔 nasal fossa
变态 metamorphism
表皮 ectoderm
表皮骨板 osteoderms
槽生型齿 thecodont
侧窗 lateral fontanelle
侧脊 lateral keel
侧架 lateral shelf
侧颈动脉后孔 *foramen posterius canalis carotici lateralis*
侧颈动脉孔 *foramen caroticus laterale*
侧生型齿 pleurodont
侧突 lateral process
侧椎体 pleurocentrum
尺骨 ulna
尺腕骨 ulnare
齿带 cingulum
齿骨 dentary
齿骨联合 symphysis
齿突 odontoid
耻骨 pubis
耻坐板 puboischiadic plate
耻坐窗 thyroid fenestra
耻坐孔 puboischiadic fenestra
唇 lip
次槽生型齿 subthecodont
次生腭 secondary palate
大收肌腱 main adductor tendon
大转子 major trochanter
刀片状突 cultriform process
镫骨 stapes
镫 - 颞孔 *foramen stapedio-temporale*
第二鳃骨角 second branchial cornu
顶骨 parietal
顶孔 parietal foramen
端生型齿 acrodont
盾片 scute
多尖的齿带 cusped cingulum
额骨 frontal
轭骨 jugal
腭部骨骼 palatal elements
腭方部骨骼 palatoquadarte elements
腭骨 palatine
腭骨侧翼 palatinal flanks
腭部獠齿 palatal fangs
耳凹 otic notch
耳滑车突 *processus trochlearis oticum*
耳囊 otic capsule
耳室 otic chamber
耳窝鼓阶隐窝 *recessus scalae tympani*
耳柱骨切迹 *incisura columellae auris*
反关节突 retroarticular process
方轭骨 quadratojugal
方骨 quadrate
腓跗骨 fibulare
腓骨 fibula
腓骨关节突 fibular condyle
缝合部 symphysis
副蝶骨 parasphenoid
副囊状肌 paracapsular sac

副松果体 parapineal organ
副枕骨突 paroccipital process
腹盾 abdominal scute
腹股沟 abdominofemoral sulcus
腹甲 plastron
腹膜肋 gastralia
肛凹 anal notch
肛盾 anal scute
跟骨 calcaneum
肱盾 humeral scute
肱骨 humerus
肱胸沟 humeropectoral sulcus
沟痕 sulcus
股盾 femoral scute
股肛沟 femoroanal sulcus
股骨 femur
骨板 plate
骨缝 suture
骨桥 bridge
鼓膜 tympanic membrane
关节骨 articular
冠状骨 coronoid
冠状突 coronoid process
横突 transverse process
横缘 transverse flange
喉盾 gular scute
喉突 gular projection
后凹型 opisthocoelous
后顶骨 postparietal
后额骨 postfrontal
后腭孔 *foramen palatinum posterius*
后耳骨 opisthotic
后耳窝 *antrum posticum* 又称后耳室
后腹窗 posterior fontanelle
后关节突 postzygapophysis
后冠状骨 posterior coronoid
后夹板骨 postsplenial
后颈静脉孔 *foramen jugulare posterius*
后眶骨 postorbital
后颞窗 post-temporal fenestra
后叶 posterior lobe
后坐骨 hypoischium
滑车 trochlea
滑液囊 synovial capsule
环耳区 periotic area
寰椎 atlas
寰椎 - 枢椎组合 atlas-axis complex
基蝶骨 basisphenoid
基蝶骨孔 *foramen basisphenoidale*
基鳃骨 basibranchial
基舌骨 basihyal
基翼骨关联 basipterygoid articulation
基翼骨突 basipterygoid process
基枕骨 basioccipital
基枕骨结节 basioccipital tubercule
脊索 notochord
脊索双凹型 notochord amphicoelous
夹板骨 splenial
颊凹 cheek emargination
颊凸缘 cheek flange
间喉盾 intergular scute
间颞骨 intertemporal
间锁骨 interclavicle
间翼骨腔 interpterygoid vacuity
间椎体 intercentrum
肩带 pectoral girdle
肩峰突 acromion process
肩胛板 scupula blade
肩胛骨 scapula
肩胛骨突 scapula process
肩胛乌喙骨 scapulocoracoid
肩臼 glenoid
肩臼上孔 supraglenoid foramen
剑腹板 xiphiplastron
胶原纤维 collagen fibers
角质喙 ramphotheca
铰链 hinge
近端腕骨 proximal central

颈凹 cervical notch
颈板 nuchal
颈动脉侧孔 *foramen caroticum laterale*
颈动脉基蝶骨孔 *foramen caroticum basisphenoidale*
颈盾 cervical scute
颈静脉后孔 *foramen juglare posterius*
颈椎 cervical vertebra
胫跗骨 tibiale
胫骨 tibia
胫骨关节突 tibial condyle
距骨 astragalus
髁间凹 intercondylar depression
髁间窝 intercondylar fossa
胯凹 inguinal notch　又称鼠蹊凹
胯盾 inguinal scute　又称鼠蹊盾
胯柱 inguinal buttress　又称鼠蹊柱
块椎型 rhachitomous
髋臼 acetabulum
髋臼软骨 cartilage of acetabulum
眶腭孔 orbito-palatine foramen
眶后骨 postorbital
眶下管 infraorbital canal
眶下突 suborbital process
肋板 costal
肋盾 pleural scute
肋骨结突 tuberculum of rib
肋骨头突 capitulum of rib
肋缘窗 costoperipheral fontanelle
泪骨 lacrimal
泪腺管 lacrimal duct
犁骨 vomer
犁骨齿 vomerine teeth
链接型 streptostyly
鳞骨 squamosal
颅部骨骼 braincase elements
卵黄囊 yolk sac
卵圆孔 *fenestra ovalis*　或称卵圆窗
麦氏沟 meckelian canal
麦氏孔 meckelian foramen
麦氏软骨 Meckel's cartilage
脉弓 hemal arch
脉弧 chevron
膜质顶部骨骼 dermal roofing elements
脑颈动脉后孔 *foramen posterius canalis carotici cerebralis*
内鼻孔 choana
内腹板 entoplastron
内颈动脉沟 *sulcus caroticus interus*
内颈动脉后孔 *foramen posterius canalis carotici interni*
内软骨的 endochondral
内上髁孔 entepicondylar foramen
内突 medial process
内转子 internal trochanter
颞凹 temporal emargination
颞腔 temporal cavity
皮盾沟 skin-scute sulci
胼胝体 callosity
髂骨 ilium　又称肠骨
髂骨板 iliac blade
髂骨突 thelial process
前凹型 procoelous
前额骨 prefrontal
前耳骨 prootic
前关节骨 prearticular
前关节突 prezygapophysis
前冠状骨 anterior coronoid
前颌骨 premaxilla
前颌骨突 premaxillary processes
前寰椎 proatlas
前夹板骨 presplenial
前乌喙骨 anterior coracoid
前叶 anterior lobe
屈戍关节 ginglymoidy　又称滑车关节
全椎型 sterospondylous
桡骨 radius
桡神经 radial nerve
桡腕骨 radial

韧带 ligament
绒毛膜 chorion
融合型槽生齿 ankylothecodont
软骨小结节 cartilaginous nodule
鳃骨角 branchial cornu
三叉神经孔 tringeminal foramen
筛骨裂 ethmoid fissure
上耳骨 epiotoc
上腹板 epiplastron
上颌骨 maxilla
上颌骨孔 maxillary foramen
上颌骨突起 maxillary boss
上髁孔 entepicondyle foramen
上颞骨 supratemporal
上颞孔 supratemporal fenestra
上臀板 suprapygal
上翼骨 epipterygoid
上隅骨 surangular
上缘盾 supramarginal scute
上枕骨 supraoccipital
上枕骨脊 supraoccipital cirsta
舌腹板 hyoplastron
舌骨体 hyoid body
麝香腺管 musk duct
麝香腺管孔 musk duct foramen
饰钉 studs
匙骨 cleithrum
收肌窝 adductor fossa
双凹型 amphicoelous
双孔型 diapsid
双凸型 biconvex
松果孔 pineal foramen
松果体 pineal organ
锁骨 clavicle
胎生 viviparous
突间凹 intertubercular fossa
臀板 pygal
外鼻孔 naris
外淋巴窗 *fenestra perilymphatica*
外上髁孔 ectepicondylar foramen
外下颌孔 external mandibular fenestra
外翼骨 ectopterygoid
外枕骨 exoccipital
豌豆骨 pisiform
尾肋 caudal rib
尾椎 caudal vertebra
乌喙骨 coracoid
无孔型 anapsid
无血管性坏死 avascular necrosis
下腹板 hypoplastron
下颌间后孔 *foramen intermadibularis caudalis*
下颌降肌 *m. derpressor mandibulae*
下颌外孔 external mandibular fenestra
下孔型 synapsid
下颞孔 infratemporal fenestra
下缘盾 inframarginal scute
夏培纤维 Sharpey's fiber
小头 capitellum
小转子 minor trochanter
楔椎型 embolomerous
胸盾 pectoral scute
胸腹沟 pectoroabdominal sulcus
旋后肌突 supinator process
牙骨质 cementum
眼 - 鼻孔 orbito-nasal foramen
眼孔 Orbit
眼窝 eye socket
羊膜 amnion
羊膜腔 amniootic cavity
腰带 pelvic girdle
腋凹 axillary notch
腋盾 axillary scute
腋柱 axillary buttress
翼骨 pterygoid
翼骨横突 transverse process of pterygoid
翼骨滑车突 *processus trochlearis pterygoidei*
翼骨间隙 interpterygoid vacuity
翼骨外突 *processus pterygoideus externus*

翼骨翼 pterygoid flange

翼肌 *m. pterygoideus*

幼态持续 paedomorphosis

隅骨 angular

羽状翼 costiform processes

原槽生型齿 protothecodont

原生腭 original palate

缘板 peripheral

缘盾 marginal scute

远端跗骨 distal tarsals

远端腕骨 distal carpals

掌骨 metacarpals

真皮间叶细胞 mesenchyme

枕髁 occipital condyle

枕孔 foramen magnum

蹠骨 metatarsals

蹠行式 plantigrade

指骨、趾骨 phalanges

指骨数超常 hyperphalangy

中窗 central fontanelle

中耳鼓室 tympanic cavity

中腹板 mesoplastron

中脊 midline keel

中间跗骨 intermedium　或称中间腕骨

中央近侧跗骨 proximal centrale

肘突 olecranon

转子间凹 intertrochanteric fossa

椎板 neural

椎盾 vertebral scute

椎弓 neural arch　又称髓弓、神经弓

椎棘 neural spine　又称髓棘、神经棘

椎体 centrum

椎下突 hyposphene

椎下窝 hypantrum

坐骨 ischium

附图一　中国副爬行类、大鼻龙类化石地理分布图

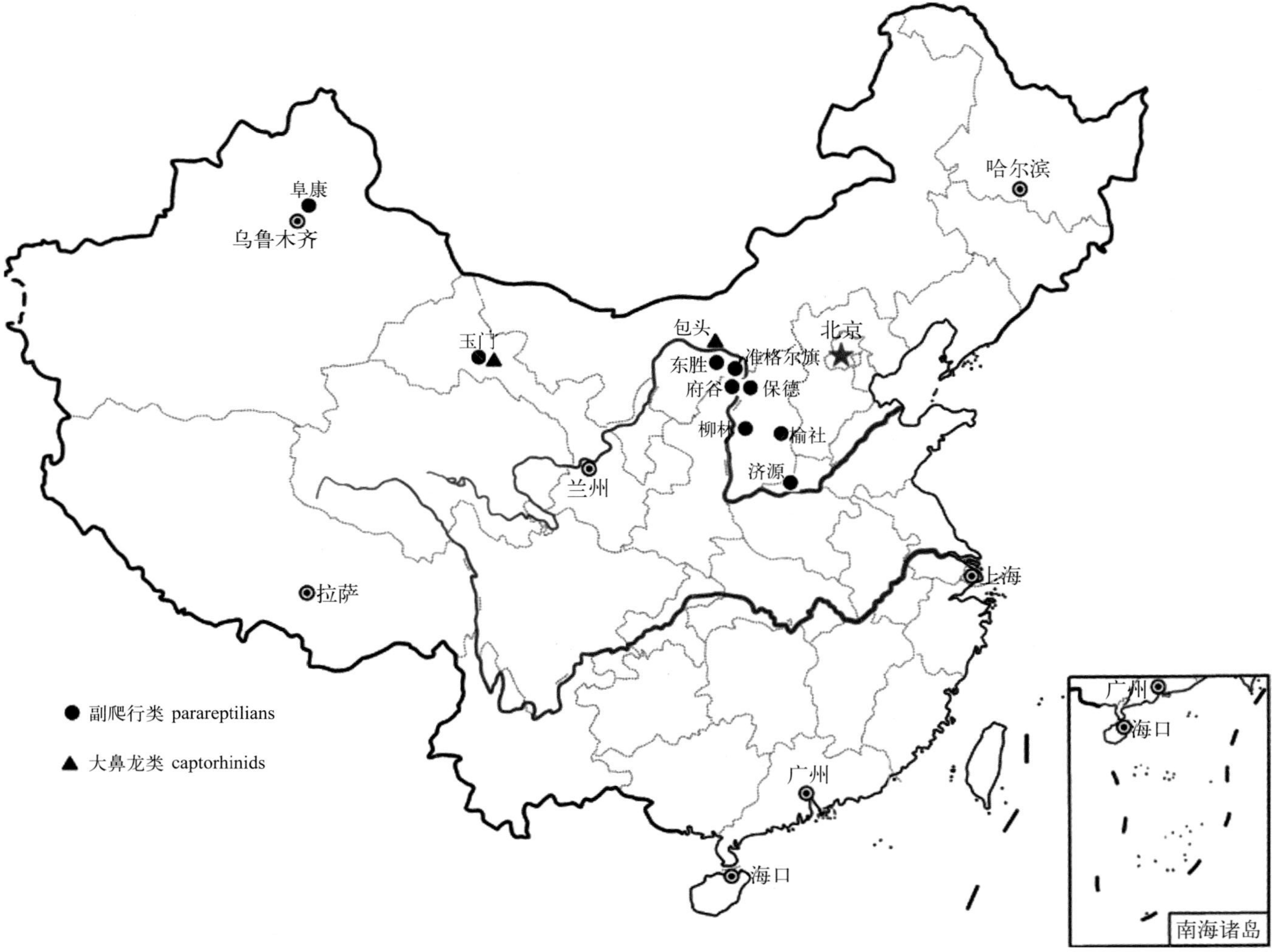

附图二　中国龟鳖类、龟鳖蛋、龟鳖足迹化石地理分布图

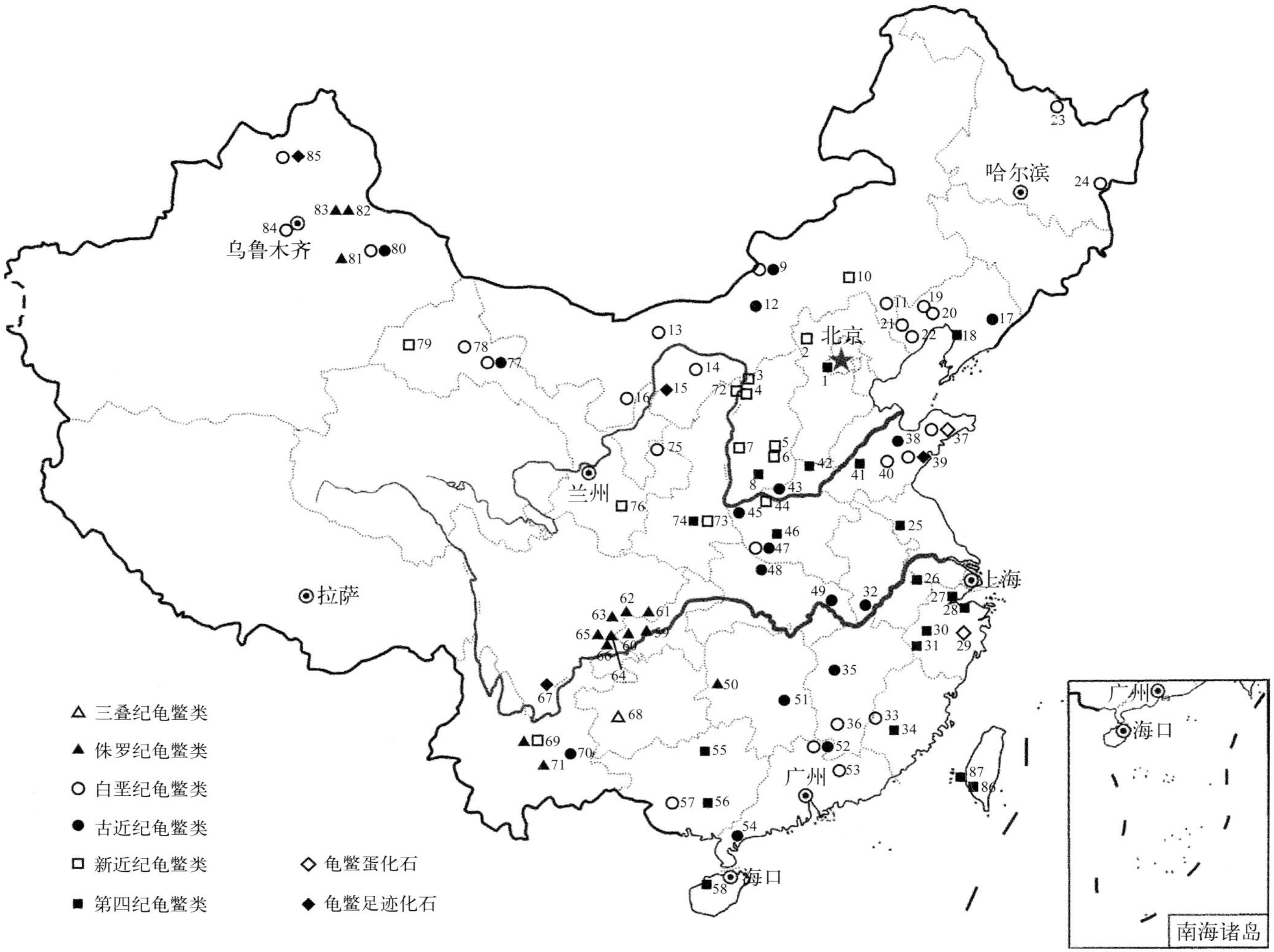

附图二之中国龟鳖类、龟鳖蛋、龟鳖足迹化石地点编号说明

北京

1. 房山区周口店镇

河北

2. 张家口市

山西

3. 忻州市河曲县
4. 忻州市保德县冀家沟村、王家窨子村
5. 晋中市榆社县西马乡更修村，云竹镇枣林沟村，郝北镇常银村、大南沟村，箕城镇董家庄、寺家凹村、中余沟村
6. 长治市武乡县
7. 吕梁市石楼县板桥
8. 临汾市襄汾县丁村

内蒙古

9. 锡林郭勒盟二连浩特市
10. 赤峰市克什克腾旗达里湖
11. 赤峰市喀喇沁旗王爷府镇黑山沟村，宁城县必斯营子乡杨树湾子村
12. 乌兰察布市四子王旗沙拉木伦河流域伊尔丁曼哈、乌尔丁鄂博、北山台、乌兰希热、双敖包、乌拉乌苏
13. 巴彦淖尔市乌拉特后旗巴音满都呼
14. 鄂尔多斯市杭锦旗老龙豁子
15. 鄂尔多斯市鄂托克旗查布苏木
16. 阿拉善盟阿拉善左旗毛尔图

辽宁

17. 抚顺市煤矿
18. 营口市金牛山遗址
19. 朝阳市北票市上园镇尖山沟
20. 锦州市义县前杨乡枣刺山
21. 朝阳市凌源市
22. 葫芦岛市建昌县喇嘛洞乡

黑龙江

23. 伊春市嘉荫县
24. 鸡西市东海煤矿，恒山区柳毛乡裕丰村

江苏

25. 宿迁市泗洪县双沟镇草湾村下草湾

26. 南京市高淳区薛城遗址

浙江

27. 嘉兴市桐乡市罗家角遗址

28. 宁波市余姚市河姆渡遗址

29. 台州市天台县平桥镇双塘村

30. 杭州市建德市安仁镇

31. 衢州市常山县天马镇常桥村三里亭

安徽

32. 安庆市怀宁县小市镇，潜山县黄铺镇，牌楼乡，余井镇，张家屋、徐大屋、王家闸、傅家山嘴、杨新屋、痘姆乡

福建

33. 三明市宁化县石壁镇（原禾口公社）

34. 龙岩市漳平市

江西

35. 新余市

36. 赣州市赣县区、南康区龙岭镇

山东

37. 烟台市莱阳市长春亭、金刚口、陡山

38. 潍坊市临朐县牛山，昌乐县五图镇

39. 潍坊市诸城市库沟、黄龙沟

40. 泰安市新泰市汶南镇宁家沟村

41. 泰安市宁阳县大汶口遗址

河南

42. 安阳市殷墟

43. 济源市承留镇南杜村

44. 洛阳市新安县上印沟

45. 三门峡市卢氏县孟家坡

46. 漯河市舞阳县贾湖遗址

47. 南阳市内乡县夏馆镇，淅川县范庄

湖北

48. 襄阳市南漳县沐浴区（原沐浴公社）

49. 武汉市新洲区旧街街道

湖南

50. 怀化市辰溪县苍子庙

51. 衡阳市杨梅桥

广东

52. 韶关市南雄市乌迳镇腊树园、湖口镇，始兴县

53. 河源市

54. 茂名市九区、大塘

广西

55. 柳州市柳城县巨猿洞

56. 南宁市横县江口遗址

57. 崇左市扶绥县下庙、六榜屯茏草岭

海南

58. 昌江黎族自治县信冲洞

重庆

59. 重庆市九龙坡区、沙坪坝区、江北区、渝北区

60. 重庆市合川区，大足区大安公路高峰山，永川区

四川

61. 广安市

62. 遂宁市

63. 资阳市

64. 内江市市中区朝阳镇，威远县向义镇

65. 乐山市井研县

66. 自贡市大山铺，大安区永嘉乡、新民镇，荣县

67. 凉山彝族自治州喜德县

贵州

68. 关岭布依族苗族自治县

云南

69. 楚雄彝族自治州禄丰县恐龙山镇阿纳村老长箐、石灰坝

70. 昆明市石林彝族自治县（路南县）大矣马伴瓦窑冲

71. 玉溪市峨山彝族自治县甸中镇昔古牙村贾栗木

陕西

72. 榆林市府谷县

73. 西安市蓝田县水家嘴、费家新庄

74. 西安市长安区沣西张家坡西周墓地

甘肃

75．庆阳市环县河道川

76．天水市

77．嘉峪关市大草滩

78．酒泉市玉门市新民堡村、昌马乡、北山二家梧桐

79．酒泉市敦煌市塔奔布鲁克

新疆

80．哈密地区哈密市十三间房

81．吐鲁番市鄯善市、连木沁镇

82．昌吉回族自治州奇台县将军庙

83．昌吉回族自治州吉木萨尔县五彩湾地区屏风山、沙玉河黄泥潭

84．乌鲁木齐市头屯河区硫磺沟、郝家沟、红柳沟

85．克拉玛依市乌尔禾区

台湾

86．澎湖县澎湖水道

87．台南市左镇区菜寮溪

附件

《中国古脊椎动物志》总目录（2016年10月修订）

（共三卷二十三册，计划2015－2020年出版）

第一卷　鱼类　主编：张弥曼，副主编：朱敏

第一册（总第一册）**无颌类**　朱敏等 编著　（2015年出版）

第二册（总第二册）**盾皮鱼类**　朱敏、赵文金等 编著

第三册（总第三册）**辐鳍鱼类**　张弥曼、金帆等 编著

第四册（总第四册）**软骨鱼类 棘鱼类 肉鳍鱼类**
张弥曼、朱敏等 编著

第二卷　两栖类 爬行类 鸟类　主编：李锦玲，副主编：周忠和

第一册（总第五册）**两栖类**　王原等 编著　（2015年出版）

第二册（总第六册）**副爬行类 大鼻龙类 龟鳖类**　李锦玲、佟海燕 编著
（2017年出版）

第三册（总第七册）**鱼龙类 海龙类 鳞龙型类**　高克勤、李淳、尚庆华 编著

第四册（总第八册）**基干主龙型类 鳄型类 翼龙类**
吴肖春、李锦玲、汪筱林等 编著　（2017年出版）

第五册（总第九册）**鸟臀类恐龙**　董枝明、尤海鲁、彭光照 编著　（2015年出版）

第六册（总第十册）**蜥臀类恐龙**　徐星、尤海鲁、莫进尤 编著

第七册（总第十一册）**恐龙蛋类**　赵资奎、王强、张蜀康 编著　（2015年出版）

第八册（总第十二册）**中生代爬行类和鸟类足迹**　李建军 编著　（2015年出版）

第九册（总第十三册）**鸟类**　周忠和等 编著

第三卷　基干下孔类 哺乳类　主编：邱占祥，副主编：李传夔

第一册（总第十四册）**基干下孔类**　李锦玲、刘俊 编著　（2015 年出版）

第二册（总第十五册）**原始哺乳类**　孟津、王元青、李传夔 编著　（2015 年出版）

第三册（总第十六册）**劳亚食虫类 原真兽类 翼手类 真魁兽类 狉兽类**

李传夔、邱铸鼎等 编著　（2015 年出版）

第四册（总第十七册）**啮型类 I：双门齿中目 单门齿中目 - 混齿目**

李传夔、张兆群 编著

第五册（上）（总第十八册上）**啮型类 II：啮齿目 I**　李传夔、邱铸鼎等 编著

第五册（下）（总第十八册下）**啮型类 II：啮齿目 II**

邱铸鼎、李传夔、郑绍华等 编著

第六册（总第十九册）**古老有蹄类**　王元青等 编著

第七册（总第二十册）**肉齿类 食肉目**　邱占祥、王晓鸣、刘金毅 编著

第八册（总第二十一册）**奇蹄目**　邓涛、邱占祥等 编著

第九册（总第二十二册）**偶蹄目 鲸目**　张兆群等 编著

第十册（总第二十三册）**蹄兔目 长鼻目等**　陈冠芳等 编著

PALAEOVERTEBRATA SINICA (modified in October, 2016)

(3 volumes 23 fascicles, planned to be published in 2015–2020)

Volume I Fishes

Editor-in-Chief: **Zhang Miman**, Associate Editor-in-Chief: **Zhu Min**

Fascicle 1 (Serial no. 1) Agnathans **Zhu Min et al.** (2015)

Fascicle 2 (Serial no. 2) Placoderms **Zhu Min, Zhao Wenjin et al.**

Fascicle 3 (Serial no. 3) Actinopterygians **Zhang Miman, Jin Fan et al.**

Fascicle 4 (Serial no. 4) Chondrichthyes, Acanthodians, and Sarcopterygians **Zhang Miman, Zhu Min et al.**

Volume II Amphibians, Reptilians, and Avians

Editor-in-Chief: **Li Jinling**, Associate Editor-in-Chief: **Zhou Zhonghe**

Fascicle 1 (Serial no. 5) Amphibians **Wang Yuan et al.** (2015)

Fascicle 2 (Serial no. 6) Parareptilians, Captorhines, and Testudines **Li Jinling and Tong Haiyan** (2017)

Fascicle 3 (Serial no. 7) Ichthyosaurs, Thalattosaurs, and Lepidosauromorphs **Gao Keqin, Li Chun, and Shang Qinghua**

Fascicle 4 (Serial no. 8) Basal Archosauromorphs, Crocodylomorphs, and Pterosaurs **Wu Xiaochun, Li Jinling, Wang Xiaolin et al.** (2017)

Fascicle 5 (Serial no. 9) Ornithischian Dinosaurs **Dong Zhiming, You Hailu, and Peng Guangzhao** (2015)

Fascicle 6 (Serial no. 10) Saurischian Dinosaurs **Xu Xing, You Hailu, and Mo Jinyou**

Fascicle 7 (Serial no. 11) Dinosaur Eggs **Zhao Zikui, Wang Qiang, and Zhang Shukang** (2015)

Fascicle 8 (Serial no. 12) Footprints of Mesozoic Reptilians and Avians **Li Jianjun** (2015)

Fascicle 9 (Serial no. 13) Avians **Zhou Zhonghe et al.**

Volume III Basal Synapsids and Mammals

Editor-in-Chief: **Qiu Zhanxiang**, Associate Editor-in-Chief: **Li Chuankui**

(Q-4118.01)

www.sciencep.com

ISBN 978-7-03-055469-7

9 787030 554697 >

定　价：248.00元